Analysis

Analysis

2., aktualisierte Auflage

Theo de Jong

Pearson

Bibliografische Information der Deutschen Nationalbibliothek

Die Deutsche Nationalbibliothek verzeichnet diese Publikation in der Deutschen Nationalbibliografie; detaillierte bibliografische Daten sind im Internet über <http://dnb.dnb.de> abrufbar.

10 9 8 7 6 5 4 3 2 1

25 24 23 22 21 20

ISBN 978-3-86894-380-1 (Buch)
ISBN 978-3-86326-877-0 (E-Book)

Programmleitung: Birger Peil, bpeil@pearson.de
Korrektorat: Katharina Pieper, Berlin
Coverabbildung: Chernetskiy, Shutterstock
Herstellung: Philipp Burkart, pburkart@pearson.de
Satz: le-tex publishing services GmbH, Leipzig
Druck und Verarbeitung: Drukkereij Wilco, Amersfoort

Printed in the Netherlands

Inhaltsverzeichnis

Kapitel 0 Mengen und Funktionen 13

Kapitel 1 Reelle Zahlen 17

1.1 Binäre Entwicklung ... 22
1.2 Reelle Zahlen ... 24
1.3 Grenzwerte und Vollständigkeit ... 26
1.4 Addition und Multiplikation ... 28
1.5 Kehrwert und Quadratwurzel ... 32
1.6 Dezimal- und Binärschreibweise ... 34
1.7 Supremum und Infimum ... 36
1.8 Intervalle, Häufungspunkte ... 38
1.9 *Cauchyfolgen* ... 40

Kapitel 2 Stetigkeit 41

2.1 Stetige Funktionen ... 46
2.2 Der Zwischenwertsatz ... 48
2.3 Grenzwerte ... 50
2.4 Asymptote ... 52
2.5 Umkehrfunktionen ... 54
2.6 Die Exponentialfunktion ... 56
2.7 Der Logarithmus ... 60
2.8 Maxima und Minima ... 62

Kapitel 3 Fläche, Winkel und komplexe Zahlen 65

3.1 Offene Mengen in $\mathbb{R}^2$ ... 70
3.2 Flächeninhalt ... 72
3.3 Pythagoras ... 76

3.4 Drehungen ... 78
3.5 Das Winkelmaß ... 80
3.6 Die Winkelfunktionen ... 82
3.7 Komplexe Zahlen ... 84
3.8 Geometrie der Addition und Multiplikation ... 86
3.9 Polynomiale Gleichungen ... 88

Kapitel 4 Differenzialrechnung **91**

4.1 Definition der Differenzierbarkeit ... 96
4.2 Rechenregeln für differenzierbare Funktionen ... 98
4.3 Ableitung der Winkelfunktionen ... 100
4.4 Satz von Rolle und Mittelwertsatz ... 102
4.5 Ableitung der Exponentialfunktion ... 104
4.6 Extremwerte, höhere Ableitungen ... 106
4.7 Die l'Hôpital'sche Regel ... 108
4.8 Die Taylorformel ... 110
4.9 Konvexität, Konkavität und Wendepunkte ... 112
4.10 Kurvendiskussion ... 114
4.11 *Das Newton-Verfahren* ... 116
4.12 *Die komplexe Exponentialfunktion* ... 118

Kapitel 5 Integralrechnung **121**

5.1 Hauptsatz der Differenzial und Integralrechnung ... 124
5.2 Stammfunktionen, Substitutionsregel ... 126
5.3 Partielle Integration ... 128
5.4 Integrieren von rationalen Funktionen ... 130
5.5 Spezielle Substitutionen ... 132
5.6 Integrale über (halb-)offenen Intervallen ... 134
5.7 Der Satz von Levi ... 136

5.8 *Trapezregel und simpsonsche Regel* 138

5.9 *Das Riemann-Integral* 140

5.10 *Irrationalität von π* 142

5.11 *Eine schwache Form des Primzahlsatzes* 143

5.12 *Stirlingsche Formel* 144

Kapitel 6 Reihen und Potenzreihen **145**

6.1 Konvergenz von Reihen 150

6.2 Vergleichskriterium 152

6.3 Leibniz-Kriterium 154

6.4 Das Integralkriterium 156

6.5 Quotienten- und Wurzelkriterium 158

6.6 Die Umordnungssätze 160

6.7 Potenzreihen 164

6.8 Differenzieren von Potenzreihen 166

6.9 *Reihen mit komplexen Termen* 168

6.10 *Einsetzen von Potenzreihen* 170

6.11 *Der abelsche Grenzwertsatz* 172

Kapitel 7 Funktionenfolgen **173**

7.1 Gleichmäßige Konvergenz 178

7.2 Integrieren und differenzieren: Vertauschungsgesetze 180

7.3 Reihen von Funktionen: Weierstraßkriterium 182

7.4 Fourier-Reihen 184

7.5 Beweis des Satzes über Fourier-Reihen 186

Kapitel 8 Topologische Begriffe und Stetigkeit **189**

8.1 Offene und abgeschlossene Mengen 192

8.2 Randpunkte 194

8.3 Folgen 196

8.4 Stetige Funktionen ... 198

8.5 Bolzano-Weierstraß, Maxima und Minima ... 200

8.6 Abstand ... 202

8.7 Das Lemma von Lebesgue und Kompaktheit ... 204

8.8 Zusammenhängend und wegzusammenhängend ... 206

8.9 Gleichmäßige Stetigkeit ... 208

8.10 Hauptsatz der Algebra ... 210

Kapitel 9 Differenzialrechnung in $\mathbb{R}^n$ 211

9.1 Parametrisierte Kurven ... 216

9.2 Bogenlänge ... 218

9.3 Höhenlinien ... 220

9.4 Partielle- und Richtungsableitungen ... 222

9.5 Totale Differenzierbarkeit ... 224

9.6 Lokale Extrema I ... 226

9.7 Die Kettenregel ... 228

9.8 Differenzieren unter dem Integralzeichen ... 230

9.9 Höhere Ableitungen und der Satz von Schwarz ... 232

9.10 Lokale Extrema II ... 234

9.11 Die Taylorformel ... 236

Kapitel 10 Untermannigfaltigkeiten 239

10.1 Der implizite Funktionensatz: Eine Gleichung ... 242

10.2 Impliziter Funktionensatz: Mehrere Gleichungen ... 244

10.3 Inverser Funktionensatz ... 246

10.4 Untermannigfaltigkeiten ... 248

10.5 Tangentialräume ... 250

10.6 Lagrange-Multiplikatorensatz ... 252

10.7 *Klassifikation von Kurven* ... 254

Kapitel 11 Volumen und Integration 255

11.1 Volumen von offenen Mengen ... 260
11.2 Das Prinzip von Cavalieri ... 262
11.3 Das Integral für stetige Funktionen ... 266
11.4 Volumen und lineare Abbildungen ... 268
11.5 Diffeomorphismen: Die Transformationsformel ... 270
11.6 Polarkoordinaten und Kugelkoordinaten ... 274
11.7 Tubularumgebungen ... 276
11.8 Integrale auf Untermannigfaltigkeiten ... 280
11.9 *Volumen von Tubularumgebungen* ... 282

Kapitel 12 Lebesgue-Maß und Lebesgue-Integral 285

12.1 Das Lebesgue-Maß ... 287
12.2 Das Lebesgue-Integral ... 290
12.3 Fast überall ... 291
12.4 Das Prinzip von Cavalieri für das Lebesgue-Integral ... 292
12.5 Additivität, Fubini und Tonelli ... 294
12.6 Satz von dominierter Konvergenz ... 295
12.7 Treppenfunktionen ... 296
12.8 Differenzieren unter dem Integralzeichen ... 297
12.9 *Das Banach-Tarski-Paradox* ... 298

Kapitel 13 Differenzialgleichungen 303

13.1 Picard-Lindelöf-Verfahren ... 308
13.2 Lineare Differenzialgleichungen ... 312
13.3 Trennbare Variablen ... 314
13.4 Lineare Differenzialgleichungen zweiter Ordnung ... 316
13.5 Systeme linearer Differenzialgleichungen I ... 318
13.6 Die Exponentialfunktion für Matrizen ... 320

13.7 Systeme linearer Differenzialgleichungen II 322

13.8 Differenzialgleichungen höherer Ordnung 324

13.9 Maximale Lösungen von Differenzialgleichungen 326

13.10 Exakte Differenzialgleichungen und erste Integrale 328

13.11 Integrierende Faktoren 330

Kapitel 14 Vektoranalysis 333

14.1 Kurvenintegrale 336

14.2 Wegintegral und Potenzialfunktionen 338

14.3 Orientierbarkeit und Fluss 340

14.4 Der Divergenzsatz von Gauß 342

14.5 Der Divergenzsatz mit singulärem Rand 346

14.6 Der Satz von Stokes in $\mathbb{R}^3$ 350

14.7 Beweis des Satzes von Stokes 352

A Der allgemeine Satz von Stokes 354

A.1 Untermannigfaltigkeiten mit Rand 355

A.2 Multilinearformen 356

A.3 Differenzialformen in $\mathbb{R}^n$ 358

A.4 Differenzialformen auf Untermannigfaltigkeiten 360

A.5 Integrieren und der Satz von Stokes 362

Index 365

Vorwort

Die zweite Auflage dieses Buches ist gründlich überarbeitet und erweitert worden und dient als Grundlage für eine dreisemestrige Vorlesung in der Analysis. Die ersten sechs bzw. sieben Kapitel (je nach Anfang im Sommer- oder Wintersemester) sind für das erste Semester gedacht. Nach dem Bearbeiten der Kapitel 8 bis 10, welche für den ersten Teil des zweiten Semesters konzipiert sind, kann man entweder mit Differenzialgleichungen (Kapitel 13) anfangen oder man beginnt mit Volumenberechnung und mehrdimensionaler Integration (Kapitel 11).

Ab dem neunten Kapitel werden manchmal einige Kenntnisse aus der linearen Algebra benutzt. Bei Bezügen zur linearen Algebra verweise ich hin und wieder auf mein Buch „Lineare Algebra", welches ebenfalls beim Pearson Verlag erschienen ist.

Die wichtigsten Änderungen in den ersten sechs Kapiteln sind:

1. Die Darstellung über reelle Zahlen im 1. Kapitel ist deutlich vereinfacht worden.
2. Kapitel 2 und 3 sowie Kapitel 5 und 6 sind vertauscht worden.
3. Der Begriff des Flächeninhalts wird früher im 3. Kapitel behandelt und das Winkelmaß wird mithilfe des Flächeninhalts von Kreissektoren eingeführt.

Beim Schreiben dieses Buches habe ich versucht, die Vorkenntnisse und Fertigkeiten der Anfänger zu berücksichtigen. Ich habe es vermieden, zu viele Abstraktionen zu verwenden. Nicht, weil ich Abstraktionen für unwichtig halte, sondern da man zunächst ausreichende Mathematikkenntnisse besitzen muss, um Abstraktionen verstehen und würdigen zu können. Ich arbeite nach dem Motto:

> *Wenn man die einfachen Sachen gut versteht, kommen die schwierigen Sachen fast von alleine.*

Jedes Kapitel beginnt mit einer ausführlichen Einführung. Hier werden die wichtigsten Definitionen und Sätze erläutert. Darauf folgen auf den linken Seiten die mathematischen Definitionen, Sätze und Beispiele. Ist ein kurzer Beweis des Satzes möglich, so wird dieser ebenfalls auf den linken Seiten aufgeschrieben. Diese Beweise sind absichtlich kurz gehalten. Der Vorteil ist, dass man nicht lange nach dem Wesentlichen eines Argumentes suchen muss. Der Nachteil ist, dass man öfter etwas länger bei einer Zeile verweilt.

Direkte Berechnungen werden manchmal dem Leser überlassen. Diese durchzuführen ist eine gute Übung. Ist der Beweis eines Satzes länger, so wird er auf zwei Zwischenseiten ausführlicher dargestellt. Für das Weiterlernen ist es nicht unbedingt erforderlich, diese langen Beweise (sofort) durchzuarbeiten. Bei kurzen Beweisen ist die Absicht, dass die Studenten den Beweis so lange studieren, bis sie ihn verstanden haben. Allerdings sollte man nicht zu schnell frustriert sein. Das Verstehen von Beweisen muss geübt werden und es kann manchmal Wochen, Monate oder gar Jahre dauern, bevor man einen Beweis wirklich zu 100 % versteht.

EXTRAS ONLINE
Lösungen & Lehrvideos

Auf den rechten Seiten finden Sie die passenden Aufgaben. Diese Aufgaben sind mit den Informationen aus den Definitionen und den Sätzen von der vorherigen linken Seite lösbar. Lösungen der Aufgaben sind online verfügbar, jedoch sollte man vorher ernsthaft versuchen, die Aufgaben selbst zu lösen. Man lernt Mathematik nicht, indem man nur zuschaut. Ebenfalls werden Lehrvideos online auf der Seite zum Buch erhältlich sein.

Es ist natürlich möglich, dass Sie eine andere Lösung einer Aufgabe finden. Teilen Sie mir bitte Ihre Lösung mit, wenn Sie meinen, dass Ihre Lösung einfacher ist als meine.

Die mit einem Sternchen * versehenen Abschnitte können ohne schlechtes Gewissen beim ersten Durchlesen übersprungen werden.

Bedanken möchte ich mich bei Cynthia Hog-Angeloni für Verbesserungsvorschläge in der ersten Auflage. Weiterhin gilt mein Dank dem Pearson-Verlag für die angenehme Zusammenarbeit. Vor allem jedoch danke ich meiner Frau Petra. Ihre Unterstützung und das Korrekturlesen waren eine wesentliche Voraussetzung für die Fertigstellung des Buches. Auch danke ich meiner Familie für die aufgebrachte Geduld und unserem Hund für die Streitschlichtung.

Ich, als Holländer, habe mein Bestes getan, um Fehler im Deutschen zu vermeiden, jedoch ist dies nie zu 100 % möglich. Für Hinweise auf Fehler im Buch bin ich sehr dankbar. Wenn Sie welche finden, bitte ich Sie, mich zu benachrichtigen.

E-Mail: dejong@mathematik.uni-mainz.de

Eine Liste mit Fehlern wird online zur Verfügung stehen.

Mainz

Kapitel 0
Mengen und Funktionen

Der Begriff der Menge kommt in der Mathematik fast überall vor. Georg Cantor beschreibt eine Menge auf folgende Weise:

Unter einer Menge verstehen wir jede Zusammenfassung von bestimmten wohlunterschiedlichen Objekten unserer Anschauung oder unseres Denkens zu einem Ganzen.

Die Objekte, von denen Cantor spricht, nennen wir Elemente.

Oft, aber nicht immer, werden Großbuchstaben für Mengen, Kleinbuchstaben für Elemente benutzt. Enthält die Menge A das Objekt (Element) x, so schreibt man $x \in A$ und sagt

x ist ein Element von (der Menge) A.

Enthält A nicht das Element x, so schreibt man $x \notin A$ und sagt

x ist kein Element von A.

Zur Veranschaulichung benutzt man oft Diagramme, wie in der nebenstehenden Figur, sogenannte Venn-Diagramme.

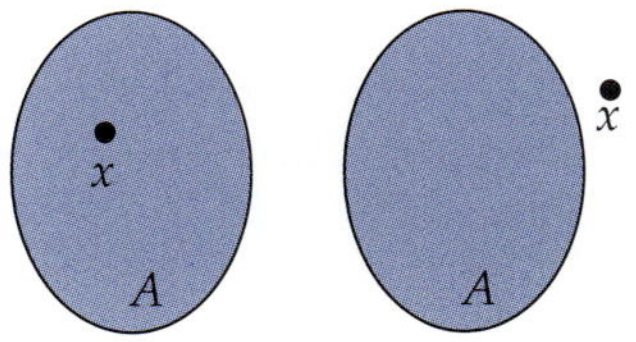

$x \in A$ $\quad$ $x \notin A$

Hat eine Menge nur endlich viele Elemente, so kann diese Menge durch die Aufzählung ihrer Elemente, eingeschlossen in geschweifte Klammern, sogenannte Akkoladen, aufgeschrieben werden. So ist

$$A = \{1, 4, \text{Affe}, \text{Pferd}\}$$

eine Menge, welche nur die Elemente $1, 4$, Affe und Pferd besitzt. Die Menge, die überhaupt keine Elemente hat, nennt man die leere Menge. Diese wird mit dem Symbol $\emptyset$ bezeichnet.

Die Aufzählung funktioniert nur, wenn die Menge endlich viele Elemente hat. Trotzdem benutzt man sie auch, wenn klar ist, wie die Elemente aus der Menge aussehen. Die Menge der natürlichen Zahlen $\mathbb{N}$ notiert man manchmal mit

$$\{1, 2, 3, 4, \ldots\}.$$

Mit $\mathbb{N}_0$ bezeichen wir die Menge der natürlichen Zahlen und Null $\{0, 1, 2, 3, \ldots\}$, mit $\mathbb{Z}$ die Menge der ganzen Zahlen $\{\ldots, -2, -1, 0, 1, 2, 3, \ldots\}$.
Eine andere oft benutzte Methode ist die der Aussonderung von Elementen aus einer gewissen bekannten Menge. So könnte man die Menge der geraden natürlichen Zahlen auch folgendermaßen aufschreiben:

$$\{a \in \mathbb{N} : a \text{ ist durch 2 teilbar}\}.$$

Mit $\#$ oder auch $|A|$ bezeichen wir die Anzahl der Elemente von A. Insbesondere gilt $\#\emptyset = |\emptyset| = 0$. Hat A unendlich viele Elemente, so schreiben wir $\#A = \infty$.

Eine Menge A heißt Teilmenge der Menge B, wenn jedes Element von A ebenfalls eine Element von B ist. Notation:

$$A \subset B \text{ oder } B \supset A.$$

Wir nennen A eine echte Teilmenge von B, wenn $A \subset B$ und es ein Element $x \in B$ gibt mit $x \notin A$. Wir benutzen die Notation $A \subsetneqq B$ oder $B \supsetneqq A$.

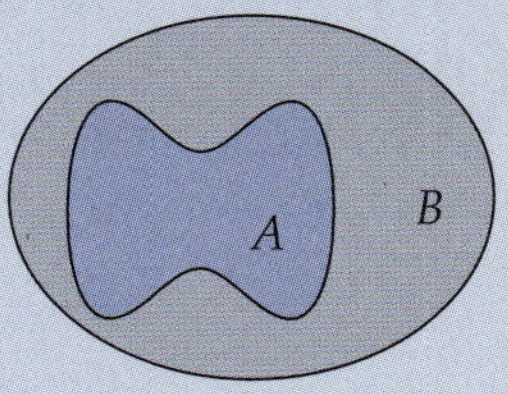

Es seien A und B Mengen.

1. Mit dem Durchschnitt $A \cap B$ bezeichnet man die Menge der Elemente, die sowohl in A als auch in B enthalten sind.
2. Mit der Vereinigung $A \cup B$ bezeichnet man die Menge der Elemente, die entweder in A oder in B (oder in beiden) enthalten sind.
3. Mit der Differenz oder dem Komplement von B in A, Notation $A \setminus B$ bezeichnet man die Menge der Elemente von A, die nicht in B enthalten sind. Wird A stillschweigend als bekannt vorausgesetzt, so schreiben wir oft B^c statt $A \setminus B$ und reden dann einfach vom Komplement von B.
4. Ist I eine Menge und für jedes $i \in I$ eine Menge A_i gegeben, so bezeichnen wir mit der Vereinigung $\cup_{i \in I} A_i$ die Menge aller Elemente, die in einer der A_i liegt.

   Der Durchschnitt $\cap_{i \in I} A_i$ ist die Menge aller Elemente, die in jedem A_i enthalten sind.

   Ist $I = \{1, 2, 3, \ldots\}$, so schreiben wir oft $\cup_{i=1}^{\infty} A_i$ statt $\cup_{i \in I} A_i$. Analog für $\cap$ und wenn $I = \{1, \ldots, n\}$.

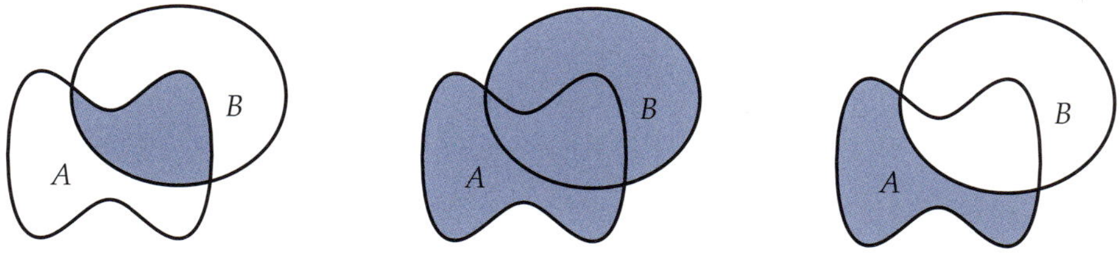

$A \cap B$ $\qquad$ $A \cup B$ $\qquad$ $A \setminus B$

Die Aussage $A \subset B$ ist äquivalent zu einer der nachfolgenden Aussagen:

1. $A = A \cap B$,
2. $A \setminus B = \emptyset$,
3. $B = A \cup B$.

Es ist wenig sinnvoll, solche Aussagen auswendig zu lernen, weil sie sich schnell im Kopf herleiten lassen.

Sind A, B zwei Mengen, so ist das kartesische Produkt $A \times B$ die Menge der Paare (a, b) mit $a \in A$ und $b \in B$.

Es ist hier erlaubt, dass $A = B$. Dann schreibt man oft A^2 statt $A \times A$. Das wichtigste Beispiel für uns ist die Menge $\mathbb{R}^2$, welche die Ebene darstellt.

1. Eine Abbildung, auch Funktion genannt, ist eine Vorschrift $f\colon A \to B$, die jedem $a \in A$ genau ein Element $f(a) \in B$ zuordnet.
   (Dieser Begriff wird in der Schule etwas anders gehandhabt. Wir bestehen darauf, dass f in allen Punkten von A definiert ist.)
2. Sind $f\colon A \to B$ und $g\colon B \to C$ Abbildungen, so ist die Verknüpfung $g \circ f\colon A \to C$ gegeben durch $g \circ f(a) := g(f(a))$ für alle $a \in A$.

Ist $h\colon C \to D$ eine weitere Abbildung, so gilt $(f \circ g) \circ h = f \circ (g \circ h)$.

$f\colon A \to B$ heißt

- surjektiv, wenn die Gleichung $b = f(a)$ für jedes $b \in B$ mindestens eine Lösung $a \in A$ hat.
- injektiv, wenn die Gleichung $b = f(a)$ für jedes $b \in B$ höchstens eine Lösung $a \in A$ hat.
- bijektiv, wenn die Gleichung $b = f(a)$ für jedes $b \in B$ genau eine Lösung $a \in A$ hat.

Bei einer **bijektiven** Abbildung kann man jedem Element von b genau ein Element a von A zuordnen. Wir erhalten die sogenannte inverse Abbildung oder Umkehrabbildung (oder -funktion)

$$f^{-1}\colon B \to A$$

mit den grundlegenden Eigenschaften

$$f(a) = b \iff a = f^{-1}(b)$$

und hieraus $f^{-1}(f(a)) = a$ für alle $a \in A$ und $f(f^{-1}(b)) = b$ für alle $b \in B$.
Dies bedeutet $f \circ f^{-1} = \mathrm{Id}_B$ und $f^{-1} \circ f = \mathrm{Id}_A$. Hierbei ist für eine beliebige Menge A die identische Abbildung $\mathrm{Id}_A\colon A \to A$ gegeben durch $\mathrm{Id}_A(a) = a$ für alle $a \in A$. Diese Abbildung tut also nichts.

Existiert eine Bijektion $\sigma\colon \mathbb{N} \to A$, so nennt man A abzählbar oder abzählbar unendlich. Dies bedeutet, dass man die Elemente der Menge A auflisten kann:

$$A = \{\sigma(1), \sigma(2), \sigma(3), \ldots, \}\,.$$

Äquivalent dazu ist, dass eine Menge A unendlich viele Elemente hat und es eine Surjektion $\sigma\colon \mathbb{N} \to A$ gibt. Die Vereinigung zweier abzählbarer Mengen ist wiederum abzählbar. Es gilt nach Cantor, dass die Vereinigung einer abzählbaren Menge von abzählbare Mengen wiederum abzählbar ist. Insbesondere ist $\mathbb{N} \times \mathbb{N}$ eine abzählbare Menge. Cantors Aussage wird ersichtlich aus dem nebenstehenden Diagramm.

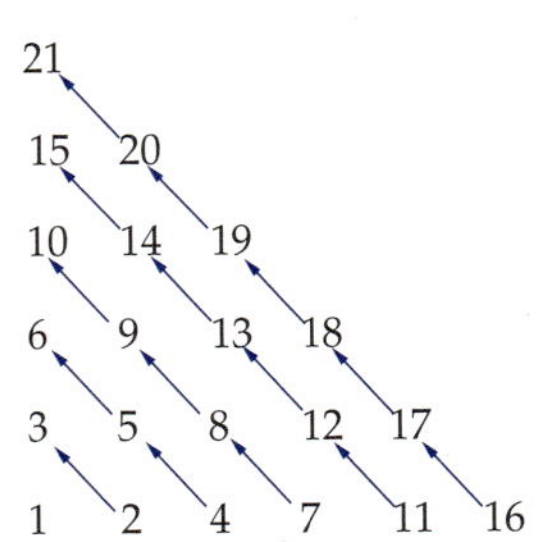

Es gibt auch Mengen mit unendlich vielen Elementen, die nicht abzählbar sind. Betrachte dazu die Menge $\{0,1\}^{\mathbb{N}}$ aller Abbildungen

$$f\colon \mathbb{N} \to \{0,1\}\,.$$

Der Nachweis, dass diese Menge nicht abzählbar ist, erfolgt mit dem sogenannten *zweiten cantorschen Diagonalverfahren*. Nehmen wir an, es gäbe eine Abzählung

$$f_1, f_2, f_3, \ldots$$

von $\{0,1\}^{\mathbb{N}}$. Dann kommt die Abbildung $f\colon \mathbb{N} \to \{0,1\}$ gegeben durch

$$f(i) = 1 - f_i(i), \quad i = 1, 2, 3, \ldots\,.$$

nicht in dieser Liste vor, denn $f(i) \neq f_i(i)$, also $f \neq f_i$ für alle i.

$$\begin{array}{lcccccccccccc}
f_1 & = & \mathbf{1} & 0 & 1 & 0 & 0 & 1 & 1 & 1 & 1 & 0 & \cdots \\
f_2 & = & 1 & \mathbf{0} & 1 & 1 & 0 & 1 & 1 & 0 & 1 & 0 & \cdots \\
f_3 & = & 1 & 0 & \mathbf{0} & 0 & 0 & 0 & 1 & 1 & 1 & 1 & \cdots \\
f_4 & = & 1 & 0 & 1 & \mathbf{1} & 1 & 0 & 0 & 1 & 1 & 1 & \cdots \\
f_5 & = & 1 & 0 & 0 & 1 & \mathbf{1} & 0 & 1 & 1 & 1 & 0 & \cdots \\
f_6 & = & 0 & 0 & 0 & 0 & 0 & \mathbf{0} & 1 & 0 & 1 & 1 & \cdots \\
f_7 & = & 0 & 1 & 1 & 0 & 0 & 0 & \mathbf{0} & 1 & 0 & 0 & \cdots \\
f_8 & = & 1 & 0 & 1 & 0 & 1 & 1 & 1 & \mathbf{1} & 1 & 0 & \cdots \\
f_9 & = & 0 & 1 & 0 & 0 & 0 & 0 & 1 & 1 & \mathbf{0} & 0 & \cdots \\
f_{10} & = & 0 & 0 & 1 & 0 & 0 & 1 & 0 & 0 & 0 & \mathbf{1} & \cdots \\
 & & & & & & & \vdots & & & & & \\
f & = & \mathbf{0} & \mathbf{1} & \mathbf{1} & \mathbf{0} & \mathbf{0} & \mathbf{1} & \mathbf{1} & \mathbf{0} & \mathbf{1} & \mathbf{0} & \cdots
\end{array}$$

Reelle Zahlen

1

1.1 Binäre Entwicklung 22
1.2 Reelle Zahlen 24
1.3 Grenzwerte und Vollständigkeit 26
1.4 Addition und Multiplikation 28
1.5 Kehrwert und Quadratwurzel 32
1.6 Dezimal- und Binärschreibweise 34
1.7 Supremum und Infimum 36
1.8 Intervalle, Häufungspunkte 38
1.9 *Cauchyfolgen* 40

ÜBERBLICK

LERNZIELE

- Die Definition der reellen Zahlen; Binär- und Dezimalentwicklung
- Die Rechengesetze der reellen Zahlen
- Kleinste obere Schranke und größte untere Schranke
- Begriff des Häufungspunktes einer Menge von reellen Zahlen

> Die ganzen Zahlen hat der liebe Gott gemacht, alles andere ist Menschenwerk.
> (L. KRONECKER (1866))

> Die Zahlen sind freie Schöpfungen des menschlichen Geistes, sie dienen als ein Mittel, um die Verschiedenheit der Dinge leichter und schärfer aufzufassen.
> (R. DEDEKIND: „Was sind und was sollen die Zahlen")

Wir betrachten die Zahlengerade:

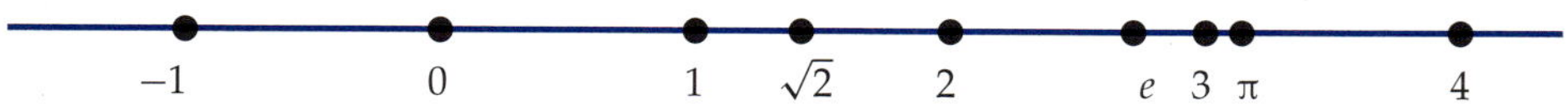

Es gibt auf dieser Geraden den ausgezeichneten Punkt 0 und weiter auf dieser Geraden die natürlichen Zahlen $1, 2, 3, 4, \ldots$ sowie die negativen ganzen Zahlen $-1, -2, -3, -4, \ldots$. Ebenfalls möchten wir die anderen Punkte auf der Zahlengerade beschreiben. Dies machen auf folgende Weise zunächst für die Zahlen rechts von 0. Sei x ein Punkt auf dieser Geraden, zum Beispiel zwischen 0 und 1.Wir haben im folgenden Bild die Situation vergrößert dargestellt.

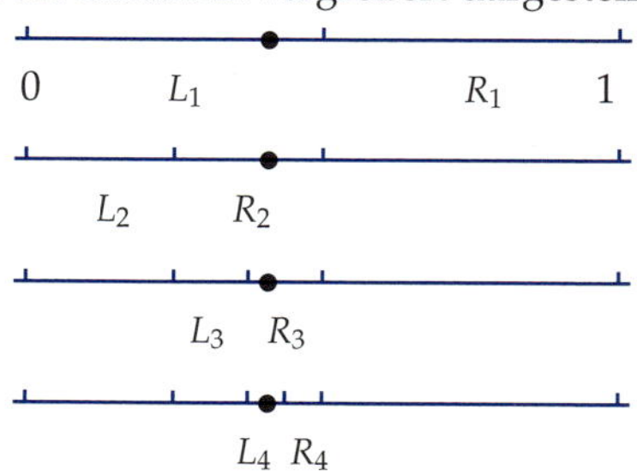

Um x zu lokalisieren, schauen wir auf die Mitte der Strecke $\frac{1}{2}$ zwischen 0 und 1. Den Teil links von $\frac{1}{2}$ nennen wir L_1, den Teil rechts R_1. Der Punkt $\frac{1}{2}$ liegt definitionsgemäß in R_1. Sonst liegt x links oder rechts von $\frac{1}{2}$. Liegt x links von $\frac{1}{2}$, also in L_1, dann definieren wir $a_{-1} = 0$ und $I_2 = L_1$. Liegt x rechts von $\frac{1}{2}$ oder ist x gleich $\frac{1}{2}$, so setzen wir $a_{-1} = 1$ und $I_2 = R_1$.

Als nächsten Schritt teilen wir I_2 in zwei gleiche Teile L_2 und R_2 auf, wobei die Mitte definitionsgemäß in R_2 liegt. Liegt x in L_2, so schreiben wir $a_{-2} = 0$ und $I_3 = L_2$. Liegt x in R_2, so schreiben wir $a_{-2} = 1$ und $I_3 = R_2$. Dann teilen wir I_3 in zwei gleiche Teilen L_3 und R_3 auf usw. Wir erhalten die Folge von Bits, d. h., Elemente von $\{0, 1\}$:

$$a_{-1}, a_{-2}, a_{-3}, \ldots$$

Fast alle solche Folgen von Bits kommen vor, jedoch man muss Folgendes beachten:[1] Liegt x bei $\frac{1}{2}$, so erhalten wir $a_{-1} = 1$ und $0 = a_{-2} = a_{-3} = \cdots$. Hätten wir stattdessen die Konvention genommen, dass $\frac{1}{2}$ in L_1 liegt, so hätten wir $a_{-1} = 0, 1 = a_{-2} = a_{-3} = \cdots$ erhalten. Um eine doppelte Bezeichnung zu vermeiden, haben wir x in R_1 gewählt.

1 In Dezimalentwicklung: $1{,}00000\cdots$ ist erlaubt, aber $0{,}99999\cdots$ ist nicht erlaubt.

Für eine einheitliche Schreibweise, benutzen wir auch die binäre Schreibweise von natürlichen Zahlen. Im Binärsystem ist $23 = 10\,111 = 1{\cdot}2^4 + 0{\cdot}2^3 + 1{\cdot}2^2 + 1{\cdot}2^1 + 1{\cdot}2^0$. Wir schreiben $a_0 = a_1 = a_2 = a_4 = 1$ und $a_3 = 0$. Auch $0 = a_5 = a_6 = a_7 = \cdots$. Wir erhalten folgende Beschreibung für eine nicht negative reelle Zahl, d. h. ein Punkt a rechts von 0 auf der Zahlengeraden. Sie ist eine Abbildung

$$a\colon \mathbb{Z} \to \{0, 1\}, \quad n \to a_n\,,$$

welche jeder Stelle ein Bit zuordnet, sodass gilt:

1 Es gibt ein $n \in \mathbb{N}$ mit $0 = a_{n+1} = a_{n+1} = a_{n+2} = \cdots$.

2 Es gibt kein $k \in \mathbb{N}$ mit $1 = a_{-k} = a_{-k-1} = a_{-k-2} = \cdots$.[2]

Wir schreiben

$$a_n a_{n-1} \cdots a_1 a_0, a_{-1} a_{-2} \cdots$$

für eine solche Zahl und nennen Sie auch Binärentwicklung.[3] Negative reelle Zahlen definieren wir dadurch, das wir einfach ein „–“ vor eine Binärentwicklung schreiben. Diese ist links von 0 zu lokalisieren. Manchmal schreiben wir auch ein „+“ vor einer Binärentwicklung. Zu beachten ist, dass $-0 = 0 = +0$ zu definieren ist.

Die reellen Zahlen ordnen wir der Größe nach, indem man $x < y$ (x ist kleiner als y) definiert, wenn x auf der Zahlengerade links von y liegt. Zu sagen, dass x kleiner ist als y, ist das Gleiche wie zu sagen, dass y größer ist als x. Das können wir mit unseren Binärentwicklungen zum Ausdruck bringen.

Wenn wir unendlich viele reelle Zahlen $a_1, a_2, a_3, \ldots$ betrachten, so reden wir von einer Folge reeller Zahlen (a_n). Die Folge (a_n) konvergiert gegen a wenn sich die Zahlen $a_1, a_2, a_3, \ldots$ der Zahl a beliebig gut annähern. Das „beliebig gut“ übersetzen wir in die mathematischen Sprache:

Die Folge (a_n) konvergiert gegen a, wenn für alle reellen Zahlen c, d mit $c < a < d$ folgt, dass $c < a_n < d$ für alle bis auf endlich viele $n \in \mathbb{N}$.

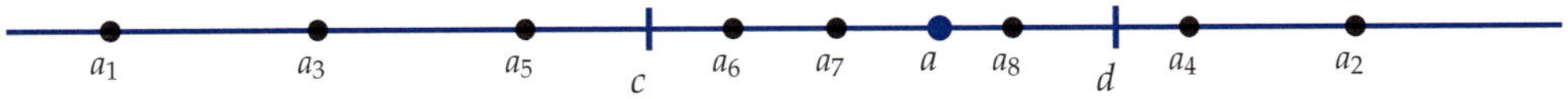

Man benutzt die Notation $\lim\limits_{n\to\infty} a_n = a$ oder $a_n \to a$ für $n \to \infty$. Statt n werden manchmal auch i, j, k, ℓ oder vielleicht auch noch andere Buchstaben benutzt.

2 Man hätte alternativ die zweite Bedingung fallen lassen können und z. B.

$$0{,}100000\cdots = 0{,}011111\cdots$$

als gleich definieren können.

3 Alternativ kann man auch Dezimalentwicklungen nehmen. Zu bemerken ist, dass die Teilung durch 2 einfacher ist, als durch 10.

Ein wichtiger Satz ist folgender: Ist (a_n) eine wachsende Folge reeller Zahlen

$$a_1 \leq a_2 \leq a_3 \leq \cdots$$

und ist die Folge beschränkt, d. h., gibt es eine Zahl K, mit $a_n \leq K$ für alle $n \in \mathbb{N}$, so ist diese Folge konvergent, d. h., es gibt eine Zahl $a \in \mathbb{R}$ mit $a = \lim_{n\to\infty} a_n$.

Es ist Ihnen aus der Schule sicherlich bekannt, dass reelle Zahlen addiert und multipliziert werden können. Um diese zu definieren, betrachten wir zunächst endliche Binärzahlen. Sie sind von der Gestalt $\pm a$, wobei a eine Binärentwicklung ist mit der zusätzlichen Eigenschaft, dass sie auch rechts auf Nullen endet, also:

Es gibt ein $k \in \mathbb{Z}$ mit $a_{-k-1} = a_{-k-2} = \cdots = 0$.

Eine solche Zahl kann man auch als plus oder minus

$$a_n \cdot 2^n + \cdots + a_1 \cdot 2^1 + a_0 \cdot 1 + a_{-1} \cdot 2^{-1} + \ldots + a_{-k} \cdot 2^{-k}$$

schreiben. Diese Zahl ist ein Bruch mit einem Nenner, der höchstens 2^k ist und da diese spezielle Brüche sind, ist bekannt, wie man damit rechnet. Ist $x \in \mathbb{R}$ und $k \in \mathbb{N}_0$, so gibt es ein größtes Element in $2^{-k}\mathbb{Z}$, welches kleiner oder gleich a ist. Wir bezeichnen es mit $\lfloor a \rfloor_k$. Für $k = 0$ erhalten wir die Gauß-Klammer. Für positive reelle Zahlen a erhält man $\lfloor a \rfloor_k$ aus a, indem man die Bits $a_{-j} \in \{0, 1\}$ für $j > k$ alle durch das Bit 0 ersetzt. Sind a, b reelle Zahlen, so können wir die Folgen

$$(\lfloor a \rfloor_k + \lfloor b \rfloor_k) \text{ und } (\lfloor a \rfloor_k \cdot \lfloor b \rfloor_k)$$

bilden. Es lässt sich zeigen, dass diese Folgen beide konvergieren und es ist naheliegend

$$a + b := \lim_{k\to\infty} (\lfloor a \rfloor_k + \lfloor b \rfloor_k) \text{ und } a \cdot b := \lim_{k\to\infty} \lfloor a \rfloor_k \cdot \lfloor b \rfloor_k$$

zu definieren.

Die Stetigkeit der Addition und Multiplikation besagt, dass für konvergente Folgen (a_n) und (b_n) gilt, dass sowohl $(a_n + b_n)$ als auch $(a_n \cdot b_n)$ konvergent sind und dass

$$\lim_{n\to\infty} (a_n + b_n) = \lim_{n\to\infty} a_n + \lim_{n\to\infty} b_n\,,$$
$$\lim_{n\to\infty} (a_n \cdot b_n) = \lim_{n\to\infty} a_n \cdot \lim_{n\to\infty} b_n\,.$$

Der Beweis dieser Aussage ist für Anfänger wahrscheinlich schwierig zu verstehen.
Mithilfe dieser Stetigkeit ist der Beweis der grundlegenden Eigenschaften der Addition und Multiplikation (Assoziativität und Distributivität) einfach. Man führt sie nämlich zurück auf die entsprechenden Rechenregeln für Brüche.

Das Supremum $\sup(A)$ einer von oben beschränkten Menge A ist die kleinste obere Schranke dieser Menge. Es gilt $a \leq \sup(A)$ für alle a in A und es gibt keine kleineren Zahlen $b < \sup(A)$, die diese Bedingungen erfüllen. Diesen Begriff kennen Sie nicht aus der Schule und er ist verwandt mit dem Maximum einer Menge A. Hat eine Menge M ein Maximum, so ist dieses Maximum das Supremum. Eine beschränkte Menge braucht kein Maximum zu haben, (zum Beispiel die Menge der negativen Zahlen hat kein Maximum), aber ein Supremum hat sie. Diese wichtige Aussage, dass eine beschränkte Menge von reellen Zahlen ein Supremum besitzt, nennt man die *Vollständigkeit* der reellen Zahlen.

Das Kapitel ist folgendermaßen organisiert. Zunächst üben wir Rechnen mit natürlichen Zahlen in Binärdarstellung. Die reellen Zahlen, zusammen mit ihrer Ordnung, und die Addition und Multiplikation werden behandelt. Danach wird besprochen, wie man von der Dezimaldarstellung zur Binärdarstellung kommt und umgekehrt. Die Existenz eines Kehrwerts a^{-1} für $a \neq 0$ und die Existenz einer Quadratwurzel $\sqrt{a}$ für $a \geq 0$ wird algorithmisch erklärt. Am Ende des Kapitels besprechen wir noch zwei andere Formulierungen der Vollständigkeit der reellen Zahlen, nämlich Häufungspunkte und Cauchyfolgen. Den Abschnitt über Cauchyfolgen können Sie beim ersten Lesen auslassen.

Bemerkung. Die Aussage $\lim_{n\to\infty} a_n = a$ ist äquivalent zur folgenden Aussage:

$$\text{Für jedes } \varepsilon > 0 \text{ gibt es ein } N \in \mathbb{N}, \text{ sodass für alle } n \geq N \text{ gilt: } |a_n - a| < \varepsilon.$$

(Siehe Satz 1.5.) Der Ausdruck: „es existiert ein $N \in \mathbb{N}$, sodass für alle $n \geq N$", ist natürlich äquivalent zu unserem Ausdruck „für fast alle n". Die obige Beschreibung für den Grenzwert ist Standard. Wir bemerken aber, dass für die Definition des Grenzwertes einer Folge die Addition von reellen Zahlen *gar nicht gebraucht* wird. Der Beweis für die Stetigkeit der Addition und Multiplikation, die in den meisten Büchern gegeben werden, ist kürzer als unsere. Allerdings wird in diesem Beweis,

die Existenz der reellen Zahlen und von Rechenregeln wie Assoziativität und Distributivität, vorausgesetzt.

Bemerkung. Es gibt verschiedene andere Möglichkeiten, reelle Zahlen einzuführen, z. B. dedekindsche Schnitte, Intervallschachtelungen oder Äquivalenzklassen von Cauchyfolgen. Ich halte diese Methoden alle, zumindest für Studienanfänger, für schwieriger als die Methode mit Binärentwicklungen. Im heutigen Computerzeitalter muss man Binärentwicklungen ohnehin verstehen. Wie vorher schon bemerkt, ist es für den Studienanfänger ratsam, den Beweis des Satzes 1.4 erst einmal zu überfliegen.

1.1 Binäre Entwicklung

Im täglichen Leben schreiben wir natürliche (und ganze) Zahlen in Dezimalschreibweise. Ihre Bedeutung sieht man am Beispiel $n = 123 = 1 \cdot 10^2 + 2 \cdot 10^1 + 3 \cdot 10^0$. Im heutigen Computerzeitalter ist die binäre Schreibweise von großer Bedeutung. Hier benutzen wir nicht die Ziffern 0, 1, 2, 3, 4, 5, 6, 7, 8, 9, sondern die Bits 0, 1, und nicht die Basis 10, sondern die Basis 2. So ist in Binärschreibweise 1 111 011 gleich

$$1\,111\,011 = 1 \cdot 2^6 + 1 \cdot 2^5 + 1 \cdot 2^4 + 1 \cdot 2^3 + 0 \cdot 2^2 + 1 \cdot 2^1 + 1 \cdot 2^0 = 123.$$

Satz 1.1 Sei $n \in \mathbb{N}$. Dann gibt es eine eindeutig bestimmte ganze Zahl $k \geq 0$ und eindeutig bestimmte Bits $a_0, \ldots, a_{k-1} \in \{0, 1\}$, sodass

$$n = 2^k + a_{k-1}2^{k-1} + \ldots + a_1 2^1 + a_0 \cdot 2^0 .$$

Mit Induktion. Ist $n = 1$, so ist $a_0 = 1$. Angenommen, die Aussage ist wahr für alle $k < n$. Gegeben n, so ist die einzige mögliche Wahl $a_0 = 0$, wenn n gerade, und $a_0 = 1$, wenn n ungerade ist. Dann ist $(n - a_0)/2$ eine natürliche Zahl, nach Induktion gibt es ein eindeutig bestimmtes k und eindeutig bestimmte $a_1, \ldots, a_{k-1} \in \{0, 1\}$, sodass $(n - a_0)/2 = 2^{k-1} + a_{k-1}2^{k-2} + \ldots + a_1 2^0$. Dann hat n die gesuchte Darstellung. ■

Wir schreiben $(1a_{k-1} \cdots a_0)_2$ für die Binärschreibweise oder auch einfach $1a_{k-1} \cdots a_0$, wenn aus dem Kontext klar ist, dass die Binärschreibweise gemeint ist.

Beispiel: Wir schreiben $n = 729$ in Binärdarstellung. Der Beweis gibt uns $a_0 = 1$, weil 729 ungerade ist. Jetzt nehmen wir $(n - 1)/2 = 364$. Diese Zahl ist gerade, also $a_1 = 0$ usw. Wir schreiben umgekehrt 1011 0110 01 in Dezimaldarstellung um. Jetzt fangen wir links mit 1 an, multiplizieren mit 2 und addieren 0, das zweite Bit von links. Wir erhalten 2. Wir multiplizieren mit 2 und addieren 1, das dritte Bit von links. Wir erhalten 5 usw.

1	2	5	11	22	45	91	182	364	729
1	0	1	1	0	1	1	0	0	1

Für negative ganze Zahlen haben wir zusätzlich ein Vorzeichen −. Wenn wir auch negative Exponenten zulassen, erhalten wir statt $\mathbb{Z}$ den sogenannten „Ring" $\mathbb{Z}[1/2]$.

1. Die Elemente in $2^{-k}\mathbb{Z}$ sind $\pm\, a_\ell 2^\ell + a_{\ell-1}2^{\ell-1} + \cdots + a_{-k}2^{-k}$ mit $a_i \in \{0, 1\}$.
2. Die Menge der endlichen Binärzahlen ist gleich $\mathbb{Z}[1/2] := \cup_{k=1}^{\infty} 2^{-k}\mathbb{Z}$.

Die endlichen Binärzahlen sind spezielle rationale Zahlen: $\mathbb{Z}[1/2] \subset \mathbb{Q}$. Sind x, y endliche Binärzahlen, so auch $x + y$ und $x \cdot y$. Diese Operationen erfüllen die Kommutativgesetze $x + y = y + x$, $x \cdot y = y \cdot x$, die Assoziativgesetze $(x + y) + z = x + (y + z)$, $(x \cdot y) \cdot z = x \cdot (y \cdot z)$ und das Distributivgesetz $x \cdot (y + z) = x \cdot y + x \cdot z$. Weiterhin gilt $0 \cdot x = 0$, $1 \cdot x = x$, $(-1) \cdot x = -x$ und $x + 0 = x$ für alle endlichen Binärzahlen.

Aufgaben

Lösungen

Aufgabe 1.1 Schreiben Sie die nachfolgenden Zahlen in binärer Schreibweise: 16, 21, 32, 35, 41, 201.

Aufgabe 1.2 Schreiben Sie die nachfolgenden, in binärer Schreibweise gegebenen Zahlen in Dezimalschreibweise: 1011, 100101, 10101010101, 11, 100, 111, 10000, 1111111, 10000000.

Aufgabe 1.3
Berechnen Sie die Summe $a + b$ und das Produkt ab der nachfolgenden, in binärer Schreibweise gegebenen Zahlen. Schreiben Sie diese dann in der Dezimalschreibweise und kontrollieren Sie das Ergebnis. Rechts steht das Beispiel $a = 1011$ und $b = 1101$, also $a = 11$ und $b = 13$.

1. $a = 1011,\ b = 10$
2. $a = 10101,\ b = 11$
3. $a = 10101,\ b = 101$
4. $a = 111011,\ b = 10111$

```
                 1011
                 1101
              -------•
                 1011
  1011         101100
  1101        1011000
 -----+      --------+
 11000       10001111
```

Aufgabe 1.4

1. Nebenstehendes Programm `binary(a)` berechnet für eine natürliche Zahl a die Binärentwicklung als String, in diesem Fall eine Zeichenkette aus Nullen und Einsen. Probieren Sie es aus. Hier bedeutet `a%2` der Rest bei Teilung mit Rest durch 2, und `a//2` bezeichnet den Quotienten.

```
def binary(a):
    if a == 0: stri = '0'
    else: stri=''
    while a!=0:
        stri = str(a%2)+stri
        a = a//2
    return(stri)
```

   Schreiben Sie selbst ein Programm `dec(a)`, welches aus einem String `a` von Einsen und Nullen die natürliche Zahl in Dezimaldarstellung ausgibt.

2. Das nachfolgende, nicht besonders effiziente Programm `add(a,b)` berechnet die Summe von a und b in binärer Entwicklung. Als Eingabe ist ein String von Nullen und Einsen gegeben. Schreiben Sie selbst ein Programm, welches das Produkt von a und b ausrechnet.

```
def add(a,b):
    if len(a)<len(b): a,b = b,a
    if b=='': return a
    aa = a[-1]; bb = b[-1]; a= a[:-1]; b=b[:-1]
    c = add(a,b)
    if (aa=='1')&(bb=='1'): return add(c,'1') + '0'
    elif (aa=='0')&(bb=='0'): return c + '0'
    else: return c + '1'
```

1.2 Reelle Zahlen

1 Eine **reelle Zahl** ist eine Ausdruck $+a$ oder $-a$, wobei a eine Abbildung $a\colon \mathbb{Z} \to \{0,1\}$, $n \mapsto a_n$ ist mit den Eigenschaften:

(a) Es gibt ein $n \in \mathbb{N}$ mit $0 = a_{n+1} = a_{n+2} = a_{n+3} = \cdots$.

(b) Es gibt kein $k \in \mathbb{N}$ mit $1 = a_{-k} = a_{-k-1} = a_{-k-2} = \cdots$.

Ist $a_k = 0$ für jedes k, so schreiben wir $+a = -a = 0$. Außerdem definieren wir $-(+a) := -a$ und $-(-a) = +a$. Wir schreiben kurz a für $+a$.

Zahlen der Form $+a$ mit $a \neq 0$ nennen wir positiv, Zahlen der Form $-a$ mit $a \neq 0$ negativ. Die Mengen der reellen Zahlen bezeichnen wir mit $\mathbb{R}$.

2 Es sei $a, b \in \mathbb{R}$. Wir definieren $a < b$, äquivalent $b > a$, wenn:

- a negativ und b positiv oder null ist.
- a und b beide nicht negativ sind, $a_k = 0$ und $b_k = 1$ für das größte k mit $a_k \neq b_k$.
- $-b < -a$, wenn a und b beide negativ sind.

Ist $a < b$, so sagen wir, dass a kleiner ist als b oder b größer als a. Wir schreiben $a \leq b$ oder $b \geq a$, wenn $a < b$ oder $a = b$.

3 Wir fassen $2^{-k} \cdot \mathbb{Z} \subset \mathbb{R}$ als die Zahlen $\pm a$ mit $a_{-k-1} = a_{-k-2} = \cdots = 0$ auf.

4 Den Betrag $|a|$ von $a \in \mathbb{R}$ definieren wir durch $|a| = a$, wenn a nicht negativ ist, und $|a| = -a$, wenn a negativ ist.

Satz 1.2

1 Die reellen Zahlen sind total geordnet, d. h.:

(a) Für $a, b \in \mathbb{R}$ gilt entweder $a = b, a > b$ oder $a < b$.

(b) Ist $a \leq b$ und $b \leq a$, so ist $a = b$.

(c) Ist $a < b$ und $b < c$, so ist $a < c$.

2 Für jedes $a \in \mathbb{R}$ und jedes $k \in \mathbb{Z}$ gibt es eine eindeutig bestimmte größte Zahl $\lfloor a \rfloor_k \in 2^{-k}\mathbb{Z}$ mit $\lfloor a \rfloor_k \leq a$. Wir schreiben $\lfloor a \rfloor$ für $\lfloor a \rfloor_0$ (Gauß-Klammer).

Ebenso gibt es eine eindeutig bestimmte kleinste Zahl $\lceil a \rceil_k \in 2^{-k}\mathbb{Z}$ mit $a \leq \lceil a \rceil_k$.

3 Es sei $a, b \in \mathbb{R}$ mit $a < b$. Dann gibt ein $k \in \mathbb{N}$ und $c \in 2^{-k-1} \cdot \mathbb{Z}$ mit $a \leq \lceil a \rceil_k < c < \lfloor b \rfloor_k \leq b$.

1 Diese Aussage ist eine einfache Aufgabe.

2 Ist $a \in 2^{-k}\mathbb{Z}$, so nehme $\lfloor a \rfloor_k = \lceil a \rceil_k = a$. Sei also $a \notin 2^{-k}\mathbb{Z}$ und $a > 0$. Setze $b_i = a_i$, wenn $i \geq -k$, und $b_i = 0$, wenn $i < -k$. Dann ist b das gesuchte $\lfloor a \rfloor_k$ und $b + 2^{-k}$ das gesuchte $\lceil a \rceil_k$. Ist $a < 0$, so $\lfloor a \rfloor_k = -\lceil -a \rceil_k$ und $\lceil a \rceil_k = -\lfloor -a \rfloor_k$.

3 Die Aussage ist klar, wenn $a < 0 < b$. Sei $0 \leq a < b$ und ℓ minimal mit $\lfloor a \rfloor_\ell < \lfloor b \rfloor_\ell$. Wähle ein $k \geq \ell + 1$ mit $a_{-k} = 0$. (Das ist möglich, weil eine Binärentwicklung nicht auf Einsen endet.) Definiere $c := \lfloor a \rfloor_k + 2^{-k} + 2^{-k-1}$. Dann folgt $a \leq \lceil a \rceil_k < c < \lfloor b \rfloor_\ell \leq \lfloor b \rfloor_k \leq b$. Den Fall $a < b \leq 0$ zeigt man analog. ∎

Aufgaben

EXTRAS ONLINE
Lösungen

Aufgabe 1.5 In dieser Aufgabe werden wir jeder (positiven) rationalen Zahl eine reelle Zahl zuordnen. Es sei $a, b \in \mathbb{N}$.

1. Zeigen Sie mit Induktion, dass es Zahlen $q, r \in \mathbb{N}_0$ gibt, sodass $a = q \cdot b + r$, $r \in \{0, 1, \ldots, b-1\}$.
2. Zeigen Sie, dass diese q und r eindeutig durch a und b bestimmt sind. Die binäre Entwicklung von q ergibt die Vorkommastellen von a/b.
3. Es sei nun $a < b$. Setze $x_k = 0$ für $k \geq 0$. Setze $y_0 = a$ und

$$\begin{aligned} 2y_0 &= x_{-1}b + y_{-1} \\ 2y_{-1} &= x_{-2}b + y_{-2} \\ &\vdots \\ 2y_{-k+1} &= x_{-k}b + y_{-k} \\ &\vdots \end{aligned}$$

   mit $x_{-k} \in \{0, 1\}$ und $0 \leq y_{-k} < b$.
   Berechnen Sie die binäre Entwicklung von $\frac{1}{2}, \frac{1}{3}, \frac{1}{4}, \frac{1}{5}, \frac{1}{7}, \frac{3}{5}$ und $\frac{5}{7}$.
4. Warum ist die Entwicklung periodisch?
5. Bestimmen Sie die binäre Entwicklung von $1/(2^k - 1)$.
6. Schreiben Sie in SAGE ein Programm, dass die binäre Entwicklung einer positiven rationalen Zahl berechnet. Geben Sie die Periode und den periodischen Anteil an.
7. Welchen Algorithmus braucht man für die Dezimalentwicklung?

Aufgabe 1.6 Es sei $a \in 2^{-k}\mathbb{Z}$ mit $a \geq 0$. Definiere $a_1, a_2, \ldots$ durch:

$$\begin{aligned} a_1 &= a + 2^{-k-1} \\ a_2 &= a_1 + 2^{-k-2} \\ a_3 &= a_2 + 2^{-k-3} \\ &\vdots \end{aligned}$$

Sei $x \in \mathbb{R}$ mit $x \geq a_n$ für jedes n. Zeigen Sie, dass $x \geq a + 2^{-k}$.

Aufgabe 1.7 Zeigen Sie, dass die Menge der reellen Zahlen nicht abzählbar ist, siehe Kapitel 0.

1.3 Grenzwerte und Vollständigkeit

1 Eine Folge $a_1, a_2, a_3, \dots$ reeller Zahlen bezeichnen wir mit (a_n) oder (a_k) usw.

2 (a_n) heißt konvergent mit Grenzwert a, Notation $\lim\limits_{n\to\infty} a_n = a$, oder $a_n \to a$ für $n \to \infty$, wenn gilt:

Für alle c, d mit $c < a < d$ gilt: $c < a_n < d$ für fast alle n, d. h. für alle bis auf endlich viele n.

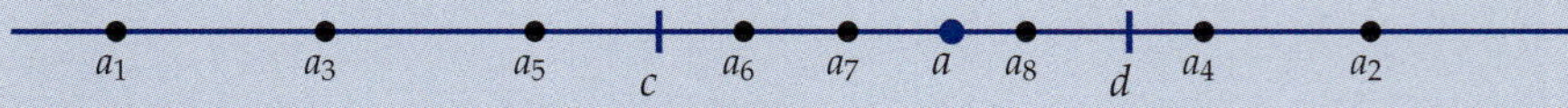

3 Eine **Nullfolge** ist eine konvergente Folge mit Grenzwert 0.

4 Eine divergente Folge ist eine Folge, die nicht konvergent ist.

Beispiel: Ist $a \in \mathbb{R}$, so ist $\lim\limits_{n\to\infty} \lfloor a \rfloor_n = a = \lim\limits_{n\to\infty} \lceil a \rceil_n$. Wir betrachten dazu den Fall $a > 0$. Ist $c < a < d$, so gibt es ein N mit $c < \lfloor a \rfloor_N \le a \le \lceil a \rceil_N < d$, die zweite Ungleichung nach Satz 1.2 Teil 3. Es folgt $c < \lfloor a \rfloor_n \le a \le \lceil a \rceil_n < d$ für alle $n \ge N$.

Satz 1.3 (Siehe Aufgabe 1.8)

1 Eine konvergente Folge hat nur einen Grenzwert.

2 Ist $\lim\limits_{n\to\infty} a_n = a$ und $\lim\limits_{n\to\infty} b_n = b$ mit $a_n \le b_n$ für fast alle n, so ist $a \le b$.

3 $\lim\limits_{n\to\infty} a_n = 0 \iff \lim\limits_{n\to\infty} |a_n| = 0$. Ist $\lim\limits_{n\to\infty} a_n = a$, dann $\lim\limits_{n\to\infty} (-a_n) = -a$.

4 (**Einschließungssatz**) Ist $a_n \le b_n \le c_n$ für fast alle n und $\lim\limits_{n\to\infty} a_n = \lim\limits_{n\to\infty} c_n = a$, so ist auch (b_n) konvergent und $\lim\limits_{n\to\infty} b_n = a$.

5 (**Vollständigkeit der reellen Zahlen**) Ist a_n eine wachsende beschränkte Folge, d. h. $a_1 \le a_2 \le a_3 \le \cdots$ und $a_n \le K$ für ein $K \in \mathbb{R}$, so ist (a_n) konvergent.

Für den Nachweis der Vollständigkeit der reellen Zahlen betrachten wir lediglich den Fall, dass $a_n > 0$ für fast alle n. Für $k \in \mathbb{N}$, sei ${}_kx$ die größte Zahl in $2^{-k}\mathbb{N}_0$, so dass ${}_kx \le a_n$ für mindestens ein n. Dann ist ${}_kx = {}_{k-1}x + x_{-k} \cdot 2^{-k}$ für ein $x_{-k} \in \{0, 1\}$.

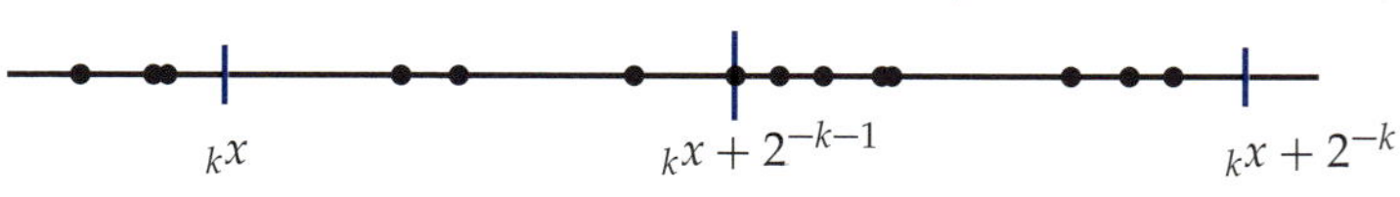

- Ist $1 = x_{-\ell} = x_{-\ell-1} = \cdots$ für ein ℓ, so ist $a_n \le {}_\ell x + 2^{-\ell} =: x \in 2^{-\ell}\mathbb{Z}$. Ist $c < x < d$, so gibt es ein $k \ge \ell$ mit $c < x - 2^{-k} = {}_kx < x$ und $c < a_n < d$ für fast alle n folgt.

$$\begin{array}{ccl} x & = & \star\cdots\star\,1000\cdots0000\cdots \\ c & \le & \star\cdots\star\,0111\cdots1011\cdots \\ & < & \star\cdots\star\,0111\cdots1100\cdots \\ & = & x - 2^{-k} = {}_kx \end{array}$$

- Sonst definieren die Bits x_i eine positive reelle Zahl x mit ${}_kx = \lfloor x \rfloor_k$ und für fast alle n gilt: $\lfloor x \rfloor_k \le a_n < \lceil x \rceil_k = \lfloor x \rfloor_k + 2^{-k}$. Ist $c < x < d$, so gibt es ein k mit $c < \lfloor x \rfloor_k < x < \lceil x \rceil_k < d$, also gilt $c < a_n < d$ für fast alle n. ■

Aufgaben

EXTRAS ONLINE
Lösungen

Aufgabe 1.8 Beweisen Sie die ersten vier Aussagen von Satz 1.3.

Aufgabe 1.9 Zeigen Sie die fünfte Aussage des Satzes 1.3 für den Fall, dass $a_n \leq 0$ für alle $n \in \mathbb{N}$.

Aufgabe 1.10 Zeigen Sie, dass $\lim_{n\to\infty} 1/n = 0$.

Aufgabe 1.11 Es sei (a_n) eine konvergente Folge. Zeigen Sie, dass sie beschränkt ist, d. h. es gibt ein $K \in \mathbb{R}$ mit $|a_n| \leq K$ für jedes $n \in \mathbb{N}$.

Aufgabe 1.12

1. Es sei (a_n) eine konvergente Folge mit Grenzwert a und

$$k(1) < k(2) < k(2) < \cdots$$

eine Folge natürlicher Zahlen. Zeigen Sie, dass $(a_{k(j)})$ ebenfalls gegen a konvergiert.

2. Es sei (a_n) eine wachsende Folge reeller Zahlen. Sei

$$k(1) < k(2) < k(3) < \cdots$$

eine Folge natürlicher Zahlen. Zeigen Sie, dass die Folge (a_n) genau dann konvergiert, wenn $(a_{k(j)})$ konvergiert für $j \to \infty$.

Zeigen Sie, dass in diesem Fall die Grenzwerte gleich sind.

Aufgabe 1.13 Es sei (a_n) eine Folge reeller Zahlen. Man sagt, dass die Folge (a_n) gegen unendlich divergiert, wenn $\lim_{n\to\infty} a_n = \infty$.

1. Geben Sie eine genaue Definition dieses Begriffes.
2. Geben Sie ebenfalls eine Definition des Begriffes: „Divergenz gegen minus unendlich".

Aufgabe 1.14 Betrachten Sie die nebenstehende SAGEMATH-Funktion: Zeigen Sie, dass die Ausgabe $b = b(n)$ eine konvergente Folge ist. Gegen welche Zahl konvergiert diese Folge, wenn $0 < a < 1$. Was passiert in den anderen Fällen?

```
def squareroot(a,n):
    b = str(0)+'.'; bb = 0
    for i in range(1,n):
    c = bb + 2^(-i)
    if c^2 <= a:  bb = c;  b += str(1)
    else:   b+=str(0)
    return(b)
```

1.4 Addition und Multiplikation

Sind $a, b \in \mathbb{R}$, so sind $\lfloor a \rfloor_n$ und $\lfloor b \rfloor_n$ in $\mathbb{Z}[1/2]$. Aus den bekannten Rechenregeln für solche Zahlen folgt, dass $(\lfloor a \rfloor_n + \lfloor b \rfloor_n)$ eine wachsende Folge, von oben beschränkt durch $\lceil a \rceil_0 + \lceil b \rceil_0$, ist. Sind $a, b \geq 0$, so ist auch $(\lfloor a \rfloor_n \cdot \lfloor b \rfloor_n)$ wachsend und beschränkt. Folgende Definition macht deshalb nach dem 5. Teil von Satz 1.3 Sinn.

1 Für $a, b \in \mathbb{R}$ definieren wir $a + b := \lim_{n \to \infty} (\lfloor a \rfloor_n + \lfloor b \rfloor_n)$.

2 Für $a, b \geq 0$: $a \cdot b := \lim_{n \to \infty} \lfloor a \rfloor_n \cdot \lfloor b \rfloor_n$.

Weiterhin definieren wir $(-a) \cdot b := -(a \cdot b) = a \cdot (-b)$ usw.

Satz 1.4

1 Ist $\lim_{n \to \infty} a_n = a$ und $\lim_{n \to \infty} b_n = b$, so gilt

(a) $\lim_{n \to \infty} (a_n + b_n) = a + b$ (Stetigkeit der Addition)

(b) $\lim_{n \to \infty} (a_n \cdot b_n) = a \cdot b$. (Stetigkeit der Multiplikation)

2 Für alle $a, b, c \in \mathbb{R}$ gilt:

(a) $a + b = b + a$ (Kommutativgesetz)

(b) $a \cdot b = b \cdot a$ (Kommutativgesetz)

(c) $(a + b) + c = a + (b + c)$ (Assoziativgesetz)

(d) $(a \cdot b) \cdot c = a \cdot (b \cdot c)$ (Assoziativgesetz)

(e) $a \cdot (b + c) = a \cdot b + a \cdot c$; (Distributivgesetz)

(f) $a + 0 = a, 1 \cdot a = a, 0 \cdot a = 0, (-1) \cdot a = -a$

(g) $a + (-a) = 0$

(h) Aus $a \leq b$ folgt $a + c \leq a + c$.

(i) Aus $a, b, c \geq 0$ und $a \leq b$ folgt $a \cdot c \leq b \cdot c$.

Sind $a, b \in \mathbb{Z}[1/2]$, so gilt $a = \lfloor a \rfloor_n$ und $b = \lfloor b \rfloor_n$ für fast alle n. Unsere Definition von $a + b$ und $a \cdot b$ stimmen deshalb mit der schon bekannten Definition aus $\mathbb{Z}[1/2]$ überein. Auch die Rechenregeln des Satzes sind für Zahlen aus $\mathbb{Z}[1/2]$ gültig. Der Beweis des Satzes wird auf den Seiten 30 und 31 durchgeführt.

Satz 1.5 Eine Folge (a_n) konvergiert gegen a genau dann, wenn es für jedes $\varepsilon > 0$ ein $N \in \mathbb{N}$ gibt, sodass für alle $n \geq N$ gilt: $|a_n - a| < \varepsilon$.

Es sei $\lim_{n \to \infty} a_n = a$. Sei $\varepsilon > 0$. Dann ist $a - \varepsilon < a_n < a + \varepsilon$ für fast alle n: Es gibt ein $N \in \mathbb{N}$ mit $a - \varepsilon < a_n < a + \varepsilon$ für alle $n \geq N$. Dann gilt $-\varepsilon < a_n - a < a + \varepsilon$ und $|a_n - a| < \varepsilon$ für alle $n \geq N$. Für die Umkehrung sei $c < a < d$ und $\varepsilon = \min\{a - c, d - a\}$. Dann ist $c \leq a - \varepsilon < a_n < a + \varepsilon \leq d$ für fast alle n. ■

Aufgaben

EXTRAS ONLINE
Lösungen

Aufgabe 1.15

1. Sei $k \geq 0$. Beschreiben Sie $2^k \cdot a$ und $2^{-k} \cdot a$.
2. Zeigen Sie die Aussage 2a und 2b vom Satz 1.4.
3. Zeigen Sie die Aussage 2f und 2g vom Satz 1.4.

Aufgabe 1.16 Zeigen Sie die Dreiecksungleichung: $|a + b| \leq |a| + |b|$.

Aufgabe 1.17

1. Zeigen Sie: Ist $a + b = a + c$, dann ist $b = c$. Benutzen Sie dazu die Assoziativität.
2. Zeigen Sie: Aus $b < c$ folgt $a + b < a + c$.
3. Sei (a_n) eine beschränkte Folge. Warum konvergiert $(2^{-n} \cdot a_n)$ gegen 0?
4. In Aufgabe 1.5 haben wir für natürliche Zahlen a, b die Zahl $a/b \in \mathbb{R}$ definiert. Zeigen Sie, dass $b \cdot (a/b) = a$.

Aufgabe 1.18 Sei $x = 0{,}10101\ldots$ und $y = 0{,}11101\ldots$ Wie viele Bits nach dem Komma von $x + y$ und $x \cdot y$ können Sie mit Sicherheit bestimmen?

Aufgabe 1.19 Sei $0 \leq q < 1$ eine reelle Zahl.

1. Zeigen Sie, dass (q^n) eine konvergente Folge ist.
2. Warum konvergiert (q^n) gegen 0? Tipp: Benutzen Sie die Stetigkeit der Multiplikation.
3. Sei $q \in (-1, 1)$. Zeigen Sie: $\lim\limits_{n \to \infty} q^n = 0$.

Aufgabe 1.20

1. Zeigen Sie die Ungleichung von Bernoulli: $(1 + \alpha)^n \geq 1 + n \cdot \alpha$ für alle $\alpha > -1$ und alle $n \in \mathbb{N}$.
2. Betrachte die Folge (x_n) mit $x_n = (1 + 1/n)^n$. Zeigen Sie, dass

   $$x_1 \leq x_2 \leq \cdots$$

   Hinweis: Betrachten Sie $\dfrac{x_n}{x_{n-1}}$.
3. Betrachte die Folge (y_n) mit $y_n = (1 + 1/n)^{n+1}$. Zeigen Sie, dass

   $$y_1 \geq y_2 \geq \cdots$$

4. Zeigen Sie, dass (x_n) und (y_n) konvergieren und den gleichen Grenzwert haben.

   (Diese Zahl ist die eulersche Zahl e, siehe Abschnitt 4.5).

Beweis des Satzes 1.4

2a, 2b, 2f und **2g** sind trivial oder einfach zu zeigen.

2h und 2i. Sei $a \leq b$. Dann ist $\lfloor a \rfloor_n \leq \lfloor b \rfloor_n$ und $\lfloor a \rfloor_n + \lfloor c \rfloor_n \leq \lfloor b \rfloor_n + \lfloor c \rfloor_n$, da die Rechenregeln in $\mathbb{Z}[1/2] \subset \mathbb{Q}$ gelten. Nehmen wir $n \to \infty$, so folgt aus Satz 1.3 Teil 1:

$$a + c = \lim_{n\to\infty} (\lfloor a \rfloor_n + \lfloor c \rfloor_n) \leq \lim_{n\to\infty} (\lfloor b \rfloor_n + \lfloor c \rfloor_n) = b + c\,.$$

Ist überdies $0 \leq a, c$, so ist $0 \leq \lfloor a \rfloor_n, \lfloor c \rfloor_n$ für jedes n und $\lfloor a \rfloor_n \cdot \lfloor c \rfloor_n \leq \lfloor b \rfloor_n \cdot \lfloor c \rfloor_n$ (wiederum eine Aussage in $\mathbb{Z}[1/2] \subset \mathbb{Q}$.) Nehme jetzt $\lim_{n\to\infty}$. Es folgt $a \cdot c \leq b \cdot c$. ■

1a. Die Stetigkeit der Addition.

Spezialfall. Wir betrachten zunächst $a_n \in 2^{-n}\mathbb{Z}$ und $b_n = 2^{-n}$. In diesem Fall ist $\lim_{n\to\infty} b_n = 0$. Wir müssen also zeigen, dass $\lim_{n\to\infty} (a_n + 2^{-n}) = a$. Es war eine Aufgabe (Aufgabe 1.17)) zu zeigen, dass $\lim_{n\to\infty} 2^{-n} = 0$.

Sei $c < a < d$. Dann gilt offenbar $c < a_n$ und somit $c < a_n + 2^{-n}$ für fast alle n. Zu zeigen ist deshalb noch $a_n + 2^{-n} < d$ für fast alle n. Wähle dazu ein k mit $\lceil a \rceil_k < \lfloor d \rfloor_k$ (Satz 1.2 Teil 3). Dann gilt für fast alle $n \in \mathbb{N}$:

$$\begin{aligned} 2^{-n} &< (\lfloor d \rfloor_k - \lceil a \rceil_k)/4 \\ a_n &< (\lfloor d \rfloor_k + \lceil a \rceil_k)/2 \end{aligned}$$

Es folgt

$$a_n + 2^{-n} \leq \frac{3}{4}\lfloor d \rfloor_k + \frac{1}{4}\lceil a \rceil_k < \lfloor d \rfloor_k \leq d$$

für fast alle n. Analog zeigt man, dass $c < a_n + b_n$ für fast alle n.

Allgemeinfall. Wir wenden den Spezialfall zweimal an und benutzen die Assoziativität und Kommutativität in $\mathbb{Z}[1/2] \subset \mathbb{Q}$. Es folgt

$$\lim_{k\to\infty} \left(\lfloor a \rfloor_k + 2^{-k} + \lfloor b \rfloor_k + 2^{-k}\right) = \lim_{k\to\infty} \left((\lfloor a \rfloor_k + \lfloor b \rfloor_k) + 2^{-k} + 2^{-k}\right) = a + b\,.$$

Sei $c < a + b < d$. Wähle ein k mit

$$\lfloor a \rfloor_k + 2^{-k} + \lfloor b \rfloor_k + 2^{-k} < d\,.$$

Weil $a < \lfloor a \rfloor_k + 2^{-k}$ und $\lim_{n\to\infty} a_n = a$, gilt $a_n < \lfloor a \rfloor_k + 2^{-k}$ für fast alle n. Analog $b_n < \lfloor b \rfloor_k + 2^{-k}$ für fast alle n. Also

$$a_n + b_n \leq \lfloor a \rfloor_k + 2^{-k} + \lfloor b \rfloor_k + 2^{-k} < d$$

für fast alle n. Analog zeigt man, dass $c < a_n + b_n$ für fast alle n. ■

1b. Die Stetigkeit der Multiplikation.

Spezialfall. $\lim_{n\to\infty} a_n = 0$. Weil (b_n) konvergiert, ist (b_n) sicherlich beschränkt, deshalb gibt es ein $N \in \mathbb{N}$ mit $|b_n| < 2^N$ für alle n. Sei $d > 0$ und wähle ein k mit $2^{-k} < d$. Weil $a_n \to 0$ für $n \to \infty$ gilt $|a_n| < 2^{-k-N}$ für fast alle n. Es folgt $|a_n \cdot b_n| \leq 2^{-k-N} \cdot 2^N = 2^k < d$ für fast alle n, deshalb $\lim_{n\to\infty} a_n b_n = 0$.

Allgemeinfall. Sei $\lim_{n\to\infty} a_n = a$ und $\lim_{n\to\infty} b_n = b$. Wegen Kommutativität und dem Spezialfall dürfen wir annehmen, dass $a > 0$ und $b > 0$. Sei $c < a \cdot b < d$. Wir benutzen nun die Rechenregeln in $\mathbb{Z}[1/2] \subset \mathbb{Q}$:

$$\left(\lfloor a \rfloor_k + 2^{-k}\right) \cdot \left(\lfloor b \rfloor_k + 2^{-k}\right) = \lfloor a \rfloor_k \cdot \lfloor b \rfloor_k + 2^{-k} \cdot \left(\lfloor a \rfloor_k + \lfloor b \rfloor_k + 2^{-k}\right) .$$

Die Stetigkeit der Addition ergibt $\lim_{k\to\infty} \left(\lfloor a \rfloor_k + \lfloor b \rfloor_k + 2^{-k}\right) = a + b$ und aus dem Spezialfall folgern wir, dass

$$\lim_{k\to\infty} 2^{-k} \cdot (\lfloor a \rfloor_k + \lfloor b \rfloor_k + 2^{-k}) = 0 .$$

Mit der Stetigkeit der Addition folgt, dass

$$\lim_{k\to\infty} \left(\lfloor a \rfloor_k + 2^{-k}\right) \cdot \left(\lfloor b \rfloor_k + 2^{-k}\right) = a \cdot b .$$

Deshalb gibt es unendlich viele k mit

$$\left(\lfloor a \rfloor_k + 2^{-k}\right) \cdot \left(\lfloor b \rfloor_k + 2^{-k}\right) < d .$$

Wir wählen ein solches k. Weil $a < \lfloor a \rfloor_k + 2^{-k}$ ist $a_n < \lfloor a \rfloor_k + 2^{-k}$ für fast alle n. Ebenso $b_n < \lfloor b \rfloor_k + 2^{-k}$ für fast alle n. Deshalb ist

$$a_n \cdot b_n \leq \left(\lfloor a \rfloor_k + 2^{-k}\right) \cdot \left(\lfloor b \rfloor_k + 2^{-k}\right) < d$$

für fast alle n. Analog zeigt man die Ungleichung $c < a_n \cdot b_n$ für fast alle n. ■

2b. Die Assoziativität gilt in $\mathbb{Z}[1/2] \subset \mathbb{Q}$. Also

$$\begin{aligned}(a+b)+c &= \lim_{n\to\infty} (\lfloor a \rfloor_n + \lfloor b \rfloor_n) + \lim_{n\to\infty} \lfloor c \rfloor_n = \lim_{n\to\infty} [(\lfloor a \rfloor_n + \lfloor b \rfloor_n) + \lfloor c \rfloor_n] \\ &= \lim_{n\to\infty} [\lfloor a \rfloor_n + (\lfloor b \rfloor_n + \lfloor c \rfloor_n)] = a + (b+c)\end{aligned}$$

Die assoziative Eigenschaft der Multiplikation (**2d.**), sowie die Distributivität (**2e.**) zeigt man analog, wobei man ebenfalls die Stetigkeit der Multiplikation benutzt. ■

1.5 Kehrwert und Quadratwurzel

Satz 1.6

1 Ist $a \neq 0$, so gibt es eine eindeutige Zahl b, den Kehrwert von a, mit $a \cdot b = 1$, Notation $b = 1/a$ oder $b = a^{-1}$. Ist $0 < a < b$, so ist $0 < 1/b < 1/a$.

2 Ist $a_n \neq 0$, $\lim\limits_{n\to\infty} a_n = a \neq 0$, dann $\lim\limits_{n\to\infty} 1/a_n = 1/a$. (Stetigkeit des Kehrwerts)

3 Ist $a \geq 0$, so gibt es eine eindeutige Zahl $0 \leq b = \sqrt{a}$, die Quadratwurzel von a, mit $b^2 = a$. Ist $0 \leq a < c$, so ist $\sqrt{a} < \sqrt{c}$.

4 Ist $a_n \geq 0$ und $\lim\limits_{n\to\infty} a_n = a$, dann $\lim\limits_{n\to\infty} \sqrt{a_n} = \sqrt{a}$. (Stetigkeit der Quadratwurzel)

Weil $(-a)\cdot(-b) = a \cdot b$, dürfen wir $a > 0$ annehmen. Ist $a > 2^{-k}$, so ist $2^k \cdot a > 1$. Es gibt deshalb eine größte Zahl $b_0 \in \mathbb{N}$ mit $a \cdot b_0 \leq 1$. Sind $b_0, \ldots, b_n$ gegeben, so definiere

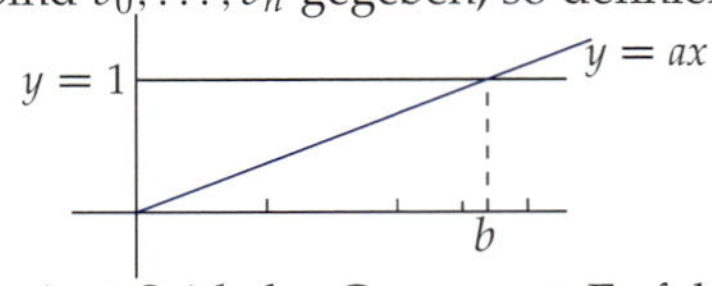

$$b_{n+1} = \begin{cases} b_n & \text{falls } a\cdot(b_n + 2^{-n-1}) > 1 \\ b_n + 2^{-n-1} & \text{sonst.} \end{cases}$$

Dann ist $b_n < b_0 + 1$, (b_n) wachsend und (b_n) konvergiert. Sei b der Grenzwert. Es folgt $a \cdot b = 1$, denn $1 \leq \lim\limits_{n\to\infty} a\cdot(b_n + 2^{-n}) = a \cdot b = \lim\limits_{n\to\infty} a \cdot b_n \leq 1$.

Ist $a \cdot b = a \cdot c = 1$, so folgt $b = b \cdot (a \cdot c) = (b \cdot a) \cdot c = 1 \cdot c = c$. Also ist der Kehrwert eindeutig. Insbesondere folgt für $a < b$, dass $1/a > 1/b$. Für die Stetigkeit des Kehrwerts sei $c < 1/a < d$. Dann ist $1/d < a < 1/c$ und somit $1/d < a_n < 1/c$ für fast alle n. Es folgt $c < 1/a_n < d$ für fast alle n, und die Stetigkeit ist gezeigt.

Die Aussage für die Quadratwurzel zeigt man analog (Aufgabe 1.21). ■

Man kann den Kehrwert also Bit für Bit berechnen. Folgendes Vorgehen ist allerdings viel besser. Bemerke, dass es reicht, Kehrwerte für $a \in (0, 1)$ zu berechnen.

Satz 1.7 Sei $a \in (0, 1)$. Die Folge (b_n), gegeben durch $b_0 = 1$ und $b_{n+1} = 2b_n - ab_n^2$, konvergiert gegen $1/a$.

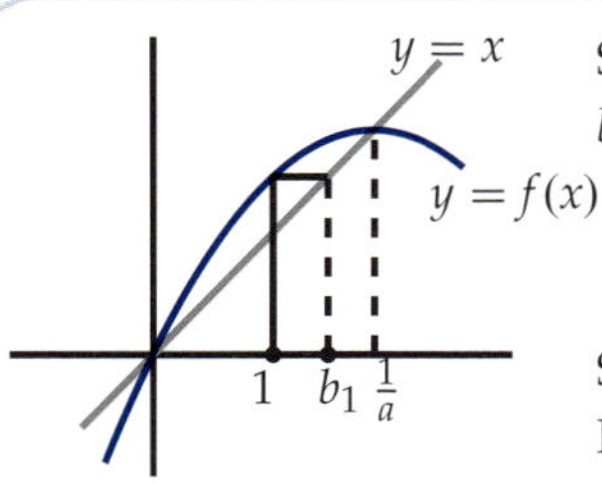

Sei $f(x) = 2x - ax^2 = 1/a - a \cdot (x - 1/a)^2 < 1/a$. Also ist $b_{n+1} < 1/a$. Weiter ist mit Induktion $b_n > 0$ und

$$b_{n+1} - b_n = b_n - b_n^2 a = b_n(1 - b_n a) > 0\,, \text{ weil } b_n < 1/a\,.$$

Somit ist b_n wachsend und $b_n < 1/a$. Also konvergiert (b_n). Ist b der Grenzwert, so folgt

$$b = \lim_{n\to\infty} b_{n+1} = 2 \cdot \lim_{n\to\infty} b_n - a \cdot \lim b_n^2 = 2b - ab^2\,.$$

Daher ist $b = 0$ oder $b = 1/a$, aber $b = 0$ ist nicht möglich, weil $b > b_0 = 1$. ■

Aufgaben

EXTRAS ONLINE
Lösungen

Aufgabe 1.21

1. Zeigen Sie: Ist $a \cdot b = 0$, so ist $a = 0$ oder $b = 0$.
2. Zeigen Sie: Ist $a \cdot b = a \cdot c$ mit $a \neq 0$, so ist $b = c$.
3. Führen Sie den Beweis von Satz 1.6 für die Quadratwurzel durch.

Aufgabe 1.22 **(Geometrische Reihe)** Das Ergebnis dieser Aufgabe ist wichtig. Sei $x \in (-1, 1)$. Betrachte die Folge (a_n) mit a_n gegeben durch $a_n = 1 + x + x^2 + \ldots + x^n$. Zeigen Sie, dass (a_n) konvergent ist mit Grenzwert $\frac{1}{1-x}$.

Aufgabe 1.23 Zeigen Sie, dass die nachfolgenden Folgen konvergieren und bestimmen Sie den Grenzwert.

1. $\left(\frac{1}{n}\right)$ 2. $\left(\frac{1}{n^2}\right)$ 3. $\left(\frac{1}{n^3}\right)$ 4. $\left(\frac{1}{n^3-1}\right)$

5. $\left(\frac{3n+8}{5n-2}\right)$ 6. $\left(\frac{2n^2+2n+5}{6n^2+7n-1}\right)$ 7. $\left(\frac{n^2+7}{n^3}\right)$

Aufgabe 1.24 Berechnen Sie, wenn möglich, nachfolgende Grenzwerte.

1. $\lim\limits_{n\to\infty} \left(\sqrt{n+1} - \sqrt{n}\right)$ 2. $\lim\limits_{n\to\infty} \frac{n^2 + \sqrt{n+2}}{\sqrt{n^4+7}}$

3. $\lim\limits_{n\to\infty} \left(\sqrt{n+3} - \sqrt{n-1}\right) \cdot \sqrt{n}$ 4. $\lim\limits_{n\to\infty} \left(\sqrt{4n^2-1} - 2n\right)$

5. $\lim\limits_{n\to\infty} \left(\sqrt{n^2+n+1} - n\right)$ 6. $\lim\limits_{n\to\infty} \left(\sqrt{n^2+n+1} + \sqrt{4n^2-1} - 3n\right)$

Aufgabe 1.25

1. Sei (a_n) eine konvergente Folge mit Grenzwert $a \neq 0$ und $a_n \neq 0$ für alle n. Warum gilt $\lim\limits_{n\to\infty} \frac{a_n}{a_{n+1}} = 1$?
2. Finden Sie eine Nullfolge (a_n), sodass (a_n/a_{n+1}) nicht konvergent ist.
3. Sei $q \in (-1, 1)$ und $k \in \mathbb{N}$. Zeigen Sie: $\lim\limits_{n\to\infty} n^k q^n = 0$.
4. Sei $q > 0$ eine feste reelle Zahl. Zeigen Sie, dass $\lim\limits_{n\to\infty} q^n/n! = 0$. $(n! = n \cdot (n-1) \cdot \ldots \cdot 2 \cdot 1)$

Aufgabe 1.26 In dieser Aufgabe geben wir das **Heron**-Verfahren an, womit Sie sehr schnell gute Annäherungen von $\sqrt{a}$ finden können. Wir nehmen hier $a > 1$ und definieren eine Folge (x_n): Sei $x_1 = a$ und $x_{n+1} = \frac{1}{2} \cdot (x_n + a/x_n)$.

1. Fertigen Sie, in einem Bild, die Graphen der beiden Funktionen $y = x$ und $y = \frac{1}{2}(x + a/x)$ für $a = 2$ an.
2. Rechnen Sie nach: $(x_n - x_{n-1})^2 = x_n^2 - a$. Folgern Sie, dass $x_n^2 > a$.
3. Prüfen Sie, dass $x_1 > x_2 > x_3 > \cdots > 1$. Folgern Sie, dass (x_n) konvergiert, und zeigen Sie, dass der Grenzwert gleich $\sqrt{a}$ ist.
4. Zeigen Sie: $x_n - \sqrt{a} \leq \frac{1}{2}(x_{n-1} - x_n)^2$. Welche Konsequenz hat diese Aussage für die Schnelligkeit der Berechnung von $\sqrt{a}$?

1.6 Dezimal- und Binärschreibweise

Sind h_i für $i \le d$ gegeben mit $h_i \in \{0, 1, \dots, 9\}$, so betrachten wir (d_n) mit

$$d_n = h_d 10^d + h_{d-1} 10^{d-1} + \ldots + h_{-n} 10^{-n} .$$

Diese Folge ist wachsend und beschränkt, denn (siehe Aufgabe 1.27)

$$h_{-1}10^{-1} + \ldots + h_{-n}10^{-n} \le 9 \cdot 10^{-1} + \ldots + 9 \cdot 10^{-n} = 1 - 10^{-n-1} .$$

Die Zahl $1 - 10^{-n-1}$ konvergiert gegen 1, also gilt $d_n < \lfloor d_0 \rfloor + 1$. Wir sehen wiederum, dass wir Dezimalentwicklungen, welche nur auf 9-en enden, nicht brauchen.

Eine **Dezimalentwicklung** d ist eine Abbildung $d\colon \mathbb{Z} \to \{0, 1, 2, 3, 4, 5, 6, 7, 8, 9\}$, $n \mapsto d_n$, mit den Eigenschaften:

1. Es gibt ein n mit $0 = d_{n+1} = d_{n+2} = d_{n+3} = \cdots$.
2. Es gibt kein k mit $9 = d_{-k} = d_{-k-1} = d_{-k-2} = \cdots$.

Satz 1.8 Jedes $x \in \mathbb{R}$ mit $x \ge 0$ hat eine eindeutige Dezimalentwicklung.

Ist $x \in \mathbb{N}_0$, so wissen wir das schon. Wir betrachten deshalb x mit $0 < x < 1$. Es gilt $0 \le 10^n x - \lfloor 10^n x \rfloor < 1$, also $0 \le 10^{n+1}x - 10 \cdot \lfloor 10^n x \rfloor < 10$. Wir setzen deshalb für $n = 0, 1, 2, \ldots$

$$h_{-n-1} := \lfloor 10^{n+1} x \rfloor - 10 \cdot \lfloor 10^n x \rfloor .$$

Weil $x - (h_{-1}10^{-1} + \cdots + h_{-n}10^{-n}) < 10^{-n}$, konvergiert die Dezimalentwicklung gegen x. Die Dezimalentwicklung kann nicht auf 9-en enden, da es sonst ein n gibt mit $x = h_{-1}10^{-1} + \cdots + h_{-n}10^{-n} + 10^{-n}$, im Widerspruch zur Wahl von h_{-n}. Die Dezimalentwicklung ist eindeutig, denn ist $h_{-1}10^{-1} + \cdots$ eine Dezimalentwicklung von x, so ist $\lfloor 10^{n+1}x \rfloor - 10 \cdot \lfloor 10^n x \rfloor = h_{-n-1}$ die einzige mögliche Wahl. ■

Umgekehrt kann man Dezimalentwicklungen in Binärentwicklungen umschreiben. Das Prozedere ist sehr ähnlich: es gilt $x_{-n-1} = \lfloor 2^{n+1}x \rfloor - 2 \cdot \lfloor 2^n x \rfloor \in \{0, 1\}$.
Nehmen wir an, $0 < x < 1$. Wir setzen $y_0 = x$ und induktiv x_{-n} und y_n durch

$$x_{-n} = \lfloor 2y_{n-1} \rfloor, \quad y_n = 2y_{n-1} - x_{-n} .$$

Man beweist mit Induktion, dass $2^n x = x_{-1}2^{n-1} + \ldots + x_{-n}2^0 + y_n$ mit $0 \le y_n < 1$, also $\lfloor x \rfloor_n = x_{-1}2^{-1} + \cdots + x_{-n}2^{-n}$.

Beispiel: Wir nehmen $x = 0{,}79$ und berechnen $x = 0{,}110\,010\,1\cdots$.

n	0	1	2	3	4	5	6	7
$2y_{n-1}$		1,58	1,16	0,32	0,64	1,28	0,56	1,12
x_{-n}	0	1	1	0	0	1	0	1
y_n	0,79	0,58	0,16	0,32	0,64	0,28	0,56	0,12

Aufgaben

EXTRAS ONLINE Lösungen

Aufgabe 1.27 Zeigen Sie für jedes $n \in \mathbb{N}$ und alle $a \in \mathbb{N}$:

$$\frac{a-1}{a} + \frac{a-1}{a^2} + \ldots + \frac{a-1}{a^n} = 1 - \frac{1}{a^n} .$$

Aufgabe 1.28 Schreiben Sie die folgenden Dezimalentwicklungen in Binärentwicklungen mit der Methode der letzten Seite (10 Nachkommastellen).

1. 0,743
2. 2,718
3. 3,142

Aufgabe 1.29 Bestimmen Sie die ersten zwei Nachkommastellen der Dezimalentwicklung der nachfolgenden Zahlen.

1. 0,100 100 110
2. 11,011011

Aufgabe 1.30 Da $1024 = 2^{10} \approx 10^3$, kann man relativ schnell mit der Hand etwa drei Dezimalstellen in ca. 10 Bits und umgekehrt umschreiben.

1. a. Sei $a = 0{,}324$. Berechnen Sie mit der Hand $1024 \cdot a = 1000 \cdot a + 20 \cdot a + 4 \cdot a$.
   b. Berechnen Sie jetzt 10 Nachkommabits von a.
2. a. Sei $a = 0{,}110\,011\,010\,1$. Berechnen Sie $1000 \cdot a = 2^{10} \cdot a - 2^4 \cdot a - 2^3 \cdot a$.
   b. Berechnen Sie drei Nachkommadezimalstellen von a.

Aufgabe 1.31 Es sei $b \geq 2$ eine natürliche Zahl und $x \in \mathbb{R}$.

1. Betrachte die Folge

$$a_n := b^{-n} \lfloor b^n x \rfloor .$$

   Zeigen Sie, dass $\lim_{n\to\infty} a_n = x$.
2. Sei $x \in (0, 1)$. Definiere $h_n = 0$, für $n \geq 0$, $y_0 = x$ und induktiv

$$h_{-n} := \lfloor b \cdot y_{n-1} \rfloor, \quad y_n := b \cdot y_{n-1} - h_{-n} .$$

   Zeigen Sie, dass $a_n = h_{-1}b^{-1} + \cdots + h_{-n}b^{-n}$.

Aufgabe 1.32 Es sei $x \geq 0$ in Dezimalschreibweise gegeben. Schreiben Sie ein SAGEMATH-Programm, welches $\lfloor x \rfloor_n$ in Binärschreibweise berechnet.

Bemerkung: Akzeptieren Sie Abrundungsfehler.

1.7 Supremum und Infimum

Sei A eine Menge von reellen Zahlen und a eine reelle Zahl.

1 a nennt man **obere Schranke** von A, wenn $x \leq a$ für jedes $x \in A$.

2 A nennt man von **oben beschränkt**, wenn eine obere Schranke von A existiert.

3 $\sup(A)$ nennt man **kleinste obere Schranke** oder **Supremum** von A, wenn $\sup(A)$ eine obere Schranke von A ist und aus $x \leq y$ für jedes $x \in A$ folgt, dass $\sup(A) \leq y$.

4 $\max(A) \in A$ nennt man **Maximum** von A, wenn $x \leq \max(A)$ für jedes $x \in A$.

5 Analog definieren wir **untere Schranke**, von **unten beschränkt**, **Minimum** (min) und **Infimum** (inf), auch **größte untere Schranke** genannt.

Satz 1.9 Eine von oben beschränkte nichtleere Menge reeller Zahlen A hat ein eindeutig bestimmtes Supremum $\sup(A)$. Eine von unten beschränkte nichtleere Menge von reellen Zahlen A hat ein eindeutig bestimmtes Infimum $\inf(A)$.

Eindeutigkeit. Sind a und b beides Suprema von A, so folgt $a \leq b$ und $b \leq a$ nach Definition. Also ist $a = b$. Analog für das Infimum.

Existenz. Wir zeigen die Existenz des Infimums. Es sei $n = a_0 \in \mathbb{Z}$ die größte ganze Zahl mit $n \leq x$ für alle $x \in A$. Sind $a_0, \ldots, a_k$ schon bekannt, so definieren wir:

$$a_{k+1} = \begin{cases} a_k + 2^{-k-1} & \text{falls diese Zahl eine untere Schranke von } A \text{ ist} \\ a_k & \text{sonst} \end{cases}$$

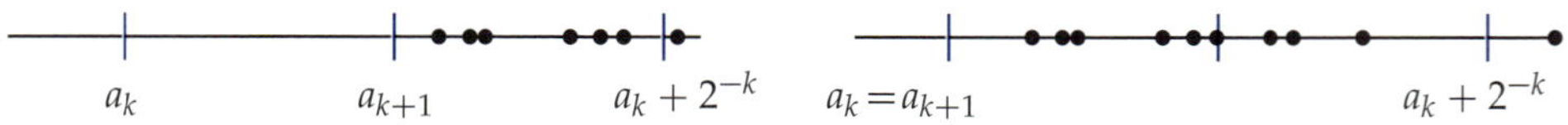

Dann ist $a_k < a_0 + 1$ für jedes k und (a_k) eine wachsende Folge. Sie konvergiert deshalb gegen eine reelle Zahl a. Diese Zahl a ist eine untere Schranke von A: Ist $x \in A$, so ist konstruktionsgemäß $a_k \leq x$ für alle $k \in \mathbb{N}$ und deshalb $a \leq x$. Dies gilt für alle $x \in A$.

Die Zahl a ist auch die größte untere Schranke: Konstruktionsgemäß ist $a_k = \lfloor a \rfloor_k$ die größte Zahl in $2^{-k}\mathbb{Z}$ mit $\lfloor a \rfloor_k \leq x$ für alle $x \in A$. Wäre $a < b \leq x$ für alle $x \in A$, so gäbe es ein k mit $\lfloor a \rfloor_k < \lfloor b \rfloor_k \leq x$ für alle $x \in A$, Widerspruch!

Ist A eine nach oben beschränkte Menge, so ist

$$-A = \{-a \colon a \in A\}$$

von unten beschränkt und $\sup(A) = -\inf(-A)$. ■

Aufgaben

EXTRAS ONLINE

Lösungen

Aufgabe 1.33

1. Zeigen Sie: Das Supremum von A braucht nicht in A zu liegen.
2. Zeigen Sie: Für eine beschränkte Menge A reeller Zahlen existiert das Maximum $\max(A)$ genau dann, wenn $\sup(A)$ ein Element von A ist. Analog gilt dies für das Minimum.

Aufgabe 1.34 Welche der folgenden Mengen sind beschränkt? Geben Sie jeweils Supremum und Infimum dieser Mengen an. In welchen Fällen existiert das Maximum bzw. das Minimum?

1. $[0, 1]$
2. $\{x \in \mathbb{R}: x < 1\}$
3. $\{a - b: a, b \in \mathbb{Q} \cap (1, 2)\}$
4. $\{x \in \mathbb{R}: -2 \leq x < 1\}$
5. $\{x \in \mathbb{R}: |x| < 1\}$
6. $\{1 + 1/n: n \in \mathbb{N}\}$
7. $\{(-1)^n 1/n: n \in \mathbb{N}\}$
8. $\left\{\frac{1}{2}, \frac{2}{3}, \frac{3}{4}, \frac{4}{5}, \ldots\right\}$
9. $\{1/m + 1/n: m, n \in \mathbb{N}\}$
10. $\{1/(2n + 1): n \in \mathbb{N}\}$
11. $\{1 + (-1)^n: n \in \mathbb{N}\}$
12. $\left\{x \in \mathbb{Q}: \frac{2x - 1}{x - 5} \geq 5\right\}$

Aufgabe 1.35 Zeigen Sie, dass die folgenden Mengen beschränkt sind.

1. $\{x \in \mathbb{Q}: 0 < x < 2 \text{ und } x^2 < 2\}$
2. $\{a_k/k^2: k \in \mathbb{N}\}$, wobei $a_k = \#\{(x, y): x, y \in \mathbb{Z} \text{ und } x^2 + y^2 < k^2\}$.

Kennen Sie das jeweilige Infimum und Supremum der Menge?

Aufgabe 1.36 Seien A und B nichtleere beschränkte Teilmengen von $\mathbb{R}$. Zeigen Sie die nachfolgenden Aussagen.

1. $A \cup B$ ist beschränkt und falls $A \cap B \neq \emptyset$ ist, ist auch $A \cap B$ beschränkt.
2. $\sup(A \cup B) = \max\{\sup(A), \sup(B)\}$
3. $\sup A \leq \sup B$, falls $A \subset B$.
4. $\sup(A \cap B) \leq \min\{\sup(A), \sup(B)\}$, falls $A \cap B \neq \emptyset$. Geben Sie ein Beispiel an, für das $\sup(A \cap B) < \min\{\sup(A), \sup(B)\}$ gilt.
5. Ist $x \leq y$ für alle $x \in A$ und $y \in B$, so ist $\sup(A) \leq \inf(B)$. Gilt auch $\inf(A) \leq \sup(B)$ und/oder $\inf(A) \leq \inf(B)$?

1.8 Intervalle, Häufungspunkte

Seien $a, b \in \mathbb{R}$ mit $a < b$. Wir setzen:

1. $[a, b] := \{x \in \mathbb{R} : a \leq x \leq b\}$, abgeschlossenes Intervall.
2. $(a, b) := \{x \in \mathbb{R} : a < x < b\}$, offenes Intervall.
3. $(a, b] := \{x \in \mathbb{R} : a < x \leq b\}$, halboffenes Intervall.
4. $[a, b) := \{x \in \mathbb{R} : a \leq x < b\}$, halboffenes Intervall.
5. $(a, \infty) := \{x \in \mathbb{R} : x > a\}$, $(-\infty, a) = \{x \in \mathbb{R} : x < a\}$, $\mathbb{R} =: (-\infty, \infty)$ nennen wir ebenfalls offene Intervalle.
6. Eine Menge U heißt **Umgebung** von p, wenn es ein offenes Intervall $I \subset U$ gibt mit $p \in I$.
7. Ein Punkt p heißt **Häufungspunkt** einer Teilmenge A von $\mathbb{R}$, wenn jede Umgebung U von p unendlich viele Elemente von A enthält.

Beachten Sie, dass in der Definition eines Häufungspunktes nicht gefordert wird, dass ein Häufungspunkt ein Element von A ist, und dies ist im Allgemeinen nicht der Fall. So ist z. B. die Zahl 0 ein Häufungspunkt des Intervalls $(0, 1)$.

Satz 1.10 (Bolzano-Weierstraß)

1. Eine unendliche beschränkte Menge A von reellen Zahlen hat einen Häufungspunkt.
2. Sei (x_n) eine beschränkte Folge reeller Zahlen. Dann hat (x_n) eine konvergente Teilfolge, d. h., es gibt eine Folge natürlicher Zahlen $n_1 < n_2 < \cdots$, sodass (x_{n_k}) eine konvergente Folge ist.

1. Sei $n = a_0$ die kleinste ganze Zahl, sodass $(n, n+1) \cap A$ unendlich viele Elemente hat. Sind $a_0, a_1, \ldots, a_k$ gegeben, so definieren wir

$$a_{k+1} = \begin{cases} a_k, & \text{wenn } \left(a_k, a_k + 2^{-k-1}\right) \text{ unendlich viele Elemente von } A \text{ hat.} \\ a_k + 2^{-k-1} & \text{sonst}. \end{cases}$$

Dann prüft man nach, dass $a = \lim_{k \to \infty} a_k$ ein Häufungspunkt von A ist.

2. Betrachte $A = \{x_n : n \in \mathbb{N}\}$. Hat A endlich viele Elemente, so gibt es $n_1 < n_2 < \cdots$ mit $x_{n_1} = x_{n_2} = \cdots$. Dann gibt es eine (konstante) konvergente Teilfolge. Hat A unendlich viele Elemente, so gibt es einen Häufungspunkt a von A. Dann wähle $n_1 = 1$ und induktiv $n_k > n_{k-1}$, sodass $|x_{n_k} - a| < 1/k$. ■

Der im Beweis angegebene Häufungspunkt von A hat die Eigenschaft, dass es keinen kleineren Häufungspunkt als diesen gibt.

Den kleinsten Häufungspunkt von A nennt man den Limes Inferior von A, Notation $\liminf(A)$. Analog nennt man den größten Häufungspunkt Limes Superior von A, Notation $\limsup(A)$.

Aufgaben

EXTRAS ONLINE Lösungen

Aufgabe 1.37 Bestimmen Sie alle Häufungspunkte, den lim sup und den lim inf der nachfolgenden Mengen, soweit die Letzteren existieren.

1. Das Intervall (a, b)
2. Die Menge $\mathbb{Q}$
3. Die Menge $\{x \in \mathbb{Q} : 0 < x < 1\}$
4. Die Menge $\{1/n : n \in \mathbb{N}\}$
5. Die Menge $\left\{1, \frac{1}{2}, \frac{2}{3}, \frac{1}{4}, \frac{4}{5}, \frac{1}{6}, \frac{6}{7}, \dots\right\}$

Aufgabe 1.38 Sei A eine nichtleere Teilmenge von $\mathbb{R}$ mit der Eigenschaft: aus $a, b \in A$ folgt, dass $[a, b] \subset A$. Zeigen Sie, dass A ein Intervall ist.
Tipp: Nehmen Sie zunächst an, dass A beschränkt ist. Betrachten Sie $\liminf(A)$ und $\limsup(A)$.

Aufgabe 1.39 Sei $A = \left\{\frac{(-1)^n \cdot n}{n - (-1)^n} : n \in \mathbb{N}\right\}$.

1. Zeigen Sie, dass -1 ein Häufungspunkt von A ist.
2. Zeigen Sie, dass A von oben beschränkt ist.
3. Bestimmen Sie $\sup(A)$ und $\limsup(A)$.

Aufgabe 1.40 Sei $A = \left\{\frac{3}{2}, -\frac{1}{2}, \frac{4}{3}, -\frac{1}{3}, \frac{5}{4}, -\frac{1}{4}, \frac{6}{5}, -\frac{1}{5}, \dots\right\}$. Zeigen Sie, dass $\limsup A = 1$ und $\liminf A = 0$.

Aufgabe 1.41 Es sei $x_1 < x_2 < x_3 < \cdots$ beschränkt und $A = \{x_i : i \in \mathbb{N}\}$. Warum ist $\sup(A) = \limsup(A)$?

Aufgabe 1.42 Sei A eine Menge und $a \in A$. Dann sind die Häufungspunkte der Menge A genau die Häufungspunkte der Menge $A \setminus \{a\}$. Zeigen Sie diese Aussage.

Aufgabe 1.43

1. Eine Zahl a ist Häufungspunkt der Menge A, wenn jede Umgebung von a mindestens *zwei* Elemente von A enthält. Zeigen Sie diese Aussage.
2. Unter welcher Bedingung ist es auch richtig, dass a ein Häufungspunkt ist, wenn jede Umgebung von a mindestens ein Element von A enthält?

Aufgabe 1.44 Es sei A eine nicht beschränkte Menge. Überlegen Sie sich eine vernünftige Definition von $\limsup(A)$ und $\liminf(A)$, welche eventuell auch gleich ∞ oder $-\infty$ sein dürfen.

1.9 *Cauchyfolgen*

Wir haben $\lim_{n\to\infty} a_n = a$ in Abschnitt 1.3 definiert. Eine äquivalente Formulierung ist (Satz 1.5):

> $\lim_{n\to\infty} a_n = a$ *genau dann, wenn es für alle* $\varepsilon > 0$ *ein* $N \in \mathbb{N}$ *gibt, sodass* $|a_n - a| < \varepsilon$ *für alle* $n \geq N$.

Nachteil solcher Beschreibungen ist, dass der Grenzwert schon mit angegeben wird. Nun passiert es manchmal, dass man die Konvergenz einer Folge nachweisen will, den Grenzwert aber nicht kennt. (Dies passiert im Prinzip schon bei wachsenden beschränkten Folgen.) Um dennoch die Konvergenz der Folge nachweisen zu können, benutzt man des Öfteren den Begriff der Cauchyfolge. Diesen werden wir jedoch in diesem Buch nicht oft benutzen.

Eine Folge (a_n) bezeichnet man als Cauchyfolge, wenn für jedes $\varepsilon > 0$ ein N existiert, sodass für alle $n, m \geq N$ gilt $|a_n - a_m| < \varepsilon$.

Die geometrische Interpretation ist, dass die a_n beliebig nahe beieinanderliegen für alle hinreichend großen n.

Satz 1.11 Eine Folge reeller Zahlen ist genau dann konvergent, wenn es sich um eine Cauchyfolge handelt.

Ist (a_n) konvergent mit Grenzwert a, so gibt es zu jedem $\varepsilon > 0$ ein N mit $|a_n - a| < \varepsilon/2$ für alle $n \geq N$. Dann folgt mithilfe der Dreiecksungleichung für $n, m \geq N$:

$$|a_n - a_m| = |(a_n - a) + (a - a_m)| \leq |a_n - a| + |a - a_m| < \varepsilon/2 + \varepsilon/2 = \varepsilon\,.$$

Sei umgekehrt (a_n) eine Cauchyfolge. Dann existiert ein N, sodass für $n \geq N$ gilt $|a_n - a_N| < 1$, also $|a_n| < |a_N| + 1$. Es folgt, dass $|a_n| \leq \max\{|a_1|, \ldots, |a_{N-1}|, |a_N| + 1\}$ gilt. Deshalb ist (a_n) eine beschränkte Folge.

Nach dem Satz von Bolzano-Weierstraß 1.10 hat (a_n) eine konvergente Teilfolge. Sei a der Grenzwert dieser Teilfolge. Wir behaupten, dass $\lim_{n\to\infty} a_n = a$ ist.

Sei $\varepsilon > 0$. Weil a ein Häufungspunkt und (a_n) eine Cauchyfolge ist, gibt es ein N mit den folgenden Eigenschaften:

$$|a_N - a| < \varepsilon/2 \text{ und } |a_n - a_N| < \varepsilon/2 \text{ für } n \geq N.$$

Es folgt, dass für $n \geq N$ gilt:

$$|a_n - a| = |(a_n - a_N) + (a_N - a)| \leq |a_n - a_N| + |a_N - a| < \varepsilon\,.$$

■

Stetigkeit

2

2.1 Stetige Funktionen ... 46

2.2 Der Zwischenwertsatz ... 48

2.3 Grenzwerte ... 50

2.4 Asymptote ... 52

2.5 Umkehrfunktionen ... 54

2.6 Die Exponentialfunktion ... 56

2.7 Der Logarithmus ... 60

2.8 Maxima und Minima ... 62

ÜBERBLICK

LERNZIELE

- Stetige Funktionen und Rechenregeln
- Stetige Funktionen auf Intervallen: Zwischenwertsatz
- Grenzwerte von Funktionen
- Stetigkeit der Umkehrfunktion
- Definition der Exponentialfunktion und ihre Umkehrfunktion, der Logarithmus
- Maxima und Minima von stetigen Funktion auf abgeschlossenen Intervallen

In der Schule wird die Stetigkeit oft umschrieben mit der Redensart:

> *Die Funktion f ist stetig, wenn der Graph der Funktion gezeichnet werden kann, ohne den Bleistift vom Papier zu nehmen.*

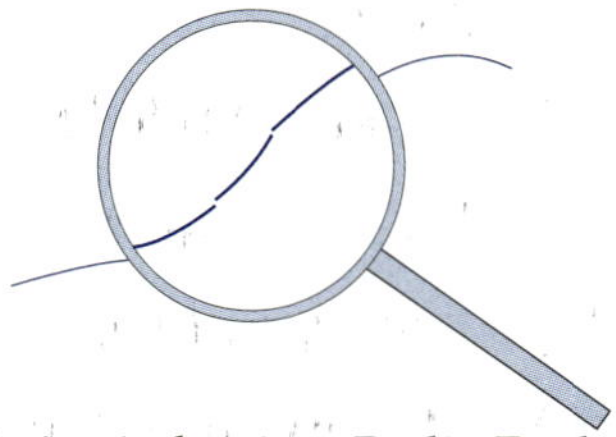

Wir erwarten von vielen bekannten Funktionen, dass sie stetig sind, wie z. B. die Funktion $f(x) = x^3 - x - 1$. Es sieht tatsächlich aus, als ob der Graphen ohne Sprünge verläuft. Wenn wir einen Graphen mit einer Lupe oder einem Mikroskop betrachten, wie können wir sicher sein, dass der Graph im Kleinen keine Sprünge macht, so wie im vorherigen Bild dargestellt?

In der folgenden Abbildung ist der Graph einer Funktion gezeichnet, welche in $x = a$ nicht stetig ist. Der Graph macht bei $x = a$ einen Sprung.

Ist f stetig in a, so sollten die Funktionswerte $f(x)$ für x nahe bei a nicht viel von dem Wert $f(a)$ abweichen. Die Annäherung sollte besser sein, wenn x näher bei a ist. Diese Tatsache beschreiben wir mathematisch folgendermaßen:

> *Die Funktion f ist stetig in a, wenn es für jede Umgebung V von $f(a)$ eine Umgebung U von a gibt, mit $f(x) \in V$ für jedes $x \in U$.*

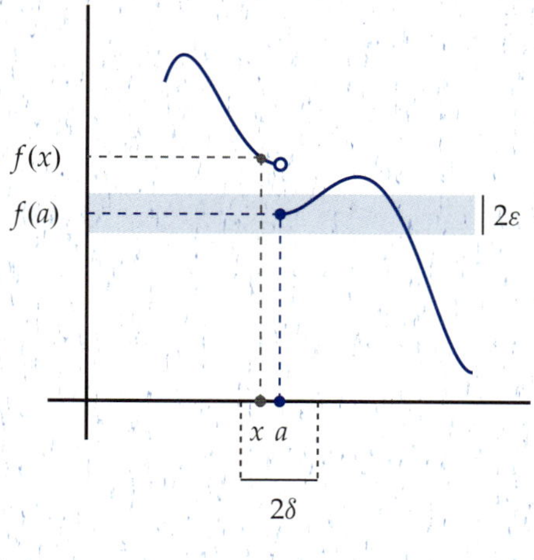

Da jede Umgebung von $f(a)$ eine Umgebung der Form $(f(a) - \varepsilon, f(a) + \varepsilon)$ enthält und es ausreicht, eine Umgebung der Form $U = (a-\delta,\ a+\delta)$ zu finden, lässt sich die Stetigkeit in a durch folgenden Satz beschreiben:

Für jedes $\varepsilon > 0$ gibt es ein $\delta > 0$, sodass für alle x mit $|x - a| < \delta$ gilt $|f(x) - f(a)| < \varepsilon$.

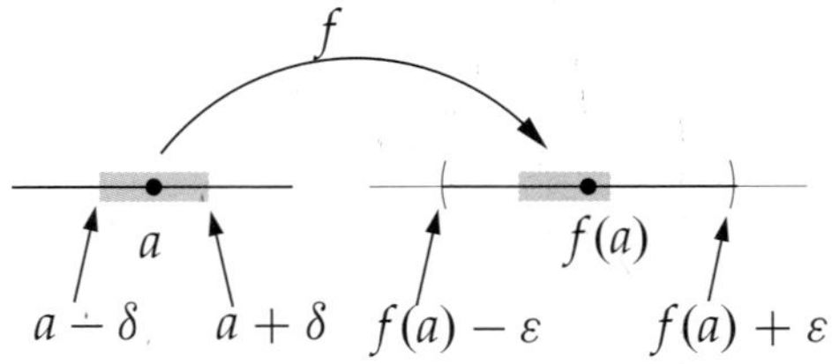

In den obigen Abbildungen ist versucht worden, die Definition von Stetigkeit bildlich darzustellen. Die Zeichnung eines 100 % korrekten Bildes ist nicht möglich, da die Stetigkeit ein dynamischer Prozess ist: Zuerst wird ein beliebiges ε gewählt, danach müssen wir ein δ finden. Diese Reihenfolge ist schwer in einem Bild zu vermitteln.

Die Stetigkeit ist äquivalent zur Folgenstetigkeit. Die Folgenstetigkeit in a wird beschrieben durch die einprägsame Formel

$$f\left(\lim_{n\to\infty} a_n\right) = \lim_{n\to\infty} f(a_n)$$

für jede konvergente Folge (a_n) mit Grenzwert a. Es ist bequem, die verschiedenen Formulierungen von Stetigkeit nebeneinander zu benutzen. Die Folgenstetigkeit erlaubt es uns nämlich, die Rechenregeln für stetige Funktionen sofort herzuleiten, weil sie sich aus den Rechenregeln für Grenzwerte von Folgen ergeben.

Der Zwischenwertsatz zeigt uns, dass die Graphen von stetigen Funktionen tatsächlich keine Sprünge haben.

Ist $f\colon [a, b] \to \mathbb{R}$ stetig und $f(a) < c < f(b)$, so gibt es ein $\xi \in (a, b)$ mit $f(\xi) = c$.

Glücklicherweise ist der Beweis konstruktiv: Sobald man in der Lage ist, Funktionswerte $f(x)$ auszurechnen (oder besser noch: wenn man entscheiden kann, ob $f(x) < c$ oder $f(x) > c$), lässt sich die Binärentwicklung oder die Dezimalentwicklung einer solchen Zahl ξ bestimmen. Insbesondere kann man hierdurch oft die Nullstellen von f finden, also diejenigen ξ, für die gilt: $f(\xi) = 0$. Die hier vorgestellte Methode ist zwar langsam, dafür aber leicht zu verstehen. Wenn die Differenzialrechnung zur Verfügung steht, werden wir bessere Methoden kennenlernen (newtonsche Methode).

Ein weiterer Satz, welcher offensichtlich erscheint, ist folgender:

Ist $f\colon [a, b] \to \mathbb{R}$ stetig, so hat f auf $[a, b]$ ein Maximum M (und ein Minimum m).

Das folgende Bild illustriert diesen Satz. Dem Autor ist kein konstruktiver Beweis dieses Satzes bekannt. Wir können hier kein Verfahren angeben, welches dieses Maximum bestimmt. Für differenzierbare Funktionen, welche im nächsten Kapitel behandelt werden, sieht es besser aus. Mit ihrer Hilfe kann man mögliche Maximalwerte bestimmen.

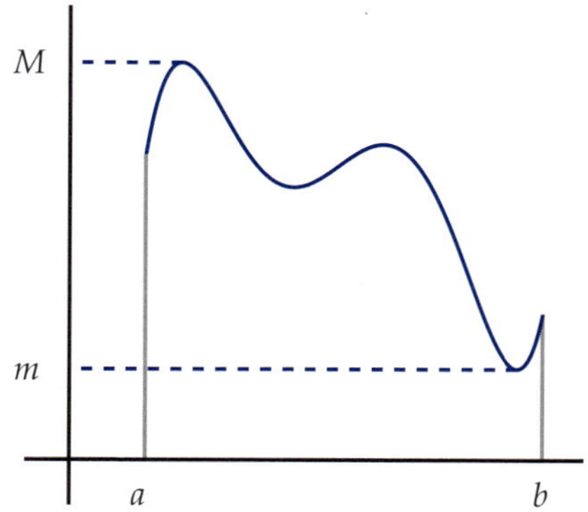

Das nächste Thema ist der Grenzwert. Dieser Begriff ist leicht zu verstehen für stetige Funktionen $f\colon A \to \mathbb{R}$.

Die Definition lautet in etwa wie folgt: Ist a ein Häufungspunkt von A, so gilt $\lim\limits_{x\to a} f(x) = f(a)$. Wenn f nicht stetig ist, so suchen wir eine stetige Funktion mit $g(x) = f(x)$ für $x \neq a$. Es gilt dann $\lim\limits_{x\to a} f(x) = g(a)$. Mit dieser Definition lassen sich die Rechenregeln für Grenzwerte sofort aus denen für stetige Funktionen ableiten. Der Grenzwertbegriff kann auch wie nachfolgend beschrieben werden:

$\lim\limits_{x\to a} f(x) = b$ *genau dann, wenn es für jedes* $\varepsilon > 0$ *ein* $\delta > 0$ *gibt, sosdass für jedes* $x \in A$ *mit* $0 < |x - a| < \delta$ *gilt:* $|f(x) - b| < \varepsilon$.

Wenn man $\lim\limits_{x\to a} f(x) = b$ nachweisen möchte, so wird letztere Beschreibung oft dafür benutzt.

Die Begriffe einseitiger Grenzwert $\lim_{x\uparrow a} f(x) = b$ und $\lim_{x\downarrow a} f(x) = b$ können wir auf ähnliche Weise behandeln, so wie die Fälle $\lim\limits_{x\to\infty} f(x) = b$, $\lim\limits_{x\to-\infty} f(x) = b$, $\lim_{x\uparrow a} f(x) = \infty$, $\lim_{x\downarrow a} f(x) = \infty$, $\lim_{x\uparrow a} f(x) = -\infty$ und $\lim_{x\downarrow a} f(x) = -\infty$.

In Abschnitt 2.6 behandeln wir die Exponentialfunktion a^x für $a > 0$ und in Abschnitt 2.7 die Logarithmusfunktion $\log_a(x)$ zur Basis $a > 0$. Diese sind zueinander inverse Funktionen, also

$$y = a^x \text{ genau dann, wenn } x = \log_a(y)\,.$$

Es reicht deshalb, entweder die Exponentialfunktion oder die Logarithmusfunktion zu definieren. Wir ziehen es vor, zuerst die Exponentialfunktion zu definieren. Die Definition hätten wir übrigens schon im ersten Kapitel geben können, allerdings wäre es schwerer gewesen, die Eigenschaften der Exponentialfunktion nachzuweisen.

Wegen $a^{-x} = 1/a^x$ und $(1/a)^x = a^{-x}$ reicht es aus, den Fall $x > 0$ und $a > 1$ zu betrachten. Ist n eine natürliche Zahl, so ist a^n natürlich nichts anderes als $\underbrace{a \cdot \ldots \cdot a}_{n}$.

Wegen der bekannten Rechenregel $\sqrt{a^{2x}} = a^x$ gibt es nur eine Möglichkeit, a^x für endliche Binärentwicklungen festzulegen. Sei $k \in N_0$ die kleinste Zahl mit $2^k x \in \mathbb{N}$. Ist $k = 0$, so ist $x \in \mathbb{N}$ und a^x schon definiert. Sonst ist $2^{k-1} 2x \in \mathbb{N}$. Mit Induktion ist a^{2x} definiert und wir definieren a^x durch $a^x := \sqrt{a^{2x}}$.

Die Zahl a^x sollte natürlich gut angenähert werden durch $a^{\lfloor x \rfloor_n}$, d. h., die Funktion a^x sollte stetig sein. Deshalb haben wir keine andere Wahl als zu definieren:

$$a^x := \lim_{n \to \infty} a^{\lfloor x \rfloor_n} .$$

An dieser Stelle müssen alle Rechenregeln für die Funktion a^x nachgerechnet werden. Die Stetigkeit von $\log_a(x)$ folgt dann aus der Tatsache, dass Umkehrfunktionen stetiger Funktionen stetig sind, siehe Abschnitt 2.5.

2.1 Stetige Funktionen

Sei A eine Teilmenge von $\mathbb{R}, f\colon A \to \mathbb{R}$ und a ein Element von A.

1 Wir nennen f in a folgenstetig, wenn für jede konvergente Folge (a_n), $a_n \in A$, mit Grenzwert a gilt: $f\left(\lim_{n\to\infty} a_n\right) = \lim_{n\to\infty} f(a_n)$.

2 Wir nennen f stetig in a, wenn für jedes $\varepsilon > 0$ ein $\delta > 0$ existiert, sodass für alle $x \in A$ mit $|x-a| < \delta$ gilt $|f(x)-f(a)| < \varepsilon$.

Satz 2.1 Eine Funktion ist stetig in a genau dann, wenn sie folgenstetig in a ist.

f sei stetig in a und (a_n) eine Folge in A mit $\lim a_n = a$. Sei $\varepsilon > 0$. Dann existiert $\delta = \delta(\varepsilon) > 0$, sodass für alle $x \in A$ mit $|x-a| < \delta$ gilt $|f(x)-f(a)| < \varepsilon$. Weiterhin existiert N_δ, sodass für alle $n \geq N_\delta$ gilt $|a_n - a| < \delta$. Dann ist für alle $n \geq N_\delta$

$$|f(a_n) - f(a)| < \varepsilon\,.$$

Also ist f folgenstetig in a. Sei umgekehrt f folgenstetig in a. Wäre f nicht stetig in a, so gäbe es ein $\varepsilon > 0$, sodass für alle $\delta > 0$ ein $x \in D$ existiert mit $|x-a| < \delta$, aber $|f(x)-f(a)| \geq \varepsilon$. Setze $\delta_n = 1/n$. Dann gibt es für jedes $n \in \mathbb{N}$ ein $x_n \neq a$ mit $x_n \in A$, $|x_n - a| < 1/n$ und $|f(x_n) - f(a)| \geq \varepsilon$. Dies bedeutet, dass die Folge (x_n) gegen a konvergiert, jedoch die Folge $(f(x_n))$ nicht gegen $f(a)$, Widerspruch! ■

Satz 2.2

1 Sei $f\colon A \to \mathbb{R}, f(A) \subset B$ stetig in a und $g\colon B \to \mathbb{R}$ stetig in B. Dann ist $g \circ f$ stetig in a.

2 Sind $f, g\colon A \to \mathbb{R}$ stetig in a, so auch $f+g$, $f \cdot g$ und f/g. (Letzteres gilt nur, wenn $g(a) \neq 0$.)

3 Alle Polynomfunktionen, wie z. B. $f(x) = x^4 - 3x^3 - x^2 + \pi x - 1$, sind stetig. Auch *rationale* Funktionen $f(x)$, (d. h. $f(x) = \frac{p(x)}{q(x)}$, wobei $p(x)$ und $q(x)$ Polynomfunktionen sind) sind stetig in allen a mit $q(a) \neq 0$.

1 Angenommen, die Folge (a_n) konvergiert gegen a. Dann konvergiert $f(a_n)$ gegen $f(a) = b$ und $(g(f(a_n))$ gegen $g(b) = g(f(a))$.

2 Ist (a_n) eine konvergente Folge mit Grenzwert a, so gilt nach Satz 1.3:

$$\lim_{n\to\infty}(f+g)(a_n) = \lim_{n\to\infty}(f(a_n) + g(a_n)) = \lim_{n\to\infty} f(a_n) + \lim_{n\to\infty} g(a_n)\,.$$

Die anderen Aussagen zeigt man analog. ■

Aufgaben

EXTRAS ONLINE Lösungen

Aufgabe 2.1 Die Funktion $f(x)$ ist gegeben durch:

$$f(x) = \begin{cases} x & \text{für } x \leq -1 \\ \frac{1}{2}x^2 & \text{für } -1 < x < 2 \\ \frac{5}{2} & \text{für } x = 2 \\ 2 & \text{für } x > 2 \end{cases}$$

Zeichnen Sie den Graphen von $f(x)$. Für welche Werte von x ist f nicht stetig?

Aufgabe 2.2 Für welche Werte von a und b ist die Funktion $f(x)$ überall stetig?

$$f(x) = \begin{cases} \frac{a}{x-2} & \text{für } x \leq 0 \\ 2x - b & \text{für } 0 < x < 2 \\ 6 & \text{für } x \geq 2 \end{cases}$$

Aufgabe 2.3 Die Funktion $f(x)$ sei überall stetig und für $x \neq \pm 2$ gleich $\dfrac{x^2 - 4}{|x| - 2}$. Berechnen Sie $f(-2)$ und $f(2)$.

Aufgabe 2.4 Die Funktion $f\colon \mathbb{R} \to \mathbb{R}$ ist für $x \neq 1, 2$ gleich $f(x) = \dfrac{x^2 + x - 2}{x^2 - 3x + 3}$.
Ist es möglich, $f(1)$ und $f(2)$ so zu wählen, dass f stetig ist für $x = 1$ und $x = 2$?

Aufgabe 2.5 Es sei I ein Intervall, $f\colon I \to \mathbb{R}$ stetig in einem Punkt $a \in I$ und $f(a) > c$ für ein c in $\mathbb{R}$. Warum existiert eine Umgebung V von a, sodass $f(x) > c$ für alle $x \in V$?

Aufgabe 2.6 Die Funktion $f(x) = \lim\limits_{n\to\infty} \dfrac{x^{n+1} + ax^2}{x^n + 2}$ sei stetig in 1. Berechne a.

Aufgabe 2.7 Sei die Funktion $f\colon \mathbb{R} \to \mathbb{R}$ definiert durch

$$f(x) = \begin{cases} 0 & \text{für } x \in \mathbb{Z}[1/2] \\ x & \text{sonst.} \end{cases}$$

Bestimmen Sie alle $a \in \mathbb{R}$, sodass f stetig in a ist.

Aufgabe 2.8 Sei $f(x) = \lfloor x \rfloor$ (Gauß-Klammer). Für welche $a \in \mathbb{R}$ ist f nicht stetig in a?

2.2 Der Zwischenwertsatz

Satz 2.3 (Zwischenwertsatz) Es sei $f\colon [a,b] \to \mathbb{R}$ stetig und $f(a) < c < f(b)$. Dann gibt es (mindestens) ein $\xi \in (a,b)$ mit $f(\xi) = c$.

Ein solches ξ können wir einfach angeben. Sei ξ das Supremum der Menge

$$A = \{x \in [a,b] \colon f(x) < c\} .$$

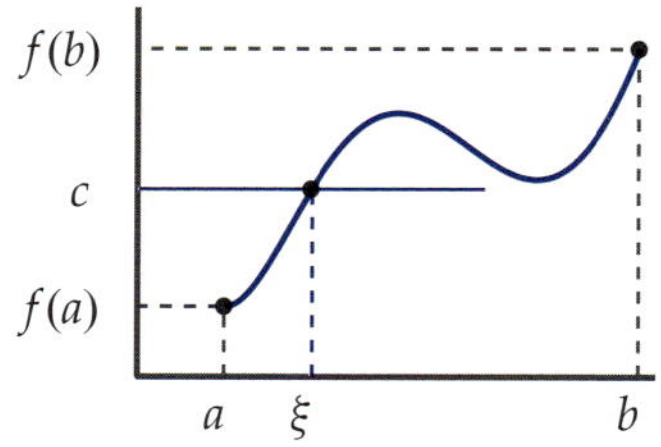

Dann ist $f(\xi)$ tatsächlich gleich c: Wäre nämlich $f(\xi) < c$, so gäbe es, da f stetig ist, ein $\eta > \xi$ mit $f(x) < c$ für alle $x \in (\xi, \eta)$. Also wäre ξ keine obere Schranke von A.

Wäre $f(x) > c$, so gäbe es $\eta < \xi$, sodass $f(x) > c$ für alle $x \in (\eta, \xi)$. So wäre auch η eine obere Schranke von A und ξ wäre nicht die *kleinste* obere Schranke. Es bleibt somit nur der Fall $f(\xi) = c$ übrig. ∎

Wir haben im Prinzip die Möglichkeit, eine Binärentwicklung oder eine Dezimalbruchentwicklung einer solchen Zahl ξ zu finden, sobald wir in der Lage sind, Funktionswerte auszurechnen. Nehmen wir einfachheitshalber an, dass $a, b \in \mathbb{N}$.

Bestimme zunächst die maximale natürliche Zahl $\lfloor x \rfloor_0$ mit $f(\lfloor x \rfloor_0) \le c$. Danach suche x_{-1} zwischen 0 und 9 maximal mit $f\left(\lfloor x \rfloor_0 + x_{-1}10^{-1}\right) \le c$. Im Allgemeinen suche x_{-n} zwischen 0 und 9 maximal mit $f\left(\lfloor x \rfloor_0 + x_{-1}10^{-1} + \cdots + x_{-n}10^{-n}\right) \le c$. Wir erhalten auf diese Weise die Dezimalentwicklung einer reellen Zahl ξ mit $f(\xi) = c$.

Beispiel:

Wir suchen eine Nullstelle ξ der Gleichung $f(x) = x^3 - 3x - 1 = 0$. In dem Graphen sehen wir drei Nullstellen. Wir werden die größte Nullstelle annähern.

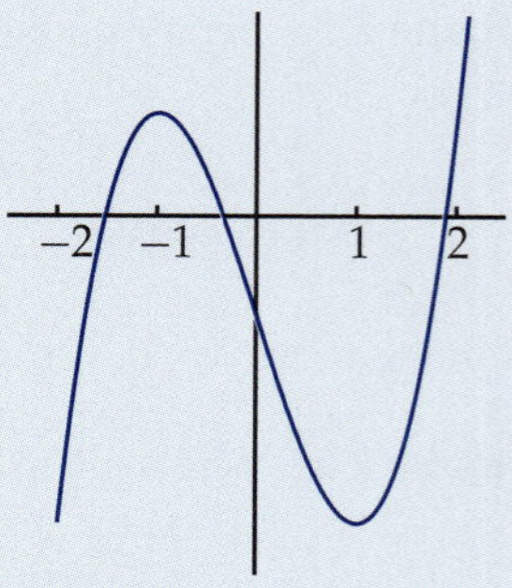

$f(1) = -3$	$f(2) = 1$
$f(1{,}8) < 0$	$f(1{,}9) > 0$
$f(1{,}87) < 0$	$f(1{,}88) > 0$
$f(1{,}879) < 0$	$f(1{,}880) > 0$
$f(1{,}8793) < 0$	$f(1{,}8794) > 0$
$f(1{,}87938) < 0$	$f(1{,}87939) > 0$

Wir finden die Annäherung $\xi \approx 1{,}87938\cdots$ der größten Nullstelle.

Aufgaben

EXTRAS ONLINE Lösungen

Aufgabe 2.9 Zeigen Sie für $a \geq 0$ und $n \in \mathbb{N}$, dass es genau ein $\xi \geq 0$ gibt mit $\xi^n = a$, also $\xi = \sqrt[n]{a}$.

Aufgabe 2.10 Bestimmen Sie fünf Nachkommastellen der beiden anderen Nullstellen von $f(x)$ in dem Beispiel auf der vorherigen Seite.

Aufgabe 2.11 Sei $f\colon [a,b] \to \mathbb{R}$ eine Funktion. Wenn f eine einigermaßen vernünftige Funktion ist, so kann SAGEMATH den Graphen von f, also

$$\{(x,y) \in \mathbb{R}^2 \colon a \leq x \leq b,\ y = f(x)\},$$

zeichnen.

1. Tippen Sie in SAGEMATH `plot(x^3-3*x-1,x,-2.1,2.1)` ein, um den Graphen der Funktion von der vorherigen Seite zu reproduzieren.
2. Benutzen Sie diese `plot`-Funktion, um schon einmal zu raten, wo in den nachfolgenden Aufgaben die Lösungen der Gleichungen in etwa liegen können.

Aufgabe 2.12 Finden Sie, unter Verwendung des Beweises des Zwischenwertsatzes, zwei Nachkommastellen einer reellen Lösung der nachfolgenden Gleichungen. Hierbei können Sie einen Taschenrechner oder SAGEMATH benutzen.

1. $x^3 - 3x + 4 = 0$
2. $2x^3 - 2x^2 - 2x + 4 = 0$
3. $\sqrt{x} + \sqrt{x+1} - 4 = 0$
4. $\cos(x) - x = 0$
5. $x^3 - 15x + 10 = 0$
6. $x^4 + 25x^3 - 15 = 0$
7. $-x^5 - 4x^2 + 2\sqrt{x} + 5 = 0$
8. $\tan(x) + 2x - 5 = 0$

Aufgabe 2.13 Es sei $f\colon [0,2] \to \mathbb{R}$ stetig mit $f(0) = f(2)$. Zeigen Sie, dass ein $\xi \in [0,1]$ existiert mit $f(\xi) = f(\xi + 1)$.

Aufgabe 2.14 Zeichnen Sie den Graphen von $f(x) = \sqrt{2x+5}$ und $g(x) = 4 - x^2$. Zeigen Sie, dass zwei ξ existieren mit $f(\xi) = g(\xi)$, und finden Sie jeweils drei Nachkommastellen von ξ.

Aufgabe 2.15 Zeigen Sie: Ist $f\colon [-1,1] \to [-1,1]$ stetig, so gibt es ein $\xi \in [-1,1]$ mit $f(\xi) = \xi$. Dieses ξ nennen wir einen Fixpunkt von f.

Aufgabe 2.16 Schreiben Sie ein „langsames" SAGEMATH-Programm, welches näherungsweise Nullstellen von Gleichungen bestimmt.

EINGABE: Eine stetige Funktion f, Zahlen a, b mit $a < b$ und $f(a) \cdot f(b) < 0$, sowie ein $\varepsilon > 0$.

AUSGABE: Eine Zahl x, sodass im Intervall $(x - \varepsilon, x + \varepsilon)$ eine Nullstelle von f liegt.

Ignorieren Sie eventuelle Abrundungsfehler, welche bei Berechnungen von Funktionswerten auftreten können. Lassen Sie dieses Programm für die Gleichungen in Aufgabe 2.12 laufen.

2.3 Grenzwerte

Sei $f\colon A \to \mathbb{R}$ eine Funktion, a ein Häufungspunkt von A. Wir sagen, $\lim\limits_{x\to a} f(x)$ existiert genau dann, wenn es eine **in a stetige** Funktion $g\colon A \cup \{a\} \to \mathbb{R}$ gibt mit

$$g(x) = f(x), \text{ wenn } x \in A \text{ und } x \neq a\,.$$

Den Wert $g(a) = b$ nennen wir den Grenzwert von $f(x)$ für x gegen a, Notation $\lim\limits_{x\to a} f(x) = b$.

Hierbei ist $A \cup \{a\}$ die Menge, die aus A entsteht durch Hinzunahme von a (soweit a noch nicht zu A gehörte). Man nennt g eine in a stetige Fortsetzung von f.

Der Grenzwert b ist eindeutig bestimmt, denn er ist gleich $\lim\limits_{n\to\infty} f(a_n)$ für eine beliebige konvergente Folge (a_n) in A mit Grenzwert a.

Eine andere Beschreibung des Grenzwertes ist durch den folgenden Satz gegeben, welcher direkt aus der Definition der Stetigkeit folgt.

Satz 2.4 $\lim\limits_{x\to a} f(x) = b$ genau dann, wenn für alle $\varepsilon > 0$ ein $\delta > 0$ existiert, sodass für alle $x \in A$ mit $0 < |x - a| < \delta$ gilt $|f(x) - b| < \varepsilon$.

Auf ähnliche Weise können wir einseitige Grenzwerte definieren.

Es sei $f\colon A \to \mathbb{R}$ gegeben. Sei $A^+ := \{x \in A\colon x > a\}$ und a ein Häufungspunkt von A^+. Wir definieren den rechtsseitigen Grenzwert: $\lim\limits_{x\downarrow a} f(x) = b$ genau dann, wenn für jedes $\varepsilon > 0$ ein $\delta > 0$ existiert, sodass für alle $x \in A$ mit $0 < x - a < \delta$ gilt $|f(x) - b| < \varepsilon$.

Auf analoge Weise definieren wir den linksseitigen Grenzwert $\lim\limits_{x\uparrow a} f(x) = b$.

Sind A, a wie in obiger Definition und $f^+\colon A^+ \to \mathbb{R}$, gegeben durch $f^+(x) := f(x)$ für $x \in A^+$, so gilt $\lim\limits_{x\to a} f^+(x) = \lim\limits_{x\downarrow a} f(x)$, vorausgesetzt diese Grenzwerte existieren.

Bemerkung. In SAGE kann man Grenzwerte berechnen lassen. Man tippt

```
limit(f,x=a)
```

ein, um $\lim\limits_{x\to a} f(x)$ zu erhalten. Einseitige Grenzwerte erhält man durch `(limit f, x=a, dir='plus')` bzw. `(limit f, x=a, dir='minus')`.

Eine SAGEMATH-Berechnung darf jedoch eine Begründung nicht ersetzen.

Aufgaben

EXTRAS ONLINE Lösungen

Aufgabe 2.17 Beweisen Sie die nachfolgenden **Rechenregeln** für Grenzwerte.

1. Es sei A eine Menge, a ein Häufungspunkt von $A, f, g\colon A \setminus \{a\} \to \mathbb{R}$. Es sei $\lim_{x\to a} f(x) = b$ und $\lim_{x\to a} g(x) = c$. Dann gilt:
   a. $\lim_{x\to a} \big(f(x) + g(x)\big) = b + c$,
   b. $\lim_{x\to a} f(x) \cdot g(x) = b \cdot c$,
   c. Ist $c \neq 0$, so ist $\lim_{x\to a} \frac{f(x)}{g(x)} = \frac{b}{c}$.
2. Sei a ein Häufungspunkt von A; b ein Häufungspunkt von B; $f\colon A \to B$; $g\colon B \to \mathbb{R}$; $\lim_{x\to a} f(x) = b$ und $\lim_{y\to b} g(y) = c$.
   a. Ist g stetig in b, so gilt $\lim_{x\to a} g(f(x)) = g(b)$.
   b. Ist $f(x) \neq b$ für alle $x \in A$ (z. B. $b \notin B$), dann ist $\lim_{x\to a} g(f(x)) = \lim_{y\to b} g(y)$.
3. **(Einschließungssatz)** Es sei a ein Häufungspunkt von $A, f, g, h\colon A \setminus \{a\} \to \mathbb{R}$ mit $f(x) \leq g(x) \leq h(x)$ für alle x und $\lim_{x\to a} f(x) = \lim_{x\to a} h(x) = b$. Dann existiert auch $\lim_{x\to a} g(x)$ und ist gleich b.

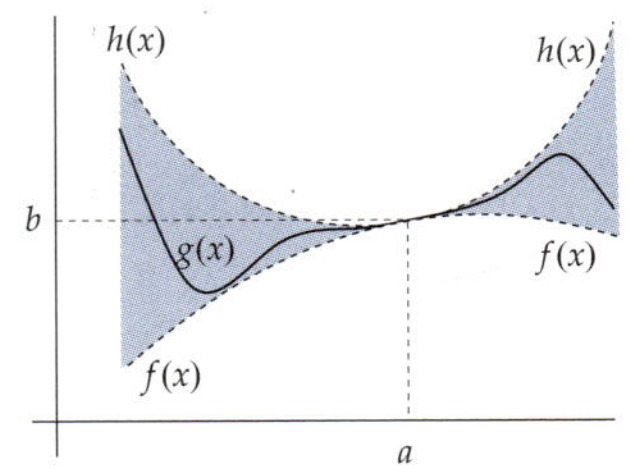

Tipp: Diese Aufgabe ist nicht schwer. Benutzen Sie z.B. Satz 1.3.

Aufgabe 2.18 Sei $f(x) = -1$ für $x < 0$ und $f(x) = x$ für $x > 0$. Zeigen Sie, dass $\lim_{x\to 0} f(x)$ nicht existiert.

Aufgabe 2.19 Berechnen Sie die nachfolgenden Grenzwerte, falls sie existieren.

1. $\lim_{x\to 0} \frac{x^2 - 2x + 1}{x^2 - 1}$
2. $\lim_{x\to 1} \frac{x^3 - 2x + 1}{x^2 - 1}$
3. $\lim_{x\to 2} \frac{3x^4 - 8x^3 + 16}{x^3 - 3x^2 + 4}$
4. $\lim_{x\to 0} \frac{x^3 + 4x - 6}{x^2 - 1}$
5. $\lim_{x\to a} \frac{x^m - a^m}{x^n - a^n} (m, n \in \mathbb{N})$
6. $\lim_{x\to 0} \frac{\sqrt{2+x} - \sqrt{2-x}}{x}$
7. $\lim_{x\uparrow 1} \frac{1 + \sqrt{2-2x} - \sqrt{2x - x^2}}{1 - x + \sqrt{1-x^2}}$
8. $\lim_{x\to 1} \frac{\sqrt{2x+1} - \sqrt{3x}}{\sqrt{x+3} - 2\sqrt{x}}$

2.4 Asymptote

1 Die Folge (a_n) divergiert gegen ∞ (bzw. $-\infty$), wenn für jede Zahl K gilt, dass $a_n > K$ (bzw. $a_n < K$) für fast alle n. Notation $\lim\limits_{n\to\infty} a_n = \infty$ (bzw. $\lim\limits_{n\to\infty} a_n = -\infty$).

2 Es sei $f\colon (a,\infty) \to \mathbb{R}$ eine Funktion. Wir sagen, dass $\lim\limits_{x\to\infty} f(x) = b$, wenn es für jedes $\varepsilon > 0$ ein K gibt, sodass für alle $x > K$ gilt: $|f(x) - b| < \varepsilon$.

Auf ähnliche Weise definiert man $\lim\limits_{x\to-\infty} f(x) = b$.

Die geometrische Interpretation von $\lim\limits_{x\to\infty} f(x) = b$ ist, dass sich der Graph von f für große x immer mehr an die Gerade $y = b$ anlehnt. Diese Gerade nennen wir eine **waagerechte Asymptote** von f. Wir bemerken, dass $\lim\limits_{x\to\infty} f(x) = b$ genau dann gilt, wenn für jede Folge (a_n), welche gegen ∞ divergiert, $\lim\limits_{n\to\infty} f(a_n) = b$ ist.

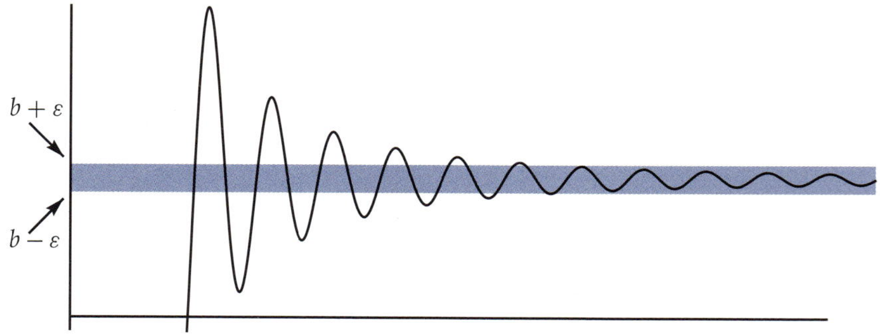

Sei $f\colon (a,b) \to \mathbb{R}$ eine Funktion. Wir definieren $\lim\limits_{x\downarrow a} f(x) = \infty$, wenn für alle $K \in \mathbb{R}$ ein $\delta > 0$ existiert, sodass $f(x) > K$ für jedes $x \in (a, a+\delta)$.

Analog definiert man $\lim\limits_{x\downarrow a} f(x) = -\infty$, $\lim\limits_{x\uparrow b} f(x) = \infty$ und $\lim\limits_{x\uparrow b} f(x) = -\infty$.

Auch diese Definition kann man wieder mithilfe von Folgen interpretieren. Wenn $\lim\limits_{x\downarrow a} f(x) = \pm\infty$, so sagen wir, dass die Gerade $x = a$ eine **senkrechte Asymptote** des Graphen von f ist. In nebenstehendem Beispiel ist $\lim\limits_{x\downarrow 2} f(x) = \infty$ und $\lim\limits_{x\uparrow 2} f(x) = -\infty$. Die Gerade $x = 2$ ist eine senkrechte Asymptote. Auf naheliegende Weise definiert man $\lim\limits_{x\to\pm\infty} f(x) = \pm\infty$.

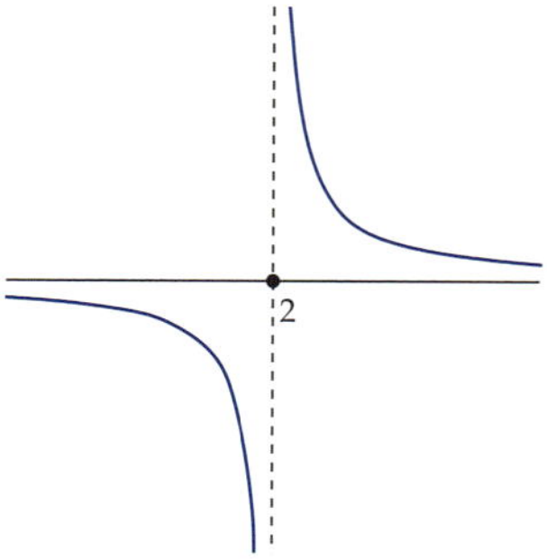

Aufgaben

EXTRAS ONLINE
Lösungen

Aufgabe 2.20

1. Es sei $\lim_{n\to\infty} a_n = \infty$. Zeigen Sie, dass $\lim_{n\to\infty} \frac{1}{a_n} = 0$.
2. Es sei $a_n > 0$ und (a_n) eine Nullfolge. Zeigen Sie, dass $\lim_{n\to\infty} \frac{1}{a_n} = \infty$.
3. Sei $q > 1$. Zeigen Sie, dass (q^n) gegen ∞ divergiert.
4. Es sei (a_n) eine konvergente Folge und (b_n) divergiere gegen ∞. Warum divergiert $(a_n + b_n)$ ebenfalls gegen ∞?

Aufgabe 2.21 Sei $a_n = \frac{1}{\sqrt{1}} + \frac{1}{\sqrt{2}} + \frac{1}{\sqrt{3}} + \cdots + \frac{1}{\sqrt{n}}$. Zeigen Sie, dass $\lim_{n\to\infty} a_n = \infty$.

Aufgabe 2.22 Bestimmen Sie die nachfolgenden Grenzwerte, falls sie existieren.

1. $\lim_{x\to\infty} \dfrac{x^2+3x-4}{2x^3+7x-1}$ 2. $\lim_{x\to-\infty} \dfrac{3x^3+2}{2x^2-6}$ 3. $\lim_{x\to\infty} \dfrac{x}{\sqrt{x^2+1}}$

4. $\lim_{x\to\infty} \dfrac{3x^4-1}{4x^2-3}$ 5. $\lim_{x\to\infty} \left(\sqrt[3]{x^3+x^2} - x\right)$ 6. $\lim_{x\to\infty} \left(\sqrt{4+x} - \sqrt{x}\right)\sqrt{x}$

Aufgabe 2.23

1. Geben Sie eine Definition für die Begriffe $\lim_{x\to\pm\infty} f(x) = \pm\infty$.
2. Zeigen Sie: Ist $\lim_{x\to a} f(x) = \infty$ und $\lim_{x\to a} g(x) = b$ für $b \in \mathbb{R}$, so gilt

$$\lim_{x\to a} (f(x) + g(x)) = \infty\,.$$

Aufgabe 2.24 Finden Sie die waagerechte und senkrechte Asymptote der nachfolgenden Funktionen.

1. $f(x) = \dfrac{x-2}{x^3-1}$ 2. $f(x) = \dfrac{x^2+x}{x^2-1}$ 3. $f(x) = \frac{1}{x}$

4. $f(x) = \dfrac{1}{x-2}$ 5. $f(x) = \dfrac{x+2}{x-3}$ 6. $f(x) = \dfrac{x^3-4}{|x|^3+1}$

7. $f(x) = \dfrac{x^3-4}{x^3+1}$ 8. $f(x) = \dfrac{(x-2)^2}{x^2-4}$ 9. $f(x) = \dfrac{2x-3}{x^2-x-6}$

Aufgabe 2.25 Eine Gerade $y = ax + b$ mit $a \neq 0$ heißt **schiefe Asymptote** von f, wenn $\lim_{x\to\infty} \big(f(x) - (ax+b)\big) = 0$ oder $\lim_{x\to-\infty} \big(f(x) - (ax+b)\big) = 0$. Bestimmen Sie die schiefen Asymptoten der nachfolgenden Funktionen.

1. $f(x) = \dfrac{2x^2-1}{x+3}$ 2. $\dfrac{3x^3+2x^2}{-x^2-3x+2}$ 3. $f(x) = \dfrac{x^4-3x^2-5}{x^2+3x-2}$

2.5 Umkehrfunktionen

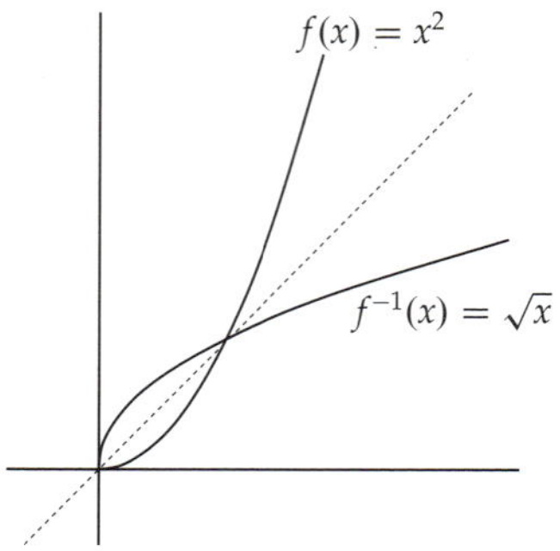

Nehmen wir an, es existiert eine inverse Funktion zu f. Ein Punkt (x, y) liegt auf dem Graphen von f genau dann, wenn (y, x) auf dem Graphen von f^{-1} liegt. Wir bekommen den Graphen von f^{-1} durch Spiegelung des Graphen von f in der Geraden mit der Gleichung $x = y$. Als Beispiel nehmen wir die Funktion $f\colon [0, \infty) \to \mathbb{R}$, gegeben durch $f(x) = x^2$; siehe die nebenstehende Abbildung. Die inverse Funktion ist $f^{-1}(x) = \sqrt{x}$.

Wir haben somit

$$f(x) = y \text{ genau dann, wenn } x = f^{-1}(y) \,.$$

Hieraus folgen die Gleichungen

$$f^{-1}(f(x)) = x \text{ und } f(f^{-1}(y)) = y \,.$$

Wenn man also die zu f inverse Funktion f^{-1} finden will, so muss man die Gleichung $f(x) = y$ nach x lösen: $x = f^{-1}(y)$. Voraussetzung ist dabei natürlich, dass diese Gleichung wirklich genau eine Lösung hat. Ist $f\colon A \to B$ mit A und B Teilmengen von $\mathbb{R}$, dann ist dies geometrisch folgendermaßen zu interpretieren: Für jedes b aus B **schneidet** die Gerade mit der Gleichung $y = b$ den Graphen von f **genau einmal**.

Eine Funktion $f\colon A \to \mathbb{R}$, definiert auf einer Teilmenge A von $\mathbb{R}$, heißt monoton wachsend, wenn aus $x, y \in A$ und $x < y$ folgt, dass $f(x) \le f(y)$. Ist dabei $f(x) < f(y)$ für alle solche x, y, so heißt f streng monoton wachsend auf A. Auf ähnliche Weise definiert man monoton fallend und streng monoton fallend.

Satz 2.5 Es sei I ein (offenes, halboffenes, abgeschlossenes) Intervall und $f\colon I \to \mathbb{R}$ sei streng monoton wachsend (oder fallend) und stetig. Dann ist $J := f(I)$ auch ein (offenes, halboffenes, abgeschlossenes) Intervall und die Umkehrfunktion $f^{-1}\colon J \to I$ ist auch stetig.

Aus dem Zwischenwertsatz folgt sofort, unter Benutzung der Aufgabe 1.38, dass $f(I) = \{f(x)\colon x \in (a, b)\}$ ein Intervall ist. Wir betrachten nur den Fall $f\colon (a, b) \to \mathbb{R}$ monoton wachsend. Die restlichen Fälle werden dem Leser überlassen.
Sei $c \in (a, b)$ und $d = f(c)$. Sei $\varepsilon > 0$ mit $\varepsilon < c - a$ und $\varepsilon < b - c$. Wähle δ mit $f(c - \varepsilon) < d - \delta < d < d + \delta < f(c + \varepsilon)$. Dann ist für alle $x \in (d - \delta, d + \delta)$

$$f(c - \varepsilon) < x < f(c + \varepsilon) \,,$$

also

$$c - \varepsilon < f^{-1}(x) < c + \varepsilon \,. \quad ■$$

Aufgaben

Lösungen

Aufgabe 2.26 Hier sind Graphen einiger Funktionen f gezeichnet. Bestimmen Sie, ob f eine Umkehrfunktion hat, und zeichnen Sie gegebenenfalls den Graphen der Umkehrfunktion.

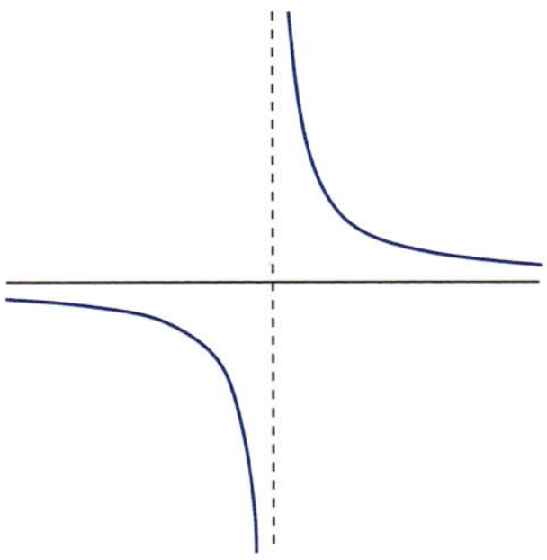

1.

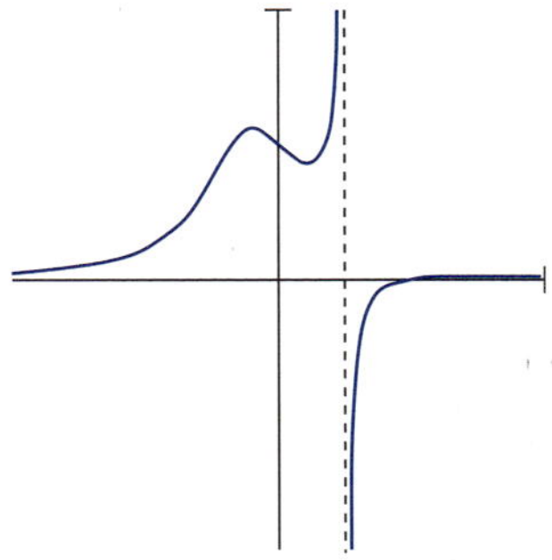

2.

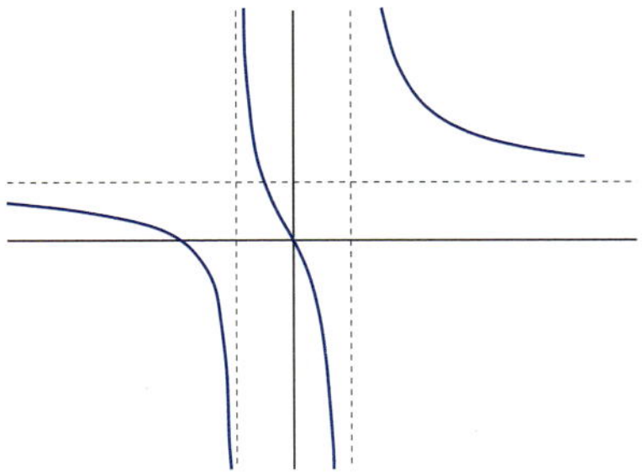

3.

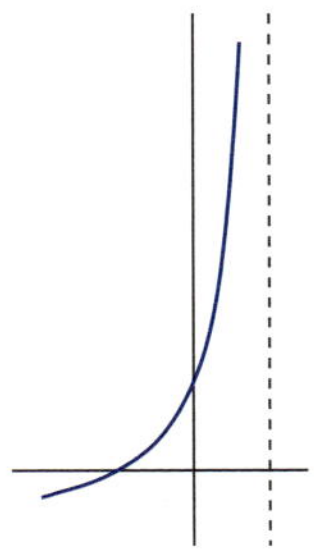

4.

Aufgabe 2.27 Bestimmen Sie, welche der nachfolgenden Funktionen $f\colon \mathbb{R} \to \mathbb{R}$ eine Umkehrfunktion haben, und bestimmen Sie diese gegebenenfalls.

1. $f(x) = 2x$ 2. $f(x) = -3x + 7$ 3. $f(x) = x^4$ 4. $f(x) = \dfrac{1}{x+3}$, $f(-3) = 0$

Aufgabe 2.28 Bestimmen Sie die inverse Funktion zu den nachfolgenden Funktionen. Bestimmen Sie den Wertebereich.

1. $f(x) = \dfrac{x-1}{x+1}$ 2. $f(x) = \dfrac{4x-3}{5}$ 3. $f(x) = \dfrac{1}{2x+3}$

Rechnen Sie jeweils nach, dass $f^{-1}(f(x)) = x$.

Aufgabe 2.29 Es sei $f\colon (a,b) \to \mathbb{R}$ eine streng monoton wachsende (oder fallende) beschränkte Funktion. Zeigen Sie, dass $\lim\limits_{x \downarrow a} f(x)$ und $\lim\limits_{x \uparrow b} f(x)$ existieren.

Was gilt, wenn f nicht beschränkt ist?

2.6 Die Exponentialfunktion

Ist $a \in \mathbb{R}$ und $n \in \mathbb{N}_0$, so ist bekanntlich a^n rekursiv definiert durch $a^0 = 1$ und $a^n = a \cdot a^{n-1}$. Für negative Zahlen $-n$ und $a \neq 0$ gilt $a^{-n} = 1/a^n$. Wir haben die bekannten Rechenregeln $a^{n+m} = a^n \cdot a^m$ und $(a^n)^m = a^{nm}$. Ist $a > 1$, so folgt $a^n < a^m$, wenn $n < m$. Wenn wir diese Eigenschaften beibehalten wollen für Exponenten $x \in \mathbb{R}$, so sind wir gezwungen, $a^{1/2} = \sqrt{a}$ zu nehmen. Insbesondere ist diese Definition nur sinnvoll für $a \geq 0$.

Wir definieren a^x für $a > 0$ und $x \in \mathbb{R}$.

1 Für $x \in \mathbb{Z}$ ist a^x bereits definiert.

2 Für $x \in 2^{-n} \cdot \mathbb{Z}$, aber $x \notin 2^{-n+1} \cdot \mathbb{Z}$ mit Induktion nach n: $a^x := \sqrt{a^{2x}}$.

3 $a^x := \lim\limits_{n \to \infty} a^{\lfloor x \rfloor_n}$.

Wir müssen zeigen, dass der Grenzwert tatsächlich existiert. Wir nehmen $a > 1$ (der Fall $0 < a < 1$ ist analog). Dazu zeigen wir mit Induktion nach n, dass für $x, y \in 2^{-n}\mathbb{Z}$ und $x \leq y$ folgt, dass $a^x \leq a^y$. Für $n = 0$ ist es wahr und mit Induktion nach n gilt $a^x = \sqrt{a^{2x}} \leq \sqrt{a^{2y}} = a^y$. Die Anwendung auf $\lfloor x \rfloor_n \leq \lfloor x \rfloor_{n+1} \leq \lceil x \rceil_0 \in \mathbb{N}$ gibt, dass die Folge $\left(a^{\lfloor x \rfloor_n}\right)$ wachsend und beschränkt ist. Somit existiert $\lim\limits_{n \to \infty} a^{\lfloor x \rfloor_n}$.

Satz 2.6 Es sei $a > 0$ und $x, y \in \mathbb{R}$.

1 Ist $x < y$ und $a > 1$, dann ist $a^x < a^y$.

2 Die Funktion $f(x) = a^x$ ist stetig.

3 $a^x \cdot a^y = a^{x+y}$.

4 $(a \cdot b)^x = a^x \cdot b^x$ für $b > 0$.

5 $(a^x)^y = a^{xy}$.

6 Für $a > 1$ ist $\lim\limits_{x \to \infty} a^x = \infty$ und $\lim\limits_{x \to \infty} a^{-x} = 0$.

7 Die Funktion $f(x) = x^\alpha$ ist stetig ($x > 0, \alpha \in \mathbb{R}$).

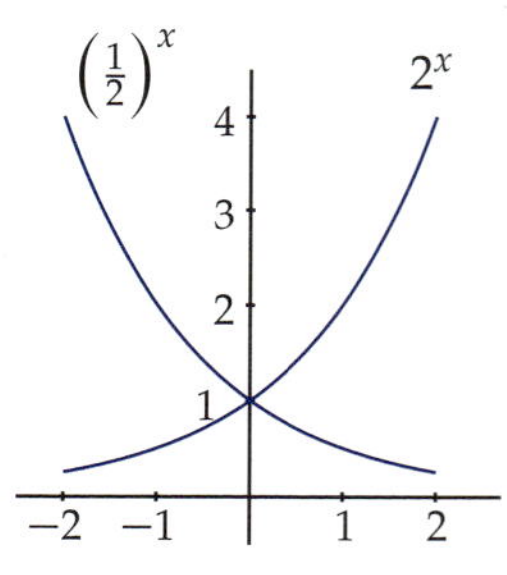

Beispiel: Wir berechnen die ersten dezimalen Nachkommastellen von $3^{\sqrt{2}}$. Dabei benutzen wir die ersten sieben Binärstellen von $\sqrt{2}$, also $\sqrt{2} = 1{,}0110101\ldots$ Dann gilt $2^7\sqrt{2} \approx 10110101 = 181$ und $3^{181} \approx 2{,}28520 \cdot 10^{86}$. Nach siebenmaligem Drücken der $\sqrt{\ }$-Taste erhalten wir $3^{\sqrt{2}} \approx 4.72801$. Eine andere, aber ähnliche Methode besteht darin, $a_i = 3^{2^{-i}}$ zu berechnen. Es gelten die Annäherungen:

i	1	2	3	4	5	6	7
a_i	1,73205	1,31607	1,14720	1,07107	1,03492	1,01731	1,00861

Also $3^{\sqrt{2}} \approx 3a_2a_3a_5a_7 \approx 4{,}72801$. Der „richtige" Wert ist 4,72880 …

Aufgaben

EXTRAS ONLINE Lösungen

Aufgabe 2.30 Bei dieser Aufgabe sollten Sie ein Rechengerät benutzen. In den nachfolgenden Beispielen berechnen Sie jeweils sieben binäre Nachkommastellen von x. Bestimmen Sie hiermit eine Annäherung von a^x, genau wie im Beispiel auf der vorherigen Seite. Vergleichen Sie das Ergebnis mit einer „direkten" Berechnung von a^x auf dem Taschenrechner.

1. $a = 2,\ x = \sqrt{2}$
2. $a = 2,\ x = \sqrt{3}$
3. $a = \pi,\ x = \pi$
4. $a = 5,\ x = \sqrt{5}$

Aufgabe 2.31 Sei $a > 0$ mit $a \neq 1$. Zeigen Sie, dass $a^x + a^{-x} \geq 2$ und $a^x + a^{-x} = 2$ genau dann, wenn $x = 0$.

Aufgabe 2.32 Lösen Sie die nachfolgenden Gleichungen.

1. $2^{x^2-1} = 4$
2. $2^{|x|} = 8$
3. $4^x - 2^x - 2 = 0$
4. $10^{3x+5} = 1$
5. $9^x - 3^x - 3^{x+1} + 3 = 0$
6. $2^x + 3^x = 13$

Aufgabe 2.33 Bestimmen Sie die nachfolgenden Grenzwerte.

1. $\lim\limits_{x\to\infty} \dfrac{2^x - 1}{2^x + 1}$
2. $\lim\limits_{x\to-\infty} \dfrac{2^x - 1}{2^x + 1}$
3. $\lim\limits_{x\to\infty} \dfrac{2^x - 1}{2^{-x} + 1}$
4. $\lim\limits_{x\uparrow 0} \dfrac{2^x - 1}{2^x + 1}$
5. $\lim\limits_{x\uparrow 0} \dfrac{2^x + 1}{2^x - 1}$
6. $\lim\limits_{x\downarrow 0} \dfrac{2^x + 1}{2^x - 1}$

Aufgabe 2.34 In dieser Aufgabe dürfen Sie ein Rechengerät verwenden, aber Sie dürfen hierbei die a^x-Funktion nur für $x \in \mathbb{N}$ benutzen.
Begründen Sie die nachfolgenden Ungleichungen.

1. $1{,}071 < 2^{0,1} < 1{,}072$
2. $1{,}116 < 3^{0,1} < 1{,}117$
3. $1{,}258 < 10^{0,1} < 1{,}259$

Ausgehend von diesen Werten, berechnen Sie zwei Nachkommastellen von

4. $2^{0,2}$
5. $3^{0,2}$
6. $10^{0,3}$.

Aufgabe 2.35

```
def exp(a,x,n):
    exp = a^(floor(x))
    x -= floor(x)
    for i in range(n):
        a = sqrt(a); x *= 2
        if floor(x)==1:
            exp *= a; x -= 1
    return exp
```

Nebenstehendes SAGEMATH-Programm berechnet Annäherungen $a^{\lfloor x \rfloor_n}$ von a^x.

Versuchen Sie, das Programm zu verstehen, und probieren Sie es aus.

Beweis des Satzes 2.6

Wir nehmen an, dass $a > 1$. Den Fall $0 < a < 1$ leitet man leicht hieraus ab. Für ganze Zahlen n, m leitet man die Rechenregeln $a^n \cdot a^m = a^{n+m}$ und $(a^n)^m = a^{n \cdot m}$ sofort aus der Definition ab. Ebenfalls ist für ganze Zahlen n, m mit $n < m$ die Ungleichung $a^n < a^m$ klar. Wir werden im Folgenden die bekannte Identität $\sqrt{a \cdot b} = \sqrt{a} \cdot \sqrt{b}$ $(a, b > 0)$ benutzen, sowie $\sqrt{a} < \sqrt{b}$ für $0 < a < b$.

Lemma 2.7 Ist $a, b > 0$ und sind $x, y \in 2^{-n}\mathbb{Z}$, so gilt:

1. Ist $a > 1$ und $x < y$, so ist $a^x < a^y$.
2. $a^{x+y} = a^x \cdot a^y$
3. $(ab)^x = a^x b^x$

Mit Induktion nach n.

1 Ist $n = 0$, so ist sind $x, y \in \mathbb{Z}$ und die Aussage ist gültig. Ist $x < y$, dann ist $2x < 2y$, daher $a^{2x} < a^{2y}$.

Mit Induktion ist $a^{2x} < a^{2y}$. Es folgt $a^x = \sqrt{a^{2x}} < \sqrt{a^{2y}} < a^y$.

2 $a^{x+y} = \sqrt{a^{2(x+y)}} = \sqrt{a^{2x} \cdot a^{2y}} = \sqrt{a^{2x}} \cdot \sqrt{a^{2y}} = a^x \cdot a^y$.

3 $(a \cdot b)^x = \sqrt{(a \cdot b)^{2x}} = \sqrt{a^{2x} \cdot b^{2x}} = \sqrt{a^{2x}} \cdot \sqrt{b^{2x}} = a^x \cdot b^x$. ■

1. Wir zeigen nun die erste Aussage des Satzes 2.6, also $a^x < a^y$, wenn $x < y$. Zuerst gilt $x < y \implies \lfloor x \rfloor_n \leq \lfloor y \rfloor_n \implies a^x \leq a^y$. Ist $x < y$, wähle $r, s \in 2^{-n} \cdot \mathbb{Z}$ mit $x < r < s < y$. Dann ist $a^x \leq a^r < a^s \leq a^y$. ■

Um weiterzumachen, brauchen wir folgendes Ergebnis.

Lemma 2.8 Die Folgen $\left(a^{1/2^n}\right)$ und $\left(a^{-1/2^n}\right)$ sind konvergent mit Grenzwert 1.

Weil $a^{-1/2^n} = 1/a^{2^n}$ reicht es, $\left(a^{1/2^n}\right)$ zu betrachten.

Sei $a_0 := a$ und $a_{n+1} := \sqrt{a_n} < a_n$. Dann ist $a_n = a^{1/2^n} \geq 1$ und (a_n) ist eine fallende Folge. Sei $b := \lim\limits_{n\to\infty} a_n \geq 1$. Dann ist

$$b^2 = \lim_{n\to\infty} a_{n+1}^2 = \lim_{n\to\infty} a_n = b\,.$$

Es folgt $b = 1$, d.h. $\lim\limits_{n\to\infty} a^{1/2^n} = 1$. ■

2. Wir zeigen, dass $f(x) = a^x$ stetig ist. Aus Lemma 2.8 und Lemma 2.7, Teil 2 folgt:

$$a^{\lfloor x \rfloor_k \pm 1/2^k} = a^{\lfloor x \rfloor_k} \cdot a^{\pm 1/2^k} \to a^x \text{ für } k \to \infty .$$

Es sei nun $\lim\limits_{n\to\infty} x_n = x$ und $c < a^x < d$. Wähle ein k mit $c < a^{\lfloor x \rfloor_k - 1/2^k} < a^{\lfloor x \rfloor_k + 1/2^k} < d$. Dann ist

$$\lfloor x \rfloor_k - 1/2^k < x_n < \lfloor x \rfloor_k + 1/2^k$$

für fast alle n und aus der ersten Aussage des Satzes 2.6 folgt $c < a^{x_n} < d$ für fast alle n, also ist die Stetigkeit von a^x gezeigt.

3. Wegen Stetigkeit von a^x und Lemma 2.7, Teil 2, gilt:

$$a^{x+y} = a^{\lim\limits_{n\to\infty}(\lfloor x \rfloor_n + \lfloor y \rfloor_n)} = \lim_{n\to\infty} a^{\lfloor x \rfloor_n + \lfloor y \rfloor_n} = \lim_{n\to\infty} \left(a^{\lfloor x \rfloor_n} \cdot a^{\lfloor y \rfloor_n} \right)$$

$$= \lim_{n\to\infty} a^{\lfloor x \rfloor_n} \cdot \lim_{n\to\infty} a^{\lfloor y \rfloor_n} = a^x \cdot a^y .$$

4. Wegen Lemma 2.7, Teil 3, gilt:

$$(a \cdot b)^x = \lim_{n\to\infty} (a \cdot b)^{\lfloor x \rfloor_n} = \lim_{n\to\infty} \left(a^{\lfloor x \rfloor_n} \cdot b^{\lfloor x \rfloor_n} \right) = \lim_{n\to\infty} a^{\lfloor x \rfloor_n} \cdot \lim_{n\to\infty} b^{\lfloor x \rfloor_n} = a^x \cdot b^x .$$

5. Zunächst für $y \in \mathbb{Z}$. Die Aussage ist richtig für $y = 0$. Mit Induktion:

$$(a^x)^{y+1} = (a^x)^y \cdot a^x = a^{xy} \cdot a^x = a^{xy+x} = a^{x(y+1)}$$
$$(a^x)^{y-1} = (a^x)^{y-1} \cdot a^x \cdot a^{-x} = (a^x)^y \cdot a^{-x} = a^{xy} \cdot a^{-x} = a^{xy-x} = a^{x(y-1)}$$

Jetzt zeigen wir die Aussage für $y \in 2^{-n} \cdot \mathbb{Z}$ mit Induktion nach n. Für $n = 0$ ist die Aussage eben gezeigt worden. Dann gilt

$$(a^x)^y = \sqrt{(a^x)^{2y}} = \sqrt{a^{2xy}} = \sqrt{a^{xy} \cdot a^{xy}} = \sqrt{(a^{xy})^2} = a^{xy} .$$

Letztendlich für $y \in \mathbb{R}$:

$$(a^x)^y = \lim_{n\to\infty} (a^x)^{\lfloor y \rfloor_n} = \lim_{n\to\infty} a^{x \cdot \lfloor y \rfloor_n} = a^{xy}$$

6. Weil $\lim\limits_{n\to\infty} c^{1/n} = 1$, folgt $c^{1/n} < a$ für fast alle n. Dies bedeutet, $c < a^n$ für fast alle, also mindestens ein n. Somit $c < a^x$ für $x > n$ und $\lim\limits_{x\to\infty} a^x = \infty$ folgt. Dann auch $\lim\limits_{x\to-\infty} a^x = 0$.

7. Es reicht, dies für $\alpha > 0$ zu zeigen. Ist $\alpha < n$, so folgt $1 \le x^\alpha \le x^n$ für $x > 1$. Da x^n stetig ist, folgt:

$$1 \le \lim_{x\downarrow 1} x^\alpha \le \lim_{x\downarrow 1} x^n = 1 .$$

Dann gilt auch $\lim\limits_{x\uparrow 1} x^\alpha = \lim\limits_{x\downarrow 1}(1/(1/x)^\alpha) = 1$. Also ist $f(x) = x^\alpha$ stetig in $x = 1$. Ist $b > 0$, dann $\lim\limits_{x\to b} x^\alpha = b^\alpha \lim\limits_{x\to b}(x/b)^\alpha = b^\alpha$, somit ist $f(x) = x^\alpha$ in $x = b$ stetig. ∎

2.7 Der Logarithmus

Die Exponentialfunktion $f(x) = a^x$ ist für $a > 1$ streng monoton wachsend. Die Wertemenge der Funktion ist $(0, \infty)$: Weil $1/a < 1$, ist $\left(\frac{1}{a^n}\right)$ eine Nullfolge. Es folgt, dass die Folge (a^n) von oben nicht beschränkt ist. Aus dem Zwischenwertsatz folgt, dass jedes Element von $[1, \infty)$ ein Element der Wertemenge von a^x ist. Genauso sehen wir, dass jedes Element aus $(0, 1)$ in der Wertemenge liegt. Analog für $a \in (0, 1)$.

Sei $a > 0,\ a \neq 1$ und $f\colon \mathbb{R} \to (0, \infty)$ mit $f(x) = a^x$. Die zu f inverse Funktion wird mit $\log_a(x)$ bezeichnet und Logarithmus zur Basis a genannt. Diese Funktion $\log_a\colon (0, \infty) \to \mathbb{R}$ ist stetig und $a^x = y \iff x = \log_a(y)$.

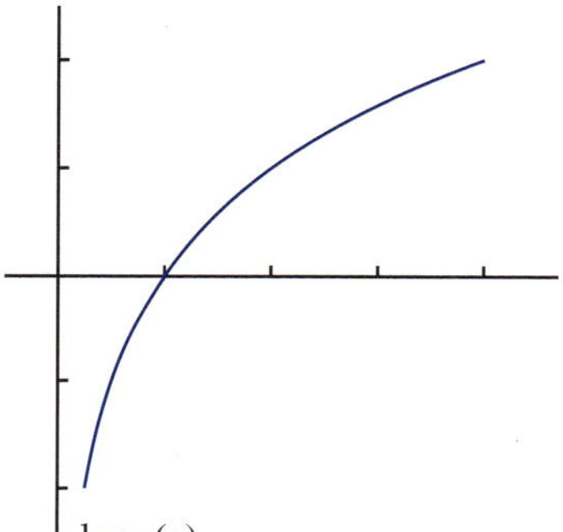

$\log_2(x)$

Hieraus erhalten wir nach den allgemeinen Formeln für Umkehrfunktionen:

$$x = a^{\log_a(x)}, \quad \log_a\left(a^x\right) = x\,.$$

Eine andere Notation für $\log_a(x)$ ist ${}^a\log(x)$.

Satz 2.9 (Rechenregeln für den Logarithmus)
Ist $a > 0, a \neq 1, x, y > 0$, dann gilt:

$$\log_a(xy) = \log_a(x) + \log_a(y)\,,$$
$$\log_a\left(b^x\right) = x \log_a(b)$$

$$\log_a(xy) = \log_a\left(a^{\log_a(x)} \cdot a^{\log_a(y)}\right) = \log_a\left(a^{\log_a(x)+\log_a(y)}\right) = \log_a(x) + \log_a(y)$$
$$\log_a(b^x) = \log_a\left(\left(a^{\log_a(b)}\right)^x\right) = \log_a\left(a^{x\log_a(b)}\right) = x\log_a(b)\,.$$

■

Wir wenden die Funktion $\log_c$ auf beiden Seiten der Gleichung $a^{\log_a(b)} = b$ an. Es folgt

$$\log_a(b) \cdot \log_c(a) = \log_c(b)$$

oder mit anderer Schreibweise:

$$\log_a(b) = \frac{\log_c(b)}{\log_c(a)}\,.$$

Hieraus folgt, dass es reicht, über ein (schnelles) Verfahren zur Berechnung der Logarithmen zu nur **einer** Basis c zu verfügen. Als Basis wird normalerweise die sogenannte eulersche Zahl $\mathrm{e} = 2{,}7182818\ldots$ gewählt. Der Grund wird uns erst in einem späteren Kapitel klar werden.

Aufgaben

EXTRAS ONLINE Lösungen

Aufgabe 2.36 Zeigen Sie: Für $a, b > 0, a, b \neq 1$ gilt $\log_a(b) = \dfrac{1}{\log_b(a)}$.

Aufgabe 2.37 Berechnen Sie:

1. $\log_2(4)$ 2. $\log_4(2)$ 3. $\log_{10}(100)$ 4. $\log_2(\sqrt{2})$
5. $\log_4(2^{10})$ 6. $\log_{49}(7)$ 7. $\log_8(2)$ 8. $\log_9(\sqrt[3]{3})$

Aufgabe 2.38 Beweisen Sie, dass $10^3 < 2^{10} < 10^4$ gilt und folgern Sie, dass $0{,}3 < \log_{10}(2) < 0{,}4$. Folgern Sie aus $10^{30} < 2^{100} < 10^{31}$, dass $0{,}30 < \log_{10}(2) < 0{,}31$.

Aufgabe 2.39 Es gilt $\log_{10}(2) \approx 0{,}30103$. Berechnen Sie Annäherungen der nachfolgenden Zahlen.

1. $\log_{10}(4)$ 2. $\log_{10}(5)$ 3. $\log_{10}(20)$ 4. $\log_{10}\left(\sqrt{2}\right)$

Aufgabe 2.40 Es gilt $\log_{10}(2) \approx 0{,}30103$ und $\log_2(7) \approx 2{,}80735$. Berechnen Sie Annäherungen der nachfolgenden Zahlen.

1. $\log_{10}(7)$ 2. $\log_5(4)$ 3. $\log_{10}(14)$ 4. $\log_7(14)$

Aufgabe 2.41

1. Es gelten die Ungleichungen

   $2^1 < 3 < 2^2,$
   $2^3 < 3^2 < 2^4,$
   $2^6 < 3^4 < 2^7,$
   $2^{12} < 3^8 < 2^{13},$
   $2^{25} < 3^{16} < 2^{26}.$

   Leiten Sie hieraus ab, dass–in binärem System geschrieben–gilt,

   $$\log_2(3) = 1{,}1001\ldots,$$

   also $1{,}5625 < \log_2(3) < 1{,}625$.
2. Zeigen Sie mit der gleichen Methode, dass $2{,}25 < \log_2(5) < 2{,}375$.

Aufgabe 2.42 Schreiben Sie–mit den Ideen der letzten Aufgabe–ein SAGEMATH-Programm zur Berechnung von $\log_2(x)$ für $x > 1$. Wie viele Schleifen im Algorithmus schaffen Sie?

2.8 Maxima und Minima

Satz 2.10 Ist $f\colon [a,b] \to \mathbb{R}$ stetig, so hat f ein Maximum und ein Minimum.

Wir zeigen zunächst, dass eine stetige Funktion f beschränkt ist, d. h., es gibt eine reelle Zahl M, sodass $f(x) \leq M$ für jedes $x \in [a,b]$.

Sei dazu s das Supremum der Menge

$$\{t \in [a,b]\colon g \text{ beschränkt auf } [a,t]\}\,.$$

Dann ist f auch auf $[a,s]$ beschränkt: Wegen der Stetigkeit von f gibt es ein $t < s$, sodass f auf $[t,s]$ beschränkt ist. Weil f auch auf $[a,t]$ beschränkt ist, folgt die Behauptung. Ist $s < b$, dann gibt es wegen der Stetigkeit ein $t > s$, sodass f auf $[a,t]$ beschränkt ist. Also ist $s = b$.

Wir zeigen, dass f ein Maximum hat. Es sei W die Wertemenge und M das Supremum von W, das somit eine (endliche) reelle Zahl ist. Liegt M nicht in W, so betrachten wir die stetige Funktion $g(x) = \frac{1}{M-f(x)}$. Da $f(x)$ Werte in der Nähe von M hat, ist die Funktion $g(x)$ auf $[a,\ b]$ nicht beschränkt, Widerspruch, weil die Funktion $g(x)$ stetig auf $[a,b]$ ist und deshalb beschränkt sein sollte. ■

Mithilfe des Satzes von Bolzano-Weierstraß 1.10 können wir einen zweiten Beweis des Satzes 2.10 angeben.

Sei

$$M = \sup\{f(x)\colon x \in [a,b]\}\,.$$

Hierbei ist $M = \infty$ erlaubt, wenn f nicht beschränkt wäre. Wähle eine Folge (b_n) mit $\lim_{n\to\infty} b_n = M$ und $x_n \in [a,b]$ mit $f(x_n) = b_n$. Dann hat nach dem Satz von Bolzano-Weierstraß (x_n) eine konvergente Teilfolge $(x_{n(k)})$ mit Grenzwert in $[a,b]$. Es gilt deshalb mit $x = \lim_{k\to\infty} x_{n(k)}$, dass

$$f(x) = f\Big(\lim_{k\to\infty} x_{n(k)}\Big) = \lim_{k\to\infty} f(x_{n(k)}) = \lim_{k\to\infty} b_{n(k)} = M\,,$$

insbesondere ist $M < \infty$ eine reelle Zahl. ■

Aufgaben

EXTRAS ONLINE Lösungen

Aufgabe 2.43 Geben Sie ein Beispiel einer stetigen Funktion $f\colon (0,1] \to \mathbb{R}$, die kein Maximum hat.

Aufgabe 2.44 Geben Sie ein Beispiel einer Funktion $f\colon [0,1] \to \mathbb{R}$, die kein Maximum hat.

Aufgabe 2.45 Geben Sie ein Beispiel einer nicht stetigen Funktion $f\colon [0,1] \to \mathbb{R}$, welche trotzdem ein Maximum und ein Minimum hat.

Aufgabe 2.46 Es sei $f\colon (a,b) \to \mathbb{R}$ eine stetige Funktion.

1. Es sei $\lim\limits_{x\downarrow a} f(x) = \infty$ und $\lim\limits_{x\uparrow b} f(x) = \infty$. Zeigen Sie, dass f auf (a,b) ein Minimum hat.
2. Was gilt, wenn $\lim\limits_{x\downarrow a} f(x) = \lim\limits_{x\uparrow b} f(x) = -\infty$?
3. Was gilt, wenn $\lim\limits_{x\downarrow a} f(x) = \infty$ und $\lim\limits_{x\uparrow b} f(x) = -\infty$?

Aufgabe 2.47 Sei $f(x) = a_n x^n + a_{n-1}x^{n-1} + \cdots + a_0$ mit a_i reelle Zahlen, n eine gerade Zahl und $a_n > 0$. Zeigen Sie, dass die Funktion f auf $\mathbb{R}$ ein Minimum annimmt. Was gilt, wenn $a_n < 0$?

Aufgabe 2.48 Sei $f\colon (a,b] \to \mathbb{R}$ stetig mit $\lim\limits_{x\downarrow a} f(x) = -\infty$. Zeigen Sie, dass f ein Maximum hat.

Aufgabe 2.49 Geben Sie ein Beispiel einer Funktion $f\colon [0,1] \to \mathbb{R}$, welche kein Maximum und kein Minimum hat.

Aufgabe 2.50 Sei $A = \left\{0, 1, \frac{1}{2}, \frac{1}{3}, \frac{1}{4}, \cdots\right\}$. Geben Sie eine stetige Funktion $f\colon [0,1] \to \mathbb{R}$ mit $f(x) = 0$ für $x \in A$ und $f(x) < 0$ für $x \notin A$ an.

Das Maximum kann somit in abzählbar vielen Punkten angenommen werden.

Aufgabe 2.51 Geben Sie ein Beispiel einer stetigen Funktion $f\colon (0,1] \to \mathbb{R}$, welche kein Maximum und auch kein Minimum hat.

Fläche, Winkel und komplexe Zahlen

3

3.1 Offene Mengen in $\mathbb{R}^2$ ... 70
3.2 Flächeninhalt ... 72
3.3 Pythagoras ... 76
3.4 Drehungen ... 78
3.5 Das Winkelmaß ... 80
3.6 Die Winkelfunktionen ... 82
3.7 Komplexe Zahlen ... 84
3.8 Geometrie der Addition und Multiplikation ... 86
3.9 Polynomiale Gleichungen ... 88

ÜBERBLICK

LERNZIELE

- Offene Mengen
- Fläche von offenen Mengen: die Zahl π
- Fläche von Parallelogrammen
- Der Satz des Pythagoras
- Länge
- Winkel
- Drehungen und Spiegelungen
- Die Winkelfunktionen: Sinus, Cosinus, Tangens
- Additionstheoreme
- Komplexe Zahlen
- Geometrie der Addition und Multiplikation

Nachdem wir im ersten Kapitel die reellen Zahlen, also die reelle Zahlengerade studiert haben, fangen wir in diesem Kapitel mit dem Studium der Ebene an. Insbesondere interessieren wir uns für den Begriff Fläche einer Menge. Obwohl wir es hier nicht zeigen werden, ist es nicht möglich, jede Teilmenge $A \subset \mathbb{R}^2$ auf sinnvolle Weise einem Flächeinhalt zuzuordnen. Wir sind deshalb gezwungen, nur spezielle Teilmengen zu betrachten. In diesem Kapitel sind dies die offenen Mengen, wir werden in einem späteren Kapitel auch andere Klassen von Mengen betrachten.

Ein offenes Rechteck ist eine Menge der Form

$$(a, b) \times (c, d) = \{(x, y) \in \mathbb{R}^2 \colon a < x < b,\ c < y < d\}\,.$$

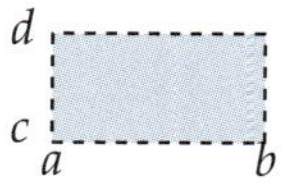

Eine Teilmenge von $\mathbb{R}^2$ ist offen, wenn Sie eine Vereinigung von offenen Rechtecken ist.

Das Volumen einer offenen Menge U erklären wir durch das Zählen von sogenannten k-Quadraten in U. Dies sind Mengen der Form

$$\left\{(x, y) \in \mathbb{R}^2 \colon a \leq x \leq a + 2^{-k}, b \leq x \leq b + 2^{-k} \text{ mit } a, b \in 2^{-k}\mathbb{Z}\right\}.$$

Die Menge solcher k-Quadrate in U bezeichnen wir mit $U^{(k)}$. Jedes solches k-Quadrat wird mit Gewicht 4^{-k} genommen. Wir zeigen, dass die Zahlenfolge $4^{-k}\#U^{(k)}$ konvergent ist. Den Grenzwert nennen wir den Flächeninhalt oder die Fläche $\mu(U)$ von U. Wie oben erwähnt, werden wir in diesem Kapitel nicht versuchen, die Fläche von allgemeineren Mengen einzuführen. Vorläufig reicht uns die Fläche für offene Mengen.

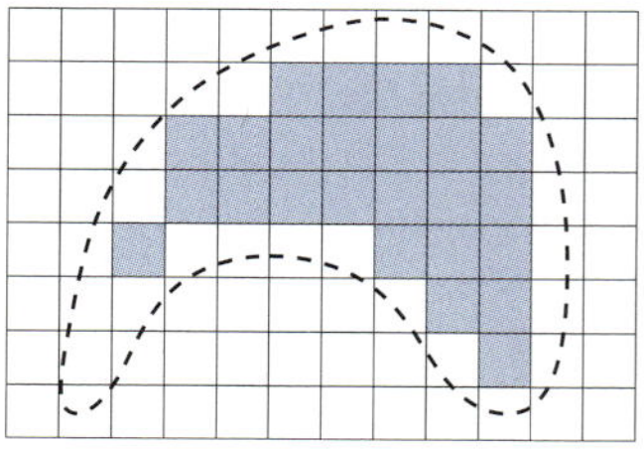

Die Fläche offener Mengen erfüllt einige Eigenschaften, welche offensichtlich erscheinen.

- Die Fläche eines offenen Rechtecks ist gleich Basis mal Höhe.
- Sind U und V offen, so ist $\mu(U \cup V) = \mu(U) + \mu(V) - \mu(U \cap V)$.
- Sind U_i offene Mengen mit $U_1 \subset U_2 \subset \cdots$ und $U = \cup_{i=1}^{\infty} U_i$, so gilt $\mu(U) = \lim_{i \to \infty} \mu(U_i)$.

Der Beweis ist anstrengend. Mein Rat für den Anfänger ist hier, den Beweis zu überfliegen und in regelmäßigen Abständen (einmal im Monat oder so) zu versuchen, diesen Beweis zu verstehen. Irgendwann klappt es mit dem Verständnis.

Mit dem Begriff Fläche einer offenen Menge lässt sich vieles erklären.

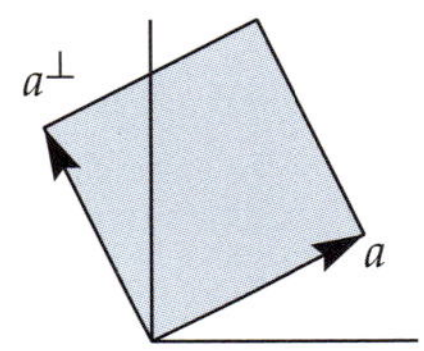

• Ist $a = (a_1, a_2)$ und $a^{\perp} := (-a_2, a_1)$, so ist die Fläche des Quadrats

$$\{x \cdot a + y \cdot a^{\perp} : 0 < x < 1, 0 < y < 1\}$$

gleich $a_1^2 + a_2^2$.

Es ist dann natürlich, die Zahl $\|a\| = \sqrt{a_1^2 + a_2^2}$ die Länge des Vektors $a = (a_1, a_2)$ zu nennen und den Abstand zweier Punkte $a = (a_1, a_2)$ und $b = (b_1, b_2)$ als $\|a - b\|$ zu definieren.

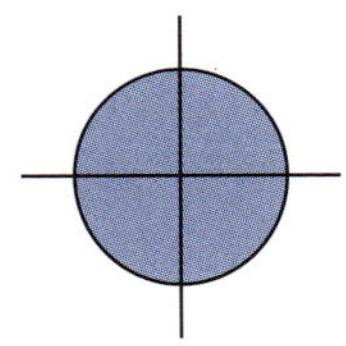

• Die Kreiszahl π ist die Fläche der offenen Menge

$$\{(x, y) : x^2 + y^2 < 1\} .$$

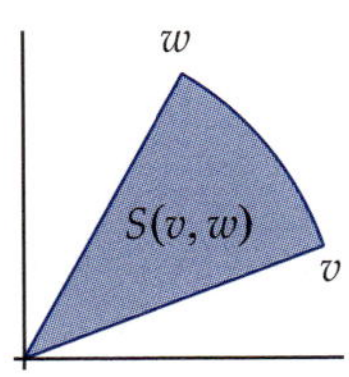

Das Winkelmaß oder der Winkel $\angle(v, w)$ wird definiert als zweimal die Fläche des Sektors $S(v, w)$, wie nebenstehend gezeigt. Hierbei ist $\|v\| = \|w\| = 1$. Mit einer Methode, die auf Archimedes zurückgeht, lässt sich der Winkel zweier Vektoren, insbesondere π, annähernd berechnen. Alternativ könnte man als Definition die Länge der Kurve

$$\{u := \lambda v + \mu w : \|u\| = 1, \lambda, \mu \geq 0\}$$

nehmen, das sogenannte Bogenmaß des Winkels. Weil es viel Mühe kostet das Bogenmaß einzuführen und dessen grundlegende Eigenschaften zu beweisen, ziehe ich den Ansatz mit dem Flächeninhalt vor.

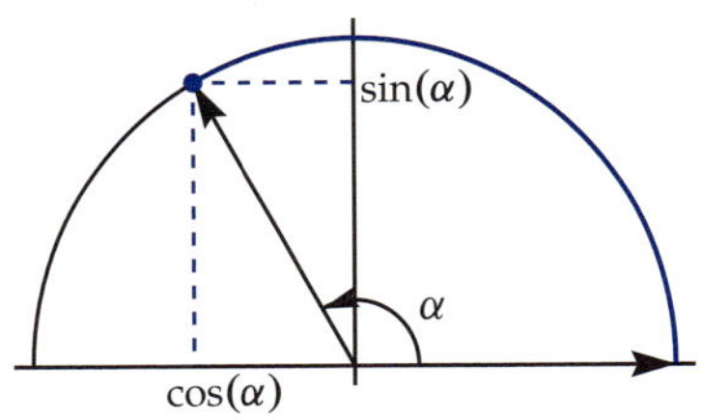

• Die Winkelfunktionen Sinus und Cosinus.

Diese werden für $\alpha \in [-\pi, \pi]$ durch nebenstehendes Bild definiert und danach durch die Bedingung $\sin(\alpha \pm \pi) = -\sin(\alpha)$ und $\cos(\alpha \pm \pi) = -\cos(\alpha)$ auf ganz $\mathbb{R}$ fortgesetzt.

Der Tangens ist definitionsgemäß $\tan(\alpha) = \frac{\sin(\alpha)}{\cos(\alpha)}$ und der Kotangens $\operatorname{cotan}(\alpha) = \frac{\cos(\alpha)}{\sin(\alpha)}$. Diese sind natürlich nur für die α definiert, für die der Nenner ungleich 0 ist. Nachfolgend sind die Graphen der Funktionen Sinus, Cosinus und Tangens gezeichnet.

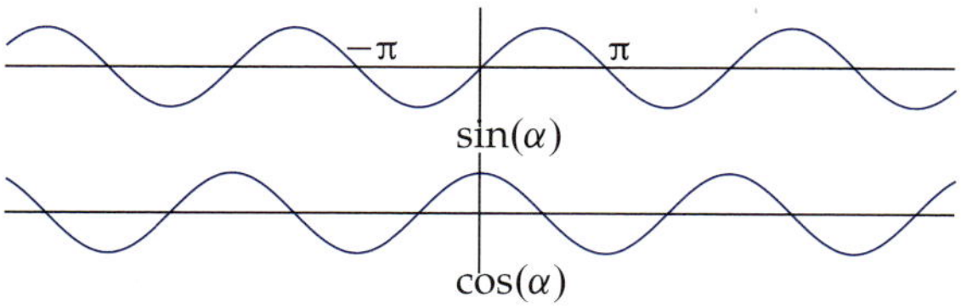

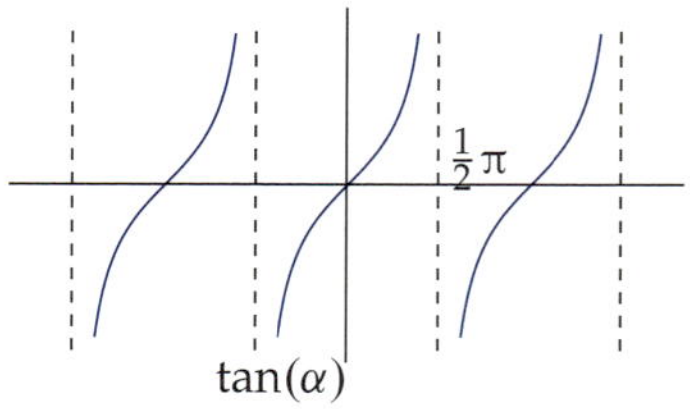

• Eine Bewegung oder auch Isometrie genannt ist eine abstandsbewahrende Abbildung der Ebene $\mathbb{R}^2$. Ein einfaches Beispiel ist die Verschiebung. Wir betrachten vor allem Bewegungen, die den Punkt $(0, 0)$ auf sich selbst abbilden. Die wichtigsten sind die Drehung und die Spiegelung. Die Drehung um einen Winkel α wird beschrieben durch die Formeln

$$\begin{pmatrix} x \\ y \end{pmatrix} \mapsto x \cdot \begin{pmatrix} \cos(\alpha) \\ \sin(\alpha) \end{pmatrix} + y \cdot \begin{pmatrix} -\sin(\alpha) \\ \cos(\alpha) \end{pmatrix} .$$

Aus den Formeln für die Drehung lassen sich die sogenannte Additionstheoreme von Sinus und Cosinus herleiten:

$$\begin{aligned} \cos(\alpha + \beta) &= \cos(\alpha) \cdot \cos(\beta) - \sin(\alpha) \cdot \sin(\beta) \\ \sin(\alpha + \beta) &= \sin(\alpha) \cdot \cos(\beta) + \cos(\alpha) \cdot \sin(\beta) \end{aligned}$$

Solche Formeln spielen bei komplexen Zahlen eine wichtige Rolle. Diese komplexen Zahlen führen wir am Ende des Kapitels ein. Dazu zunächst eine historische Betrachtung der komplexen Zahlen. Im 16. Jahrhundert wurde die Lösungsformel für die Gleichung dritten Grades

$$x^3 = px + q$$

durch del Ferro und Tartaglia gefunden. Sie lautet:

$$x = \sqrt[3]{\frac{q}{2} + \sqrt{\left(\frac{q}{2}\right)^2 - \left(\frac{p}{3}\right)^3}} + \sqrt[3]{\frac{q}{2} - \sqrt{\left(\frac{q}{2}\right)^2 - \left(\frac{p}{3}\right)^3}} .$$

Wenn man diese Formel benutzt für die Gleichung

$$x^3 = 15x + 4$$

mit der Lösung $x = 4$, so ergibt die Lösungsformel:

$$x = \sqrt[3]{2 + \sqrt{-121}} + \sqrt[3]{2 - \sqrt{-121}} .$$

Hier kommt die Quadratwurzel aus einer **negativen** Zahl vor. Cardano bezeichnete jedoch in seinem Buch *Ars Magna* (1545) Quadratwurzeln aus negativen Zahlen als subtil und nutzlos.

Die Geschichte hat Cardano hier Unrecht gegeben. Quadratwurzeln aus negativen Zahlen und allgemeiner komplexer Zahlen gehören heutzutage zum Grundwissen eines jeden Mathematikers.

Eine komplexe Zahl ist nichts anderes als ein Punkt (a, b) in der Ebene, welche wir in diesem Zusammenhang als $a + bi$ oder auch als $a + ib$ schreiben. Hierbei ist i einfach ein Symbol. Eine reelle Zahl a können wir auch als komplexe Zahl sehen: $a = a + 0 \cdot i$.

Addieren von komplexen Zahlen ist einfach: $(a + bi) + (c + di) = (a + c) + (b + d)i$ hat die geometrische Interpretation des Parallelogrammgesetzes. Die Multiplikation wird forciert durch die Bedingung $i^2 = -1$:

$$(a + bi) \cdot (c + di) = (ac - bd) + (ad + bc)i \,.$$

Deshalb ist das Rechnen mit komplexen Zahlen einfach. Man wendet schlicht und einfach die bekannten Rechenregeln (Assoziativität, Kommutativität, Distributivität) und die Eigenschaft „$i^2 = -1$" an.

Wenn wir die komplexen Zahlen als Paare (a, b) schreiben, so ist das Produkt von (a, b) mit (c, d) gegeben durch:

$$(ac - bd, ad + bc) \,.$$

Diese Formeln haben wir schon gesehen. Ist $a^2 + b^2 = 1$, so können wir $(a, b) = (\cos(\alpha), \sin(\alpha))$ schreiben und so ist $(ad - bc, ad + bc)$ die Drehung von (c, d) um den Winkel α. Deshalb gilt:

Multiplikation mit i ist Drehung über $\pi/2$ und allgemeiner ist die Multiplikation eine Drehstreckung.

Einer der grundlegenden Sätze der Mathematik ist der Hauptsatz der Algebra. Er besagt, dass jede Gleichung in z

$$z^n + a_1 z^{n-1} + \cdots + a_n = 0$$

mit $a_1, \ldots, a_n$ komplexe Zahlen eine komplexe Lösung hat. Durch Hinzunehmen der Lösung i für die Gleichung $z^2 + 1 = 0$ lässt sich jede polynomiale Gleichung in den komplexen Zahlen lösen!

Es gibt ungefähr fünfzig verschiedene Beweise des Hauptsatzes der Algebra. Einen Beweis finden Sie in meinem Buch der linearen Algebra (Satz 6.3), einen anderen Beweis im Abschnitt 8.10.

3.1 Offene Mengen in $\mathbb{R}^2$

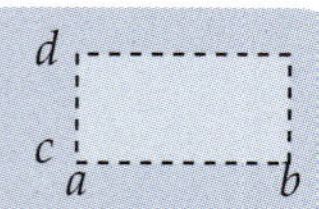

1 Sind $a < b$ und $c < d$ reelle Zahlen, so bezeichnen wir das offene Rechteck $(a, b) \times (c, d)$ als die Menge der Punkte $(x, y) \in \mathbb{R}^2$, sodass $a < x < b$ und $c < y < d$. Die leere Menge $\emptyset$ betrachten wir auch als offenes Rechteck.

1 $U \subset \mathbb{R}^2$ heißt offen, wenn sie eine Vereinigung von offenen Rechtecken ist.

Satz 3.1

1 Eine Menge U ist offen genau dann, wenn es für alle $p \in U$ ein offenes Rechteck R gibt mit $p \in R \subset U$.

2 Ist I eine Menge, U_i für $i \in I$ offen, so ist auch $\cup_{i \in I} U_i$ offen.

3 Sind U, V offen, dann auch $U \cap V$. Allgemeiner sind endliche Durchschnitte von offenen Menge wieder offen.

Die ersten zwei Aussagen sind offensichtlich. Für die Dritte, sei $p \in U \cap V$. Sei R ein offenes Rechteck mit $p \in R \subset U$ und S ein offenes Rechteck mit $p \in S \subset V$. Dann ist $R \cap S$ ein offenes Rechteck mit $p \in R \cap S \subset U \cap V$.

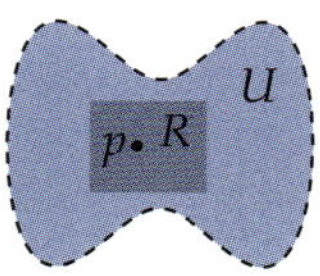

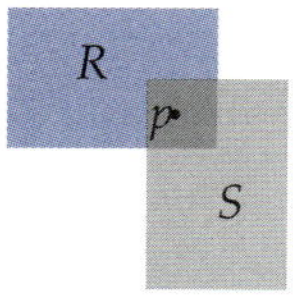

Satz 3.2 Ist $p = (a, b)$, so sei $B(p, \varepsilon) := \{(x, y) \in \mathbb{R}^2 \colon (x-a)^2 + (y-b)^2 < \varepsilon^2\}$.

Eine Menge U in $\mathbb{R}^2$ ist offen genau dann, wenn für jedes $p \in U$ ein $\varepsilon > 0$ existiert, sodass $B(p, \varepsilon) \subset U$.

Angenommen, für jedes $p = (a, b)$ existiert ein solches ε. Dann ist das Quadrat $(a - \frac{1}{2}\sqrt{2}\varepsilon, a + \frac{1}{2}\sqrt{2}\varepsilon) \times (b - \frac{1}{2}\sqrt{2}\varepsilon, b + \frac{1}{2}\sqrt{2}\varepsilon)$ in $B(p, \varepsilon)$ enthalten. U ist deshalb offen. Ist umgekehrt U offen, $p \in U$ und

$$R = (a - \varepsilon_1, a + \varepsilon_2) \times (b - \varepsilon_3, b + \varepsilon_4)$$

ein offenes Rechteck in U, so nehme ε das kleinste der ε_i für $i = 1, \ldots, 4$. Dann ist $B(p, \varepsilon) \subset R \subset U$.

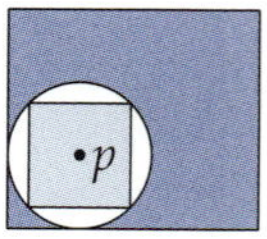

Satz 3.3 Für jedes $\varepsilon > 0$ ist die Menge $B(p, \varepsilon)$ offen.

Angenommen, die Aussage ist falsch. Dann gibt es ein $(c, d) \in B(p, \varepsilon)$, sodass für alle $n \in \mathbb{N}$ das Rechteck $R_n := (c - 1/n, c + 1/n) \times (d - 1/n, d + 1/n)$ nicht in $B(p, \varepsilon)$ enthalten ist. Es gibt deshalb einen Punkt $(x_n, y_n) \in R_n$ mit $(x_n - a)^2 + (y_n - b)^2 \geq \varepsilon^2$. Dann konvergiert x_n gegen c, y_n gegen d, also $(x_n - a)^2 + (y_n - b)^2$ gegen $(c - a)^2 + (d - b)^2 \geq \varepsilon^2$, Widerspruch!

Aufgaben

EXTRAS ONLINE
Lösungen

Aufgabe 3.1

1. Eine Halbebene in $\mathbb{R}^2$ ist eine Menge der Form
$$\{(x,y) \in \mathbb{R}^2 \colon a_1 x + a_2 y < c\} \text{ (oder } > c)$$
für gewisse $a_1, a_2, c \in \mathbb{R}^2$, wobei $(a_1, a_2) \neq (0,0)$. Zeigen Sie, dass Halbebenen offen sind. Tipp: Passen Sie den Beweis von Satz 3.3 an.
2. Sei $a = (a_1, a_2) \in \mathbb{R}^2$ und $b = (b_1, b_2)$ beide ungleich $(0,0)$. Angenommen, b ist kein Vielfaches von a, d. h. $(b_1, b_2) \neq (\lambda a_1, \lambda a_2)$ für alle $\lambda \in \mathbb{R}$.

   (a) Sei $k \in \mathbb{R}$ eine Konstante. Zeigen Sie, dass die Menge $\{\lambda a + \mu b \colon \lambda \in \mathbb{R} \text{ und } \mu < k\}$ eine Halbebene ist.
   Tipp: Benutzen Sie die Aussage, dass es für jedes (x,y) eindeutige (λ, μ) gibt, mit $(x,y) = \lambda a + \mu b$.

   (b) Die Menge $P(a,b) := \{\lambda \cdot a + \mu \cdot b \colon 0 < \lambda < 1,\ 0 < \mu < 1\}$ heißt Parallelogramm. Zeigen Sie, dass $P(a,b)$ eine offene Menge ist.

   (c) Zeigen Sie: Das Dreieck $\Delta(a,b) = \{\lambda \cdot a + \mu \cdot b \colon 0 < \lambda,\ 0 < \mu,\ \lambda + \mu < 1\}$ ist eine offene Menge.
3. Sei $a = (a_1, a_2) \in \mathbb{R}^2$ und $T_a \colon \mathbb{R}^2 \to \mathbb{R}^2$ eine Verschiebung über a, d. h. $T_a(x,y) = (x + a_1, y + a_2)$. Zeigen Sie: Ist $U \subset \mathbb{R}^2$ offen, so ist auch $T_a(U)$ offen.
4. Sei a und b wie oben und $T \colon \mathbb{R}^2 \to \mathbb{R}^2$ die „lineare Abbildung" gegeben durch $T(x,y) = (xa_1 + yb_1, xa_2 + yb_2)$ und $U \subset \mathbb{R}^2$ sei offen. Zeigen Sie, dass $T(U) := \{T(x,y) \colon (x,y) \in U\}$ ebenfalls eine offene Menge ist.

Aufgabe 3.2 Es sei $f \colon (a,b) \to \mathbb{R}$ eine stetige Funktion. Zeigen Sie:

1. $\{(x,y) \in (a,b) \colon y < f(x)\}$ ist eine offene Menge.
2. $O_+(f) := \{(x,y) \in (a,b) \colon 0 < y < f(x)\}$ ist eine offene Menge.
3. $O_-(f) := \{(x,y) \in (a,b) \colon f(x) < y < 0\}$ ist eine offene Menge.

Aufgabe 3.3 Eine Menge $Z \subset \mathbb{R}^2$ heißt abgeschlossen, wenn $Z^c := \mathbb{R}^2 \setminus Z$ eine offene Menge ist.

1. Geben Sie eine Menge $A \subset \mathbb{R}^2$ an, die nicht offen und nicht abgeschlossen ist.
2. Zeigen Sie: Sind Z, W abgeschlossen, so ist auch $Z \cup W$ abgeschlossen.
3. Zeigen Sie: Ist I eine Menge und Z_i für $i \in I$ abgeschlossen, so ist auch $\cap_{i \in I} Z_i$ abgeschlossen.

Aufgabe 3.4

1. Es sei $f \colon (a_0, b_0) \to [0, \infty)$ eine stetige Funktion, die fallend ist, d. h., aus $a_0 \leq x < y < b_0$ folgt, dass $f(x) \geq f(y)$. Sei $a_0 < a_1 < a_2 < \cdots < a_k = b_0$.

   Warum gilt $\cup_{i=1}^k (a_{i-1}, a_i) \times (0, f(a_i)) \subset O_+(f)$?
2. Was gilt für wachsende Funktionen?

3.2 Flächeninhalt

1 Ist $k \in \mathbb{N}_0$ und $a_1, a_2 \in 2^{-k}\mathbb{Z}$, so nennen wir

$$Q = [a_1, a_1 + 2^{-k}] \times [a_2, a_2 + 2^{-k}]$$

ein k-Quadrat. Die Menge der k-Quadrate bezeichnen wir mit $\mathcal{Q}^{(k)}$.

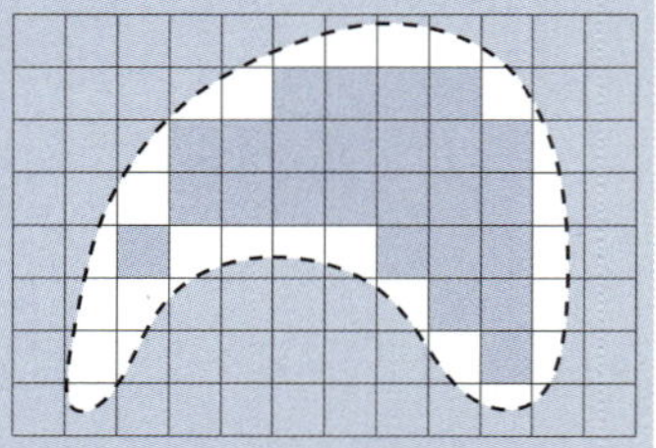

2 Für U offen in $\mathbb{R}^2$ definieren wir

$$U^{(k)} := \left\{Q \in \mathcal{Q}^{(k)} : Q \subset U\right\} .$$

Wenn wir ein k-Quadrat sowohl in x- als auch in y-Richtung mittendurch teilen, entstehen vier $(k+1)$-Quadrate (siehe nebenstehendes Bild). Wir erhalten eine wachsende Folge von Zahlen (evtl. gleich ∞):

$$\#U^{(0)} \leq \frac{1}{4} \cdot \#U^{(1)} \leq \frac{1}{4^2} \cdot \#U^{(2)} \leq \frac{1}{4^3} \cdot \#U^{(3)} \leq \cdots$$

Sei $U \subset \mathbb{R}^2$ offen. Wir definieren den Flächeninhalt (oder die Fläche) von U durch:

$$\mu(U) := \lim_{k \to \infty} 4^{-k} \cdot \#U_k \in [0, \infty] .$$

Die Kreiszahl π ist die Flache der offenen Menge $\{(x, y) \in \mathbb{R}^2 : x^2 + y^2 < 1\}$.

Satz 3.4

1 Sind U, V offen und ist $U \subset V$, so gilt $\mu(U) \leq \mu(V)$.

2 Ist $U \neq \emptyset$, so ist $\mu(U) > 0$.

3 Die Fläche eines offenen Rechtecks $Q = (a_1, b_1) \times (a_2, b_2)$ ist gleich

$$\mu(Q) = (b_1 - a_1) \cdot (b_2 - a_2) .$$

4 Sind U, V offen, so ist $\mu(U \cup V) + \mu(U \cap V) = \mu(U) + \mu(V)$.

5 Ist U_i offen mit $U_1 \subset U_2 \subset \cdots$ und $U = \cup_{i=1}^{\infty} U_i$, so gilt $\mu(U) = \lim\limits_{i \to \infty} \mu(U_i)$.

6 Ist $V = a + U = \{a + u : u \in U\}$ die Verschiebung von U über dem Vektor a, so gilt $\mu(U) = \mu(V)$.

7 Sind $\lambda, \mu \neq 0$ und ist $V = \{\lambda x, \mu y) : (x, y) \in U$, so ist $\mu(V) = |\lambda\mu|\mu(V)$. (Strecken und Spiegeln)

8 Es sei U eine offene und beschränkte Menge und L eine Gerade in $\mathbb{R}^2$. Dann gilt $\mu(U \setminus L) = \mu(U)$. ($U$ ist beschränkt bedeutet, dass $U \subset Q$ für ein Rechteck Q.)

Die ersten zwei Aussagen sind leicht zu zeigen, die restlichen sind (hoffentlich) geometrisch offensichtlich. Der Beweis ist jedoch anstrengend und wird auf den nachfolgenden Seiten gegeben. Wie werden obenstehende Eigenschaften oft ohne Verweis in den Beweisen nutzen, weil die Aussagen so offensichtlich erscheinen.

Aufgaben

EXTRAS ONLINE Lösungen

Aufgabe 3.5

1. Zeigen Sie: Die Fläche einer Ellipse $\{(x,y) \in \mathbb{R}^2 \colon (x/a)^2 + (y/b)^2 < 1\}$ ist gleich $\pi \cdot |ab|$.
2. Zeigen Sie: $\pi = 4\mu(U)$ mit $U := \{(x,y) \colon x, y > 0 \text{ und } x^2 + y^2 < 1\}$.
3. Weshalb ist $\frac{\pi}{4} \geq \sum_{i=1}^{k} \frac{1}{k}\sqrt{1-(i/k)^2}$?
   Tipp: Benutzen Sie Aufgabe 3.4.
4. Warum gilt $\frac{\pi}{4} \leq \sum_{i=0}^{k-1} \frac{1}{k}\sqrt{1-(i/k)^2}$?
   Tipp: Betrachten Sie dazu $V = \{(x,y) \colon 0 < x < 1, \sqrt{1-x^2} < y < 1\}$ und zeigen Sie, dass $\mu(V) \leq 1 - \pi/4$.
5. Schreiben Sie ein SAGEMATH-Programm, welches mit dieser Methode π näherungsweise berechnet. Ab welchem k streikt das Programm? Wie gut ist diese Annäherung von π?

Aufgabe 3.6 Betrachte die offene Menge

$$U := \{(x,y) \in \mathbb{R}^2 \colon 1 < x < 2,\ 0 < y < 1/x\}\ .$$

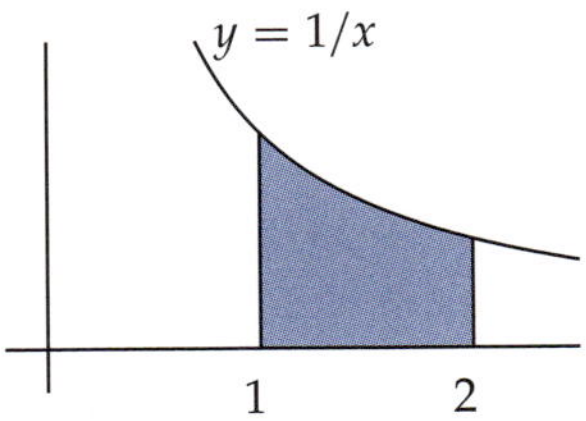

1. Begründen Sie, dass für jedes $k \geq 1$ gilt:

$$\sum_{i=0}^{k-1} \frac{1}{i+k+1} \leq \mu(U) \leq \sum_{i=0}^{k-1} \frac{1}{i+k}\ .$$

2. Finden Sie mit SAGE eine Annäherung von $\mu(U)$.

Aufgabe 3.7 Sei $n \in \mathbb{N}$ fest. Wir betrachten die offene Menge

$$A = A_n = \{(x,y) \in \mathbb{R}^2 \colon 0 < x < 1,\ \ 0 < y < x^n\}\ .$$

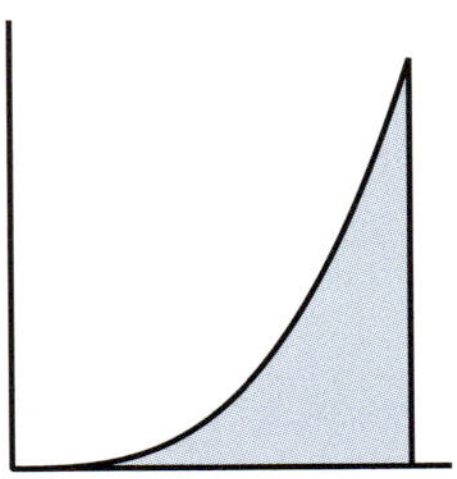

Wir bestimmen in dieser Aufgabe die Fläche von A_n. Sei q eine Zahl zwischen 0 und 1 und $m \in \mathbb{N}$.

1. Sei $C_q := \bigcup_{k=0}^{\infty} \left(q^{k+1}, q^k\right) \times \left(0, q^{(k+1)n}\right)$.

   Zeigen Sie, dass die Fläche von C_q gleich $\dfrac{q^n}{1+q+\cdots+q^n}$ ist.

2. Warum ist die Fläche von A_n gleich $\dfrac{1}{n+1}$?

Beweis des Satzes 3.4

3

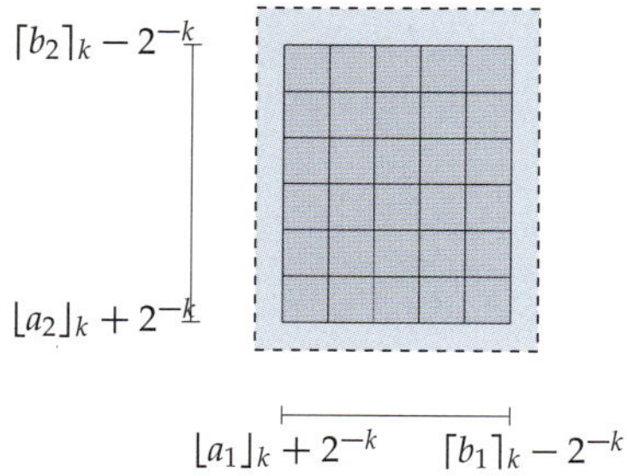

Man sieht leicht, siehe nebenstehendes Bild, dass es

$$\left(\lceil b_1\rceil_k - \lfloor a_1\rfloor_k - 2\cdot 2^{-k}\right)\cdot\left(\lceil b_2\rceil_k - \lfloor a_2\rfloor_k - 2\cdot 2^{-k}\right)$$

k-Quadrate in R gibt. Nehmen wir den Grenzwert für $k\to\infty$, so erhalten wir $\mu(Q) = (b_1 - a_1)\cdot(b_2 - a_2)$.

Bevor wir zum Beweis der dritten und vierten Aussage kommen, brauchen wir ein wichtiges Zwischenergebnis.

Satz 3.5 Es sei Q ein k-Quadrat, U_i offene Mengen für alle i in einer Indexmenge I. Nehme an

$$Q \subset \bigcup_{i\in I} U_i\,.$$

Dann gibt es ein $\ell > k$, sodass für jedes ℓ-Quadrat $R \subset Q$ gilt: es gibt ein $i \in I$ mit $R \subset U_i$. (Dieses i hängt von R ab, es kann auch mehrere solcher $i \in I$ geben.)

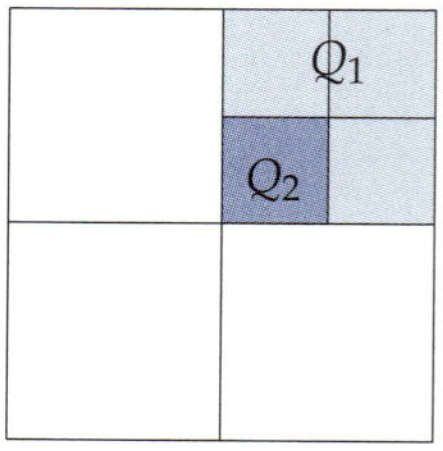

Einfachheitshalber nehmen wir $k = 0$. Angenommen die Aussage ist falsch. Wir unterteilen Q in vier kleinere 1-Quadrate. Wäre die Aussage des Satzes wahr für jedes dieser vier Quadrate, dann auch für Q. Also gibt es mindestens eins dieser Quadrate, für das die Aussage des Satzes falsch ist. Wir wählen ein solches Quadrat und nennen es Q_1.

Jetzt unterteilen wir Q_1 in vier kleinere 2-Quadrate. Dann ist die Aussage des Satzes falsch für mindestens eins dieser Quadrate. Wir wählen ein solches Quadrat und nennen es Q_2. So weiterführend erhalten wir

$$Q = Q_0 \supset Q_1 \supset Q_2 \supset Q_3 \supset \cdots\,,$$

wobei Q_j ein j-Quadrat ist, für das die Aussage des Satzes falsch ist. Wir schreiben $Q_j = [a_j, a_j + 2^{-j}] \times [b_j, b_j + 2^{-j}]$. Die Folgen (a_j) bzw. (b_j) sind wachsend und beschränkt (durch $a_0 + 1$ bzw. $b_0 + 1$) und konvergieren deshalb gegen Zahlen a bzw. b. Sei $p = (a, b)$. Weil $p \in Q \subset \cup_{i\in I} U_i$, gibt es ein $i \in I$ mit $p \in U_i$. U_i ist eine offene Menge, deshalb gibt es ein offenes Rechteck $R = (c_1, c_2) \times (d_1, d_2)$ mit $p \in R \subset U_i$. Weil (a_j) und (b_j) gegen a bzw. b konvergieren, gibt es ein N mit $c_1 < a_N < a_N + 2^{-N} < c_2$ und $d_1 < b_N < b_N + 2^{-N} < d_2$. Aber dann ist $Q_N \subset R \subset U_i$, Widerspruch zur Wahl von Q_N! ■

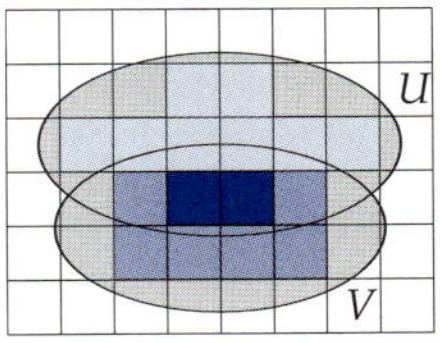

4 Wenn wir ein k-Quadrat Q in U oder ein k-Quadrat in V haben, so erhalten wir ein k-Quadrat in $U \cup V$. Ist dieses Quadrat dabei in $U \cap V$, so wird es doppelt gezählt. Dies zeigt die Ungleichung

$$\#U^{(k)} + \#V^{(k)} \leq \#(U \cup V)^{(k)} + \#(U \cap V)^{(k)} .$$

Multipliziere mit 4^{-k} und nehme den Grenzwert für $k \to \infty$. Es folgt:

$$\mu(U) + \mu(V) \leq \mu(U \cup V) + \mu(U \cap V).$$

Für „$\geq$" sei Q ein k-Quadrat in $U \cup V$. Durch Unterteilung erhalten wir 4^ℓ in $U \cup V$ enthaltene $(k+\ell)$-Quadrate. Es gibt ein $\ell \in \mathbb{N}$, sodass jedes $(k+\ell)$-Quadrat enthalten ist in U oder in V oder sowohl in U als auch in V (Satz 3.5). Daher:

$$4^\ell \cdot \#(U \cup V)^{(k)} \leq \#U^{(k+\ell)} + \#V^{(k+\ell)} - \#(U \cap V)^{(k+\ell)} .$$

Multipliziere diese Ungleichung mit $4^{-k-\ell}$ und nehme den Grenzwert für $\ell \to \infty$.

$$4^{-k} \cdot \#(U \cup V)^{(k)} \leq \mu(U) + \mu(V) - \mu(U \cap V) .$$

Dies gilt für jedes k und $\mu(U \cup V) \leq \mu(U) + \mu(V) - \mu(U \cap V)$ folgt.

5 Weil $U_i \subset U$, ist $\mu(U_i) \leq \mu(U)$. Für die andere Ungleichung sei $c < \mu(U)$ und wähle ein k mit $4^{-k}\#U^{(k)} > c$. Dann gibt es $Q_1, \ldots, Q_N \in U^{(k)}$ mit $4^{-k}N > c$. Es sei $Q = Q_i$ ein k-Quadrat in U. Nach dem vorherigen Satz gibt es ein ℓ, sodass jedes ℓ-Quadrat in Q in einem U_i liegt. Weil diese ineinandergeschachtelt liegen, kann man ein i für alle nehmen. Es folgt, dass Q selbst in einem U_i liegt. Wir können selbst ein i gleichzeitig für alle $Q_1, \ldots, Q_N$ nehmen. Es folgt, dass $4^{-k}\#U_i^{(k)} > c$, also $\mu(U_i) > c$. Dies gilt für jedes $c < \mu(U)$, also $\lim_{i\to\infty} \mu(U_i) \geq \mu(U)$.

6 Einfachheitshalber sei $\mu(U) < \infty$. Ist $Q = [c, c+2^{-k}] \times [b, b+2^{-k}]$ ein k-Quadrat, so ist $Q^\circ := (c, c+2^{-k}) \times (b, b+2^{-k})$ ein offenes Rechteck mit Flächeninhalt 4^{-k}. Die Menge $a + Q^\circ$ ist offen und

$$\cup_{Q \in U^{(k)}} (a + Q^\circ) \subset a + U .$$

Der Flächeinhalt der Menge auf der linken Seite ist $4^{-k}U^{(k)}$ und ist kleiner oder gleich $\mu(a+U)$ nach dem 1. Teil des Satzes. Für $k \to \infty$ folgt $\mu(U) \leq \mu(a+U)$. Jetzt verschieben wir zurück über $-a$ und erhalten $\mu(a+U) \leq \mu(-a+a+U) = \mu(U)$. Insgesamt $\mu(U) = \mu(a+U)$. Die siebte Aussage zeigt man analog.

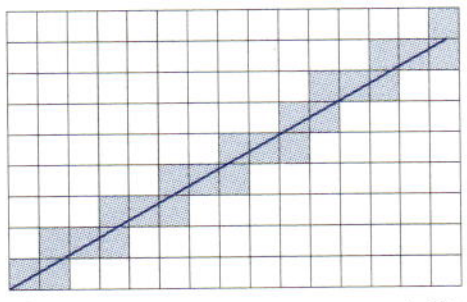

8 Durch Verschiebung und Streckung dürfen wir annehmen, dass $U \cap L$ eine Teilmenge von $y = ax$ ist mit $x \in (0,1)$ und $a \in [0,1]$. Ist nun $[p, p+2^{-k}] \times [q, q+2^{-k}] = Q$ ein k-Quadrat in U mit $Q \cap L \neq \emptyset$, so ist $0 \leq p \leq 1$ und für jedes p gibt es höchstens zwei mögliche q, siehe nebenstehendes Bild, nämlich $q = \lfloor ap \rfloor_k$ und $q = \lfloor ap \rfloor_k + 2^{-k}$. Es gibt deshalb höchstens $2 \cdot 2^k$ solcher k-Quadrate. Es folgt

$$\#U^{(k)} \leq \#(U \setminus L)^{(k)} + 2^{k+1} .$$

Multipliziere mit 4^{-k} und nehme $k \to \infty$. Es folgt $\mu(U) \leq \mu(U \setminus L)$. Weil $\mu(U) \geq \mu(U \setminus L)$ offensichtlich ist, folgt $\mu(U) = \mu(U \setminus L)$.

3.3 Pythagoras

Satz 3.6 Für $a, b \in \mathbb{R}^2$ schreiben wir $\det(a, b) := a_1b_2 - a_2b_1$ (Determinante). Dann gilt:

1 Die Fläche des Parallelogramms $P(a, b)$ ist gleich $|\det(a, b)|$.

2 Die Fläche des Dreiecks $\Delta(a, b)$ ist gleich $\frac{1}{2}|\det(a, b)|$.

1 Wir wenden den Satz 3.4 mehrfach an. Für den Fall, dass a und b beide im ersten Quadranten liegen, betrachte das Bild unten links. Das große Quadrat hat die Fläche $(a_1+b_1)\cdot(a_2+b_2)$. Verschiebe das obere graue Dreieck über den Vektor $-b$. Wir sehen, dass die grauen Dreiecke zusammen die Fläche $a_1 \cdot a_2$ haben. Ebenso haben die zwei blauen Dreiecke zusammen die Fläche $b_1 \cdot b_2$. Die zwei schwarzen Rechtecke haben beide die Fläche a_2b_1. Deshalb hat das weiße Parallelogramm $P(a, b)$ die Fläche

$$(a_1 + b_1) \cdot (a_2 + b_2) - a_1 \cdot a_2 - b_1 \cdot b_2 - 2 \cdot a_2 \cdot b_1 = a_1b_2 - a_2b_1 \,.$$

Für den Fall, dass b im ersten Quadranten und a im zweiten Quadranten liegt, also $a_2 < 0$ ist, betrachte das Bild in der Mitte. Die anderen Fälle sind analog.

2 Für die Fläche des Dreiecks, betrachte das Bild rechts unten. Die Details werden als Aufgabe überlassen.

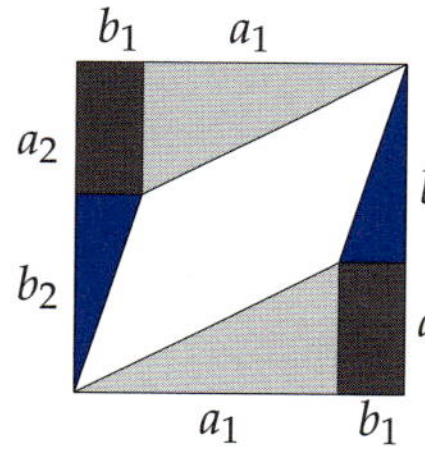

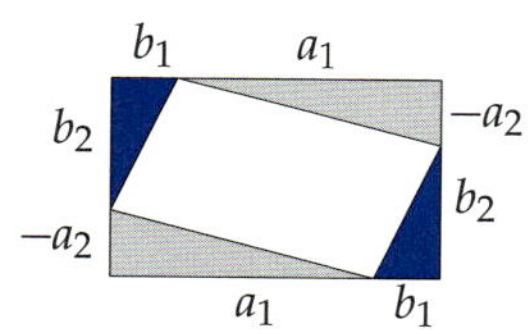

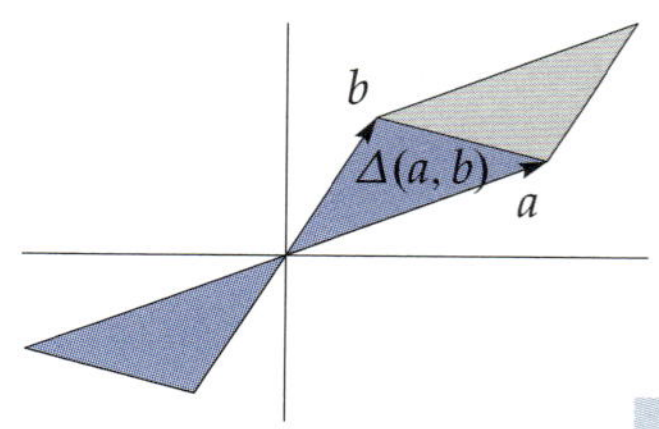

Ist $a = (a_1, a_2) \neq (0, 0)$, so definieren wir $a^\perp := (-a_2, a_1)$. Wir sagen $a \perp b$, wenn $a = (0, 0)$ oder $b = \lambda a^\perp$ für ein λ.

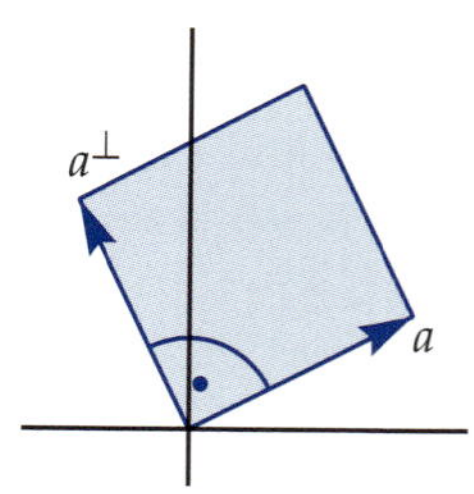

Die Fläche des Quadrats $P(a, a^\perp)$ ist gleich $a_1^2 + a_2^2$. Weil offensichtlich a und $a^\perp$ die gleiche Länge haben sollen und der Flächeninhalt von $P(a, a^\perp)$ gleich „Basis mal der Höhe" sein sollte, kommen wir zu folgender Definition.

Für $a = (a_1, a_2) \in \mathbb{R}^2$ definieren wir die Länge von a durch $\|a\| := \sqrt{a_1^2 + a_2^2}$.

Aus $\|a - b\|^2 = (a_1 - b_1)^2 + (a_2 - b_2)^2 = a_1^2 + a_2^2 + b_1^2 + b_2^2 - 2(a_1b_1 + a_2b_2)$ folgt:

Satz 3.7 (Pythagoras) Ist $a \perp b$, so gilt

$$\|a - b\|^2 = \|a\|^2 + \|b\|^2 \,.$$

Aufgaben

Lösungen

Aufgabe 3.8 Zeigen Sie, dass für die Fläche eines Dreiecks $\Delta(a, b)$ gilt

$$\mu(\Delta(a, b)) = \mu(P(a, b))/2 .$$

Aufgabe 3.9

1. Zeigen Sie: $a \perp b$ genau dann, wenn $a_1 b_1 + a_2 b_2 = 0$.
2. Es seien $a, b \in \mathbb{R}^2$ mit $a \neq b$. Zeigen Sie: Ein Punkt $x = (x_1, x_2)$ hat den gleichen Abstand zu a und b, wenn er auf der Mittelsenkrechten, gegeben durch die Gleichung

   $$(a_1 - b_1)x_1 + (a_2 - b_2)x_2 = \frac{1}{2}(\|a\|^2 - \|b\|^2) ,$$

   liegt. Für welche a und b ist diese Mittelsenkrechte die x_1-Achse?
3. **(Satz von Thales)** Es seien a und b Vektoren mit $\|a\| = \|b\|$. Zeigen Sie, dass

   $$(a - b) \perp (a + b) .$$

   Zeichnen Sie ein Bild hierzu.

Aufgabe 3.10

1. Berechnen Sie die Fläche des Parallelogramms, aufgespannt durch die Vektoren $(3, 2)$ und $(-3, 4)$.
2. Führen Sie die gleiche Berechnung durch für das Parallelogramm, aufgespannt durch die Vektoren $(1, 4)$ und $(3, 5)$.

Aufgabe 3.11 Es sei ein (konvexes) Polygon in der Ebene gegeben mit den Eckpunkten $(x_0, y_0), \ldots, (x_n, y_n)$, die im Uhrzeigersinn durchlaufen wird. Setze $x_{n+1} = x_0$ und $y_{n+1} = y_0$. Zeigen Sie, dass die Fläche des Polygons gegeben ist durch

$$\sum_{k=0}^{n} \tfrac{1}{2}(x_{k+1} + x_k) \cdot (y_{k+1} - y_k) .$$

Tipp: Induktion nach n. Fangen Sie mit $n = 2$ an. Wiederholen Sie diese Aufgabe, wenn Sie den Satz von Green kennengelernt haben.

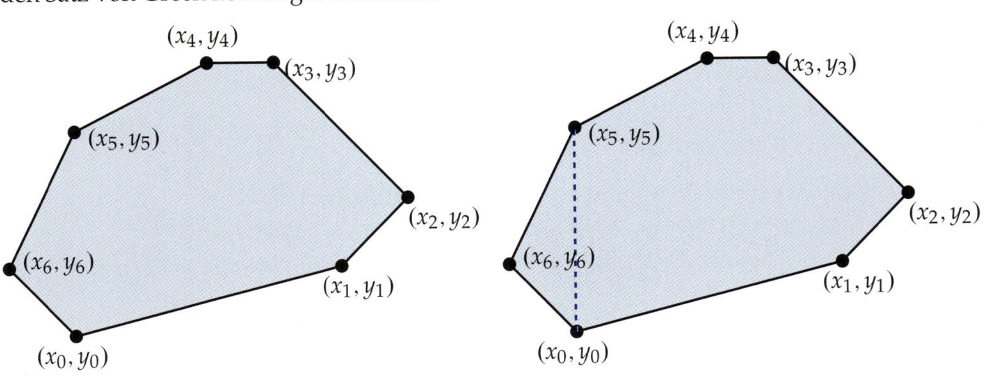

3.4 Drehungen

1 Sei $a \in \mathbb{R}^2$ mit $\|a\| = 1$. Die Abbildung R_a gegeben durch $R_a(x, y) = x \cdot a + y \cdot a^{\perp}$, nennen wir eine Drehung.

2 Für $a, b \in \mathbb{R}^2$ definieren wir das Skalarprodukt $\langle a, b\rangle := a_1 b_1 + a_2 b_2$ und die Determinante $\det(a, b) = a_1 b_2 - a_2 b_1$.

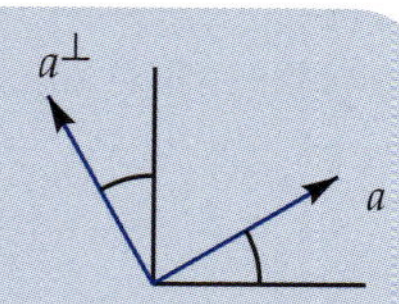

Bemerke, dass $\|a\| = \sqrt{\langle a, a\rangle}$. Es ist eine Aufgabe zu zeigen, dass

$$\langle x \cdot a + y \cdot a^{\perp}, z \cdot a + w \cdot a^{\perp}\rangle = x \cdot z + y \cdot w \text{ und } R_a(-y, x) = R_a(x, y)^{\perp}\,. \tag{3.1}$$

Insbesondere folgt $\|(x-z)a + (y-w)a^{\perp}\|^2 = (x-z)^2 + (y-w)^2$. Die Drehung R_a behält deshalb Abstände und ist eine sogenannte Isometrie. Man rechnet nach, dass $R_a(v+w) = R_a(v) + R_a(w)$ und $R_a(\lambda v) = \lambda R_a(v)$. (Die Drehung R_a ist eine lineare Abbildung.)

Man prüft die nachfolgende Identität:

$$\langle a, b\rangle^2 + \det(a, b)^2 = \|a\|^2 \cdot \|b\|^2\,. \tag{3.2}$$

Insbesondere folgen die Ungleichungen von Cauchy-Schwarz $|\langle a, b\rangle| \leq \|a\| \cdot \|b\|$ und von Hadamard $|\det(a, b)| \leq \|a\| \cdot \|b\|$.

Satz 3.8

1 Es seien v, w Vektoren in $\mathbb{R}^2$ mit $\|v\| = \|w\| = 1$ und $\det(v, w) \geq 0$.

(a) Mit $a = (\langle v, w\rangle, \det(v, w))$ gilt $R_a(v) = w$.

(b) Mit $b = \frac{1}{\sqrt{2}}\left(\sqrt{1 + \langle v, w\rangle},\ \sqrt{1 - \langle v, w\rangle}\right)$ gilt $R_b \circ R_b = R_a$.

2 Sei $a \in \mathbb{R}^2$ mit $\|a\| = 1$. Ist $U \subset \mathbb{R}^2$ offen, so ist $R_a(U)$ offen und $\mu(U) = \mu(R_a(U))$.

1 (a) Nachrechnen. (Aufgabe 3.13)

(b) Eine direkte Berechnung zeigt $\|b\| = 1$. Schreibe $s := \langle v, w\rangle$.

$$R_b^2 \begin{pmatrix} 1 \\ 0 \end{pmatrix} = \frac{1}{\sqrt{2}} R_b \begin{pmatrix} \sqrt{1+s} \\ \sqrt{1-s} \end{pmatrix} = \begin{pmatrix} s \\ \sqrt{1-s^2} \end{pmatrix} = \begin{pmatrix} \langle v, w\rangle \\ \det(v, w) \end{pmatrix}.$$

Analog für das Bild von $(0, 1)$. Für beliebige (x, y) benutze die Linearität.

2 Der Beweis dieser Aussage ist völlig analog zur entsprechenden Aussage für die Verschiebung von U. Wenn man ein offenes k-Quadrat $c + P(v, v^{\perp})$ dreht, so erhält man

$$R_a(c) + P\left(R_a(v), R_a(v)^{\perp}\right)\,.$$

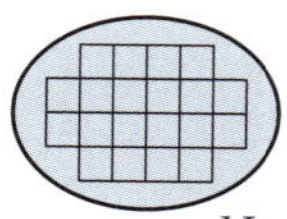

U

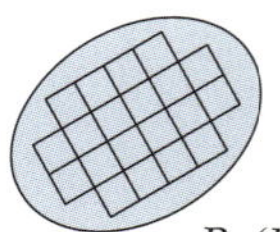

$R_a(U)$

Dies ist ein offenes Quadrat der Fläche 4^{-k}, weil R_a eine Isometrie ist. Ist $a = (a_1, a_2)$ und $b = (a_1, -a_2)$, so muss man beachten, dass R_b die Umkehrabbildung von R_a ist. Details seien dem Leser überlassen. ∎

Aufgaben

Lösungen

Aufgabe 3.12 Es sei $a = (\cos(\alpha), \sin(\alpha))$ und R_a die Drehung wie auf der vorherigen Seite beschrieben. Zeigen Sie, dass die Abbildung in Matrizen folgendermaßen aussieht:

$$R_a \begin{pmatrix} x \\ y \end{pmatrix} = \begin{pmatrix} \cos(\alpha) & -\sin(\alpha) \\ \sin(\alpha & \cos(\alpha) \end{pmatrix} \begin{pmatrix} x \\ y \end{pmatrix}$$

Aufgabe 3.13

1. Rechnen Sie die Behauptung (3.1) und die Identität (3.2) nach.
2. Rechnen Sie die Behauptung 1(a) des Satzes 3.8 nach.

3 Zeigen Sie für $a, b \in \mathbb{R}^2$ die Gleichung

$$b = \frac{\langle a, b\rangle}{\|a\|^2} \cdot a + \frac{\det(a, b)}{\|a\|^2} \cdot a^{\perp} .$$

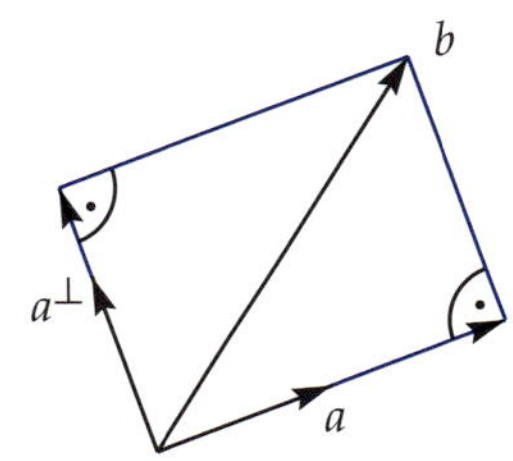

4 Zeigen Sie die Dreiecksungleichung:

$$\|a + b\| \leq \|a\| + \|b\| \qquad \text{Tipp: } \langle a + b, a + b\rangle$$

Aufgabe 3.14

1. Seien $a = (a_1, a_2) \in \mathbb{R}^2$ und $b = (b_1, b_2)$ beide ungleich $(0, 0)$. Angenommen, b ist kein Vielfaches von a, d. h. $(b_1, b_2) \neq (\lambda a_1, \lambda a_2)$ für alle $\lambda \in \mathbb{R}$. Betrachte die lineare Abbildung T gegeben durch

   $$T(x, y) = (xa_1 + yb_1, xa_2 + yb_2) .$$

   Die Menge $U \subset \mathbb{R}^2$ sei offen. Zeigen Sie (siehe auch Satz 11.4):

   $$\mu(T(U)) = |\det(a, b)| \cdot \mu(U) .$$

2. Berechnen Sie die Fläche der nachfolgenden Mengen.
   (a) $\{(x, y)\colon 3x^2 + 4xy + 4y^2 < 5\}$ (b) $\{(x, y)\colon 2x^2 - 4xy + 3y^2 < 4\}$

Aufgabe 3.15 Sei $a \in \mathbb{R}^2$ mit $\|a\| = 1$.

1. Zeigen Sie, dass $S_a\colon \mathbb{R}^2 \to \mathbb{R}^2$ mit $S_a(x, y) = x{\cdot}a - y{\cdot}a^{\perp}$ eine Isometrie ist. Diese Abbildung heißt Spiegelung.
2. Zeigen Sie, dass $S_a^2 = \mathrm{Id}$.
3. Zeigen Sie, dass $S_a(a) = (1, 0)$, $S_a(a^{\perp}) = (0, -1)$.
4. Folgern Sie, dass $S_a(a + (1, 0)) = a + (1, 0)$ und $S_a(a^{\perp} + (0, 1)) = -a^{\perp} - (1, 0)$.
5. Sei $c \in \mathbb{R}$, $a \neq (-1, 0)$, $b = c \cdot (a^{\perp} + (0, 1))$ und $T = T_b \circ S_a$ die Verknüpfung von S_a mit der Verschiebung T_b. Bestimmen Sie die Fixpunktgerade von T, d. h. alle $v \in \mathbb{R}^2$ mit $T(v) = v$. Eine solche Abbildung nennen wir auch eine Spiegelung. Was gilt für $a = (-1, 0)$?
6. Zeigen Sie, dass eine Verschiebung die Verknüpfung zweier Spiegelungen ist.

3.5 Das Winkelmaß

Für $v, w \in \mathbb{R}^2$, $v, w \neq (0,0)$ mit $\det(v,w) > 0$ definieren wir das Winkelmaß $\angle(v,w)$ als **zweimal** die Fläche des Sektors

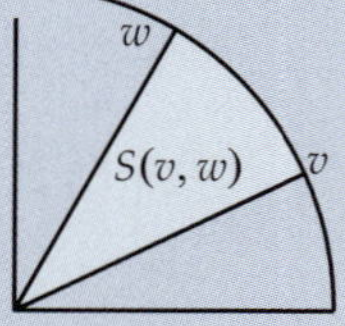

$$S(v,w) = \{\lambda \cdot v + \mu \cdot w \colon \lambda, \mu > 0\} \cap \{(x,y) \in \mathbb{R}^2 \colon x^2 + y^2 < 1\}.$$

Ist $\det(v,w) < 0$, so definieren wir $\angle(v,w) = -\angle(w,v)$. Weiterhin $\angle(v, \lambda v) = 0$ für $\lambda > 0$ und $\angle(v, \lambda v) = \pi$ für $\lambda < 0$.

Satz 3.9 Gegeben sind $v, w \in \mathbb{R}^2$ mit $\|v\| = \|w\| = 1$ und $\det(v,w) \geq 0$. Definiere:

$$x_0 = \langle v, w \rangle, \quad y_0 = \sqrt{1 - x_0^2}, \quad x_{n+1} := \sqrt{(x_n + 1)/2} \quad \text{und} \quad y_{n+1} := y_n / x_{n+1}.$$

Dann sind (x_n) und (y_n) wachsende Folgen, (y_n/x_n) ist eine fallende Folge und

$$x_n y_n < y_n < \angle(v,w) < \frac{y_n}{x_n}, \quad \lim_{n\to\infty} y_n = \lim_{n\to\infty} \frac{y_n}{x_n} = \angle(v,w).$$

Aus der Identität (3.2) folgt $x_0 \leq 1$. Aus $\sqrt{(1+x)/2} > x$ für $x \in [0,1)$ folgt, dass (x_n) wächst und Grenzwert 1 hat. Weil $y_{n+1} = y_n/x_{n+1}$ und $x_{n+1} < 1$, ist (y_n) wachsend. Aus $\frac{y_{n+1}/x_{n+1}}{y_n/x_n} = \frac{2x_n}{x_n+1} < 1$ folgt, dass (y_n/x_n) eine fallende Folge ist. Also konvergieren (y_n) und (y_n/x_n) gegen die gleiche Zahl.

Sei $u = \langle v, w \rangle \cdot v$ und $z = w / \langle v, w \rangle$. Dann gilt (Aufgabe 3.17, siehe Bild), dass $\Delta(u,w) \subset S(v,w) \subset \Delta(v,z)$. Deshalb erhalten wir Ungleichungen für zweimal die Fläche:

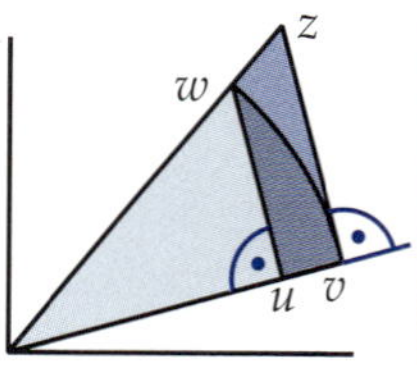

$$\det(v,w) \cdot \langle v, w \rangle \leq \angle(v,w) \leq \frac{\det(v,w)}{\langle v, w \rangle}.$$

Sei $b = \frac{1}{\sqrt{2}}\left(\sqrt{1+x_0}, \sqrt{1-x_0}\right)$. Für die Drehung R_b gilt $R_b^2(v) = w$, siehe Satz 3.8. Sei $w_1 = R_b(v)$. Aus der Linearität und Isometrie folgt, dass R_b den Sektor $S(v, w_1)$ auf den Sektor $S(w_1, w)$ abbildet. Deshalb gilt $\angle(v,w) = 2\angle(v,w_1)$.

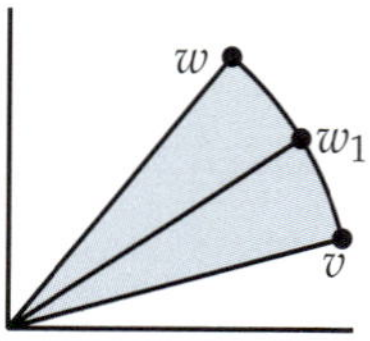

Durch Wiederholung dieses Prozedere erhalten wir $w_1, w_2, \ldots$ mit $\angle(v,w) = 2\angle(v,w_1) = \cdots = 2^n \angle(v, w_n)$. Daher:

$$2^n \det(v, w_n) \cdot \langle v, w_n \rangle \leq \angle(v,w) \leq 2^n \frac{\det(v,w_n)}{\langle v, w_n \rangle}. \tag{3.3}$$

Nach Konstruktion gilt $w_n = \sqrt{(1+x_{n-1})/2} \cdot v + \sqrt{(1-x_{n-1})/2} \cdot v^\perp$. Man zeigt mit etwas Mühe mit Induktion (Aufgabe 3.17) für $n \geq 1$ die Formeln

$$y_n = 2^n \sqrt{1 - x_n^2} = 2^n \sqrt{(1 - x_{n-1})/2}.$$

Daher gilt $\langle v, w_n \rangle = x_n$ und $2^n \det(v,w) = y_n$. Jetzt benutze die Ungleichungen (3.3). ∎

Aufgaben

EXTRAS ONLINE
Lösungen

Aufgabe 3.16

1. Hier folgt ein SAGEMATH-Programm zur Berechnung der Winkel zwischen Vektoren. Experimentieren Sie damit.

```
def angle(v,w,n):
    l = sqrt(v[1]^2+v[0]^2)
    m = sqrt(w[1]^2+w[2]^2)
    x =N((v[1]*w[1]+v[0]*w[0])/(l*m))
    y= sqrt(1-x^2)
    for i in range(n):
        x = sqrt((1+x)/2)
        y = y/x
    return y
```

2. Setzen Sie die Genauigkeit von SAGE hoch. Wie viele Dezimale von π schaffen Sie mit obigem Programm zu berechnen?
   Vergleichen Sie mit dem gespeicherten Wert von π in SAGE und auch mit Aufgabe 3.5.
3. Das obige Programm funktioniert nur, wenn $x = \langle v, w \rangle \geq 0$. Wenn $x < 0$, dann ersetze x durch $\sqrt{(1+x)/2}$ und ersetze y durch $2y$ in der Mitte des Programms. Warum funktioniert das?
4. Passen Sie das Programm oben an, um auch den Fall $x < 0$ einzuschließen.

Aufgabe 3.17

1. Im Beweis des Satzes 3.9 wurde behauptet, dass

   $$\Delta(u, w) \subset S(v, w) \subset \Delta(v, z) .$$

   Zeigen Sie diese Aussage.

   Tipp: Für $\lambda u + \mu w = \lambda' v + \mu w$ berechnen Sie $\|\lambda' v + \mu w\|$ und benutzen Sie die Ungleichung von Cauchy-Schwarz.
2. Außerdem sollen Sie die Fläche von $\Delta(u, w)$ und $\Delta(v, z)$ berechnen.
3. Schließlich wurden die Formeln

   $$y_n = 2^n \sqrt{1 - x_n^2} = 2^n \sqrt{(1 - x_{n-1})/2}$$

   als Aufgabe überlassen. Zeigen Sie diese Formeln.

3.6 Die Winkelfunktionen

Ist $x \in [-1, 1]$, $e = (1, 0)$ und $P_x = (x, \sqrt{1 - x^2})$, so definieren wir $\arccos(x) = \angle(e, P_x)$. Bemerke, dass $\arccos(1) = 0$, $\arccos(-1) = \pi$ und $\arccos(x)$ eine stetige Funktion ist (Aufgabe 3.19). Sie ist offenbar eine fallende Funktion. Es folgt aus den allgemeinen Sätzen über stetige Funktionen, dass $\arccos(x)$ eine Umkehrfunktion hat, die auch stetig ist. Diese Funktion ist definitionsgemäß die Cosinusfunktion.

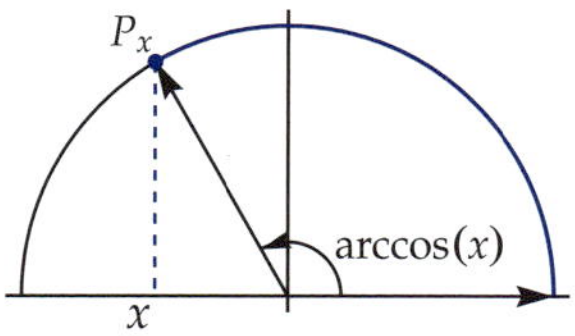

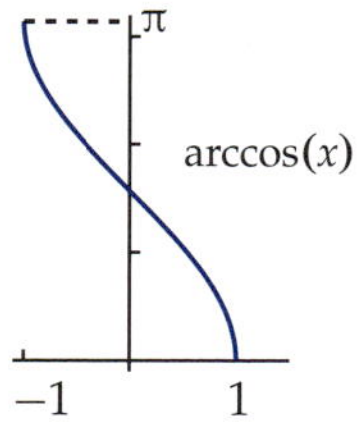

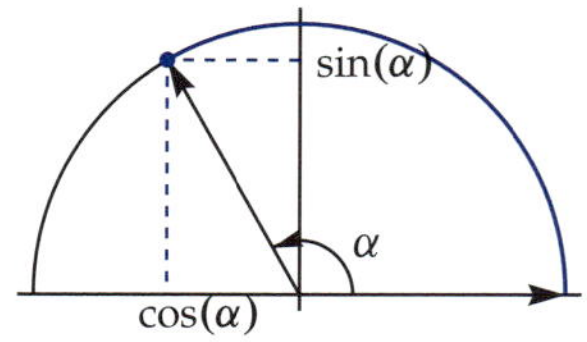

1 Für $x \in [-1, 1]$ und $P_x = (x, \sqrt{1 - x^2})$ definieren wir $\arccos(x) = \angle((1, 0), P_x)$

2 Für $\alpha \in [0, \pi]$ definieren wir $\cos(\alpha) =: x \iff \alpha = \arccos(x)$.

3 Für $\alpha \in [0, \pi]$ definieren wir $\sin(\alpha) := \sqrt{1 - \cos^2(\alpha)}$.

4 Wir setzen $\cos(\alpha)$ und $\sin(\alpha)$ auf ganz $\mathbb{R}$ fort durch $\cos(\alpha \pm \pi) := -\cos(\alpha)$ und $\sin(\alpha \pm \pi) := -\sin(\alpha)$.

5 Wir definieren $\tan(\alpha) := \sin(\alpha)/\cos(\alpha)$ und $\operatorname{cotan}(\alpha) = \cos(\alpha)/\sin(\alpha)$ als Tangens- und Kotangensfunktion, natürlich nur, wenn der Nenner ungleich null ist.

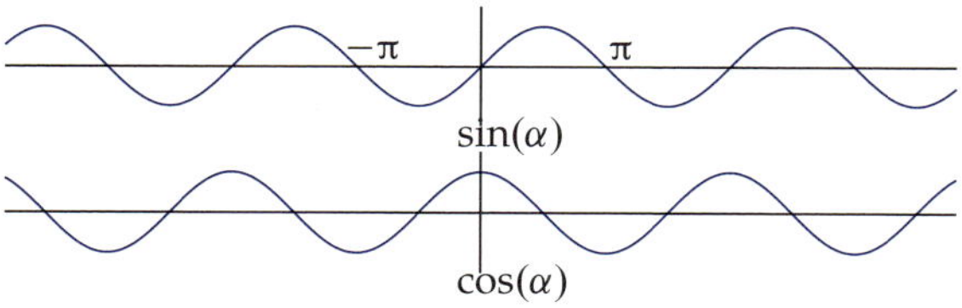

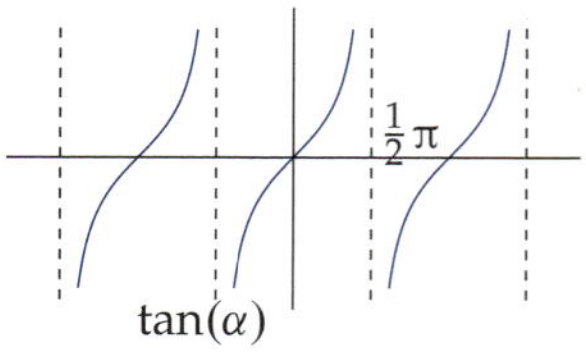

Satz 3.10 (Additionstheoreme) Für alle Winkel α und β gilt:

$$\cos(\alpha + \beta) = \cos(\alpha) \cdot \cos(\beta) - \sin(\alpha) \cdot \sin(\beta)\,;$$
$$\sin(\alpha + \beta) = \sin(\alpha) \cdot \cos(\beta) + \cos(\alpha) \cdot \sin(\beta)\,.$$

Den Punkt $P = (\cos(\alpha + \beta), \sin(\alpha + \beta))$ erhält man aus $Q = (\cos(\alpha), \sin(\alpha))$ durch die Drehung D_β um den Winkel β. Setze deshalb $x = \cos(\alpha)$ und $y = \sin(\alpha)$ in die folgende Formel für die Drehung D_β ein, um P zu erhalten.

$$D_\beta(x, y) = x \cdot \begin{pmatrix} \cos(\beta) \\ \sin(\beta) \end{pmatrix} + y \cdot \begin{pmatrix} -\sin(\beta) \\ \cos(\beta) \end{pmatrix}$$

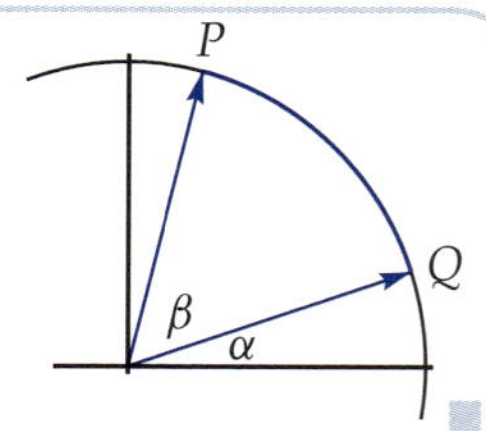

Aufgaben

Lösungen

Aufgabe 3.18 Schreiben Sie ein SAGEMATH-Programm zur Berechnung von $\arccos(x)$ für $x \in [-1, 1]$. Passen Sie dazu das Programm aus Aufgabe 3.16 an.

Aufgabe 3.19

1. Es sei $v_n = (x_n, y_n)$ eine Folge von Punkten mit $\lim\limits_{n\to\infty} x_n = x$ und $\lim\limits_{n\to\infty} y_n = y$. sei $v = (x, y)$. Zeigen Sie: $\lim\limits_{n\to\infty} \det(v, v_n) = 0$ und $\lim\limits_{n\to\infty} \langle v, v_n\rangle = x^2 + y^2$.
2. Es sei $|x_n| \le 1$ mit $\lim\limits_{n\to\infty} x_n = x$. Sei $v_n = \left(x_n, \sqrt{1 - x_n^2}\right)$ und $v = \left(x, \sqrt{1 - x^2}\right)$. Warum ist $\angle(v, v_n)$ eine Nullfolge? Tipp: Beweis von Satz 3.9
3. Zeigen Sie, dass $\arccos(x)$ eine stetige Funktion von x ist.

Aufgabe 3.20 Zeigen Sie die nachfolgenden Formeln.

1. $\sin^2(\alpha) + \cos^2(\alpha) = 1$
2. $\sin(2\alpha) = 2\sin(\alpha) \cdot \cos(\alpha)$ (Verdopplungsformel)
3. $\cos(2\alpha) = \cos^2(\alpha) - \sin^2(\alpha) = 2\cos^2(\alpha) - 1 = 1 - 2\sin^2(\alpha)$ (Verdopplungsformel)
4. $\sin(\alpha/2) = \pm\sqrt{\frac{1}{2}(1 - \cos(\alpha))}$ (Halbierungsformel)
5. $\cos(\alpha/2) = \pm\sqrt{\frac{1}{2}(1 + \cos(\alpha))}$ (Halbierungsformel)
6. $\tan(\alpha + \beta) = \dfrac{\tan(\alpha) + \tan(\beta)}{1 - \tan(\alpha) \cdot \tan(\beta)}$
7. $\cos(\pi/2 - \alpha) = \sin(\alpha)$
8. $\sin(\pi/2 - \alpha) = \cos(\alpha)$
9. $\sin(3\alpha) = -4\sin^3(\alpha) + 3\sin(\alpha)$.

Aufgabe 3.21 Prüfen Sie, nur ausgehend von $\cos(0) = 0$ und $\cos(\pi) = -1$, die Formeln der nachfolgenden Tabelle. Lernen Sie diese auswendig.

α	0	$\pi/6$	$\pi/4$	$\pi/3$	$\pi/2$	$2\pi/3$	$3\pi/4$	$5\pi/6$	π
$\sin(\alpha)$	0	$\frac{1}{2}$	$\frac{1}{2}\sqrt{2}$	$\frac{1}{2}\sqrt{3}$	1	$\frac{1}{2}\sqrt{3}$	$\frac{1}{2}\sqrt{2}$	$\frac{1}{2}$	0
$\cos(\alpha)$	1	$\frac{1}{2}\sqrt{3}$	$\frac{1}{2}\sqrt{2}$	$\frac{1}{2}$	0	$-\frac{1}{2}$	$-\frac{1}{2}\sqrt{2}$	$-\frac{1}{2}\sqrt{3}$	-1
$\tan(\alpha)$	0	$1/\sqrt{3}$	1	$\sqrt{3}$	$-$	$-\sqrt{3}$	-1	$-1/\sqrt{3}$	0

Aufgabe 3.22

1. Definiere $\arcsin\colon [-1, 1] \to [-\pi/2, \pi/2]$ durch die Gleichung $\arcsin(x) = \alpha \iff \sin(\alpha) = x$. Zeigen Sie, dass diese Definition Sinn macht. Fertigen Sie eine Skizze des Graphen von $\arcsin(x)$ an. Zeigen Sie, dass $\arcsin(x) + \arccos(x) = \pi/2$.
2. Definiere $\arctan\colon \mathbb{R} \to (-\pi/2, \pi/2)$ durch die Gleichung $\arctan(x) = \alpha \iff \tan(\alpha) = x$. Zeigen Sie, dass diese Definition Sinn macht. Fertigen Sie eine Skizze des Graphen von $\arctan(x)$ an.

3.7 Komplexe Zahlen

Komplexe Zahlen sind Zahlen z der Gestalt $z = a + b \cdot i$, wobei a und b reelle Zahlen sind und i ein Symbol ist. Ist $z = a + b \cdot i$, so nennen wir:

1. $a = \mathrm{Re}(z)$ den Realteil von z und $b = \mathrm{Im}(z)$ den Imaginärteil von z.
2. $|z| := \sqrt{a^2 + b^2}$ den Betrag von z.
3. $\mathrm{Arg}(z) := \angle\big((1,0), z\big) \in (-\pi, \pi]$ das Argument von z
4. $\overline{z} := a - b \cdot i$ die komplex konjugierte von z.

Die Menge der komplexen Zahlen bezeichnen wir mit $\mathbb{C}$.

Eine komplexe Zahl $a + bi$ ist deshalb ein Punkt in der Ebene. Diese Ebene wird in diesem Zusammenhang auch *komplexe Ebene* genannt. Wir schreiben kurz a für $a + 0i$. Jede reelle Zahl werden wir auf diese Weise als komplexe Zahl auffassen. Die reellen Zahlen korrespondieren mit den Punkten auf der Geraden gegeben durch die Gleichung $y = 0$. Die Zahlen der Form $b \cdot i$ nennen wir die rein imaginären Zahlen.

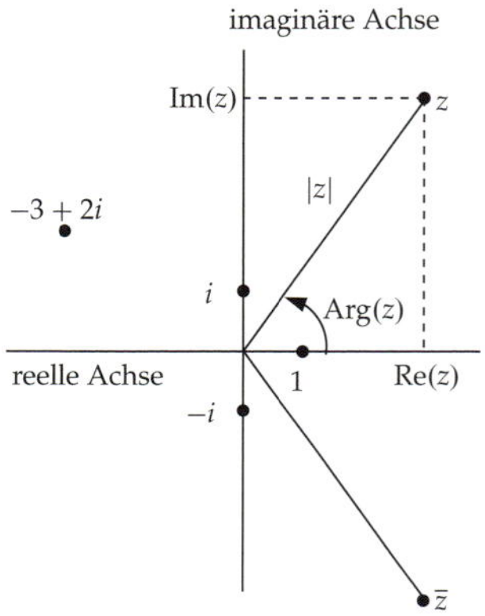

Der Term Zahlen, statt Punkte, für komplexe Zahlen ist dadurch gerechtfertigt, dass wir für komplexe Zahlen eine Addition und Multiplikation definieren.

Es seien $z = a + bi$ und $w = c + di$ komplexe Zahlen. Wir definieren die Summe $z + w = (a + bi) + (c + di)$ und das Produkt $z \cdot w = (a + bi) \cdot (c + di)$ durch

$$(a + bi) + (c + di) := (a + c) + (b + d)i\,, \quad (a + bi) \cdot (c + di) := (ac - bd) + (ad + bc)i\,.$$

Man prüft, dass die Addition und Multiplikation die Assoziativ- und Kommutativgesetze erfüllen. Auch das Distributivgesetz ist gültig.
Die Addition und Multiplikation von komplexen Zahlen ist nicht schwer. Man rechnet mit i wie mit einem Symbol, wobei man jedes Mal, wenn ein i^2 auftritt, dieses durch -1 ersetzen kann. In der Tat ist $i = 0 + 1i$ eine Zahl mit $i^2 = -1$. Bemerke, dass die Dreiecksungleichung gilt: $|z + w| \leq |z| + |w|$. Diese Aussage wurde in Aufgabe 3.13 behandelt.

Satz 3.11 Für alle $z \in \mathbb{C}$ mit $z \neq 0$ existiert ein $w \in \mathbb{C}$ mit $z \cdot w = 1$.

Ist $z = (a + bi)$, so nehme $w = \dfrac{a}{a^2 + b^2} - \dfrac{b}{a^2 + b^2} i$. Man rechnet nach, dass $z \cdot w = 1$. ■

Aufgaben

EXTRAS ONLINE
Lösungen

Aufgabe 3.23 Schreiben Sie die nachfolgenden komplexen Zahlen in der Form $a + bi$ mit $a, b \in \mathbb{R}$ und zeichnen Sie diese in der komplexen Ebene.

1. $(1-i) + (3+4i)$
2. $2(3-i) + 3(-1-i)$
3. $3(-1+i) - 4(2-3i)$
4. $3(1+i)(2-i)$
5. $\frac{2+i}{3-i}$
6. $\frac{(2+i)(7+5i)}{3-i}$
7. $(1+i)^5$
8. $(-1+2i)^2$
9. $(-1+2i)^{-2}$
10. $\frac{3-i}{1+2i}$

Aufgabe 3.24 Es seien z, w komplexe Zahlen. Zeigen Sie:

1. $\overline{z+w} = \overline{z} + \overline{w}$
2. $\overline{z \cdot w} = \overline{z} \cdot \overline{w}$
3. Ist $z \neq 0$, so ist $\overline{1/z} = 1/\overline{z}$

Aufgabe 3.25 Gegeben sind folgende komplexe Zahlen:

$$z_1 := -\frac{1-i}{2+i} - \frac{3+i}{4}, \quad z_2 := \frac{(1+i)^2}{2} - \frac{6+5i}{i^3}.$$

Vervollständigen Sie die nachfolgende Tabelle.

$\mathrm{Re}(z_1)$	$\mathrm{Im}(z_1)$	$\lvert z_1 \rvert$	$\mathrm{Re}(z_2)$	$\mathrm{Im}(z_2)$	$\lvert z_2 \rvert$	$\mathrm{Re}(z_1+z_2)$	$\mathrm{Im}(z_1+z_2)$	$\lvert z_1+z_2 \rvert$

Aufgabe 3.26 Berechnen Sie den Betrag und das Argument der nachfolgenden komplexen Zahlen.

1. $-2+2i$
2. $4-4\sqrt{3}i$
3. $1+i\sqrt{3}$
4. $-5i$
5. -3
6. $3+4i$
7. $-1+i$
8. $(1+i)^{10}$

3.8 Geometrie der Addition und Multiplikation

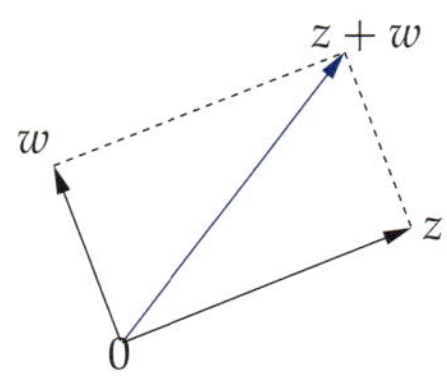

Die Addition und Multiplikation kann man geometrisch schön interpretieren. Für die Addition $z+w$ ist dies einfach die Vektoraddition, welche Sie aus der Schule kennen, siehe das nebenstehende Bild.

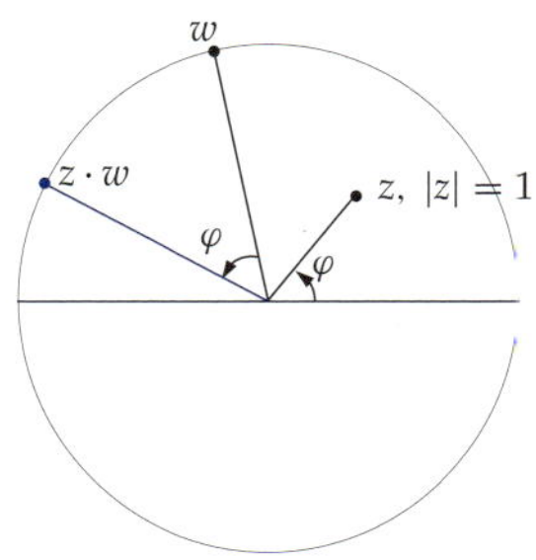

Auch die Multiplikation hat eine schöne Interpretation. Hierzu betrachten wir zunächst den Fall $|z| = 1$, also $a^2 + b^2 = 1$. Der Punkt (c, d) in $\mathbb{R}^2$, welche die Zahl $w = c + di$ darstellt, wird auf den Punkt $a \cdot (c, d) + b(c, d)^{\perp} = (ac - bd, ad + bc)$, welche die komplexe Zahl $z \cdot w$ darstellt, abgebildet.

Dies ist genau die Formel für die Drehung.

Salopp gesagt, drehen wir die komplexe Zahl w um den Winkel $\text{Arg}(z)$: Der Winkel zwischen dem Vektor w und $z \cdot w$ ist gleich $\varphi = \text{Arg}(z)$, welcher eben der Winkel zwischen 1 und $z = z \cdot 1$ ist. Insbesondere bedeutet Multiplikation mit i eine Drehung über den Winkel 90°, was dann die Gleichung $i^2 = -1$ geometrisch erklärt.

Noch einfacher ist der Fall, dass z eine (positive) reelle Zahl λ ist. Dann ist $(\lambda + 0 \cdot i) \cdot (c + di) = \lambda c + \lambda di$. Dies ist also die Streckung mit dem Faktor λ. Im Allgemeinen ist zw eine **Drehstreckung**. Man dreht w um den Winkel $\text{Arg}(z)$ und dann streckt man das Ergebnis mit dem Faktor $|z|$.

> **Satz 3.12** Bei der Multiplikation von komplexen Zahlen werden **die Beträge multipliziert** und **die Argumente addiert**.
>
> Insbesondere gilt **de Moivres Formel**: $(\cos(\varphi) + i\sin(\varphi))^n = \cos(n\varphi) + i\sin(n\varphi)$.

Hierbei wird die Summe der Argumente natürlich modulo 2π gerechnet.

Diese Tatsache kann man auch mit der **Polardarstellung** komplexer Zahlen verstehen. Ist $\varphi = \text{Arg}(z)$, so gilt die Formel

$$z = |z| \cdot (\cos(\varphi) + i \cdot \sin(\varphi)) .$$

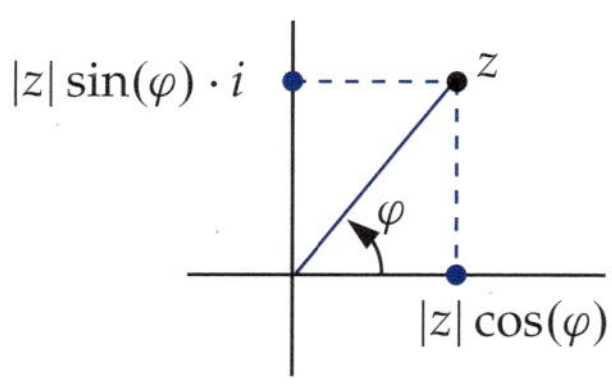

Ist nun $w = |w| \cdot (\cos(\psi) + i \cdot \sin(\psi))$, so rechnet man mithilfe der Additionstheoreme 3.10 nach, dass

$$z \cdot w = |z| \cdot |w| \cdot (\cos(\varphi + \psi) + i \cdot \sin(\varphi + \psi)) .$$

Natürlich gibt es auch für Punkte $(x, y) \in \mathbb{R}^2$ mit $(x, y) \neq (0, 0)$ eine Polardarstellung $(x, y) = r(\cos(\varphi, \sin(\varphi))$. Man spricht dann von den **Polarkoordinaten** des Punktes $(x, y) \in \mathbb{R}^2$.

Aufgaben

EXTRAS ONLINE
Lösungen

Aufgabe 3.27 In den nachfolgenden Aufgaben zeichnen Sie jeweils z und w in der komplexen Ebene. Konstruieren Sie jeweils mithilfe eines Geodreiecks geometrisch $z + w$ und $z \cdot w$. Berechnen Sie danach $z + w$ und $z \cdot w$ und kontrollieren Sie Ihr Ergebnis.

1. $z = i\,, \quad w = -1$
2. $z = 1 + i\,, \quad w = i$
3. $z = 1 - i\,, \quad w = 1 + i$
4. $z = 2 + i\,, \quad w = 3 - i$
5. $z = 3 + 4i\,, \quad w = 1 + 2i$
6. $z = -1 + 3i\,, \quad z = w$

Aufgabe 3.28 Schreiben Sie die nachfolgenden komplexen Zahlen in Polardarstellung.

1. -2
2. i
3. $-4i$
4. $-1 + i$
5. $\frac{1}{2} + \frac{1}{2}\sqrt{3}i$
6. $-\frac{1}{2} + \frac{1}{2}\sqrt{3}i$
7. $\sqrt{3} + i$
8. $2 - 2i$

Aufgabe 3.29 Beschreiben Sie für eine komplexe Zahl z mit $|z| = 1$ den Kehrwert z^{-1} geometrisch.

Aufgabe 3.30 Berechnen Sie:

1. $(1 + i)^4$
2. $(\sqrt{3} + i)^6$
3. $(1 - i)^{10}$
4. $(1 + i)^{102}$

Aufgabe 3.31

1. Zeigen Sie mithilfe der Formel von de Moivre:

$$\sin(3t) = 3\sin(t) - 4\sin^3(t) \text{ und } \cos(3t) = 4\cos^3(t) - 3\cos(t)\,.$$

2. Sei x, y mit $x^2 + y^2 = 1$. Berechnen Sie, dass $(x + iy)^n$ für n ungerade von der Form $p(x) + iq(y)$, mit p, q Polynome, ist. Was kann man hieraus für $\cos(nx)$ und $\sin(nx)$ schließen?

3.9 Polynomiale Gleichungen

Natürlich hat die Gleichung $z^n = 0$ auch in $\mathbb{C}$ nur $z = 0$ als Lösung.

Satz 3.13 Sei a eine feste komplexe Zahl mit $a \neq 0$. Die Gleichung $z^n = a$ hat n Lösungen in $\mathbb{C}$.

Wir setzen dazu $\lambda = \sqrt[n]{|a|}$, welche eine gewöhnliche reelle Zahl ist. Sei $\varphi = \operatorname{Arg}(a)$. Sei $\alpha_1 := \varphi/n$ und $\alpha_k = \alpha_1 + k \cdot \frac{2\pi}{n}$ für $k = 1, \dots, n-1$. Dann gilt für

$$z_k = \lambda \cdot (\cos(\alpha_k) + \sin(\alpha_k)) \cdot i$$

die Gleichung $z_k^n = \alpha$. Tatsächlich ist nach der geometrischen Interpretation $|z_k|^n = \lambda^n = |a|$ und $\operatorname{Arg}(z_k^n) = n\operatorname{Arg}(z_k) \bmod 2\pi = \varphi = \operatorname{Arg}(a)$, also sind Betrag und Argument gleich, deshalb $z_k^n = a$. ■

Aus der Schule kennen wir die pq-Formel für quadratische Gleichungen $x^2 + px + q = 0$, nämlich

$$x_{1,2} = \frac{-p \pm \sqrt{p^2 - 4q}}{2} .$$

Hierbei sollte das Symbol $\pm\sqrt{p^2 - 4q}$ stehen für eine Lösung der Gleichung $z^2 = p^2 - 4q$, die zwei Lösungen hat, wenn die *Diskriminante* positiv ist. Ist die Diskriminante negativ, so hat die quadratische Gleichung keine reellen Lösungen. Jedoch hat sie Lösungen, wenn man komplexe Zahlen zulässt. Ist $D < 0$, so ist $z = \sqrt{-D} \cdot i$ eine Zahl mit $z^2 = (-D) \cdot i^2 = D$. Wie wir oben gesehen haben, gilt sogar, dass für jede *komplexe Zahl D* ein z existiert mit $z^2 = D$. Folgender Satz folgt.

Satz 3.14 Jede Gleichung $x^2 + px + q = 0$, mit p, q komplexe Zahlen, hat mindestens eine Lösung.

Diese zwei Sätze, welche relativ elementar bewiesen werden können, haben eine wichtige Verallgemeinerung: Jede polynomiale Gleichung in z

$$z^n + a_1 z^{n-1} + \dots + a_n = 0$$

hat eine Lösung in $\mathbb{C}$. Diese Aussage ist der berühmte **Hauptsatz der Algebra**.

Einen Beweis werden wir später geben, Satz 8.13 auf Seite 210. Einen weiteren Beweis finden Sie im Buch „Lineare Algebra", Seite 177.

Aufgaben

EXTRAS ONLINE **Lösungen**

Aufgabe 3.32 Zeichnen Sie die komplexen Zahlen z, welche eine der nachfolgenden Gleichungen erfüllen.

1. $z^2 = i$
2. $(z+1)^2 = i$
3. $(z+2-i)^2 = i$
4. $z^2 = -2\sqrt{3} + 2i$
5. $z^3 = 1$
6. $z^4 = 1$
7. $z^6 - 2z^3 + 1 = 0$
8. $(z-i)^4 = 1$
9. $z^6 = 1$

Aufgabe 3.33 Lösen Sie die nachfolgenden Gleichungen.

1. $z^2 - 2z + 2 = 0$
2. $z^2 + 4z + 6 = 0$
3. $z^2 + 4z - 8 = 0$
4. $z^4 + 8 - 8\sqrt{3}i = 0$
5. $z^2 + iz + 2 = 0$
6. $z^2 + (2-2i)z - 2 - 2(1+\sqrt{3})i = 0$

Aufgabe 3.34 Bestimmen Sie die komplexen Zahlen a, sodass die Gleichung

$$iz^2 + (a - 3 + i)z - 12 + 5i = 0$$

genau eine Lösung hat.

Aufgabe 3.35 Bestimmen Sie die reelle Zahl a, sodass die Gleichung

$$(3+4i)z^2 - (a+5)z + (2-4i) = 0$$

eine reelle Lösung hat, und lösen Sie dann diese Gleichung.

Aufgabe 3.36 (Cardanische Formel) Betrachte die Gleichung $x^3 = px + q$ in x mit p, q in $\mathbb{C}$ und $p \neq 0$. Seien z, u komplexe Zahlen mit

$$z^2 = \left(\frac{q}{2}\right)^2 - \left(\frac{p}{3}\right)^2 \text{ und } u^3 = \frac{q}{2} + z\,.$$

Zeigen Sie, dass $x = u + p/(3u)$ eine Lösung der Gleichung $x^3 = px + q$ ist.
Tipp: Berechnen Sie $x^3 - px$ und zeigen Sie, dass $u^6 - qu^3 + p^3/27 = 0$.

Aufgabe 3.37 Finden Sie mithilfe der cardanischen Formel eine Lösung für:

1. $x^3 = 9x + 28$
2. $x^3 = -3x + 4$

Was fällt bei der zweiten Gleichung auf?

Aufgabe 3.38 Es sei p ein Polynom mit reellen Koeffizienten und $a \in \mathbb{C}$ eine Nullstelle von p. Zeigen Sie, dass $\overline{a}$ ebenfalls eine Nullstelle von p ist.

Differenzialrechnung

4

4.1 Definition der Differenzierbarkeit ... 96
4.2 Rechenregeln für differenzierbare Funktionen ... 98
4.3 Ableitung der Winkelfunktionen ... 100
4.4 Satz von Rolle und Mittelwertsatz ... 102
4.5 Ableitung der Exponentialfunktion ... 104
4.6 Extremwerte, höhere Ableitungen ... 106
4.7 Die l'Hôpital'sche Regel ... 108
4.8 Die Taylorformel ... 110
4.9 Konvexität, Konkavität und Wendepunkte ... 112
4.10 Kurvendiskussion ... 114
4.11 *Das Newton-Verfahren* ... 116
4.12 *Die komplexe Exponentialfunktion* ... 118

ÜBERBLICK

LERNZIELE

- Definition der Ableitung
- Rechenregeln: Produktregel, Kettenregel
- Die Ableitung der elementaren Funktionen x^β, $\sin(x)$, a^x
- Die eulersche Zahl e
- Berechnung von Extremwerten: Kurvendiskussion
- Die l'Hôpital'sche Regel
- Die Taylorformel
- Konvexität; Wendepunkte
- Newton-Verfahren zur Berechnung von Nullstellen
- Die komplexe Exponentialfunktion

Gegeben sei eine Funktion $y = f(x)$, definiert auf einem offenen Intervall, a sei ein Punkt in diesem Intervall. Wir möchten die Tangente an dem Graphen im Punkt $(a, f(a))$ bestimmen. Dazu brauchen wir die **Steigung** der Tangente.[1]

Zunächst können wir nur die Steigung der Sekante durch den Punkt $(a, f(a))$ und $(x, f(x))$ für $x \neq a$ bestimmen. Sie ist gegeben durch den sogenannten Differenzenquotient:

$$\Delta_a f(x) := \frac{f(x) - f(a)}{x - a} .$$

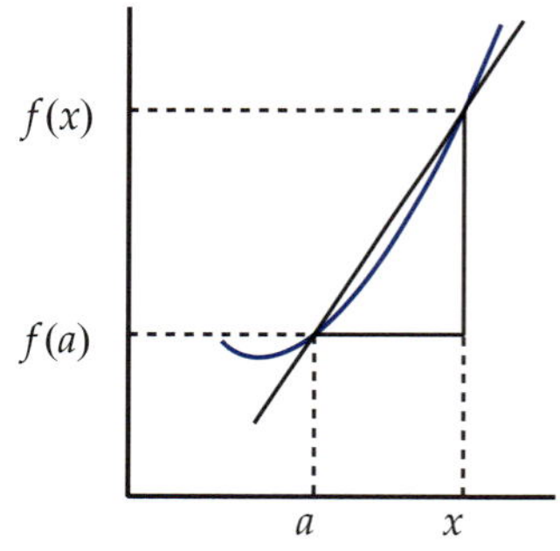

Wenn sich x der Zahl a annähert, so nähert sich die Sekante durch $(a, f(a))$ und $(x, f(x))$ der Tangente an den Graphen von f in dem Punkt $(a, f(a))$ an. Es ist deshalb naheliegend, die Steigung der Tangente an dem Graphen im Punkt $(a, f(a))$ zu definieren als

$$\lim_{x \to a} \Delta_a f(x) = \lim_{x \to a} \frac{f(x) - f(a)}{x - a},$$

falls dieser Grenzwert existiert. Der Differenzenquotient ist in diesem Fall stetig in $x = a$ fortsetzbar. Der Wert $\Delta_a f(a)$ wird die Ableitung von f in a genannt, Notation $f'(a)$ oder $\frac{\mathrm{d}f}{\mathrm{d}x}(a)$. Diese Zahl gibt die Steigung der Tangente an.

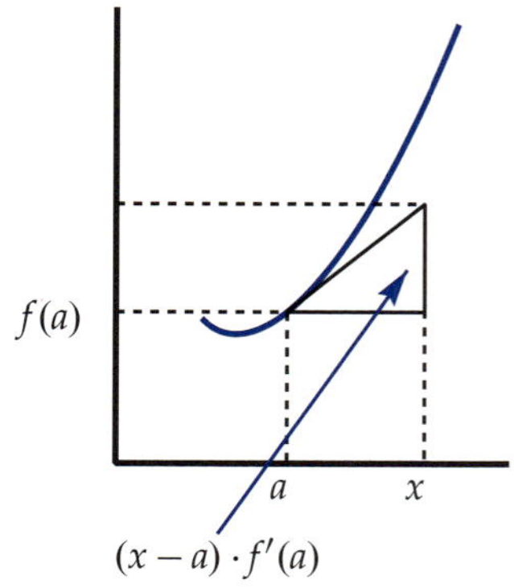

1 Wenn die Gleichung einer Geraden in der Form $y = mx + b$ geschrieben ist, so nennen wir die Zahl m die Steigung der Geraden.

Beschreibt die Funktion $y = f(x)$ den zurückgelegten Weg eines Teilchens, so ist $\Delta_a f(x)$ die Durchschnittsgeschwindigkeit zwischen Zeitpunkt a und Zeitpunkt x. Man kann $f'(a)$ interpretieren als die momentane Geschwindigkeit zum Zeitpunkt a.

Es ist langwierig, jedes Mal die Definition anzuwenden, um die Ableitung von Funktionen zu berechnen. Diese Berechnungen machen wir im Prinzip lediglich für:

1 $f(x) = x^\beta$, $x > 0$ mit $\beta \in \mathbb{R}$ fest. In diesem Fall gilt $f'(x) = \beta x^{\beta-1}$.

2 $f(x) = \sin(x)$ mit Ableitung $f'(x) = \cos(x)$ und $g(x) = \cos(x)$ mit Ableitung $g'(x) = -\sin(x)$.

3 $f(x) = a^x$ $(a > 0, a \neq 1)$ mit Ableitung $f'(x) = c_a a^x$ für eine Konstante $c_a \neq 0$.

Diese Ableitungen muss man auswendig wissen. Um weitere Ableitungen zu berechnen, ist es wichtig, Rechenregeln für differenzierbare Funktionen herzuleiten. Die einfachste ist die Differenzierbarkeit von Summen differenzierbarer Funktionen. Etwas schwieriger sind die Produktregel, Kettenregel und Quotientenregel und das Differenzieren inverser Funktionen. Diese Rechenregeln müssen Studierende anwenden können.

Weiter oben haben wir erwähnt, dass die Ableitung von $f(x) = a^x$ gleich $f'(x) = c_a a^x$ für eine Konstante c_a ist. Es gibt genau eine Zahl $\mathrm{e} > 0$, sodass $c_\mathrm{e} = 1$. Diese ist die berühmte eulersche Zahl: $\mathrm{e} = 2{,}71828\ldots$ Die Funktion $f(x) = \mathrm{e}^x$ ist die einzige Funktion mit der Eigenschaft $f'(x) = f(x)$ und $f(0) = 1$. Man hat verschiedene Formeln für e wie zum Beispiel

$$\mathrm{e} = \lim_{n\to\infty}\left(1 + \frac{1}{n}\right)^n, \qquad \mathrm{e} = 1 + \frac{1}{1!} + \frac{1}{2!} + \frac{1}{3!} + \cdots$$

Die Umkehrung der Funktion e^x ist der natürliche Logarithmus $\ln(x) = \log(x)$. Die Ableitung der Funktion $\ln(x)$ ist gleich $1/x$.

In vielen praktischen Anwendungen der Mathematik muss eine bestimmte Größe maximiert oder minimiert werden. Die Differenzialrechnung spielt hierbei eine herausragende Rolle. Hat f ein lokales Maximum oder Minimum in c, so muss die Tangente wohl waagerecht sein, also $f'(c) = 0$. (Außer natürlich, c wäre ein Randpunkt des Definitionsbereiches von f.) Wir bemerken aber, dass die Bedingung $f'(c) = 0$ zwar notwendig, aber nicht hinreichend ist.

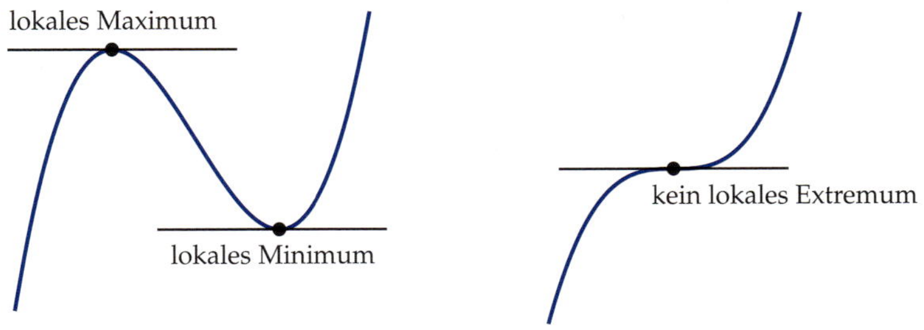

Eine weitere Anwendung ist die Regel von de l'Hôpital. Im einfachsten Fall besagt diese Regel in etwa Folgendes: Ist $f(a) = g(a) = 0$ und existiert $\lim\limits_{x\to a} \dfrac{f'(x)}{g'(x)}$, so existiert auch $\lim\limits_{x\to a} \dfrac{f(x)}{g(x)}$ und die Grenzwerte sind gleich.[2] Es gibt ebenfalls Versionen mit $\lim\limits_{x\uparrow a}\dfrac{f(x)}{g(x)}$, $\lim\limits_{x\to\infty}\dfrac{f(x)}{g(x)}$ und so weiter.

Ist f stetig in a und x in der Nähe von a, so ist $f(x) \approx f(a)$. Ist darüber hinaus f differenzierbar in a, so ist $f(x) \approx f(a) + (x-a)f'(a)$. Im ersten Fall wird die Funktion f durch eine konstante Funktion $f(a)$ angenähert; im zweiten Fall durch die lineare Funktion $x \mapsto f(a) + (x-a)f'(a)$. Wenn $f(x)$ den zurückgelegten Weg eines Teilchens zum Zeitpunkt x beschreibt und $f'(a)$ die Geschwindigkeit zum Zeitpunkt a, so wird der zum Zeitpunkt x zurückgelegte Weg eben in etwa $f(a) + (x-a)f'(a)$ sein. Wenn man überdies noch die Beschleunigung $f''(a)$ zum Zeitpunkt a kennt, also die Ableitung von $f'(x)$ in a, so könnte man eine noch bessere Annäherung bestimmen: $f(x) \approx f(a) + (x-a)f'(a) + \frac{1}{2}(x-a)^2 f''(a)$.

Die Taylorformel gibt Annäherungen n-ter Stufe. Sie besagt

$$f(x) \approx f(a) + (x-a)f'(a) + \frac{1}{2!}(x-a)^2 f''(a) + \cdots + \frac{1}{n!}(x-a)^n f^{(n)}(a)$$

für eine feste natürliche Zahl n. Die rechte Seite wird das n-te Taylorpolynom von f in a genannt, Notation $T_a^n f(x)$.

Es ist wichtig, eine Abschätzung des Fehlers zu haben. Einen Ausdruck hierfür gibt das sogenannte Lagrange-Restglied. Es besagt, dass es ein ξ zwischen a und x gibt, sodass der Fehler gleich

$$\frac{1}{(n+1)!}(x-a)^{n+1} f^{(n+1)}(\xi)$$

ist. Hierbei wird normalerweise nicht versucht, dieses ξ zu bestimmen, sondern nur $f^{(n+1)}(\xi)$ abzuschätzen, zum Beispiel durch eine Abschätzung des Maximums von $|f^{(n+1)}|$ auf dem Intervall (a, x). In vielen Fällen kann man auf diese Art und Weise zeigen, dass der Fehler für wachsendes n gegen null strebt. Allerdings sieht man auch, dass für feste n der Fehler bei wachsendem $x - a$ nicht klein geredet werden kann und oft auch nicht klein ist.

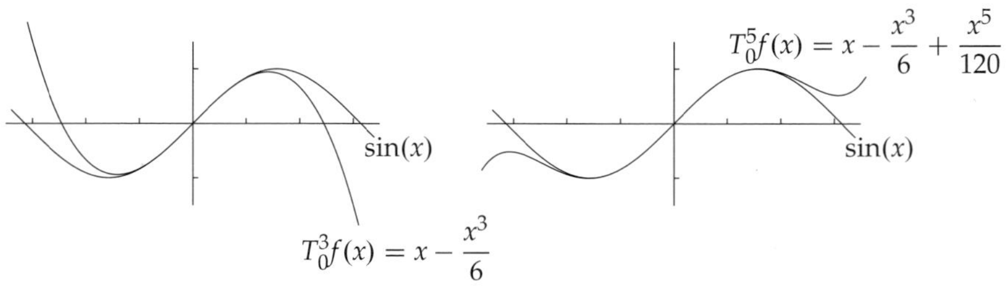

Diese Eigenschaften sind gut sichtbar in vorheriger Figur. Beide Male ist die Funktion $f(x) = \sin(x)$ gezeichnet, links zusammen mit dem Taylorpolynom $T_0^3 f(x) = T_0^4 f(x)$ und rechts zusammen mit $T_0^5 f(x) = T_0^6 f(x)$.

2 Oft wird als Beispiel $\lim\limits_{x\to 0}\frac{\sin(x)}{x}$ genommen, um mit der Regel von de l'Hôpital $\lim\limits_{x\to 0}\frac{\sin(x)}{x} = \lim\limits_{x\to 0}\frac{\cos(x)}{1} = 1$ zu zeigen. Dies ist jedoch ein Zirkelschluss, denn im Beweis, dass die Ableitung von $\sin(x)$ gleich $\cos(x)$ ist, benutzen wir an einer wesentlichen Stelle den Grenzwert $\lim\limits_{x\to 0}\dfrac{\sin(x)}{x} = 1$. Zunächst muss deshalb dieser Grenzwert berechnet werden.

Den Spezialfall $n = 0$ nennt man den Mittelwertsatz: Es gibt ein $\xi \in (a, x)$ mit $f(x) = f(a) + (x - a)f'(\xi)$, anders geschrieben

$$f'(\xi) = \frac{f(x) - f(a)}{x - a} .$$

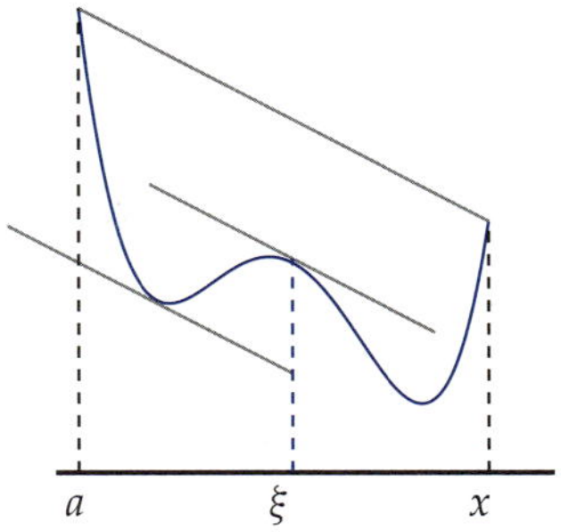

Somit gibt es eine Tangente an dem Graphen, deren Steigung gleich der Steigung der Sekante durch die Punkte $(a, f(a))$ und $(x, f(x))$ ist. In nebenstehender Figur ist auch ersichtlich, dass im Allgemeinen ein solches ξ nicht eindeutig bestimmt ist.

Die Taylorformel kann auch benutzt werden, um das Newton-Verfahren zur Bestimmung von Nullstellen von Funktionen zu erklären. Dieses Verfahren haben wir in den Spezialfällen $f(x) = ax - 1$, zur Berechnung von Kehrwerten und $f(x) = x^2 - a$, für die Berechnung von Quadratwurzeln, bereits in Abschnitt 1.5 kennengelernt. Wenn $f(x) \approx f(a) + (x - a)f'(a)$ eine gute Annäherung ist, so erwartet man eine Nullstelle in der Nähe von dem x, für das $f(a) + (x - a)f'(a) = 0$ ist. Dieses x wird natürlich im Allgemeinen keine Nullstelle von f sein.

Das Verfahren kann man wiederholen. Ist x_0 nicht allzu weit weg von einer Nullstelle c, so kann man zeigen, dass die Folge (x_n) definiert durch

$$x_n := x_{n-1} - \frac{f(x_{n-1})}{f'(x_{n-1})}$$

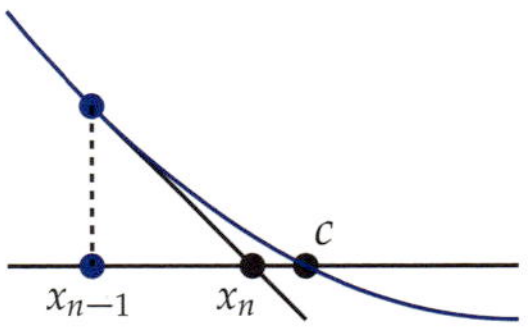

gegen c konvergiert (**Newton-Verfahren**).

Das Besondere ist, dass die Konvergenz sehr rasch ist. Wir werden zeigen, dass sich die Anzahl richtiger Nachkommastellen in etwa verdoppelt, wenn die Zahl n um 1 vergrößert wird. Sie sollten dies vergleichen mit dem naheliegenden Algorithmus, welcher beim Zwischenwertsatz angewandt wird. Da wird in jedem Schritt die Annäherung einer Nullstelle c höchstens um eine Dezimalstelle besser. Allerdings sollte man bei der Anwendung des Newton-Verfahrens den Startwert günstig wählen, da sonst Konvergenz nicht gesichert ist.

4.1 Definition der Differenzierbarkeit

Es sei a ein Häufungspunkt von A. Eine Funktion $f\colon A \to \mathbb{R}$ heißt differenzierbar in a, wenn der Differenzenquotient

$$\Delta_a f(x) := \frac{f(x) - f(a)}{x - a}$$

in $x = a$ stetig fortsetzbar ist. Den Wert

$$\Delta_a f(a) = f'(a) = \frac{\mathrm{d}f}{\mathrm{d}x}(a)$$

nennen wir die **Ableitung** von f in a.
Ist f differenzierbar in a, so ist die Gerade, die durch die Gleichung $y = f(a) + f'(a)(x - a)$ gegeben ist, die Tangente an den Graphen von f in dem Punkt $(a, f(a))$.

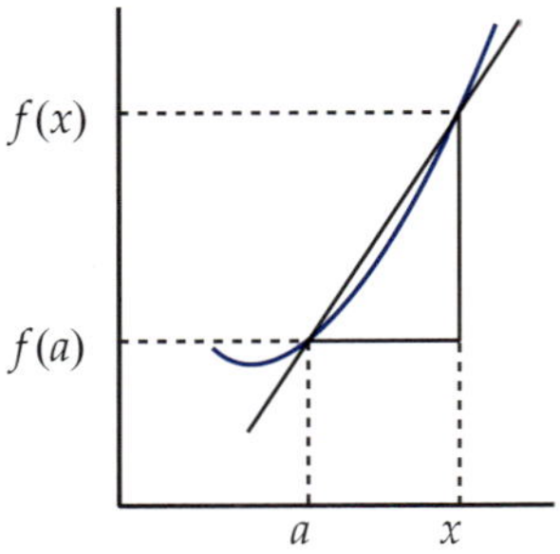

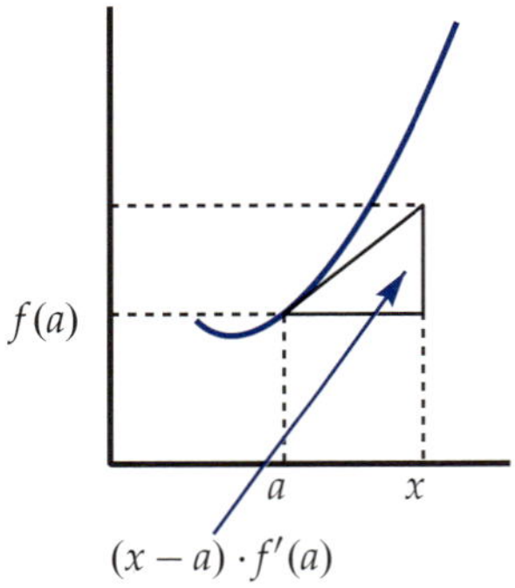

Satz 4.1 f und g seien differenzierbar in a. Dann gilt:

1 f ist stetig in a.

2 $f + g$ ist differenzierbar in a; $(f + g)'(a) = f'(a) + g'(a)$.

3 Ist c eine Konstante, so gilt $(cf)'(a) = cf'(a)$.

4 Für $\beta \in \mathbb{R}$ und $x > 0$ ist $f(x) = x^\beta$ differenzierbar und $f'(x) = \beta \cdot x^{\beta-1}$.

1 Weil $\Delta_a f(x)$ stetig ist in a, folgt $\lim_{x\to a} f(x) = f(a) + \lim_{x\to a}(x - a)\Delta_a f(x) = f(a)$.

2 Folgt aus $\Delta_a(f + g)(x) = \Delta_a f(x) + \Delta_a g(x)$ und Aufgabe 2.17.

3 Folgt aus $\Delta_a(cf)(x) = c\Delta_a f(x)$.

4 Es reicht, $f'(1) = \beta$ zu zeigen, denn daraus folgt:

$$f'(a) = \lim_{x\to a} \frac{x^\beta - a^\beta}{x - a} = \lim_{x\to a} a^{\beta-1} \frac{(x/a)^\beta - 1}{x/a - 1} = \beta \cdot a^{\beta-1}\,.$$

- $\beta \in \mathbb{N}: f'(1) = \lim_{x\to 1}(x^\beta - 1)/(x - 1) = \lim_{x\to 1}\left(1 + x + \cdots + x^{\beta-1}\right) = \beta$.
- $\beta \in 2^{-k} \cdot \mathbb{N}$, dann $2\beta \in 2^{-k+1}\mathbb{N}$ und mit Induktion nach k

$$\lim_{x\to 1} \frac{x^\beta - 1}{x - 1} = \lim_{x\to 1} \frac{x^\beta - 1}{x - 1} \cdot \frac{x^\beta + 1}{x^\beta + 1} = \lim_{x\to 1} \frac{x^{2\beta} - 1}{x - 1} \cdot \lim_{x\to 1} \frac{1}{x^\beta + 1} = 2\beta \cdot \tfrac{1}{2} = \beta.$$

- Sei $\beta > 0$ und $\beta \in (c, d)$. Wähle $k \in \mathbb{N}$ und $r, s \in 2^{-k}\mathbb{N}$ mit $0 < c < r < \beta < s < d$. Dann gibt es ein $\delta > 0$, sodass für alle x mit $0 < |x - 1| < \delta$:

$$c < \frac{x^r - 1}{x - 1} \le \frac{x^\beta - 1}{x - 1} \le \frac{x^s - 1}{x - 1} < d, \text{ also } \lim_{x\to 1} \frac{(x^\beta - 1)}{(x - 1)} = \beta.$$

- $\beta < 0$: $\lim_{x\to 1} \frac{x^\beta - 1}{x - 1} = \lim_{x\to 1} \frac{1 - x^{-\beta}}{x - 1} \cdot x^\beta = -(-\beta) \cdot 1 = \beta$. ∎

Aufgaben

EXTRAS ONLINE
Lösungen

Aufgabe 4.1 Differenzieren Sie die angegebene Funktion $f(x)$.

1. $f(x) = 3x^5 - 2x^3 + 3x - 5$
2. $f(x) = \dfrac{3}{x^2} - \dfrac{7}{x^3}$
3. $f(x) = 5x^2 + \dfrac{2}{x^3}$
4. $f(x) = \dfrac{2x^6 - 3x^5}{x^3}$
5. $f(x) = (3x + 1)^3$
6. $f(x) = \sqrt{x}$
7. $f(x) = \sqrt{x^3}$
8. $f(x) = \sqrt[3]{x^2}$
9. $f(x) = \dfrac{1}{x}$
10. $f(x) = x^{1,5}$
11. $f(x) = x^{0,77}$
12. $f(x) = \dfrac{3}{x^5}$
13. $f(x) = x^{-1/3}$
14. $f(x) = x^{-7/5}$

Aufgabe 4.2 Finden Sie eine Gleichung der Tangente an dem Graphen von $f(x)$ für den angegebenen x-Wert und zeichnen Sie diesen.

1. $f(x) = x^3, \quad x = 1$
2. $f(x) = x^4 - 2x^2 + 1, \quad x = -1$
3. $f(x) = x\sqrt{x}, \quad x = 1$
4. $f(x) = 1/x, \quad x = 2$
5. $f(x) = x^4 - 3x^2, \quad x = 1$
6. $f(x) = \dfrac{1}{x\sqrt{x}}, \quad x = 1$

Aufgabe 4.3 Zeichnen Sie den Graphen der Funktion $f(x) = |x|$. Begründen Sie, weshalb diese Funktion für $x = 0$ nicht differenzierbar ist.

Aufgabe 4.4 Zeichnen Sie den Graphen der Funktion $f(x) = \sqrt[3]{x}$. Begründen Sie, weshalb diese Funktion in $x = 0$ nicht differenzierbar ist, obwohl die Gerade $x = 0$ als Tangente genommen werden könnte.

Aufgabe 4.5 (Parabolspiegel) Betrachte den Graphen von $y = ax^2$ mit $a > 0$.

1. Warum ist der Winkel β gleich 2α?
2. Stellen Sie eine Parameterdarstellung von ℓ auf.
3. Warum gehen alle möglichen ℓ durch den Brennpunkt $F = (0, 1/(4a))$, unabhängig von b?

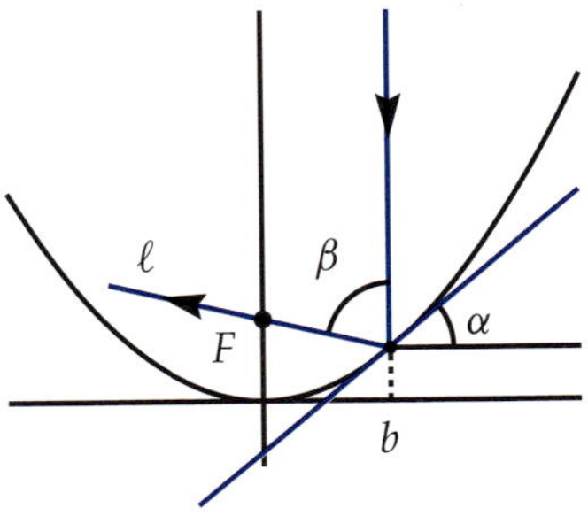

4.2 Rechenregeln für differenzierbare Funktionen

Satz 4.2

1 **(Produktregel)** Sind f, g differenzierbar in a, so auch $f \cdot g$ und

$$(f \cdot g)'(a) = f'(a) \cdot g(a) + f(a) \cdot g'(a).$$

2 **(Kettenregel)** Ist f differenzierbar in a, g differenzierbar in $f(a)$, so ist $g \circ f$ differenzierbar in a und $(g \circ f)'(a) = g'(f(a)) \cdot f'(a)$.

3 **(Differenzieren inverser Funktionen)** Ist f streng monoton wachsend oder fallend auf einem Intervall I, differenzierbar in $a \in I$ mit $f'(a) \neq 0$, so ist f^{-1} differenzierbar in $b = f(a)$ und

$$(f^{-1})'(b) = \frac{1}{f'(a)} = \frac{1}{f'(f^{-1}(b))} .$$

1 und **2** Nach Definition des Differenzenquotienten gelten die Formeln

$$f(x) = f(a) + (x-a)\Delta_a f(x) \text{ und } g(y) = g(b) + (y-b)\Delta_b g(y) .$$

Man berechnet:

$$\Delta_a(f \cdot g)(x) = \Delta_a f(x) \cdot g(a) + f(a) \cdot \Delta_a g(x) + (x-a) \cdot \Delta_a f(x) \cdot \Delta_a g(x) ,$$

$$\Delta_a g(f(x)) = \frac{g(f(x)) - g(f(a))}{x-a} = \frac{(f(x) - f(a)) \cdot \Delta_{f(a)} g(f(x))}{x-a}$$
$$= \Delta_a f(x) \cdot \Delta_{f(a)} g(f(x)) .$$

In beiden Fällen ist die rechte Seite nach Annahme der Differenzierbarkeit von f und g und den Rechenregeln für stetige Funktionen in $x = a$ stetig fortsetzbar. Die linke Seite ist somit auch stetig fortsetzbar in $x = a$ und die Differenzierbarkeit ist gezeigt. Setze nun überall $x = a$ ein und die ersten zwei Formeln folgen.

3 Sei $y = f(x)$. Die Funktion $\Delta_a f(x)$ ist ungleich 0 in der Nähe von a. Die Funktion f^{-1} ist stetig in b nach Satz 2.5. Also ist $\Delta_a f(f^{-1}(y))$ ungleich 0 in der Nähe von b und stetig in b. Man berechnet

$$\Delta_b f^{-1}(y) = \frac{x-a}{y-b} = \frac{1}{\Delta_a f(x)} = \frac{1}{\Delta_a f(f^{-1}(y))} .$$

Die rechte und somit die linke Seite ist stetig in $y = b$ fortsetzbar. Setze $y = b$ ein. ∎

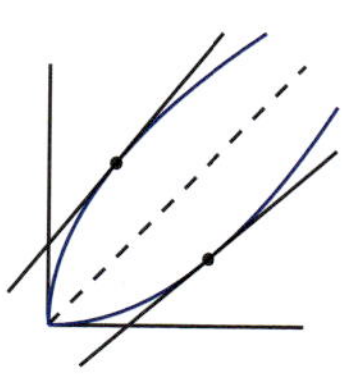

Wir erhalten den Graphen der inversen Funktion f^{-1}, indem wir den Graphen von f in der Geraden $y = x$ spiegeln, siehe nebenstehende Abbildung. Das gilt dann entsprechend für die Tangenten.

Aufgaben

EXTRAS ONLINE
Lösungen

Aufgabe 4.6 Leiten Sie den Ausdruck für $\Delta_a(f \cdot g)(x)$ her, welcher im Beweis des Satzes 4.2 benutzt wurde.

Aufgabe 4.7 Beweisen Sie die Quotientenregel:
Sind f, g differenzierbar in a und $g(a) \neq 0$, so ist $\frac{f(x)}{g(x)}$ differenzierbar in a mit

$$\left(\frac{f}{g}\right)'(a) = \frac{g(a)f'(a) - f(a)g'(a)}{g^2(a)} .$$

Tipp: Es reicht, den Fall $f(x) = 1$ zu betrachten. Wenden Sie die Kettenregel an.

Aufgabe 4.8 Berechnen Sie die Ableitung der nachfolgenden Funktionen.

1. $f(x) = \dfrac{(x+2)^3}{(2x-1)^2}$
2. $f(x) = (3x^4 - 2x^2 + 1)^4$
3. $f(x) = \sqrt{5x}$
4. $f(x) = x\sqrt{x^2+5}$
5. $f(x) = \sqrt{\dfrac{1+x^2}{1-x^2}}$
6. $f(x) = \left(\dfrac{x^2-4}{x^2+4}\right)^2$
7. $f(x) = \dfrac{x(2-x)}{2x^2}$
8. $f(x) = (x-1)^{100}$
9. $f(x) = \sqrt{(x+2)^8 - 4}$
10. $f(x) = \sqrt{x + \sqrt{x}}$

Aufgabe 4.9 In den nachfolgenden Aufgaben bestimmen Sie eine Gleichung der Tangente an den Graphen von f in dem Punkt $(a, f(a))$.

1. $f(x) = \sqrt{x^2 + 3x - 1}\,; \quad a = 2$
2. $f(x) = \dfrac{2}{3x+1}\,; \quad a = -1$

Aufgabe 4.10 Sei $\alpha \neq 0$. Wenden Sie den Satz über Differenzieren inverser Funktionen auf die Funktion $f(x) = x^\alpha$ an.

Aufgabe 4.11 Was ist falsch an folgendem Argument? Ist f invertierbar und differenzierbar, so differenziere die Funktion $f(f^{-1}(x)) = x$. Es folgt mit der Kettenregel $f'(f^{-1}(x)) \cdot (f^{-1})'(x) = 1$.

Es ist sehr bequem, trotzdem diese Rechenmethode anzuwenden. Warum ist das erlaubt?

Aufgabe 4.12 Sei $a > 0$ und $f\colon (-a, a) \to \mathbb{R}$ eine gerade differenzierbare Funktion, also $f(x) = f(-x)$ für jedes x. Zeigen Sie, dass $f'(x)$ eine ungerade Funktion ist, also $f'(-x) = -f'(x)$. Was gilt für die Ableitung ungerader Funktionen?

4.3 Ableitung der Winkelfunktionen

Satz 4.3 Die Funktionen $\sin(x)$ und $\cos(x)$ sind differenzierbar. Es gilt $\sin'(x) = \cos(x)$ und $\cos'(x) = -\sin(x)$. Weiterhin $\tan'(x) = 1/\cos^2(x)$.

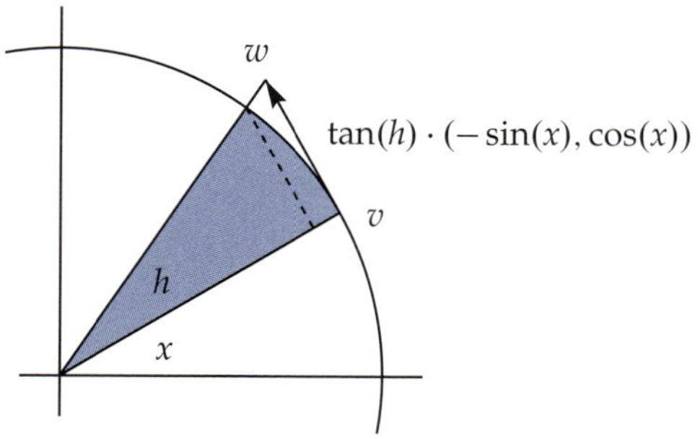

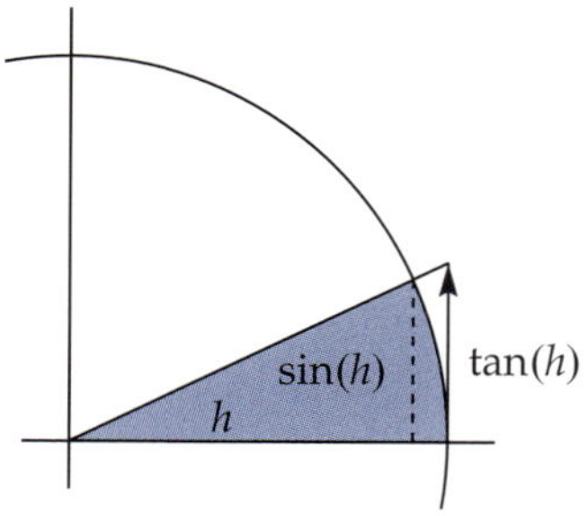

Siehe obenstehendes Bild links. Es gilt $\angle(v,w) = h$, $v = (\cos(x), \sin(x))$ und $w = (\cos(x), \sin(x)) + \tan(h)(-\sin(x), \cos(x))$. Es folgt $\|w\|^2 = 1 + \tan^2(h) = 1/\cos^2(h)$. Um damit den Punkt $(\cos(x+h), \sin(x+h))$ zu erhalten, multiplizieren wir w mit $\cos(h)$, um auf den Einheitskreis zu kommen. Also

$$(\cos(x+h), \sin(x+h)) = \cos(h) \cdot \big((\cos(x), \sin(x)) + \tan(h)(-\sin(x), \cos(x))\big) .$$

Man erhält (natürlich) genau die Additionstheoreme. Es folgt

$$\cos(x+h) - \cos(x) = (\cos(h) - 1) \cdot \cos(x) - \sin(h) \cdot \sin(x) ,$$
$$\sin(x+h) - \sin(x)) = (\cos(h) - 1) \cdot \sin(x) + \sin(h) \cdot \cos(x) .$$

Wir müssen deshalb

$$\lim_{h\to 0} \frac{\sin(h)}{h} = 1 \quad \text{und} \quad \lim_{h\to 0} \frac{\cos(h) - 1)}{h} = 0$$

zeigen. Es reicht, $h \downarrow 0$ zu betrachten. Aus dem Bild oben rechts ist ersichtlich, dass $\sin(h) < h < \tan(h)$. Nach Teilung durch $\sin(h)$ erhalten wir

$$1 < \frac{h}{\sin(h)} < \frac{1}{\cos(h)} ,$$

woraus $\lim_{h\downarrow 0} h/\sin(h) = 1$ und $\lim_{h\downarrow 0} \sin(h)/h = 1$ folgt. Für den anderen Grenzwert:

$$\lim_{h\to 0} \frac{\cos(h) - 1}{h} = \lim_{h\to 0} \frac{\cos^2(h) - 1}{h \cdot (\cos(h) + 1)} = \lim_{h\to 0} -\sin(h) \cdot \frac{\sin(h)}{h} \cdot \frac{1}{\cos(h) + 1} = 0 .$$

Die Ableitung von $\tan(x)$ berechnet man mit der Quotientenregel. ■

Differenzieren inverser Funktionen ergibt:

Satz 4.4 $\arcsin'(x) = \dfrac{1}{\sqrt{1-x^2}}$, $\arccos'(x) = -\dfrac{1}{\sqrt{1-x^2}}$, $\arctan'(x) = \dfrac{1}{1+x^2}$

Aufgaben

EXTRAS ONLINE
Lösungen

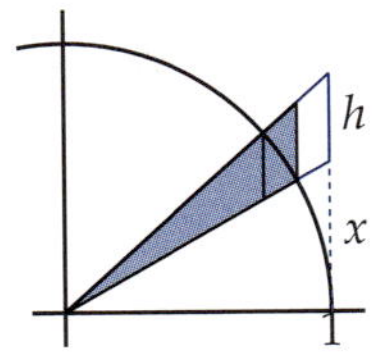

Aufgabe 4.13 Benutzen Sie nebenstende Figur um

$$\arctan'(x) = \frac{1}{1+x^2}$$

zu zeigen.

Aufgabe 4.14 Führen Sie die Berechnungen zum Beweis von Satz 4.4 durch.

Aufgabe 4.15 Berechnen Sie die Ableitung der nachfolgenden Funktionen.

1. $f(x) = \tan^2(x)$
2. $f(x) = \operatorname{cotan}(x)$
3. $f(x) = \dfrac{1}{\cos(x)}$
4. $f(x) = \dfrac{1}{\sin(x)}$
5. $f(x) = \dfrac{\sqrt{x}}{\cos(x)}$
6. $f(x) = \sin(x)\tan(x)$
7. $f(x) = \sin(2x)$
8. $f(x) = \cos(2x)$
9. $f(x) = \cos(x^2+1)$
10. $f(x) = \sin(\sqrt{x^2-5x+4})$
11. $f(x) = \arctan\left(\dfrac{1}{\sqrt{1+x^2}}\right)$
12. $f(x) = x\arcsin(x) + \sqrt{1-x^2}$
13. $f(x) = \arcsin\left(\sqrt{1-x^2}\right)$
14. $f(x) = \tan(\arcsin(x))$
15. $f(x) = \arctan\left(\dfrac{\cos(x)}{1+\sin(x)}\right)$
16. $f(x) = \sin(\sin(x))$

Aufgabe 4.16 Berechnen Sie die Ableitung von $\cos^2(x) + \sin^2(x)$ mithilfe der Kettenregel. Warum sollte Sie das Ergebnis nicht verwundern?

Aufgabe 4.17 Bestimmen Sie, ob die Graphen der nachfolgenden Funktionen $f(x)$ eine waagerechte Tangente im Intervall $[0, 2\pi]$ haben.

1. $f(x) = x + \sin(x)$
2. $f(x) = 2x + \sin(x)$
3. $f(x) = x - \operatorname{cotan}(x)$
4. $f(x) = \cos(x) + \frac{x}{2}$

Aufgabe 4.18 Sei a eine feste reelle Zahl. Berechnen Sie die Ableitung von

$$(\sin(x+a) - \sin(x)\cos(a) - \cos(x)\sin(a))^2 + (\cos(x+a) - \cos(x)\cos(a) + \sin(x)\sin(a))^2 .$$

Warum sollte das Ergebnis nicht verwundern?

Aufgabe 4.19 Bemerken Sie, dass $\arcsin'(x) + \arccos'(x) = 0$. Erklären Sie diese Tatsache auf eine andere Weise.

4.4 Satz von Rolle und Mittelwertsatz

Es sei $f: (a, b) \to \mathbb{R}$ eine Funktion und $c \in (a, b)$.

1 Dann hat f ein **lokales Maximum** (bzw. **lokales Minimum**) in c, wenn es eine Umgebung U von c gibt mit $f(x) \leq f(c)$ (bzw. $f(x) \geq f(c)$) für alle $x \in U$.

2 Wenn f an der Stelle c ein lokales Maximum oder lokales Minimum hat, so sagt man, dass f in c ein **lokales Extremum** hat.

Satz 4.5

1 Sei $f: (a, b) \to \mathbb{R}$ differenzierbar. Hat f ein lokales Extremum in c, so ist $f'(c) = 0$.

2 Sei $f: [a, b] \to \mathbb{R}$ stetig auf $[a, b]$ und differenzierbar auf (a, b).

(a) **Satz von Rolle**. Ist $f(a) = f(b)$, so gibt es ein $\xi \in (a, b)$ mit $f'(\xi) = 0$.

(b) **Mittelwertsatz**. Es gibt ein $\xi \in (a, b)$ mit $f'(\xi) = \dfrac{f(b) - f(a)}{b - a}$.

(c) **Mittelwertsatz von Cauchy**. Ist g auch stetig auf $[a, b]$ und differenzierbar auf (a, b), so gibt es ein $\xi \in (a, b)$ mit $f'(\xi) \cdot (g(b) - g(a)) = g'(\xi) \cdot (f(b) - f(a))$.

(d) Ist $f'(x) = 0$ für alle $x \in (a, b)$, so ist f eine konstante Funktion.

(e) Ist $f'(x) > 0$ (bzw. < 0) für alle $x \in (a, b)$, dann ist f streng monoton wachsend (bzw. streng monoton fallend).

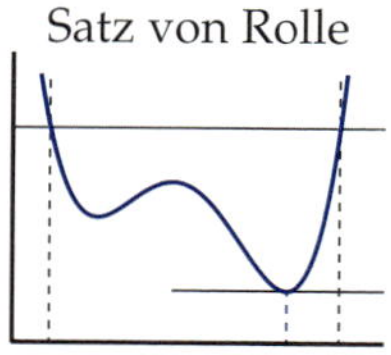

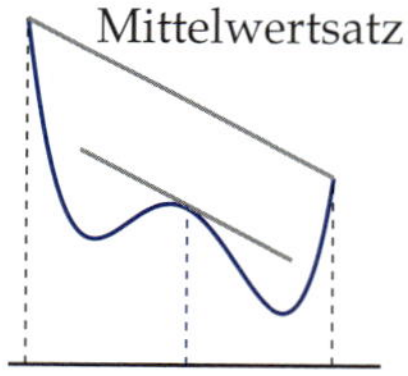

1 Ohne Einschränkung hat f ein Maximum bei c. Sei U ein Intervall mit $c \in U$ und $f(x) \leq f(c)$ für alle $c \in U$. Für $x > c$ und $x \in U$ gilt $\frac{f(x)-f(c)}{x-c} \leq 0$ und somit auch $f'(c) = \lim\limits_{x \downarrow c} \frac{f(x)-f(c)}{x-c} \leq 0$. Genauso zeigt man $f'(c) \geq 0$ und $f'(c) = 0$ folgt.

2 (a) Ist f konstant, folgt die Behauptung. Ist f nicht konstant, so wird das Maximum oder das Minimum von f in $\xi \in (a, b)$ angenommen. Es folgt $f'(\xi) = 0$.

(c) Auf $(g(b) - g(a))(f(x) - f(a)) - (f(b) - f(a)) \cdot (g(x) - g(a))$ wenden wir den Satz von Rolle an. Der Mittelwertsatz ist der Spezialfall $g(x) = x$.

(d) und (e). Es seien $c < d$ Punkte im Intervall (a, b) mit c, d beliebig. Dann gibt es ein $\xi \in (c, d)$ mit $f(d) - f(c) = (d - c)f'(\xi)$. Ist $f'(x) = 0$ für alle $x \in I$, so ist $f(d) - f(c) = 0$, also $f(c) = f(d)$. Ist $f'(x) > 0$ für alle x, dann ist auch $f'(\xi) > 0$ und es folgt, dass $f(c) < f(d)$, somit ist f streng monoton wachsend. Der Fall $f'(x) < 0$ geht analog. ■

Aufgaben

EXTRAS ONLINE
Lösungen

Aufgabe 4.20 Prüfen Sie, ob bei den nachfolgenden Funktionen auf dem angegebenem Intervall der Mittelwertsatz anwendbar ist. Wenn ja, finden Sie einen geeigneten Mittelwert ξ. Skizzieren Sie jeweils die Funktion zusammen mit der Tangente in $(\xi, f(\xi))$.

1. $f(x) = 3 - x^2\,; \quad [-1, 2]$
2. $f(x) = \sqrt[3]{x}\,; \quad [0, 8]$
3. $f(x) = \dfrac{x}{x+2}\,; \quad [-1, 2]$
4. $f(x) = \sqrt{x}\,; \quad [0, 2]\,.$

Aufgabe 4.21 Prüfen Sie nach, dass die nachfolgenden Funktionen im angegebenen Intervall genau eine Nullstelle haben.

1. $f(x) = x^4 + 3x\,; \quad [-2, -1]$
2. $f(x) = \sin(x) + x - 8\,; \quad (-\infty, \infty)$
3. $f(x) = 2\sqrt{x} - \sqrt{10 + x}\,; \quad [0, \infty)$
4. $f(x) = x^3 - 6x^2 + 15x - 3\,; \quad (-\infty, \infty)$

Aufgabe 4.22 Es seien f, g auf $\mathbb{R}$ differenzierbare Funktionen mit $f(0) = 0, g(0) = 1, f'(x) = g(x)$ und $g'(x) = -f(x)$. Zeigen Sie, dass $f(x) = \sin(x)$ und $g(x) = \cos(x)$.
Tipp: Differenzieren Sie die Funktionen $f(x)\cos(x) - g(x)\sin(x)$ und $f(x)\sin(x) + g(x)\cos(x)$. Welche Identitäten erhalten Sie?

Aufgabe 4.23 Die Funktion $f\colon [a, b] \to \mathbb{R}$ sei stetig und differenzierbar auf (a, b) mit $0 \leq f'(x) \leq c$ für jedes $x \in (a, b)$. Zeigen Sie, dass

$$f(a) \leq f(b) \leq f(a) + c(b - a)\,.$$

Aufgabe 4.24 Seien $f, g, h\colon [a, b] \to \mathbb{R}$ stetig auf $[a, b]$ und differenzierbar auf (a, b). Wenden Sie den Satz von Rolle auf die nachfolgende sogenannte Determinante an:

$$\begin{aligned} \Delta(x) := &\begin{vmatrix} f(a) & g(a) & h(a) \\ f(b) & g(b) & h(b) \\ f(x) & g(x) & h(x) \end{vmatrix} \\ := &f(a)\big(g(b)h(x) - g(x)h(b)\big) - f(b)\big(g(a)h(x) - g(x)h(a)\big) \\ &+ f(x)\big(g(a)h(b) - g(b)h(a)\big) \end{aligned}$$

Nehmen Sie den Spezialfall $h(x) = 1$. Wir erhalten den Mittelwertsatz von Cauchy.

Aufgabe 4.25 Es sei $f\colon [a, b) \to \mathbb{R}$ eine stetige Funktion, welche auf (a, b) differenzierbar ist. Angenommen $\lim_{x \downarrow a} f'(x)$ existiert. Zeigen Sie, dass f in a differenzierbar ist und $f'(a) = \lim_{x \downarrow a} f'(x)$.

4.5 Ableitung der Exponentialfunktion

Satz 4.6

Sei $a > 0$ und $a \neq 1$.

1 Die Funktion $f(x) = a^x$ ist differenzierbar und $f'(x) = c_a \cdot a^x$ für eine Konstante $c_a \neq 0$.

2 Es gibt genau eine Zahl $\mathrm{e} > 0$, sodass $c_\mathrm{e} = 1$.

3 $c_a = \log_\mathrm{e}(a)$.

4 Es gilt $\log'_\mathrm{e}(x) = 1/x$.

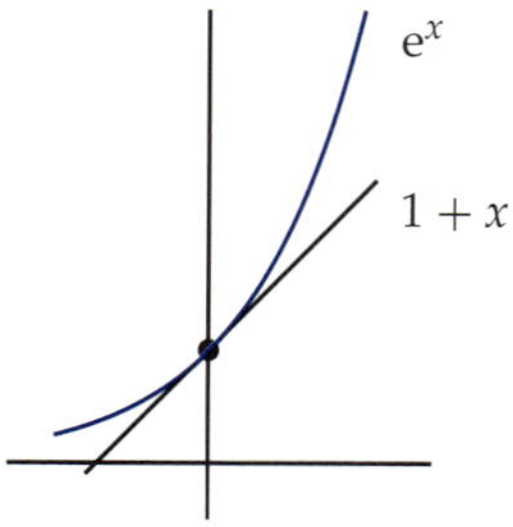

Wir nennen e die eulersche Zahl und $\ln(x) := \log(x) := \log_\mathrm{e}(x)$ den natürlichen Logarithmus.

1 Wir geben den Beweis für $a > 1$ und zeigen die Existenz des Grenzwertes $\lim_{h\downarrow 0} \frac{a^h-1}{h}$. Wir betrachten dazu $0 < s < t$ und die Funktion

$$g(a) := \frac{a^t - 1}{t} - \frac{a^s - 1}{s}$$

als Funktion von a. Es gilt $g(1) = 0$ und

$$g'(a) = a^{t-1} - a^{s-1} > 0\,, \text{ weil } a > 1 \text{ und } t > s\,.$$

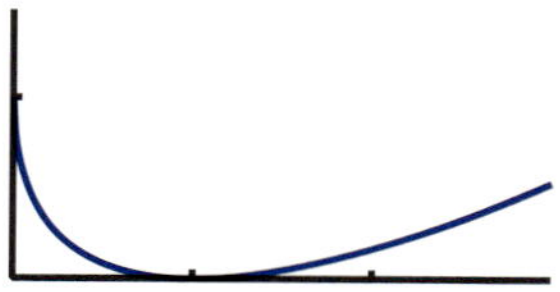

$g(a)$ ($s = \frac{1}{2}$ und $t = 1$)

Deshalb ist $g(a) > 0$ für $a > 1$ und $\frac{a^s - 1}{s} < \frac{a^t - 1}{t}$ folgt.

Die Funktion $\frac{a^h - 1}{h}$ ist daher für $a > 1$ eine wachsende, positive Funktion von h. Deshalb existiert $\inf\{(a^h - 1/h\colon h > 0\} = \lim_{h\downarrow 0} \frac{a^h - 1}{h} =: c_a$, siehe Aufgabe 2.29. Es folgt für alle $x \in \mathbb{R}$:

$$\lim_{h\downarrow 0} \frac{a^{x+h} - a^x}{h} = a^x \cdot \lim_{h\downarrow 0} \frac{a^h - 1}{h} = c_a \cdot a^x\,,$$

$$\lim_{h\uparrow 0} \frac{a^{x+h} - a^x}{h} = \lim_{h\downarrow 0} \frac{a^{x-h} - a^x}{-h} = \lim_{h\downarrow 0} a^{-h} \cdot \lim_{h\downarrow 0} \frac{a^x - a^{x+h}}{-h} = 1 \cdot c_a \cdot a^x\,.$$

Es gilt $c_a \neq 0$, sonst wäre die Funktion $f(x) = a^x$ eine konstante Funktion.

2 Existenz: Sei $\mathrm{e} = 2^{1/c_2}$. Dann ist $(\mathrm{e}^x)' = (2^{x/c_2})' = c_2 \cdot 2^{x/c_2} \cdot 1/c_2 = \mathrm{e}^x$.

Eindeutigkeit: Aufgabe 4.28.

3 Differenziere $a^x = \mathrm{e}^{\log_\mathrm{e}(a)\cdot x}$ mit der Kettenregel.

4 Die Funktion $\ln(x)$ ist als Umkehrfunktion differenzierbar und $x = \mathrm{e}^{\ln(x)}$. Wende die Kettenregel an: $1 = \mathrm{e}^{\ln(x)} \ln'(x) = x \ln'(x)$. ■

Aufgaben

EXTRAS ONLINE Lösungen

Aufgabe 4.26 Geben Sie einen Beweis des Satzes 4.6 für $0 < a < 1$.

Aufgabe 4.27 Berechnen Sie die Ableitung der nachfolgenden Funktionen $f(x)$.

1. e^{2x}	2. x^x	3. $\left(1+\frac{1}{x}\right)^x$
4. $e^{\sin(x)}$	5. $x^{\sin(x)}$	6. $\sin(x)^{\ln(x)}$
7. $x\ln(x)$	8. $\log_a(x)\,, \quad a > 0$	9. $3x^2\ln(x)$
10. $\ln(5x)$	11. $\ln^2(x)$	12. $\ln(\cos(x))$
13. $\ln\left(\sqrt{3x+4}\right)$	14. $\ln(\ln(x))$	15. $e^x\ln(x)$
16. e^{-x^2}	17. 3^{x^2}	18. $4x^2 e^{x^2}$
19. $x^{1/x}$	20. $(\ln(x))^x$	21. x^{x^x}

Aufgabe 4.28

1. Sei f differenzierbar auf $\mathbb{R}$, $f(0) = 1$ und $f'(x) = f(x)$. Zeigen Sie, dass $f(x) = e^x$.
   Tipp: Betrachten Sie $f(x) \cdot e^{-x}$.
2. Es sei $\alpha \in \mathbb{R}$, $f\colon (-1,1) \to \mathbb{R}$ differenzierbar, sodass $(1+x)\cdot f'(x) = \alpha f(x)$ und $f(0) = 1$. Zeigen Sie, dass $f(x) = (1+x)^\alpha$.

Aufgabe 4.29 Der Cosinus Hyperbolicus $\cosh(x)$ und der Sinus Hyperbolicus $\sinh(x)$ sind definiert durch $\cosh(x) := (e^x + e^{-x})/2$ und $\sinh(x) := (e^x - e^{-x})/2$.

1. Zeichnen Sie die Graphen von $\sinh(x)$ und $\cosh(x)$.
2. Berechnen Sie die Ableitung von $\cosh(x)$ und $\sinh(x)$.
3. Zeigen Sie, dass $\cosh^2(x) - \sinh^2(x) = 1$.
4. Zeigen Sie, dass $\sinh(x)$ eine Umkehrfunktion hat. Diese Umkehrfunktion wird $\operatorname{arsinh}(x)$ genannt. Definieren Sie analog $\operatorname{arcosh}\colon [1,\infty) \to \mathbb{R}$.
5. Zeigen Sie, dass $\operatorname{arsinh}'(x) = 1/\sqrt{x^2+1}$.

Aufgabe 4.30

1. Sei $a > 0$. Zeigen Sie, dass $\lim\limits_{x\to 0}(1+ax)^{1/x} = e^a$. Tipp: Nehme ln.
2. Folgern Sie, dass $\lim\limits_{n\to\infty}\left(1+\frac{1}{n}\right)^n = e$.
3. Zeigen Sie, dass $\left(1-\frac{x}{t}\right)^t$ für $x < t$ eine wachsende Funktion von t ist.

Aufgabe 4.31 Sei $a_n = 2^n(a^{1/2^n} - 1)$. Dann ist $\lim\limits_{n\to\infty} a_n = \ln(a)$. Schreiben Sie in SAGEMATH ein Programm, welches $\ln(a)$ mit dieser Methode näherungsweise berechnet. Was passiert, wenn man ein großes n nimmt. Warum?

4.6 Extremwerte, höhere Ableitungen

Satz 4.7 Es sei $f\colon (a,b) \to \mathbb{R}$ stetig, $c \in (a,b)$.

1 Ist $f'(x) \leq 0$ für $x \in (a,c)$ und $f'(x) \geq 0$ für $x \in (c,b)$, so hat f in c ein Minimum auf dem Intervall (a,b).

2 Ist $f'(x) \geq 0$ für $x \in (a,c)$ und $f'(x) \leq 0$ für $x \in (c,b)$, so hat f in c ein Maximum auf dem Intervall (a,b).

1 Weil $f'(x) \leq 0$ für $x \in (a,c)$, ist die Funktion auf $(a,c]$ monoton fallend (Satz 4.5), deshalb $f(x) \geq f(c)$ für $x \in (a,c)$. Genauso sieht man, dass sie monoton wachsend auf (c,b) ist, also $f(x) \geq f(c)$ für $x \in (c,b)$.

2 Analog. ∎

Beispiel:

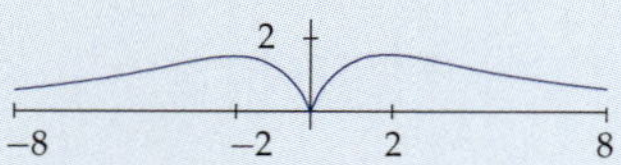

Sei $f(x) = 12\dfrac{x^{2/3}}{x^2+8}$. Dann ist f differenzierbar auf $\mathbb{R}$ außer in 0. Es ist $f'(x) = 16\dfrac{(4-x^2)}{\sqrt[3]{x}\cdot(x^2+8)^2}$.

Somit $f'(x) > 0$ für x in $(-\infty,-2)$ und $(0,2)$ und $f'(x) < 0$ für $x \in (-2,0)$ und $(2,\infty)$. Es folgt, dass f in 0 ein lokales Minimum hat und in 2 und −2 lokale Maxima. Da $f(x) \geq 0$, folgt auch, dass $f(0)$ ein globales Minimum und $f(2) = f(-2)$ ein globales Maximum ist.

Es sei I ein Intervall, $f\colon I \to \mathbb{R}$. Wir definieren (rekursiv) die n-te Ableitung $f^{(n)}$ durch $f^{(0)} = f$ und $f^{(n)}$ als Ableitung von $f^{(n-1)}$, falls die Funktion $f^{(n-1)}$ differenzierbar ist.

Wir schreiben meistens kurz $f' = f^{(1)}$ und $f'' = f^{(2)}$.

Satz 4.8 Es sei $f\colon (a,b) \to \mathbb{R}$ zweimal differenzierbar in $c \in (a,b)$ mit $f'(c) = 0$.

1 Ist $f''(c) > 0$, so hat f in c ein lokales Minimum.

2 Ist $f''(c) < 0$, so hat f in c ein lokales Maximum.

1 Weil $f''(c) = \lim\limits_{x\to c}\dfrac{f'(x)-f'(c)}{x-c} > 0$, so folgt, dass ein δ existiert mit $f'(x) \leq 0$ für $x \in (c-\delta,c)$ und $f'(x) \geq 0$ für $x \in (c,c+\delta)$. Nach Satz 4.7 hat f ein Minimum in $(c-\delta,c+\delta)$.

2 Analog. ∎

Aufgaben

EXTRAS ONLINE Lösungen

Aufgabe 4.32 Berechnen Sie die zweite Ableitung der nachfolgenden Funktionen.

1. $f(x) = \sin(\sin(x))$
2. $f(x) = e^{-x}\sin(x)$

Aufgabe 4.33 Bestimmen Sie die lokalen und globalen Maxima und Minima der nachfolgenden Funktionen auf dem angegebenen Intervall.

1. $f(x) = x^2 - 3x + 4\,;\quad [0,4]$
2. $f(x) = x\sqrt{9-x^2}\,;\quad [-3,3]$
3. $f(x) = \sin(x) - \cos(x)\,;\quad [0,2\pi]$
4. $f(x) = e^{-x}\sin(x)\,;\quad \mathbb{R}$

Aufgabe 4.34 Bestimmen Sie die Extremwerte der nachfolgenden Funktionen.

1. $f(x) = x^3 + x^2 - 8x + 6$
2. $f(x) = x^3 + 3x^2 + 3x - 7$
3. $f(x) = \dfrac{x-2}{x^2}$
4. $f(x) = \dfrac{x^2}{x-2}$
5. $f(x) = \dfrac{x^3}{x^2-12}$
6. $f(x) = \dfrac{x^2-3}{x^3}$
7. $f(x) = 2e^x - \frac{1}{2}e^{2x}$
8. $f(x) = \sqrt{x}\,\ln(x)$
9. $f(x) = (2-x)\cdot\sqrt[3]{x^2}$
10. $f(x) = \dfrac{\sqrt{x^2+1}}{x}$
11. $f(x) = \sqrt[3]{x^4 - 2x^2}$
12. $f(x) = x^2\arctan(x)$
13. $f(x) = x + \dfrac{1}{x}$
14. $f(x) = x^2\cdot e^{-x}$

Aufgabe 4.35 Sei $f(x) = \arctan(x)$. Zeigen Sie mit Induktion, dass für $n \geq 2$:

$$(1+x^2)f^{(n)}(x) + 2(n-1)xf^{(n-1)}(x) + (n-1)(n-2)f^{(n-2)}(x) = 0\,.$$

Aufgabe 4.36 Zeigen Sie: Die n-te Ableitung von $\dfrac{1}{1-x^2}$ ist gleich

$$\frac{1}{2}n!\left((1-x)^{-n-1} + (-1)^n(1+x)^{-n-1}\right).$$

Aufgabe 4.37 Zeigen Sie, dass eine Gleichung dritten Grades $x^3 + px + q = 0$ drei verschiedene reelle Lösungen hat genau dann, wenn $4p^3 + 27q^2 < 0$.

4.7 Die l'Hôpital'sche Regel

Satz 4.9 (l'Hôpital'sche Regel) Es seien $f, g\colon (a, b) \to \mathbb{R}$ differenzierbar, $g'(x) \neq 0$ für alle $x \in (a, b)$. (Hier sind $a = -\infty$ und $b = \infty$ erlaubt.)

In jedem der Fälle $\lim\limits_{x \uparrow b} f(x) = \lim\limits_{x \uparrow b} g(x) = 0$ und $\lim\limits_{x \uparrow b} f(x) = \lim\limits_{x \uparrow b} g(x) = \infty$ gilt:

Ist $\lim\limits_{x \uparrow b} \dfrac{f'(x)}{g'(x)} = c$, so auch $\lim\limits_{x \uparrow b} \dfrac{f(x)}{g(x)} = c$. Analog für den Fall $\lim\limits_{x \downarrow a}$.

Beispiel:

1. $\lim\limits_{x \to \infty} \dfrac{\ln(x)}{x} = \lim\limits_{x \to \infty} \dfrac{1/x}{1} = 0$

2. $\lim\limits_{x \to 1} \dfrac{2 - \sqrt{5 - x}}{1 - x} = \lim\limits_{x \to 1} \dfrac{\frac{1}{2\sqrt{5-x}}}{-1} = -\dfrac{1}{4}$

Wir betrachten den Fall $x \uparrow b$, der Fall $x \downarrow a$ ist analog.

1. Fall. $b < \infty$, $\lim\limits_{x \uparrow b} f(x) = \lim\limits_{x \uparrow b} g(x) = 0$.

Wir dürfen annehmen, dass f und g stetig in b sind, also $f(b) = g(b) = 0$. Sei $a < x < b$ und $h(t) := f(t) \cdot g(x) - g(t) \cdot f(x)$: Dann ist $h(b) = h(x) = 0$ und wir können den Satz von Rolle anwenden: Es gibt ein $\xi_x \in (x, b)$ mit $\dfrac{f(x)}{g(x)} = \dfrac{f'(\xi_x)}{g'(\xi_x)}$. Da $\lim\limits_{x \uparrow b} \xi_x = b$, folgt die Behauptung.

2. Fall. $b = \infty$, $g(x) = x$, $c = \lim\limits_{x \to \infty} f'(x) = 0$, $\lim\limits_{x \to \infty} f(x) = \infty$.

Ist $\varepsilon > 0$, so gibt es ein x_0, sodass $|f'(\xi)| < \varepsilon/2$ für alle $\xi \geq x_0$. Ist $x > x_0$ und $x > 2|f(x_0)|/\varepsilon$, so folgt mit dem Mittelwertsatz, dass ein $x \in (x_0, x)$ existiert mit:

$$\left|\frac{f(x)}{x}\right| \leq \left|\frac{f(x) - f(x_0)}{x - x_0}\right| \frac{x - x_0}{x} + \left|\frac{f(x_0)}{x}\right| \leq |f'(\xi)| \cdot 1 + \frac{\varepsilon}{2} < \varepsilon\,.$$

3. Fall. b beliebig ($b = \infty$) erlaubt), $\lim_{x \uparrow b} g(x) = \infty$.

Es ist $g'(x) \neq 0$ und es folgt $g'(x) > 0$. Die Funktion $g\colon (a, b) \to (d, \infty)$ hat eine Umkehrfunktion g^{-1}. Sei $h\colon (d, \infty) \to \mathbb{R}$ gegeben durch $h(t) = f(g^{-1}(t)) - ct$. Dann ist

$$\lim_{t \to \infty} h'(t) = \lim_{t \to \infty} \frac{f'(g^{-1}(t))}{g'(g^{-1}(t))} - c = \lim_{x \uparrow b} \frac{f'(x)}{g'(x)} - c = 0\,.$$

Aus dem 2. Fall folgt $\lim\limits_{t \to \infty} h(t)/t = 0$ und daher mit $t = g(x)$, $x = g^{-1}(t)$:

$$\lim_{x \uparrow b} \frac{f(x)}{g(x)} = \lim_{t \to \infty} \frac{h(t) + ct}{t} = c\,.$$

4. Fall. $b = \infty$, $\lim\limits_{x \to \infty} g(x) = 0$: als Aufgabe 4.38. ■

Aufgaben

Lösungen

Aufgabe 4.38 Zeigen Sie den vierten Fall des letzten Beweises. Tipp: $g(-1/x)$.

Aufgabe 4.39 Zeigen Sie:

1. Für jedes α gilt $\lim\limits_{x\to\infty} \dfrac{x^\alpha}{e^x} = 0.$ Tipp: Nehmen Sie zuerst $\alpha = 1$.
2. Für jedes $\alpha > 0$ ist $\lim\limits_{x\to\infty} \dfrac{\log(x)}{x^\alpha} = 0.$
3. (Wichtige Aufgabe) Es sei $f(x) = e^{-1/x}$ für $x > 0$ und $f(x) = 0$ für $x \le 0$. Zeigen Sie, dass f unendlich oft differenzierbar ist, vor allem auch in $x = 0$.
   Tipp: Benutzen Sie Aufgabe 4.25.

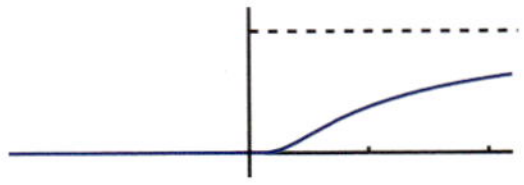

4. Sei $a < b$. Bestimmen Sie eine C^∞-Funktion $h\colon \mathbb{R} \to \mathbb{R}$ mit $h(x) = 0$ für $x \notin (a, b)$ und $h(x) > 0$ für $x \in (a, b)$.

Aufgabe 4.40 Berechnen Sie die nachfolgenden Grenzwerte.

1. $\lim\limits_{x\to 1} \dfrac{\sqrt[3]{x^2}-1}{\sqrt{x}-1}$	2. $\lim\limits_{x\to 5} \dfrac{2-\sqrt{9-x}}{x-5}$	3. $\lim\limits_{x\to 0} \dfrac{\sqrt[4]{x+16}-2}{\sqrt{25-x}-5}$
4. $\lim\limits_{x\to 0} \dfrac{\sin(x)-x}{x^3}$	5. $\lim\limits_{x\to\infty} \dfrac{\ln(1+e^x)}{\sqrt{1+x^2}}$	6. $\lim\limits_{x\to 0} \dfrac{e^x+e^{-x}-2\cos(x)}{\ln(1+x)}$.
7. $\lim\limits_{x\to 0} \dfrac{\tan(x)-\sin(x)}{x(1-\cos(x))}$	8. $\lim\limits_{x\to\pi/4} (\tan(x))^{\tan(2x)}$	9. $\lim\limits_{x\to 1} \dfrac{\ln(x)}{\sin(\pi x)}$
10. $\lim\limits_{x\to\pi} \dfrac{\cos(x)+1}{\cos(5x)}$	11. $\lim\limits_{x\to 1} \dfrac{\sin(x)-1}{\cos(2x)}$	12. $\lim\limits_{x\to 0} \dfrac{x^n}{e^x-1}$, $n \in \mathbb{N}$
13. $\lim\limits_{x\to 0} \dfrac{e^x-1}{e^x\ln(1-x)}$	14. $\lim\limits_{x\downarrow 0} x^x$	15. $\lim\limits_{x\downarrow 0} x\lvert\ln(x)\rvert^\alpha$, $\alpha > 0$
16. $\lim\limits_{x\to\infty} x^{1/x}$	17. $\lim\limits_{x\downarrow 0} \dfrac{x^x-1}{x\ln(x)}$	18. $\lim\limits_{x\to\infty} x^\alpha e^{-\beta x}$, $\alpha,\beta > 0$

Aufgabe 4.41 Die Umkehrung der l'Hôpital'schen Regel ist falsch. Seien $f(x) = x^2\sin(1/x)$ und $g(x) = \sin(x)$. Zeigen Sie: Der Grenzwert $\lim\limits_{x\to 0} \dfrac{f(x)}{g(x)}$ existiert, aber $\lim\limits_{x\to 0} \dfrac{f'(x)}{g'(x)}$ existiert nicht.

Aufgabe 4.42 Seien $f(x) = x + \sin(x)\cos(x)$ und $g(x) = f(x)e^{\sin(x)}$. Zeigen Sie, dass

$$\lim_{x\to\infty} \frac{f'(x)}{g'(x)} = 0\,, \quad \text{aber} \quad \lim_{x\to\infty} f(x)/g(x) \quad \text{existiert nicht}\,.$$

Warum widerspricht diese Tatsache nicht der Regel von de l'Hôpital?

4.8 Die Taylorformel

Es sei f eine Funktion, sodass die n-te Ableitung $f^{(n)}(a)$ bei a existiert. Das n-te Taylorpolynom von f bei a ist definiert durch:

$$T_a^n f(x) := f(a) + f'(a)\cdot(x-a) + \frac{f^{(2)}(a)}{2!}(x-a)^2 + \cdots + \frac{f^{(n)}(a)}{n!}(x-a)^n\,.$$

Wenn eine beliebige „komplizierte" Funktion, wie $f(x) = \sin(x)$ gegeben ist, ist es unmöglich, Werte wie z. B. $\sin(0{,}5)$ exakt zu berechnen. Ist aber ein Punkt a gegeben, in dem die Ableitungen $f^{(k)}(a)$ für $k \leq n$ berechnet werden können, so ist es möglich, das Taylorpolynom $T_a^n f(x)$ auszuwerten und als Approximation von $f(x)$ zu benutzen. Es ist aber wesentlich, eine Aussage über den Fehler machen zu können.

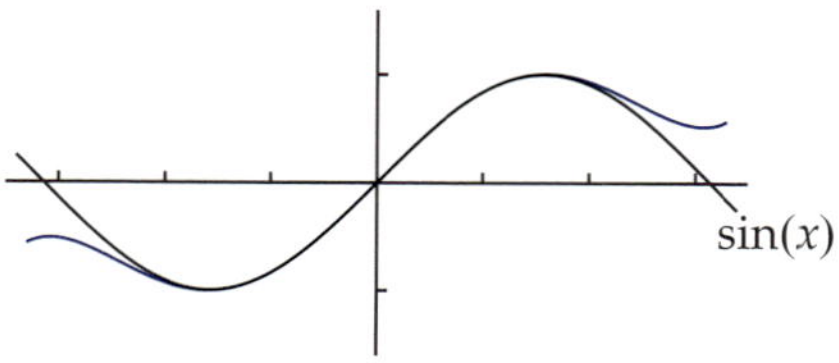

$T_0^6 \sin(x) = x - \frac{x^3}{6} + \frac{x^5}{120}$

Satz 4.10 (Taylorformel) Es sei I ein Intervall, $a, x \in I$ mit $x \neq a$ und f sei $(n+1)$-mal differenzierbar auf I. Dann gibt es ein ξ zwischen a und x, sodass

$$f(x) = T_a^n f(x) + R_a^n f(x)\,; \quad R_a^n f(x) = f^{(n+1)}(\xi)\frac{(x-a)^{n+1}}{(n+1)!} \text{ (**Lagrange-Restglied**)}$$

Mit Induktion nach n. Für $n = 0$ ist die Taylorformel der Mittelwertsatz. Nach Induktion gibt es zu jedem c zwischen a und x ein ξ zwischen a und c, sodass

$$f'(c) = T_a^{n-1} f'(c) + f^{(n+1)}(\xi)\cdot\frac{(c-a)^n}{n!}\,.$$

Bemerke, dass $T_a^{n-1} f'(x) = \frac{\mathrm{d}}{\mathrm{d}x} T_a^n f(x)$. Nach dem Mittelwertsatz von Cauchy gibt es ein c zwischen a und x mit

$$\frac{f(x) - T_a^n f(x)}{(x-a)^{n+1}} = \frac{f'(c) - T_a^{n-1} f'(c)}{(n+1)(c-a)^n} = \frac{f^{(n+1)}(\xi)}{(n+1)!}\,.$$

■

Beispiel: Wir nehmen $f(x) = \sin(x)$, $a = 0$, $n = 4$ und $x = 0{,}5$. Dann ist

$$0 \leq f^{(5)}(\xi) = \cos(\xi) \leq 1 \quad \text{und} \quad 0 \leq \sin(0{,}5) - T_0^4 f(0{,}5) \leq \frac{1}{5!}(0{,}5)^5 < 3\cdot 10^{-4}\,.$$

Somit gilt $\sin(0{,}5) \approx 0{,}5 - 0{,}5^3/6 = 0{,}47916\cdots$. Wir folgern, dass die ersten drei Nachkommastellen richtig sind. Der richtige Wert von $\sin(0{,}5)$ ist $0{,}47942\cdots$.

Aufgaben

EXTRAS ONLINE
Lösungen

Aufgabe 4.43 Bestimmen Sie $T_0^5 f(x)$ für die nachfolgenden Funktionen.

1. $f(x) = \arcsin(x)$
2. $f(x) = \arccos(x)$
3. $f(x) = \arctan(x)$
4. $f(x) = \dfrac{x}{e^x - 1}, \quad f(0) = 1$
5. $f(x) = e^{-x} \sin(x)$
6. $f(x) = \ln\left(\dfrac{1+x}{1-x}\right)$

Aufgabe 4.44 Bei dieser Aufgabe sollten Sie einen Rechner benutzen. Sei $f(x) = e^x$.

1. Zeigen Sie, dass $e < 3$. Tipp: Betrachten Sie $T_0^3 f(-1)$.
2. Zeigen Sie, dass $0 < R_0^{10} f(1) < 7{,}6 \cdot 10^{-8}$. Berechnen Sie sieben Nachkommastellen von e.
3. Sei $f(x) = e^x$. Berechnen Sie $T_0^5 f(0{,}5)$ und schätzen Sie $R_0^5 f(0{,}5)$ ab. Wie viele Nachkommastellen von $\sqrt{e}$ bekommen Sie in etwa mit $T_0^5 f(0{,}5)$?

Aufgabe 4.45 Bestimmen Sie $T_0^3 f(x)$ für $x = 1, 1/2$ und $1/4$. Geben Sie mit dem Lagrange-Restglied eine Abschätzung für den Fehler.

1. $f(x) = e^{x/2}$
2. $f(x) = \sqrt{1+x}$
3. $f(x) = 1/\sqrt[3]{1+x}$
4. $f(x) = \log(1+x)$
5. $f(x) = \cos(x)$
6. $f(x) = \sqrt{1+x^2}$
7. $f(x) = \ln\left(\dfrac{1+x}{1-x}\right)$
8. $f(x) = \arcsin(x)$

Aufgabe 4.46

1. Es sei p eine Annäherung von π, d. h. $|\pi - p| < h$. Zeigen Sie, dass

$$|\sin(p) + p - \pi| \leq \frac{h^3}{6}\,.$$

2. Sei $p_0 = 3$ und $p_{n+1} = p_n + \sin(p_n)$. Verwenden Sie SAGEMATH, um damit so viele Dezimalen von π zu berechnen, wie Sie möchten.

Aufgabe 4.47 Sei f n-mal differenzierbar auf (a, b), $n \geq 1$ und die Funktion $f^{(n)}$ sei stetig auf (a, b). Sei $c \in (a, b)$ mit

$$f'(c) = f''(c) = \cdots = f^{(n-1)}(c) = 0$$

und $f^{(n)}(c) \neq 0$. Falls n ungerade ist, hat f in c kein Maximum oder Minimum. Ist n gerade und $f^{(n)}(c) > 0$, so hat f ein lokales Minimum in c. Ist n ungerade und $f^{(n)}(c) < 0$, so hat f ein lokales Maximum in c. Zeigen Sie diese Aussagen.

4.9 Konvexität, Konkavität und Wendepunkte

Sei I ein Intervall und $f: I \to \mathbb{R}$. Dann heißt f konvex, wenn für $a < x < b$ gilt:

$$f(x) \leq (x-a)\frac{f(b)-f(a)}{b-a} + f(a) .$$

Gilt statt $\leq$ die Ungleichung $\geq$, so nennen wir f konkav.

Die geometrische Interpretation von Konvexität ist, dass die Sekante durch $(a, f(a))$ und $(b, f(b))$ zwischen a und b oberhalb des Graphen von f liegt. Bei konkaven Funktionen liegt die Sekante unterhalb des Graphen von f.

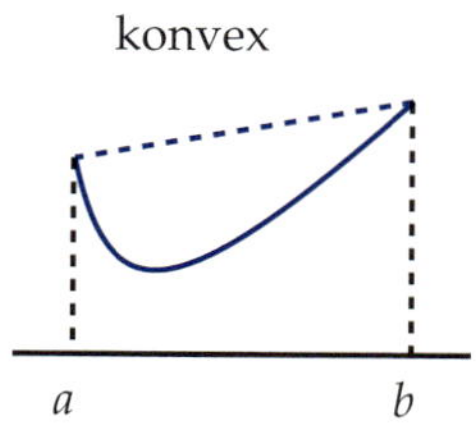

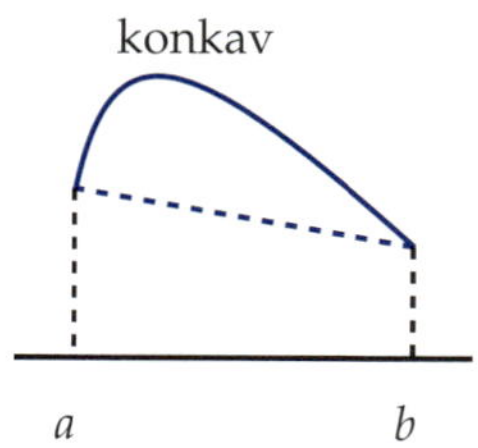

Satz 4.11 Es sei I ein offenes Intervall und $f: I \to \mathbb{R}$ differenzierbar. Dann ist f genau dann konvex, wenn die Ableitung f' eine monoton wachsende Funktion ist, und konkav genau dann, wenn f' eine monoton fallende Funktion ist.

Sei f konvex und $a < x < b$. Aus der Konvexität folgt $\frac{f(x)-f(a)}{x-a} \leq \frac{f(b)-f(a)}{b-a}$. Durch Übergang zum Grenzwert: $f'(a) \leq \frac{f(b)-f(a)}{b-a}$. Auf ähnliche Weise zeigt man $\frac{f(b)-f(a)}{b-a} \leq f'(b)$ und die Monotonie folgt.

Sei umgekehrt f' eine monoton wachsende Funktion, $a, b, x \in I$ mit $a < x < b$. Nach dem Mittelwertsatz gibt es ξ, η mit $a < \xi < x < \eta < b$ mit

$$\frac{f(x)-f(a)}{x-a} = f'(\xi) \leq f'(\eta) = \frac{f(b)-f(x)}{b-x} .$$

Aus diesen Gleichungen folgt durch Auflösen nach $f(x)$, dass f konvex ist. ■

Es sei $f: I \to \mathbb{R}$ stetig, I ein Intervall. Man sagt, dass für $c \in I$ der Punkt $(c, f(c))$ ein Wendepunkt von f ist, wenn es $a, b \in I$ mit $a < c < b$ gibt, sodass eine der folgenden Bedingungen erfüllt ist:

1. f ist in (a, c) konvex und in (c, b) konkav.
2. f ist in (a, c) konkav und in (c, b) konvex.

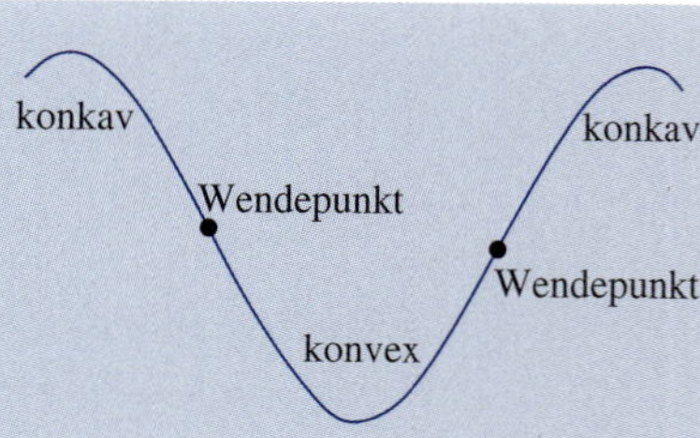

Ist f differenzierbar, so bedeutet dies, dass die Tangente an dem Graphen von f in $(c, f(c))$ den Graphen durchquert (Wendetangente).

Aufgaben

EXTRAS ONLINE
Lösungen

Aufgabe 4.48

1. Die Funktion f sei in (a, b) zweimal differenzierbar und hat einen Wendepunkt in c. Zeigen Sie, dass $f''(c) = 0$.
2. Die Funktion f sei in (a, b) dreimal differenzierbar mit $f^{(3)}$ stetig, es sei $c \in (a, b)$ mit $f''(c) = 0$ und $f^{(3)}(c) \neq 0$. Zeigen Sie, dass f in c einen Wendepunkt hat.
3. Zeigen Sie, dass in diesem Fall die Tangente tatsächlich den Graphen „durchquert".

Aufgabe 4.49 Bestimmen Sie die Wendepunkte der nachfolgenden Funktionen.

1. $f(x) = x^3$
2. $f(x) = \dfrac{1}{1 + x^2}$
3. $f(x) = \frac{1}{3}x + \sqrt[3]{x}$
4. $f(x) = \frac{1}{4}x^4 + x$
5. $f(x) = (x + 1)^{2/3} - (x - 3)^{2/3}$
6. $f(x) = (x + 1) \cdot x^{-7/3}$
7. $f(x) = x/\sqrt{1 - x^2} - 125x/27$
8. $f(x) = 2\sqrt{x} - 3\sqrt[3]{x}$
9. $f(x) = \sin(x)$
10. $f(x) = (x^2 - x) \cdot \mathrm{e}^{-x}$
11. $f(x) = x^3 e^{-2x}$
12. $f(x) = (x - 1)\mathrm{e}^{-2x}$

Aufgabe 4.50 Es sei f eine auf $[a, b]$ konvexe Funktion und $\xi \in (a, b)$ mit:

$$f(\xi) = (\xi - a)\frac{(f(b) - f(a))}{(b - a)} + f(a)\,.$$

Zeigen Sie, dass f eine lineare Funktion ist.

Aufgabe 4.51 Zeigen Sie, dass $f\colon I \to \mathbb{R}$ genau dann konvex (konkav) ist, wenn für alle $a, b \in I$ und $0 < \lambda, \mu < 1$ mit $\lambda + \mu = 1$ gilt:

$$f(\lambda a + \mu b) \leq (\geq) \lambda f(a) + \mu f(b)\,.$$

Tipp: Schreibe $x = \lambda a + \mu b$.

Aufgabe 4.52

1. Zeigen Sie, dass $f(x) = \ln(x)$ auf $(0, \infty)$ konkav ist.
2. Sei $p, q \in (1, \infty)$ mit $\frac{1}{p} + \frac{1}{q} = 1$ und x, y positive Zahlen. Zeigen Sie:

$$x^{1/p} \cdot y^{1/q} \leq \frac{x}{p} + \frac{y}{q}\,.$$

4.10 Kurvendiskussion

Ist eine Funktion $f(x)$ durch eine Formel gegeben, so könnte man als Aufgabe stellen, den Graphen dieser Funktion zu zeichnen. Obwohl es heutzutage möglich ist, eine solche Aufgabe von einem Rechner durchführen zu lassen, ist es dennoch wichtig, dass man selbst in der Lage ist, solche Graphen zu zeichnen. Bei einer solchen Kurvendiskussion ist es ratsam, die nachfolgenden Punkte zu bearbeiten.

1 Für welche x ist die Funktion überhaupt definiert?

2 Bestimmen Sie die eventuellen Schnittpunkte mit den Koordinatenachsen.

3 Untersuchen Sie, ob die Funktion symmetrisch ist.

4 Gibt es Asymptoten?

5 Untersuchen Sie $f'(x)$ und bestimmen Sie, wo die Funktion monoton wachsend bzw. monoton fallend ist. Gibt es Extremwerte? Wo liegen diese?

6 Untersuchen Sie $f''(x)$. Wo ist die Funktion konvex, wo konkav? Gibt es Wendepunkte?

7 Bestimmen Sie den Wertebereich der Funktion.

8 Fertigen Sie eine Skizze des Graphen an.

Beispiel: Wir führen die Kurvendiskussion für $f(x) = e^{-1/x}/x$ durch. Die jeweiligen Berechnungen sollten Sie selbst durchführen.

1 Die Funktion ist für $x \neq 0$ definiert.

2 Es gibt keine Schnittpunkte mit den Koordinatenachsen.

3 Es gibt keine offensichtlichen Symmetrien.

4 $\lim_{x\to\pm\infty} f(x) = 0$. Die Gerade $y = 0$ ist eine waagerechte Asymptote.
$\lim_{x\downarrow 0} f(x) = 0$, $\lim_{x\uparrow 0} f(x) = -\infty$: $x = 0$ ist eine senkrechte Asymptote.

5 $f'(x) = \dfrac{1-x}{x^3}e^{-1/x}$. Die Funktion ist streng monoton fallend für $x < 0$ und $x > 1$. Sie ist streng monoton wachsend für $0 < x < 1$. Sie hat ein Maximum für $x = 1$.

6 $f''(x) = \dfrac{2x^2-4x+1}{x^5}e^{-1/x}$. Dann ist die Funktion konkav für $x < 0$ und $1-\frac{1}{2}\sqrt{2} < x < 1+\frac{1}{2}\sqrt{2}$. Sie ist konvex für $0 < x < 1-\frac{1}{2}\sqrt{2}$ und $x > 1+\frac{1}{2}\sqrt{2}$. Wendepunkte gibt es für $x = 1 \pm \frac{1}{2}\sqrt{2}$.

7 Der Wertebereich ist $(-\infty, 0) \cup (0, e^{-1})$.

8 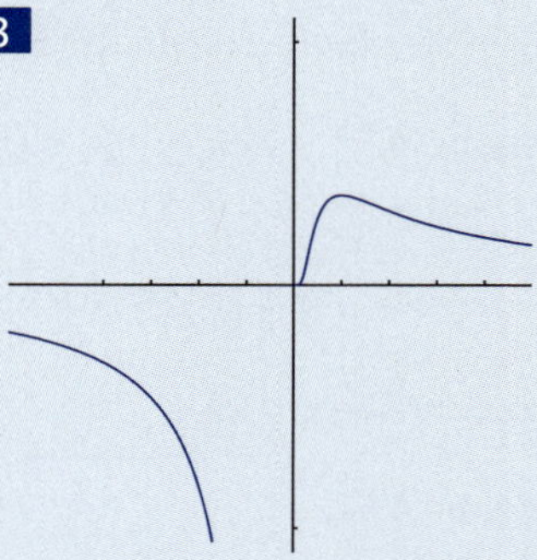

Aufgaben

EXTRAS ONLINE
Lösungen

Aufgabe 4.53 Führen Sie eine Kurvendiskussion für die nachfolgenden Funktionen durch. (Manchmal müssen Sie die Wendepunkte nur näherungsweise finden.)

1. $f(x) = x^4 - 4x^2$
2. $f(x) = \dfrac{x^2 + 3x + 4}{x + 1}$
3. $f(x) = \dfrac{x^2 + 4}{2x}$
4. $f(x) = \dfrac{2x}{x - 1}$
5. $f(x) = \dfrac{x^2 - 4}{(x - 4)^2}$
6. $f(x) = \dfrac{x^2 + 4x - 2}{x^2 - 2}$
7. $f(x) = \sqrt{3 + 2x} - x$
8. $f(x) = \arctan\left(\dfrac{2x}{1 - x^2}\right)$
9. $f(x) = (x + 2)\sqrt{4 - x^2}$
10. $f(x) = \dfrac{x^3 - 2x^2}{x - 1}$
11. $f(x) = \mathrm{e}^{-1/x^2}$
12. $f(x) = \mathrm{e}^{-x^2}$
13. $f(x) = \dfrac{\ln(x)}{\ln^2(x) + 1}$
14. $f(x) = \dfrac{x}{(1 + x^2)^{3/2}}$
15. $f(x) = x\mathrm{e}^{-x}$
16. $f(x) = x\mathrm{e}^{-x^2}$
17. $f(x) = \dfrac{1 - x^2}{x^3}$
18. $f(x) = 4\mathrm{e}^{-2x} - 4\mathrm{e}^{-x}$
19. $f(x) = x^{-x}$
20. $f(x) = (x^2)^{1/x}$
(keine Wendepunkte berechnen)
21. $f(x) = (x^2)^x$
(keine Wendepunkte berechnen)
22. $f(x) = \dfrac{1 + \cos(x)}{1 - \cos(x)}, \quad 0 < x < 2\pi$
23. $f(x) = \mathrm{e}^{-x\mathrm{e}^x}$
(keine Wendepunkte berechnen)
24. $f(x) = x^2 - 4x + 4\ln(x + 1)$

4.11 *Das Newton-Verfahren*

Satz 4.12 Es sei $f\colon [a,b] \to \mathbb{R}$ zweimal differenzierbar mit $f''(x)$ stetig und

1. $f(a)\cdot f(b) < 0$; 2. $f'(x) \neq 0$ und $f''(x) \neq 0$ für alle $x \in [a,b]$.

Sei $x_0 = a$ (wenn $f(a)f''(a) > 0$) und $x_0 = b$ (wenn $f(a)f''(a) < 0$). Dann definiert

$$x_n = x_{n-1} - \frac{f(x_{n-1})}{f'(x_{n-1})}$$

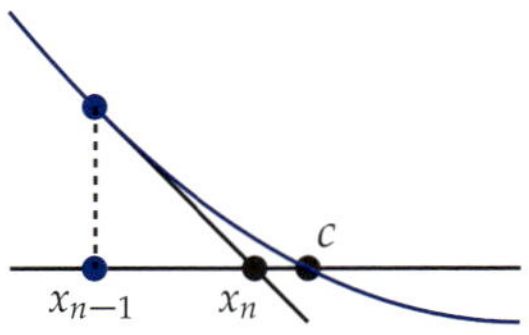

eine Folge (x_n), die monoton gegen die Nullstelle $c \in (a,b)$ von f konvergiert. Ist m das Minimum von $|f'|$ und M das Maximum von $|f''|$ auf $[a,b]$, so gilt

$$0 \leq |x_n - c| \leq \frac{M}{2m}(x_n - x_{n-1})^2 .$$

Wir nehmen im Beweis an, dass $f(a) < 0$, $f'(x) > 0$ und $f''(x) > 0$ für alle $x \in (a,b)$, also $x_0 = b$. Nehmen wir induktiv an $x_{n-1} \in (c,b]$. Da f streng monoton wachsend ist, ist c die einzige Nullstelle in $[a,b]$, also $f(x_{n-1}) > 0$ und $x_n < x_{n-1}$. Definitionsgemäß ist $f(x_{n-1}) + f'(x_{n-1})(x_n - x_{n-1}) = 0$. Wegen der Taylorformel und der Definition von x_n gibt es ein $\xi \in (x_n, x_{n-1})$ mit

$$f(x_n) = \frac{1}{2}f''(\xi)(x_n - x_{n-1})^2 .$$

Es folgt $f(x_n) > 0$, $x_n > c$ und die fallende Folge (x_n) konvergiert. Weiterhin

$$f(x_n) < \frac{M}{2}(x_n - x_{n-1})^2 .$$

Wegen des Mittelwertsatzes gibt es ein $\eta \in (c, x_n) \subset (c,b)$ mit

$$0 < x_n - c = \frac{f(x_n) - f(c)}{f'(\eta)} = \frac{f(x_n)}{f'(\eta)} \leq \frac{M}{2m}(x_n - x_{n-1})^2 . \tag{4.1}$$

Es folgt aus (4.1) und dem Einschließungssatz, dass $\lim_{n\to\infty} x_n = c$. ■

Beispiel: Wir betrachten $f(x) = x^3 - 4$ auf dem Intervall $[1,2]$ und $x_0 = 2$. Es gilt

$$x_n = \frac{2x_{n-1}^3 + 4}{3x_{n-1}^2} .$$

Wir berechnen deshalb näherungsweise $\sqrt[3]{4}$. Es gilt $m = 3$ und $M = 12$. In der nachfolgenden Tabelle runden wir in jedem Schritt ab. Dies ist nicht schlimm, denn es bleibt $x_n > c$ und wir dürfen den abgerundeten Wert als neuen Startwert nehmen.

n	1	2	3	4
x_n	1,666	1,591	1,58740969	1,58740105201527
$\frac{M}{2m}(x_n - x_{n-1})^2 \leq$	0,23	0,012	$2{,}8\cdot 10^{-5}$	$1{,}5\cdot 10^{-10}$

Aufgaben

EXTRAS ONLINE
Lösungen

Benutzen Sie in den nachfolgenden Aufgaben ein Rechengerät.

Aufgabe 4.54 Finden Sie sechzehn Nachkommastellen der positiven Lösungen der Gleichung $x^3 - 3x^2 + 3 = 0$.

Aufgabe 4.55 Zeigen Sie, dass $x^3 + 3x + 1 = 0$ nur eine reelle Nullstelle hat und benutzen Sie das Newton-Verfahren, um eine Annäherung dieser Nullstelle zu finden.

Aufgabe 4.56 Finden Sie eine Annäherung von $\sqrt[5]{10}$ mithilfe der newtonschen Methode.

Aufgabe 4.57 Berechnen Sie mithilfe der Tangensfunktion sechs Nachkommastellen von π.

Aufgabe 4.58 Finden Sie sechs Nachkommastellen der Lösung der Gleichung $\cos(x) = x$.

Aufgabe 4.59 Versuchen Sie, mithilfe der newtonschen Methode die Nullstelle von $(x-1)^{20}$ mit Startwert 2 anzunähern. Warum funktioniert das so schlecht?

Aufgabe 4.60 Wenden Sie die newtonsche Methode für $f(x) = 3\sqrt[3]{x} - 2$ mit Startwert $x_0 = 2$ an. Zeichnen Sie ein Bild und erklären Sie, was passiert.

Aufgabe 4.61 Schreiben Sie ein SAGEMATH-Programm

```
newton(f,a,n),
```

welches das Newton-Verfahren umsetzt. Hierbei ist a der Startwert und n die Anzahl der Iterationen.

4.12 *Die komplexe Exponentialfunktion*

In diesem Abschnitt definieren wir e^z für komplexe Zahlen z. Aus

$$\lim_{t\downarrow 0}\frac{\ln(1+tx)}{t} = x \text{ folgt } \lim_{t\downarrow 0}(1+tx)^{1/t} = e^x \text{ und daraus}$$

$$\lim_{n\to\infty}(1+x/n)^n = e^x .$$

Diese Beschreibung verallgemeinern wir. Wir brauchen hierzu den Begriff konvergenter Folgen komplexer Zahlen. Wir sagen, dass eine Folge komplexer Zahlen $(z_n) = (x_n + iy_n)$ gegen $z = x + iy$ konvergiert genau dann, wenn (x_n) gegen x und (y_n) gegen y konvergiert. Die üblichen Rechenregeln (Aufgabe 4.63) sind gültig.

Satz 4.13 Für $x, y \in \mathbb{R}$ und $z = x + iy$ gilt $\lim\limits_{n\to\infty}\left(1+\frac{z}{n}\right)^n = e^x \cdot (\cos(y) + i\sin(y))$.

Aus $\left(1+\frac{z}{n}\right)^n = \left|1+\frac{z}{n}\right|^n \cdot (\cos(n\cdot \operatorname{Arg}(1+\frac{z}{n})) + i\sin(n\cdot\operatorname{Arg}(1+\frac{z}{n})))$ folgt, dass es reicht zu zeigen (nehme $h = 1/n$):

$$\lim_{h\to 0}|1+hz|^{1/h} = e^x \text{ und } \lim_{h\to 0}\frac{\operatorname{Arg}(1+hz)}{h} = y .$$

1 Man berechnet $|1+hz|^2 = (1+hx)^2 + (hy)^2 = 1 + 2hx + h^2(x^2+y^2)$. Es folgt

$$\ln\left(\lim_{h\to 0}|1+hz|^{2/(2h)}\right) = \lim_{h\to 0}\frac{\ln(1+2hx+h^2(x^2+y^2))}{2h} = x$$

(benutze l'Hôpital), woraus $\lim\limits_{h\to 0}|1+hz|^{1/h} = e^x$ folgt.

2 Es gilt $\operatorname{Arg}(1+hz) = \arctan\left(\frac{h\cdot y}{1+h\cdot x}\right)$ und daraus mit l'Hôpital:

$$\lim_{h\to 0}\frac{\operatorname{Arg}(1+hz)}{h} = \lim_{h\to 0}\frac{1}{h}\cdot\arctan\left(\frac{h\cdot y}{1+h\cdot x}\right) = \lim_{h\to 0}\frac{y}{(hy)^2+(1+hx)^2} = y .$$

■

Für $z = x + iy \in \mathbb{C}$ definieren wir $e^z = \lim\limits_{n\to\infty}\left(1+\frac{z}{n}\right)^n$.

Wir zeichnen hier $(1+\pi i/n)^n$ für $n = 1, 2, 4, 8, 64$. Wir „sehen“, dass $e^{\pi i} = -1$.

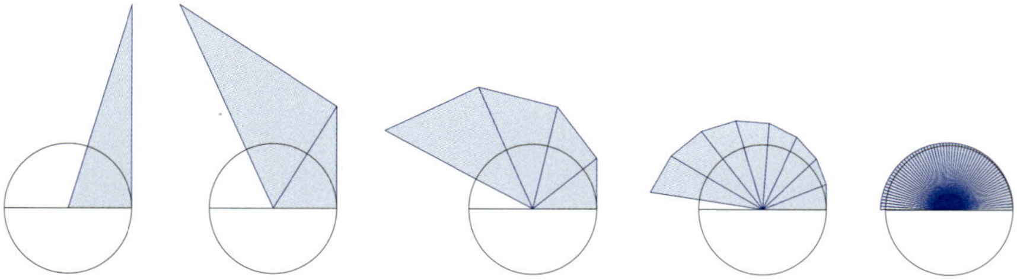

Aufgaben

EXTRAS ONLINE
Lösungen

Aufgabe 4.62 Zeichnen Sie die folgenden komplexen Zahlen in der komplexen Ebene.

1. $e^{\pi i}$ 2. $2e^{i\pi/2}$
3. $e^{2\pi i}$ 4. $3e^{2i}$

Aufgabe 4.63 Es seien (z_n) und (w_n) konvergente Folgen komplexer Zahlen. Zeigen Sie, dass $(z_n + w_n)$ und $(z_m \cdot w_n)$ konvergent sind und dass

$$\lim_{n\to\infty}(z_n + w_n) = \lim_{n\to\infty} z_n + \lim_{n\to\infty} w_n ,$$
$$\lim_{n\to\infty}(z_n \cdot w_n) = \lim_{n\to\infty} z_n \cdot \lim_{n\to\infty} w_n .$$

Aufgabe 4.64 Zeigen Sie die Rechenregel $e^{z+w} = e^z \cdot e^w$ für komplexe Zahlen z, w.

Aufgabe 4.65

1. Zeigen Sie für $x \in \mathbb{R}$ die Gleichungen

$$\cos(x) = \frac{e^{ix} + e^{-ix}}{2} ,$$
$$\sin(x) = \frac{e^{ix} - e^{-ix}}{2i} .$$

2. Für $z \in \mathbb{C}$ definiert man nun $\cos(z) = \dfrac{e^{iz} + e^{-iz}}{2}$ und $\sin(z) = \dfrac{e^{iz} - e^{-iz}}{2i}$. Zeigen Sie: Für komplexe Zahlen z, w gilt:

   1. $\sin(z + w) = \sin(z)\cos(w) + \cos(z)\sin(w)$
   2. $\cos(z + w) = \cos(z)\cos(w) - \sin(z)\sin(w)$

Integralrechnung

5

5.1 Hauptsatz der Differenzial und Integralrechnung ... 124

5.2 Stammfunktionen, Substitutionsregel ... 126

5.3 Partielle Integration ... 128

5.4 Integrieren von rationalen Funktionen ... 130

5.5 Spezielle Substitutionen ... 132

5.6 Integrale über (halb-)offenen Intervallen ... 134

5.7 Der Satz von Levi ... 136

5.8 *Trapezregel und simpsonsche Regel* ... 138

5.9 *Das Riemann-Integral* ... 140

5.10 *Irrationalität von π* ... 142

5.11 *Eine schwache Form des Primzahlsatzes* ... 143

5.12 *Stirlingsche Formel* ... 144

ÜBERBLICK

LERNZIELE

- Definition des Integrals: Hauptsatz der Differenzial- und Integralrechnung
- Partielle Integration und Substitutionsregel
- Partialbruchzerlegung: Integrieren von rationalen Funktionen
- Trapezregel und simpsonsche Regel

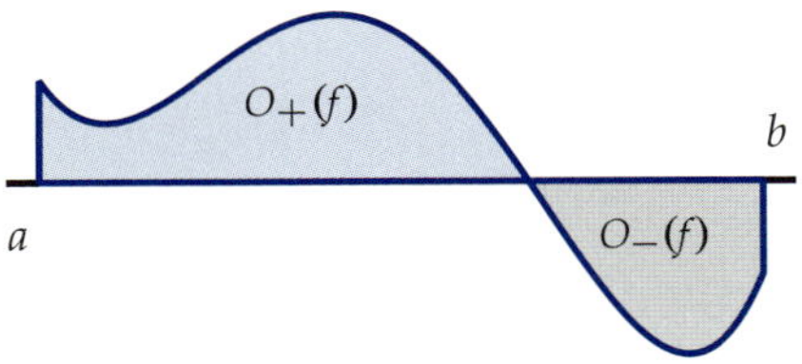

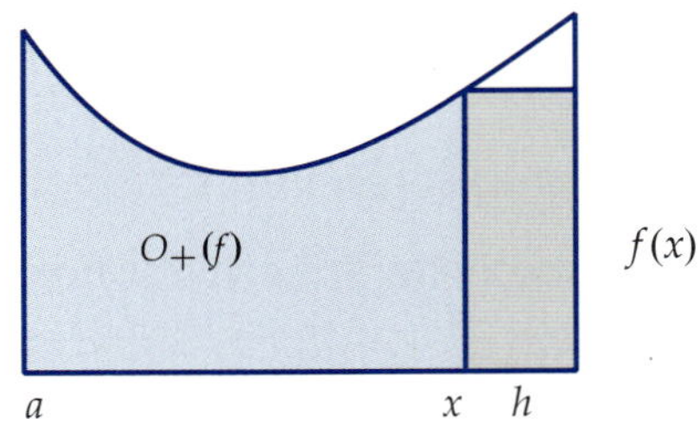

Ist $f\colon [a,b] \to \mathbb{R}$ eine stetige Funktion, so sind die Ordinatenmengen

$$O_+(f) = \{(x,y)\colon a < x < b\,, \quad 0 < y < f(x)\} \text{ und}$$
$$O_-(f) = \{(x,y)\colon a < x < b\,, \quad f(x) < y < 0\}$$

beides offene Mengen. Das Integral $\int_a^b f(x)\,\mathrm{d}x$ ist nun nichts anderes als die Differenz der Flächen der Ordinatenmengen:

$$\int_a^b f(x)\,\mathrm{d}x := \mu(O_+(f)) - \mu(O_-(f))\,.$$

Die Bedeutung des Integrals liegt im Hauptsatz der Differenzial- und Integralrechnung. Dieser besagt, dass die Funktion

$$F(x) = \int_a^x f(t)\,\mathrm{d}t$$

differenzierbar ist mit Ableitung $F'(x) = f(x)$. Man nennt F eine **Stammfunktion** von f. Der Grund für diese Tatsache ist einleuchtend, ohne auf technische Details einzugehen. Aus dem Bild oben rechts ist ersichtlich, dass

$$F(x+h) \approx F(x) + h \cdot f(x)\,, \text{ also } \lim_{h\to 0} \frac{F(x+h) - F(x)}{h} = f(x)\,.$$

Zwei Stammfunktionen **auf einem Intervall** unterscheiden sich nur durch eine Konstante.[1]

1 Wenn eine Funktion definiert ist auf zwei Intervallen, wie z. B. $f(x) = 1/x$, darf die Konstante auf den jeweiligen Intervallen verschieden sein. So ist für jedes Paar (C_1, C_2) von reellen Zahlen die Funktion

$$F(x) = \begin{cases} \ln(x) + C_1 & x > 0 \\ \ln(-x) + C_2 & x < 0 \end{cases}$$

eine Stammfunktion von $f(x) = 1/x$.

Ist somit $F(x)$ eine Stammfunktion von $f(x)$, so folgt:

$$\int_a^b f(x)\,\mathrm{d}x = F(b) - F(a) \ .$$

Der Hauptsatz ist deshalb eine starkes Mittel zur Flächenberechnung von Ordinatenmengen. Man braucht ja „nur" eine Stammfunktion der Funktion $f(x)$ zu berechnen. Jedoch ist das Berechnen einer Stammfunktion, wenn überhaupt möglich, nicht einfach. Ein bekannter Spruch ist:

Differenzieren ist ein Handwerk, Integrieren eine Kunst.

Am besten lernt man eine Stammfunktion von Standardfunktionen auswendig. Rechts steht eine Tabelle. Um Stammfunktionen zu finden, lernen Sie zwei wichtige Methoden: die Substitutionsmethode und die partielle Integration. Die erste Methode beruht auf der Kettenregel und die zweite Methode auf der Produktregel für das Differenzieren von Funktionen. Weiter lassen sich die Stammfunktionen von rationalen Funktionen berechnen. Hierzu wird die sogenannte Partialbruchzerlegung benutzt. Zum Beispiel ist

$$\frac{1}{x^2-1} = \frac{1}{2}\cdot\frac{1}{x-1} - \frac{1}{2}\cdot\frac{1}{x+1} \ .$$

Deshalb ist $\frac{1}{2}\ln(|x-1|) - \frac{1}{2}\ln(|x+1|)$ eine Stammfunktion von $1/(x^2-1)$.

$f(x)$	Stammfunktion
x^α	$\frac{1}{\alpha+1}\cdot x^{\alpha+1}, \alpha \neq -1$
$1/x$	$\ln(\lvert x\rvert)$
e^x	e^x
a^x	$\frac{1}{\ln(a)}a^x, \quad a > 0$ und $a \neq 1$
$\sin(x)$	$-\cos(x)$
$\cos(x)$	$\sin(x)$
$\frac{1}{\sqrt{1-x^2}}$	$\arcsin(x)$
$\frac{1}{x^2+1}$	$\arctan(x)$
$\frac{1}{\sqrt{x^2+1}}$	$\operatorname{arsinh}(x)$
$\frac{1}{\sqrt{x^2-1}}$	$\operatorname{arcosh}(x)$

Das Integral $\int_a^b f(x)\,\mathrm{d}x$ kann man oft auch für stetige Funktionen $f\colon (a,b) \to \mathbb{R}$ definieren, welche also nur auf offenen Intervallen definiert ist. Man muss dennoch beachten, dass sowohl die Fläche von $O_+(f)$ als auch von $O_-(f)$ endlich sein sollte. In diesem Fall nennt man das Integral $\int_a^b f(x)\,\mathrm{d}x$ konvergent.

Im Allgemeinen ist es nicht möglich, eine geschlossene Formel für eine Stammfunktion in Termen bekannter Funktionen wie $\sin(x)$, e^x, $\ln(x)$ usw. zu finden. Dies gilt zum Beispiel für die Funktion $f(x) = \sqrt{1/(x^3+1)}$. Um dennoch das Integral $\int_a^b f(x)\,\mathrm{d}x$ näherungsweise zu bestimmen, werden oft numerische Methoden benutzt.

Wir behandeln hier lediglich die sogenannte Trapezregel und die simpsonsche Regel. Die Idee ist hier, den Graphen von $f(x)$ durch endlich viele Trapeze zu ersetzen. Bei der simpsonschen Regel wird der Graph von $f(x)$ durch endlich viele Parabelstücke ersetzt. Auch hier gilt wieder, dass man eine Abschätzung des Fehlers braucht. In der Figur nebenan ist die Trapezregel bildlich dargestellt.

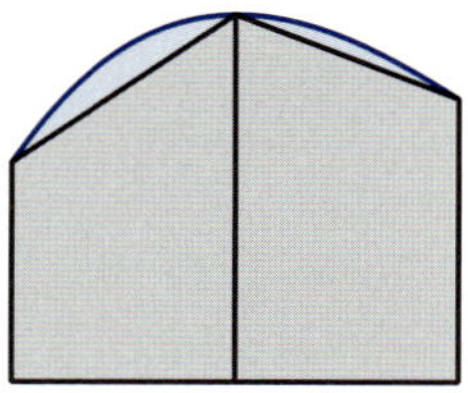

5.1 Hauptsatz der Differenzial und Integralrechnung

Für $f\colon (a,b) \to \mathbb{R}$ definieren wir die Ordinatenmengen:

$$O_+(f) := \{(x,y)\colon x \in (a,b)\,, \quad 0 < y < f(x)\}$$
$$O_-(f) := \{(x,y)\colon x \in (a,b)\,, \quad f(x) < y < 0\}$$

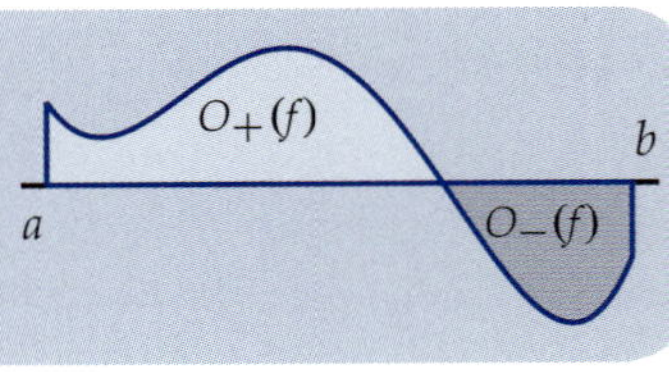

Sei $(c,d) \in O_+(f)$ und m im Intervall $(d, f(c))$. Ist f stetig, so gibt es ein $\delta > 0$ mit $f(x) < m$ für $x \in (c-\delta, c+\delta)$. Also $(c,d) \in (c-\delta, c+\delta) \times (0,m) \subset O_+(f)$. Die Menge $O_+(f)$ ist deshalb offen und analog ist $O_-(f)$ offen.
Ist $f\colon [a,b] \to \mathbb{R}$ eine stetige Funktion, so hat f ein Maximum M auf $[a,b]$. Es folgt, dass $O_+(f) \subset (a,b) \times (0,M)$, insbesondere hat $O_+(f)$ eine endliche Fläche. Ebenso für $O_-(f)$, deshalb macht die nachfolgende Definition Sinn.

Ist $f\colon [a,b] \to \mathbb{R}$ **stetig**, so definieren wir das **Integral** als „gewichtete Fläche":

$$\int_a^b f(x)\,\mathrm{d}x := \mu(O_+(f)) - \mu(O_-(f)) =: -\int_b^a f(x)\,\mathrm{d}x\,.$$

Satz 5.1 (Hauptsatz der Differenzial- und Integralrechnung)
Sei $f\colon [a,b] \to \mathbb{R}$ stetig.

1 Ist $g\colon [a,b] \to \mathbb{R}$ stetig mit $g(x) \le f(x)$, so ist $\int_a^b g(x)\,\mathrm{d}x \le \int_a^b f(x)\,\mathrm{d}x$.

2 Ist $a \le c \le b$, so ist $\int_a^b f(x)\,\mathrm{d}x = \int_a^c f(x)\,\mathrm{d}x + \int_c^b f(x)\,\mathrm{d}x$.

3 $F(x) := \displaystyle\int_a^x f(t)\,\mathrm{d}t$ ist differenzierbar, $F'(x) = f(x)$. Ist $G'(x) = f(x)$ so folgt

$$\int_a^b f(x)\,\mathrm{d}x = G(b) - G(a) =: \Big(G(x) \Big|_a^b\,.$$

1 Folgt, weil $O_+(g) \subset O_+(f)$ und $O_-(g) \supset O_-(f)$.

2 Folgt aus Satz 3.4, Teil 8.

3 Für $\varepsilon > 0$ gibt es ein $h > 0$, sodass für alle $t \in [x, x+h]$:

$$f(x) - \varepsilon < f(t) < f(x) + \varepsilon\,.$$

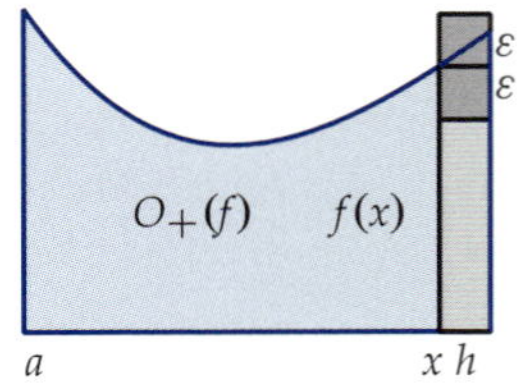

Die Gleichung $F(x+h) - F(x) = \int_x^{x+h} f(t)\ \mathrm{d}t$ gilt. Deshalb

$$h \cdot (f(x) - \varepsilon) < F(x+h) - F(x) < h \cdot (f(x) - \varepsilon)\,.$$

Teilen durch h zeigt $\lim\limits_{h \downarrow 0} \dfrac{F(x+h) - F(x)}{h} = f(x)$. Den Fall $h \uparrow 0$ zeigt man analog.
Die letzte Aussage folgt, weil Stammfunktionen sich auf einem Intervall nur durch eine Konstante (in diesem Fall $G(a)$) unterscheiden und die Aussage für F gültig ist. ■

Aufgaben

EXTRAS ONLINE Lösungen

Aufgabe 5.1 Berechnen Sie die nachfolgenden Integrale.

1. $\int_0^1 x^2 \,\mathrm{d}x$ 2. $\int_0^\pi \sin(x)\,\mathrm{d}x$ 3. $\int_{-1}^1 \frac{1}{x^2+1}\,\mathrm{d}x$

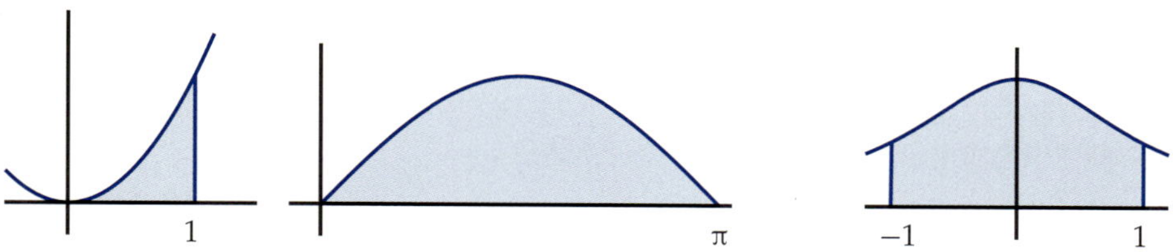

4. $\int_0^1 \frac{1}{x+1}\,\mathrm{d}x$ 5. $\int_0^{\pi/2} \sin^2(x)\,\mathrm{d}x$ 6. $\int_0^{1/2} \frac{1}{\sqrt{1-x^2}}\,\mathrm{d}x$

Aufgabe 5.2 Es sei $a \in [0,1]$. Betrachten Sie die Funktion:

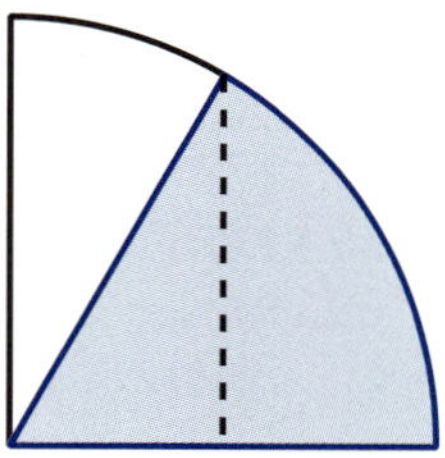

$$f(x) = \begin{cases} \sqrt{1-x^2} & a \le x \le 1 \\ \sqrt{1-a^2} \cdot \frac{x}{a} & 0 \le x < a\,. \end{cases}$$

Berechnen Sie $\int_0^1 f(x)\,\mathrm{d}x$.

Aufgabe 5.3

1. Zeigen Sie, dass

$$\int_0^1 \frac{x^4(1-x)^4}{1+x^2}\,\mathrm{d}x = \frac{22}{7} - \pi\,.$$

Hinweis: $x^4(1-x)^4 = (1+x^2)(4-4x^2+5x^4-4x^5+x^6)-4$.

2. Zeigen Sie

$$\frac{1}{2}\int_0^1 x^4(1-x)^4\,\mathrm{d}x \le \int_0^1 \frac{x^4(1-x)^4}{1+x^2}\,\mathrm{d}x \le \int_0^1 x^4(1-x)^4\,\mathrm{d}x$$

und folgern Sie $\frac{1979}{630} \le \pi \le \frac{3959}{1260}$. Wie gut ist diese Annäherung von π?

Aufgabe 5.4 Es seien $f(x)$ und $g(x)$ auf $[a,b]$ stetige Funktionen und $c \in \mathbb{R}$. Warum gelten die Formeln

$$\int_a^b f(x)+g(x)\,\mathrm{d}x = \int_a^b f(x)\,\mathrm{d}x + \int_a^b g(x)\mathrm{d}x \text{ und } \int_a^b cf(x)\,\mathrm{d}x = c\int_a^b f(x)\,\mathrm{d}x\,?$$

5.2 Stammfunktionen, Substitutionsregel

Sei I ein Intervall und $f: I \to \mathbb{R}$ stetig. Mit $\int f(x)\,\mathrm{d}x$ bezeichnen wir die Menge aller Stammfunktionen von $f(x)$. Wir nennen $\int f(x)\,\mathrm{d}x$ das **unbestimmte Integral** von $f(x)$.

Ist $F(x)$ eine Stammfunktion von $f(x)$ auf dem Intervall I, so ist $\int f(x)\,\mathrm{d}x = \{F(x) + C\colon C \in \mathbb{R}\}$. Wir schreiben meist kurz $\int f(x)\,\mathrm{d}x = F(x) + C$.

Ist φ differenzierbar und φ' stetig, $F(x)$ eine Stammfunktion von $f(x)$, so ist $F(\varphi(t))$ eine Stammfunktion von $f(\varphi(t))\varphi'(t)$ nach der Kettenregel. Mit der symbolischen Notation $\mathrm{d}\varphi(t) = \varphi'(t)\,\mathrm{d}t$ folgt die Substitutionsregel für unbestimmte Integrale:

$$\int f(x)\,\mathrm{d}x = \int f(\varphi(t))\,\mathrm{d}\varphi(t) = \int f(\varphi(t))\varphi'(t)\,\mathrm{d}t\,.$$

Beispiel: Wir berechnen $\int \frac{1}{\mathrm{e}^x+1}\,\mathrm{d}x$. Mit $t = \mathrm{e}^{-x}$, also $x = -\ln(t)$, folgt $\mathrm{d}x = -\mathrm{d}t/t$ und

$$\int \frac{1}{\mathrm{e}^x + 1}\,\mathrm{d}x = \int -\frac{1}{t(1/t+1)}\,\mathrm{d}t = -\ln(1+t) + C = -\ln(1+\mathrm{e}^{-x}) + C\,.$$

Satz 5.2 (Substitutionsregel für bestimmte Integrale) Es sei f stetig auf $[a, b]$. Sei $\varphi\colon [c, d] \to I$ differenzierbar, φ' stetig und $\varphi(c) = a,\ \varphi(d) = b$. Dann gilt:

$$\int_a^b f(x)\,\mathrm{d}x = \int_c^d f(\varphi(t)) \cdot \varphi'(t)\,\mathrm{d}t\,.$$

Es sei F eine Stammfunktion von f. Dann ist $F(\varphi(t))$ eine Stammfunktion von $f(\varphi(t)) \cdot \varphi'(t)$ und es folgt:

$$\int_a^b f(x)\,\mathrm{d}x = F(b) - F(a) = F(\varphi(d)) - F(\varphi(c)) = \int_c^d f(\varphi(t)) \cdot \varphi'(t)\,\mathrm{d}t\,.$$

■

Beispiele:

1 $\int_0^1 x^3(1-x)^{16}\,\mathrm{d}x$: Wir setzen $x = t + 1$. Dann ist $\mathrm{d}x = \mathrm{d}t$ und

$$\int_0^1 x^3(1-x)^{16}\,\mathrm{d}x = \int_{-1}^0 (t+1)^3 t^{16}\,\mathrm{d}t = \int_{-1}^0 t^{16} + 3t^{17} + 3t^{18} + t^{19}\,\mathrm{d}t = \frac{1}{19380}\,.$$

2 $$\int_0^1 t \cdot \sqrt{1+t^2}\,\mathrm{d}t = \int_{t=0}^{t=1} \frac{1}{2}\sqrt{1+t^2}\,\mathrm{d}(1+t^2) \overset{x=1+t^2}{=} \frac{1}{2}\int_{x=1}^{x=2} \sqrt{x}\,\mathrm{d}x = \frac{1}{3}\left(\sqrt{8}-1\right).$$

Aufgaben

EXTRAS ONLINE Lösungen

Aufgabe 5.5 Berechnen Sie die nachfolgenden unbestimmten Integrale.

1. $\int x^3(x^4+2)^{20}\,\mathrm{d}x$ 2. $\int \frac{1}{3x+5}\,\mathrm{d}x$ 3. $\int x\sin(x^2)\,\mathrm{d}x$
4. $\int \frac{1}{\sqrt{x}(4+\sqrt{x})}\,\mathrm{d}x$ 5. $\int x\sqrt{1+x^2}\,\mathrm{d}x$ 6. $\int \sqrt{4-\sqrt{x}}\,\mathrm{d}x$
7. $\int \frac{\mathrm{e}^x(\mathrm{e}^x-4)}{\mathrm{e}^x+2}\,\mathrm{d}x$ 8. $\int \frac{1}{\sqrt{x}+1}\,\mathrm{d}x$ 9. $\int \sqrt{\mathrm{e}^x+1}\,\mathrm{d}x$
10. $\int \frac{1}{x\ln(x)}\,\mathrm{d}x$ 11. $\int \sin^{24}(x)\cos(x)\,\mathrm{d}x$ 12. $\int \frac{x}{\sqrt{x+1}}\,\mathrm{d}x$
13. $\int \frac{x^3}{\sqrt{x^2-4}}\,\mathrm{d}x$ 14. $\int \frac{2+\sqrt{x}}{-1+\sqrt{x}}\,\mathrm{d}x$ 15. $\int \frac{\sqrt{x^2-1}}{x}\,\mathrm{d}x$

Aufgabe 5.6 Berechnen Sie die nachfolgenden Integrale.

1. $\int_0^1 \frac{1}{\mathrm{e}^x+\mathrm{e}^{-x}}\,\mathrm{d}x$ 2. $\int_0^3 \frac{1}{\sqrt{9-x^2}}\,\mathrm{d}x$ 3. $\int_0^1 x^2(1-x)^{20}\,\mathrm{d}x$
4. $\int_0^2 \frac{x}{1+x^2}\,\mathrm{d}x$ 5. $\int_2^3 \frac{1}{x\ln(x)}\,\mathrm{d}x$ 6. $\int_0^{\pi/2} \cos(x)\,\mathrm{e}^{\sin(x)}\,\mathrm{d}x$
7. $\int_0^1 \frac{1}{x^2+4}\,\mathrm{d}x$ 8. $\int_0^{\pi/2} \mathrm{e}^{\sin^2(x)}\sin(2x)\,\mathrm{d}x$ 9. $\int_0^1 \mathrm{e}^x\sqrt{1+\mathrm{e}^x}\,\mathrm{d}x$
10. $\int_0^{\pi/2} \frac{\sin(x)}{3+\cos(x)}\,\mathrm{d}x$ 11. $\int_0^{\pi} \frac{\cos\left(\sqrt{x}\right)}{\sqrt{x}}\,\mathrm{d}x$ 12. $\int_0^{\pi/2} \cos^3(x)\,\mathrm{d}x$

Aufgabe 5.7 Sei $p^2-q<0$.

1. Berechnen Sie $\int \frac{x}{x^2+2px+q}\,\mathrm{d}x$. Tipp: quadratische Ergänzung.
2. Führen Sie die unbestimmten Integrale

$$\int \frac{1}{(x^2+2px+q)^n}\,\mathrm{d}x \text{ und } \int \frac{x}{(x^2+2px+q)^n}\,\mathrm{d}x$$

mittels Subsitutionen zurück auf Integrale vom Typ

$$\int \frac{u}{(u^2+1)^n}\,\mathrm{d}u \text{ und } \int \frac{1}{(s^2+1)^n}\,\mathrm{d}s\,.$$

5.3 Partielle Integration

Satz 5.3 (Partielle Integration) Es seien f, g differenzierbar, f' und g' seien stetig auf $[a, b]$. Dann gilt:

$$\int_a^b f'(x)g(x)\,\mathrm{d}x = \left(f(x)g(x)\right|_a^b - \int_a^b f(x)g'(x)\,\mathrm{d}x\,,$$

$$\int f'(x)g(x)\,\mathrm{d}x = f(x)g(x) - \int f(x)g'(x)\,\mathrm{d}x\,.$$

Die Produktregel für das Differenzieren ergibt $(fg)' = f'g + fg'$. Es folgt:

$$\left(f(x)g(x)\right|_a^b = \int_a^b (fg)'(x)\,\mathrm{d}x = \int_a^b f'(x)g(x)\,\mathrm{d}x + \int_a^b f(x)g'(x)\,\mathrm{d}x\,.$$

Die Aussage für unbestimmte Integrale folgt ebenfalls. ■

Beispiele:

1
$$\int_1^2 \ln(x)\,\mathrm{d}x = \int_1^2 1\cdot\ln(x)\,\mathrm{d}x = \left(x\ln(x)\right|_1^2 - \int_1^2 x\cdot\frac{1}{x}\,\mathrm{d}x = 2\ln(2) - 1\,.$$

2
$$\int_a^b x\mathrm{e}^x\,\mathrm{d}x = \left(x\mathrm{e}^x\right|_a^b - \int_a^b \mathrm{e}^x\,\mathrm{d}x = b\mathrm{e}^b - a\mathrm{e}^a - \left(\mathrm{e}^x\right|_a^b = \mathrm{e}^b(b-1) - \mathrm{e}^a(a-1)\,.$$

Satz 5.4 (Formel von Wallis) $\frac{\pi}{2} = \frac{2}{1}\cdot\frac{2}{3}\cdot\frac{4}{3}\cdot\frac{4}{5}\cdot\frac{6}{5}\cdot\frac{6}{7}\cdots$

Sei $a_n = \int_0^1 (1-x^2)^{n/2}\,\mathrm{d}x$. Dann ist $a_0 = 1$, $a_1 = \pi/4$ und die partielle Integration (Aufgabe 5.10) ergibt die Rekursionsformel $a_n = \frac{n+3}{n+2}\cdot a_{n+2}$. Deshalb:

$$\frac{a_{2n+1}}{a_{2n}} = \frac{2n+2}{2n+3}\cdot\frac{2n+4}{2n+3}\cdot\frac{a_{2n+3}}{a_{2n+2}}\,;$$

$$\frac{\pi}{4} = \frac{a_1}{a_0} = \frac{2}{3}\cdot\frac{4}{3}\cdot\frac{a_3}{a_2} = \frac{2}{3}\cdot\frac{4}{3}\cdot\frac{4}{5}\cdot\frac{6}{5}\cdot\frac{a_5}{a_4} = \cdots$$

$$= \frac{2}{3}\cdot\frac{4}{3}\cdot\frac{4}{5}\cdot\frac{6}{5}\cdots\frac{2n}{2n+1}\cdot\frac{2n+2}{2n+1}\cdot\frac{a_{2n+1}}{a_{2n}}$$

Weil $a_{n+2} < a_{n+1} < a_n$ und $\lim_{n\to\infty}\frac{a_n}{a_{n+2}} = \lim_{n\to\infty}\frac{n+3}{n+2} = 1$, folgt $\lim_{n\to\infty}\frac{a_{2n+1}}{a_{2n}} = 1$. ■

Aufgaben

EXTRAS ONLINE
Lösungen

Aufgabe 5.8 Bestimmen Sie die nachfolgenden unbestimmten Integrale.

1. $\int x e^x \,dx$
2. $\int \frac{\ln(x)}{x^2} \,dx$
3. $\int x \cos(2x) \,dx$
4. $\int x^2 \sin(x) \,dx$
5. $\int \frac{x}{\cos^2(x)} \,dx$
6. $\int \frac{1}{\sin^4(x)} \,dx$
7. $\int e^{ax} \sin(bx) \,dx$
8. $\int e^{ax} \cos(bx) \,dx$
9. $\int \ln^2(x) \,dx$
10. $\int x^4 e^x \,dx$
11. $\int \frac{\ln(x)}{x^{10}} \,dx$
12. $\int x \sin(x) \cos(x) \,dx$
13. $\int \sqrt{1-x^2} \,dx$
14. $\int \sqrt{1+x^2} \,dx$
15. $\int \sqrt{x^2-1} \,dx$

Aufgabe 5.9 Berechnen Sie die nachfolgenden Integrale.

1. $\int_1^e \ln(x) \,dx$
2. $\int_0^1 x e^{2x} \,dx$
3. $\int_0^\pi x \sin(x) \,dx$
4. $\int_0^1 \arctan(x) \,dx$
5. $\int_0^{\pi/2} x \cos(x) \,dx$
6. $\int_{-1}^0 \arccos(x) \,dx$
7. $\int_1^e \sqrt{x} \cdot \ln(x) \,dx$
8. $\int_0^1 x^3 \cdot e^{-x^2} \,dx$
9. $\int_0^1 x \cdot \arctan(x) \,dx$

Aufgabe 5.10 Sei a_n wie im Beweis der Formel von Wallis. Zeigen Sie mit partieller Integration die Rekursionsformel $a_n = \frac{n+3}{n+2} \cdot a_{n+2}$.

Aufgabe 5.11 Sei $I_n = \int \frac{1}{(1+x^2)^n} \,dx$. Zeigen Sie mithilfe der partiellen Integration, dass für $n > 1$:

$$I_n = \frac{2n-3}{2n-2} I_{n-1} + \frac{x}{2(n-1)(1+x^2)^{n-1}} .$$

Tipp: Fangen Sie mit I_{n-1} an.

Aufgabe 5.12 Zeigen Sie für $k, \ell \in \mathbb{N}_0$:

$$\int_{-\pi}^{\pi} \cos(kx)\cos(\ell x) \,dx = \int_{-\pi}^{\pi} \sin(kx)\sin(\ell x) \,dx = \begin{cases} \pi & \text{wenn } k = \ell \\ 0 & \text{sonst} \end{cases}$$

$$\int_{-\pi}^{\pi} \sin(kx)\cos(\ell x) \,dx = 0$$

Tipp: Benutzen Sie die Additionstheoreme, um $\cos(kx)\cos(\ell x)$ umzuschreiben.

5.4 Integrieren von rationalen Funktionen

Stammfunktionen von rationalen Funktionen $f(x)/g(x)$ können „berechnet" werden und wir skizzieren, wie das zu tun ist. Aus dem Hauptsatz der Algebra folgt, dass $g(x)$ einen linearen oder einen quadratischen Faktor hat. Somit ist folgender Satz über Partialbruchzerlegung immer anwendbar.

Satz 5.5 (Partialbruchzerlegung) Es seien $f(x)$ und $g(x)$ Polynome.

1 Wenn $g(x) = (x-a)^n \cdot h(x)$ und $h(a) \neq 0$, so gibt es ein $b \in \mathbb{R}$ und ein Polynom $\widetilde{f}(x)$ mit $\dfrac{f(x)}{g(x)} = \dfrac{b}{(x-a)^n} + \dfrac{\widetilde{f}(x)}{(x-a)^{n-1}h(x)}$.

2 Sei $g(x) = (x^2+bx+c)^n \cdot h(x)$, wobei x^2+bx+c und $h(x)$ keine gemeinsamen Faktoren haben und $x^2+bx+c=0$ keine reellen Nullstellen hat. Dann gibt es $d, e \in \mathbb{R}$ und ein Polynom $\widetilde{f}(x)$ mit $\dfrac{f(x)}{g(x)} = \dfrac{dx + \mathrm{e}}{(x^2+bx+c)^n} + \dfrac{\widetilde{f}(x)}{(x^2+bx+c)^{n-1}h(x)}$.

1 Sei $b = f(a)/h(a)$. Dann hat $f(x) - bh(x)$ die Nullstelle $x = a$, nach Polynomdivision ist $f(x) - bh(x) = (x-a) \cdot \widetilde{f}(x)$. Teilen Sie diese Gleichung durch $g(x) = (x-a)^n h(x)$.

2 Siehe Aufgabe 5.15. ■

Beispiel: $\dfrac{3}{x^3+1} = \dfrac{1}{x+1} + \dfrac{-x+2}{x^2-x+1}$

Es gilt $x^3+1 = (x+1)(x^2-x+1)$, $a = -1$ und $h(x) = x^2-x+1$. Dann ist $b = f(-1)/h(-1) = 3/3 = 1$ und $3 - 1 \cdot (x^2-x+1) = -x^2+x-2 = (x+1)(-x+2)$. Also $\widetilde{f}(x) = -x+2$.

Man kann die Antwort auch durch den folgenden Ansatz finden:

$$\frac{3}{x^3+1} = \frac{A}{x+1} + \frac{Bx+C}{x^2-x+1},$$

die rechte Seite unter einen Nenner bringen, Koeffizientenvergleich und Lösen eines linearen Gleichungssystems in A, B, C.

Wiederholte Anwendung der Partialbruchzerlegung ergibt, dass die Integration von rationalen Funktionen auf einige Grundtypen zurückgeführt werden kann, die schon in den Aufgaben behandelt wurden.

1. Polynome **2.** $\displaystyle\int \frac{a}{(x+p)^n}\,\mathrm{d}x$ **3.** $\displaystyle\int \frac{ax+b}{(x^2+px+q)^n}\,\mathrm{d}x\,,\quad p^2-4q<0\,.$

Es ist vernünftig, bei der Berechnung von Stammfunktionen von $f(x)/g(x)$ zunächst die Polynomdivision durchzuführen: $f(x) = q(x)g(x) + r(x)$. Dann ist $f(x)/g(x) = q(x) + r(x)/g(x)$ mit $q(x)$ ein Polynom und der Grad von $r(x)$ kleiner gleich dem von $g(x)$.

Aufgaben

EXTRAS ONLINE Lösungen

Aufgabe 5.13 Berechnen Sie eine Stammfunktion der nachfolgenden Funktionen.

1. $\frac{1}{x^2-1}$
2. $\frac{1}{x^2+2x}$
3. $\frac{x+4}{x^2+x-6}$
4. $\frac{x-1}{x^2-2x-3}$
5. $\frac{x+4}{x^2+2x}$
6. $\frac{x-1}{x^2+3x+2}$
7. $\frac{2}{(x+1)(x^2+1)}$
8. $\frac{1}{x^3-1}$
9. $\frac{1}{x^2(x+1)}$
10. $\frac{4x^3+3x^2+17x+5}{(x^2+4)(2x^2+x+1)}$
11. $\frac{1}{x^4-16}$
12. $\frac{\sin(x)}{4-\cos^2(x)}$
13. $\frac{2x^2+6x-1}{x^3+x^2+x}$
14. $\frac{1}{x^4+5x^2+4}$

Aufgabe 5.14 Berechnen Sie die nachfolgenden Integrale.

1. $\int_0^1 \frac{1}{(x+1)(x^2+1)}\,\mathrm{d}x$
2. $\int_2^3 \frac{1}{x(x-1)}\,\mathrm{d}x$
3. $\int_0^1 \frac{7x+2}{x^2-3x-4}\,\mathrm{d}x$
4. $\int_0^1 \frac{1}{(1+\mathrm{e}^x)(1+2\mathrm{e}^{-x})}\,\mathrm{d}x$
5. $\int_0^\pi \frac{\sin(x)}{4-\cos^2(x)}\,\mathrm{d}x$
6. $\int_{1/3}^{1/2} \frac{x^4}{x^2-1}\,\mathrm{d}x$

Aufgabe 5.15 Zeigen Sie die zweite Aussage des Satzes 5.5.

Tipp: Sei a eine komplexe Nullstelle von $x^2+bx+c=0$. Bestimmen Sie reelle Zahlen d, e, sodass

$$f(x)-(dx+e)h(x)$$

die Nullstellen a und $\overline{a}$ hat, also durch $(x-a)(x-\overline{a}) = x^2+bx+c$ teilbar ist.

5.5 Spezielle Substitutionen

Wir betrachten links Integrale und in der Mitte eine geschickt gewählte Substitution. Das Ergebnis ist ein Integral, welches oft einfacher zu berechnen ist.

Integral	Substitution	Ergebnis
1 $\int R(e^{ax})\,dx$	$t = e^{ax}$	$\frac{1}{a} \cdot \int R(t) \cdot \frac{1}{t}\,dt$
2 $\int R(x, \sqrt[n]{ax+b})\,dx$	$t = \sqrt[n]{ax+b}$	$\frac{n}{a} \int R\left(\frac{t^n - b}{a}, t\right) t^{n-1}\,dt$
3 $\int R(\cos(x), \sin(x))\,dx$	$t = \tan(x/2)$	$\int R\left(\frac{1-t^2}{1+t^2}, \frac{2t}{1+t^2}\right) \frac{2}{1+t^2}\,dt$
4 $\int R(x, \sqrt{1-x^2})\,dx$	$x = \cos(t)$	$\int -R(\cos(t), \sin(t)) \cdot \sin(t)\,dt$
5 $\int R(x, \sqrt{x^2+1})\,dx$	$x = \sinh(t)$	$\int R(\sinh(t), \cosh(t)) \cdot \cosh(t)\,dt$
6 $\int R(x, \sqrt{x^2-1})\,dx$	$x = \cosh(t)$	$\int R(\cosh(t), \sinh(t)) \cdot \sinh(t)\,dt$

Bei Integralen vom Typ $\int R(\cosh(t), \sinh(t))\,dt$ benutzt man oft die Substitution $\cosh(t) = (e^t + e^{-t})/2$ und $\sinh(t) = (e^t - e^{-t})/2$. Dann bekommt man ein Integral vom Typ 1.

Allgemeine $\int R(x, \sqrt{ax^2 + bx + c})\,dx$ lassen sich durch quadratische Ergänzung auf eine der folgenden drei Grundformen 4, 5 oder 6 in der Liste zurückführen.

Es ist noch zu bemerken, dass es nicht immer vernünftig ist, die vorherigen Substitutionen durchzuführen, wie man z. B. an der Funktion $\sqrt{1-x^2}$ sieht. Ist R tatsächlich eine Funktion von $\sin^2(x)$ und $\cos^2(x)$, so macht man besser die Substitution $t = \tan(x)$.

Aufgaben

EXTRAS ONLINE Lösungen

Aufgabe 5.16 Berechnen Sie die nachfolgenden Integrale. Passen Sie auf: Es ist nicht immer ratsam, die Substitutionen durchzuführen, welche auf der vorherigen Seite beschrieben sind.

1. $\int \frac{1}{\sin(x)} \, dx$
2. $\int \frac{1}{\cos(x)} \, dx$
3. $\int_0^{\pi/2} \frac{1}{2+\cos(x)} \, dx$
4. $\int_0^{\pi/2} \frac{1}{3\cos(x)+4\sin(x)} \, dx$
5. $\int \sqrt{1-x^2} \, dx$
6. $\int \sqrt{x^2+1} \, dx$
7. $\int_1^9 \frac{25}{x\sqrt{x}\left(-5+\sqrt{x}\right)} \, dx$
8. $\int \frac{1}{x+\sqrt{1-x^2}} \, dx$
9. $\int \frac{1}{(x^2+1)\sqrt{1-x^2}} \, dx$
10. $\int \frac{3-4\cos(x)}{(2-\cos(x))\sin(x)} \, dx$
11. $\int \frac{1}{\sqrt{2x-x^2}} \, dx$
12. $\int \frac{1}{\sqrt{15+4x-4x^2}} \, dx$
13. $\int \frac{1}{\sqrt{x}-\sqrt[3]{x}} \, dx$
14. $\int_0^{\pi/6} \frac{\tan(x)}{\cos(x)} \, dx$
15. $\int_{\pi/3}^{\pi/2} \frac{1}{\sin(x)(\sin(x)-\cos(x))} \, dx$
16. $\int_0^{\pi/4} \frac{1+\sin(2x)}{\sin^2(x)+3\cos^2(x)} \, dx$
17. $\int x\sqrt{3-2x-x^2} \, dx$
18. $\int \frac{\sqrt{x^2+4x+3}}{x+1} \, dx$
19. $\int x^3\sqrt{x^2-16} \, dx$
20. $\int \frac{x^3}{\sqrt{4+x^2}} \, dx$
21. $\int \frac{1}{x\sqrt{1+\ln^2(x)}} \, dx$
22. $\int \frac{1}{x\sqrt{4-\ln^2(x)}} \, dx$
23. $\int (2x+e^x)^2 \, dx$
24. $\int \frac{3x+4\sin(2x)}{\cos^2(x)} \, dx$
25. $\int \frac{1}{\sqrt[3]{x+1}} \, dx$
26. $\int \frac{1}{x} \cdot \sqrt{\frac{x+4}{x+1}} \, dx$

5.6 Integrale über (halb-)offenen Intervallen

Ist I ein (offenes, halboffenes) Intervall mit Grenzen a und b und ist $f\colon I \to \mathbb{R}$, so heißt f **integrierbar**, wenn sowohl $O_+(f)$ als $O_-(f)$ offene Mengen mit endlichem Flächeninhalt sind. In diesem Fall definieren wir

$$\int_a^b f(x)\,\mathrm{d}x := \mu(O_+(f)) - \mu(O_-(f))$$

und nennen das Integral konvergent, sonst divergent.

Satz 5.6

1 Ist $f\colon [a,b) \to \mathbb{R}_{\geq 0}$ stetig (evtl. $b = \infty$), so ist f integrierbar genau dann, wenn $\lim\limits_{t\uparrow b} \int_a^t f(x)\mathrm{d}x < \infty$. Ähnliche Aussagen gelten für $f\colon (a,b] \to \mathbb{R}_{\leq 0}$ usw.

2 Sind $f, g\colon [a,b)$ mit f stetig und g integrierbar und ist $|f(x)| \leq c|g(x)|$ für alle x in einem Intervall $(b-\varepsilon, b)$ und einer Konstante c, so ist auch f integrierbar.

1 Die Funktion $\int_a^t f(x)\,\mathrm{d}x$ ist eine wachsende Funktion, also $\lim\limits_{t\uparrow b} \int_a^t f(x)\,\mathrm{d}x = \lim\limits_{k\to\infty} \int_a^{t-1/k} f(x)\,\mathrm{d}x$. Weil die Integrale Flächeninhalte berechnen, können wir Satz 3.4, 5. Teil anwenden.

2 Für $c = 1$ folgt diese Aussage sofort aus $O_+(f) \subset O_+(g)$ und $O_-(f) \supset O_-(g)$. Offenbar ist f integrierbar genau dann, wenn $c^{-1}f$ für $c \neq 0$ integrierbar ist. ■

Beispiele:

1 Die Funktion $\dfrac{1}{\sqrt{1-x^2}}$ ist integrierbar auf $[0,1)$:

$$\lim_{t\uparrow 1} \int_0^t \frac{1}{\sqrt{1-x^2}}\,\mathrm{d}x = \lim_{t\uparrow 1}\Big(\arcsin(x) \Big|_0^t = \pi/2\,.$$

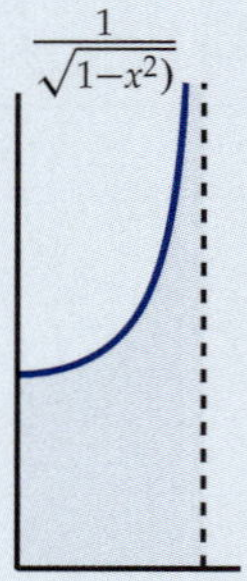

2 Die Funktion $f(x) = 1/x^s$ ist integrierbar auf $(1,\infty)$ genau dann, wenn $s > 1$. Tatsächlich gilt

$$\int_1^\infty \frac{1}{x^s}\mathrm{d}x = \frac{1}{s-1} \text{ für } s > 1\,,$$

$$\int_1^t \frac{1}{x}\,\mathrm{d}x = \lim_{t\to\infty} \Big(\ln(x) \Big|_1^t = \lim_{t\to\infty} \ln(t) = \infty\,.$$

3 Für $t > 0$ ist $x^{t-1}\mathrm{e}^{-x}$ auf $(0,\infty)$ integrierbar. Für $x \in (0,1)$ gilt $x^{t-1}\mathrm{e}^{-x} < x^{t-1}$ und x^{t-1} ist auf $(0,1)$ integrierbar, wenn $t > 0$. Weiter gilt $x^{t-1}\mathrm{e}^{-x/2} \to 0$ für $x \to \infty$. Deshalb gilt $x^{t-1}\mathrm{e}^{-x} < \mathrm{e}^{-x/2}$ für hinreichend große x und $\mathrm{e}^{-x/2}$ ist integrierbar auf $(0,\infty)$. Wir erhalten die sogenannte Γ-Funktion

$$\Gamma\colon (0,\infty) \to \mathbb{R}, \quad \Gamma(t) := \int_0^\infty x^{t-1}\mathrm{e}^{-x}\,\mathrm{d}x\,.$$

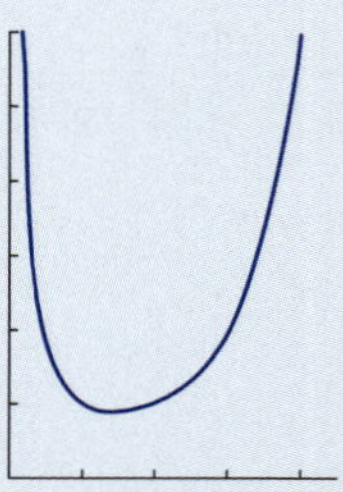

Aufgaben

EXTRAS ONLINE Lösungen

Aufgabe 5.17 Prüfen Sie, ob die nachfolgenden Integrale konvergieren, und bestimmen Sie gegebenenfalls ihren Wert.

1. $\displaystyle\int_0^\infty \frac{1}{(x+1)^2}\,\mathrm{d}x$
2. $\displaystyle\int_0^\infty \mathrm{e}^{-x}\,\mathrm{d}x$
3. $\displaystyle\int_0^\infty \frac{1}{x^2+1}\,\mathrm{d}x$
4. $\displaystyle\int_0^1 \frac{1}{\sqrt{x}}\,\mathrm{d}x$
5. $\displaystyle\int_1^2 \frac{1}{x^2-1}\,\mathrm{d}x$
6. $\displaystyle\int_0^\infty \frac{\ln(1+x^2)}{x^2}\,\mathrm{d}x$
7. $\displaystyle\int_1^\infty \frac{1}{x+\sqrt{x}+\cos(x)}\,\mathrm{d}x$
8. $\displaystyle\int_0^\infty \frac{\mathrm{e}^{-1/x}}{x^2}\,\mathrm{d}x$
9. $\displaystyle\int_0^\infty \frac{\mathrm{e}^{-x}}{\mathrm{e}^{-2x}+1}\,\mathrm{d}x$
10. $\displaystyle\int_0^\infty \frac{1}{(1+x)\sqrt{x}}\,\mathrm{d}x$
11. $\displaystyle\int_0^1 x^2\ln(1-x)\,\mathrm{d}x$
12. $\displaystyle\int_0^\infty x^n\,\mathrm{e}^{-x}\,\mathrm{d}x,\quad n\in\mathbb{N}$
13. $\displaystyle\int_0^\infty \frac{\arctan(x)}{(1+x^2)}\,\mathrm{d}x$
14. $\displaystyle\int_0^{\pi/2} \frac{1}{x}-\frac{1}{\sin(x)}\,\mathrm{d}x$

Aufgabe 5.18 Die Gammafunktion ist eine Verallgemeinerung der Fakultätsfunktion: Zeigen Sie, dass $\Gamma(1)=1$ und $\Gamma(t+1)=t\cdot\Gamma(t)$ für $t>0$. Insbesondere gilt $\Gamma(n)=(n-1)!$ für $n\geq 1$.

Aufgabe 5.19 Die Betafunktion $B(x,y)$ ist für $x,y>0$ definiert durch

$$B(x,y)=\int_0^1 t^{x-1}(1-t)^{y-1}\,\mathrm{d}t$$

1. Zeigen Sie, dass das Integral konvergiert.
2. Zeigen Sie mit Induktion nach m:

$$B(m,n)=\frac{(m-1)!\cdot(n-1)!}{(n+m-1)!}=\frac{\Gamma(m)\cdot\Gamma(n)}{\Gamma(m+n)}\,.$$

   Vgl. Aufgabe 11.22.
3. Zeigen Sie, dass $B(1/2,1/2)=\pi$. Tipp: $t=\sin^2\varphi$

Aufgabe 5.20 Zeigen Sie, dass $\displaystyle\lim_{t\to\infty}\int_0^t \frac{\sin(x)}{x}\,\mathrm{d}x$ existiert.

Tipp: partielle Integration

Bemerkung. Man kann zeigen, dass $\dfrac{\sin(x)}{x}$ nicht integrierbar ist und $\dfrac{\pi}{2}=\displaystyle\lim_{t\to\infty}\int_0^t\frac{\sin(x)}{x}\,\mathrm{d}x$.

5.7 Der Satz von Levi

Satz 5.7 Sei $f_n\colon (a,b) \to \mathbb{R}$ mit $0 \le f_1 \le f_2 \le f_3 \cdots$ und f_n integrierbar für jedes n. Nehme an, $\lim\limits_{n\to\infty} f_n = f(x)$ mit $f\colon (a,b) \to \mathbb{R}$ eine integrierbare Funktion. Dann gilt:

$$\lim_{n\to\infty} \int_a^b f_n(x)\mathrm{d}x = \int_a^b f(x)\mathrm{d}x\,.$$

Offenbar ist $O_+(f) = \cup_{n=1}^{\infty} O_+(f_n)$. Wende jetzt die Definition und Satz 3.4 an. ■

Satz 5.8

1 $\Gamma(t) = \lim\limits_{n\to\infty} \dfrac{n!\cdot n^t}{t(t+1)\cdots(t+n)}$.

2 $\sqrt{\pi} = \Gamma(1/2) = \displaystyle\int_{-\infty}^{\infty} \mathrm{e}^{-x^2}\,\mathrm{d}x$.

Wir nehmen $f_n(x) = x^{t-1}\left(1-\frac{x}{n}\right)^n$ für $x \in (0,n)$ und $f_n(x) = 0$ für $x \ge n$.

Dann ist $f_n(x) < f_{n+1}(x)$ für alle $n \in \mathbb{N}$ und $\lim\limits_{n\to\infty} f_n(x) = x^{t-1}\,\mathrm{e}^{-x}$ (Aufgabe 4.30). Mit Levi folgt

$$\Gamma(t) = \lim_{n\to\infty} \int_0^n x^{t-1}\left(1-\frac{x}{n}\right)^n \mathrm{d}x\,.$$

Wir benutzten partielle Integration:

$$\begin{aligned}
\int_0^n x^{t-1}\left(1-\frac{x}{n}\right)^n \mathrm{d}x &= \frac{1}{t}x^t\left(1-\frac{x}{n}\right)^n\Big|_0^n + \int_0^n \frac{1}{t}x^t\left(1-\frac{x}{n}\right)^{n-1}\mathrm{d}x\\
&= \int_0^n \frac{1}{t(t+1)}\cdot\frac{n-1}{n}\cdot x^{t+1}\cdot\left(1-\frac{x}{n}\right)^{n-2}\mathrm{d}x = \cdots\\
&= \int_0^n \frac{1}{t(t+1)\cdot\ldots\cdot(t+n-1)}\,\frac{(n-1)\cdot\ldots\cdot 2\cdot 1}{n^{n-1}}\cdot x^{t+n-1}\mathrm{d}x\\
&= \frac{(n-1)!}{t(t+1)\cdots(t+n-1)\cdot n^{n-1}}\cdot\frac{n^{t+n}}{t+n} = \frac{n!\cdot n^t}{t(t+1)\cdots(t+n)}
\end{aligned}$$

Jetzt nehme $n \to \infty$. Mit der wallischen Produktformel 5.4 folgt

$$\begin{aligned}
\Gamma(1/2)^2 &= \lim_{n\to\infty}\left(\frac{n!\sqrt{n}}{1/2\cdot 3/2\cdot\ldots\cdot(2n+1)/2}\right)^2\\
&= \lim_{n\to\infty}\frac{2}{1}\cdot\frac{2}{3}\cdot\frac{4}{3}\cdot\frac{4}{5}\cdots\frac{2n}{2n-1}\,\frac{2n}{2n+1}\cdot\frac{4n}{2n+1} = \frac{\pi}{2}\lim_{n\to\infty}\frac{4n}{2n+1} = \pi\,.
\end{aligned}$$

$$\sqrt{\pi} = \Gamma(1/2) = \int_0^\infty t^{-1/2}\mathrm{e}^{-t}\mathrm{d}t \overset{x=t^2}{=} 2\int_0^\infty \mathrm{e}^{-x^2}\mathrm{d}x = \int_{-\infty}^{\infty}\mathrm{e}^{-x^2}\mathrm{d}x\,.$$ ■

Aufgaben

EXTRAS ONLINE
Lösungen

Aufgabe 5.21 Zeigen Sie:

1. Für $x \in [0,1]$ gelten die Gleichungen

$$\ln(1+x) = x - \frac{x^2}{2} + \frac{x^3}{3} + \cdots = \lim_{n\to\infty} \sum_{k=1}^{n} (-1)^{k+1} \frac{x^k}{k}\,.$$

Was erhalten Sie für $x = 1$?

Tipp: Wenden Sie den Satz von Levi an auf

$$f_n(x) = (1-x) + (x^2 - x^3) + \cdots + (x^{2n-2} - x^{2n-1})$$

definiert auf $(0,1)$. Benutzen Sie die geometrische Reihe (Aufgabe 1.22).

2. Für $x \in [0,1]$ gelten die Gleichungen

$$\arctan(x) = x - \frac{x^3}{3} + \frac{x^5}{5} - \frac{x^7}{7} + \cdots = \lim_{n\to\infty} \sum_{k=0}^{n} (-1)^k \frac{x^{2k+1}}{2k+1}\,.$$

Was erhalten Sie für $x = 1$?

Aufgabe 5.22 Es sei $f_n\colon (a,b) \to \mathbb{R}$ eine Folge von integrierbaren Funktionen und nehme an, $\lim\limits_{n\to\infty} f_n(x) = f(x)$ existiert für alle $x \in (a,b)$ und f sei integrierbar. Es ist wichtig zu bemerken, dass im Allgemeinen die Gleichung

$$\lim_{n\to\infty} \int_a^b f_n(x)\mathrm{d}x = \lim_{n\to\infty} \int_a^b f(x)\mathrm{d}x$$

falsch ist.[2]

1. Sei $f_n(x) = nx \cdot \mathrm{e}^{-nx^2}$ für $x \in (0,\infty)$. Plotten Sie mit SAGE die Funktionen f_n für kleine n.
2. Berechnen Sie das Maximum von f_n auf $(0,\infty)$.
3. Zeigen Sie, dass $\int_0^\infty f_n(x)\ \mathrm{d}x$ eine konstante Funktion von n ist.
4. Zeigen Sie, dass $\lim\limits_{n\to\infty} f_n(x) = 0$.
5. Folgern Sie, dass

$$\lim_{n\to\infty} \int_0^\infty f_n(x)\mathrm{d}x \neq \lim_{n\to\infty} \int_0^\infty f(x)\mathrm{d}x\,.$$

2 Es ist deshalb wichtig, Bedingungen für f_n zu finden, sodass die Gleichung doch gültig ist. Hier spielen Begriffe wie gleichmäßige Konvergenz und dominierte Konvergenz eine Rolle.

5.8 *Trapezregel und simpsonsche Regel*

Man muss sich oft mit einer Annäherung des Integrals $\int_a^b f(x)\,dx$ zufrieden geben. Die ist aber nur dann sinnvoll, wenn man den Fehler abschätzen kann. Bei der Trapezregel ist die Idee, den Graphen von f durch ein Geradenstück durch die Punkte $(a, f(a))$ und $(b, f(b))$ zu ersetzen. Bei der simpsonschen Regel wird der Graph von f durch eine Parabel durch die Punkte $(a, f(a))$, $((a+b)/2, f((a+b)/2))$ und $(b, f(b))$ ersetzt.

Satz 5.9

1 **Trapezregel**: Existiert $f''(x)$ auf $[a, b]$, so gibt es ein ξ in $[a, b]$ mit:

$$\int_a^b f(x)\,dx = \frac{1}{2}(b-a)(f(a)+f(b)) - \frac{1}{12}f''(\xi)\,.$$

2 Regel von **Simpson**: Existiert $f^{(4)}(x)$ auf $[a, b]$, so gibt es ein ξ in $[a, b]$ mit:

$$\int_a^b f(x)\,dx = \frac{b-a}{6}\left(f(a) + 4f\left(\frac{1}{2}(a+b)\right) + f(b)\right) - \frac{(b-a)^5}{2^5 \cdot 90}f^{(4)}(\xi)$$

Es sei $f\colon [a, b] \to \mathbb{R}$ und die Zahl K sei so definiert, dass $g(b) = 0$ für

$$g(x) := \int_a^x f(t)\,dt - \tfrac{1}{2}(x-a)(f(x)+f(a)) - K(x-a)^3\,.$$

Man rechnet nach, dass $g(a) = g'(a) = 0$ und

$$g''(x) = -\tfrac{1}{2}(x-a)f''(x) - 6K(x-a)\,. \tag{5.1}$$

Nach Rolle gibt es ein $c \in (a, b)$ mit $g'(c) = 0$ und wiederum nach Rolle gibt es ein $\xi \in (a, c) \subset (a, b)$ mit $g''(\xi) = 0$. Einsetzen in (5.1) gibt $K = -f''(\xi)/12$. Das war zu zeigen. Der Beweis der Regel von Simpson ist analog (Aufgabe 5.27). ∎

Beispiel: Eine Anwendung der Trapezregel auf $\int_0^1 \frac{1}{1+x^2}\,dx$ ergibt $\pi/4 \approx \frac{1}{2}(1+\frac{1}{2})$, also $\pi \approx 3$. Mit der simpsonschen: $\pi/4 \approx \frac{1}{6}(1 + 4\cdot\frac{4}{5} + \frac{1}{2})$, also $\pi \approx 94/30 = 3{,}133\cdots$.

Wir können natürlich die Trapezregel und die simpsonsche Regel wiederholt anwenden. Man erhält die summierte Trapezregel und die summierte simpsonsche Regel. Für $g\colon [a, b] \to \mathbb{R}$ sei $\|g\|$ das Supremum aller $g(x)$ für $x \in [a, b]$. Sei $n \in \mathbb{N}$, $h := \frac{b-a}{n}$, $x_i = a + ih$ für $i = 0, \ldots, n$. Dann gilt:

1

$$\int_a^b f(x)\,dx \approx h \cdot \left(\frac{1}{2}f(a) + f(x_1) + \cdots + f(x_{n-1}) + \frac{1}{2}f(b)\right)$$

mit einem Fehler von höchstens $\frac{1}{12}h^2 \cdot (b-a) \cdot \|f''\|$.

2

$$\int_a^b f(x)dx \approx \frac{h}{3}\left(f(a) + 4f(x_1) + 2f(x_2) + 4f(x_3) + \cdots + 4f(x_{n-1}) + f(b)\right)$$

für n gerade mit einem Fehler von höchstens $\frac{h^4}{180} \cdot (b-a)\|f^{(4)}\|$.

Aufgaben

EXTRAS ONLINE
Lösungen

Aufgabe 5.23 Betrachten Sie $\int_1^2 \frac{1}{1+x}\,\mathrm{d}x$.

1. Wenden Sie die summierte Trapezregel und die summierte simpsonsche Regel mit $n = 4$ an, um eine Annäherung dieses Integrals zu berechnen. Wie gut ist diese Annäherung?
2. Wiederholen Sie diese Aufgabe für $n = 8$. Benutzen Sie einen Taschenrechner oder schreiben Sie ein SAGEMATH-Programm.

Aufgabe 5.24 Sei $f(x) = \frac{1}{1+x^2}$.

1. Zeigen Sie: $f^{(4)}(x) = \frac{24(5x^4 - 10x^2 + 1)}{(x^2+1)^5}$.
2. Zeigen Sie: $|f^{(4)}(x)| \leq 100$ für $0 < x < 1$.
3. Wenden Sie die summierte simpsonsche Regel auf das Integral $\int_0^1 \frac{4}{1+x^2}\,\mathrm{d}x$ mit $n = 10$ an. Geben Sie eine Abschätzung für den Fehler.

Aufgabe 5.25 Berechnen Sie $\int_0^1 \mathrm{e}^{-t^2}\,\mathrm{d}t$ mit einem Fehler von höchstens 10^{-4}.

Aufgabe 5.26

1. Zeigen Sie, dass die Parabel durch die drei Punkte $(a, f(a))$, $(b, f(b))$ und $(c, f(c))$, mit $c = (a+b)/2$ der Graph der folgenden Funktion ist:

$$g(x) = \frac{2}{(b-a)^2}\left((x-b)(x-c)f(a) + (x-c)(x-a)f(b) - 2(x-a)(x-b)f(c)\right) .$$

2. Zeigen Sie:

$$\int_a^b g(x)\,\mathrm{d}x = \frac{b-a}{6}\left(f(a) + 4f(c) + f(b)\right) .$$

Aufgabe 5.27 Beweisen Sie die simpsonsche Regel.

Tipp: Sei $m = (a+b)/2$. Betrachte

$$g(x) := \int_{m-x}^{m+x} f(t)\,\mathrm{d}t - \frac{x}{3}\left(f(m-x) + 4f(m) + f(m+x)\right) - Kx^5 ,$$

wobei K so gewählt ist, dass $g((b-a)/2)) = 0$. Wenden Sie dreimal den Satz von Rolle an, finden Sie einen Ausdruck für K und wenden Sie den Mittelwertsatz an.

5.9 *Das Riemann-Integral*

Eine Zerlegung $Z = (a_0, \ldots, a_n)$ des Intervalls $[a, b]$ ist eine Sequenz von Punkten $a = a_0 < a_1 < \cdots < a_n = b$. Es sei $f\colon [a, b] \to \mathbb{R}$ beschränkt, Z eine Zerlegung von $[a, b]$. Wir definieren die Untersumme $U(f, Z)$ und die Obersumme $O(f, Z)$:

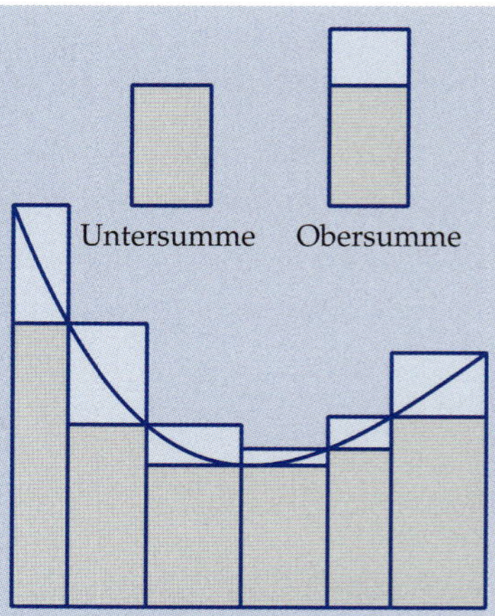

$$U(f, Z) := \sum_{i=1}^{n} (a_i - a_{i-1}) \inf f([a_{i-1}, a_i]) ,$$

$$O(f, Z) := \sum_{i=1}^{n} (a_i - a_{i-1}) \sup f([a_{i-1}, a_i]) .$$

Weiterhin definieren wir:

Das Unterintegral: $I_*(f, a, b) := \sup\{U(f, Z)\colon Z \text{ Zerlegung von } [a, b]\}$
Das Oberintegral: $I^*(f, a, b) := \inf\{O(f, Z)\colon Z \text{ Zerlegung von } [a, b]\}$

Die Funktion f heißt Riemann-integrierbar, wenn $I_*(f, a, b) = I^*(f, a, b)$. In diesem Fall heißt $I_*(f, a, b)$ das Riemann-Integral von f über $[a, b]$.

Satz 5.10 Ist $f\colon [a, b] \to \mathbb{R}$ stetig, so ist f Riemann-integrierbar und es gilt:

$$I_*(f, a, b) = I^*(f, a, b) = \int_a^b f(x)\,\mathrm{d}x .$$

Insbesondere ist für stetige Funktionen das Riemann-Integral gleich dem Integral, wie wir es im Abschnitt 5.1 definiert haben.

Lemma 5.11 Ist $f\colon [a, b] \to \mathbb{R}$ beschränkt, $c \in [a, b]$, dann gilt:

$$I_*(f, a, b) = I_*(f, a, c) + I_*(f, c, b)$$
$$I^*(f, a, b) = I^*(f, a, c) + I^*(f, c, b)$$

Wir betrachten eine Zerlegung $Z = (a_0, \ldots, a_s)$ von $[a, b]$ und schauen nach, was passiert, wenn wir eine neue Zerlegung Z' durch Hinzunahme eines Punktes c betrachten. Sei $a_{k-1} \leq c \leq a_k$. Dann gilt:

$$\begin{aligned}(a_k - a_{k-1}) \inf f([a_{k-1}, a_k]) &= (c - a_{k-1}) \inf f([a_{k-1}, a_k]) + (a_k - c) \inf f([a_{k-1}, a_k]) \\ &\leq (c - a_{k-1}) \inf f([a_{k-1}, c]) + (a_k - c) \inf f([c, a_k])\end{aligned}$$

Ist $A \supset B$, so ist offensichtlich $\inf(A) \leq \inf(B)$. Es folgt $U(f, Z) \leq U(f, Z')$.

Ist Z eine Zerlegung von $[a, b]$ und entsteht Z' durch Hinzunahme von c (wenn nötig), so bekommen wir Zerlegungen Z_1 von $[a, c]$ und Z_2 von $[c, b]$ mit:

$$U(f, Z) \leq U(f, Z') = U(f, Z_1) + U(f, Z_2) \leq I_*(f, a, c) + I_*(f, c, b) .$$

Dies gilt für alle Z, also:

$$I_*(f, a, b) = \sup\{U(f, Z) \colon Z \text{ Zerlegung von } [a, b]\} \leq I_*(f, a, c) + I_*(f, c, b) .$$

Ist umgekehrt eine Zerlegung Z_1 von $[a, c]$ und Z_2 von $[c, b]$ gegeben, so können wir diese verschmelzen zu einer Zerlegung Z von $[a, b]$ mit $U(f, Z_1) + U(f, Z_2) = U(f, Z)$. Ist nun $\varepsilon > 0$ und Z_1, Z_2 so gewählt, dass $U(f, Z_1) > I_*(f, a, c) - \varepsilon/2$ und $U(f, Z_2) > I_*(f, c, b) - \varepsilon/2$, dann folgt:

$$I_*(f, a, c) + I_*(f, c, b) - \varepsilon < U(f, Z_1) + U(f, Z_2) = U(f, Z) \leq I_*(f, a, b) .$$

Dies gilt für alle ε, somit folgt die Ungleichung $I_*(f, a, b) \geq I_*(f, a, c) + I_*(f, c, b)$ und damit die Gleichheit. Die Behauptung für I^* zeigt man analog. ■

Wir beweisen jetzt Satz 5.10. Es sei $x < b$ und $x < x + h \leq b$. Dann gilt:

$$I_*(f, a, x + h) - I_*(f, a, x) = I_*(f, x, x + h)$$

Sei $\varepsilon > 0$. Es existiert ein δ, sodass für alle $0 < h < \delta$ gilt, dass $f(x) - \varepsilon < f(x + h) < f(x) + \varepsilon$. Daher:

$$h(f(x) - \varepsilon) \leq I_*(f, x, x + h) \leq h(f(x) + \varepsilon)$$

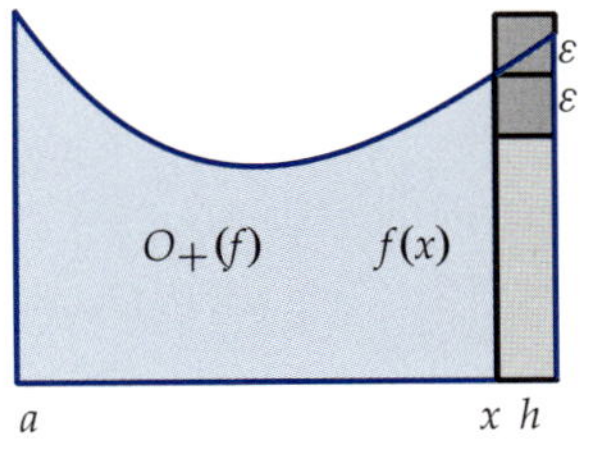

Es folgt, dass

$$\lim_{h \downarrow 0} \frac{I_*(f, a, x + h) - I_*(f, a, x)}{h} = f(x) .$$

Den Fall $\lim_{h \uparrow 0}$ zeigen wir auf analoge Weise.

Somit ist $I_*(f, a, x)$ eine Stamfunktion von $f(x)$. Es folgt aus dem Hauptsatz 5.1:

$$\int_a^b f(x)\,\mathrm{d}x = I_*(f, a, b) - I_*(f, a, a) = I_*(f, a, b) .$$

Der Nachweis für $I^*(f, a, b)$ verläuft analog. ■

5.10 *Irrationalität von π*

Satz 5.12 Die Zahl π ist irrational, d. h. $\pi \notin \mathbb{Q}$.

Wir führen einen Widerspruchsbeweis. Angenommen,

$$\pi = \frac{a}{b}$$

mit $a, b \in \mathbb{N}$. Unter dieser Voraussetzung werden wir eine natürliche Zahl im Intervall $(0, 1)$ bestimmen. Das ist natürlich ein Widerspruch. Wir betrachten

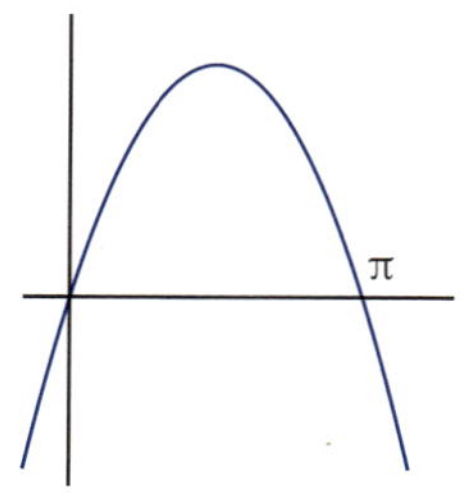

$$f(x) = f_n(x) := \frac{1}{n!}x^n \cdot (a - bx)^n = \frac{b^n}{n!}x^n \cdot (\pi - x)^n .$$

Hierbei ist n eine hinreichend große natürliche Zahl, welche noch zu bestimmen ist. Sei M das Maximum von $x(a - bx)$ auf $[0, \pi]$. Dann ist $0 < f(x)\sin(x) \leq \frac{M^n}{n!}$ für alle $x \in (0, \pi)$. Wähle ein n mit $\pi M^n/n! < 1$. Dann gilt

$$0 < \int_0^\pi f(x)\sin(x)\,\mathrm{d}x \leq \pi \cdot \frac{M^n}{n!} < 1 .$$

Wir werden zeigen, dass $\int_0^\pi f(x)\sin(x)\,\mathrm{d}x \in \mathbb{N}$. Wir berechnen:

$$\begin{aligned}
\int_0^\pi f(x)\sin(x)\,\mathrm{d}x &= -f(x)\cos(x)\Big|_0^\pi + \int_0^\pi f'(x)\cos(x)\,\mathrm{d}x \\
&= f(0) + f(\pi) + f'(x)\sin(x)\Big|_0^\pi - \int_0^\pi f''(x)\sin(x)\mathrm{d}x \\
&= f(0) + f(\pi) + f''(x)\cos(x)\Big|_0^\pi + \int_0^\pi f^{(3)}(x)\cos(x)\mathrm{d}x \\
&= \cdots
\end{aligned}$$

Es folgt

$$\int_0^\pi f(x)\sin(x)\,\mathrm{d}x = f(0) + f(\pi) - (f''(0) + f''(\pi)) + \cdots + (-1)^n \cdot (f^{(2n)}(0) + f^{(2n)}(\pi)) .$$

Hier benutzen wir, dass $f^{(k)} = 0$ für $k > 2n$, denn f ist ein Polynom vom Grad $2n$.

Es reicht, $f^{(k)}(0) \in \mathbb{Z}$ und $f^{(k)}(\pi) \in \mathbb{Z}$ zu zeigen. Aus $f(\pi - x) = f(x)$ folgt $f^{(k)}(\pi) = (-1)^k f^{(k)}(0)$. Daher reicht es, $f^{(k)}(0) \in \mathbb{Z}$ zu zeigen. Dies ist einfach, weil es ganze Zahlen d_k gibt mit

$$f(x) = \frac{1}{n!}d_n x^n + \frac{1}{n!}d_{n+1}x^{n+1} + \cdots .$$

Es folgt $f^{(k)}(0) = 0$ für $k < n$ und $f^{(k)}(0) = \frac{k!}{n!}d_k$ für $k \geq n$. Für $k \geq n$ ist $k!/n! \in \mathbb{Z}$ und es folgt $f^{(k)}(0) \in \mathbb{Z}$ für alle $k \in \mathbb{N}_0$. ■

5.11 *Eine schwache Form des Primzahlsatzes*

Für eine natürliche Zahl n bezeichnen wir mit $\pi(n)$ die Anzahl der Primzahlen kleiner oder gleich n.

Nachfolgend sehen Sie eine kleine Tabelle von $\pi(n)$, wobei wir in die dritte Zeile die Werte für $n/\pi(n)$ geschrieben haben. In SAGEMATH ruft man `prime_pi(n)` auf, um $\pi(n)$ zu erhalten.

n	$=$	10	100	1000	10^4	10^5	10^6	10^7	10^8	10^9
$\pi(n)$	$=$	4	25	168	1229	9592	78498	664579	5761455	50847534
$n/\pi(n)$	$\approx$	2,5	4,0	5,95	8,14	10,43	12,74	15,05	17,36	19,67

Aus der Tabelle wird ersichtlich, dass wenn n durch $10n$ ersetzt wird, $n/\pi(n)$ mit ca. $2{,}3 \approx \ln(10)$ wächst. Der Primzahlsatz–von Gauß Anfang des 19. Jahrhunderts vermutet und unabhängig von Hadamard und de la Vallée Poussin in 1896 bewiesen–besagt, dass $\frac{\pi(n)}{n} \cdot \ln(n) \to 1$, wenn $n \to \infty$. Für den Beweis braucht man viel mehr Theorie, als wir Platz zur Verfügung haben. Wir zeigen eine schwächere Aussage, aus der schon deutlich wird, dass Primzahlen gar nicht so selten sind.

Satz 5.13 $\pi(n) \geq \ln(2) \cdot \dfrac{n-2}{\ln(n)}$.

Sei d_n das kleinste gemeinsame Vielfache aller Zahlen kleiner gleich n. Ist $p \leq n$ eine Primzahl und $\alpha(p)$ die größte natürliche Zahl mit $p^{\alpha(p)} \leq n$, so folgt

$$d_n = \prod_{p \leq n : p \text{ eine Primzahl}} p^{\alpha(p)} \leq \prod_{p \leq n :\, p \text{ eine Primzahl}} n = n^{\pi(n)} .$$

Wir werden zeigen, dass $d_n \geq 2^{n-2}$, woraus der Satz folgt:

$$2^{n-2} \leq d_n \leq n^{\pi(n)} \implies \pi(n) \geq \ln(2) \cdot \frac{n-2}{\ln(n)}$$

Sei $f(x) = a_0 + a_1 x + \cdots + a_m x^m$ ein Polynom mit $a_i \in \mathbb{Z}$, und $a_m \neq 0$ mit der Eigenschaft, dass $f(x) > 0$ für alle $x \in (0,1)$. Dann gilt

$$0 < \int_0^1 f(x)\mathrm{d}x = a_0 + \frac{1}{2}a_1 + \cdots + \frac{1}{m+1}a_m \text{ und } d_{m+1} \int_0^1 f(x)\mathrm{d}x \in \mathbb{N} .$$

Wir nehmen nun speziell $f(x) = x^k(1-x)^k$. Das Maximum von f ist gleich $(1/4)^k$, somit ist

$$0 < d_{2k+1} \int_0^1 f(x)\mathrm{d}x \leq d_{2k+1}(1/4)^k \in \mathbb{N} .$$

Es folgt, dass $d_{2k+1}/4^k \geq 1$, also $d_{2k+1} \geq 4^k \geq 2^{2k-1}$ und $d_{2k+2} \geq d_{2k+1} \geq 2^{2k}$. ■

5.12 *Stirlingsche Formel*

Satz 5.14 (Stirlingsche Formel) $\lim_{n\to\infty} \frac{n! \cdot e^n}{n^n \cdot \sqrt{2\pi n}} = 1$

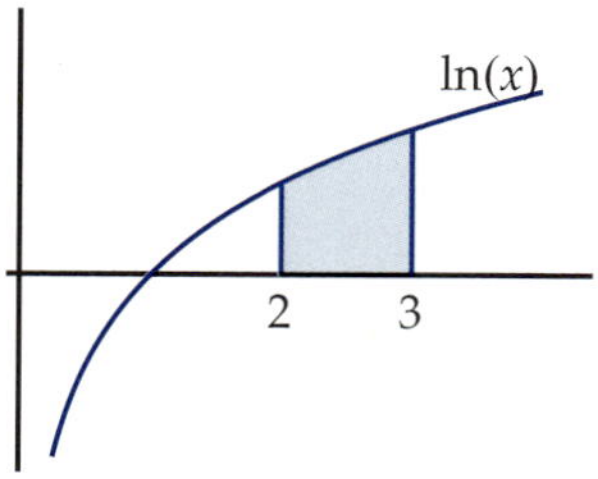

$$\int_k^{k+1} \ln(x)dx = \int_0^1 \ln(x+k)dx$$
$$= \left(x-\tfrac{1}{2}\right)\cdot \ln(x+k)\Big|_0^1 - \int_0^1 \left(x-\tfrac{1}{2}\right)\frac{1}{x+k}\,dx$$
$$= \tfrac{1}{2}\ln(k) + \tfrac{1}{2}\ln(k+1) - \int_0^1 \left(\tfrac{1}{2}x^2 - \tfrac{1}{2}x\right)\frac{1}{(x+k)^2}\,dx$$

Es folgt durch Addition:

$$n\ln(n) - n + 1 = \int_1^n \ln(x)\,dx = \ln(2) + \cdots + \ln(n-1) + \tfrac{1}{2}\ln(n) + h_n \tag{5.2}$$

$$h_n = -\sum_{k=1}^{n-1}\int_0^1 \left(\tfrac{1}{2}x^2 - \tfrac{1}{2}x\right)\frac{1}{(x+k)^2}\,dx, \quad 0 \le h_1 \le h_2 \cdots$$

$$0 \le h_n \le \frac{1}{8}\int_1^n \frac{1}{x^2}\,dx \le \frac{1}{8}.$$

Damit konvergiert (h_n). Aus der Gleichung (5.2) folgt

$$\ln(n!) + n = n\ln(n) + \tfrac{1}{2}\ln(n) + 1 - h_n .$$

Wir wenden die Exponentialfunktion auf diese Gleichung an:

$$n! \cdot e^n = n^n \cdot \sqrt{n}\cdot \gamma_n, \qquad \gamma_n := e^{1-h_n} .$$

Weil $0 < h_n < 1/8$, gilt $2{,}39 < e^{7/8} \le \gamma_n \le e < 2{,}72$. Zu zeigen ist:

$$\gamma := \lim_{n\to\infty} \gamma_n = \sqrt{2\pi} .$$

Wir wissen schon, dass $\gamma > 0$. Wir berechnen:

$$\frac{\gamma_n^2}{\gamma_{2n}} = \frac{n!\cdot n!}{(2n)!}\cdot 4^n \frac{\sqrt{2}}{\sqrt{n}} = \frac{2}{1}\cdot\frac{4}{3}\cdot\frac{6}{5}\cdot\ldots\cdot\frac{2n}{2n-1}\cdot\frac{1}{\sqrt{2n+1}}\cdot\sqrt{2}\cdot\frac{\sqrt{2n+1}}{\sqrt{n}}$$

Das wallische Produkt (Satz 5.4) besagt, dass das Quadrat des blauen Ausdrucks gegen $\pi/2$ konvergiert. Es folgt

$$\gamma = \lim_{n\to\infty}\frac{\gamma_n^2}{\gamma_{2n}} = \sqrt{\pi/2}\cdot 2 = \sqrt{2\pi} .$$

■

Reihen und Potenzreihen

6

6.1 Konvergenz von Reihen 150
6.2 Vergleichskriterium 152
6.3 Leibniz-Kriterium 154
6.4 Das Integralkriterium 156
6.5 Quotienten- und Wurzelkriterium 158
6.6 Die Umordnungssätze 160
6.7 Potenzreihen 164
6.8 Differenzieren von Potenzreihen 166
6.9 *Reihen mit komplexen Termen* 168
6.10 *Einsetzen von Potenzreihen* 170
6.11 *Der abelsche Grenzwertsatz* 172

ÜBERBLICK

LERNZIELE

- Konvergenz und Divergenz von Reihen
- Konvergenzkriterien: Leibniz-, Quotienten- und Wurzelkriterium
- Absolute Konvergenz: Umordnungssätze
- Potenzreihen und Konvergenzradius
- Differenzieren von Potenzreihen
- Potenzreihenentwicklungen der elementaren Funktionen

In diesem Kapitel geht es um die Addition

$$a_0 + a_1 + a_2 + a_3 + \cdots$$

unendlich vieler reeller Zahlen. Man benötigt einen Konvergenzbegriff. Wir betrachten dazu für jede natürliche Zahl n die Partialsummen

$$s_n := a_0 + a_1 + a_2 + \cdots + a_n$$

und sagen, dass $a_0 + a_1 + a_2 + a_3 + \cdots$ konvergent ist genau dann, wenn die Folge der Partialsummen (s_n) konvergiert. Wir benutzen auch die Notation

$$a_0 + a_1 + a_2 + a_3 + \cdots = \sum_{n=0}^{\infty} a_n := \lim_{n\to\infty} s_n\,.$$

Ist eine Reihe nicht konvergent, so heißt sie divergent.
Eine wichtige konvergente Reihe für $|x| < 1$ ist die **geometrische Reihe**

$$1 + x + x^2 + \cdots = \frac{1}{1-x}\,,$$

welche man ganz elementar nachweisen kann. Der bekannteste Fall ist $x = \frac{1}{2}$. Dann ist

$$1 + \frac{1}{2} + \frac{1}{4} + \frac{1}{8} + \cdots = 2\,,$$

was mit der binären Schreibweise der Zahlen offensichtlich ist. Für jedes $x \in \mathbb{R}$ sind die Funktionen $\sin(x)$, $\cos(x)$ und e^x als solche Reihen darstellbar. Diese Tatsachen beweisen wir mithilfe der Taylorformel.

Es ist leicht einzusehen, dass für eine konvergente Reihe $a_0 + a_1 + a_2 + a_3 + \cdots$ gilt, dass (a_n) eine Nullfolge ist. Die Umkehrung ist falsch. So lässt sich zeigen, dass die **harmonische Reihe**

$$\frac{1}{1} + \frac{1}{2} + \frac{1}{3} + \cdots$$

nicht konvergent, also divergent ist. Tatsächlich ist es eine Kunst zu entscheiden, ob eine gegebene Reihe konvergent oder divergent ist: Die Summe zu „bestimmen“, ist im Allgemeinen nicht machbar.

Das erste Konvergenzkriterium, das wir betrachten, ist das **Leibniz-Kriterium**: Ist (a_n) eine monoton fallende Nullfolge (insbesondere $a_n \geq 0$), so ist

$$a_0 - a_1 + a_2 - a_3 + a_4 - \cdots$$

eine konvergente Reihe. Der Beweis ist nicht besonders schwer. Berühmte Beispiele sind

$$1 - \frac{1}{2} + \frac{1}{3} - \frac{1}{4} + \frac{1}{5} - \cdots \quad \text{und} \quad 1 - \frac{1}{3} + \frac{1}{5} - \frac{1}{7} + \frac{1}{9} - \cdots$$

Wir haben schon gesehen (Aufgabe 5.21), dass die erste Reihe gleich $\ln(2)$, die zweite Reihe gleich $\frac{\pi}{4}$ ist.

Ist jedes a_n nicht negativ, so ist (s_n) monoton wachsend. Sind die Partialsummen überdies beschränkt, so folgt, dass die Folge der Partialsummen und deshalb $a_0 + a_1 + a_2 + a_3 + \cdots$ konvergent ist. Eine der gängigsten Methoden zu prüfen, ob die Partialsummen beschränkt sind, ist das Vergleichskriterium. Ist $0 \leq a_n \leq b_n$ und schon bekannt, dass $b_0 + b_1 + b_2 + \cdots$ konvergent ist, so ist auch $a_0 + a_1 + a_2 + \cdots$ konvergent.

Eine schlaue Anwendung dieses Prinzips für den Fall, dass (b_n) die geometrische Reihe ist, liefert das sogenannte Quotientenkriterum und das Wurzelkriterium. Es liefert sogar die absolute Konvergenz der Reihe. Eine Reihe $a_0 + a_1 + a_2 + a_3 + \cdots$ heißt demnach **absolut konvergent**, wenn die Reihe

$$|a_0| + |a_1| + |a_2| + |a_3| + \cdots$$

konvergent ist. Absolut konvergente Reihen sind konvergent, jedoch sind konvergente Reihen im Allgemeinen nicht absolut konvergent. Reihen, die konvergent, aber nicht absolut konvergent sind, nennt man **bedingt konvergent**. Mit dem Quotientenkriterium lässt sich die (absolute) Konvergenz vieler Reihen nachweisen, das Wurzelkriterium ist in der Praxis weniger wichtig.

Absolut konvergente Reihen haben viel schönere Eigenschaften als bedingt konvergente Reihen. Eine dieser Eigenschaften ist der Umordnungssatz: Ist $\sigma : \mathbb{N}_0 \to \mathbb{N}_0$ eine Umordnung, so gilt:

$$a_0 + a_1 + a_2 + a_3 + \cdots = a_{\sigma(0)} + a_{\sigma(1)} + a_{\sigma(2)} + a_{\sigma(3)} + \cdots$$

Man könnte dies auch als „Kommutativgesetz" für absolut konvergente Reihen betrachten. Diese Aussage ist für bedingt konvergente Reihen **falsch**. Weiterhin gilt auch ein sogenannter „großer Umordnungssatz" für absolut konvergente Reihen: Ist $a_{ij} \in \mathbb{R}$ für $(i, j) \in \mathbb{N}_0 \times \mathbb{N}_0$ und $\sigma : \mathbb{N}_0 \to \mathbb{N}_0 \times \mathbb{N}_0$ eine Abzählung, so gilt:

$$\sum_{i=0}^{\infty}\sum_{j=0}^{\infty} a_{ij} = \sum_{n=0}^{\infty} a_{\sigma(n)} .$$

Hieraus leitet man ab, dass

$$\sum_{i=0}^{\infty}\sum_{j=0}^{\infty} a_{ij} = \sum_{j=0}^{\infty}\sum_{i=0}^{\infty} a_{ij} ,$$

vorausgesetzt, eine der beiden Seiten ist absolut konvergent.

Weiter oben haben wir erwähnt, dass e^x als Reihe geschrieben werden kann. Tatsächlich gilt für jedes $x \in \mathbb{R}$:

$$\mathrm{e}^x = 1 + \frac{x}{1!} + \frac{x^2}{2!} + \frac{x^3}{3!} + \frac{x^4}{4!} + \cdots$$

Allgemeiner nennt man Funktionen der Form

$$a_0 + a_1 x + a_2 x^2 + a_3 x^3 + \cdots$$

Potenzreihen. Eine Potenzreihe braucht natürlich nicht für jedes x zu konvergieren: Bei der geometrischen Reihe $1 + x + x^2 + \cdots$ hat man lediglich Konvergenz für $|x| < 1$.

Für allgemeine Potenzreihen $a_0 + a_1 x + a_2 x^2 + a_3 x^3 + \cdots$ hat man einen **Konvergenzradius**. Der Konvergenzradius hat die Eigenschaft, dass die Potenzreihe (absolut) konvergiert für $|x| < R$ und divergiert für $|x| > R$. Für $x = -R$ und $x = R$ kann keine allgemeine Aussage gemacht werden. Für die Potenzreihe von e^x ist dieser Konvergenzradius gleich ∞, für die geometrische Reihe ist er gleich 1. Der Konvergenzradius lässt sich oft mit dem Quotientenkriterium bestimmen.

Differenzieren von Potenzreihen ist einfach. Ist

$$f(x) = a_0 + a_1 x + a_2 x^2 + a_3 x^3 + \cdots$$

mit Konvergenzradius R, so ist f differenzierbar für $|x| < R$ und es gilt:

$$f'(x) = a_1 + 2a_2 x + 3a_3 x^2 + \cdots$$

Mithilfe dieser Tatsache lassen sich Potenzreihenentwicklungen verschiedener Funktionen einfach bestimmen. Zum Beispiel folgt aus der geometrischen Reihe (ersetze x durch $-x$)

$$\frac{1}{1+x} = 1 - x + x^2 - x^3 + \cdots$$

und $\ln(1+x)' = \frac{1}{1+x}$, $\ln(1) = 0$, die Logarithmusreihe für $|x| < 1$:

$$\ln(1+x) = x - \frac{x^2}{2} + \frac{x^3}{3} - \frac{x^4}{4} + \cdots$$

Nur aus der Tatsache, dass die Funktion $f(x) = \mathrm{e}^x$ die einzige Funktion ist mit $f'(x) = f(x)$ und $f(0) = 1$ folgt, dass

$$\mathrm{e}^x = 1 + \frac{x}{1!} + \frac{x^2}{2!} + \frac{x^3}{3!} + \frac{x^4}{4!} + \cdots .$$

Ähnliche Aussagen gelten für die Sinus- und Cosinusfunktion.

6.1 Konvergenz von Reihen

Es sei (a_n) eine Folge reeller Zahlen. Die Folge (s_n) mit als Partialsummen $s_n := \sum_{k=0}^{n} a_k$ nennen wir Reihe und bezeichnen diese mit $\sum_{k=0}^{\infty} a_k$. Konvergiert die Folge der Partialsummen, so bezeichnen wir den Grenzwert ebenfalls mit $\sum_{k=0}^{\infty} a_k$. In diesem Fall nennen wir die Reihe konvergent, im anderen Fall divergent. Statt $\sum_{k=0}^{\infty} a_k$ schreiben wir manchmal $a_0 + a_1 + a_2 + a_3 + \cdots$.
Wenn die Folge (a_n) bei $n = m$ anfängt, schreiben wir entsprechend $\sum_{k=m}^{\infty} a_k$.

Satz 6.1

1 $$\sum_{n=1}^{\infty} \frac{1}{n(n+1)} = \frac{1}{2} + \frac{1}{6} + \frac{1}{12} + \frac{1}{20} + \frac{1}{30} + \cdots = 1$$

2 Die **geometrische Reihe**: $1 + x + x^2 + x^3 + x^4 + \cdots = \frac{1}{1-x}$ für $-1 < x < 1$

3 $$e^x = 1 + \frac{x}{1!} + \frac{x^2}{2!} + \frac{x^3}{3!} + \cdots = \sum_{n=0}^{\infty} \frac{x^n}{n!}$$

4 $$\sin(x) = x - \frac{x^3}{3!} + \frac{x^5}{5!} - \frac{x^7}{7!} + \cdots = \sum_{n=0}^{\infty} (-1)^n \frac{x^{2n+1}}{(2n+1)!}$$

5 $$\cos(x) = 1 - \frac{x^2}{2!} + \frac{x^4}{4!} - \frac{x^6}{6!} + \cdots = \sum_{n=0}^{\infty} (-1)^n \frac{x^{2n}}{(2n)!}$$

1 $s_N = \sum_{n=1}^{N} \frac{1}{n(n+1)} = \sum_{n=1}^{N} \left(\frac{1}{n} - \frac{1}{n+1}\right) = 1 - \frac{1}{N+1}$, es folgt $\lim_{N\to\infty} s_N = 1$.

2 Ist $-1 < x < 1$, so gilt $(1-x)(1 + x + x^2 + x^3 + x^4 + \cdots + x^n) = 1 - x^{n+1}$. Es folgt $s_n = \frac{1 - x^{n+1}}{1-x}$. Weil $|x| < 1$, ist $\lim_{n\to\infty} x^{n+1} = 0$ und daher $\lim_{n\to\infty} s_n = \frac{1}{1-x}$.

3 Ist s_n die n-te Partialsumme, so folgt aus der Taylorformel, dass $e^x - s_n = e^{\xi} \cdot \frac{x^{n+1}}{(n+1)!}$ für ein ξ zwischen 0 und x, welches von n abhängt. Da $0 \le e^{\xi} < e^{|x|}$, müssen wir nur zeigen, dass $\lim_{n\to\infty} \frac{x^{n+1}}{(n+1)!} = 0$. Dies wurde in Aufgabe 1.25 gezeigt.

4. und **5.** Für Sinus und Cosinus zeigt man die Argumente analog. ■

Folgender Satz folgt aus den entsprechenden Rechenregeln für konvergente Folgen.

Satz 6.2 Sind $\sum_{n=0}^{\infty} a_n$ und $\sum_{n=0}^{\infty} b_n$ konvergente Reihen, $c \in \mathbb{R}$, dann auch

$$\sum_{n=0}^{\infty} (a_n + b_n) = \sum_{n=0}^{\infty} a_n + \sum_{n=0}^{\infty} b_n \quad \text{und} \quad \sum_{n=0}^{\infty} c \cdot a_n = c \cdot \sum_{n=0}^{\infty} a_n .$$

Aufgaben

EXTRAS ONLINE
Lösungen

Aufgabe 6.1 Sei $p \in \mathbb{N}$. Zeigen Sie: Die Reihe $\sum_{k=0}^{\infty} a_k$ ist genau dann konvergent, wenn $\sum_{k=p}^{\infty} a_k$ konvergent ist.

Aufgabe 6.2 Berechnen Sie:

1. $1 + \frac{1}{2} + \frac{1}{4} + \frac{1}{8} + \cdots$
2. $1 + \frac{1}{3} + \frac{1}{9} + \frac{1}{27} + \cdots$
3. $1 + \frac{1}{10} + \frac{1}{100} + \frac{1}{1000} + \cdots$
4. $1 + \frac{4}{9} + \frac{16}{81} + \frac{64}{729} + \cdots$
5. $\sum\limits_{n=0}^{\infty} \frac{1}{(n+1)(n+3)}$
6. $\sum\limits_{n=1}^{\infty} \frac{2n+1}{(n+1)^2 n^2}$

Aufgabe 6.3 Zeigen Sie:

1. $\frac{1}{1+x} = 1 - x + x^2 - x^3 + \cdots \quad (-1 < x < 1)$
2. $\frac{1}{1+x^2} = 1 - x^2 + x^4 - x^6 + \cdots \quad (-1 < x < 1)$
3. $\frac{\sin(x)}{x} = 1 - \frac{x^2}{3!} + \frac{x^4}{5!} - \frac{x^6}{7!} + \cdots \quad (x \neq 0)$
4. $\cos^2(x) = 1 - x^2 + \frac{1}{3}x^4 - \frac{2}{45}x^6 + \frac{1}{315}x^8 - \cdots \quad (x \in \mathbb{R})$

Aufgabe 6.4 Sei $\alpha \neq 0, -1, -2, \ldots$ und $p \in \mathbb{N}$. Zeigen Sie:

1. $\sum\limits_{n=0}^{\infty} \frac{1}{(\alpha+n)(\alpha+n+1)} = \frac{1}{\alpha}$
2. $\sum\limits_{n=0}^{\infty} \frac{1}{(\alpha+n)(\alpha+n+1)\ldots(\alpha+n+p)} = \frac{1}{p} \cdot \frac{1}{\alpha(\alpha+1)\ldots(\alpha+p-1)}$

   Tipp: $\frac{1}{(\alpha+n)\ldots(\alpha+n+p-1)} - \frac{1}{(\alpha+n+1)\ldots(\alpha+n+p)} = \frac{p}{(\alpha+n)\ldots(\alpha+n+p)}$
3. Für $\alpha \in \mathbb{N}$ gilt: $\sum\limits_{n=0}^{\infty} \frac{1}{(n+\alpha+1)(n+\alpha+2)\ldots(n+2\alpha+1)} = \frac{1}{\alpha(\alpha+1)\ldots(2\alpha)}$

Aufgabe 6.5 Zeigen Sie, dass $\sum\limits_{n=1}^{\infty} \ln(1+1/n)$ divergent ist.

6.2 Vergleichskriterium

Satz 6.3 Ist $\sum_{n=0}^{\infty} a_n$ eine konvergente Reihe, dann ist (a_n) eine Nullfolge.

Mit der Folge der Partialsummen (s_n) ist auch (s_{n-1}) konvergent mit dem gleichen Grenzwert. Es folgt $0 = \lim_{n\to\infty} s_n - \lim_{n\to\infty} s_{n-1} = \lim_{n\to\infty} a_n$. ■

Die Bedingung $\lim_{n\to\infty} a_n = 0$ reicht nicht aus für die Konvergenz von $\sum_{n=0}^{\infty} a_n$. Ein einfaches Gegenbeispiel ist $\sum_{n=1}^{\infty} \frac{1}{\sqrt{n}}$, siehe Aufgabe 2.21, aber das berühmteste ist die **harmonische Reihe**, gegeben durch $\sum_{n=1}^{\infty} \frac{1}{n}$: Die Folge der Partialsummen wächst gegen ∞:

$$1 + \frac{1}{2} + \underbrace{\frac{1}{3} + \frac{1}{4}}_{\geq\frac{1}{2}} + \underbrace{\frac{1}{5} + \frac{1}{6} + \frac{1}{7} + \frac{1}{8}}_{\geq\frac{1}{2}} + \underbrace{\frac{1}{9} + \frac{1}{10} + \frac{1}{11} + \frac{1}{12} + \frac{1}{13} + \frac{1}{14} + \frac{1}{15} + \frac{1}{16}}_{\geq\frac{1}{2}} + \cdots$$

$$\geq 1 + \frac{1}{2} + \frac{1}{2} + \frac{1}{2} + \cdots$$

Satz 6.4 (Vergleichskriterium) Es seien a_n und b_n **nicht negative** reelle Zahlen mit $a_n \leq b_n$ für fast alle n.

1 Ist $\sum_{n=0}^{\infty} b_n$ konvergent, so ist auch $\sum_{n=0}^{\infty} a_n$ konvergent.

Ist $a_n \leq b_n$ für alle n, so ist $\sum_{n=0}^{\infty} a_n \leq \sum_{n=0}^{\infty} b_n$.

2 Ist $\sum_{n=0}^{\infty} a_n$ divergent, so ist auch $\sum_{n=0}^{\infty} b_n$ divergent.

1 Es sei $a_n \leq b_n$ für alle $n > N$. Die Partialsummen $s_n = \sum_{k=0}^{n} a_k$ bilden eine wachsende Folge, beschränkt durch $s_N + \sum_{k=N+1}^{\infty} b_k < \infty$. Die Folge (s_n) ist also sicherlich konvergent und der Grenzwert ist kleiner als $s_N + \sum_{k=N+1}^{\infty} b_k$.

Wenn $N = -1$ genommen werden kann, so folgt $\sum_{n=0}^{\infty} a_n \leq \sum_{n=0}^{\infty} b_n$.

2 Die zweite Aussage folgt sofort aus der ersten. ■

Beispiel: Weil $\frac{1}{n^2} \leq \frac{2}{n(n+1)}$ für alle n, folgt $\sum_{n=1}^{\infty} \frac{1}{n^2} < 2$. Der Wert ist $\pi^2/6$, wie wir später sehen werden.

Aufgaben

EXTRAS ONLINE
Lösungen

Aufgabe 6.6 Zeigen Sie:

1. Sind $a_n, b_n > 0$, existiert $\lim\limits_{n\to\infty} \frac{a_n}{b_n}$, und ist $\sum\limits_{n=0}^{\infty} b_n$ konvergent, so auch $\sum\limits_{n=0}^{\infty} a_n$.
   Tipp: Vergleichskriterium
2. Sind $a_n, b_n > 0$, existiert $\lim\limits_{n\to\infty} \frac{a_n}{b_n} = L \neq 0$, so ist $\sum\limits_{n=0}^{\infty} a_n$ konvergent genau dann, wenn $\sum\limits_{n=0}^{\infty} b_n$ konvergent ist.
3. Ist $a_n > 0$ und $\lim\limits_{n\to\infty} na_n = L > 0$, dann ist $\sum\limits_{n=0}^{\infty} a_n$ divergent.

Aufgabe 6.7 Untersuchen Sie die Konvergenz der nachfolgenden Reihen.

1. $\sum\limits_{n=1}^{\infty} \frac{1}{10n}$
2. $\sum\limits_{n=1}^{\infty} \sin(1/n)$
3. $\sum\limits_{n=1}^{\infty} \sin(1/n^2)$
4. $\sum\limits_{n=1}^{\infty} \sin^2(1/n)$
5. $\sum\limits_{n=1}^{\infty} \sin(\pi/\sqrt{n})$
6. $\sum\limits_{n=1}^{\infty} (1 - \cos(1/n))$
7. $\sum\limits_{n=1}^{\infty} \frac{1}{(2n+3)^2}$
8. $\sum\limits_{n=1}^{\infty} \frac{4}{n^2 - n + 1}$
9. $\sum\limits_{n=1}^{\infty} \left(e^{1/n^2} - 1\right)$

Aufgabe 6.8 Zeigen Sie das **Verdichtungskriterium**:

Es sei (a_n) eine monoton fallende Folge positiver reeller Zahlen. Dann sind folgende Reihen beide konvergent oder beide divergent:

$$\sum_{n=1}^{\infty} a_n = a_1 + a_2 + a_3 + a_4 + \cdots \text{ und}$$

$$a_1 + 2a_2 + 4a_4 + 8a_8 + \cdots = \sum_{n=0}^{\infty} 2^n a_{2^n}$$

Tipp: Betrachten Sie den Beweis für die Divergenz der harmonischen Reihe $\sum\limits_{n=1}^{\infty} \frac{1}{n}$.

Aufgabe 6.9 Benutzen Sie die letzte Aufgabe, um zu zeigen, dass $\sum\limits_{n=1}^{\infty} \frac{1}{n^\alpha}$ konvergent ist genau dann, wenn $\alpha > 1$.
Tipp: geometrische Reihe. Später geben wir einen anderen Beweis mit dem „Integralkriterium", siehe Satz 6.6 auf Seite 156.

Aufgabe 6.10 Es sei $\zeta(2) := \sum\limits_{n=1}^{\infty} \frac{1}{n^2}$. Zeigen Sie:

$$1 + \frac{1}{3^2} + \frac{1}{5^2} + \frac{1}{7^2} + \cdots = \frac{3}{4}\zeta(2)\,.$$

6.3 Leibniz-Kriterium

Satz 6.5 (Leibniz-Kriterium) Es sei (a_n) eine monoton fallende Nullfolge reeller Zahlen. Dann konvergiert die Reihe

$$\sum_{n=1}^{\infty}(-1)^{n+1}a_n = a_1 - a_2 + a_3 - a_4 + a_5 - a_6 + \cdots =: S\,.$$

Der Fehler ist höchstens so groß wie der erste Term in der Reihe, welchen wir weglassen, d. h. mit $S = \sum\limits_{n=1}^{\infty}(-1)^{n+1}a_n$ gilt:

$$0 \le S - \sum_{k=0}^{2n}(-1)^{k+1}a_k \le a_{2n+1}\,, \quad -a_{2n} \le S - \sum_{k=0}^{2n-1}(-1)^{k+1}a_k \le 0\,.$$

Für die Partialsummen gilt:

$$s_{2n} = (a_1 - a_2) + (a_3 - a_4) + \cdots + (a_{2n-1} - a_{2n})\,.$$

Wegen $a_{2n-1} - a_{2n} > 0$ ist s_{2n} eine monoton wachsende Folge. Aber auch

$$s_{2n} = a_1 - (a_2 - a_3) - \cdots - (a_{2n-2} - a_{2n-1}) - a_{2n}\,,$$

woraus ersichtlich ist, dass $s_{2n} < a_1$. Somit existiert $\lim\limits_{n\to\infty} s_{2n} := S$. Genauso zeigt man, dass

$$s_{2n+1} = a_1 - (a_2 - a_3) - \cdots - (a_{2n-2} - a_{2n-1}) - (a_{2n} - a_{2n+1})$$

eine monoton fallende Folge ist mit $\lim\limits_{n\to\infty}(s_{2n+1} - s_{2n}) = \lim\limits_{n\to\infty} a_{2n+1} = 0$, also existiert $S = \lim\limits_{n\to\infty} s_n$. Weil für jedes n gilt

$$s_{2n} \le S \le s_{2n+1} \text{ und } s_{2n} \le S \le s_{2n-1}\,,$$

folgt die Aussage über den Fehler. ■

Beispiel:

1 $1 - \frac{1}{2} + \frac{1}{3} - \frac{1}{4} + \frac{1}{5} - \cdots$ ist konvergent.

Wir haben in Aufgabe 5.21 gesehen, dass diese Reihe gleich ln(2) ist. Weil $1/n$ langsam gegen null konvergiert, braucht man viele Terme, um eine gute Annäherung zu bekommen.

2 $1 - \frac{1}{3} + \frac{1}{5} - \frac{1}{7} + \frac{1}{9} - \cdots$ ist konvergent.

Wir haben schon in Aufgabe 5.21 gesehen, dass die Summe gleich $\pi/4$ ist.

Aufgaben

EXTRAS ONLINE Lösungen

Aufgabe 6.11 Bestimmen Sie eine Nullfolge (a_n) mit $a_n \geq 0$, sodass $\sum_{n=1}^{\infty}(-1)^n a_n$ divergiert. Die Bedingung **monoton** fallend in dem Leibniz-Kriterium ist deshalb nicht überflüssig.
Tipp: Betrachten Sie die geraden und ungeraden Terme separat.

Aufgabe 6.12

1. Wie groß sollte man N nehmen, sodass die Partialsumme s_N von $\sum_{n=1}^{\infty}(-1)^n \frac{1}{n}$ weniger als 10^{-2} abweicht?
2. Berechnen Sie $\sum_{n=1}^{\infty}(-1)^{n+1}\dfrac{n}{n^4+1}$ bis auf zwei Nachkommastellen.
3. Berechnen Sie $e^{-1} = \sum_{n=1}^{\infty}(-1)^n \dfrac{1}{n!}$ mit einem Fehler von höchstens $5 \cdot 10^{-6}$.
4. Berechnen Sie $\cos(1)$ mit einem Fehler von höchstens $5 \cdot 10^{-6}$.

Aufgabe 6.13 Untersuchen Sie die Konvergenz der nachfolgenden Reihen.

1. $\sum_{n=1}^{\infty} \dfrac{(-1)^n}{2+n}$
2. $\sum_{n=2}^{\infty} \dfrac{(-1)^n}{n+\frac{(-1)^n}{n}}$
3. $\sum_{n=2}^{\infty} \dfrac{(-1)^n}{\sqrt{n}+(-1)^n}$
4. $\sum_{n=1}^{\infty} \dfrac{(-1)^n n}{(n+1)!}$
5. $\sum_{n=1}^{\infty} (-1)^n \dfrac{\ln(n)}{n}$
6. $\sum_{n=1}^{\infty} \arcsin\left((-1)^n/n\right)$
7. $\sum_{n=1}^{\infty} \dfrac{(-1)^{n+1}}{\sqrt{n+3}}$
8. $\sum_{n=2}^{\infty} (-1)^n \dfrac{\ln(\ln(n))}{\ln(n)}$
9. $\sum_{n=1}^{\infty} \dfrac{(-1)^n \cdot n!}{3\cdot 5 \cdots (2n+1)}$
10. $\sum_{n=1}^{\infty} \dfrac{(-1)^n}{\sqrt[n]{n}}$
11. $\sum_{n=1}^{\infty} (-1)^n \dfrac{\sqrt[n]{n}}{n}$
12. $\sum_{n=1}^{\infty} (-1)^n \dfrac{\ln(2n-1)-\ln(n)}{\sqrt{n}}$

Aufgabe 6.14 Zeigen Sie, dass e^{-1}, insbesondere e, nicht rational ist.
Tipp: Wäre $e^{-1} = p/q$, so betrachte $q!\left(\frac{1}{2!} - \frac{1}{3!} + \cdots + (-1)^q \frac{1}{q!}\right)$.

Aufgabe 6.15 Es sei (a_n) eine monoton fallende Nullfolge und $S = \sum_{n=1}^{\infty}(-1)^{n+1}a_n$. Zeigen Sie, dass $S = \frac{1}{2}a_1 + \frac{1}{2}\sum_{n=1}^{\infty}(-1)^{n+1}(a_n - a_{n+1})$. Wenden Sie diese Idee für die harmonische Reihe an. Wie gut ist die Annäherung

$$\frac{1}{2}a_1 + \frac{1}{2}\sum_{n=1}^{10}(-1)^{n+1}(a_n - a_{n+1})$$

für $(a_n) = 1/n$?

6.4 Das Integralkriterium

Satz 6.6 Sei $m \in \mathbb{N}$ und $f\colon [m,\infty) \to \mathbb{R}_+$ eine monoton fallende, stetige Funktion. Dann gilt:

$$\sum_{k=m}^{\infty} f(k) \text{ konvergiert genau dann, wenn } f \text{ integrierbar ist.}$$

Unabhängig davon ist die Folge (a_n) mit $a_n := \sum_{k=m}^{n-1} f(k) - \int_m^n f(x)\,\mathrm{d}x$ konvergent und der Grenzwert liegt im Intervall $[0, f(m)]$.

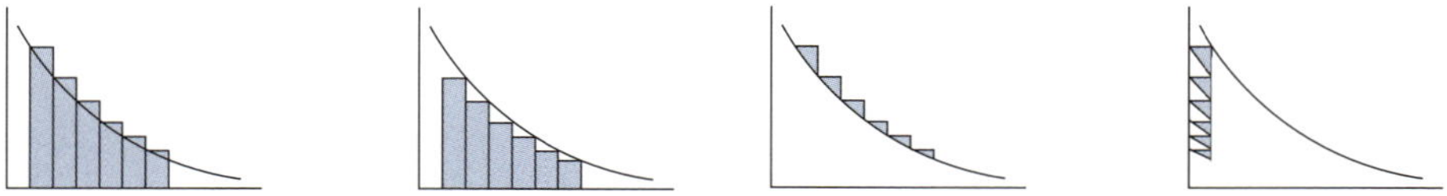

Es reicht, die zweite Aussage zu zeigen. Wir nehmen einfachheitshalber an, dass $m = 1$. Weil f eine fallende Funktion ist, gilt

$$f(1) + f(2) + \cdots + f(n-1) \geq \int_1^n f(x)\,\mathrm{d}x \geq f(2) + \cdots + f(n)\,.$$

Es folgt $a_n \geq 0$ und

$$a_n = f(1) + \cdots + f(n-1) - \int_1^n f(x)\,\mathrm{d}x \leq f(1) + f(2) + \cdots + f(n) - \int_1^n f(x)\,\mathrm{d}x \leq f(1)\,.$$

Es gilt weiter $a_{n+1} - a_n = f(n) - \int_n^{n+1} f(x)\,\mathrm{d}x \geq 0$. Die Folge (a_n) ist deshalb monoton wachsend, beschränkt durch $f(1)$ und deshalb konvergent. ■

Beispiele:

1 Die harmonische Reihe ist divergent: $\int_1^\infty \frac{1}{x}\,\mathrm{d}x = \lim_{t\to\infty} \ln(t) = \infty$.

2 Die Reihe $\sum_{n=1}^\infty \frac{1}{n^2}$ ist konvergent, da $\int_1^\infty \frac{1}{x^2}\,\mathrm{d}x = 1$. Selbst $\sum_{n=1}^{\infty} \frac{1}{n^2} - 1 \in [0,1]$ und somit $\sum_{n=1}^\infty \frac{1}{n^2} \in [1,2]$. Nach Aufgabe 6.42 (siehe auch Aufgabe 7.20) ist der Wert dieser Reihe gleich $\pi^2/6$.

3 Die Folge $1 + \frac{1}{2} + \frac{1}{3} + \cdots + \frac{1}{n} - \ln(n)$ konvergiert, der Grenzwert wird Euler-Mascheroni-Konstante genannt und erhält die Bezeichnung γ. Es ist ein offenes Problem, ob γ rational ist oder nicht. Man glaubt zwar, dass γ nicht rational ist, doch ein Beweis der Irrationalität ist bis heute nicht erbracht.

Aufgaben

EXTRAS ONLINE Lösungen

Aufgabe 6.16 Benutzen Sie das Integralkriterium, um zu bestimmen, ob die nachfolgenden Reihen konvergieren.

1. $\sum\limits_{n=2}^{\infty} \frac{1}{n\ln(n)}$
2. $\sum\limits_{n=1}^{\infty} \frac{n}{e^{n^2}}$
3. $\sum\limits_{n=0}^{\infty} \frac{1}{\sqrt{n+4}}$
4. $\sum\limits_{n=1}^{\infty} \frac{1}{n^{\pi}}$
5. $\sum\limits_{n=1}^{\infty} \frac{1}{n^{e}}$
6. $\sum\limits_{n=1}^{\infty} \frac{1}{\sqrt[5]{n+2}}$
7. $\sum\limits_{n=2}^{\infty} \frac{1}{n(\ln(n))^2}$
8. $\sum\limits_{n=1}^{\infty} \frac{\ln(n^2)}{n}$
9. $\sum\limits_{n=1}^{\infty} e^{-2n}$

Aufgabe 6.17

$$\text{Sei } s_{2n} := 1 - \frac{1}{2} + \frac{1}{3} - \cdots - \frac{1}{2n} \text{ und } c_n := 1 + \frac{1}{2} + \frac{1}{3} + \cdots + \frac{1}{n} - \ln(n)\,.$$

Zeigen Sie, dass $s_{2n} = c_{2n} - c_n + \ln(2)$, und folgern Sie:

$$1 - \frac{1}{2} + \frac{1}{3} - \frac{1}{4} + \cdots = \ln(2)\,.$$

Aufgabe 6.18 Für welche $p > 0$ konvergiert $\sum\limits_{n=2}^{\infty} \frac{1}{n(\ln(n))^p}$?

Aufgabe 6.19 Konvergiert die Reihe $\sum\limits_{n=2}^{\infty} \frac{1}{n\ln(n) \cdot \ln(\ln(n))}$?

Aufgabe 6.20 Sei $f\colon [1,\infty) \to \mathbb{R}_+$ wie im Satz 6.6 und $s := \sum_{k=1}^{\infty} f(k)$ sei konvergent.

1. Zeigen Sie, dass $0 \le s - s_n \le \int_n^{\infty} f(x)\,dx$.
2. Wie viel weicht $\sum\limits_{n=1}^{30} \frac{1}{n^4}$ vom richtigen Wert $\sum\limits_{n=1}^{\infty} \frac{1}{n^4}$ höchstens ab?
3. Zeigen Sie: $11{,}5 < \sum\limits_{n=1}^{50} \frac{1}{\sqrt{n+1}} < 12{,}3$.

6.5 Quotienten- und Wurzelkriterium

Eine Reihe $\sum\limits_{n=0}^{\infty} a_n$ heißt **absolut konvergent**, falls $\sum\limits_{n=0}^{\infty} |a_n|$ konvergent ist.

Eine Reihe, die konvergent, aber nicht absolut konvergent ist, nennen wir eine **bedingt konvergente** Reihe.

Wir benutzen im Folgenden die Notation $a^+ := \max\{a, 0\}$ und $a^- := -\min\{a, 0\}$. Wir haben die offensichtlichen Formeln $a = a^+ - a^-$ und $|a| = a^+ + a^-$.

Satz 6.7 Absolut konvergente Reihen sind konvergent. Die Reihe $\sum_{n=0}^{\infty} a_n$ ist genau dann absolut konvergent, wenn $\sum_{n=0}^{\infty} a_n^+$ und $\sum_{n=0}^{\infty} a_n^-$ konvergent sind.

Ist $\sum_{n=0}^{\infty} |a_n|$ konvergent, so folgt aus dem Vergleichskriterium (Satz 6.4), dass $\sum_{n=0}^{\infty} a_n^+$ und $\sum_{n=0}^{\infty} a_n^-$ konvergent sind. Deshalb ist auch die Differenz $\sum_{n=0}^{\infty} a_n$ konvergent. Sind umgekehrt $\sum_{n=0}^{\infty} a_n^+$ und $\sum_{n=0}^{\infty} a_n^-$ konvergent, so ist auch die Summe $\sum_{n=0}^{\infty} |a_n|$ konvergent. ■

Satz 6.8 Es sei (a_n) eine Folge.

1 **(Quotientenkriterium)** Es existiere der Grenzwert $A := \lim\limits_{n\to\infty} \left|\frac{a_{n+1}}{a_n}\right|$.
Ist $A < 1$, so konvergiert $\sum_{n=0}^{\infty} a_n$ absolut. Ist $A > 1$, so divergiert $\sum_{n=0}^{\infty} a_n$.

2 **(Wurzelkriterium)** Ist $\limsup \sqrt[n]{|a_n|} < 1$, so ist $\sum_{n=0}^{\infty} a_n$ absolut konvergent, ist $\limsup \sqrt[n]{|a_n|} > 1$, so ist $\sum_{n=0}^{\infty} a_n$ divergent.

Wähle ein q mit $A < q < 1$. Ist $|a_{n+1}/a_n| < q < 1$ für alle $n \geq N$, so folgt $|a_{N+j}| \leq q^j |a_N|$ und deshalb:

$$\sum_{k=N}^{\infty} |a_k| \leq |a_N| + q|a_N| + q^2|a_N| + \cdots = |a_N| \cdot \left(1 + q + q^2 + \cdots\right) .$$

Die rechte Seite konvergiert (geometrische Reihe). Somit konvergiert $\sum_{k=N}^{\infty} a_k$ absolut und daher ist auch $\sum_{k=0}^{\infty} a_k$ absolut konvergent. Ist $\lim_{n\to\infty} |a_{n+1}/a_n| > 1$, dann $\lim_{n\to\infty} a_n \neq 0$ und die Reihe divergiert.

Ist $\limsup \sqrt[n]{|a_n|} < 1$, dann ist $\sqrt[n]{|a_n|} < q < 1$ für n hinreichend groß und $|a_n| < q^n$ folgt. Wir schätzen wie oben mit der geometrischen Reihe ab. Ist $\limsup \sqrt[n]{|a_n|} > 1$, so ist (a_n) keine Nullfolge, also ist $\sum_{n=0}^{\infty} a_n$ divergent. ■

Aufgaben

EXTRAS ONLINE
Lösungen

Aufgabe 6.21 Untersuchen Sie die Konvergenz und die absolute Konvergenz der nachfolgenden Reihen:

1. $\sum\limits_{n=1}^{\infty}(-1)^{n+1}\frac{1}{n}$
2. $\sum\limits_{n=1}^{\infty}(-1)^{n+1}\frac{1}{n^2}$
3. $\sum\limits_{n=1}^{\infty}(-1)^{n}/\sqrt{n}$
4. $\sum\limits_{n=1}^{\infty}\frac{(-1)^n n}{(n+1)!}$

Aufgabe 6.22 Sowohl das Quotienten- als auch das Wurzelkriterium lassen den Fall außer Betracht, dass der Grenzwert gleich 1 ist. Tatsächlich helfen uns in diesem Fall diese Kriterien nicht weiter.

Sei $a_n = 1/n$ und $b_n = 1/n^2$. Zeigen Sie, dass $\limsup \sqrt[n]{a_n} = \limsup \sqrt[n]{b_n} = 1$, $\lim_{n\to\infty} a_{n+1}/a_n = \lim_{n\to\infty} b_{n+1}/b_n = 1$. Die Reihe $\sum a_n$ divergiert, die Reihe $\sum b_n$ konvergiert.

Aufgabe 6.23 Untersuchen Sie die Konvergenz der nachfolgenden Reihen.

1. $\sum\limits_{n=1}^{\infty}\frac{n!}{n^n}$
2. $\sum\limits_{n=1}^{\infty}\frac{1}{n!}$
3. $\sum\limits_{n=1}^{\infty}(-1)^n\frac{x^{2n+1}}{(2n+1)!}$
4. $\sum\limits_{n=1}^{\infty}\frac{1}{n2^n}$
5. $\sum\limits_{n=1}^{\infty}\frac{n}{2^n}$
6. $\sum\limits_{n=1}^{\infty}\frac{n^2}{3^n}$
7. $\sum\limits_{n=2}^{\infty}\frac{1}{\ln^{\alpha}(n)}, \quad \alpha > 0$
8. $\sum\limits_{n=2}^{\infty}\frac{\ln^2(n)}{\ln^n(3)}$
9. $\sum\limits_{n=2}^{\infty}\frac{1}{\ln^{\ln(n)}(n)}$
10. $\sum\limits_{n=1}^{\infty}\frac{x^n}{n!}$
11. $\sum\limits_{n=1}^{\infty}\left(\frac{n}{n+1}\right)^{n^2}$
12. $\sum\limits_{n=1}^{\infty}\frac{n!}{5^n}$
13. $\sum\limits_{n=1}^{\infty}2^{-n+\ln(n)}$
14. $\sum\limits_{n=1}^{\infty}\frac{n(n+1)}{3^n}$
15. $\sum\limits_{n=1}^{\infty}(n^2-2n)\mathrm{e}^{-n}$

Aufgabe 6.24 Sei $0 < a < b < 1$. Zeigen Sie direkt, dass die Reihe

$$a + b + a^2 + b^2 + a^3 + b^3 + \cdots$$

konvergiert. Wenden Sie dann das Quotienten- und das Wurzelkriterium an.

Aufgabe 6.25 Das Wurzelkriterium ist stärker als das Quotientenkriterium (obwohl Letzteres einfacher anwendbar ist). Zeigen Sie dazu die nachfolgende Aussage.

Ist $a_n > 0$ für jedes n und $\lim\limits_{n\to\infty}\frac{a_{n+1}}{a_n} = L$, so ist auch $\lim\limits_{n\to\infty}\sqrt[n]{a_n} = L$.

Tipp: Für $L > 0$ sei $\varepsilon > 0$ und wähle ein m, sodass $L - \varepsilon < \frac{a_{n+1}}{a_n} < L + \varepsilon$ für alle $n \geq m$. Betrachten Sie a_n/a_m und verwenden Sie, dass $\lim\limits_{n\to\infty}\sqrt[n]{a} = 1$ für jedes $a > 0$.

6.6 Die Umordnungssätze

Satz 6.9 (Umordnungssatz) Es sei $\sigma\colon \mathbb{N}_0 \to \mathbb{N}_0$ eine Umordnung. Ist $\sum_{i=0}^{\infty} a_i$ *absolut* konvergent, so ist auch die umgeordnete Reihe $\sum_{i=0}^{\infty} a_{\sigma(i)}$ absolut konvergent und die Werte sind gleich: $\sum_{i=0}^{\infty} a_i = \sum_{i=0}^{\infty} a_{\sigma(i)}$.

Ist $\sum_{i=0}^{\infty} a_i$ konvergent, aber nicht absolut konvergent, so ist diese Aussage falsch. Nach Riemann kann man zu jedem beliebigen Wert L eine Umordnung σ finden, sodass $\sum_{n=0}^{\infty} a_{\sigma(n)} = L$ ist, siehe Aufgabe 6.30.

Sei $a_{ij} \in \mathbb{R}$. Eine Reihe $\sum_{i=0}^{\infty} \sum_{j=0}^{\infty} a_{ij}$ nennen wir eine Doppelreihe. Wir nennen sie konvergent, wenn $\sum_{j=0}^{\infty} a_{ij}$ für jedes i konvergent ist und $\sum_{i=0}^{\infty} \left(\sum_{j=0}^{\infty} a_{ij}\right)$ konvergiert. Auf ähnliche Weise definieren wir absolute Konvergenz.

Satz 6.10 (Großer Umordnungssatz) Sei σ eine Abzählung von $\mathbb{N}_0 \times \mathbb{N}_0$, also $\sigma\colon \mathbb{N}_0 \to \mathbb{N}_0 \times \mathbb{N}_0$ sei bijektiv. Die Doppelreihe $\sum_{i=0}^{\infty} \sum_{j=0}^{\infty} a_{ij}$ konvergiert absolut genau dann, wenn $\sum_{n=0}^{\infty} a_{\sigma(n)}$ absolut konvergiert. Die Werte sind dann gleich: $\sum_{i=0}^{\infty} \sum_{j=0}^{\infty} a_{ij} = \sum_{n=0}^{\infty} a_{\sigma(n)}$. Insbesondere dürfen wir bei absolut konvergenten Doppelreihen die Reihenordnung der Summation vertauschen:

$$\sum_{i=0}^{\infty} \sum_{j=0}^{\infty} a_{ij} = \sum_{j=0}^{\infty} \sum_{i=0}^{\infty} a_{ij}\,.$$

Satz 6.11 Sind $\sum_{i=0}^{\infty} a_i$ und $\sum_{j=0}^{\infty} b_j$ absolut konvergent, so auch das **Cauchyprodukt** $\sum_{n=0}^{\infty} \sum_{i+j=n} a_i b_j$ und es gilt

$$\sum_{n=0}^{\infty} \sum_{i+j=n} a_i b_j = \sum_{i=0}^{\infty} a_i \cdot \sum_{j=0}^{\infty} b_j\,.$$

Weil $a_i b_j = a_i^+ b_j^+ + a_i^- b_j^- - \left(a_i^+ b_j^- + a_i^- b_j^+\right)$ reicht es, den Fall $a_i, b_j \geq 0$ zu betrachten. Sei $\sigma\colon \mathbb{N}_0 \to \mathbb{N}_0 \times \mathbb{N}_0$ die unten rechts stehendende Abzählung und $c_{ij} := a_i b_j$.

Nach Definition ist $\sum_{k=0}^{\infty} c_{\sigma(k)}$ gleich dem Cauchyprodukt und wegen des großen Umordnungsatzes folgt

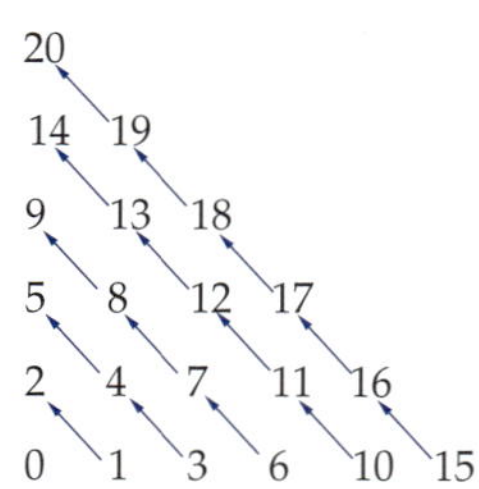

$$\sum_{n=0}^{\infty} \sum_{i+j=n} a_i b_j = \sum_{k=0}^{\infty} c_{\sigma(k)} = \sum_{j=0}^{\infty} \sum_{i=0}^{\infty} a_i b_j$$

$$= \sum_{j=0}^{\infty} \left(b_j \sum_{i=0}^{\infty} a_i \right) = \sum_{i=0}^{\infty} a_i \cdot \sum_{j=0}^{\infty} b_j\,.$$

■

Aufgaben

EXTRAS ONLINE
Lösungen

Aufgabe 6.26

1. Zeigen Sie: Für $-1 < x < 1$ ist $\sum_{n=0}^{\infty}(n+1)x^n = \frac{1}{(1-x)^2}$.
2. Finden Sie eine ähnliche Formel für $\frac{1}{(1-x)^3}$.

Aufgabe 6.27 Prüfen Sie die Formel $e^{x+y} = e^x \cdot e^y$ und $\sin(x+y) = \sin(x)\cos(y) + \cos(x)\sin(y)$ durch Anwendung des Cauchyprodukts.

Aufgabe 6.28 Sei S die Summe der Reihe $1 - \frac{1}{2} + \frac{1}{3} - \frac{1}{4} + \cdots$. Zeigen Sie:

$$\tfrac{3}{2}S = 1 + \tfrac{1}{3} - \tfrac{1}{2} + \tfrac{1}{5} + \tfrac{1}{7} - \tfrac{1}{4} + \tfrac{1}{9} + \tfrac{1}{11} - \tfrac{1}{6} + \cdots .$$

(Jeweils zwei positive Zahlen wechseln sich mit einer negativen Zahl ab.) Der Umordnungssatz ist deshalb für nicht absolut konvergente Reihen falsch.
Tipp: Betrachte die Reihe für $S/2$, setze an der Hälfte der Stellen Nullen und addiere die Reihen für S und $S/2$.

Aufgabe 6.29 Zeigen Sie, dass $\sum_{n=1}^{\infty}(-1)^n\frac{1}{\sqrt{n}}$ konvergiert, jedoch das Cauchyprodukt dieser Reihe mit sich selbst nicht.

Aufgabe 6.30 (Riemann) Es sei $\sum_{n=0}^{\infty} a_n$ eine konvergente, aber nicht absolut konvergente Reihe. Sei L eine reelle Zahl oder $\pm\infty$. Zeigen Sie, dass eine Umordnung σ von $\mathbb{N}_0$ existiert, sodass $\sum_{n=0}^{\infty} a_{\sigma(n)} = L$.

Aufgabe 6.31 Sei $b_n := 2^{-n-1} \cdot (a_0 + 2a_1 + \cdots + 2^n a_n)$ und die Reihe $\sum_{n=0}^{\infty} a_n$ sei absolut konvergent. Zeigen Sie, dass $\sum_{n=0}^{\infty} a_n = \sum_{n=0}^{\infty} b_n$.

Aufgabe 6.32 Für $k \geq 2$ sei $\zeta(k) := \sum_{n=1}^{\infty}\frac{1}{n^k}$. Zeigen Sie: $\sum_{k=2}^{\infty}(\zeta(k) - 1) = 1$.

Aufgabe 6.33 Sei $a_{jk} := 0$ für $j > k$, $a_{jk} := \frac{(j-1)!}{k\cdot(k+1)\ldots(k+j)}$ für $j < k$,

$$a_{kk} := \frac{(k-1)!}{k^2(k+1)\ldots(2k-1)} .$$

Zeigen Sie:

$$\sum_{j=1}^{k} a_{jk} = \sum_{j=1}^{\infty} a_{jk} = \frac{1}{k^2}, \qquad \sum_{k=j+1}^{\infty} a_{jk} = \frac{(j-1)!}{j(j+1)\ldots(2j)} .$$

Zeigen Sie mithilfe des großen Umordnungssatzes:

$$\sum_{k=1}^{\infty}\frac{1}{k^2} = 3\cdot\sum_{j=1}^{\infty}\frac{(j-1)!^2}{(2j)!} .$$

Beweis der Umordnungssätze

Beweis von Satz 6.9 (Umordnungssatz) Wir beweisen den Umordnungssatz zunächst für den Fall, dass alle a_i nicht negativ sind, d.h. $a_i = a_i^+$. Es sei $A := \sum_{i=0}^{\infty} a_i$ und $\varepsilon > 0$. Dann gibt es ein N mit

$$A - \varepsilon < a_0 + a_1 + \cdots + a_n \leq A$$

für alle $n \geq N$. Die $a_0, \ldots, a_N$ kommen natürlich in der umgeordneten Reihe auch vor. Es sei $k_0, \ldots, k_N$ mit $\sigma(k_i) = i$ und

$$M = \max\{k_0, \ldots, k_N\} .$$

Dann gelten für $n \geq M$ die offensichtlichen Ungleichungen:

$$\begin{aligned} A - \varepsilon < a_0 + a_1 + \cdots + a_N &= a_{\sigma(k_0)} + a_{\sigma(k_1)} + \cdots + a_{\sigma(k_N)} \\ &\leq a_{\sigma(0)} + \cdots + a_{\sigma(M)} \\ &\leq a_{\sigma(0)} + \cdots + a_{\sigma(n)} \leq A \end{aligned}$$

Somit konvergiert die umgeordnete Reihe auch gegen A.

Wenn nicht $a_i \geq 0$ für alle i, so betrachten wir die beiden konvergenten Reihen $\sum_{i=0}^{\infty} a_i^+$ und $\sum_{i=0}^{\infty} a_i^-$. Diese können wir, wie eben bewiesen, beliebig umordnen:

$$\sum_{i=0}^{\infty} a_i = \sum_{i=0}^{\infty} a_i^+ - \sum_{i=0}^{\infty} a_i^- = \sum_{i=0}^{\infty} a_{\sigma(i)}^+ - \sum_{i=0}^{\infty} a_{\sigma(i)}^- = \sum_{i=0}^{\infty} a_{\sigma(i)} .$$

■

Um den großen Umordnungssatz zu beweisen, zeigen wir zunächst folgendes Ergebnis.

Satz 6.12 Sei $s_{k,\ell} \in \mathbb{R}$ mit $s_{k,\ell} \leq s_{k+1,\ell}$ und $s_{k,\ell} \leq s_{k,\ell+1}$ für alle $k, \ell \in \mathbb{N}_0$. Dann:

$$\lim_{k\to\infty} s_{k,k} = \lim_{\ell\to\infty} \lim_{k\to\infty} s_{k,\ell} \text{ (eventuell gleich } \infty) .$$

$$\begin{array}{cccccccc}
\vdots & \vdots & \vdots & \vdots & \vdots & & & \vdots \\
s_{0,4} & s_{1,4} & s_{2,4} & s_{3,4} & s_{4,4} & \cdots & \to & \lim_{k\to\infty} s_{k,4} \\
s_{0,3} & s_{1,3} & s_{2,3} & s_{3,3} & s_{4,3} & \cdots & \to & \lim_{k\to\infty} s_{k,3} \\
s_{0,2} & s_{1,2} & s_{2,2} & s_{3,2} & s_{4,2} & \cdots & \to & \lim_{k\to\infty} s_{k,2} \\
s_{0,1} & s_{1,1} & s_{2,1} & s_{3,1} & s_{4,1} & \cdots & \to & \lim_{k\to\infty} s_{k,1} \\
s_{0,0} & s_{1,0} & s_{2,0} & s_{3,0} & s_{4,0} & \cdots & \to & \lim_{k\to\infty} s_{k,0}
\end{array}$$

Ist $k \geq \ell$, so ist $s_{\ell,\ell} \leq s_{k,\ell}$, also $s_{\ell,\ell} \leq \lim_{k\to\infty} s_{k,\ell}$. Für $\ell \to \infty$ folgt

$$\lim_{\ell\to\infty} s_{\ell,\ell} \leq \lim_{\ell\to\infty} \lim_{k\to\infty} s_{k,\ell} \,.$$

Jetzt die andere Ungleichung: Ist $k \geq \ell$, so ist $s_{k,k} \geq s_{k,\ell}$. Also

$$\lim_{k\to\infty} s_{k,k} \geq \lim_{k\to\infty} s_{k,\ell} \,.$$

Dies gilt für jedes ℓ, somit folgt

$$\lim_{k\to\infty} s_{k,k} \geq \lim_{\ell\to\infty} \lim_{k\to\infty} s_{k,\ell} \,.$$

■

Beweis von Satz 6.9 (Großer Umordnungssatz)

Wie bei dem gewöhnlichen Umordnungssatz können wir die Aussage auf den Fall reduzieren, dass die a_{ij} alle nicht negativ sind.

Wir betrachten zunächst ein spezielles σ, welches wir τ nennen, wie im nebenstehenden Diagramm angedeutet. Sei

$$s_{k,\ell} := \sum_{j=0}^{\ell} \sum_{i=0}^{k} a_{ij} \,.$$

⋮	⋮	⋮	⋮	⋮		
35	34	33	32	31	30	
24	23	22	21	20	29	…
15	14	13	12	19	28	…
8	7	6	11	18	27	…
3	2	5	10	17	26	…
0	1	4	9	16	25	…

$s_{3,2}$

Dann erfüllt $s_{k,\ell}$ die Voraussetzungen des vorherigen Satzes. Es folgt:

$$\sum_{j=0}^{\infty} \sum_{i=0}^{\infty} a_{ij} = \lim_{\ell\to\infty} \lim_{k\to\infty} s_{k,\ell} = \lim_{k\to\infty} s_{k,k} = \lim_{k\to\infty} \sum_{n=0}^{(k+1)^2-1} a_{\tau(n)} = \sum_{n=0}^{\infty} a_{\tau(n)} \,.$$

Die letzte Gleichung gilt, weil für eine wachsende Folge die Konvergenz äquivalent zur Konvergenz einer beliebigen Teilfolge ist (Aufgabe 1.12).

Ist $\sigma : \mathbb{N}_0 \to \mathbb{N}_0 \times \mathbb{N}_0$ eine beliebige Abzählung, so ist $\tau^{-1} \circ \sigma : \mathbb{N}_0 \to \mathbb{N}_0$ eine Abzählung von $\mathbb{N}_0$. Aus dem gewöhnlichen Umordnungssatz folgt

$$\sum_{j=0}^{\infty} \sum_{i=0}^{\infty} a_{ij} = \sum_{n=0}^{\infty} a_{\tau(n)} = \sum_{n=0}^{\infty} a_{\tau(\tau^{-1}\sigma(n))} = \sum_{n=0}^{\infty} a_{\sigma(n)} \,.$$

■

6.7 Potenzreihen

1 Eine Potenzreihe in x ist eine Reihe der Form $\sum_{n=0}^{\infty} a_n x^n$.

2 Der Konvergenzradius R einer Potenzreihe $\sum_{n=0}^{\infty} a_n x^n$ ist gleich:

$$\sup\left\{|x|: \sum_{n=0}^{\infty} a_n x^n \text{ ist beschränkt}\right\}.$$

Satz 6.13
Es sei $\sum_{n=0}^{\infty} a_n x^n$ eine Potenzreihe mit Konvergenzradius $R > 0$. Dann konvergiert $\sum_{n=0}^{\infty} a_n x^n$ für $|x| < R$ absolut, sie divergiert, wenn $|x| > R$. Die Funktion $f(x) = \sum_{n=0}^{\infty} a_n x^n$ ist stetig in $x = 0$.

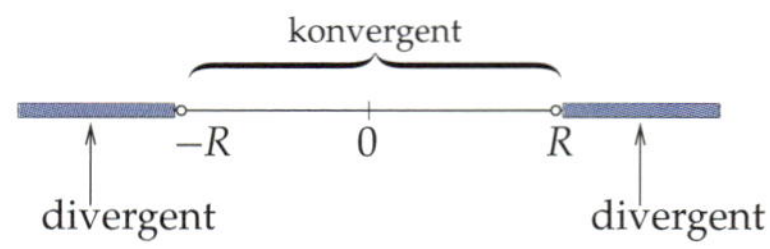

Ist $|x| > R$, so ist $(a_n x^n)$ nicht beschränkt und deshalb keine Nullfolge. In diesem Fall divergiert $\sum a_n x^n$.

Ist $|x| < R$, so gibt es ein y mit $|x| < |y| < R$ und $(a_n y^n)$ ist beschränkt. Deshalb gibt es ein $K > 0$, sodass $|a_n y^n| < K$ für alle n. Für x mit $|x| < |y|$ und $n \geq 1$ gilt

$$|a_n x^n| \leq |x| \cdot \frac{K}{|y|} \left|\frac{x}{y}\right|^{n-1} .$$

Als geometrische Reihe konvergiert $\sum_{n=1}^{\infty} K|x/y|^{n-1} =: A$ und somit konvergiert $\sum_{n=0}^{\infty} a_n x^n$ absolut nach dem Vergleichskriterium. Weiterhin gilt für jedes p:

$$\left|\sum_{n=1}^{p} a_n x^n\right| \leq \sum_{n=1}^{\infty} |a_n x^n| \leq |x| \cdot \frac{K}{|y|} A. \text{ Deshalb gilt } \left|\sum_{n=1}^{\infty} a_n x^n\right| \leq |x| \cdot \frac{K}{|y|} A .$$

Hieraus folgt die Stetigkeit der Potenzreihe in $x = 0$. ■

Der Konvergenzradius ist ein Element von $[0, \infty] := \mathbb{R}_{\geq 0} \cup \{\infty\}$. Eine allgemeine Aussage über das Konvergenzverhalten der Potenzreihe für $x = R$ und $x = -R$ können wir nicht machen, da dies von dem betreffenden Beispiel abhängt. Aus dem Quotientenkriterium und dem Wurzelkriterium folgt nachfolgender Satz.

Satz 6.14 Betrachte die Potenzreihe $\sum_{n=0}^{\infty} a_n x^n$ mit Konvergenzradius R.

1 Existiert $\lim_{n\to\infty} \frac{|a_n|}{|a_{n+1}|}$, so ist dieser Grenzwert gleich R.

2 Existiert $\lim_{n\to\infty} \sqrt[n]{|a_n|}$, so ist $R = 1/\lim_{n\to\infty} \sqrt[n]{|a_n|}$.

3 Allgemein gilt: $R = 1/\limsup \sqrt[n]{|a_n|}$.

Aufgaben

EXTRAS ONLINE Lösungen

Aufgabe 6.34 Beweisen Sie den Satz 6.14.

Aufgabe 6.35 Bestimmen Sie den Konvergenzradius nachfolgender Potenzreihen.

1. $\sum_{n=1}^{\infty} \frac{x^n}{n5^n}$
2. $\sum_{n=1}^{\infty} \frac{n(n+1)x^n}{3^n}$
3. $\sum_{n=1}^{\infty} \left(\frac{n+1}{n}\right)^n x^{2n}$
4. $\sum_{n=1}^{\infty} \frac{x^n}{(2n-1)2^n}$
5. $\sum_{n=1}^{\infty} \frac{x^{2n}}{2n(2n-1)}$
6. $1 + x + \frac{x^2}{4} + x^3 + \frac{x^4}{16} + \cdots$
7. $\sum_{n=1}^{\infty} \frac{x^n}{1 + \frac{1}{2} + \cdots + \frac{1}{n}}$
8. $\sum_{n=1}^{\infty} \frac{nx^n}{\sqrt{1+n^4}}$
9. $\sum_{n=1}^{\infty} \frac{n!}{n^n} x^n$
10. $\sum_{n=1}^{\infty} \frac{x^n}{1+a^n}, \quad a > 0$ fest
11. $\sum_{n=1}^{\infty} \frac{2^{-n} + (-1)^n}{n} x^n$
12. $\sum_{n=1}^{\infty} \sqrt{n} x^{n^2}$

Aufgabe 6.36 Für welche x konvergieren die nachfolgenden Reihen?

1. $\sum_{n=1}^{\infty} \frac{(2x+1)^n}{\arctan(\mathrm{e}^n)}$
2. $\sum_{n=1}^{\infty} x^{-n}$
3. $\sum_{n=1}^{\infty} n \sin^n(x)$
4. $\sum_{n=1}^{\infty} (-1)^n \frac{(x-1)^n}{n}$
5. $\sum_{n=1}^{\infty} \frac{1}{2n+1} \cdot \left(\frac{x-1}{x+1}\right)^{2n+1}$
6. $\sum_{n=1}^{\infty} \frac{(n!)^2}{(2n)!} x^n$
7. $\sum_{n=1}^{\infty} \frac{(x+1)^{2n}}{(x^2+4x+5)^n}$
8. $\sum_{n=1}^{\infty} \frac{x^n}{\sin(\mathrm{e}^{-n})}$

Aufgabe 6.37 Für $\alpha \in \mathbb{R}$ ist der Binomialkoeffizient definiert durch:

$$\binom{\alpha}{n} := \frac{\alpha \cdot (\alpha - 1) \cdot \ldots \cdot (\alpha - n + 1)}{n!}$$

Zeigen Sie: Für $\alpha \neq 0, 1, 2, 3, \ldots$ hat $1 + \binom{\alpha}{1}x + \binom{\alpha}{2}x^2 + \cdots$ den Konvergenzradius 1.

Aufgabe 6.38 Zeigen Sie, dass die Potenzreihen $\sum_{n=0}^{\infty} a_n x^n$ und $\sum_{n=0}^{\infty} (n+1) a_{n+1} x^n$ den gleichen Konvergenzradius haben.

6.8 Differenzieren von Potenzreihen

Satz 6.15 Der Konvergenzradius der Potenzreihe $f(x) = \sum a_n x^n$ sei gleich R. Dann ist $f(x)$ für $x \in (-R, R)$ differenzierbar und es gilt $f'(x) = \sum n a_n x^{n-1}$.

Sei h gegeben, sodass $-R < x - h < x < x + h < R$. Dann ist $f(x+h) := \sum_{n=0}^{\infty} a_n (x+h)^n$ absolut konvergent und nach dem großen Umordnungssatz dürfen wir nach den Potenzen von h ordnen:

$$\begin{aligned} f(x+h) &= a_0 + a_1(x+h) + a_2(x+h)^2 + a_3(x+h)^3 + \cdots \\ &= f(x) + h(a_1 + 2a_2x + 3a_3x^2 + \cdots) + h^2 f_1(x) + h^3 f_2(x) + \cdots \end{aligned}$$

für gewisse konvergente Reihen $f_1(x), f_2(x), \ldots$ Die Potenzreihe in h (also x fest) $hf_1(x) + h^2 f_2(x) + \cdots$ ist als Funktion in $h = 0$ stetig (siehe Satz 6.13). Es folgt:

$$\lim_{h \to 0} \frac{f(x+h) - f(x)}{h} = a_1 + 2a_2x + 3a_3x^2 + \cdots$$

■

Satz 6.16

1 $\ln(1+x) = x - \frac{x^2}{2} + \frac{x^3}{3} - \frac{x^4}{4} + \frac{x^5}{5} + \cdots$ für $-1 < x \leq 1$.

2 $\arctan(x) = x - \frac{x^3}{3} + \frac{x^5}{5} - \frac{x^7}{7} + \cdots$ für $-1 \leq x \leq 1$.

3 $(1+x)^\alpha = 1 + \binom{\alpha}{1} x + \binom{\alpha}{2} x^2 + \binom{\alpha}{3} x^3 + \cdots$ für $x \in (-1, 1)$, $\alpha \in \mathbb{R}$. (Binomialreihe)

4 $\arcsin(x) = x + \frac{1}{2} \cdot \frac{x^3}{3} + \frac{1 \cdot 3}{2 \cdot 4} \cdot \frac{x^5}{5} + \frac{1 \cdot 3 \cdot 5}{2 \cdot 4 \cdot 6} \cdot \frac{x^7}{7} + \cdots$ für $-1 < x < 1$.

1 Die Potenzreihe $f(x) = x - \frac{x^2}{2} + \frac{x^3}{3} - \frac{x^4}{4} + \frac{x^5}{5} + \cdots$ hat Konvergenzradius 1, es folgt für $-1 < x < 1$, dass $f'(x) = 1 - x + x^2 - x^3 + \cdots = \frac{1}{1+x}$. Somit ist $(f(x) - \ln(1+x))' = 0$ und weil $f(0) = \ln(1+0) = 0$, folgt die Behauptung für $-1 < x < 1$. Wir müssen die Aussage noch für $x = 1$ zeigen. Sei N gegeben. Nach dem Leibniz-Kriterium gilt für $|x| < 1$:

$$\left| \ln(1+x) - \sum_{k=1}^{N-1} (-1)^{k+1} \frac{x^k}{k} \right| \leq \frac{|x^N|}{N} \leq \frac{1}{N}.$$

Da zwischen dem Absolutzeichen eine stetige Funktion von x steht, gilt die Ungleichung auch für $x = 1$. Jetzt nehmen wir den Grenzwert für $N \to \infty$. Es folgt die Reihe für $\ln(2)$. Die Aussagen **2**, **3** und **4** zu beweisen, wird als Aufgabe überlassen. ■

Aufgaben

EXTRAS ONLINE
Lösungen

Aufgabe 6.39

1. Sei $f(x) = \sum_{n=0}^{\infty} a_n x^n$ eine Potenzreihe mit positivem Konvergenzradius. Zeigen Sie, dass $a_n = \dfrac{f^{(n)}(0)}{n!}$.
2. Es seien $f(x) = \sum_{n=0}^{\infty} a_n x^n$ und $g(x) = \sum_{n=0}^{\infty} b_n x^n$ mit positivem Konvergenzradius, sodass $f(x) = g(x)$ für alle hinreichend kleinen x. Zeigen Sie, dass $a_n = b_n$ für jedes n.
3. Es sei $f = \sum_{n=0}^{\infty} a_n x^n$ mit positivem Konvergenzradius. Dann ist f gerade genau dann, wenn $a_n = 0$ für alle ungeraden n und f ist ungerade genau dann, wenn $a_n = 0$ für alle geraden n. Zeigen Sie diese Aussage.

Aufgabe 6.40

1. Beweisen Sie die Reihe für $\arctan(x)$.
2. Sei $f(x) = \sum_{n=0}^{\infty} \binom{\alpha}{n} x^n$. Zeigen Sie, dass $(1+x)f'(x) = \alpha f(x)$. Leiten Sie damit die Formel für die Binomialreihe her.
3. Zeigen Sie jetzt die Potenzreihenentwicklung von $\arcsin(x)$. Benutzen Sie hierbei die Ableitung von $\arcsin(x)$ und die Binomialreihe.
4. Zeigen Sie die Potenzreihenentwicklung von $\cos(x)$ und $\sin(x)$ (siehe Satz 6.1), ohne die Taylorformel zu benutzen.
   Tipp: Aufgabe 4.22 auf Seite 103.

Aufgabe 6.41 Bestimmen Sie für die nachfolgenden Reihen den Konvergenzradius und bestimmen Sie die Summe.

1. $\sum\limits_{n=1}^{\infty} \dfrac{x^n}{n}$
2. $\sum\limits_{n=2}^{\infty} \dfrac{x^n}{n(n-1)}$
3. $\sum\limits_{n=1}^{\infty} \dfrac{x^n}{n(n+1)}$
4. $\sum\limits_{n=1}^{\infty} n x^{n-1}$
5. $\sum\limits_{n=1}^{\infty} n x^n$
6. $\sum\limits_{n=1}^{\infty} n(n+1) x^n$
7. $\sum\limits_{n=1}^{\infty} (-1)^{n+1} \dfrac{x^{2n+1}}{(2n-1)(2n+1)}$
8. $\sum\limits_{n=1}^{\infty} \dfrac{n+1}{n!} x^n$
9. $\sum\limits_{n=1}^{\infty} \dfrac{2n-1}{n} x^n$
10. $\sum\limits_{n=1}^{\infty} \dfrac{n x^{n-1}}{(n+1)!}$
11. $\sum\limits_{n=1}^{\infty} \dfrac{2^n - n}{n+1} x^n$
12. $\sum\limits_{n=1}^{\infty} \dfrac{n x^{n-1}}{(n+2)!}$

Aufgabe 6.42 Sei $f(x) = \arcsin^2(x) = \sum_{n=0}^{\infty} a_n x^n$ für $-1 < x < 1$. Zeigen Sie:

1. Es gilt $(1-x^2)f''(x) - xf'(x) - 2 = 0$.
2. Zeigen Sie $a_0 = 0$, $a_2 = 1$ und $a_{2n} = 2^{2n-1} \cdot \dfrac{((n-1)!)^2}{(2n)!}$ für $n \geq 1$.
3. Zeigen Sie: $\sum\limits_{k=1}^{\infty} \dfrac{1}{k^2} = \dfrac{\pi^2}{6}$.
   Tipp: Betrachten Sie Aufgabe 6.33.

6.9 *Reihen mit komplexen Termen*

Bislang haben wir Reihen und Potenzreihen mit reellen Koeffizienten untersucht. Nichts verbietet uns, komplexe Zahlen in Potenzreihen einzusetzen.

1 Eine Folge (z_n) von komplexen Zahlen heißt konvergent mit Grenzwert z, wenn für jedes $\varepsilon > 0$ ein $N \in \mathbb{N}$ existiert mit $|z_n - z| < \varepsilon$ für alle $n \geq N$.

2 Eine Reihe $\sum_{n=0}^{\infty} z_n$ mit $z_n \in \mathbb{C}$ heißt konvergent, wenn die Folge der Partialsummen (s_n) mit $s_n = \sum_{k=0}^{n} z_n$ konvergent ist.

3 Eine Reihe $\sum_{n=0}^{\infty} z_n$ heißt absolut konvergent, wenn $\sum_{n=0}^{\infty} |z_n|$ konvergent ist.

Ist $z_n = x_n + y_n i$, so ist (z_n) konvergent genau dann, wenn die Folgen reeller Zahlen (x_n) und (y_n) konvergent sind, siehe Aufgabe 6.43. Satz 6.2 und Satz 6.3 bleiben für solche Reihen mit komplexen Termen gültig (mit dem gleichen Beweis).

Satz 6.17 Absolut konvergente Reihen sind konvergent. Für absolut konvergente Reihen gilt der Umordnungssatz 6.9 und der große Umordnungssatz 6.10. Für zwei absolut konvergente Reihen gilt die Aussage des Cauchyproduktes, siehe Satz 6.11.

Sei $\sum_{n=0}^{\infty} |z_n|$ konvergent. Weil $|x_n|, |y_n| \leq |z_n|$, sind $\sum_{n=0}^{\infty} |x_n|$ und $\sum_{n=0}^{\infty} |y_n|$ konvergent wegen des Vergleichskriteriums. Wegen Satz 6.7 sind damit $\sum_{n=0}^{\infty} x_n$ und $\sum_{n=0}^{\infty} y_n$ konvergent und es folgt, dass $\sum_{n=0}^{\infty} x_n + i \cdot \sum_{n=0}^{\infty} y_n$ konvergent ist. Dies zeigt die erste Aussage. Die zweite Aussage folgt, weil wir nach dem Umordnungssatz 6.9 die Reihen $\sum_{n=0}^{\infty} x_n$ und $\sum_{n=0}^{\infty} y_n$ beliebig umordnen dürfen, deshalb auch $\sum_{n=0}^{\infty} x_n + \sum_{n=0}^{\infty}(y_n \cdot i)$. Den großen Umordnungssatz zeigt man auf ähnliche Weise. Für das Cauchyprodukt $\sum(x_n + iy_n) \cdot \sum(v_n + iw_n)$, wende das gewöhnliche Cauchyprodukt an auf $\sum x_n v_n$, $\sum x_n w_n$, $\sum y_n v_n$ und $\sum y_n w_n$. ■

Auch das Quotientenkriterum und das Wurzelkriterium sind gültig, mit dem gleichen Beweis. Anwendung dieses Kriteriums ergibt, dass die Reihe $\sum_{n=0}^{\infty} \frac{z^n}{n!}$ für jedes $z \in \mathbb{C}$ konvergiert. Es ist naheliegend zu vermuten, dass diese Reihe e^z berechnet, siehe Definition 4.12. Der Beweis des folgenden Satzes wird als Aufgabe überlassen.

Satz 6.18 Für $z \in \mathbb{C}$ gilt

$$e^z = \sum_{n=0}^{\infty} \frac{z^n}{n!}, \quad \sin(z) = \sum_{n=0}^{\infty} (-1)^n \frac{z^{2n+1}}{(2n+1)!}, \quad \cos(z) = \sum_{n=0}^{\infty} (-1)^n \frac{z^{2n}}{(2n)!}.$$

Aufgaben

EXTRAS ONLINE Lösungen

Aufgabe 6.43 Zeigen Sie: Eine Folge $(z_n) = (x_n + y_n i)$ ist konvergent genau dann, wenn (x_n) und (y_n) konvergente Folgen reeller Zahlen sind.

Die Definition auf der vorherigen Seite ist deshalb äquivalent zu der Definition im Abschnitt 4.12.

Aufgabe 6.44 Zeigen Sie Satz 6.18.
Tipp: Benutzen Sie das Cauchyprodukt und $e^{x+iy} = e^x \cdot (\cos(y) + i\sin(y))$.

Aufgabe 6.45 Sei $\sum_{n=0}^{\infty} a_n z^n$ eine Potenzreihe mit komplexen Koeffizienten.

1. Zeigen Sie, dass es ein $R \in \mathbb{R}_+ \cup \{\infty\}$ gibt, den sogenannten **Konvergenzradius** der Potenzreihe, mit folgender Eigenschaft:

   Die Reihe $\sum_{n=0}^{\infty} a_n z^n$ konvergiert absolut für alle komplexe Zahlen z mit $|z| < R$ und divergiert für alle komplexe Zahlen z mit $|z| > R$ (vgl. Satz 6.13).
2. Zeigen Sie: Existiert $\lim_{n\to\infty} \frac{|a_n|}{|a_{n+1}|}$, so ist dieser Grenzwert gleich R.
3. Zeigen Sie: $R = 1/\limsup \sqrt[n]{|a_n|}$.

Aufgabe 6.46 Für $\alpha \in \mathbb{C}$ betrachte:

$$B_\alpha(z) := \sum_{n=0}^{\infty} \binom{\alpha}{n} z^n, \text{ wobei } \binom{\alpha}{n} := \frac{\alpha \cdot (\alpha - 1) \cdots (\alpha - n + 1)}{n!} .$$

1. Zeigen Sie, dass der Konvergenzradius von $B_\alpha(z)$ gleich 1 ist.
2. Zeigen Sie: $B_\alpha(z) \cdot B_\beta(z) = B_{\alpha+\beta}(z)$.

Aufgabe 6.47 Zeigen Sie, dass die Potenzreihe

$$z - \frac{z^2}{2} + \frac{z^3}{3} - \frac{z^4}{4} + \frac{z^5}{5} - \cdots$$

Konvergenzradius 1 hat. Wir bezeichnen den Wert mit $\ln(1 + z)$.

6.10 *Einsetzen von Potenzreihen*

Satz 6.19

1 Gegeben sind zwei Potenzreihen $h(y) = a_0 + \sum_{n=1}^{\infty} a_n y^n$ und $g(x) = \sum_{k=1}^{\infty} b_k x^k$ mit positivem Konvergenzradius. Dann lässt sich $h(g(x))$ auch als Potenzreihe mit positivem Konvergenzradius schreiben.

2 Sei $f(x)$ eine Potenzreihe mit positivem Konvergenzradius und $f(0) \neq 0$. Dann gibt es eine Potenzreihe $\widetilde{f}(x)$ mit positivem Konvergenzradius und $f(x) \cdot \widetilde{f}(x) = 1$.

1 Wir dürfen $a_0 = 0$ nehmen. Der Konvergenzradius von h sei R und die von g sei S. Es folgt mit Induktion und dem Cauchyprodukt, dass $g(x)^n$ auch eine konvergente Potenzreihe mit Konvergenzradius S ist. Wir schreiben $g(x)^n = \sum\limits_{k=1}^{\infty} b_k^{(n)} x^k$. Ist $f(x) := \sum\limits_{k=1}^{\infty} |b_k x^k|$, so ist $f(x)^n = \sum\limits_{k=1}^{\infty} |\beta_k^{(n)}| \cdot |x^k|$ für $|x| < S$ konvergent und wir haben die Abschätzung $|b_k^{(1)}| \leq \beta_k^{(1)}$ (weil sie gleich sind). Mit Induktion nach n:

$$\left|b_k^{(n)}\right| = \left|\sum_{i+j=k} b_i^{(n-1)} \cdot b_j\right| \leq \sum_{i+j=k} |b_i^{(n-1)}| \cdot |b_j| \leq \sum_{i+j=k} \beta_i^{(n-1)} \cdot \beta_j = \beta_k^{(n)} .$$

Aus der Stetigkeit von f in $x = 0$ folgt, dass es ein $\delta > 0$ gibt, sodass $f(x) < R$ für $|x| < \delta$. Deshalb gilt für $|x| < \delta$ die Ungleichung $|a_n f(x)|^n < |a_n R^n|$ und

$$\sum_{n=0}^{\infty} a_n f(x)^n = \sum_{n=1}^{\infty}\sum_{k=1}^{\infty} a_n \cdot \beta_k^{(n)} x^k$$

ist absolut konvergent. Weil $\left|b_k^{(n)}\right| \leq \beta_k^{(n)}$, ist auch $\sum\limits_{n=1}^{\infty}\sum\limits_{k=1}^{\infty} a_n \cdot b_k^{(n)} x^k$ absolut konvergent für $|x| < \delta$. Wir wenden den großen Umordnungssatz an. Für $|x| < \delta$ gilt

$$h(g(x)) = \sum_{n=1}^{\infty} a_n \cdot g(x)^n = \sum_{n=1}^{\infty}\sum_{k=1}^{\infty} a_n b_k^{(n)} x^k = \sum_{k=1}^{\infty} \left(\sum_{n=1}^{\infty} a_n b_k^{(n)}\right) x^k .$$

2 Ohne Einschränkung ist $f(0) = 1$. Sei $h(x) = \sum_{n=0}^{\infty} x^n = \frac{1}{1-x}$ für $|x| < 1$ und $g(x) = 1 - f(x)$. Dann hat $\widetilde{f}(x) := h(g(x)) = 1/f(x)$ einen positiven Konvergenzradius nach dem ersten Teil. ∎

In der Praxis kann man Koeffizienten des Kehrwerts folgendermaßen berechnen: Ist $f(x) = \sum a_n x^n$ und $\widetilde{f}(x) = b_n x^n$ mit $f(x) \cdot g(x) = 1$, so berechnet man die Zahlen b_n aus den nebenstehenden Gleichungen.

$$\begin{aligned} a_0 b_0 &= 1 \\ a_0 b_1 + a_1 b_0 &= 0 \\ a_0 b_2 + a_1 b_1 + a_2 b_0 &= 0 \\ &\vdots \end{aligned}$$

Aufgaben

EXTRAS ONLINE
Lösungen

Aufgabe 6.48 Berechnen Sie die ersten sechs Koeffizienten der Potenzreihenentwicklung der nachfolgenden Funktionen:

1. $\dfrac{1}{\cos(x)}$ 2. $\dfrac{x}{\sin(x)}$ 3. $\tan(x)$ 4. $\dfrac{x}{\ln(1+x)}$

Aufgabe 6.49

1. Sei $f(x) = \dfrac{1}{\cos(x)} + \tan(x)$. Zeigen Sie: $2f'(x) = 1 + f(x)^2$.
2. Schreibe $f(x) = \sum\limits_{n=0}^{\infty} a_n x^n$. Zeigen Sie für $n \geq 1$, dass $a_{n+1} = \dfrac{1}{2(n+1)} \sum\limits_{k=0}^{n} a_k a_{n-k}$.
3. Schreiben Sie ein SAGEMATH-Programm, um a_n zu berechnen.

Aufgabe 6.50 Wir schreiben $\dfrac{x}{e^x - 1} = B_0 + \dfrac{B_1 x}{1!} + \dfrac{B_2 x^2}{2!} + \dfrac{B_3 x^3}{3!} + \dfrac{B_4 x^4}{4!} + \cdots$

Die Zahlen $B_0, B_1, B_2, \ldots$ heißen **Bernoulli-Zahlen**.

1. Berechnen Sie B_0, B_1, B_2, B_3, B_4.
2. Zeigen Sie die Formel

$$\frac{x}{2} + \frac{x}{e^x - 1} = \frac{x}{2} \frac{e^{x/2} + e^{-x/2}}{e^{x/2} - e^{-x/2}}$$

   und folgern Sie hieraus, dass $B_3 = B_5 = B_7 = \cdots = 0$.
3. Folgern Sie, dass

$$\frac{x}{2}\left(1 + \frac{x^2}{2^2 \cdot 2!} + \frac{x^4}{2^4 \cdot 4!} + \cdots\right) = \left(\frac{x}{2} + \frac{x^3}{2^3 \cdot 3!} + \cdots\right) \cdot \left(1 + \frac{B_2 x^2}{2!} + \frac{B_4 x^4}{4!} + \cdots\right)$$

4. Es seien $\sum_{i=0}^{\infty} a_i$ und $\sum_{j=0}^{\infty} b_j$ absolut konvergente Reihen und $\sum_{n=0}^{\infty} c_n$ das Cauchyprodukt der beiden Reihen. Zeigen Sie:

$$\sum_{i=0}^{\infty} (-1)^i a_i \cdot \sum_{j=0}^{\infty} (-1)^j b_j = \sum_{n=0}^{\infty} (-1)^n c_n$$

5. Folgern Sie hiermit, dass

$$\frac{x}{2}\operatorname{cotan}(x/2) = 1 - \frac{B_2 x^2}{2!} + \frac{B_4 x^4}{4!} - \frac{B_6 x^6}{6!} + \frac{B_8 x^8}{8!} - \cdots$$

6. Zeigen Sie:

$$\tan(x) = \sum_{k=1}^{\infty} (-1)^{k+1} \cdot 2 \cdot \frac{(2^{2k} - 1) \cdot B_{2k}}{(2k)!} (2x)^{2k-1}$$

   Tipp: Benutzen Sie eine Verdopplungsformel $\operatorname{cotan}(2x) = \cdots$.
7. Schreiben Sie ein SAGEMATH-Programm, dass die Bernoulli-Zahlen berechnet.

6.11 *Der abelsche Grenzwertsatz*

Satz 6.20 (Abelsche Grenzwertsatz) Sei $a_k \in \mathbb{R}$ für $k \in \mathbb{N}_0$. Ist $A := \sum_{k=0}^{\infty} a_k$ eine konvergente Reihe, so ist $f(x) = \sum_{k=0}^{\infty} a_k x^k$ eine auf $(-1, 1]$ stetige Funktion.

Der Konvergenzradius von $f(x)$ ist mindestens eins, also ist $f\colon (-1, 1) \to \mathbb{R}$ differenzierbar (Satz 6.15) und somit sicherlich stetig. Wir brauchen deshalb nur noch die Stetigkeit in $x = 1$ zu zeigen. Sei

$$s_n(x) := \sum_{k=0}^{n} a_k x^k \text{ und } s_n := s_n(1)\,.$$

Zweimalige Anwendung der Dreiecksungleichung gibt:

$$|f(x) - f(1)| \leq |f(x) - s_n(x)| + |s_n(x) - s_n| + |s_n - f(1)|\,.$$

Wähle $\varepsilon > 0$ und ein n, sodass $|s_m - f(1)| < \varepsilon/4$ für $m \geq n$. Weil $s_n(x)$ als Polynom stetig ist, ist $|s_n(x) - s_n| < \varepsilon/4$ für x nahe bei 1. Es reicht deshalb zu zeigen, dass

$$|f(x) - s_n(x)| \leq \varepsilon/2$$

für alle $x \in [0, 1]$. Bemerke, dass

$$f(x) - s_n(x) = \lim_{p\to\infty} s_{n+p}(x) - s_n(x) = \lim_{p\to\infty} \sum_{k=1}^{p} a_{n+k} x^{n+k}\,.$$

Sei $A_k := s_{n+k} - s_n$. Dann gilt $A_0 = 0$, $a_{n+k} = A_k - A_{k-1}$ für $k \geq 1$ und $|A_k| = |s_{n+k} - s_n| \leq |s_{n+k} - f(1)| + |f(1) - s_n| < \varepsilon/2$. Also

$$\left|\sum_{k=1}^{p} a_{n+k} x^{n+k}\right| = \left|\sum_{k=1}^{p} (A_k - A_{k-1}) x^{n+k}\right| = \left|\sum_{k=1}^{p-1} A_k \cdot \left(x^{n+k} - x^{n+k+1}\right) + A_p \cdot x^{n+p}\right|$$

$$< \tfrac{1}{2}\varepsilon \cdot \sum_{k=1}^{p-1} \left(x^{n+k} - x^{n+k+1}\right) + \tfrac{1}{2}\varepsilon \cdot x^{n+p} = \tfrac{1}{2}\varepsilon x^{n+1} \leq \tfrac{1}{2}\varepsilon\,.$$

Nehme jetzt $p \to \infty$. ∎

Wir sehen erneut, dass $\ln(1+x) = x - \frac{x^2}{2} + \frac{x^3}{3} - \cdots$ für $x \in (-1, 1]$, was zunächst für $x \in (-1, 1)$ bewiesen wurde, auch für $x = 1$ gültig ist. Genauso argumentiert man für die Reihen für $\arctan(x)$ und $\arcsin(x)$, siehe Satz 6.16.

Funktionenfolgen

7

7.1 Gleichmäßige Konvergenz 178
7.2 Integrieren und differenzieren: Vertauschungsgesetze 180
7.3 Reihen von Funktionen: Weierstraßkriterium 182
7.4 Fourier-Reihen 184
7.5 Beweis des Satzes über Fourier-Reihen 186

ÜBERBLICK

LERNZIELE

- Funktionenfolgen: gleichmäßige und punktweise Konvergenz
- Eine gleichmäßig konvergente Folge stetiger Funktionen konvergiert gegen eine stetige Funktion.
- Vertauschen von Grenzwert und Integral
- Gleichmäßige Konvergenz von Reihen: das Weierstraßkriterium
- Fourier-Reihen

Sei A eine Teilmenge von $\mathbb{R}$. Ist für jede natürliche Zahl n eine Funktion $f_n : A \to \mathbb{R}$ gegeben, so sprechen wir von einer Funktionenfolge.

Wir behandeln zwei Konvergenzbegriffe: die der punktweisen Konvergenz und die der gleichmäßigen Konvergenz. Punktweise Konvergenz ist hierbei einfach: $\lim_{n\to\infty} f_n = f$, wenn für jedes $x \in A$ gilt, dass die Folge $(f_n(x))$ gegen $f(x)$ konvergiert.

Die wichtigsten Sätze in diesem Kapitel benötigen jedoch eine andere Konvergenz. Hierzu betrachte man den „Abstand" $\|f - g\|_A$ zwischen zwei Funktionen $f, g\colon A \to \mathbb{R}$. Der Abstand ist das Supremum von $|f(x) - g(x)|$ für $x \in A$. Dann heißt (f_n) gleichmäßig konvergent gegen f, wenn es für jedes $\varepsilon > 0$ ein N gibt, sodass $\|f - f_n\|_A < \varepsilon$ für jedes $n \geq N$. Kurz: $\big(\|f - f_n\|_A\big)$ ist eine Nullfolge.

Im nachfolgenden Bild wird diese Definition erläutert.

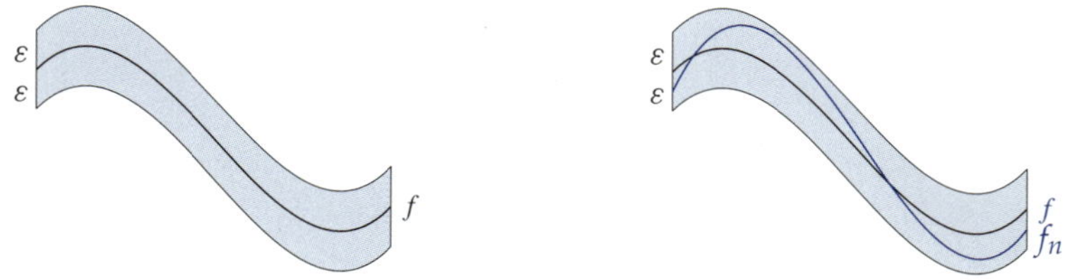

Hier ist um die Grenzwertfunktion $f(x)$ ein hellblauer Streifen zwischen $f(x) - \varepsilon$ und $f(x) + \varepsilon$ gezeichnet. Für alle hinreichend großen n muss der Graph von f_n dann in diesem Bereich liegen.

Zum Beispiel ist die Funktionenfolge $f_n(x) = x^n$ konvergent auf dem Intervall $[0, 1]$, aber nicht gleichmäßig konvergent.

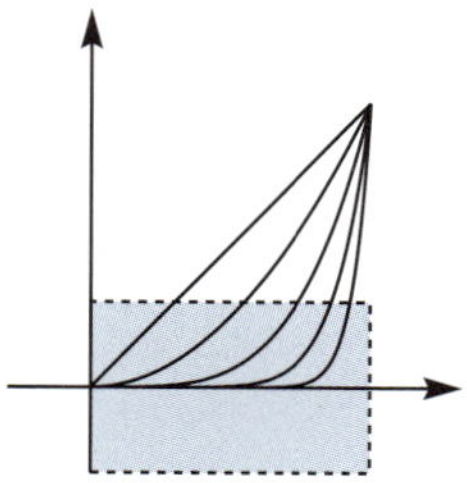

Die wichtigsten Sätze, welche wir beweisen, sind die nachfolgenden. Sind $f_n\colon [a, b] \to \mathbb{R}$ stetig und konvergiert (f_n) gleichmäßig gegen $f\colon [a, b] \to \mathbb{R}$, so gilt:

1 f ist stetig.

2 $\int_a^b f(x)\,\mathrm{d}x = \int_a^b \lim_{n\to\infty} f_n(x)\,\mathrm{d}x = \lim_{n\to\infty} \int_a^b f_n(x)\,\mathrm{d}x$

Es lässt sich ebenfalls ein Vertauschungsgesetz für das Differenzieren formulieren.

Das Beispiel $f_n(x) = x^n$ auf $[0, 1]$ zeigt, dass die Grenzwertfunktion $\lim_{n\to\infty} f_n(x)$ nicht stetig sein muss. Selbst wenn sie stetig wäre, ist es im Allgemeinen nicht erlaubt, Integral und Grenzwert zu vertauschen, siehe Aufgabe 5.22. Hier ist ein Beispiel von stetigen Funktionen auf $[0, 1]$:

$$f_n = \begin{cases} n^2 x & 0 \le x \le \frac{1}{2n} \\ -n^2 x + n & \frac{1}{2n} \le x \le \frac{1}{n} \\ 0 & \frac{1}{n} \le x \le 1 \end{cases}$$

Dann ist $\lim_{n\to\infty} f_n(x) = 0$ für alle $x \in [0, 1]$, aber die Fläche von $O_+(f_n)$ ist gleich $1/4$ für alle n.

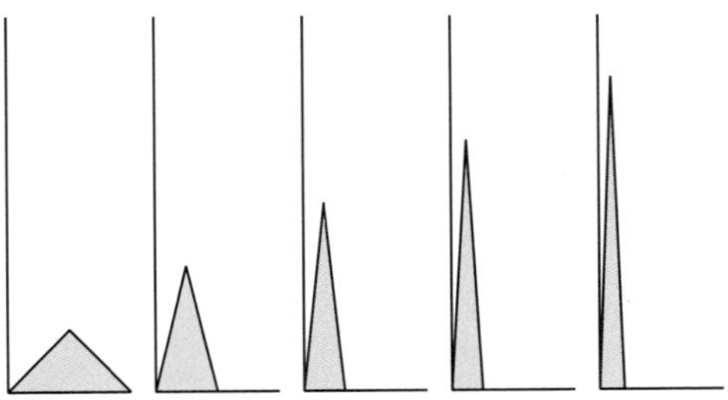

Wir betrachten ebenfalls Reihen von Funktionen: Wir nennen eine Reihe $\sum_{n=0}^{\infty} f_n(x)$ gleichmäßig konvergent, wenn die Folge der Partialsummen

$$s_n(x) = f_0(x) + \cdots + f_n(x)$$

gleichmäßig konvergent ist. Das Weierstraßkriterium, welches wir beweisen, ist eine Art „Vergleichskriterium“: Ist $0 \le |g_n| \le f_n$ und ist $\sum_{n=0}^{\infty} f_n(x)$ gleichmäßig konvergent, dann auch $\sum_{n=0}^{\infty} g_n(x)$. Als Folgerung sind Potenzreihen

$$a_0 + a_1 x + a_2 x^2 + \cdots$$

mit Konvergenzradius R gleichmäßig konvergent auf $[-a, a]$ für $a < R$. Hiermit lässt sich die Ableitungsregel für Potenzreihen erneut herleiten.

Am Ende des Kapitels behandeln wir periodische Funktionen und Fourier-Reihen. Dieser Abschnitt ist unabhängig von den vorherigen. Eine Funktion $f\colon \mathbb{R} \to \mathbb{R}$ heißt periodisch mit Periode $c > 0$, wenn

$$f(x + c) = f(x)$$

für alle $x \in \mathbb{R}$. Man bemerke, dass f durch Werte auf einem Intervall $[a, a+c)$ oder auch $(a, a+c]$ festgelegt ist. Hier kann a beliebig sein. Ist f periodisch mit Periode c, so ist f auch periodisch mit Periode $2c, 3c, \ldots$ Ist f periodisch mit Periode c, aber nicht für c' mit $0 < c' < c$, so heißt c die **minimale Periode** oder auch einfach **Periode** von f. Die einfachsten periodischen Funktionen, die wir kennen, sind natürlich die Funktionenen $\sin(x)$ und $\cos(x)$. Diese haben Periode 2π. Eine beliebige periodische Funktion lässt sich durch Skalieren in eine 2π-periodische Funktion umschreiben. Wir werden deshalb nur 2π-periodische Funktionen betrachten. In der Praxis kommen solche periodischen Funktionen oft vor. Man denke z. B. an Audiosignale oder EKG-Signale.

Es ist deshalb wichtig, solche periodischen Funktionen gut beschreiben und verwalten zu können. Dies ist die Aufgabe der Fourieranalysis. Wir beschreiben kurz die Idee. Wir haben gesehen, dass man viele Funktionen durch das n-te Taylorpolynom approximieren kann,

$$T_0^n f(x) = f(0) + f'(0)x + \frac{1}{2}f''(0)x^2 + \cdots + \frac{1}{n!}f^{(n)}(0)x^n .$$

Dieses Taylorpolynom ist für kleines x eine gute Approximation von $f(x)$. Was ist aber, wenn x groß wird? Betrachten wir die Funktion $f(x) = \sin(x)$. Wir zeigen ein Bild des Graphen von $f(x)$ und $T_0^5 f(x) = x - \frac{1}{6}x^3 + + \frac{1}{120}x^5$.

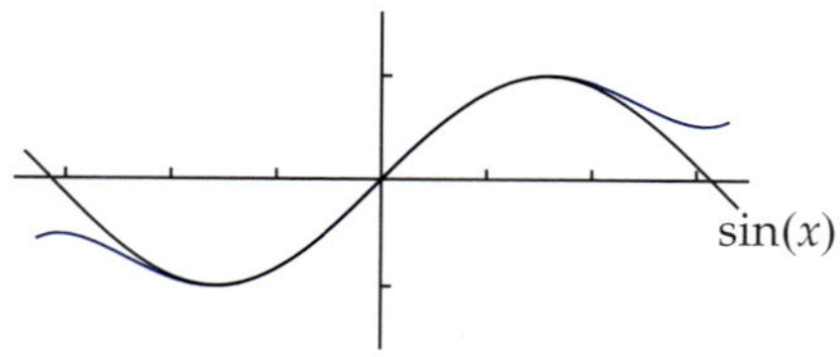

$$T_0^5 \sin(x) = x - \frac{x^3}{6} + \frac{x^5}{120}$$

Wir sehen:

- Die Approximation ist *gut* bei $x = 0$,
- Die Approximation ist *schlecht* bei $x = \pi$: $\sin(\pi) = 0$, aber

$$T_0^5 \sin(\pi) = \pi - \tfrac{1}{6}(\pi)^3 + \tfrac{1}{120}\pi^5 \approx 0{,}52 .$$

Die *Idee* ist, statt der „Basisfunktionen“

$$1,\ x,\ x^2,\ x^3,\ \ldots$$

die Funktionen

$$\begin{aligned} &\tfrac{1}{2},\ \cos(x),\ \cos(2x),\ \cos(3x),\ \ldots \\ &\quad \sin(x),\ \sin(2x),\ \sin(3x),\ \ldots \end{aligned}$$

zu benutzen. Man möchte also eine Funktion $f(x)$ schreiben als

$$= \tfrac{1}{2}a_0 + \sum_{n=1}^{\infty} a_n \cos(nx) + \sum_{n=1}^{\infty} b_n \sin(nx) .$$

Somit beschreibt man eine beliebige 2π-periodische Funktion als „Superposition von Wellen". Diese Darstellung der Funktion nennt man die *Fourierentwicklung* von f.

Hier ist ein Beispiel. Es gilt für die 2π-periodische Funktion f mit $f(x) = |x|$ für $x \in [-\pi, \pi]$ die Fourierentwicklung

$$f(x) = \frac{\pi}{2} - \frac{4}{\pi} \cdot \left(\cos(x) + \frac{\cos(3x)}{3^2} + \frac{\cos(5x)}{5^2} + \cdots \right).$$

Wir haben im nachfolgendem Bild die Funktion

$$\frac{\pi}{2} - \frac{4}{\pi} \cdot \left(\cos(x) + \frac{\cos(3x)}{3^2} + \frac{\cos(5x)}{5^2} \right)$$

dargestellt für $x \in [-8, 8]$.

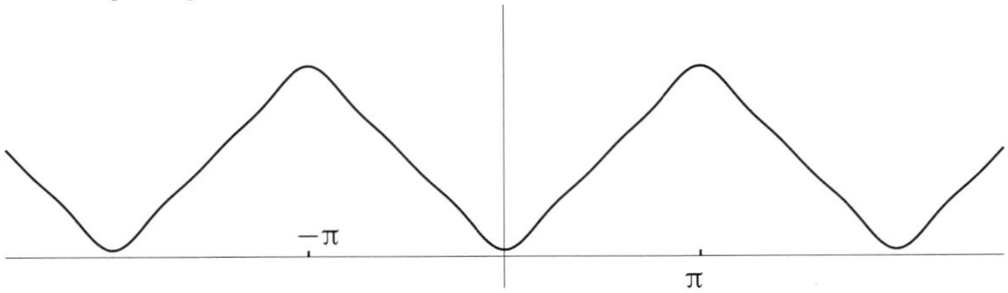

Wir werden in diesem Kapitel nur einen kleinen Teil der Fouriertheorie behandeln, dies ist aber ausreichend für schöne Anwendungen.

7.1 Gleichmäßige Konvergenz

A sei eine Menge von reellen Zahlen und $f\colon A \to \mathbb{R}$. Wir definieren $\|f\| := \|f\|_A := \sup\{|f(x)|: x \in [a, b]\}$.

Dieses Supremum kann unendlich sein. Ist A ein abgeschlossenes Intervall und f stetig, so ist $\|f\|$ eine endliche Zahl, da f ein Maximum und ein Minimum hat.

1 Eine Folge von Funktionen (f_n) mit $f_n\colon A \to \mathbb{R}$ konvergiert **gleichmäßig** gegen f, wenn die Folge von reellen Zahlen $(\|f - f_n\|)$ eine Nullfolge ist.

2 Die Folge (f_n) konvergiert punktweise gegen f, wenn $(f_n(x))$ eine konvergente Folge mit Grenzwert $f(x)$ für alle $x \in [a, b]$ ist.

Ist $(\|f - f_n\|)$ eine Nullfolge, $x \in A$ und $\varepsilon > 0$, dann gibt es ein N mit $\|f - f_n\| < \varepsilon$ für jedes $n \geq N$. Es folgt, dass $|f(x) - f_n(x)| < \varepsilon$ für fast alle n. Aus der gleichmäßigen Konvergenz folgt deshalb die punktweise Konvergenz. Die Umkehrung gilt nicht, siehe das Beispiel weiter unten.

Satz 7.1 $f_n\colon [a, b] \to \mathbb{R}$ sei eine Folge stetiger Funktionen. Konvergiert f_n gleichmäßig gegen $f\colon [a, b] \to \mathbb{R}$, so ist f stetig.

Sei $c \in [a, b]$. Wir beweisen die Stetigkeit von f in c. Sei $\varepsilon > 0$ gegeben. Dann gibt es ein n mit $\|f - f_n\| < \varepsilon/3$. Die Funktion f_n ist stetig in c. Also gibt es ein $\delta > 0$, sodass für alle $x \in [a, b]$ und $|x - c| < \delta$ gilt: $|f_n(x) - f_n(c)| < \varepsilon/3$. Für solche x gilt:

$$\begin{aligned} |f(x) - f(c)| &\leq |f(x) - f_n(x)| + |f_n(x) - f_n(c)| + |f_n(c) - f(c)| \\ &< \varepsilon/3 + \varepsilon/3 + \varepsilon/3 = \varepsilon \end{aligned}$$

und die Stetigkeit der Funktion f in c ist bewiesen. ∎

Beispiel: Betrachte $f_n\colon [0, 1] \to \mathbb{R}$, gegeben durch $f_n(x) = x^n$. Dann ist f_n für jedes n stetig, aber die Grenzwertfunktion

$$f(x) = \begin{cases} 0 & \text{falls } 0 \leq x < 1 \\ 1 & \text{falls } x = 1 \end{cases}$$

ist nicht stetig. Der Grenzwert f der Folge von stetigen Funktionen (f_n), welcher punktweise gegen f konvergiert, braucht deshalb nicht stetig zu sein.

Aufgaben

EXTRAS ONLINE
Lösungen

Aufgabe 7.1 Zeigen Sie, dass die Funktionenfolge (f_n) mit $f_n = x\mathrm{e}^{-nx}$ auf $[0, \infty)$ gleichmäßig gegen die Nullfunktion konvergiert.
Tipp: Berechnen Sie das Maximum von $f_n(x)$.

Aufgabe 7.2 Zeigen Sie, dass die Funktionenfolge $f_n(x) = \frac{nx}{nx+1}$ auf $[0, 1]$ nicht gleichmäßig konvergent ist.
Tipp: Untersuchen Sie $\lim\limits_{n\to\infty} f_n(x)$.

Aufgabe 7.3 Untersuchen Sie die punktweise und die gleichmäßige Konvergenz der nachfolgenden Funktionen auf den angegebenen Intervallen.

1. $f_n(x) = nx\mathrm{e}^{-nx}$ auf $[0, 1]$
2. $f_n(x) = \frac{1}{nx+1}$ auf $(0, 1)$
3. $f_n(x) = \frac{nx^2+1}{nx+1}$ auf $(0, 1)$
4. $f_n(x) = x\mathrm{e}^{-nx^2}$ auf $[0, \infty)$
5. $f_n(x) = \frac{3x+n}{n}$ auf $\mathbb{R}$
6. $f_n(x) = \frac{nx}{nx+1}$ auf $[1, \infty)$
7. $f_n(x) = \sqrt{n} \cdot x\mathrm{e}^{-2n^2x^2}$ auf $[0, \infty)$
8. $f_n(x) = x^2\mathrm{e}^{-1/(nx)}$ auf $(0, a]$, a fest
9. $f_n(x) = \frac{x^2}{n^2}$ auf $\mathbb{R}$
10. $f_n(x) = \frac{x^2}{n^2}$ auf $[-a, a]$, a fest
11. $f_n(x) = \frac{x^{2n}}{1+x^{2n}}$ auf $[0, 1]$
12. $f_n(x) = \cos^n(x)$ auf $(0, \pi/2)$
13. $f_n(x) = \frac{\cos(nx)}{nx+2}$ auf $(0, \infty)$
14. $f_n(x) = \frac{x^n \ln(x)}{x^n+1}$ auf $(0, \infty)$

Aufgabe 7.4 Bestimmen Sie das größte Intervall, für das die Funktionenfolge $f_n(x) = x^2 - \frac{x^n}{n}$ gleichmäßig konvergiert.

7.2 Integrieren und differenzieren: Vertauschungsgesetze

Satz 7.2 Die Folge von stetigen Funktionen $f_n\colon [a,b] \to \mathbb{R}$ auf $[a,b]$ konvergiere gleichmäßig gegen f. Dann gilt:

$$\int_a^b f(x)\,\mathrm{d}x = \lim_{n\to\infty} \int_a^b f_n(x)\,\mathrm{d}x = \int_a^b \lim_{n\to\infty} f_n(x)\,\mathrm{d}x\,.$$

Die Funktion $f(x)$ ist stetig auf $[a,b]$, also existiert das Integral $\int_a^b f(x)\,\mathrm{d}x$. Sei $\varepsilon > 0$. Dann gibt es ein N, sodass $|f(x) - f_n(x)| < \varepsilon/(b-a)$ für alle $n \geq N$ und alle $x \in [a,b]$. Es folgt:

$$\left|\int_a^b f(x) - f_n(x)\,\mathrm{d}x\right| \leq \int_a^b |f(x) - f_n(x)|\,\mathrm{d}x \leq (b-a)\cdot\frac{\varepsilon}{b-a} = \varepsilon\,, \quad \text{also}$$

$$\int_a^b f(x)\,\mathrm{d}x - \lim_{n\to\infty}\int_a^b f_n(x)\,\mathrm{d}x = \lim_{n\to\infty}\int_a^b f(x) - f_n(x)\,\mathrm{d}x = 0\,.$$

■

Satz 7.3 Es seien f_n differenzierbare Funktionen auf $[a,b]$ mit f_n' stetig. Angenommen:

1. $f_n(x)$ ist für (mindestens) ein $x_0 \in [a,b]$ konvergent.
2. Die Folge der Ableitungen (f_n') ist gleichmäßig konvergent.

Dann ist (f_n) punktweise konvergent. Ist $f := \lim_{n\to\infty} f_n$, so ist f differenzierbar auf $[a,b]$ mit $f'(x) = \lim_{n\to\infty} f_n'(x)$ für alle $x \in [a,b]$.

Wegen Satz 7.2 und des Hauptsatzes der Differential- und Integralrechnung gilt:

$$\int_{x_0}^x \lim_{n\to\infty} f_n'(t)\,\mathrm{d}t = \lim_{n\to\infty}\int_{x_0}^x f_n'(t)\,\mathrm{d}t = \lim_{n\to\infty}\left(f_n(x) - f_n(x_0)\right)\,.$$

Weil $\lim_{n\to\infty} f_n(x_0)$ existiert, folgt, dass $f(x) := \lim_{n\to\infty} f_n(x)$ ebenfalls existiert und

$$f(x) = \int_{x_0}^x \lim_{n\to\infty} f_n'(t)\,\mathrm{d}t + f(x_0)\,.$$

Da $\lim_{n\to\infty} f_n'$ als Grenzwert von gleichmäßig stetigen Funktionen selbst wieder stetig ist, folgt aus dem Hauptsatz der Differential- und Integralrechnung:

$$f'(x) = \lim_{n\to\infty} f_n'(x)\,.$$

■

Aufgaben

EXTRAS ONLINE
Lösungen

Aufgabe 7.5 Betrachte die nachfolgenden Funktionen.

$$f_n(x) = \begin{cases} n^2x & 0 \le x \le \frac{1}{2n} \\ n - n^2x & \frac{1}{2n} \le x \le \frac{1}{n} \\ 0 & \frac{1}{n} \le x \le 1 \end{cases}$$

1. Zeichnen Sie den Graph der Funktionen für $n = 1, 2, 3, 4$.
2. Die Folge $(f_n(x))$ konvergiert punktweise gegen die Nullfunktion, aber nicht gleichmäßig.
3. Für jedes n ist $\int_0^1 f_n(x)\,\mathrm{d}x = 1/4$.
4. Es gilt: $\int_0^1 \lim_{n\to\infty} f_n(x)\,\mathrm{d}x \neq \int_0^1 f(x)\,\mathrm{d}x$.

Bemerkung. Die Vertauschung von Grenzwerten von Funktionen und Integralen ist deshalb im Allgemeinen nicht erlaubt, selbst wenn die Grenzwertfunktion stetig ist.

Aufgabe 7.6 Ohne die Bedingung, dass die Folge (f_n') gleichmäßig konvergiert, ist Satz 7.3 im Allgemeinen falsch: Zeigen Sie dazu, dass die Folge $f_n(x) = \frac{\sin(nx)}{n}$ auf $[0, \pi]$ gleichmäßig gegen die Nullfunktion konvergiert, die Ableitung jedoch nicht.

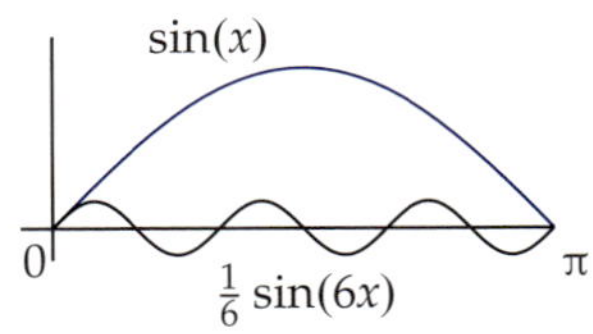

Aufgabe 7.7 Zeigen Sie mit den Voraussetzungen von Satz 7.3, dass die Folge (f_n) sogar gleichmäßig konvergent ist.

Aufgabe 7.8

1. Zeichnen Sie die Graphen der Funktionen $f_n(x) = nx(1-x^2)^n$ für $n = 1, 2, 3$ und $0 \le x \le 1$.
2. Berechnen Sie $\lim_{n\to\infty} f_n(x)$ für $0 \le x \le 1$.
3. Berechnen Sie $\lim_{n\to\infty} \int_0^1 f_n(x)\,\mathrm{d}x$.
4. Ist f_n gleichmäßig konvergent auf $[0, 1]$?

Aufgabe 7.9 Sei $f_n(x) = \mathrm{e}^{-nx}/n, f(x) = \lim_{n\to\infty} f_n(x)$. Zeigen Sie, dass $f'(0) \neq \lim_{n\to\infty} f_n'(0)$.

Aufgabe 7.10 Berechnen Sie

$$\lim_{n\to\infty} \int_0^\infty \frac{nx}{1+n^2x^4}\,\mathrm{d}x\,.$$

Zeichnen Sie die Graphen der Funktionen $\frac{nx}{1+n^2x^4}$ für verschiedene n mit einem Computeralgebrasystem und rechnen Sie nach, was Sie beobachten.

7.3 Reihen von Funktionen: Weierstraßkriterium

Sei $f_n\colon A \to \mathbb{R}$. Die Reihe von Funktionen $\sum\limits_{n=0}^{\infty} f_n(x)$ heißt gleichmäßig bzw. punktweise konvergent, wenn dies für die Folge der Partialsummen (s_n) gilt. Hierbei ist $s_n(x) = \sum\limits_{k=0}^{n} f_k(x)$.

Satz 7.4 Ist $f(x) = \sum f_n(x)$ gleichmäßig konvergent auf A, so konvergiert $f_n(x)$ gleichmäßig gegen die Nullfunktion.

Folgt aus

$$\|f_n\|_A = \left\| \sum_{k=1}^{n} f_k - \sum_{k=1}^{n-1} f_k \right\|_A \leq \|s_n - f\|_A + \|s_{n-1} - f\|_A .$$

■

Satz 7.5 (Weierstraßkriterium) Sei $f_i\colon A \to \mathbb{R}$ mit $f_i(x) \geq 0$ für alle $x \in A$. Die Reihe $f(x) = f_0(x) + f_1(x) + f_2(x) + \cdots$ sei gleichmäßig konvergent auf A und $g_n\colon A \to \mathbb{R}$ mit $|g_n(x)| \leq f_n(x)$ für alle $x \in A$ und $n = 0, 1, 2, \ldots$ Dann ist auch $g_0(x) + g_1(x) + g_2(x) + \cdots$ gleichmäßig konvergent auf A.

Nach dem Vergleichskriterium konvergiert $g(x) = g_0(x) + g_1(x) + g_2(x) + \cdots$ absolut. Sei $\varepsilon > 0$. Dann existiert ein N, sodass für alle $n \geq N$ und alle $x \in A$ gilt:

$$\left| f(x) - \sum_{k=0}^{n} f_k(x) \right| < \varepsilon .$$

Dann gilt für $n \geq N$ und alle $x \in A$:

$$\left| g(x) - \sum_{k=0}^{n} g_k(x) \right| = \left| \sum_{k=n+1}^{\infty} g_k(x) \right| \leq \sum_{k=n+1}^{\infty} f_k(x) = \left| f(x) - \sum_{k=0}^{n} f_k(x) \right| < \varepsilon .$$

Somit ist $g_0(x) + g_1(x) + \cdots$ ebenfalls gleichmäßig konvergent. ■

Satz 7.6 Eine Potenzreihe $a_0 + a_1 x + a_2 x^2 + \cdots$ mit Konvergenzradius R konvergiert auf jedem Intervall $[-b, b]$ für $b < R$ gleichmäßig.

Die Reihe $\sum_{n=0}^{\infty} a_n b^n$ ist absolut konvergent (Satz 6.13). Für $-b < x < b$ gilt $|a_n x^n| < |a_n b^n|$ und wir können das Weierstraßkriterium auf $f_n = |a_n \cdot b^n|$ und $g_n = a_n x^n$ anwenden. ■

Aufgaben

EXTRAS ONLINE
Lösungen

Aufgabe 7.11

1. Zeigen Sie, dass $\sum\limits_{n=0}^{\infty} x^n$ nicht gleichmäßig auf $(0, 1)$ konvergiert.

2. Zeigen Sie, dass $\sum\limits_{n=1}^{\infty} \frac{(-1)^n}{n^x}$ nicht gleichmäßig auf $(0, \infty)$ konvergiert.

Aufgabe 7.12 Zeigen Sie, dass $\sum\limits_{n=1}^{\infty} \frac{(-1)^n}{x+n}$ für $x \geq 0$ gleichmäßig konvergiert.

Aufgabe 7.13 Eine Potenzreihe mit Konvergenzradius R konvergiert im Allgemeinen nicht gleichmäßig auf $(-R, R)$: Zeigen Sie, dass $\sum\limits_{n=0}^{\infty} \frac{x^n}{n!}$ nicht gleichmäßig auf $\mathbb{R}$ konvergiert.

Aufgabe 7.14 Berechnen Sie:

1. $\displaystyle\int_1^2 \sum_{n=0}^{\infty} \frac{1}{(n+x)^2} \mathrm{d}x$ 2. $\displaystyle\int_0^{\pi} \sum_{n=0}^{\infty} \frac{n \sin(nx)}{\mathrm{e}^n} \mathrm{d}x$

Aufgabe 7.15 Benutzen Sie die Sätze 7.6 und 7.3 sowie Aufgabe 6.38, um einen neuen Beweis des Satzes 6.15 über das Differenzieren von Potenzreihen zu geben.

Aufgabe 7.16

1. Zeigen Sie: Die Reihe $\sum_{n=1}^{\infty} x^n(1-x)$ konvergiert punktweise, aber nicht gleichmäßig auf $(0, 1)$.

2. Zeigen Sie, dass trotzdem gilt:

$$\int_0^1 \sum_{n=1}^{\infty} x^n(1-x)\, \mathrm{d}x = \sum_{n=1}^{\infty} \int_0^1 x^n(1-x)\, \mathrm{d}x\,.$$

Aufgabe 7.17

1. Zeigen Sie, dass die Reihe $\sum\limits_{n=1}^{\infty} n \left(\frac{x}{x^2+1}\right)^{n-1}$ auf $\mathbb{R}$ gleichmäßig konvergiert.

2. Berechnen Sie die Ableitung von $\sum\limits_{n=1}^{\infty} \left(\frac{x}{x^2+1}\right)^n$ mit zwei verschiedenen Methoden.

7.4 Fourier-Reihen

Eine Funktion $f: \mathbb{R} \to \mathbb{R}$ heißt eine 2π-periodische angepasste Funktion, wenn folgende Bedingungen erfüllt sind.

1 f ist 2π-periodisch, d. h. $f(x) = f(x + 2\pi)$ für alle $x \in \mathbb{R}$.

2 Für alle $a \in \mathbb{R}$ existieren $f(a+) := \lim\limits_{x \downarrow a} f(x)$ und $f(a-) := \lim\limits_{x \uparrow a} f(x)$ und es gilt

$$2 \cdot f(a) = f(a+) + f(a-).$$

3 f hat auf $(-\pi, \pi)$ nur endlich viele Unstetigkeitsstellen $a_1 < a_2 < \cdots < a_s$.

4 Für alle $a \in \mathbb{R}$ ist f ist überall links und rechts differenzierbar in a, d. h. für alle $a \in \mathbb{R}$ existieren $\lim\limits_{x \downarrow a} \frac{f(x) - f(a+)}{x - a}$ und $\lim\limits_{x \uparrow a} \frac{f(x) - f(a-)}{x - a}$.

Für eine solche Funktion definieren wir das Integral

$$\int_{-\pi}^{\pi} f(x) \mathrm{d}x := \sum_{i=0}^{s} \int_{a_i}^{a_{i+1}} f(x) \mathrm{d}x, \quad (a_0 = -\pi,\ a_{s+1} = \pi)$$

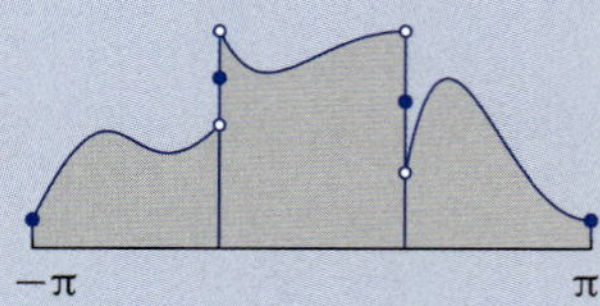

und die Fourier-Koeffizienten von f durch

$$a_n(f) := \frac{1}{\pi} \int_{-\pi}^{\pi} f(x) \cos(nx) \, \mathrm{d}x; \quad b_n(f) := \frac{1}{\pi} \int_{-\pi}^{\pi} f(x) \sin(nx) \, \mathrm{d}x \,.$$

Satz 7.7 Für eine 2π-periodische angepasste Funktion mit Fourier-Koeffizienten a_n und b_n gilt, dass die Fourier-Reihe von f gegen f konvergiert, d. h.:

$$f(x) = \tfrac{1}{2} a_0 + \sum_{n=1}^{\infty} \big(a_n \cos(nx)) + b_n \sin(nx)\big) \text{ für alle } x \in \mathbb{R}$$

Beispiel: Wir betrachten die Funktion f gegeben durch $f(0) = f(\pi) = 0$, $f(x) = 1$, wenn $x \in (0, \pi)$ und $f(x) = -1$, wenn $x \in (-\pi, 0)$. Die Funktion f ist ungerade, also ist $a_n = 0$ für alle n (Aufgabe 7.18) und

$$b_n = \frac{2}{\pi} \int_0^{\pi} \sin(nx) \, \mathrm{d}x = \left(-\frac{2}{\pi n} \cdot \cos(nx) \right|_0^{\pi} = \begin{cases} \frac{4}{\pi n} & \text{für } n \text{ ungerade} \\ 0 & \text{für } n \text{ gerade.} \end{cases}$$

Es folgt, dass für alle $x \in [0, \pi]$ die nachfolgende Formel gilt:

$$\frac{\pi}{4} = \sin(x) + \frac{\sin(3x)}{3} + \frac{\sin(5x)}{5} + \frac{\sin(7x)}{7} + \cdots$$

Setzen wir $x = \pi/2$ ein, so erhalten wir $\frac{\pi}{4} = 1 - \frac{1}{3} + \frac{1}{5} - \frac{1}{7} + \cdots$.

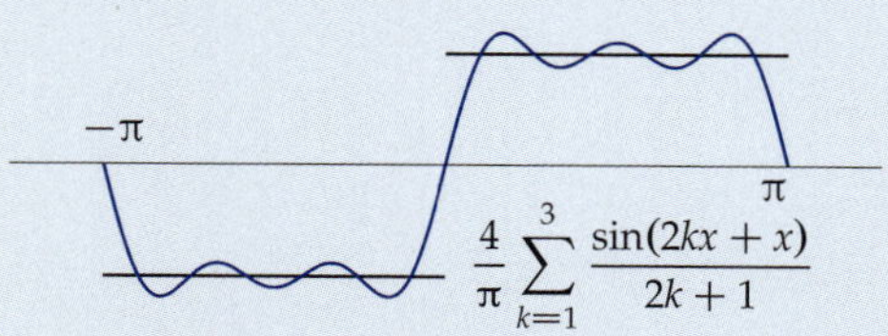

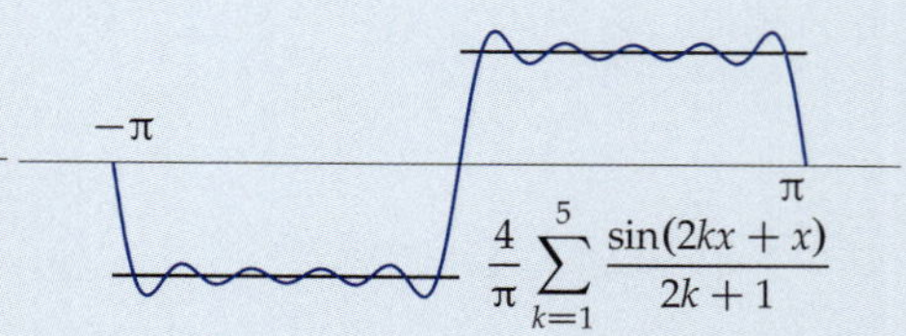

Aufgaben

EXTRAS ONLINE
Lösungen

Aufgabe 7.18 Zeigen Sie:

1. Ist f gerade, so sind die Fourier-Koeffizienten $b_n(f) = 0$ für alle n.
2. Ist f ungerade, so sind die Fourier-Koeffizienten $a_n(f) = 0$ für alle n.

Aufgabe 7.19 Bestimmen Sie die Fourier-Reihen der nachfolgenden Funktionen $f(x)$, welche auf $[-\pi, \pi]$ definiert und dann 2π-periodisch fortgesetzt werden.

1. $f(x) = |x|$ 2. $f(x) = x^2$ 3. $f(x) = \cos(ax), a \notin \mathbb{Z}$
4. $f(x) = e^{ax} + e^{-ax}, a \neq 0$ 5. $f(x) = \pi - x$ für $x \in (0, \pi]$ und $f(-x) = -f(x)$

Aufgabe 7.20 Benutzen Sie die Fourier-Reihen aus dem Beispiel und aus der vorherigen Aufgabe, um zu beweisen:

1. $\frac{\pi}{3} = 1 + \frac{1}{5} - \frac{1}{7} - \frac{1}{11} + \frac{1}{13} + \frac{1}{17} - \frac{1}{19} - \frac{1}{21} + \cdots$
2. $\frac{\pi^2}{8} = \frac{1}{1^2} + \frac{1}{3^2} + \frac{1}{5^2} + \frac{1}{7^2} + \frac{1}{9^2} + \frac{1}{11^2} + \cdots$
3. $\frac{\pi^2}{12} = \frac{1}{1^2} - \frac{1}{2^2} + \frac{1}{3^2} - \frac{1}{4^2} + \frac{1}{5^2} - \frac{1}{6^2} + \cdots$
4. $\frac{\pi^2}{6} = \frac{1}{1^2} + \frac{1}{2^2} + \frac{1}{3^2} + \frac{1}{4^2} + \frac{1}{5^2} + \frac{1}{6^2} + \cdots$
5. $\frac{\pi}{\sin(\pi a)} = \frac{1}{a} + \sum_{n=1}^{\infty} (-1)^{n+1} \left(\frac{1}{n-a} - \frac{1}{n+a} \right) = \frac{1}{a} + \sum_{n=1}^{\infty} (-1)^n \frac{2a}{a^2 - n^2}$
6. $\pi a \operatorname{cotan}(\pi a) = \frac{1}{a} + \sum_{n=1}^{\infty} \left(\frac{1}{a+n} + \frac{1}{a-n} \right) = \frac{1}{a} + \sum_{n=1}^{\infty} \frac{2a}{a^2 - n^2}$
7. $\sum_{n=1}^{\infty} \frac{1}{n^{2k}} = (-1)^{k-1} \frac{2^{2k-1} \cdot \pi^{2k}}{(2k)!} \cdot B_{2k}$, siehe Aufgabe 6.50.

   Tipp: Ersetzen Sie a durch x in der obigen Formel für $\pi a \operatorname{cotan}(a)$ und benutzen Sie die Reihe für $\frac{x}{2} \operatorname{cotan}(x/2)$, siehe Aufgabe 6.50, sowie den großen Umordnungssatz.

Aufgabe 7.21

1. Zeigen Sie, dass die Fourier-Reihe von $f(x)$ in c gleich der Fourier-Reihe von $f(x + c)$ in 0 ist.
2. Berechnen Sie die Fourier-Koeffizienten $c_n = a_n(f \cos(x))$ aus den Fourier-Koeffizienten $a_n = a_n(f)$ von f.
3. Berechnen Sie die Fourier-Koeffizienten $d_n = a_n(f \sin(x))$ aus den Fourier-Koeffizienten $b_n = b_n(f)$ von f.

7.5 Beweis des Satzes über Fourier-Reihen

Lemma 7.8 (Riemann-Lebesgue-Lemma) Die Funktion f habe auf $[-\pi, \pi]$ nur endlich viele Sprungstellen. Sind a_n und b_n die Fourier-Koeffizienten von f, so sind (a_n) und (b_n) beides Nullfolgen.

In Aufgabe 5.12 haben Sie gezeigt, dass

$$\int_{-\pi}^{\pi} \cos(kx)\cos(\ell x)\,\mathrm{d}x = \int_{-\pi}^{\pi} \sin(kx)\sin(\ell x)\,\mathrm{d}x = \begin{cases} \pi & \text{wenn } k = \ell \\ 0 & \text{sonst} \end{cases}$$

$$\int_{-\pi}^{\pi} \sin(kx)\cos(\ell x)\,\mathrm{d}x = 0\,.$$

Hieraus folgt

$$\int_{-\pi}^{\pi} \left(\sum_{k=1}^{n} (a_k \cos(kx) + b_k \sin(kx)) \right)^2 \mathrm{d}x = \pi \cdot \sum_{k=1}^{n} (a_k^2 + b_k^2)\,.$$

Nun rechnen wir:

$$\begin{aligned} 0 &\le \int_{-\pi}^{\pi} \left(f(x) - \sum_{k=1}^{n} (a_k \cos(kx) + b_k \sin(kx)) \right)^2 \mathrm{d}x \\ &= \int_{-\pi}^{\pi} f^2(x)\,\mathrm{d}x - 2\sum_{k=1}^{n} \int_{-\pi}^{\pi} a_k f(x)\cos(kx) + b_k f(x)\sin(kx)\,\mathrm{d}x + \pi \sum_{k=1}^{n} (a_k^2 + b_k^2) \\ &= \int_{-\pi}^{\pi} f^2(x)\,\mathrm{d}x - \pi \sum_{k=1}^{n} (a_k^2 + b_k^2)\,. \end{aligned}$$

Es folgt, dass

$$\sum_{k=1}^{n} (a_k^2 + b_k^2) \le \frac{1}{\pi} \int_{-\pi}^{\pi} f^2(x)\,\mathrm{d}x < \infty\,.$$

Die Reihe $\sum_{k=1}^{n} (a_k^2 + b_k^2)$ ist deshalb konvergent und es folgt, dass (a_k) und (b_k) Nullfolgen sind. ∎

Satz 7.9 Es sei x kein ganzes Vielfaches von π. Dann gilt

$$1 + 2\sum_{k=1}^{n} \cos(kx) = \frac{\sin(nx + x/2)}{\sin(x/2)} = \sin(nx) \cdot \operatorname{cotan}(x/2) + \cos(nx)\,.$$

Am einfachsten ist ein Beweis mit komplexen Zahlen. Wir benutzen $2\cos(kx) = e^{ikx} + e^{-ikx}$ und die geometrische Reihe:

$$\begin{aligned}1 + 2\sum_{k=1}^{n}\cos(kx) &= \sum_{k=-n}^{n} e^{ikx} = e^{-inx}\sum_{k=0}^{2n} e^{ikx} \\ &= e^{-inx}\cdot\frac{1-e^{(2n+1)ix}}{1-e^{ix}} = \frac{e^{-i(2n+1)x/2}}{e^{-ix/2}}\cdot\frac{1-e^{(2n+1)ix}}{1-e^{ix}} \\ &= \frac{e^{-i(2n+1)x/2} - e^{i(2n+1)x/2}}{e^{-ix/2}-e^{ix/2}} = \frac{\sin((2n+1)x/2)}{\sin(x/2)}\,.\end{aligned}$$

■

Satz 7.10 Die 2π-periodische angepasste Funktion $f(x)$ sei stetig in c. Dann konvergiert die Fourier-Reihe in c.

Wir dürfen nach Verschiebung annehmen, dass $c = 0$ und $f(c) = 0$ (Aufgabe 7.21). Sind a_n, b_n die Fourier-Koeffizienten von f, so ist zu zeigen, dass

$$\lim_{n\to\infty}\left(\tfrac{1}{2}a_0 + a_1 + a_2 + \ldots + a_n\right) = 0\,.$$

Weil die Linksableitung und die Rechtsableitung der Funktion $f(x)$ in $x = 0$ existiert, existieren $\lim\limits_{x\uparrow 0} f(x)/x$ und $\lim\limits_{x\downarrow 0} f(x)/x$. Weil $\lim\limits_{x\to 0} x\cdot\operatorname{cotan}(x) = 1$ hat $\operatorname{cotan}(x)\cdot f(x) =: h(x)$ in 0 höchstens eine Sprungstelle. Deswegen existieren die Fourier-Koeffizienten von h und sie erfüllen deshalb das Riemann-Lebesgue-Lemma. Definitionsgemäß gilt

$$\cos(x)\cdot f(x) = \sin(x)\cdot h(x)$$

und wir vergleichen die Fourier-Koeffizienten. Die Fourier-Koeffizienten $a_n(f\cos(x))$ sind (siehe Aufgabe 7.21):

$$a_1,\ \tfrac{1}{2}(a_2 + a_0),\ \tfrac{1}{2}(a_3 + a_1),\ \tfrac{1}{2}(a_4 + a_2), \ldots\,,$$

wobei $a_n = a_n(f)$. Ist $d_n = b_n(h)$ (also $d_0 = 0$), so sind die $a_n(h\sin(x))$ gleich

$$d_1,\ \tfrac{1}{2}(d_2 - d_0),\ \tfrac{1}{2}(d_3 + d_1),\ \tfrac{1}{2}(d_4 - d_2), \ldots$$

Weil $\cos(x)f(x) = \sin(x)h(x)$, folgt $a_1 = d_1, a_2 + a_0 = d_2 - d_0, a_3 + a_1 = d_3 - d_0$ usw. Deshalb gilt

$$\begin{aligned}&\tfrac{1}{2}a_1 + \tfrac{1}{2}(a_2 + a_0) + \tfrac{1}{2}(a_3 + a_1) + \cdots + \tfrac{1}{2}(a_{n+1} + a_{n-1}) + \tfrac{1}{2}(a_{n+2} + a_n) \\ &= \tfrac{1}{2}d_1 + \tfrac{1}{2}(d_2 - d_0) + \tfrac{1}{2}(d_3 - d_1) + \cdots + \tfrac{1}{2}(d_{n+1} - d_{n-1}) + \tfrac{1}{2}(d_{n+2} - d_n)\,.\end{aligned}$$

Es folgt

$$\tfrac{1}{2}a_0 + a_1 + \cdots + a_n = \tfrac{1}{2}(d_{n+2} + d_{n+1}) - \tfrac{1}{2}(a_{n+2} + a_{n+1})\,.$$

Die rechte Seite geht gegen 0 für $n \to \infty$ (Riemann-Lebesgue-Lemma), die linke Seite somit auch. Das war zu zeigen. ■

Satz 7.11

Es sei σ die 2π-periodische Funktion mit $\sigma(x) = \pi - x$ für $x \in (0, 2\pi)$ und $\sigma(0) = 0$. Dann konvergiert die Fourier-Reihe von σ (siehe Aufgabe 7.19) gegen σ, das heißt, für alle $x \in \mathbb{R}$ gilt

$$\sigma(x) = 2 \cdot \sum_{k=1}^{\infty} \frac{\sin(kx)}{k}.$$

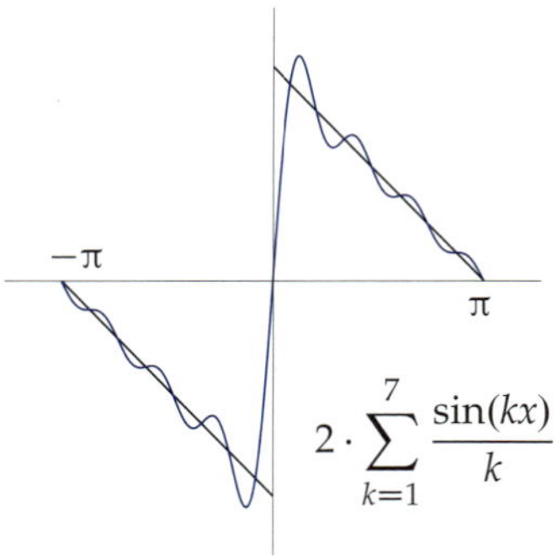

Es reicht, diese Aussage für $x \in (0, \pi)$ zu zeigen. Es folgt aus Satz 7.9:

$$\begin{aligned} 2\sum_{k=1}^{n} \frac{\sin(kx)}{k} &= -\sum_{k=1}^{n} \int_x^{\pi} 2\cos(kt)\,\mathrm{d}t = \int_x^{\pi} 1 - \sin(nt)\mathrm{cotan}(t/2) - \cos(nt)\,\mathrm{d}t \\ &= (\pi - x) - \int_x^{\pi} \sin(nt)\mathrm{cotan}(t/2)\,\mathrm{d}t - \int_x^{\pi} \cos(nt)\,\mathrm{d}t \end{aligned}$$

Ist $h(t) = 0$ für $x \in (-\pi, x)$ und $h(t) = \mathrm{cotan}(t/2)$ für $t \in (x, \pi)$, so folgt aus dem Riemann-Lebesgue-Lemma, dass

$$\int_x^{\pi} \sin(nt)\mathrm{cotan}(t/2)\,\mathrm{d}t = \int_{-\pi}^{\pi} \sin(nt)h(t)\,\mathrm{d}t$$

gegen 0 konvergiert für $n \to \infty$. Analog konvergiert $\int_x^{\pi} \cos(nt)\ \mathrm{d}t$ gegen 0 für $n \to \infty$. ■

(Beweis des Satzes 7.7)
Es sei f eine 2π-periodische und angepasste Funktion. Sei $\sigma(x)$ die 2π-periodische Funktion aus dem vorherigen Satz. Es seien $-\pi < a_0 < a_1 < \cdots < a_s \leq \pi$ die Sprungstellen von f im Intervall $(-\pi, \pi]$ und $s_i := f(a_i+) - f(a_i-)$. Die Funktion

$$F(x) = f(x) - \sum_{i=1}^{s} \frac{s_i}{2\pi} \cdot \sigma(x - a_i)$$

ist so konstruiert, dass sie stetig fortsetzbar ist alle a_i, $i = 1, \ldots, s$. Also ist F eine angepasste 2π-periodische **stetige** Funktion und die Fourier-Reihe von F konvergiert gegen F (Satz 7.10). Die Fourier-Reihen von allen $\sigma(x - a_i)$ konvergieren gegen $\sigma(x - a_i)$, also konvergiert auch die Fourier-Reihe von f gegen f. ■

Topologische Begriffe und Stetigkeit

8

8.1 Offene und abgeschlossene Mengen 192

8.2 Randpunkte 194

8.3 Folgen 196

8.4 Stetige Funktionen 198

8.5 Bolzano-Weierstraß, Maxima und Minima 200

8.6 Abstand 202

8.7 Das Lemma von Lebesgue und Kompaktheit 204

8.8 Zusammenhängend und wegzusammenhängend 206

8.9 Gleichmäßige Stetigkeit 208

8.10 Hauptsatz der Algebra 210

ÜBERBLICK

LERNZIELE

- Offene und abgeschlossene Mengen
- Randpunkte und Rand einer Menge
- Stetigkeit
- Normen
- Kompaktheit
- Das Lemma von Lebesgue
- Gleichmäßige Stetigkeit
- Hauptsatz der Algebra

Wir fangen das Studium der Analysis von Funktionen mehrerer Veränderlicher an, also von Funktionen $f\colon A \to \mathbb{R}^m$, wobei A eine Teilmenge von $\mathbb{R}^n$ ist. In Beispielen wird oft für $n = 2, 3$ und für $m = 1, 2, 3$ genommen, aber die Theorie wird mit einer beliebigen Anzahl von Veränderlichen funktionieren. Wir betrachten meistens nicht beliebige Teilmengen A von $\mathbb{R}^n$. Schon bei $\mathbb{R}$ haben wir das nicht gemacht, dort haben wir vor allem offene und abgeschlossene Intervalle betrachtet.

In höheren Dimensionen sind die Begriffe „offen, abgeschlossen, beschränkt, kompakt und zusammenhängend" die wichtigen Eigenschaften, die eine Teilmenge von $\mathbb{R}^n$ haben kann. Den Begriff „offene Menge" haben wir in $\mathbb{R}^2$ schon kennengelernt und lässt sich für den n-dimensionalen Raum verallgemeinern. Eine Menge U ist offen, wenn sie eine Vereinigung von offenen Quadern ist, wobei ein offener Quader eine Menge vom Typ

$$(a_1, b_1) \times \cdots \times (a_n, b_n) := \{(x_1, \ldots, x_n) \in \mathbb{R}^n \colon a_i < x_i < b_i \text{ für } i = 1, \ldots, n\}$$

ist. Der Begriff der offenen Menge spielt bei der Definition der Konvergenz von Folgen sowie der Definition der Stetigkeit eine wichtige Rolle. Eine Menge heißt *abgeschlossen*, wenn ihr Komplement offen ist.

Der Begriff der Stetigkeit ist einer der wichtigsten Begriffe der Mathematik. Es gibt verschiedene äquivalente Beschreibungen, die wir auch schon in Kapitel 2 kennengelernt haben. Es ist wichtig, diese alle zu kennen, damit man die Beschreibung benutzen kann, die zu der jeweiligen Fragestellung am besten passt. In Kapitel 2 haben wir das schon für Funktionen einer Veränderlichen getan. Wir geben in diesem Kapitel die offensichtliche Verallgemeinerung der Beschreibungen aus Kapitel 2.

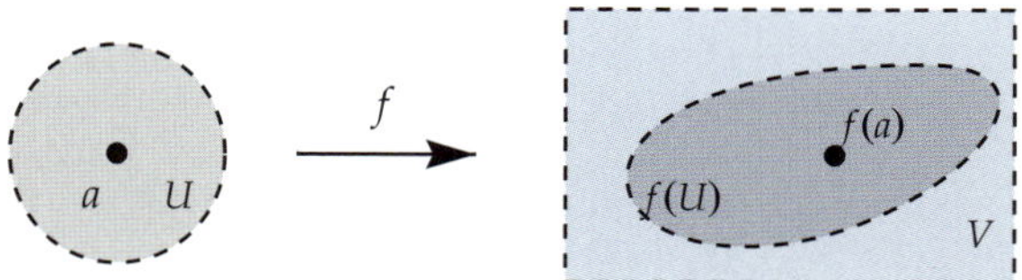

Ein wichtiger Satz aus der Analysis einer Veränderlichen ist die Existenz eines Maximums und Minimums einer stetigen Funktion, definiert auf einem abgeschlossenen Intervall (Satz 2.10). In mehreren Veränderlichen gilt die Existenz eines Maximums und Minimums für stetige Funktionen $f\colon A \to \mathbb{R}$ auf *kompakten* Mengen A. Kompakte Mengen kann man auf unterschiedliche Weise beschreiben. Am einfachsten ist es zu sagen, dass eine kompakte Menge abgeschlossen und beschränkt ist. Nach dem Satz von Bolzano-Weierstraß ist diese Eigenschaft äquivalent zu: Jede Folge (a_k) mit $a_k \in A$ hat eine Teilfolge, welche gegen einen Punkt $a \in A$ konvergiert. Die dritte Möglichkeit ist mit der Überdeckungseigenschaft. Eine Menge $A \subset \mathbb{R}^n$ ist kompakt genau dann, wenn für jede offene Überdeckung von A eine endliche Teilüberdeckung existiert. Letzteres bedeutet, dass wenn A eine Teilmenge von $\cup_{i \in I} U_i$ ist mit U_i offen, es eine *endliche* Teilmenge J von I gibt, sodass $A \subset \cup_{j \in J} U_j$.

Wir werden diese Äquivalenz mithilfe des Lemmas von Lebesgue beweisen. Ist $A \subset \cup_{i \in I} U_i$ und A abgeschlossen und beschränkt, so sind alle „kleinen Mengen" $B \subset A$ in mindestens einem U_i enthalten. Diese Aussage ist schon interessant, wenn $A \subset U_1 \cup U_2$. „Klein sein" bedeutet für die Menge B, dass es eine Zahl $\lambda > 0$ gibt, eine sogenannte Lebesgue-Zahl für die Überdeckung, sodass der Durchmesser von B kleiner als λ ist. Diese Aussage haben wir in einer etwas schwächeren Form schon für k-Quadrate in $\mathbb{R}^2$ benutzt, siehe Satz 3.5. Das Lemma von Lebesgue kann oft als Ersatz für die sogenannte gleichmäßige Stetigkeit einer Abbildung benutzt werden. Im Gegensatz zum Lemma von Lebesgue ist die gleichmäßige Stetigkeit nicht einfach geometrisch zu verstehen. Wir behandeln auch die Begriffe des Zusammenhangs und Wegzusammenhangs. Beide Begriffe versuchen mathematisch zu präzisieren, was es bedeutet, dass eine Menge in $\mathbb{R}^n$ aus einem Stück besteht. Die beiden Begriffe sind verwandt, aber nicht identisch. Wegzusammenhängende Mengen sind zusammenhängend. Die Umkehrung gilt auch für offene Mengen, ist aber im Allgemeinen falsch.

Als Anwendung der Existenz eines Minimums einer stetigen Funktion auf einer kompakten Menge wird der Hauptsatz der Algebra bewiesen.

8.1 Offene und abgeschlossene Mengen

Sei $n \in \mathbb{N}$ und $\mathbb{R}^n = \{(x_1, \ldots, x_n) : x_i \in \mathbb{R}\}$. Wenn wir $x \in \mathbb{R}^n$ schreiben, so nehmen wir immer stillschweigend an, dass $x = (x_1, \ldots, x_n)$. Mit $0 \in \mathbb{R}^n$ meinen wir das Element $(0, \ldots, 0)$. Ist $n = 2$, so schreiben wir oft (x, y) statt (x_1, x_2) und für $n = 3$ oft (x, y, z) statt (x_1, x_2, x_3).

1 Es seien a und b Elemente von $\mathbb{R}^n$. Die Menge $(a, b) = \{x \in \mathbb{R}^n : a_i < x_i < b_i,\ i = 1, \ldots, n\}$ heißt offener Quader. Auch die leere Menge ist ein offener Quader.

2 $U \subset \mathbb{R}^n$ heißt offen, wenn sie Vereinigung von offenen Quadern in $\mathbb{R}^n$ ist.

3 Eine Menge $U \subset \mathbb{R}^n$ heißt Umgebung von a, wenn es einen offenen Quader Q mit $a \in Q \subset U$ gibt.

4 Eine Menge $A \subset \mathbb{R}^n$ heißt abgeschlossen, wenn $A^c = \mathbb{R}^n \setminus A$ offen ist.

5 $B_\infty(a, \varepsilon) = \{x \in \mathbb{R}^n : |x_i - a_i| < \varepsilon \text{ für } i = 1, \ldots, n\}$ heißt offener Würfel mit Zentrum a und Kantenlänge 2ε.

6 $B_2(a, \varepsilon) := \{x \in \mathbb{R}^n : (x_1 - a_1)^2 + \cdots + (x_n - a_n)^2 < \varepsilon^2\}$ heißt offener Ball mit Zentrum a und Radius ε.

Beispiel: Wir behaupten, dass $B_2(a, \varepsilon)$ offen ist. Wäre diese Aussage falsch, so gibt es ein $b \in B_2(a, \varepsilon)$, sodass jeder Würfel $B_\infty(b, 1/k)$ nicht in $B_2(a, \varepsilon)$ enthalten ist. Wähle einen Punkt $c_k \in B_\infty(b, 1/k)$, aber $c_k \notin B_2(a, \varepsilon)$. Dann ist $d_k := (c_{k,1} - b_1)^2 + \cdots + (c_{k,n} - b_n)^2 \geq \varepsilon^2$. Andererseits gilt $\lim\limits_{k\to\infty} c_{k,i} = b_i$, deshalb

$$\lim_{k\to\infty} d_k = \lim_{k\to\infty} (c_{k,1} - a_1)^2 + \cdots + (c_{k,n} - a_k)^2 = (b_1 - a_1)^2 + \cdots + (b_n - a_n)^2 < \varepsilon^2 ,$$

Widerspruch. Also ist $B_2(a, \varepsilon)$ eine offene Menge.

Satz 8.1

1 $\emptyset$ und $\mathbb{R}^n$ sind offen und abgeschlossen.

2 Sind U_i für $i \in I$ offen, dann auch die Vereinigung $\cup_{i\in I} U_i$.

3 Sind U und V offen, dann auch der Durchschnitt $U \cap V$.

4 Sind Z_i für $i \in I$ abgeschlossen, dann ist $\cap_{i\in I} Z_i$ abgeschlossen.

5 Sind Z und W abgeschlossen, dann ist auch $Z \cup W$ abgeschlossen.

Dieser Satz ist leicht zu zeigen. Allgemeiner definieren wir offene Mengen relativ zu einer Teilmenge $A \subset \mathbb{R}^n$. Es gelten entsprechende Aussagen.

Sei A eine Teilmenge von $\mathbb{R}^n$.

1 $U \subset A$ heißt offen in A (oder relativ zu A) : $\iff$ $U = V \cap A$ mit V offen.

2 $U \subset A$ ist eine Umgebung von $a \in A$ in A: $\iff$ $U = V \cap A$ mit V eine Umgebung von a.

3 $Z \subset A$ heißt abgeschlossen in A: $\iff$ $Z = W \cap A$ mit W abgeschlossen $\iff$ $A \setminus Z$ ist offen in A.

Aufgaben

EXTRAS ONLINE
Lösungen

Aufgabe 8.1 Zeigen Sie, dass die nachfolgenden Mengen offen sind.

1. $\{(x, y, z) \in \mathbb{R}^3 : x^3 + y - z^4 < 1\}$
2. $\{(x, y, z) \in \mathbb{R}^3 : \sqrt{x} + \sqrt{y} < 4, x, y > 0\}$
3. $\{(x, y, z) \in \mathbb{R}^3 : y^2 < e^x - z^2\}$

Aufgabe 8.2 Welche der nachfolgenden Mengen sind offen, welche abgeschlossen?

1. $\{(x, \sin(1/x)) : x \neq 0\} \subset \mathbb{R}^2$
2. $\mathbb{Z}^2 \subset \mathbb{R}^2$
3. $\{(x, y) \in \mathbb{R}^2 : x \geq 0 \text{ und } y < 0\}$
4. $\{(x, y) \in \mathbb{R}^2 : x > 0 \text{ und } y = 0\}$
5. $\{(x, y) \in \mathbb{R}^2 : y \geq x^3\}$
6. $\{(1/n, 0) : n \in \mathbb{N}\} \cup \{(0, 0)\}$

Aufgabe 8.3 Es sei $A = \{(x, y) \in \mathbb{R}^2 : x^2 + y^2 < 1 \text{ oder } x \geq 1\}$.

1. Zeigen Sie, dass A nicht offen und nicht abgeschlossen ist.
2. Ist die Menge $\{(1 - 1/n, 0) : n \in \mathbb{N}\}$ abgeschlossen in A?
3. Ist die Menge $\{(-1 + 1/n, 0) : n \in \mathbb{N}\}$ abgeschlossen in A?
4. Ist $\{(0, y) : 0 < y < -1\}$ abgeschlossen in A?
5. Ist $\{(x, y) : x \geq 1\}$ abgeschlossen in A?

Aufgabe 8.4 Geben Sie ein Beispiel an, weshalb
(a) die Vereinigung abgeschlossener Mengen nicht abgeschlossen sein muss.
(b) der Durchschnitt offener Mengen nicht offen sein muss.

Aufgabe 8.5 Zeigen Sie, dass jede endliche Teilmenge von $\mathbb{R}^n$ abgeschlossen ist.

Aufgabe 8.6 Bestimmen Sie alle Teilmengen von $\mathbb{Z}^2$, die offen in $\mathbb{Z}^2$ sind.

Aufgabe 8.7 Untersuchen Sie die folgenden Teilmengen des $\mathbb{R}^2$ auf Offenheit und Abgeschlossenheit:

1. $B = \mathbb{N} \times \mathbb{Q}$
2. $C = \bigcup_{n \in \mathbb{N}} \{(n, n+1) \times (\frac{1}{n+1}, \frac{1}{n})\}$
3. $A = \{(x, y) : |y| \leq \sin(\frac{1}{x}), x > 0\} \cup \{(0, y) : |y| \leq 1\}$

Aufgabe 8.8

1. Zeigen Sie, dass eine Menge offen ist genau dann, wenn sie eine Vereinigung von offenen Würfeln ist.
2. Für rationale Würfel $Q = (a_1, b_1) \times \cdots \times (a_n, b_n)$ sind alle a_i, b_i rationale Zahlen. Zeigen Sie, dass eine offene Menge eine Vereinigung von rationalen Würfeln ist.

8.2 Randpunkte

1 a heißt innerer Punkt von A, wenn A eine Umgebung von a ist. A° ist die Menge der inneren Punkte von A. Sie heißt innerer Kern von A.

2 a heißt äußerer Punkt von A, wenn er ein innerer Punkt von A^c ist.

3 a heißt Randpunkt von A, wenn er kein innerer Punkt von A und kein äußerer Punkt von A ist. Die Menge der Randpunkte bezeichnen wir mit ∂A.

4 $\overline{A} := A \cup \partial A$ heißt der Abschluss von A.

5 Ein Punkt p heißt Häufungspunkt einer Teilmenge A von $\mathbb{R}^n$, wenn jede Umgebung U von p unendlich viele Elemente von A enthält.

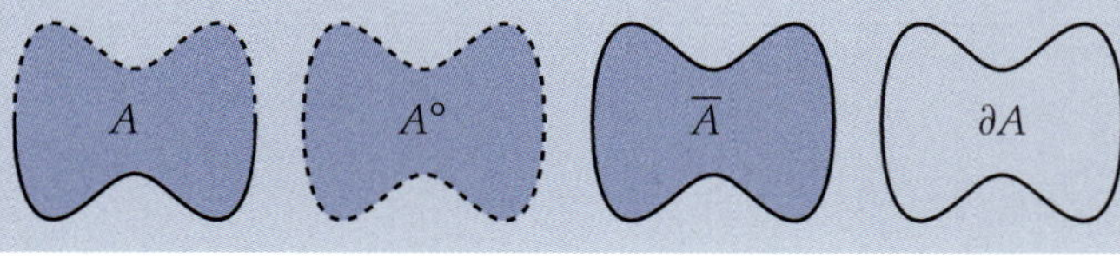

Satz 8.2 Sei $A \subset \mathbb{R}^n$.

1 Die Menge der inneren Punkte A° von A ist offen.

2 Die Menge der äußeren Punkte von A ist offen.

3 Die Menge der Randpunkte ∂A von A ist abgeschlossen.

4 $\overline{A} := A \cup \partial A$ ist abgeschlossen.

5 Ist $U \subset A$ und U offen, so ist $U \subset A^\circ$.

6 Ist $Z \supset A$ und Z abgeschlossen, so ist $Z \supset A \cup \partial A = \overline{A}$.

7 $a \in \partial A \iff$ jede Umgebung von a enthält Punkte von A und von A^c. Insbesondere ist $\partial A = \partial A^c$.

1 Ist $a \in A^\circ$, dann $a \in Q \subset A$ für einen offenen Quader A. Dann aber $Q \subset A^\circ$, also ist A° offen.

2 Äußere Punkte von A sind innere Punkte von A^c.

3 $(\partial A)^c = A^\circ \cup (A^c)^\circ$ ist offen, also ist ∂A abgeschlossen.

4 $(\partial A \cup A)^c = (A^c)^\circ$, also ist $\overline{A}$ abgeschlossen.

5 Ist $a \in U$, dann gibt es einen offenen Quader Q mit $a \in Q \subset U \subset A$. Also ist $a \in A^\circ$.

6 Es gilt $Z^c \subset A^c$, also $Z^c \subset (A^c)^\circ$, deshalb $Z \supset A \cup \partial A$.

7 Sonst gilt $a \in A^\circ$ oder $a \in (A^c)^\circ$. ∎

Aufgaben

EXTRAS ONLINE
Lösungen

Aufgabe 8.9 Bestimmen Sie jeweils ∂A, A° und $\overline{A}$. Fertigen Sie eine Skizze der Mengen an.

1. $A = \{(x, y, z) : x^2 + y^2 + z^2 < 1\} \subset \mathbb{R}^3$
2. $A = \{(x, y) : 0 < x < 3\} \subset \mathbb{R}^2$
3. $A = \{(x, y) : 0 \leq x \leq 3, y \geq -5\} \subset \mathbb{R}^2$
4. $A = \{(x, y) : xy = 0\} \subset \mathbb{R}^2$
5. $A = \{(x, y) : x \cdot y \geq 0 \text{ und } 1 < x^2 + y^2 \leq 4\}$
6. Die Menge aller Punkte in $\mathbb{R}^2$ für die $xy = 0$ oder $0 < x < 4$ gilt.

Aufgabe 8.10 Es seien $A, B \subset \mathbb{R}^n$. Geben Sie für die nachfolgenden Aussagen einen Beweis oder ein Gegenbeispiel.

1. $\overline{\overline{A}} = \overline{A}$
2. $(A^\circ)^\circ = A^\circ$
3. $\mathbb{R}^n = A^\circ \cup \partial A \cup (A^c)^\circ$
4. $p \in \overline{A} \iff$ für jeden offenen Quader Q mit $p \in Q$ gilt $A \cap Q \neq \emptyset$
5. $\overline{A}^c = (A^c)^\circ$
6. $\partial(\partial A) = \partial A$
7. $\overline{A \cap B} = \overline{A} \cap \overline{B}$
8. $(A \cap B)^\circ = A^\circ \cap B^\circ$
9. $\overline{A \cup B} = \overline{A} \cup \overline{B}$
10. $(A \cup B)^\circ = A^\circ \cup B^\circ$
11. A ist offen $\iff A \cap \partial A = \emptyset$

Aufgabe 8.11

1. Es sei $U \subset \mathbb{R}^n$ offen und $V \subset \mathbb{R}^m$ offen. Zeigen Sie, dass $U \times V \subset \mathbb{R}^{n+m}$ offen ist.
2. Es sei $A \subset \mathbb{R}^n$ abgeschlossen und $B \subset \mathbb{R}^m$ abgeschlossen. Zeigen Sie, dass $A \times B \subset \mathbb{R}^{n+m}$ abgeschlossen ist.
3. Zeigen Sie, dass $\partial(A \times B) = (\partial A \times \overline{B}) \cup (\overline{A} \times \partial B)$.
4. Es sei $U \subset \mathbb{R}^{n \times m}$ offen und $a \in \mathbb{R}^n$. Zeigen Sie, dass

$$U(a) := \{y \in \mathbb{R}^m : (a, y) \in U\}$$

eine offene Menge in $\mathbb{R}^m$ ist.

8.3 Folgen

Eine Folge $(a_k) = a_1, a_2, a_3, \ldots$ mit $a_k \in \mathbb{R}^n$ ist konvergent mit dem Grenzwert $p \iff$ für jede Umgebung U von p gilt $a_k \in U$ für fast alle k. Notation: $\lim\limits_{k\to\infty} a_k = p$.

Satz 8.3

1 (a_k) konvergiert gegen p genau dann, wenn jede Koordinatenfolge $(a_{k,i})$ gegen p_i konvergiert.

2 Ist $a_k \in A$ und konvergiert (a_k) gegen a, dann gilt $a \in \overline{A}$.

3 A ist abgeschlossen genau dann, wenn für alle konvergenten Folgen (a_k) mit $a_k \in A$ der Grenzwert in A liegt.

1 Angenommen, $(a_{k,i})$ konvergiert gegen p_i für jedes i. Ist U eine Umgebung von p, so gibt es einen offenen Quader $(b_1, c_1) \times \cdots \times (b_n, c_n) \subset U$, der p enthält. Dann ist $a_{k,i} \in (b_i, c_i)$ für fast alle i und damit $a_k \in U$ für fast alle U.
Nehme umgekehrt an, (a_k) konvergiert gegen p. Ist $p_i \in (b_i, c_i)$, so ist $p \in (b_1, c_1) \times \cdots \times (b_n, c_n) =: Q$. Also ist a_k ein Element von Q und somit $a_{k,i} \in (b_i, c_i)$ für fast alle i.

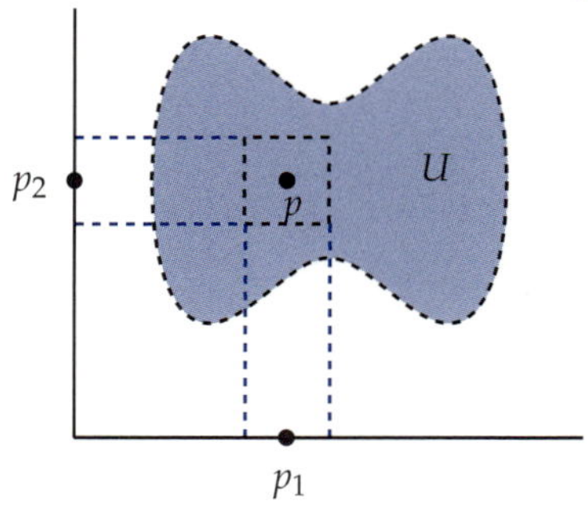

2 Ist U eine Umgebung von a, so gilt $a_k \in U$ für fast alle k und $a_k \in A$ für alle k. Jede Umgebung von a enthält deshalb Elemente von A, somit ist $a \in A \cup \partial A = \overline{A}$.

3 Ist A abgeschlossen, so hat nach 2. jede konvergente Folge ihren Grenzwert in $\overline{A} = A$. Für die Umkehrung, sei $p \in \overline{A}$. Für $k \in \mathbb{N}$ sei $U_k = (p_1 - 1/k, p_1 + 1/k) \times \cdots \times (p_n - 1/k, p_n + 1/k)$. Dann enthält U_k einen Punkt $a_k \in A$. Nach der ersten Aussage konvergiert (a_k) gegen p. Nach Annahme ist dann $p \in A$, also $A = \overline{A}$ und A ist abgeschlossen. ■

$\|a\|_\infty = \max\{|a_1|, |a_2|, \ldots, |a_n|\}$ wird die ∞-Norm von a genannt.

Folgende Aussagen sind einfach nachzuweisen.

Satz 8.4

1 $\|a\|_\infty \geq 0$ und $\|a\|_\infty = 0 \iff a = 0$.

2 $\|\lambda \cdot a\|_\infty = |\lambda| \cdot \|a\|_\infty$ für alle $a \in \mathbb{R}^n$ und $\lambda \in \mathbb{R}$.

3 $\|a + b\|_\infty \leq \|a\|_\infty + \|b\|_\infty$ für alle $a, b \in \mathbb{R}^n$.

4 Ist (a_k) eine Folge in $\mathbb{R}^n$, so gilt $\lim\limits_{k\to\infty} a_k = p \iff \lim\limits_{k\to\infty} \|a_k - p\|_\infty = 0$.

Aufgaben

EXTRAS ONLINE Lösungen

Aufgabe 8.12 Es sei (a_k) eine konvergente Folge in $\mathbb{R}^n$ und $A = \{a_k : k \in \mathbb{N}\}$. Bestimmen Sie $A^\circ, \overline{A}$ und ∂A.

Aufgabe 8.13 Berechnen Sie $\|x\|_\infty$ für die nachfolgenden $x \in \mathbb{R}^n$.

1. $x = (1, 2, 3)$ 2. $x = (1, 1, 1)$ 3. $x = (-4, 3, 1, 2)$.

Aufgabe 8.14 Es sei

$$A = \{(x, y) \in \mathbb{R}^2 : |x| + |y| \leq 5/4 \text{ und } x^2 + y^2 < 1\} .$$

1. Zeigen Sie, dass A weder offen noch abgeschlossen ist. Fertigen Sie eine Skizze von A an.
2. Bestimmen Sie eine konvergente Folge (a_k), $a_k \in A$, aber der Grenzwert von (a_k) ist nicht in A.
3. Bestimmen Sie eine konvergente Folge (a_k), $a_k \in A^c$, aber der Grenzwert von (a_k) ist nicht in A^c.

Aufgabe 8.15 Es sei $B \subset \mathbb{R}^n$ und $A \subset B$. Zeigen Sie, dass A abgeschlossen in B ist genau dann, wenn jede konvergente Folge (a_k) mit $a_k \in A$ und Grenzwert in B schon ihren Grenzwert in A hat.

Aufgabe 8.16 Eine Norm auf einem reellen Vektorraum V ist eine Abbildung $\|\cdot\| : V \to \mathbb{R}, v \mapsto \|v\|$ mit folgenden Eigenschaften:

1. $\|v\| \geq 0$ für alle $v \in V$ und $\|v\| = 0 \iff v = 0$
2. $\|\lambda \cdot v\| = |\lambda| \cdot \|v\|$ für alle $v \in V$ und $\lambda \in \mathbb{R}$
3. $\|v + w\| \leq \|v\| + \|w\|$ für alle $v, w \in V$ (Dreiecksungleichung)

Für $x \in \mathbb{R}^n$ definiere die 1-Norm durch

$$\|x\|_1 := |x_1| + \cdots + |x_n| .$$

1. Zeigen Sie, dass $\|\cdot\|_1$ eine Norm ist.
2. Zeigen Sie, dass $\|x\|_\infty \leq \|x\|_1 \leq n \cdot \|x\|_\infty$ für alle $x \in \mathbb{R}^n$.
3. Sei (a_k) eine Folge in $\mathbb{R}^n$ und $a \in \mathbb{R}^n$. Zeigen Sie:

$$\lim_{k\to\infty} \|a_k - a\|_1 = 0 \iff \lim_{k\to\infty} \|a_k - a\|_\infty = 0 .$$

4. Es sei $\|\cdot\|$ eine Norm auf einem Vektorraum V. Zeigen Sie, dass für alle $v, w \in V$ die Ungleichung $\Big| \|v\| - \|w\| \Big| \leq \|v - w\|$ gültig ist.

Aufgabe 8.17 (Cauchy-Kriterium) Sei (a_k) eine Cauchyfolge in $\mathbb{R}^n$ (siehe auch Abschnitt 1.9). Dies bedeutet, dass $a_k \in \mathbb{R}^n$ und für jedes $\varepsilon > 0$ gibt es ein $N \in \mathbb{N}$, sodass für alle $k, \ell \geq N$ die Ungleichung $\|a_k - a_\ell\|_\infty < \varepsilon$ gilt. Zeigen Sie: Eine Folge (a_k) mit $a_k \in \mathbb{R}^n$ ist konvergent genau dann, wenn sie eine Cauchyfolge ist.

8.4 Stetige Funktionen

1 Sei $A \subset \mathbb{R}^n$. Eine Funktion $f\colon A \to \mathbb{R}^m$ heißt stetig in $a \in A$, wenn gilt: Für jede Umgebung V von $f(a)$ existiert eine Umgebung U von a, sodass $f(x) \in V$ für alle $x \in U \cap A$. Die Funktion f heißt stetig, wenn sie in allen $a \in A$ stetig ist.

2 Sei a ein Häufungspunkt von A und g definiert durch $g(x) := f(x)$ für $x \in A, x \neq a$ und $g(a) := b$. Ist g stetig in a, so schreiben wir $\lim_{x\to a} f(x) = b$.

Satz 8.5

(a) Sei $A \subset \mathbb{R}^n, f\colon A \to \mathbb{R}^m$ und $a \in A$. Äquivalent sind:

1 f ist stetig in a.

2 Für jede Umgebung V von $f(a)$ ist $f^{-1}(V)$ eine Umgebung von a in A.

3 Folgenstetigkeit: Ist $a_k \in A$ und $\lim_{k\to\infty} a_k = a$, dann gilt $\lim_{k\to\infty} f(a_k) = f(a)$.

(b) Äquivalent sind:

1 $f\colon A \to \mathbb{R}^m$ ist stetig.

2 Für $U \subset \mathbb{R}^m$ offen ist $f^{-1}(U)$ offen in A.

3 Für $Z \subset \mathbb{R}^m$ abgeschlossen ist $f^{-1}(Z)$ abgeschlossen in A.

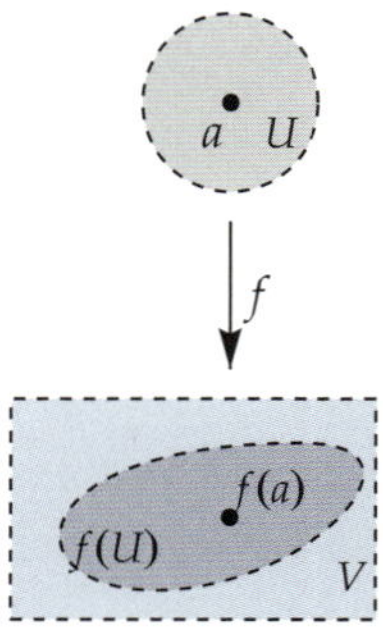

(a) 1. $\Longrightarrow$ 2. 1. besagt, dass $a \in U \subset f^{-1}(V)$, also gilt die zweite Bedingung.

2. $\Longrightarrow$ 3. Nehme eine Umgebung V von $f(a)$. Zu zeigen ist, dass $f(a_k) \in V$ für fast alle k. Nun ist $f^{-1}(V)$ eine Umgebung von $a \in A$, also $a_k \in f^{-1}(V)$ für fast alle k. Es folgt, dass $f(a_k) \in V$ für fast alle k.

3. $\Longrightarrow$ 1. Wenn 1. falsch wäre, so gibt es eine Umgebung V von $f(a)$, sodass für jede Umgebung U von a ein $x \in U \cap A$ existiert mit $f(x) \notin V$. Nehme $U_k = (a_1 - 1/k, a_1 + 1/k) \times \cdots \times (a_n - 1/k, a_n + 1/k)$ und ein $x_k \in U_k$ mit $f(x_k) \notin V$. Dann konvergiert (x_k) gegen a, aber $(f(x_k))$ konvergiert nicht gegen $f(a)$, Widerspruch!

(b) 1. $\Longleftrightarrow$ 2. Es sei f stetig und $a \in U$. Dann ist $f^{-1}(U)$ eine Umgebung von a in A, also ist $f^{-1}(U)$ offen in A. Sei umgekehrt $f^{-1}(U)$ offen in A für alle $U \subset \mathbb{R}^m$ offen. Sei $a \in A$ und W eine Umgebung von $f(a)$. Dann gibt es eine offene Umgebung $U \subset W$ von $f(a)$, deshalb ist $f^{-1}(U)$ offen in A und somit ist $f^{-1}(W)$ eine Umgebung von a in A.

2. $\Longrightarrow$ 3. Sei Z abgeschlossen. Dann ist Z^c offen, also $f^{-1}(Z^c) = (f^{-1}(Z))^c$ offen und somit $f^{-1}(Z)$ abgeschlossen. Die Implikation 3. $\Longrightarrow$ 2. zeigt man analog. ∎

Beispiel:

1 Ist $f\colon A \to B$ und $g\colon B \to C$, mit f stetig in a und g stetig in $f(a)$, so ist $g \circ f\colon A \to C$ stetig in a, vgl. Satz 2.2.

2 Die Addition $+\colon \mathbb{R}^2 \to \mathbb{R}$, gegeben durch $+(x, y) := x + y$, ist stetig, weil sie folgenstetig ist, siehe Satz 1.4. Ebenso ist die Multiplikation stetig.

3 Mit Induktion folgt, dass $(x_1, \ldots, x_n) \to x_1 + \cdots + x_n$ usw. stetig ist.

Aufgaben

EXTRAS ONLINE Lösungen

Aufgabe 8.18 Es sei $A \subset \mathbb{R}^n, f\colon A \to \mathbb{R}^m$ und a ein Häufungspunkt von A. Zeigen Sie die Äquivalenz der nachfolgenden Aussagen.

1. $\lim\limits_{x\to a} f(x) = b$.
2. Für jede Umgebung V von b existiert eine Umgebung U von a in A mit $f(x) \in V$ für alle $x \in U \cap A \setminus \{a\}$.
3. Ist $a_k \in A \setminus \{a\}$ und $\lim\limits_{k\to\infty} a_k = a$, dann gilt $\lim\limits_{k\to\infty} f(a_k) = b$.
4. Für alle $\varepsilon > 0$ existiert ein $\delta > 0$, sodass für alle $x \in A$ mit $0 < \|x - a\|_\infty < \delta$ die Ungleichung $\|f(x) - b\|_\infty < \varepsilon$ gilt.

Aufgabe 8.19 Untersuchen Sie, ob folgende Grenzwerte existieren und bestimmen Sie gegebenenfalls den Grenzwert.

1. $\lim\limits_{(x,y)\to(0,0)} \dfrac{xy}{x^2+y^2}$
2. $\lim\limits_{(x,y)\to(0,0)} \dfrac{x^2y}{x^4+y^2}$
3. $\lim\limits_{(x,y)\to(1,1)} \dfrac{xy^2-1}{y-1}$
4. $\lim\limits_{(x,y)\to(1,-1)} \dfrac{xy+1}{x^2-y^2}$
5. $\lim\limits_{(x,y)\to(0,0)} \dfrac{x^2-y^2}{x^2+y^2}$
6. $\lim\limits_{(x,y)\to(0,0)} \dfrac{x^2+y^2}{\sqrt{x^2+y^2+1}-1}$
7. $\lim\limits_{(x,y)\to(0,0)} \dfrac{3x^2y}{x^2+y^2}$
8. $\lim\limits_{(x,y)\to(0,0)} \ln\left(\dfrac{3x^2-x^2y^2+3y^2}{x^2+y^2}\right)$
9. $\lim\limits_{(x,y)\to(0,0)} y\sin(1/x)$
10. $\lim\limits_{(x,y)\to(0,0)} \dfrac{x-y+2\sqrt{x}-2\sqrt{y}}{\sqrt{x}-\sqrt{y}}$

Aufgabe 8.20 Es sei $\|\cdot\|$ eine beliebige Norm auf $\mathbb{R}^n$.

1. Sei $(e_1,\ldots,e_n)$ die Standardbasis von $\mathbb{R}^n$ und $C := \|e_1\| + \cdots + \|e_n\|$. Zeigen Sie, dass für alle $x \in \mathbb{R}^n$ die Ungleichung $\|x\| \leq C\|x\|_\infty$ gilt.
2. Zeigen Sie, dass $\|\cdot\|\colon \mathbb{R}^n \to \mathbb{R}$ stetig ist.

Aufgabe 8.21 Es sei $A\colon \mathbb{R}^n \to \mathbb{R}^m$ eine lineare Abbildung und $\|\cdot\|$ eine Norm auf $\mathbb{R}^m$. Zeigen Sie, dass $v \to \|A(v)\|$ eine stetige Abbildung von $\mathbb{R}^n$ nach $\mathbb{R}$ ist.

Aufgabe 8.22 Sei $A \subset \mathbb{R}^n$ und sei $f\colon A \to \mathbb{R}^m$. Wir setzen

$$\|f\|_A = \sup\bigl\{\|f(x)\|\colon x \in A\bigr\} \in [0,\infty]\,.$$

Eine Folge von Funktionen $f_k\colon A \to \mathbb{R}^m$ heißt gleichmäßig konvergent gegen f, wenn $(\|f - f_k\|_A)$ eine Nullfolge ist.

1. Sei $f_k\colon A \to \mathbb{R}^m$ stetig und (f_k) gleichmäßig konvergent gegen f. Zeigen Sie, dass $(f_k(x))$ für jedes $x \in A$ gegen $f(x)$ konvergiert und dass $f\colon A \to \mathbb{R}^m$ stetig ist.
2. Sei $\|f_{k+1}-f_k\|_A \leq \frac{1}{2}\|f_k-f_{k-1}\|_A$ für $k = 1, 2, \ldots$. Zeigen Sie, dass die Folge (f_k) gleichmäßig konvergiert. Tipp: $g_k := f_k - f_{k-1}$ und Satz 7.5

8.5 Bolzano-Weierstraß, Maxima und Minima

1 Eine Menge $A \subset \mathbb{R}^n$ heißt beschränkt, wenn es ein $B \in \mathbb{R}$ gibt mit $\|a\|_\infty \leq B$ für alle $a \in A$. Eine Folge (a_k) heißt beschränkt, wenn $\{a_k : k \in \mathbb{N}\}$ beschränkt ist.

2 Sei $A \subset \mathbb{R}^n$. Eine Menge $A \subset \mathbb{R}^n$ heißt folgenkompakt, wenn jede Folge (a_k) mit $a_k \in A$ eine konvergente Teilfolge mit Grenzwert in A hat.

3 Sei $A \subset \mathbb{R}^n$. Ein $f\colon A \to \mathbb{R}$ hat in a ein (globales) Minimum (bzw. Maximum) $f(a)$, wenn für alle $x \in A$ gilt $f(x) \geq f(a)$ (bzw. $f(x) \leq f(a)$). f hat ein (globales) Extremum $f(a)$ in a, wenn f in a ein globales Maximum oder Minimum hat.

Satz 8.6

1 (**Bolzano-Weierstraß**) Sei (a_k) eine beschränkte Folge in $\mathbb{R}^n$. Dann hat (a_k) eine konvergente Teilfolge.

2 $A \subset \mathbb{R}^n$ ist folgenkompakt $\iff$ A ist abgeschlossen und beschränkt.

3 Ist $A \subset \mathbb{R}$ folgenkompakt und nichtleer, so hat A ein Maximum und Minimum.

4 Es sei $f\colon A \to \mathbb{R}^m$ stetig. Ist A folgenkompakt, so auch $f(A) = \{f(a) : a \in A\}$. Ist $m = 1$, so hat f ein Maximum und ein Minimum.

1 Der Beweis erfolgt mit Induktion nach n. Für $n = 0$ gibt es nichts zu zeigen. Schreibe $a_k = (x_k, y_k)$ mit $x_k \in \mathbb{R}$ und $y_k \in \mathbb{R}^{n-1}$. Nach dem Satz von Bolzano-Weierstraß für reelle Zahlen (Satz 1.10) gibt es $k(1) < k(2) < \cdots$, sodass $x_{k(1)}, x_{k(2)}, \ldots$ gegen ein $x \in \mathbb{R}$ konvergiert. Die Folge $\left(y_{k(j)}\right)$ hat nach Induktionsvoraussetzung eine konvergente Teilfolge: Es existieren $j(1) < j(2) < \cdots$, sodass $y_{k(j(1))}, y_{k(j(2))}, \ldots$ konvergiert gegen ein $y \in \mathbb{R}^{n-1}$. Dann konvergiert $a_{k(j(1))}, a_{k(j(2))}, \ldots$ gegen $(x, y) \in \mathbb{R}^n$.

2 Sei A eine folgenkompakte Menge. A ist abgeschlossen, weil jede konvergente Folge seinen Grenzwert in A hat. Angenommen, A ist nicht beschränkt. Nehme $a_k \in A$ mit $\|a_k\|_\infty \to \infty$. Sei $a \in A$ Grenzwert einer Teilfolge. Dann gilt $\|a_k - a\|_\infty < 1$ für unendlich viele k, also $\|a_k\|_\infty < \|a\|_\infty + 1$ für unendliche viele k, Widerspruch!

Es sei umgekehrt A abgeschlossen und beschränkt. Jede Folge (a_k) mit $a_k \in A$ ist beschränkt. Nach dem Satz von Bolzano-Weierstraß hat (a_k) eine konvergente Teilfolge mit Grenzwert a. Dann ist $a \in A$, weil A abgeschlossen ist.

3 Sei $\emptyset \neq A \subset \mathbb{R}$ abgeschlossen und beschränkt, so ist zu zeigen, dass $\sup(A) \in A$. Für alle $k \in \mathbb{N}$ gibt es ein $a_k \in A$ mit $a_k \in (\sup(A) - 1/k, \sup(A)]$. Dann gilt $\sup(A) = \lim_{k\to\infty} a_k \in A$ und A hat ein Maximum. Für das Minimum argumentiert man analog.

4 Wir brauchen nur die erste Aussage zu zeigen. Angenommen, $b_1, b_2, b_3, \ldots$ ist eine Folge in $f(A)$. Dann wähle $a_i \in A$ mit $f(a_i) = b_i$ für $i = 1, 2, 3, \ldots$ Weil A folgenkompakt ist, hat $a_1, a_2, a_3, \ldots$ eine konvergente Teilfolge $a_{k(j)}$ für $k(1) < k(2) < \cdots$, deren Grenzwert wir a nennen, und $a \in A$. Dann gilt

$$f(a) = \lim_{j\to\infty} f(a_{k(j)}) = \lim_{j\to\infty} b_{k(j)}.$$

Also hat (b_i) eine konvergente Teilfolge mit Grenzwert in $f(A)$. ∎

Aufgaben

EXTRAS ONLINE
Lösungen

Aufgabe 8.23 Geben Sie eine Folge $((x_n, y_n))$ in $\mathbb{R}^2$ an, die keine Häufungspunkte besitzt, für die aber die Komponentenfolgen (x_n), (y_n) in $\mathbb{R}$ jeweils mindestens einen Häufungspunkt besitzen.

Aufgabe 8.24 Es sei A eine beschränkte Menge in $\mathbb{R}^n$. Zeigen Sie, dass der Rand ∂A folgenkompakt ist.

Aufgabe 8.25 Beweisen oder widerlegen Sie folgende Aussagen:

1. Eine nichtleere Menge $A \subseteq \mathbb{R}^n$ ist genau dann folgenkompakt, wenn jede stetige Funktion $f: \mathbb{R}^n \to \mathbb{R}$ auf A ihr Maximum annimmt.
2. Eine Funktion $f: \mathbb{R}^n \to \mathbb{R}$ ist genau dann stetig, wenn für jede folgenkompakte, nichtleere Teilmenge $A \subseteq \mathbb{R}^n$ gilt:

$$\sup\{f(x) : x \in A\} = \max\{f(x) : x \in A\} \text{ und } \inf\{f(x) : x \in A\} = \min\{f(x) : x \in A\} .$$

Aufgabe 8.26 Ist $f: A \to \mathbb{R}$ mit $A \subset \mathbb{R}^n$, so hat f ein lokales Minimum (bzw. lokales Maximum) in $a \in A$, wenn es eine Umgebung U von a gibt, sodass $f(x) \geq f(a)$ (bzw. $f(x) \leq f(a)$) für alle $x \in U \cap A$.

1. Sei $f(x, y) = (y - 2)(y - x^2)$. Fertigen Sie eine Skizze der Menge, definiert durch $f = 0$, an. Zeigen Sie, dass f kein Maximum und kein Minimum hat, jedoch (mindestens) ein lokales Minimum.
2. Sei $f(x, y) = (y + 1) \cdot (x^2 + y^2 - 5)$. Zeigen Sie, dass f kein Maximum und kein Minimum hat, jedoch (mindestens) ein lokales Maximum und ein lokales Minimum.

Aufgabe 8.27 Es sei $\|\cdot\|$ eine Norm auf $\mathbb{R}^n$. Für $A \in \mathbb{R}^{n \times n}$ definiere

$$\|A\| := \max\{\|A(x)\| : \|x\| = 1\} .$$

1. Zeigen Sie, dass diese Definition sinnvoll ist.
2. Zeigen Sie, dass $\|A\|$ eine Norm auf $\mathbb{R}^{n \times n}$ definiert.

Aufgabe 8.28 Es sei $A \subset \mathbb{R}^n$ folgenkompakt und $B \subset \mathbb{R}^m$ folgenkompakt. Zeigen Sie, dass $A \times B \subset \mathbb{R}^{n+m}$ folgenkompakt ist.

Aufgabe 8.29 Es seien A, B Teilmengen von $\mathbb{R}^n$ und

$$A + B := \{p + q : p \in A \text{ und } q \in B\} .$$

1. Angenommen, A und B sind folgenkompakt. Ist dann $A + B$ auch folgenkompakt?
2. Angenommen, $A + B$ ist folgenkompakt. Sind dann A und B beide folgenkompakt?

8.6 Abstand

Für $a, b \in \mathbb{R}^n$ definieren wir

1 $\|a\| = \|a\|_2 = \sqrt{a_1^2 + \cdots + a_n^2}$, die 2-Norm von a.
2 $d(a, b) := \|a - b\|$, den Abstand von a zu b.
3 $\langle a, b\rangle := a_1 b_1 + \cdots + a_n b_n$, das Skalarprodukt.

Satz 8.7

1 Es gelten die Ungleichungen $\|a\|_\infty \leq \|a\|_2$ und $\|a\|_2 \leq \sqrt{n} \cdot \|a\|_\infty$.
2 $\lim\limits_{k\to\infty} a_k = a \iff \lim\limits_{k\to\infty} \|a_k - a\|_\infty = 0 \iff \lim\limits_{k\to\infty} \|a_k - a\|_2 = 0$.
3 Eine Menge ist offen genau dann, wenn sie eine Vereinigung von offenen Würfeln ist und genau dann, wenn sie eine Vereinigung von offenen Bällen ist (siehe Definition auf Seite 192).
4 Eine Funktion $f\colon A \to \mathbb{R}^m$ ist stetig in $a \in A \iff$ für alle $\varepsilon > 0$ gibt es $\delta > 0$, sodass für alle $x \in A$ mit $\|x - a\| < \delta$ gilt, dass $\|f(x) - f(a)\| < \varepsilon$.
Dies gilt sowohl für die $\|\cdot\|_\infty$–Norm als auch für die $\|\cdot\|_2$–Norm.
5 (**Pythagoras**) Ist $\langle a, b\rangle = 0$, so ist $\|a + b\|^2 = \|a\|^2 + \|b\|^2$.
6 (**Cauchy-Schwarz-Ungleichung**) $|\langle a, b\rangle| \leq \|a\| \cdot \|b\|$ für alle $a, b \in \mathbb{R}^n$.
7 (**Dreiecksungleichung**) $\|a + b\| \leq \|a\| + \|b\|$ für alle $a, b \in \mathbb{R}^n$.

1 $|a_i| \leq \|a\|_\infty$, also $\sqrt{a_1^2 + \cdots + a_n^2} \leq \sqrt{n \cdot \|a\|_\infty^2} \leq \sqrt{n}\|a\|_\infty$.

$$\|a\|_\infty = |a_i| \text{ für ein } i \text{ und somit } \|a\|_\infty^2 = a_i^2 \leq a_1^2 + \cdots + a_n^2.$$

2 Diese Aussage folgt sofort aus der ersten Aussage.
3 Jeder offene Quader enthält einen Würfel $B_\infty(a, \varepsilon)$ und dieser den offenen Ball $B_2(a, \varepsilon)$. Umgekehrt enthält jeder offene Ball $B_2(a, \varepsilon)$ den offenen Würfel $B_\infty(a, \varepsilon/\sqrt{n})$.
4 Die Menge $B(f(a), \varepsilon)$ ist offen, somit ist $f^{-1}(B(f(a), \varepsilon))$ offen in A, d. h., es gibt einen $B(a, \delta)$ mit Zentrum a, sodass $B(a, \delta) \cap A \ni a$. Dies ist genau die Aussage des Satzes.

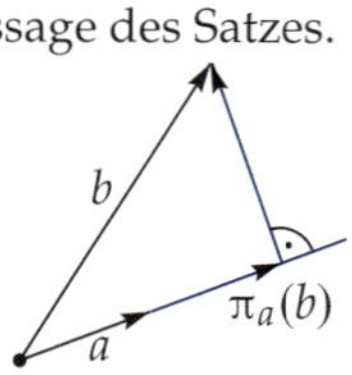

5 Diese Aussage rechnet man sofort nach.
6 Wahr für $a = 0$. Sei $a \neq 0$ und $\pi_a(b) := \dfrac{\langle a, b\rangle}{\|a\|^2} \cdot a$ die Projektion.
Dann gilt

$$\langle b - \pi_a(b), a\rangle = \langle b, a\rangle - \frac{\langle a, b\rangle}{\|a\|^2} \cdot \langle a, a\rangle = 0\,.$$

Aus Pythagoras folgt $\|\pi_a(b)\|^2 \leq \|b\|^2$. Hieraus folgt $|\langle a, b\rangle| \leq \|a\| \cdot \|b\|$.
7 $\|a + b\|^2 = \langle a, a\rangle + 2\langle a, b\rangle + \langle b, b\rangle \leq \|a\|^2 + 2\|a\| \cdot \|b\| + \|b\|^2 \leq (\|a\| + \|b\|)^2$. ■

Sind $a, b \in \mathbb{R}^n$ beide ungleich 0, so definieren wir $\angle(a, b) \in [0, \pi]$ durch die Bedingung $\langle a, b\rangle = \|a\| \cdot \|b\| \cdot \cos(\angle(a, b))$. Diese Definition ist sinnvoll, wegen der Cauchy-Schwarz-Ungleichung. Ist $\langle a, b\rangle = 0$, so nennen wir a orthogonal zu b, Notation $a \perp b$.

Aufgaben

EXTRAS ONLINE
Lösungen

Aufgabe 8.30 Berechnen Sie $\|a\| = \|a\|_2$ für die nachfolgenden Vektoren $a \in \mathbb{R}^n$.

1. $a = (-1, 2, 3)$
2. $a = (1, 2, 3, 4)$
3. $a = (1, 1, 1, 1)$

Aufgabe 8.31 Berechnen Sie $\langle a, b\rangle$ und $\angle(a, b)$ näherungsweise in den nachfolgenden Fällen.

1. $a = (1, -2, 3)$ und $b = (2, 1, 4)$
2. $a = (2, 4, -2, 1)$ und $b = (2, 4, -1, 3)$
3. $a = (1, -3, 4)$ und $b = (-1, 3, -3)$

Aufgabe 8.32 Wann gilt Gleichheit in der Cauchy-Schwarz-Ungleichung?

Aufgabe 8.33 Es sei A eine abgeschlossene Menge in $\mathbb{R}^n$ und $p \in \mathbb{R}^n$.

1. Zeigen Sie, dass $d(x, p) \colon A \to \mathbb{R}^n$ ein Minimum hat. Dieses Minimum nennt man den Abstand $d(p, A)$ von p zu A.
2. Hat $d(x, p) \colon A \to \mathbb{R}$ auch ein Maximum für alle abgeschlossenen Teilmengen A?
3. Zeigen Sie, dass $d(p, A)$ eine stetige Funktion von p ist.
4. Es seien B eine abgeschlossene Teilmenge von $\mathbb{R}^n$ und A sei folgenkompakt. Zeigen Sie, dass es Punkte $p \in A$ und $q \in B$ gibt, sodass für alle $x \in A$ und $y \in B$ gilt, dass $d(x, y) \geq d(p, q)$. Diese Zahl nennt man den Abstand von A zu B, Notation $d(A, B)$.
5. Gilt diese Aussage auch, wenn A und B lediglich abgeschlossen sind?

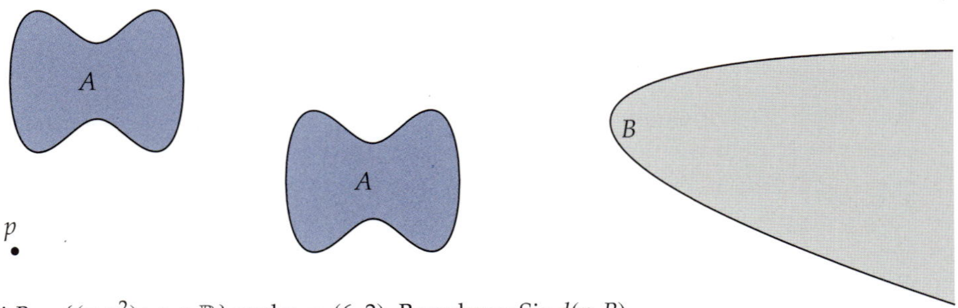

6. Sei $B = \{(x, x^2) \colon x \in \mathbb{R}\}$ und $p = (6, 3)$. Berechnen Sie $d(p, B)$.

8.7 Das Lemma von Lebesgue und Kompaktheit

Satz 8.8 (Das Lemma von Lebesgue) Für $B \subset \mathbb{R}^n$, ist der Durchmesser $\delta(B)$ von B definiert durch $\delta(B) = \sup\{\|x-y\|: x, y \in B\}$.

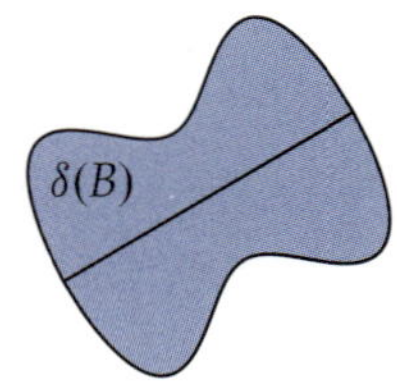

Sei $A \subset \mathbb{R}^n$ eine folgenkompakte Menge, U_i für $i \in I$ offen und $A \subset \cup_{i\in I} U_i$. Dann gilt: Es existiert eine Zahl $\lambda > 0$ (Lebesgue-Zahl für U_i) mit folgender Eigenschaft:

Ist $B \subset \mathbb{R}^n$ mit $B \cap A \neq \emptyset$ und $\delta(B) < \lambda$, so gibt es ein $i \in I$ mit $B \subset U_i$.

Annahme falsch. Dann ist $\lambda_k = 1/k$ keine Lebesgue-Zahl. Es existiert somit eine Menge B_k mit $B_k \cap A \neq \emptyset$ und $\delta(B_k) < 1/k$, jedoch $B_k \not\subset U_i$ für alle i. Wähle einen Punkt $p_k \in B_k \cap A$. Sei $p \in A$ Grenzwert einer Teilfolge von (p_k). Dann ist $p \in U_i$ für ein i. Nehme $\varepsilon > 0$ mit $B(p, \varepsilon) \subset U_i$ und sei $j > 2/\varepsilon$ mit $p_j \in B(p, \varepsilon/2)$. Es gilt $\delta(B_j) < 1/j < \varepsilon/2$. Ist $x \in B_j$, so folgt $\|x-p\| \leq \|x-p_j\| + \|p_j - p\| < \varepsilon$. Also gilt doch $B_j \subset B(p, \varepsilon) \subset U_i$, Widerspruch! ∎

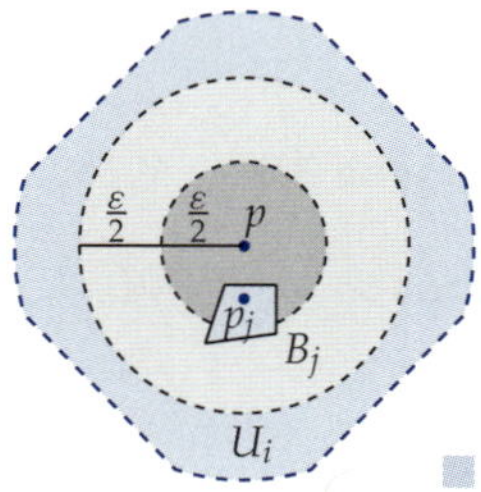

Eine Menge $A \subset \mathbb{R}^n$ heißt kompakt, wenn gilt: Ist $A \subset \cup_{i\in I} U_i$ mit U_i offen für jedes $i \in I$, so gibt es eine **endliche Menge** $J \subset I$ mit $A \subset \cup_{i\in J} U_i$.

Kurz: jede offene Überdeckung von A hat eine endliche Teilüberdeckung.

Satz 8.9 (Heine-Borel) Eine Teilmenge $A \subset \mathbb{R}^n$ ist kompakt genau dann, wenn sie abgeschlossen und beschränkt ist.

Sei A abgeschlossen und beschränkt und $A \subset \cup_{i\in I} U_i$ mit U_i offen. Dann ist $A \subset B$ für einen Würfel $B = \{x: \|x\|_\infty \leq M\}$. Sei $\lambda > 0$ eine Lebesgue-Zahl der Überdeckung U_i. B ist eine endliche Vereinigung von B_k mit $\delta(B_k) < \lambda$, siehe nebenstehendes Bild. $B_k \cap A$ ist Teilmenge einer $U_{i(k)}$. Endlich viele $B_k \cap A$ überdecken A, also endlich viele $U_{i(k)}$ überdecken A.

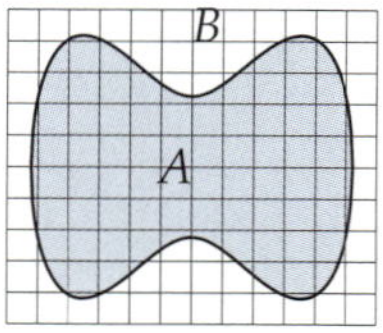

Es sei umgekehrt A kompakt. Dann ist $A \subset \cup_{i=1}^{\infty} B(0, i) = \mathbb{R}^n$. Sei $J \subset \mathbb{N}$ eine endliche Menge mit $A \subset \cup_{i\in J} B(0, i)$. Für $\ell = \max(J)$ ist $A \subset B(0, \ell)$, somit ist A beschränkt.

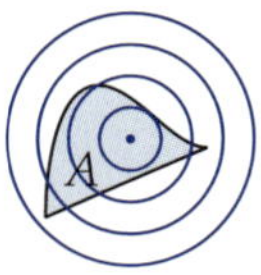

Sei $a \notin A$. Definiere $U_i := \{x \in \mathbb{R}^n: \|x - a\| > 1/i\}$, $i = 1, 2, 3, \ldots$ Dann ist $A \subset \mathbb{R}^n \setminus \{a\} = \cup_{i=1}^{\infty} U_i$. Wegen Kompaktheit von A ist $A \subset U_k$ für ein k, d.h. $B(a, 1/k) \cap A = \emptyset$. Also ist A^c offen und A abgeschlossen. ∎

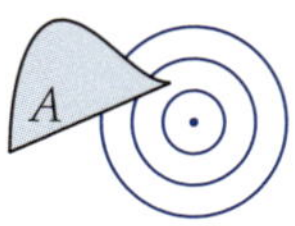

Aufgaben

EXTRAS ONLINE
Lösungen

Aufgabe 8.34 Bestimmen Sie eine offene Überdeckung von $B(0, 1)$, die keine endliche Teilüberdeckung hat.

Aufgabe 8.35 Zeigen Sie: Ist A kompakt und $f\colon A \to \mathbb{R}^m$ stetig, so ist $f(A)$ kompakt, wobei Sie nur die Definition der Kompaktheit benutzen sollen.

Aufgabe 8.36 Es sei A eine kompakte Menge, $U \supset A$ eine offene Menge. Zeigen Sie, dass eine kompakte Menge B existiert mit $A \subset B^\circ$ und $B \subset U$.

Aufgabe 8.37

1. Es sei $A \subset \mathbb{R}^n$ kompakt. Zeigen Sie, nur mithilfe der Definition der Kompaktheit, dass jede abgeschlossene Teilmenge $B \subset A$ ebenfalls kompakt ist.
2. Benutzen Sie auch hier nur die Definition, um die Kompaktheit von $A \cup B$ zu zeigen, wenn A und B kompakt sind.

Aufgabe 8.38 Es seien A und B kompakte Mengen in $\mathbb{R}^n$ mit $A \cap B = \emptyset$. Zeigen Sie, dass es offene Mengen U, V gibt mit $A \subset U$, $B \subset V$ und $U \cap V = \emptyset$.

Aufgabe 8.39 Es sei $A \subset \mathbb{R}^n$ kompakt, $B \subset \mathbb{R}^m$ und $\pi\colon A \times B \to B$ die natürliche Projektion gegeben durch $\pi(a, b) = b$. Sei $Z \subset A \times B$ abgeschlossen. Zeigen Sie, dass $\pi(Z)$ ebenfalls abgeschlossen ist.

Aufgabe 8.40 Sei $A \subset \mathbb{R}^n$ kompakt und $f\colon A \to f(A) \subset \mathbb{R}^m$ stetig und bijektiv. Zeigen Sie, dass auch f^{-1} stetig ist.

Tipp: Zeigen Sie: ist $Z \subset A$ abgeschlossen, dann ist auch $f(Z)$ abgeschlossen.

Aufgabe 8.41 Es seien $A \subset \mathbb{R}^n$ und $B \subset \mathbb{R}^m$ kompakte Mengen und $f\colon A \to B$ eine Abbildung. Zeigen Sie, dass f stetig ist genau dann, wenn der Graph $\Gamma(f)$ von f, d.h. $\Gamma(f) := \{(a, f(a))\colon a \in A\}$, kompakt ist.

Aufgabe 8.42 Finden Sie eine offene Menge $X \subseteq \mathbb{R}^2$ und eine offene Überdeckung $(U_i)_{i \in I}$ von X, für die das Lemma von Lebesgue falsch ist.

8.8 Zusammenhängend und wegzusammenhängend

1 Eine Menge $A \subset \mathbb{R}^n$ heißt zusammenhängend, wenn aus $A = U \cup V$ mit U, V offen in A und $U \cap V = \emptyset$ folgt, dass $U = \emptyset$ oder $V = \emptyset$.

2 Eine Menge $A \subset \mathbb{R}^n$ heißt wegzusammenhängend, wenn für alle $p, q \in A$ eine stetige Abbdildung $\gamma\colon [0,1] \to A$ (Weg) existiert mit $\gamma(0) = p$ und $\gamma(1) = q$.

Satz 8.10

1 Eine Menge A ist zusammenhängend genau dann, wenn es keine surjektive stetige Funktion $f\colon A \to \{0,1\}$ gibt.

2 Eine wegzusammenhängende Menge ist zusammenhängend. Insbesondere ist $\mathbb{R}^n$ zusammenhängend.

3 *Offene* zusammenhängende Mengen sind wegzusammenhängend.

1 Sei $f\colon A \to \{0,1\}$ eine stetige surjektive Funktion. Mit $U := f^{-1}(0)$ und $V := f^{-1}(1)$ gilt U, V offen in A, $U \cup V = A$, $U \neq \emptyset$, $V \neq \emptyset$ und $U \cap V = \emptyset$. Also ist A nicht zusammenhängend. Sei umgekehrt $A = U \cup V$ mit U, V nichtleer, offen in A und $U \cap V = \emptyset$. Dann ist $f\colon A \to \{0,1\}$ mit $f(x) = 0$, wenn $x \in U$ und $f(x) = 1$, wenn $x \in V$ stetig und surjektiv.

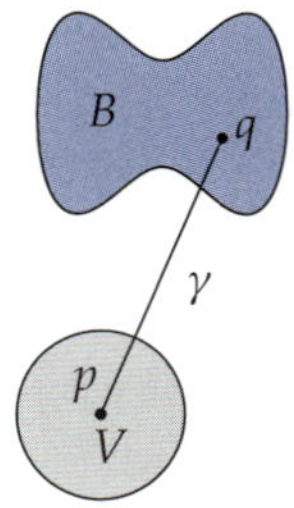

2 Angenommen, A ist nicht zusammenhängend. Dann gibt es eine stetige surjektive Funktion $f\colon A \to \{0,1\}$. Sei $p \in f^{-1}(0)$ und $q \in f^{-1}(1)$. Sei $\gamma\colon [0,1] \to A$ mit $\gamma(0) = p$ und $\gamma(1) = q$. Dann ist $f \circ \gamma\colon [0,1] \to \{0,1\}$ stetig und surjektiv. Diese Aussage widerspricht dem Zwischenwertsatz!

3 Sei A offen und zusammenhängend und $p \in A$ fest. Wir definieren:

$$U := \{x \in A\colon p \text{ und } x \text{ können durch einen Weg in } A \text{ verbunden werden}\}$$

$$V := \{x \in A\colon p \text{ und } x \text{ können } \textbf{nicht} \text{ durch einen Weg in } A \text{ verbunden werden}\}$$

Zu zeigen ist, dass $V = \emptyset$. Weil $U \cap V$ offenbar die leere Menge und A zusammenhängend ist, reicht es zu zeigen, dass U und V offen sind. Sei x gegeben und $r > 0$ mit $B(x,r) \subset A$. Nehme zunächst $x \in U$ und $y \in B(x,r)$. Sei $\gamma\colon [0,1] \to A$ stetig mit $\gamma(0) = p$ und $\gamma(1) = x$. Wir zeigen, dass $y \in U$. Betrachte dazu den stetigen Weg:

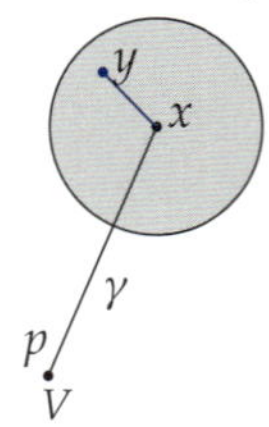

$$\delta(t) = \begin{cases} \gamma(2t) & t \in [0, \frac{1}{2}] \\ (2-2t)x + (2t-1)y & t \in [\frac{1}{2}, 1] \end{cases}$$

Dieser verbindet p und y, also ist U offen.
Ist dagegen $x \in V$ und wäre $y \in U$, so können wir analog einen Weg von p über y nach x konstruieren. Also ist auch $y \in V$ und deshalb V offen.

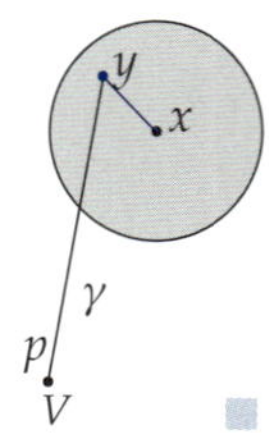

Aufgaben

EXTRAS ONLINE Lösungen

Aufgabe 8.43 Es sei $A \subset \mathbb{R}^n$ mit $A \neq \emptyset$ und $A \neq \mathbb{R}^n$. Zeigen Sie, dass der Rand ∂A von A eine nichtleere Menge ist.

Aufgabe 8.44 Sei $A \subset \mathbb{R}^n$ zusammenhängend und $A \subset B \subset \overline{A}$. Zeigen Sie, dass auch B zusammenhängend ist.
Tipp: Zeigen Sie, dass es keine surjektive Abbildung $f\colon B \to \{0, 1\}$ gibt.

Aufgabe 8.45 Zusammenhängende Mengen brauchen nicht wegzusammenhängend zu sein. Eines der bekanntesten Beispiele ist die „topologische Sinuskurve", gegeben durch

$$S := \{(x, y) \in \mathbb{R}^2 \colon x > 0, y = \sin(1/x)\} \cup \{(0, 0)\}\,.$$

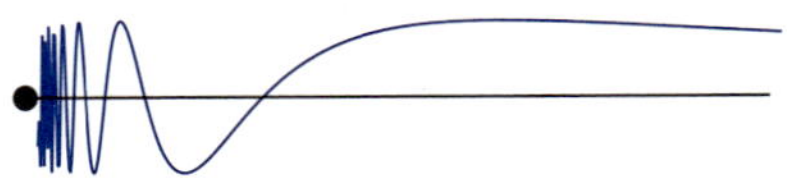

1. Benutzen Sie die vorherige Aufgabe, um zu zeigen, dass S zusammenhängend ist.
2. Sei $\gamma\colon [0, 1] \to S$ stetig mit $\gamma(0) = (0, 0)$. Zeigen Sie, dass $\gamma(t) = (0, 0)$ für alle $t \in [0, 1]$.
3. Folgern Sie, dass S nicht wegzusammenhängend ist.

Aufgabe 8.46

1. Sind A und B zusammenhängend und ist $A \cap B \neq \emptyset$, so ist $A \cup B$ zusammenhängend. Zeigen Sie diese Aussage.
2. Es sei $A \subset \mathbb{R}^n$. Die Relation $\sim$ sei gegeben durch $p \sim q$ genau dann, wenn es eine zusammenhängende Menge $B \subset A$ gibt mit $p, q \in B$. Zeigen Sie, dass $\sim$ eine Äquivalenzrelation ist. Die Äquivalenzklassen von $\sim$ nennen wir Zusammenhangskomponenten von A.
3. Wiederholen Sie die Aufgaben für den Begriff Wegzusammenhang. Man erhält den Begriff Wegzusammenhangskomponenten.

Aufgabe 8.47 Was sind die (weg-)zusammenhängende Teilmengen von $\mathbb{R}$?

Aufgabe 8.48 Sei $f\colon A \to \mathbb{R}^m$ stetig. Zeigen Sie:

1. Ist A wegzusammenhängend, so ist $f(A)$ auch wegzusammenhängend.
2. Ist A zusammenhängend, so ist auch $f(A)$ zusammenhängend.

Aufgabe 8.49 Ist $\mathbb{Q}^n \subset \mathbb{R}^n$ zusammenhängend?

Aufgabe 8.50 Betrachte die Teilmenge

$$A = ([0, 1] \times \{0\}) \cup (\{0\} \times [0, 1]) \cup \cup_{n=1}^{\infty}(\{1/n\} \times [0, 1])\,.$$

1. Fertigen Sie eine Skizze von A an.
2. Zeigen Sie, dass A wegzusammenhängend ist.
3. Sei $p = (0, 1)$. Zeigen Sie, dass $B(p, 1) \cap A$ nicht zusammenhängend ist.

8.9 Gleichmäßige Stetigkeit

Eine Funktion $f\colon A \to \mathbb{R}^m$ heißt gleichmäßig stetig, wenn:

Für alle $\varepsilon > 0$ existiert ein $\delta = \delta(\varepsilon) > 0$, sodass für alle $x, a \in A$ mit $\|x - a\| < \delta$ die Ungleichung $\|f(x) - f(a)\| < \varepsilon$ gilt.

Insbesondere ist f stetig auf A. Für alle $a \in A$ kann man das gleiche $\delta = \delta(\varepsilon)$ nehmen.

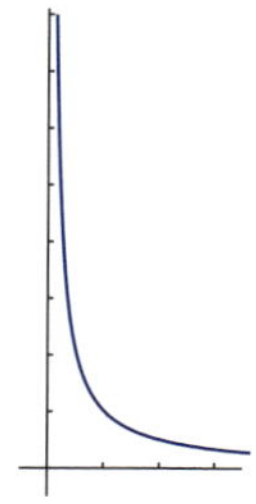

Beispiel: Wir zeigen, dass $f\colon (0,1] \to \mathbb{R}$ mit $f(x) = 1/x$ *nicht* gleichmäßig stetig ist. Dann ist also zu zeigen, dass ein $\varepsilon > 0$ existiert, sodass es für alle $\delta > 0$ Zahlen $x, a \in (0,1]$ gibt mit $|x-a| < \delta$, aber $|f(x)-f(a)| \geq \varepsilon$. Sei $\varepsilon = 1$. Ist $\delta \geq 1$, so nehmen wir $a = \frac{1}{2}$ und $x = 1$. Ist $\delta < 1$, so nehmen wir $x = \delta$ und $a = \frac{1}{2}\cdot\delta$. Dann ist $|f(x) - f(a)| = \left|\frac{1}{\delta} - \frac{2}{\delta}\right| = \frac{1}{\delta} > 1 = \varepsilon$.

Satz 8.11 Es sei $f\colon A \to \mathbb{R}^m$ stetig und A abgeschlossen und beschränkt. Dann ist f gleichmäßig stetig auf A.

Sei $\varepsilon > 0$. Wegen Stetigkeit von f auf A gibt es zu jedem $y \in A$ ein $\delta(y,\varepsilon)$, sodass für alle $x \in A$ mit $\|x - y\| < \delta(y,\varepsilon)$ die Ungleichung $\|f(x) - f(y)\| < \varepsilon/2$ gilt.

Die offenen Mengen $B(y, \delta(y,\varepsilon))$ überdecken offensichtlich A. Sei $\delta = \delta(\varepsilon)$ eine Lebesgue-Zahl für diese Überdeckung. Ist $\|x-a\| < \delta$, so folgt $x, a \in B(y, \delta(y,\varepsilon))$ für mindestens ein y. Hieraus folgt $\|f(x)-f(y)\| < \varepsilon/2$ und $\|f(a)-f(y)\| < \varepsilon/2$ und mit der Dreiecksungleichung folgt

$$\|f(x) - f(a)\| \leq \|f(x) - f(y)\| + \|f(y) - f(a)\| < \varepsilon\,.$$

■

Satz 8.12 Es sei $A \subset \mathbb{R}^n$ kompakt, $U \subset \mathbb{R}^m$ offen und $f(x,t)\colon A \times U \to \mathbb{R}$ eine stetige Funktion. Dann ist das Maximum $M(t)$ und das Minimum $m(t)$ von $f_t(x)\colon A \to \mathbb{R}$, $x \mapsto f(t,x)$ eine stetige Funktion von t.

Sei $t_0 \in U$ und $\varepsilon > 0$. Wähle eine kompakte Umgebung B von t_0 mit $B \subset U$. Wegen Satz 8.11 gibt es ein $\delta > 0$, sodass für alle (x,t) und $(y,s) \in A \times B$ mit $\|(x,t) - (y,s)\|_\infty < \delta$ folgt, dass $\|f(x,t) - f(y,s)\| < \varepsilon$.

Ist $x_t \in A$ mit $M(t) = f(x_t, t)$, so folgt für alle t mit $\|t - t_0\| < \delta$:

$$M(t_0) - \varepsilon = f(x_{t_0}, t_0) - \varepsilon < f(x_{t_0}, t) \leq M(t) = f(x_t, t) < f(x_t, t_0) + \varepsilon \leq M(t_0) + \varepsilon\,.$$

Das ist die Stetigkeit von $M(t)$ in $t = t_0$. Analog für $m(t)$. ■

Aufgaben

EXTRAS ONLINE

Lösungen

Aufgabe 8.51 Untersuchen Sie die nachfolgenden Funktionen auf gleichmäßige Stetigkeit.

1. $f(x) = \dfrac{1}{1+x}$ auf $(-1, \infty)$
2. $f(x) = \dfrac{1}{1+x}$ auf $(0, \infty)$
3. $f(x) = \dfrac{1}{1+x^2}$ auf $[-4, 5]$
4. $f(x) = \dfrac{1}{1+x^2}$ auf $\mathbb{R}$
5. $f(x) = xe^{-x}$ auf $(0, \infty)$
6. $f(x) = xe^{-x}$ auf $(-\infty, 0)$
7. $f(x) = \sqrt{x}$ auf $[0, \infty)$

Aufgabe 8.52 Eine Funktion $f\colon A \to \mathbb{R}^m$ heißt Lipschitz-stetig mit Konstante K, wenn $\|f(x) - f(y)\| \leq K\|x - y\|$ für alle $x, y \in A$.

Zeigen Sie, dass auf A Lipschitz-stetige Funktionen gleichmäßig stetig auf A sind.

Aufgabe 8.53 Sei $x_n := 1 - 2^{-n}$ für $n = 0, 1, 2, 3, \ldots$ Wir definieren eine Funktion $f\colon [0, 1) \to \mathbb{R}$ durch

$$f(x) = \begin{cases} 2^{n+1}x_{n+1} \cdot (x - x_n) & \text{falls } n \text{ gerade und } x_n \leq x < x_{n+1} \\ x_n - 2^{n+1}x_n \cdot (x - x_n) & \text{falls } n \text{ ungerade und } x_n \leq x < x_{n+1}\,. \end{cases}$$

1. Fertigen Sie eine Skizze des Graphen von $f\colon [0, 1) \to \mathbb{R}$ an.
2. Zeigen Sie, dass $f\colon [0, 1) \to \mathbb{R}$ stetig ist.
3. Zeigen Sie, dass f auf $[0, 1)$ beschränkt ist.
4. Zeigen Sie, dass f nicht gleichmäßig stetig auf $[0, 1)$ ist.

8.10 Hauptsatz der Algebra

Satz 8.13 (Hauptsatz der Algebra) Es sei

$$p(z) = z^n + a_{n-1}z^{n-1} + \dots + a_1 z + a_0$$

ein nicht konstantes Polynom mit komplexen Koeffizienten. Dann gibt es ein $a \in \mathbb{C}$ mit $p(a) = 0$.

Sei $A := |a_0| + \dots + |a_{n-1}|$ und $R := \max\{1, 2A\}$. Wir behaupten, dass für alle $z \in \mathbb{C}$ mit $|z| \geq R$ die Ungleichung $|p(z)| \geq A \geq |a_0| = |p(0)|$ gilt.

Ist nämlich $|z| \geq R$, so können wir schreiben

$$p(z) = z^n(1 + r(z)), \quad r(z) = \frac{a_{n-1}}{z} + \dots + \frac{a_0}{z^n} .$$

Da $|z| \geq 1$, folgt $|r(z)| \leq A/|z|$, und weil auch $|z| \geq 2A$, folgt $|r(z)| \leq \frac{1}{2}$. Daher

$$1 = |1 + r(z) - r(z)| \leq |1 + r(z)| + |r(z)| \leq |1 + r(z)| + \tfrac{1}{2} ,$$

also $|1 + r(z)| \geq \frac{1}{2}$ und deshalb:

$$|p(z)| = |z|^n |1 + r(z)| \geq \tfrac{1}{2} \cdot |z|^n \geq A \geq |p(0)| .$$

Die stetige Funktion $|p(z)|$ (wobei wir $\mathbb{C}$ als $\mathbb{R}^2$ auffassen) hat ein Minimum auf der kompakten Menge $|z| \leq R$, siehe Satz 8.6. Weil $|p(z)| \geq |p(0)|$ für $|z| \geq R$, hat $|p(z)|$ auf ganz $\mathbb{C}$ ein globales Minimum. Dieses Minimum sei $|p(a)|$ und wir möchten zeigen, dass dieses Minimum gleich 0 ist. Angenommen, $p(a) \neq 0$. Wir betrachten das Polynom $f(z) := p(z+a)/p(a)$. Wir müssen zeigen, dass es ein $z \in \mathbb{C}$ gibt mit $|f(z)| < |f(0)| = 1$. Wir schreiben

$$f(z) = 1 + bz^k + z^{k+1}\widetilde{h}(z)$$

für ein Polynom $\widetilde{h}(z)$ und $b \neq 0$. Wähle ein $\lambda \in \mathbb{C}$ mit $\lambda^k = -1/b$. Eine solche Zahl gibt es wegen Satz 3.13. Sei

$$g(z) = f(\lambda z) = 1 - z^k + z^{k+1}h(z), \quad h(z) = b_0 + \dots + b_\ell z^\ell .$$

Mit $B := |b_0| + \dots + |b_\ell|$ gilt

$$|h(z)| \leq B \text{ für alle } z \text{ mit } |z| \leq 1 .$$

Deshalb gilt für alle $z \in \mathbb{C}$ mit $0 \neq |z| < 1/B$ und $|z| < 1$ die Ungleichung

$$\left|z^{k+1} \cdot h(z)\right| = |z|^k \cdot |z| \cdot |h(z)| < |z|^k .$$

Ist jetzt $z \in \mathbb{R}$ mit $0 < z < 1/B$ und $0 < z < 1$, so gilt

$$\left|g(z)\right| = \left|1 - z^k + z^{k+1} \cdot h(z)\right| \leq 1 - z^k + \left|z^{k+1} \cdot h(z)\right| < 1 - z^k + z^k = 1 .$$

Also ist $|g(z)| = |f(\lambda z)| < 1$, was zu zeigen war. ∎

Differenzialrechnung in $\mathbb{R}^n$

9

9.1	Parametrisierte Kurven	216
9.2	Bogenlänge	218
9.3	Höhenlinien	220
9.4	Partielle- und Richtungsableitungen	222
9.5	Totale Differenzierbarkeit	224
9.6	Lokale Extrema I	226
9.7	Die Kettenregel	228
9.8	Differenzieren unter dem Integralzeichen	230
9.9	Höhere Ableitungen und der Satz von Schwarz	232
9.10	Lokale Extrema II	234
9.11	Die Taylorformel	236

ÜBERBLICK

LERNZIELE

- Bogenlänge von parametrisierten Kurven
- Gradient
- Die Kettenregel
- Vertauschbarkeit von partiellen Ableitungen: der Satz von Schwarz
- Lokale Extrema
- Taylorformel für Funktionen mehrerer Veränderlichen

Im Kapitel 4 haben wir das Wachstumsverhalten und die Differenzierbarkeit von Funktionen $f\colon U \to \mathbb{R}$ untersucht, wobei oft U ein (offenes) Intervall in $\mathbb{R}$ ist. In diesem Kapitel verallgemeinern wir diese Untersuchungen für offene Mengen $U \subset \mathbb{R}^n$ und Funktionen $f\colon U \to \mathbb{R}^m$.

Die einfachste Verallgemeinerung ist, wenn $U = I$ ein Intervall in $\mathbb{R}$ ist und $f = c\colon I \to \mathbb{R}^m$. Wir können uns diese Abbildung geometrisch vorstellen als eine Punktmasse, die sich im Raum $\mathbb{R}^m$ bewegt. In diesem Zusammenhang benutzen wir die Variable t, um die Zeit anzudeuten. Eine Abbildung $c = c(t)\colon I \to \mathbb{R}^m$ ist gegeben durch m Komponentenfunktionen:

$$c = (c_1, \ldots, c_m)\colon I \to \mathbb{R}^m .$$

Differenzierbarkeit solcher Funktionen wird komponentenweise erklärt:

$$c'(t) = (c_1'(t), \ldots, c_m'(t)) \in \mathbb{R}^m .$$

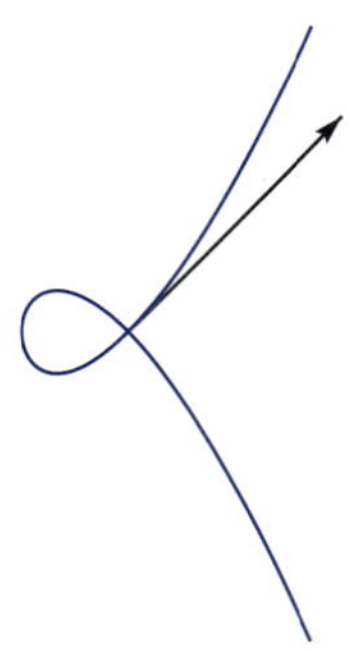

Die Ableitung ist daher ein Vektor, der „Geschwindigkeitsvektor". Das Bild $\mathrm{Im}(c)$ einer Abbildung $c\colon I \to \mathbb{R}^m$ wird die Spur von c genannt. Sie ist die „Straße", auf der sich unsere Punktmasse bewegt. Obwohl c selbst als differenzierbar vorausgesetzt wird, kann die Spur Singularitäten aufweisen, wie im Beispiel der newtonsche Knoten

$$c(t) = (t^2 - 1, t(t^2 - 1)) .$$

Eine reguläre Parametrisierung ist eine Parametrisierung mit $c'(t) \neq 0$ für alle t: Die Punktmasse kommt nie zum Stillstand. Ist dabei c injektiv, so möchten wir die Länge der Spur von c messen. Ist dabei die Geschwindigkeit $\|c'(t)\|$ konstant gleich 1, so nennt man c nach Bogenlänge parametrisiert. In diesem Fall ist es naheliegend die Zeit, die man braucht um die Spur zu durchlaufen, die Länge der Spur zu nennen. Obwohl es theoretisch möglich ist, nach Bogenlänge zu parametrisieren, ist es in der Praxis meist unmöglich, diese zu berechnen, weil in der Berechnung schwierige Integrale auftreten.

Auch für Funktionen $f\colon U \to \mathbb{R}$, wobei U eine offene Teilmenge von $\mathbb{R}^n$ ist, möchten wir das Wachstumsverhalten in einem Punkt a studieren. Vom Punkt a ausgehend, untersuchen wir für verschiedene Richtungen $v \in \mathbb{R}^n$ das Wachstumsverhalten von f. Wir betrachten dazu die Funktion $f(a + tv)$ in einer Veränderlichen t, definiert in einer kleinen Umgebung von $t = 0$. Aus Kapitel 4 wissen wir, was es bedeutet, dass $f(a + tv)$ in $t = 0$ differenzierbar ist, und die Ableitung beschreibt die Wachstumsrate von f in a in der Richtung v. Wir nennen sie die Richtungsableitung $D_v f(a)$ von f in der Richtung a. Ist $v = e_i$ ein Standardbasisvektor, so heißt die Richtungsableitung $D_i f(a) := D_{e_i} f(a)$ die i-te partielle Ableitung. Sie ist einfach zu berechnen. Glücklicherweise kann man, für einigermaßen schöne Funktionen, Richtungsableitungen direkt aus den partiellen Ableitungen berechnen. Ist[1]

$$\nabla f(a) = \big(D_1 f(a), \ldots, D_n f(a)\big)$$

der sogenannte Gradient, bestehend aus den partiellen Ableitungen, so gilt unter der Bedingung der Differenzierbarkeit an f:

$$D_v f(a) = \big\langle \nabla f(a), v \big\rangle ,$$

also das Skalarprodukt des Gradienten $\nabla f(a)$ mit der Richtung v. Als Folgerung haben wir, dass der Gradient in die Richtung des schnellsten Wachstums zeigt und „senkrecht" auf Höhenlinien $f = c$ steht. Es ist sowieso vernünftig, beim Studium Funktionen zweier Veränderlichen Skizzen solcher Höhenlinien anzufertigen. Im nebenstehenden Bild sind für $f = y^2 - x^2(x+1)$ die Höhenlinien $f = 0$ und $f = 1$ gezeichnet worden, sowie die Gradienten in den Punkten $(-1/2, -\sqrt{2}/4)$, $(-3/4, -3/8)$, $(-1, 0)$ und $(-1/2, 3\sqrt{2}/4)$.

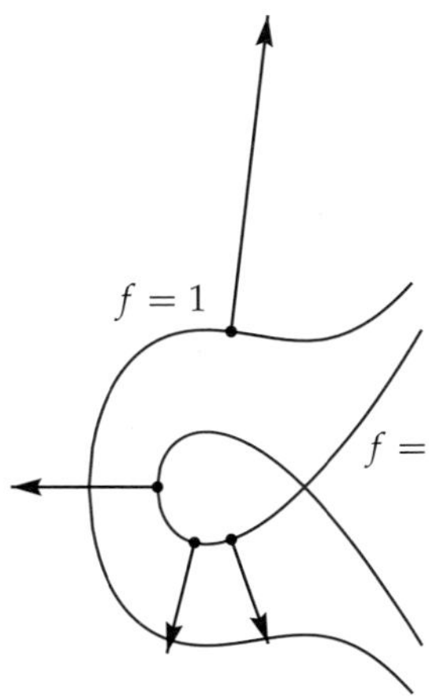

Allgemeiner ist die Ableitung einer differenzierbaren Funktion $f\colon U \to \mathbb{R}^m$ eine lineare Abbildung $f'(a)\colon \mathbb{R}^n \to \mathbb{R}^m$, sodass für alle $v \in \mathbb{R}^n$ die Funktion $f(a) + tf'(a)(v)$ eine gute Annäherung von $f(a + tv)$ ist:

$$f(a + tv) \approx f(a) + t \cdot f'(a)(v) .$$

Ist $f = (f_1, \ldots, f_m)$, so sind die Zeilen der Matrix der Ableitung gegeben durch den Gradienten $\nabla f_1(a), \ldots, \nabla f_m(a)$ der Funktionen $f_1, \ldots, f_m$.

Eine wichtiger Satz ist die Kettenregel. Sie besagt:

„Die Ableitung einer Verknüpfung ist die Verknüpfung der Ableitungen".

In einer Formel lautet die Kettenregel: $(g \circ f)'(a) = g'(f(a)) \cdot f'(a)$. Der Beweis ist nicht viel schwieriger als im Fall einer Funktion einer Veränderlichen.

Anwenden werden wir die Ableitung zur Bestimmung von lokalen Extrema von differenzierbaren Funktionen $f\colon U \to \mathbb{R}$, mit U offen. Es ist nicht überraschend, dass solche lokale Extrema nur in kritischen Punkten auftreten können: Punkte $a \in U$, für die $\nabla f(a) = 0$ gilt. In manchen, aber sicherlich nicht in allen Fällen reicht das schon. Im obigen Beispiel der Funktion $f = y^2 - x^2(x+1)$ hat f innerhalb der Schleife der Höhenlinie $f = 0$ negative Werte. Weil stetige Funktionen auf kompakten Mengen ein Maximum und ein Minimum haben, gibt es mindestens einen kritischen Punkt von f. Man berechnet, dass der einzige Kandidat $(-2/3, 0)$ ist, also hat f ein lokales Minimum in $(-2/3, 0)$.

1 Die Aussprache für ∇ ist „nabla".

Im Allgemeinen benutzt man oft zweite Ableitungen, wie im Satz 4.8, um festzustellen, ob bei einem kritischen Punkt ein lokales Extremum vorliegt. Die Situation ist hier durchaus komplizierter als bei Funktionen einer Veränderlichen. Beispielsweise gilt für die Funktion $f = x^2 - y^2$, dass $(0,0)$ ein kritischer Punkt von f ist, und $f(x,0)$ hat als Funktion von x ein Minimum, jedoch hat $f(0,y)$ als Funktion von y ein Maximum. In einer solchen Situation nennt man $(0,0)$ einen Sattelpunkt.

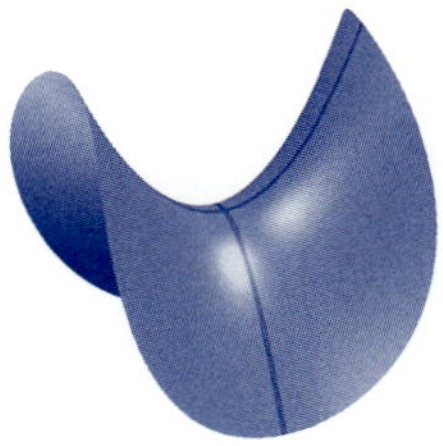

Manchmal lässt sich für Funktionen von zwei Veränderlichen schnell entscheiden, welche Art kritischer Punkte vorliegen, indem man eine Höhenlinie $f(x,y) = f(a)$ zeichnet und den Zeichenverlauf von $f(x,y) - f(a)$ untersucht. So ist in dem Beispiel

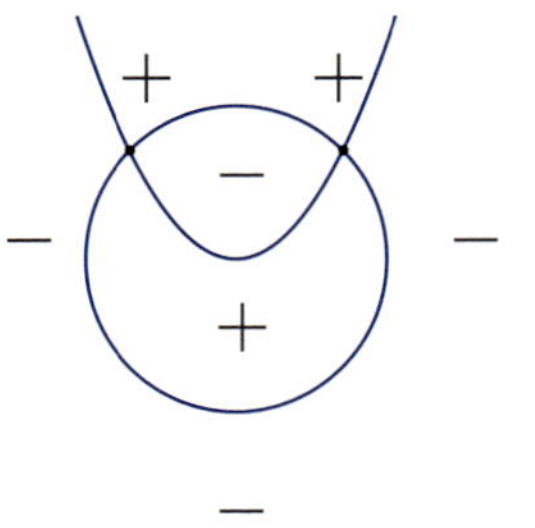

$$f(x,y) = (y - x^2) \cdot (x^2 + y^2 - 1)$$

aus dem Zeichenverlauf klar, dass $(1,1)$ und $(-1,1)$ Sattelpunkte sind. Außerdem ist klar, dass im Bereich

$$y > x^2, \ x^2 + y^2 < 1$$

ein lokales Minimum vorliegt und im Bereich

$$y < x^2, \ x^2 + y^2 < 1$$

ein lokales Maximum.

Um die „zweite" Ableitung einzusetzen, brauchen wir den Satz von Schwarz. Er besagt, dass unter relativ schwachen Bedingungen an f gilt

$$D_v D_w f(a) = D_w D_v f(a)$$

für Richtungen v, w. Wenn wir die Basisrichtungen, also die Richtungen e_i und e_j, nehmen, so folgt, dass die sogenannte Hesse-Matrix von f in a, definiert durch

$$H_f(a) := \Big(D_i D_j f(a)\Big),$$

eine symmetrische Matrix ist. Die Idee ist, dass in der Nähe eines kritischen Punktes a von f die quadratische Funktion

$$f(a+x) \approx f(a) + \sum_{i=1}^{n} \sum_{j=1}^{n} x_i x_j D_i D_j f(a).$$

eine gute Annäherung von f ist. Die Frage ist deshalb, ob

$$\sum_{i=1}^{n} \sum_{j=1}^{n} x_i x_j D_i D_j f(a)$$

positiv bzw. negativ ist für alle $(x_1, \ldots, x_n) \neq (0, \ldots, 0)$. Das ist gleichbedeutend mit der Frage ob die Hesse-Matrix $H_f(a)$ positiv definit oder negativ definit ist.

SAGEMATH hat den eingebauten Befehl

```
A.is_positive_definite(),
```

um zu testen, ob die Matrix A positiv definit ist oder nicht. Auch der Fall der Indefinitheit ist wichtig. In diesem Fall gibt es positive Werte und negative Werte. Die Frage, ob eine Matrix positiv definit oder negativ definit ist, wird normalerweise in der linearen Algebra behandelt, siehe „Lineare Algebra", Abschnitt 7.6. Eine Antwort ist Folgende: Für $k = 1, \ldots, n$, sei A_k die Matrix, die aus A entsteht durch Streichen der letzten $n-k$ Zeilen und $n-k$ Spalten. Dann gilt

$$A \text{ ist positiv definit} \iff \det(A_k) > 0, k = 1, \ldots, n\,.$$

A ist negativ definit genau dann, wenn $-A$ positiv definit ist. In manchen Fällen kann man auch feststellen, ob eine Matrix indefinit ist.

Im letzten Abschnitt behandeln wir die Taylorformel für Funktionen in mehreren Veränderlichen. Sie sorgt dafür, dass Funktionen $f(x_1, \ldots, x_n)$ in der Nähe eines Punktes a durch ein Polynom eines vorgegebenen Grades angenähert werden. Oben ist dies schon für den Grad zwei erwähnt. Die meiste Arbeit liegt darin, die Aussage geeignet zu formulieren. Die Taylorformel leitet man schnell aus dem Fall einer Variablen her.

9.1 Parametrisierte Kurven

1 Es sei $I \subset \mathbb{R}$ ein Intervall. Eine Abbildung $c = (c_1, \dots, c_n): I \to \mathbb{R}^n$ nennt man eine parametrisierte Kurve oder auch Weg.

2 Ein Weg $c: I \to \mathbb{R}^n$ heißt differenzierbar in $t \in I$, wenn c_i differenzierbar ist in t für jedes $i = 1, \dots, n$. Wir schreiben $c'(t) = (c_1'(t), \dots, c_n'(t))$. Er heißt stetig differenzierbar in t, wenn $c'(t)$ stetig ist.

3 Den Vektor $c'(t)$ nennen wir den Geschwindigkeitsvektor zum Zeitpunkt t und den Betrag $\|c'(t)\|$ die Geschwindigkeit.

4 Das Bild $\mathrm{Im}(c)$ nennen wir die Spur von c.

5 Ist $I = [a, b]$, so heißt $c(a)$ der Anfangspunkt und $c(b)$ der Endpunkt von c. Ist $c(a) = c(b)$, so heißt c geschlossen. Ist dabei $c: [a, b) \to \mathbb{R}^n$ injektiv, so heißt c einfach geschlossen.

6 Der Weg c heißt **regulär**, wenn er stetig differenzierbar ist und $c'(t) \neq 0$ für alle t. Sie heißt einfach, wenn c injektiv ist.

Eine solche Abbildung kann man durch die Spur $\mathrm{Im}(c)$ versuchen zu verbildlichen. Bemerke aber, dass c nicht durch $\mathrm{Im}(c)$ bestimmt ist. $\mathrm{Im}(c)$ ist die benutzte „Straße", aber c enthält auch noch die Information, zu welchem Zeitpunkt man sich auf dieser Straße befindet.

Beispiel:
Wir betrachten $c(t) = (t^2/4, t^3/8)$ für $t \in \mathbb{R}$. Der Geschwindigkeitsvektor ist gegeben durch $c'(t) = (t/2, 3t^2/8)$. Mit SAGE kann man die Spur von c zeichnen (in einem gewissen Bereich). Rechts steht das Ergebnis, zusammen mit dem Geschwindigkeitsvektor $c'(1) = (1/2, 3/8)$ im Punkt $c(1) = (1/4, 1/8)$. Wir benutzen die folgenden Befehle in SAGEMATH:

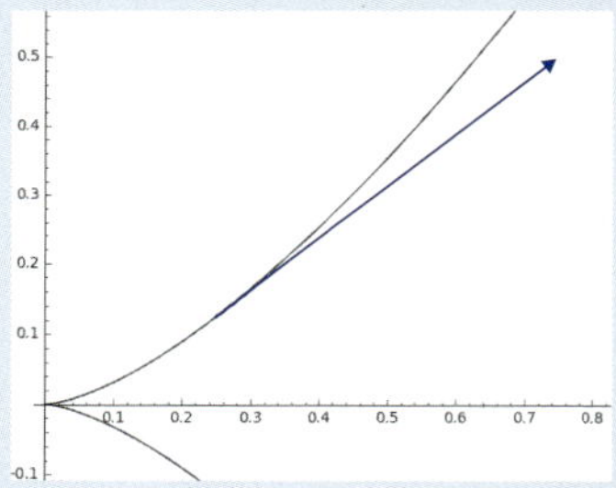


```
var('t')
p = parametric_plot((t^2/4,t^3/8),(t,-1,1.8),color ='black')
q = arrow((1/4,1/8),(3/4,1/2))
(p+q).show()
```

Die Geschwindigkeit in $t = 1$ ist die Länge $\|c'(1)\|$, also, $\sqrt{1/4 + 9/64} = 5/8$.

Ist der Weg $c: I \to \mathbb{R}^n$ zweimal differenzierbar, so nennen wir $c''(t)$ den Beschleunigungsvektor zum Zeitpunkt t.

Beispiel: Für $c(t) = (\cos(t), \sin(t))$ gilt $c'(t) = (-\sin(t), \cos(t))$ und $c''(t) = -c(t)$. Die Geschwindigkeit $\|c'(t)\|$ ist deshalb konstant gleich 1.

Aufgaben

EXTRAS ONLINE

Lösungen

Aufgabe 9.1

1. Es seien $c, d\colon I \to \mathbb{R}^3$ zwei differenzierbare Wege. Zeigen Sie für das Kreuzprodukt die Gleichung:

$$(c \times d)' = c' \times d + c \times d' .$$

2. Es sei $c\colon I \to \mathbb{R}^3$ zweimal differenzierbar, sodass c'' und c linear abhängig sind. Zeigen Sie, dass das Kreuzprodukt $c \times c'$ ein konstanter Vektor ist und das Bild von c in einer Ebene liegt.

   Bemerkung. In der Physik ist das Kreuzprodukt $c \times c'$ der sogenannte Drehimpuls. Er ist konstant in einem zentralen Kraftfeld und c bewegt sich in einer Ebene.

Aufgabe 9.2 Wir zeigen das 1. keplersche Gesetz, das besagt, dass die Planetenbahnen sich auf Ellipsen bewegen. Sei $\mathbb{R}^2 \subset \mathbb{R}^3$ gegeben durch $z = 0$, $c\colon I \to \mathbb{R}^2$ zweimal stetig differenzierbar, $r := \|c\|$ und nehme an, das Gravitationsgesetz gilt:

$$c'' = -\frac{\alpha}{r^3} \cdot c ,$$

für eine positive Zahl α. Schreibe c in Polarkoordinaten

$$c(t) = r \cdot (\cos(\theta), \sin(\theta)), \quad r = r(t), \quad \theta = \theta(t) .$$

1. Zeigen Sie: Der Drehimpuls der letzen Aufgabe ist gleich $(0, 0, K) = (0, 0, r^2\theta')$.
2. Schreibe $v = c'$, der Geschwindigkeitsvektor. Zeigen Sie:

$$c'' = v' = -\frac{\alpha}{K}(\cos\theta, \sin\theta) \cdot \theta' .$$

3. (**Hamilton 1846**) Folgern Sie, dass der Geschwindigkeitsvektor v sich auf einem Kreis bewegt, d. h., es gibt ein „Zentrum" (f_1, f_2), sodass

$$v = (f_1, f_2) + \frac{\alpha}{K}(-\sin\theta, \cos\theta) .$$

4. Nach Drehung des Koordinatensystems gilt $f_1 = 0$ und wir schreiben $f_2 K/\alpha = e$. Zeigen Sie:

$$r(1 + e\cos\theta) = \frac{K^2}{\alpha} . \tag{9.1}$$

   Die Gleichung (9.1) beschreibt einen Kegelschnitt in Polarkoordinaten, siehe „Lineare Algebra", Abschnitt 1.11.

Aufgabe 9.3 Es seien $A\colon I \to \mathbb{R}^{n\times n}$ und $B\colon I \to \mathbb{R}^{n\times n}$ zwei differenzierbare Matrizenfunktionen. Dann ist $A \cdot B$ differenzierbar und $(A \cdot B)'(t) = A'(t) \cdot B(t) + A(t) \cdot B'(t)$. Zeigen Sie diese Aussage.

9.2 Bogenlänge

Es seien I und J offene Intervalle in $\mathbb{R}$.

1 Eine Parametertransformation $\varphi\colon I \to J$ ist eine stetig differenzierbare bijektive Abbildung mit $\varphi'(t) > 0$ für alle $t \in I$.

2 Zwei parametrisierte Kurven $c\colon I \to \mathbb{R}^n$ und $\gamma\colon J \to \mathbb{R}^n$ heißen äquivalent, wenn es eine Parametertransformation $\varphi\colon I \to J$ gibt mit $\gamma \circ \varphi = c$. Dies ist tatsächlich eine Äquivalenzrelation.

3 Eine parametrisierte Kurve $\gamma\colon I \to \mathbb{R}^n$ heißt nach Bogenlänge parametrisiert, wenn $\|\gamma'(t)\| = 1$ für alle $t \in I$.

Satz 9.1 Sei $c\colon I \to \mathbb{R}^n$ eine reguläre Kurve. Dann gibt es eine zu c äquivalente, nach Bogenlänge parametrisierte Kurve $\gamma\colon J \to \mathbb{R}^n$. γ ist bis auf eine Zeitverschiebung eindeutig bestimmt, d. h., ist $\widetilde{\gamma}$ eine weitere solche parametrisierte Kurve, so ist $\widetilde{\gamma}(t) = \gamma(t - t_0)$ für ein festes t_0.

Ist $c = \gamma \circ \varphi$, also $\gamma = c \circ \varphi^{-1}$ eine solche parametrisierte Kurve, so folgt durch komponentenweise Anwendung der Kettenregel:

$$\|c'(t)\| = \|\gamma'(\varphi(t))\| \cdot |\varphi'(t)| = |\varphi'(t)| = \varphi'(t)\,.$$

Wähle ein $t_0 \in I$. Dann ist $\varphi\colon I \to \mathbb{R}$ gegeben durch

$$\varphi(t) = \varphi(t_0) + \int_{t_0}^{t} \|c'(s)\| \mathrm{d}s\,.$$

Das zeigt die Eindeutigkeit bis auf Zeitverschiebung und mit dieser Definition von φ gilt tatsächlich $\|\gamma'(s)\| = 1$ für alle $s = \varphi(t) \in J := \varphi(I)$. ∎

Eine reguläre Kurve $c\colon I \to \mathbb{R}^n$ heißt rektifizierbar, wenn es eine zu c äquivalente, nach Bogenlänge parametrisierte Kurve $\gamma\colon (0, \ell(c)) \to \mathbb{R}^n$ gibt mit $\ell(c) < \infty$. Wir nennen $\ell(c)$ die Bogenlänge von c.

Die Länge $\ell(c)$ einer regulären Kurve $c\colon [a, b) \to \mathbb{R}^n$ ist gleich

$$\int_a^b \|c'(t)\| \,\mathrm{d}t\,.$$

Diese Aussage ist ersichtlich aus dem Beweis des obigen Satzes.

Beispiel: Wir betrachten den halben Kreis $c(t) = (\cos(t), \sin(t))$ für $t \in (0, \pi)$. Er ist nach Bogenlänge parametrisiert, denn $c'(t) = (-\sin(t), \cos(t))$ und $\|c'(t)\| = 1$. Also ist $\ell(c) = \pi$.

Aufgaben

EXTRAS ONLINE
Lösungen

Aufgabe 9.4 Betrachten Sie die halbe Ellipse $c(t) = (a\cos(t), b\sin(t))$ für $a, b > 0$ fest und $t \in (0, \pi)$. Stellen Sie eine Integral auf, das die Bogenlänge berechnet (ein sogenanntes elliptisches Integral, welches nicht elementar berechnet werden kann).

Aufgabe 9.5 Berechnen Sie die Bogenlänge $\ell(c)$ in den nachfolgenden Fällen:

1. $c(t) = (t^2, t^3), t \in [0, \sqrt{7/3}]$
2. $c(t) = \left(t, 2e^t + e^{-t}/8\right), t \in [0, \ln(2)]$
3. $c(t) = (t, \cosh(t), t \in [-\ln(2), \ln(2)]$
4. $c(t) = \left(t, \dfrac{t^3}{3} + \dfrac{1}{4t}\right), t \in [1, 4]$
5. $c(t) = (t, \ln(\cos(t)), t \in [0, \pi/6]$
6. $c(t) = \left(1, \dfrac{1}{2}t^2\right), t \in [0, 1]$
7. $c(t) = (t, t), t \in [0, 4]$
8. $c(t) = \left(t, \ln(t) + \sqrt{t^2 - 1}\right), t \in [1, 3]$

Aufgabe 9.6 Gegeben sind $p, q \in \mathbb{R}^n$. Zeigen Sie: Ist $\gamma\colon [0, L]$ eine nach Bogenlänge parametrisierte Kurve mit Anfangspunkt p und Endpunkt q, so gilt $\ell(\gamma) \geq \|p - q\|$. Wann gilt $\ell(\gamma) = \|p - q\|$?
Tipp: Sei $v = q - p$ und betrachte $\int \langle v, \gamma'(t)\rangle \, dt$. Benutzen Sie die Cauchy-Schwarz-Ungleichung.

Aufgabe 9.7

1. Sei $c(t) = (t, t \cdot \cos(1/t))$ für $t \in (0, \pi)$. Zeigen Sie, dass c regulär ist, die Spur von c beschränkt, aber c nicht rektifizierbar ist.
2. (**Logarithmische Spirale**) Sei $k < 0$ und $c\colon [0, \infty) \to \mathbb{R}^2$ gegeben durch
$$c(t) = \left(e^{kt}\cos(t), e^{kt}\sin(t)\right) .$$
Fertigen Sie eine Skizze der logarithmischen Spirale an und zeigen Sie, dass sie nicht rektifizierbar, die Spur aber beschränkt ist.

Aufgabe 9.8

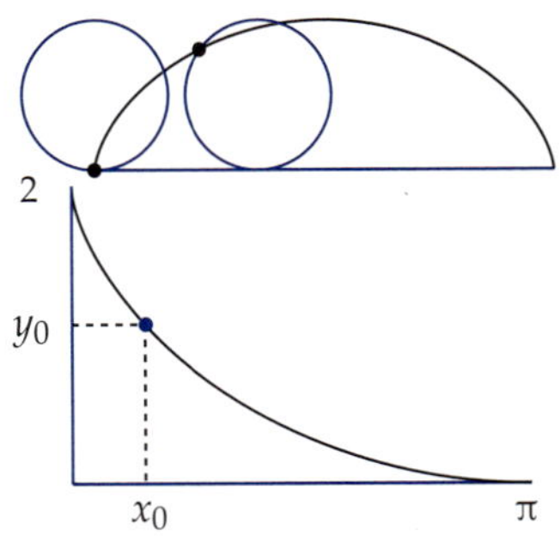

Wir betrachten einen festen Punkt auf einem rollenden Kreis. Die Spur ist eine sogenannte Zykloide, gegeben durch
$c(t) = (t - \sin(t), 1 - \cos(t))$ für $t \in [0, 2\pi]$.

1. Berechnen Sie die Länge der Zykloide.
2. Wir nehmen die Hälfte der Zykloide und spiegeln sie in $y = 1$, wir betrachten also für $t \in [0, \pi]$:
$$c(t) = (t - \sin(t), 1 + \cos(t)) .$$

Wir lassen eine Kugel vom Punkt $c(t_0) = (x_0, y_0)$, $t_0 \in [0, \pi]$ heruntergleiten. Zeigen Sie, dass die Fallzeit T, um den Punkt $(\pi, 0)$ zu erreichen, gleich $\pi/\sqrt{g}$ ist, unabhängig von t_0! (Hierbei ist $g \approx 9{,}81\,\mathrm{m/s^2}$.)

Tipp: Die Geschwindigkeit der Kugel in der Höhe y ist gleich $\sqrt{2g} \cdot \sqrt{y_0 - y}$. Sei γ der Weg der Kugel. Betrachten Sie ein $\alpha\colon [t_0, \pi] \to [0, T]$ mit $c(t) = \gamma(\alpha(t))$.

9.3 Höhenlinien

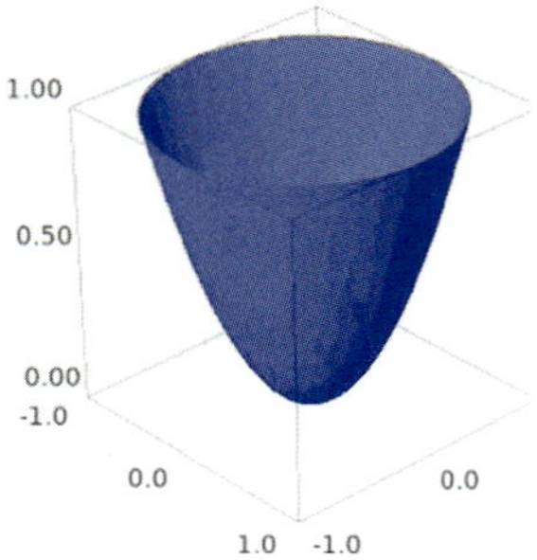

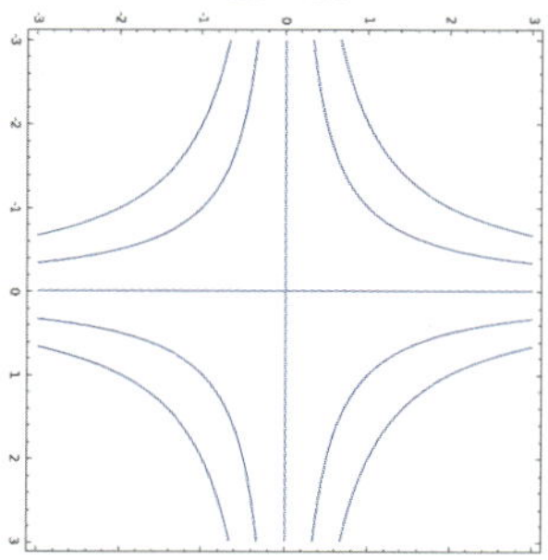

Wir werden Funktionen $f\colon U \to \mathbb{R}$ untersuchen. In vielen Beispielen ist U eine offene Menge in $\mathbb{R}^2$. Hierbei kann man versuchen, wie bei Funktionen in einer Veränderlichen, den Graphen der Funktion zu zeichnen. Links sehen Sie das Beispiel $f(x,y) = x^2 + y^2$. Hier ist das noch relativ einfach.
Eine andere Methode, eine Funktion zu verstehen, ist durch Zeichnen der Höhenlinien: Hier nehmen wir eine Konstante c und betrachten $\{(x,y) \in U\colon f(x,y) = c\}$. Das Zeichnen solcher Höhenlinien kann durchaus schwierig sein. In SAGE erreicht man das Zeichnen einer Höhenlinie indem man zum Beispiel

```
var('x,y')
implicit_plot(x^2+y^2-1,(x,-1,1),(y,-1,1))
```

eingibt. Links steht das Ergebnis für $f = xy$ und die Höhenlinien für $c = -2, -1, 0, 1, 2$. Den Graphen oben links erhalten wir durch

```
implicit_plot3d(x^2+y^2-z,(x,-1,1),(y,-1,1),(z,0,1))
```

Man kann dieses Bild in dem SAGEMATH-Output mit der Maus drehen. Es gibt noch andere frei verfügbare Systeme, zum Beispiel GeoGebra.

In einer Klausur steht meistens SAGE oder ein anderes Computerprogramm nicht zur Verfügung und man sollte deshalb üben, Skizzen von Höhenlinien anzufertigen. Das geht im Grunde gut, wenn die Höhenlinie gegeben ist durch eine Gleichung $y^2 - f(x) = 0$. Man untersucht dort die Funktion $f(x)$, schaut, wo diese ≥ 0 ist, und zeichnet dann $y = \pm\sqrt{f(x)}$. Links unten ist der Graph von $f(x) = x^3 - x$ gezeichnet, rechts unten die Lösungen der Gleichung $y^2 - x^3 + x = 0$.

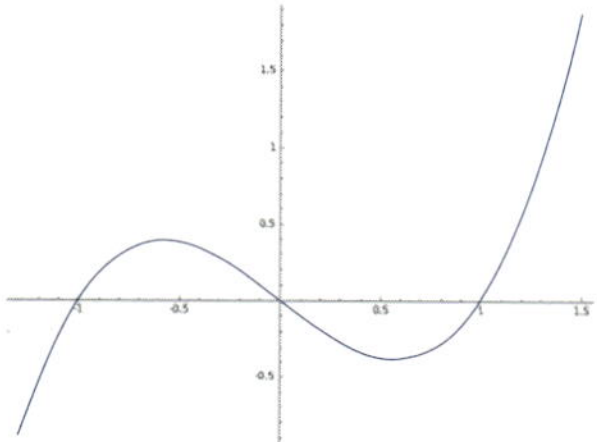

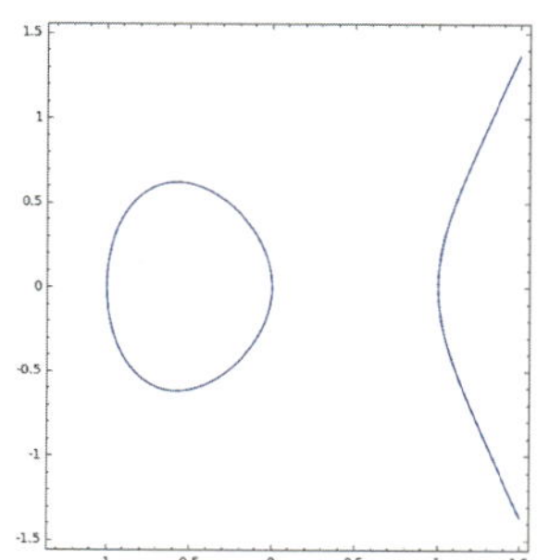

Aufgaben

EXTRAS ONLINE
Lösungen

Aufgabe 9.9 Zeichnen Sie verschiedene Höhenlinien der nachfolgenden Funktionen im angegebenen Bereich.

1. $f(x,y) = 2x - y$ $\quad [-2,2] \times [2,2]$
2. $f(x,y) = \dfrac{x}{y}$ $\quad [-2,2] \times [-2,2]$
3. $f(x,y) = \sqrt{x^2 + 4y^2}$ $\quad [-8,8] \times [8,8]$
4. $f(x,y) = y^2 - x^3$ $\quad [-1,1] \times [-1,1]$
5. $f(x,y) = y^2 - x^2(x+1)$ $\quad [-2,2] \times [-2,2]$
6. $f(x,y) = x^2 + 4y^2$ $\quad [-3,3] \times [3,3]$
7. $f(x,y) = \dfrac{y}{x^2}$ $\quad [-2,2] \times [-2,2]$
8. $f(x,y) = \mathrm{e}^{-x^2-2y^2}$ $\quad [-2,2] \times [-2,2]$
9. $f(x,y) = 3\cos(2x + y)$ $\quad [-2,2] \times [-2,2]$
10. $f(x,y) = y^2 - x^3(4 - 3x)$ $\quad [-2,4] \times [-3,3]$
11. $f(x,y) = y^2 - x^2(4 - x^2)$ $\quad [-4,4] \times [-3,3]$
12. $f(x,y) = xy(x^2 + y^2 - 4)$ $\quad [-4,4] \times [-4,4]$
13. $f(x,y) = (y + 4 - x^2)(y + x^2)$ $\quad [-3,3] \times [-5,3]$

Aufgabe 9.10 Fertigen Sie eine Skizze der Graphen der nachfolgenden Funktionen an.

1. $f(x,y) = \sqrt{4 - x^2 - y^2}$
2. $f(x,y) = \sqrt{x^2 + y^2}$
3. $f(x,y) = x^2 - y^2$

Zeichnen Sie ebenfalls einige Höhenlinien dieser Funktionen.

9.4 Partielle- und Richtungsableitungen

Sei $U \subset \mathbb{R}^n$ offen, $a \in U$ und $f\colon U \to \mathbb{R}^m$ eine Funktion.

1 Ist für $v \in \mathbb{R}^n$ die Funktion $g(t) = f(a+tv)$ in $t = 0$ differenzierbar, so heißt $D_v f(a) := \partial_v f(a) := g'(0)$ die Richtungsableitung von f in a in Richtung v.

2 Die i-te partielle Ableitung von f in a ist gleich

$$D_{e_i} f(a) =: D_{x_i} f(a) =: D_i f(a) = \frac{\partial f}{\partial x_i}(a) =: \partial_i f(a).$$

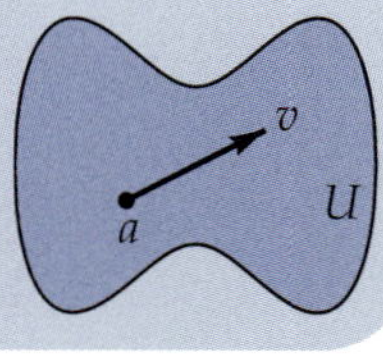

3 Ist $f\colon U \to \mathbb{R}$ und existieren $D_i f(a)$ für jedes i, so heißt $\nabla f(a) = \big(D_1 f(a), \ldots, D_n f(a)\big)$ der Gradient von f in a.

Satz 9.2 Es sei $U \subset \mathbb{R}^n$ offen und $a \in U$. Angenommen, die partiellen Ableitungen von $f\colon U \to \mathbb{R}$ existieren in einer Umgebung von a und sind stetig in a. Dann gilt:

1 Es existiert eine Umgebung V von a und eine Funktion $\Delta_a f(x)\colon V \to \mathbb{R}^n$, die stetig in a sind, mit $f(x) = f(a) + \big\langle \Delta_a f(x), x - a\big\rangle$ für alle $x \in V$.

2 Für alle $v \in \mathbb{R}^n$ existiert die Richungsableitung: $D_v f(a) = \big\langle \nabla f(a), v\big\rangle$.

3 Ist $\|v\| = 1$, so ist $D_v f(a) = \|\nabla f(a)\| \cdot \cos(v, \nabla f(a))$:
„Der Gradient zeigt in die Richtung des schnellsten Wachstums“.

1 Sei $V = B(a, \varepsilon) \subset U$. Schreibe $x = (x', x_n)$, $a = (a', a_n)$. Wegen des Mittelwertsatzes in einer Veränderlichen gilt: Es gibt ein ξ_n zwischen x_n und a_n, sodass

$$f(x', x_n) - f(x', a_n) = (x_n - a_n) \cdot D_n f(x', \xi_n)\,.$$

Setze $\Delta_n f(x) := D_n f(x', \xi_n)$. Diese ist nach Voraussetzung stetig in $x = a$ mit $\Delta_n f(a) = D_n f(a)$. Mit Induktion gilt $f(x', a_n) - f(a', a_n) = \sum_{i=1}^{n-1} \Delta_i f(x) \cdot (x_i - a_i)$ für in a stetige Funktionen $\Delta_i f$. Nach Addition: $f(x) - f(a) = \sum_{i=1}^{n} \Delta_i f(x) \cdot (x_i - a_i)$.

2 Es folgt $\frac{1}{t}(f(a+tv) - f(a)) = \sum_{i=1}^{n} \Delta_i f(a+tv) \cdot v_i$ und $D_v f(a) = \langle \nabla f(a), v\rangle$.

3 Die dritte Aussage folgt sofort aus der zweiten. ■

Sei zum Beispiel $f(x, y) = \frac{1}{2}y^2 - \frac{1}{8}x^2 \cdot (4 - x^2)$. Dann ist $D_x f = -x + \frac{1}{2}x^3$ und $D_y f = y$. Der Gradient ist gleich $\nabla f(x, y) = (-x + x^3/2, y)$. Wir haben in den Punkten $\left(-1, \frac{1}{2}\sqrt{3}\right)$ und $(\sqrt{2}, 1)$ diesen Gradienten eingezeichnet. Wenn man v entlang einer Höhenlinie $f(a) = c$ nimmt, also v ist ein „Tangentialvektor“, so ist $D_v f(a) = 0$, denn die Funktionswerte sind „infinitesemal konstant“.

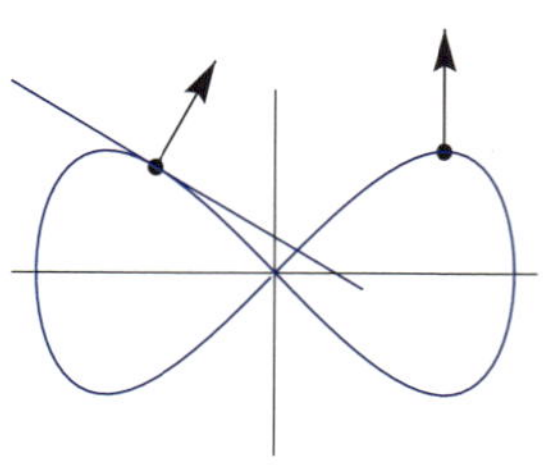

Aus $D_v f(a) = \|v\| \cdot \|\nabla f(a)\| \cdot \cos(v, \nabla f(a))$ folgt, dass der Gradient senkrecht auf der Höhenlinie steht. Unter der Annahme $\nabla f(a) \neq 0$ ist eine Gleichung der Tangente deshalb gegeben durch $\big\langle \nabla f(a), x - a\big\rangle = 0$. Die Tangente an obigem $f = 0$ im Punkt $(-1, \frac{1}{2}\sqrt{3})$ ist gegeben durch die Gleichung $\frac{1}{2}(x+1) + \frac{1}{2}\sqrt{3}(y - \frac{1}{2}\sqrt{3}) = 0$. Diese Tangente ist ebenfalls eingezeichnet.

Aufgaben

EXTRAS ONLINE Lösungen

Aufgabe 9.11 Berechnen Sie die partiellen Ableitungen der folgenden Funktionen und ebenfalls die Richtungsableitungen $D_v f$ für $v = (1, 1, -1)$ und $v = (-1, 1, 2)$.

1. $f\colon \mathbb{R}^3 \to \mathbb{R}, (x, y, z) \mapsto x^4y^2 + 2x^3yz^5 + 2x^2yz + yz^4 + 3$
2. $f\colon \mathbb{R}^3 \to \mathbb{R}, (x, y, z) \mapsto (x^2 + xyz^4 + 3z^7)\cos(xz)$
3. $f\colon \mathbb{R}^3 \to \mathbb{R}, (x, y, z) \mapsto 6x^2y + 4zx + 4y$
4. $f\colon \mathbb{R}^3 \to \mathbb{R}, (x, y, z) \mapsto xy\mathrm{e}^{x^2y+2zy}$

Aufgabe 9.12 Berechnen Sie, wenn möglich, für die nachfolgenden Höhenlinien eine Gleichung der Tangente in den angegebenen Punkten. Fertigen Sie, evtl. mithilfe von SAGEMATH, eine Skizze an.

1. $x^2 + y^2 = 5$ im Punkt $(2, 1)$
2. $x^2 + 3y^2 = 7$ im Punkt $(2, 1)$
3. $xy^3 + x^2 + y^2 = 1$ im Punkt $(-1, 1)$
4. $y^2 - x^3 = 0$ im Punkt $(1, 1)$
5. $y^2 - x^3 = 0$ im Punkt $(0, 0)$
6. $y^2 - x^2(2 - x^2) = 0$ im Punkt $(0, 0)$

Aufgabe 9.13 Zeigen Sie, dass für die nachfolgende Funktion f alle Richtungsableitungen in $(0, 0)$ existieren. Zeigen Sie, dass f in $(0, 0)$ *nicht* stetig ist.

$$f(x, y) = \frac{xy^2}{x^2 + y^4}\,,\ \text{wenn } (x, y) \neq (0, 0) \text{ und } f(0, 0) = 0\,.$$

Aufgabe 9.14

1. Sei $A \in \mathbb{R}^{n\times n}$ eine $n \times n$-Matrix mit reellen Einträgen und $L_A\colon \mathbb{R}^{n\times n}$ die Linksmultiplikation d. h. $L_A(X) = AX$. Bestimmen Sie für $B \in \mathbb{R}^{n\times n}$ die Richtungsableitung $D_B L_A(X)$.
2. Analog für die Rechtsmultiplikation $R_A(X) = XA$.
3. Betrachte die Abbildung $sq\colon \mathbb{R}^{n\times n} \to \mathbb{R}^{n\times n}$ gegeben durch $sq(X) = X^2$. Bestimmen Sie für jedes $A \in \mathbb{R}^{n\times n}$ die Richtungsableitung $D_A sq(X)$.
4. Betrachte die Abbildung $F\colon \mathbb{R}^{n\times n} \to \mathbb{R}^{n\times n}$ gegeben durch $F(X) = X^TX$. Bestimmen Sie für jedes $A \in \mathbb{R}^{n\times n}$ die Richtungsableitung $D_A F(X)$.

Aufgabe 9.15 Berechnen Sie, wenn möglich, die Gleichung einer Tangentialebene für die nachfolgenden Flächen in angegebenem Punkt.

1. $z = \mathrm{e}^{xy}$ in $(0, 0, 1)$
2. $z^2 = x^2 + y^2$ in $(0, 0, 0)$
3. $z^2 + x^2y - xz = 1$ in $(1, -1, 2)$
4. $z = x^2 + y^2$ in $(1, 1, 2)$

9.5 Totale Differenzierbarkeit

Sei $U \subset \mathbb{R}^n$ offen, $a \in U$ und $f\colon U \to \mathbb{R}^m$. Dann heißt f (total) differenzierbar in a, wenn sie eine der folgenden äquivalenten Bedingungen erfüllt.

1 Es gibt eine Umgebung V von a und eine in a stetige Matrixfunktion $\Delta_a f\colon V \to \mathbb{R}^{m\times n}$, sodass $f(x) = f(a) + \Delta_a f(x) \cdot (x-a)$ für alle $x \in V$. Setze $f'(a) := \Delta_a f(a)$.

2 Es gibt eine $f'(a) \in \mathbb{R}^{m\times n}$ und eine Funktion $R\colon V \to \mathbb{R}^m$ definiert auf einer Umgebung V von a, sodass $f(x) = f(a) + f'(a)\cdot(x-a) + R(x)$ mit $\lim\limits_{x\to a} \frac{R(x)}{\|x-a\|} = 0$.

Die Matrixfunktion $\Delta_a f(x)$ ist (wenn $n > 1$) nicht eindeutig bestimmt, aber der Wert $f'(a) = \Delta_a f(a)$ schon. Es gilt $g(a+tv) = f(a) + \Delta_a f(a+tv)\cdot v$, also ist $f'(a)(v) = D_v f(a)$, die Richtungsableitung. Dies gilt für jedes v.

Ist insbesondere $f = (f_1, \ldots, f_m)$ differenzierbar in a, so ist $f'(a)$ die sogenannte Jacobimatrix, wie nebenstehend dargestellt. In der ersten Spalte steht $D_1 f(a)$ in der zweiten $D_2 f(a)$ usw. In der ersten Zeile steht $\nabla f_1(a)$, in der zweiten Zeile $\nabla f_2(a)$ usw.

$$\begin{pmatrix} D_1 f_1(a) & \cdots & D_n f_1(a) \\ \vdots & & \vdots \\ D_1 f_m(a) & \cdots & D_n f_m(a) \end{pmatrix}$$

Satz 9.3 Sei $f = (f_1, \ldots, f_m)\colon U \to \mathbb{R}^m$ und $a \in U$. Dann gilt:

1 f ist differenzierbar in a $\iff$ $f_1, \ldots, f_m$ sind differenzierbar in a.

2 Die zwei Definitionen der Differenzierbarkeit sind äquivalent.

3 Existieren alle partiellen Ableitungen von f in einer Umgebung V von a und sind sie stetig in a, so ist f differenzierbar in a.

1 Wir zeigen die erste Aussage für beide Beschreibungen der Differenzierbarkeit.

Erste Beschreibung: Es gilt $f(x) = f(a) + \Delta_a f(x)\cdot(x-a)$ genau dann, wenn $f_i(x) = f(a) + \Delta_{a,i} f(x)\cdot(x-a)$, wobei $\Delta_{a,i} f(x)$ die i-te Zeile von $\Delta_a f(x)$ ist. Dann ist $\Delta_a f(x)$ stetig in a genau dann, wenn $\Delta_{a,i} f(x)$ stetig in a ist für jedes i.

Zweite Beschreibung: Mit $R(x) = (R_1(x), \ldots, R_n(x))$ gilt $R(x)/\|x-a\|_\infty \to 0$ genau dann, wenn $R_i(x)/\|x-a\|_\infty \to 0$ für jedes i.

2 Es reicht jetzt, die Äquivalenz für $m = 1$, also $f = f_1$ zu zeigen. Angenommen, die erste Beschreibung gilt. Sei $H(x) := \Delta_a f(x) - f'(a)$. Dann ist $R(x) = H(x)(x-a)$ und $0 \le |R(x)| \le \|H(x)\| \cdot \|x-a\|$. Also $0 \le \lim\limits_{x\to a} \|R(x)\|/\|x-a\| \le \lim\limits_{x\to a} \|H(x)\| = 0$.

Nehmen wir nun an, die zweite Beschreibung gilt. Wir definieren $\varepsilon(x) = (\varepsilon_1(x), \ldots, \varepsilon_n(x))$ folgendermaßen. Für $x \neq a$ sei i minimal mit $|x_i - a_i| = \|x-a\|_\infty$. Definiere $\varepsilon_j(x) = 0$ für $j \neq i$, $\varepsilon_i(x) = 1$, wenn $x_i > a_i$, und $\varepsilon_i(x) = -1$, wenn $x_i < a_i$. Für $x = a$ setzen wir $\varepsilon_i(x) = 0$ für jedes i. Dann gilt, wie man nachrechnet, die Gleichung $\|x-a\|_\infty = \langle \varepsilon(x), x-a\rangle$. Nun nehme $\Delta_a f(x) := f'(a) + \frac{R(x)}{\|x-a\|_\infty}\cdot\varepsilon(x)$ für $x \neq a$ und $\Delta_a f(a) = f'(a)$. Weil $\|\varepsilon(x)\|_\infty = 1$ für $x \neq a$, ist $\Delta_a f(x)$ stetig in a.

3 Dies folgt für $m = 1$ aus Satz 9.2, für allgemeine m aus der ersten Aussage. ■

Aufgaben

EXTRAS ONLINE
Lösungen

Aufgabe 9.16 Es sei f differenzierbar in a. Zeigen Sie, dass f stetig in a ist.

Aufgabe 9.17 Berechnen Sie die Ableitung f' von f in den nachfolgenden Fällen.

1. $f(x,y) = (x+y, xy)$
2. $f(x,y,z) = (x,y,z)$
3. $f(x,y) = (x^2, e^x y, x^2 y)$
4. $f(x,y,z) = (xyz^2, ze^x)$
5. $f(r,\varphi) = (r\cos(\varphi), r\sin(\varphi))$
6. $f(r,\varphi) = (e^r\cos(\varphi), e^r\sin(\varphi))$.
7. $f(x,y,z) = x^2 e^y z$
8. $f(r,\varphi,\theta) = (r\sin\varphi\cos\theta, r\sin\varphi\sin\theta, r\cos\theta)$

Aufgabe 9.18 Sei $A \in \mathbb{R}^{n\times n}$ und $f\colon \mathbb{R}^n \to \mathbb{R}^n$ gegeben durch $f(v) = A \cdot v$. Warum gilt $f'(v) = A$?

Aufgabe 9.19 Sei U eine nichtleere offene und zusammenhängende Teilmenge von $\mathbb{R}^n$, $f : U \to \mathbb{R}$ sei differenzierbar und $f'(x) = 0$ für alle $x \in U$. Zeigen Sie, dass f konstant ist. Gilt diese Aussage auch, wenn U nicht zusammenhängend ist?

Aufgabe 9.20 Sei $f\colon \mathbb{R}^n \to \mathbb{R}$ eine stetig differenzierbare Funktion. Es gelte weiter für alle $t \in \mathbb{R}, x \in \mathbb{R}^n$, dass $f(tx) = tf(x)$. Zeigen Sie, dass ein $a \in \mathbb{R}^n$ existiert mit $f(x) = \langle a, x\rangle$. Tipp: Der Mittelwertsatz kann helfen.

Aufgabe 9.21 Die Funktion $f\colon \mathbb{R}^2 \to \mathbb{R}$ sei gegeben durch $f(0,0) = 0$ und für $(x,y) \neq (0,0)$:

$$f(x,y) = \begin{cases} (x^2+y^2)\cos((x^2+y^2)^{-1/2}) & \text{falls } (x,y) \neq (0,0) \\ 0 & \text{falls } (x,y) = (0,0)\,. \end{cases}$$

1. Berechnen Sie $D_x f(x,y)$ und $D_y f(x,y)$. Sind diese Ableitungen in $(0,0)$ stetig?
2. Ist f in $(0,0)$ differenzierbar?

Aufgabe 9.22 Betrachte die Menge Sym_n der symmetrischen $n \times n$-Matrizen. Diese betrachten wir als einen Vektorraum der Dimension $n(n+1)/2$. Sei $f\colon \mathbb{R}^{n\times n} \to \mathbb{R}^{n\times n}$ gegeben durch $f(A) = A^T A$.

1. Sei $B \in \mathbb{R}^{n\times n}$. Berechnen Sie die Richtungsableitung $D_B f(A) = f'(A)(B)$ und zeigen Sie, dass $D_B f(A)$ symmetrisch ist.
2. Es sei A orthogonal, d. h. $A^T A = \mathrm{Id}$. Zeigen Sie, dass $f'(A)\colon \mathbb{R}^{n\times n} \to \mathrm{Sym}_n$ surjektiv ist.

Aufgabe 9.23 Zeigen Sie, dass die nachfolgende Funktion f stetig in $(0,0)$ ist, alle Richtungsableitungen in $(0,0)$ existieren, aber f nicht differenzierbar ist.

$$f(x,y) = \frac{xy^3}{x^2+y^4}\,, \text{ wenn } (x,y) \neq (0,0) \text{ und } f(0,0) = 0\,.$$

9.6 Lokale Extrema I

Sei $A \subset \mathbb{R}^n$ und $f\colon A \to \mathbb{R}$ und $a \in A$.

1 f hat in a ein *lokales Minimum (bzw. Maximum)* $f(a)$, wenn es eine Umgebung U von a gibt, sodass für alle $x \in A \cap U$ gilt $f(x) \geq f(a)$ (bzw. $f(x) \leq f(a)$).

2 f hat in a ein isoliertes Minimum (bzw. Maximum) $f(a)$, wenn sogar $f(x) > f(a)$ (bzw. $f(x) < f(a)$) gilt.

3 f hat ein *lokales Extremum* $f(a)$ in a, wenn f in a ein lokales Maximum oder Minimum hat.

4 Es sei A offen und $f\colon A \to \mathbb{R}$ differenzierbar. Dann heißt $a \in A$ ein kritischer Punkt von f, wenn $f'(a) = 0$.

Satz 9.4 Es sei U offen und $f\colon U \to \mathbb{R}$ eine differenzierbare Funktion. Hat f ein lokales Extremum in $a \in U$, so ist $f'(a) = 0$, also a ist ein kritischer Punkt von f.

Sei $v \in \mathbb{R}^n$. Dann hat $g(t) = f(a + tv)$ ein lokales Extremum bei $t = 0$, also gilt nach Satz 4.5, dass $g'(0) = D_v f(a) = f'(a)(v) = 0$. Daher gilt $f'(a) = 0$. ∎

Sei $f\colon U \to \mathbb{R}$ differenzierbar und $a \in U$. Der Punkt a heißt Sattelpunkt von f, wenn a ein kritischer Punkt von f ist aber $f(a)$ kein lokales Extremum von f in a ist.

Beispiel:
Die einfachsten Fälle sind:

- $f = x^2 + y^2$ (lokales Minimum in 0)
- $f = -x^2 - y^2$ (lokales Maximum in 0)
- $f = x^2 - y^2$ (Sattelpunkt in 0)

Beispiel:
Sei $f(x,y) = y^2 - x^2(x+3)$. Die kritischen Punkte sind gegeben durch $D_x f = -3x^2 - 6x = 0$ und $D_y f = 2y = 0$, also $(0,0)$ und $(-2,0)$. Aus dem Zeichenverlauf der Funktion sieht man, dass f in $(0,0)$ einen Sattelpunkt hat. Auf der kompakten Menge $\{(x,y)\colon y^2 \leq x^2(x+3) \text{ und } x \leq 0\}$ liegt das Maximum 0 von f auf dem Rand. Das Minimum muss im Inneren der Schleife angenommen werden und wird dann in dem kritischen Punkt $(-2,0)$ angenommen. Das lokale Minimum ist deshalb -4.

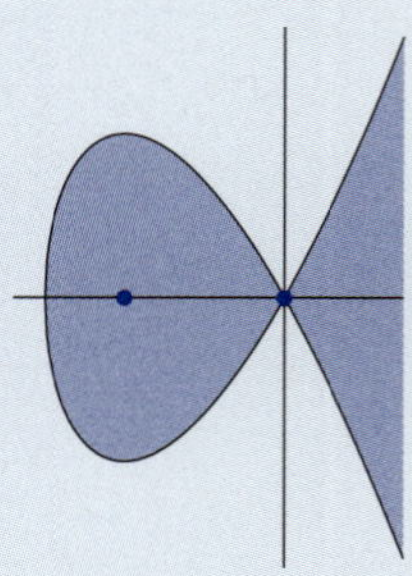

Aufgaben

EXTRAS ONLINE
Lösungen

Aufgabe 9.24 Zeichnen Sie für die nachfolgenden Funktionen $f\colon \mathbb{R}^2 \to \mathbb{R}$ zunächst die Höhenlinien $f = 0$. Berechnen Sie danach die kritischen Punkte und bestimmen Sie die lokalen Maxima und lokalen Minima von f.

1. $f = (y-2)(y-x^2)$
2. $f = (x+y-1)(x-y+1)(y+1)$
3. $f = (x^2+y^2-2)(x^2-y^2-1)$
4. $f = (y+1)(x^2+y^2-5)$
5. $f = (x-y+2)(y-x^2)$
6. $f = (x^2+y^2-36)(x+y-6)$
7. $f = (y+x^2)(y-x^2)$
8. $f = (x^2+y^2-1)((x-1)^2+(y+1)^2-1)$

Aufgabe 9.25 Bestimmen Sie die Maxima und Minima der Funktion f auf den angegebenen kompakten Mengen A. Fertigen Sie zunächst eine Skizze von A an.

1. $A = \{(x,y)\colon y \geq -2 \text{ und } y \leq 2-x^2\}$, $\quad f = x^3 - 3x^2y - 3y^2$
2. $A = \{(x,y)\colon |x| \leq 1 \text{ und } |y| \leq \sqrt{2}\}$, $\quad f = x^4 - y^4 - 3x^2 + y^2 + 2$
3. $A = \{(x,y)\colon 0 \leq x \leq 5, 0 \leq y \leq 5\}$, $\quad f = x^2y - 4xy + 4y - 2x^2 - 2$
4. $A = \{(x,y)\colon x+y \leq 6, x \geq 0, y \geq 0\}$, $\quad f = x^2y(4-x-y)$

Aufgabe 9.26 Betrachten Sie die Funktion $f\colon \mathbb{R}^2 \to \mathbb{R}$, gegeben durch $f(x,y) = (y-2x^2)\cdot(y-x^2)$. Sei $v \in \mathbb{R}^2$ beliebig. Zeigen Sie:

1. $f_v(t) = f(tv)$ hat ein lokales Minimum in $t = 0$ für alle $v \in \mathbb{R}^2$.
2. f hat in $(0,0)$ kein lokales Minimum. Tipp: Betrachten Sie die Menge $f = 0$.

Aufgabe 9.27 (**Methode der kleinsten Quadrate, Regressionsgerade**)
Wir versuchen, eine Gerade mit der Gleichung $y = mx + b$ einer Menge von verschiedenen Messpunkten $(x_1, y_1), \ldots, (x_n, y_n)$ anzupassen. Dazu minimieren wir die Funktion

$$f(m,b) = (mx_1 + b - y_1)^2 + \cdots + (mx_n + b - y_n)^2 = \sum_{i=1}^{n}(mx_i + b - y_i)^2 .$$

Die Regressionsgerade ist die Gerade $y = mx + b$, wobei f in (m, b) das Minimum annimmt.

1. Zeigen Sie, dass f ein globales Minimum hat, und zwar für

$$m = \frac{\left(\sum_{i=1}^{n} x_i\right)\cdot\left(\sum_{i=1}^{n} y_i\right) - n\sum_{i=1}^{n} x_i y_i}{\left(\sum_{i=1}^{n} x_i\right)^2 - n\sum_{i=1}^{n} x_i^2}, \quad b = \frac{\sum_{i=1}^{n} y_i - m\sum_{i=1}^{n} x_i}{n} .$$

2. Schreiben Sie ein SAGEMATH-Programm, dass gegeben (x_i, y_i) die Regressionsgerade berechnet.

9.7 Die Kettenregel

Satz 9.5 Sei

- $U \subset \mathbb{R}^n$, $V \subset \mathbb{R}^m$ mit U, V offen;
- $a \in U$ und $b \in V$;
- $f: U \to V$ differenzierbar in a und $g: V \to \mathbb{R}^p$ differenzierbar in $b = f(a)$.

Dann ist $g \circ f: U \to \mathbb{R}^p$ differenzierbar in a und

$$(g \circ f)'(a) = g'(f(a)) \cdot f'(a)\,.$$

„Die Ableitung der Verknüpfung ist die Verknüpfung der Ableitungen."

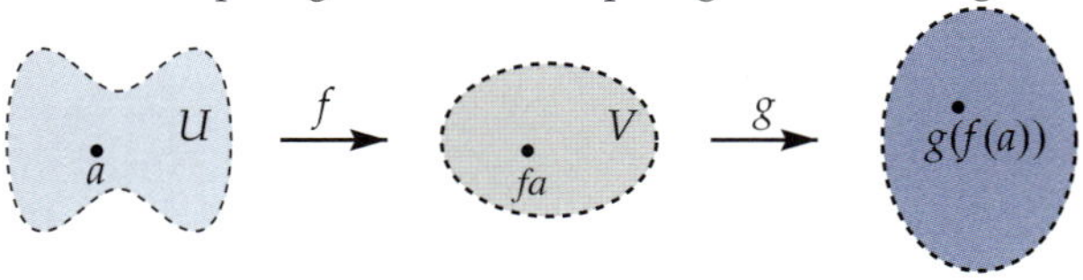

Der Beweis ist wie bei Funktionen einer Veränderlichen. Es gibt eine in a stetige Matrixfunktion $\Delta_a f(x)$ und eine in b stetige Matrixfunktion $\Delta_b g(y)$, sodass

$$f(x) = f(a) + \Delta_a f(x) \cdot (x - a)$$
$$g(y) = g(b) + \Delta_b g(y) \cdot (y - b) \qquad \text{Setze } y = f(x), b = f(a) \text{ ein.}$$
$$g(f(x)) = g(f(a)) + \Delta_b g(f(x)) \cdot \Delta_a f(x) \cdot (x - a)$$

Wir können $\Delta_a g \circ f(x) := \Delta_{f(a)} g(f(x)) \cdot \Delta_a f(x)$ nehmen. Diese Funktion ist als Verknüpfung von stetigen Funktionen stetig in $x = a$. Also ist $g \circ f$ differenzierbar in a. Setzen wir $x = a$ ein: $(g \circ f)'(a) = \Delta_a g \circ f(a) = g'(f(a)) \cdot f'(a)$. ∎

Beispiel: Es sei I ein offenes Intervall in $\mathbb{R}$. Wir betrachten eine differenzierbare Abbildung $\gamma: I \to \mathbb{R}^n$. Wenn $\gamma(t) \in \{x: f(x) = 0\}$ für alle $t \in I$, so gilt $f(\gamma(t)) = 0$ für alle t und deshalb, mit der Kettenregel,

$$\langle \nabla f(\gamma(t)), \gamma'(t) \rangle = f'(\gamma(t)) \cdot \gamma'(t) = 0\,.$$

Wiederum sehen wir, dass der Gradient senkrecht zu Tangentialvektoren steht.
In nebenstehendem Beispiel ist

$$\gamma(t) = (2\sin(t),\ \sin(2t))$$
$$f(x, y) = \frac{1}{8}\left(4y^2 - x^2 \cdot (4 - x^2)\right).$$

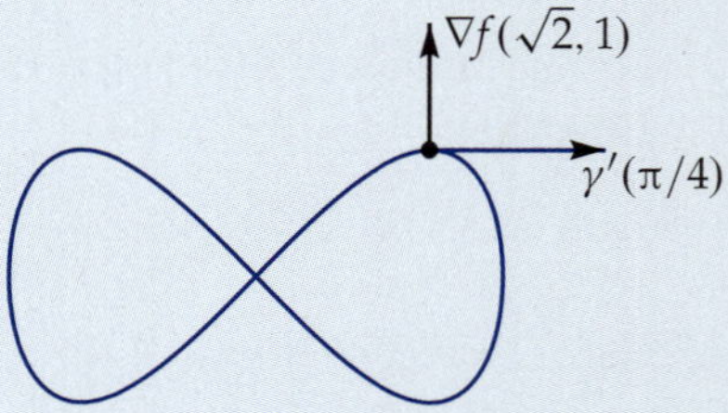

Man berechnet $\nabla f(x, y) = \left(\frac{1}{2}x^3 - x, y\right)$, $\gamma'(t) = (2\cos(t),\ 2\cos(2t))$, $\gamma'(\pi/4) = (\sqrt{2}, 0)$, $\nabla f(\sqrt{2}, 1) = (0, 1)$.

Aufgaben

EXTRAS ONLINE Lösungen

Aufgabe 9.28 Berechnen Sie in den nachfolgenden Fällen die Ableitung von $g \circ f$ einmal direkt und einmal mithilfe der Kettenregel.

1. $g(x, y) = x^2 + y^2, f(t) = (\cos(t), \sin(t))$
2. $g(x, y) = x^2 + y^2, f(r, \varphi) = (r\cos(\varphi), r\sin(\varphi))$
3. $g(x, y, z) = xy + 2xz - yz, f(s, t) = (s + t, s - t, st)$
4. $f(s, t) = (st^2, s^2t)$ und $g(x, y) = \sqrt{x^2 + y^2}$

Aufgabe 9.29 **(Implizites Differenzieren)** Die differenzierbare Funktion $y = g(x)$ erfülle die Gleichung $f(x, y) = 0$. Es sei $b = g(a)$. Zeigen Sie, dass

$$g'(a) = -\frac{D_x f(a, b)}{D_y f(a, b)}.$$

Aufgabe 9.30 Es sei $f\colon U \to \mathbb{R}^m$ differenzierbar in $a \in U$. Zeigen Sie mit der Kettenregel, dass alle Richtungsableitungen $D_v f(a)$ existieren und zeigen Sie, dass $D_v f(a) = f'(a)(v)$.

Aufgabe 9.31 Betrachte die Abbildung $P\colon R_+ \times (0, 2\pi) \to \mathbb{R}^2$ gegeben durch $P(r, \theta) = (r\cos\theta, r\sin\theta)$ (Polarkoordinaten). Sei $f\colon U \to \mathbb{R}$ mit $U \subset \mathbb{R}^2$. Geben Sie einen Ausdruck für die Ableitung von $f \circ P$ an, also $D_r(f(r\cos\theta, r\sin\theta))$ und $D_\theta(f(r\cos\theta, r\sin\theta))$ für alle r, θ mit $P(r, \theta) \in U$.

Bemerkung. Man schreibt oft $D_r f = \dfrac{\partial f}{\partial r}$ statt $D_r(f \circ P)$ und analog für $D_\theta f$.

Berechnen Sie, mit der Kettenregel, $D_r f$ und $D_\theta f$ für die nachfolgenden Funktionen.

1. $f = \sqrt{x^2 + y^2}$
2. $f = xy$
3. $f = x^2 + y^3$
4. $f = x\mathrm{e}^{xy}$

Aufgabe 9.32 Zeigen Sie: $(D_x f)^2 + (D_y f)^2 = (D_r f)^2 + \frac{1}{r^2}(D_\theta f)^2$.

Aufgabe 9.33

1. Sei $f(x, y) = x^y$ und $g(t) = (t, t)$. Wenden Sie die Kettenregel auf f und g an, um die Ableitung von $h(t) = t^t$ zu berechnen.
2. Berechnen Sie die Ableitung von $h(t) = (\cos(t))^{t^2+1}$.

Aufgabe 9.34 Leiten Sie die Produktregel (Satz 4.2) aus der Kettenregel her.

Aufgabe 9.35 Eine Funktion $f\colon \mathbb{R}^n \to \mathbb{R}$ heißt homogen vom Grad m, wenn $f(tx_1, \ldots, tx_n) = t^m f(x_1, \ldots, x_n)$. Zeigen Sie für solche Funktionen:

$$x_1 D_1 f + \cdots + x_n D_n f = m \cdot f. \qquad \text{(eulersche Identität)}$$

Aufgabe 9.36 Es sei f stetig differenzierbar (d.h. $D_i f$ existiert und ist stetig für jedes i) in einer Umgebung von $(0, \ldots, 0)$ in $\mathbb{R}^n$ mit $f(0, \ldots, 0) = 0$. Zeigen Sie, dass es stetige Funktionen f_i definiert auf einer Umgebung von $(0, \ldots, 0)$ gibt, sodass $f = x_1 f_1 + \ldots + x_n f_n$ gilt.

Tipp: $\int_0^1 \frac{\mathrm{d}}{\mathrm{d}t} f(tx)\, \mathrm{d}t$

9.8 Differenzieren unter dem Integralzeichen

Eine stetige Funktion $f(x,t)\colon (a,b)\times[c,d]\to\mathbb{R}$ heißt gleichmäßig integrierbar, wenn es eine integrierbare Funktion $M\colon (a,b)\to\mathbb{R}$ gibt, sodass

$$|f(x,t)|\le M(x) \text{ für alle } (x,t)\in(a,b)\times[c,d]\,.$$

Satz 9.6 (Differenzieren unter dem Integralzeichen, Leibniz-Regel)
Die Funktion $f\colon (a,b)\times[c,d]\to\mathbb{R}$ sei stetig mit stetiger Ableitung $D_tf(x,t)$ nach t.

1 Ist f gleichmäßig integrierbar, so ist $F(t):=\int_a^b f(x,t)\,\mathrm{d}x$ stetig.

2 Angenommen, für $t_0\in[c,d]$ ist $f(x,t_0)$ integrierbar. Ist D_tf gleichmäßig integrierbar, so ist $f(x,t)$ für alle $t\in[c,d]$ integrierbar und:

$$\frac{\mathrm{d}}{\mathrm{d}t}\int_a^b f(x,t)\,\mathrm{d}x=\int_a^b D_tf(x,t)\,\mathrm{d}x\,.$$

1 Sei zunächst f eine auf $[a,b]\times[c,d]\to\mathbb{R}$ stetige Funktion. Nach Satz 8.11 ist f gleichmäßig stetig, also gibt es zu $\varepsilon>0$ ein $\delta>0$, sodass $|f(x,t)-f(y,s)|<\varepsilon/(b-a)$, wenn $\|(x,t)-(y,s)\|_\infty<\delta$. Sind $t_0,t\in[c,d]$ mit $|t_0-t|<\delta$, so folgt

$$|F(t)-F(t_0)|\le\int_a^b|f(x,t)-f(x,t_0)|\,\mathrm{d}x<\frac{\varepsilon}{b-a}\int_a^b 1\,\mathrm{d}x=\varepsilon\,.$$

Also ist F stetig auf $[c,d]$. Sei nun f auf $(a,b)\times[c,d]$ definiert. Für ein $\varepsilon>0$, wähle x_1,x_2 mit $a<x_1<x_2<b$ mit

$$\int_a^{x_1}M(x)\,\mathrm{d}x<\varepsilon/5 \text{ und } \int_{x_2}^b M(x)\,\mathrm{d}x<\varepsilon/5.$$

Das ist möglich, weil $M(x)\ge0$ und integrierbar ist. Wir wenden den 1. Fall auf f definiert auf $[x_1,x_2]\times[c,d]$ an. Ist $t_0\in[c,d]$, so gibt es ein $\delta>0$, sodass für $|t-t_0|<\delta$ gilt $\left|\int_{x_1}^{x_2}f(x,t)-f(x,t_0)\right|<\varepsilon/5$. Es folgt

$$|F(t)-F(t_0)\le2\left|\int_a^{x_1}M(x)\,\mathrm{d}x\right|+\left|\int_{x_1}^{x_2}f(x,t)-f(x,t_0)\,\mathrm{d}x\right|+2\left|\int_{x_2}^b M(x)\,\mathrm{d}x\right|<\varepsilon\,.$$

2 Für $t_0\in[c,d]$ gilt $f(x,t)=f(x,t_0)+(t-t_0)\Delta(x,t)$ mit $\Delta(x,t)$ stetig in t. Weil $\Delta(x,t)=D_tf(x,\eta)$ für ein η (Mittelwertsatz), ist $\Delta(x,t)$ gleichmäßig integrierbar. Deshalb ist $\int_a^b\Delta(x,t)\,\mathrm{d}x$ stetig in t_0 nach dem ersten Teil und aus

$$\int_a^b f(x,t)\mathrm{d}x=\int_a^b f(x,t_0)\mathrm{d}x+(t-t_0)\cdot\int_a^b\Delta(x,t)\mathrm{d}x$$

folgt, dass $\int_a^b f(x,t)$ differerenzierbar ist in t_0 mit Ableitung

$$\int_a^b\Delta(x,t_0)\mathrm{d}x=\int_a^b D_tf(x,t_0)\,\mathrm{d}x\,.$$

Das war zu zeigen. ∎

Aufgaben

EXTRAS ONLINE

Lösungen

Aufgabe 9.37 Zeigen Sie:

1. $\displaystyle\int_0^1 \frac{\sqrt{x}-1}{\ln x}\,\mathrm{d}x = \ln(3/2)$ Tipp: $(x^t-1)/\ln(x)$
2. $\displaystyle\frac{1}{\sqrt{2\pi}}\int_{-\infty}^{\infty} \mathrm{e}^{-x^2/2}\cos(tx)\,\mathrm{d}x = \mathrm{e}^{-t^2/2}$
3. $\displaystyle\int_0^{\infty} \mathrm{e}^{-tx}\cdot\frac{\sin(x)}{x}\,\mathrm{d}x = \frac{\pi}{2} - \arctan(t)$ für $t > 0$

Aufgabe 9.38 Berechnen Sie $\displaystyle\int_1^{\infty} \frac{\ln(1+x)^2}{x}\,\mathrm{d}x$. Tipp: $\displaystyle\int_1^{\infty} \frac{\ln(1+tx)^2}{x}\,\mathrm{d}x$

Aufgabe 9.39 Sei

$$F(t) := \int_0^1 \frac{\mathrm{e}^{-t^2(x^2+1)}}{x^2+1}\,\mathrm{d}x;\quad G(t):=\left(\int_0^t \mathrm{e}^{-x^2}\,\mathrm{d}x\right)^2.$$

Zeigen Sie, dass $(F+G)'(t) = 0$. Bestimmen Sie $F(0), G(0)$ und $\lim\limits_{t\to\infty} F(t)$. Was erhalten Sie für $\lim\limits_{t\to\infty} G(t)$?

Aufgabe 9.40 Die Besselfunktion der Ordnung 0 ist gegeben durch

$$J_0(t) = \frac{2}{\pi}\int_0^{\pi/2} \cos(t\sin(x))\,\mathrm{d}x\,.$$

Zeigen Sie, dass $J_0'' + \frac{1}{t}J_0' + J_0 = 0$.

Aufgabe 9.41 Zeigen Sie, dass $\Gamma(t) := \displaystyle\int_0^{\infty} x^{t-1}\cdot\mathrm{e}^{-x}\,\mathrm{d}x$ unendlich oft differenzierbar ist.
Tipp: Berechnen Sie zunächst die k-te Ableitung von $x^{t-1}\,\mathrm{e}^{-x}$ nach t. Betrachten Sie danach die Intervalle $(0,1)$ und $(1,\infty)$ separat.

Aufgabe 9.42 Zeigen Sie die folgende allgemeinere Leibniz-Regel. Sei

$$g(t) := \int_{a(t)}^{b(t)} f(x,t)\,\mathrm{d}x\,.$$

Dann gilt: $g'(t) = f(b(t),t)\cdot b'(t) - f(a(t),t)\cdot a'(t) + \displaystyle\int_{a(t)}^{b(t)} D_t f(x,t)\,\mathrm{d}x$.

Tipp: Wenden Sie die Kettenregel an auf $H(u,v,w) = \displaystyle\int_u^v f(x,w)\,\mathrm{d}x$.

Aufgabe 9.43 Sei $f(x,t) = \dfrac{xt^3}{(x^2+t^2)^2}$. Zeigen Sie, dass für $t = 0$ gilt:

$$\frac{\mathrm{d}}{\mathrm{d}t}\int_0^1 f(x,t)\,\mathrm{d}x \neq \int_0^1 \frac{\mathrm{d}}{\mathrm{d}t}f(x,t)\,\mathrm{d}x\,.$$

9.9 Höhere Ableitungen und der Satz von Schwarz

Es sei U eine offene Menge in $\mathbb{R}^n$.

1 $f \in C^0(U): \iff f: U \to \mathbb{R}$ und f ist stetig auf U.

2 $f \in C^k(U)$ genau dann, wenn $D_v f$ existiert und $D_v f \in C^{k-1}(U)$ für alle $v \in \mathbb{R}^n$. (Es wird ausreichen, dies für $v = e_i$ und $i = 1, \ldots, n$ zu fordern, siehe Aufgabe 9.58.) Funktionen $f \in C^k(U)$ heißen k-mal stetig differenzierbar auf U.

3 $C^\infty(U) = \bigcap_{k=1}^{\infty} C^k(U)$, die Menge der C^∞–Funktionen auf U.

4 $D_v : C^k(U) \to C^{k-1}(U)$ und $D_v : C^\infty(U) \to C^\infty(U)$.

Satz 9.7 (Satz von Schwarz) Sei $U \subset \mathbb{R}^n$ offen, $k \geq 2$ und $v, w \in \mathbb{R}^n$. Dann kommutieren die Abbildungen D_v und D_w, d.h für alle $f \in C^k(U)$:

$$D_v D_w f = D_w D_v f \, .$$

Sei $f \in C^2(U)$ und nehme an, $D_w D_v f$ existiert und ist stetig auf U. Wir zeigen, dass auch $D_v D_w f$ existiert und gleich $D_w D_v f$ ist. Sei $a \in U$ und

$$H(x, t) = f(a + x \cdot v + t \cdot w) \, .$$

H ist definiert auf einem abgeschlossenen Rechteck $Q \subset \mathbb{R}^2$ mit $(0, 0) \in Q^\circ$. Dann gilt $D_x H(x, t) = D_v f(a + xv + tw), D_t H(x, t) = D_w f(a + xv + tw)$ sowie $D_t D_x H(0, 0) = D_w D_v f(a)$. Wir wenden den Hauptsatz der Differenzial- und Integralrechnung an:

$$H(x, t) - H(0, t) = \int_0^x D_x H(\xi, t) \, d\xi$$

für $(x, t) \in Q$. Wir differenzieren unter dem Integralzeichen, Satz 9.6. Es folgt

$$D_t H(x, t) - D_t H(0, t) = \int_0^x D_t D_x H(\xi, t) \, d\xi \, .$$

Deshalb ist die linke Seite nach x differenzierbar und $D_x D_t H(0, 0) = D_t D_x H(0, 0)$ folgt. Das bedeutet, dass $D_v D_w f(a)$ existiert und gleich $D_w D_v f(a)$ ist. ■

Zweite Ableitungen spielen eine Rolle bei der Untersuchung von lokalen Extrema. Bemerke, dass für $v \in \mathbb{R}^n$ und eine C^2-Funktion f gilt:

$$D_v^2 f(a) = (v_1 D_1 + \cdots + v_n D_n)(v_1 D_1 + \cdots + v_n D_n) f(a) = \sum_{i,j=1}^{n} D_i D_j f(a) v_i v_j \, .$$

Ist f eine C^2-Funktion, so ist die Hesse-Matrix von f in a die symmetrische Matrix

$$H_f(a) = \Big(D_i D_j f(a) \Big) \, .$$

Aufgaben

EXTRAS ONLINE

Lösungen

Aufgabe 9.44

1. Bestimmen Sie für folgende Funktionen alle zweiten partiellen Ableitungen zweiter Ordnung.

   (a) $x^2 + y\cos(x)$ (b) $x^3 + 2xy + 5y$ (c) $\exp(x^2 + 2yx)$
2. Sei $f = x^4 + 3x^2y^2 + y^3 - y^4$. Bestimmen Sie alle partiellen Ableitungen dritter Ordnung.

Aufgabe 9.45 Kann es eine C^2-Funktion $f : \mathbb{R}^2 \to \mathbb{R}$ geben mit $D_x f = xy$ und $D_y f = y^2$?

Aufgabe 9.46 Zeigen Sie, dass für die Funktion

$$f(x, y) = xy \cdot \frac{x^2 - y^2}{x^2 + y^2}$$

mit $f(0, 0) = 0$, die Ableitungen $D_x D_y f(0, 0)$ und $D_y D_x f(0, 0)$ existieren, aber nicht gleich sind.

Aufgabe 9.47 Es sei $U \subset \mathbb{R}^n$ offen und $f \in C^2(U)$. Der **Laplace-Operator** Δ ist die Abbildung die f auf $\Delta f := D_1^2 f + \cdots + D_n^2 f$ abbildet.

1. Es sei $f = \varepsilon(x_1^2 + \cdots + x_n^2)$. Berechnen Sie Δf.
2. $f : U \to \mathbb{R}$ habe ein lokales Maximum in $a \in U$. Warum gilt $\Delta f(a) \leq 0$?
3. Eine Funktion f heißt **harmonisch**, wenn $\Delta f = 0$. Zeigen Sie, dass harmonische Funktionen keine lokalen Extrema in U haben.
   Tipp: Angenommen falsch. Nehme einen kritischen Punkt a von f und betrachte $f + \varepsilon\|x\|^2$ auf $\overline{B}_2(a, \delta)$.
4. Welche Aussage gilt für subharmonische Funktionen, d. h. $\Delta f(x) \geq 0$ für alle $x \in U$, und für superharmonische Funktionen, d. h. $\Delta f(x) \leq 0$ für alle $x \in U$.
5. Zeigen Sie, dass das Newtonpotenzial $(x^2 + y^2 + z^2)^{-1/2}$ harmonisch auf $\mathbb{R}^3 \setminus \{(0, 0, 0)\}$ ist.

Aufgabe 9.48 (**Lie-Klammer**) Sei $U \subset \mathbb{R}^n$ offen. Ein Vektorfeld X auf U ist eine Abbildung $X : U \to \mathbb{R}^n$. Es seien X, Y C^2-Vektorfelder auf U.

1. Sei $p \in U$. Zeigen Sie, dass im Allgemeinen

   $$Y'(p)(X(p)) = D_{X(p)}Y(p) \neq D_{Y(p)}X(p) = X'(p)(Y(p)) .$$
2. Die Lie-Klammer $[X, Y]$ ist das Vektorfeld auf U definiert durch

   $$p \mapsto [X, Y](p) := D_{X(p)}Y(p) - D_{Y(p)}X(p) ,$$

   also $[X, Y] = Y'(X) - X'(Y)$. Zeigen Sie die Jacobi-Identität:

   $$[[X, Y], Z] + [[Z, X], Y] + [[Y, Z], X] = 0 .$$
3. Zeigen Sie: $D_X D_Y - D_Y D_X = D_{[X,Y]}$. („Satz von Schwarz")

9.10 Lokale Extrema II

Sei $A = (a_{ij})$ eine symmetrische Matrix und $Q(v) := \sum_{i,j=1}^{n} a_{ij} v_i v_j$. Dann heißt A

1 positiv definit, wenn $Q(v) > 0$ für alle $v \in \mathbb{R}^n \setminus \{0\}$.

2 negativ definit, wenn $Q(v) < 0$ für alle $v \in \mathbb{R}^n \setminus \{0\}$.

3 indefinit, wenn Q sowohl positive als auch negative Werte annimmt.

Im Buch „Lineare Algebra" wird folgender Satz bewiesen.

Satz 9.8 (Sylvester-Kriterium) Sei $A = (a_{ij}) \in \mathbb{R}^{n\times n}$ eine symmetrische Matrix und $A_k \in \mathbb{R}^{k\times k}$ definiert durch $A_k = (a_{ij})_{1\le i,j\le k}$. Dann gilt:

1 A ist positiv definit $\iff$ $\det(A_k) > 0$ für $k = 1, \dots, n$.

2 A ist negativ definit $\iff$ $(-1)^k \det(A_k) > 0$ für $k = 1, \dots, n$.

3 Ist $\det(A) \neq 0$, aber A ist nicht positiv definit und nicht negativ definit, so ist A indefinit.

Satz 9.9 Sei $U \subset \mathbb{R}^n$ offen, $f \in C^2(U)$ und $a \in U$ ein kritischer Punkt von f.

1 Ist die Hesse-Matrix $H_f(a)$ positiv definit (bzw. negativ definit), so hat f in a ein isoliertes Minimum (bzw. Maximum).

2 Ist $H_f(a)$ indefinit, so hat f in a einen Sattelpunkt.

1 Es sei $H_f(a)$ positiv definit. Der Fall, dass $H_f(a)$ negativ definit ist, ist analog. Aus dem Sylvester-Kriterum folgt, dass $H_f(x)$ positiv definit ist für alle x in einer Umgebung $B_2(a, \delta)$ von a. Sei $v \in \mathbb{R}^n$ mit $0 < \|v\| < \delta$. Wir wenden die Taylorformel (für die Veränderliche t) auf $g(t) := f(a + tv)$ an. Es gibt ein $\xi \in (0, 1)$ mit

$$f(a+v) = f(a) + \frac{1}{2} \cdot D_v^2 f(a + \xi v) = f(a) + \frac{1}{2} \cdot \sum_{i,j=1}^{n} H_f(a + \xi v) v_i v_j > f(a)\,.$$

2 Ist $D_v^2 f(a) > 0$, so hat $f(a + tv)$ ein lokales Minimum bei $t = 0$. Ist $D_w^2 f(a) < 0$, so hat $f(a + tw)$ ein lokales Maximum bei $t = 0$: Also hat f einen Sattelpunkt in a. ■

Beispiel: $f = (y - 3x + x^2)(y - 2)$. Für die kritischen Punkte haben wir die Gleichungen $D_x f = (y-2)(-3+2x) = 0$ und $D_y f = 2y - 3x + x^2 - 2 = 0$. Die kritischen Punkte sind $(1, 2)$, $(2, 2)$ und $(3/2, 17/8)$. Die Hesse-Matrizen sind

$$H_f(1,2) = \begin{pmatrix} 0 & -1 \\ -1 & 2 \end{pmatrix}, \; H_f(2,2) = \begin{pmatrix} 0 & 1 \\ 1 & 2 \end{pmatrix}, \; H_f(3/2, 17/8) = \begin{pmatrix} 1/4 & 0 \\ 0 & 2 \end{pmatrix}.$$

Deshalb hat f Sattelpunkte in $(1, 2)$ und $(2, 2)$, sowie ein lokales Minimum in $(3/2, 17/8)$.

Aufgaben

EXTRAS ONLINE
Lösungen

Aufgabe 9.49 Beweisen Sie Satz 9.8 für eine symmetrische Matrix

$$\begin{pmatrix} a & b \\ b & c \end{pmatrix},$$

mit elementaren Methoden, also: A ist positiv definit genau dann, wenn $a > 0$ und $ac - b^2 > 0$; A ist negativ definit genau dann, wenn $a < 0$ und $ac - b^2 > 0$ und A; A ist indefinit, wenn $ac - b^2 < 0$.

Tipp: Untersuchen Sie die Funktion $f(x) = ax^2 + 2bxy + cy^2$.

Aufgabe 9.50 Bestimmen Sie Lage und Art aller lokaler Extrema und aller Sattelpunkte der nachfolgenden Funktionen f. Zeichnen Sie danach mit SAGEMATH einige Höhenlinien von f, um die Sattelpunkte zu prüfen.

1. $f(x, y) = x^2 + y^2$
2. $f(x, y) = 2x^2 + 3y^2 + 4xy$
3. $f(x, y) = -7 - x^2 - y^2 + xy$
4. $f(x, y) = x^2 + y^2 - 2xy^2$
5. $f(x, y) = 2x^3 - 3xy + 2y^3 + 1$
6. $f(x, y) = 2x^2 - x^2y - y^3 + 3y^2 + 9y$
7. $f(x, y) = x^4 + y^4 - 4xy$
8. $f(x, y) = x^4 + y^4 - 2x^2 + 4xy - 2y^2$
9. $f(x, y) = 2x^2 + y^3 - x^2y - 3y$
10. $f(x, y) = ye^x - 3x - y + 4$
11. $f(x, y) = 2x^3 + 3x^2 + 6xy^2 + 3y^2$
12. $f(x, y) = 2x^3y + x^2 - 10x - 2xy$

Aufgabe 9.51 Rechnen Sie mit der Hesse-Matrix nach, dass die gefundenen Werte in Aufgabe 9.24 tatsächlich lokale Maxima, lokale Minima und Sattelpunkte sind.

Aufgabe 9.52

1. Zeigen Sie, dass $f = x^2 + y^2 \cdot (1-x)^3$ lediglich einen kritischen Punkt hat. In diesem Punkt hat f ein lokales Minimum.
2. Zeigen Sie, dass f kein globales Maximum und kein globales Minimum hat.

Aufgabe 9.53 Bestimmen Sie den Abstand von $A = \{(x, y, z) \in \mathbb{R}^3 \colon z^2 = x^2y + 4\}$ zu $(0, 0, 0)$.

Aufgabe 9.54 Berechnen Sie alle lokalen Extrema der nachfolgenden Funktionen.

1. $f = x^2 + y^2 + z^2 - 2xyz$
2. $f = e^x \cdot \left(x^2 + y^2 + z^2 + \frac{3}{4}\right)$
3. $f = 2x^2 + xy - 2xz - y + z^2 + y^3$
4. $f = (x^2 + 2y^2 + 3z^2) \cdot e^{-x^2-y^2-z^2}$

9.11 Die Taylorformel

Satz 9.10 (Multinomialformel) Für $k \in \mathbb{N}_0$ gilt

$$(h_1 + \cdots + h_n)^k = \sum_{\alpha_i \in \mathbb{N}_0 :\, \alpha_1 + \ldots + \alpha_n = k} \frac{k!}{\alpha_1! \cdot \ldots \cdot \alpha_n!} \cdot h_1^{\alpha_1} \cdot \ldots \cdot h_n^{\alpha_n} .$$

Der Beweis dieser Formel erfolgt zum Beispiel mit Induktion nach n und darf als Aufgabe überlassen werden. Für eine einfachere Beschreibung benutzen wir die Multiindex-Notation.

Für $\alpha = (\alpha_1, \ldots, \alpha_n) \in \mathbb{N}_0^n$ definieren wir:

1. $|\alpha| := \alpha_1 + \cdots + \alpha_n$
2. $h^\alpha := h_1^{\alpha_1} \cdot \ldots \cdot h_n^{\alpha_n}$
3. $D^\alpha := D_1^{\alpha_1} \cdot \ldots \cdot D_n^{\alpha_n}$
4. $\alpha! := \alpha_1! \cdot \ldots \cdot \alpha_n!$

Sind $h_1, \ldots, h_n$ konstante Zahlen, so ist $D_i(h_j f) = h_j D_i(f)$ für alle i, j. Wir können die Multinomialformel nicht nur auf Zahlen anwenden, sonder ebenfalls auf die kommutierenden Abbildungen $h_i D_i$, $i = 1, \ldots, n$. Es folgt für C^k-Funktionen $f : U \to \mathbb{R}$:

$$(h_1 D_1 + \cdots + h_n D_n)^k (f) = \sum_{|\alpha| = k} \frac{k!}{\alpha!} \cdot h^\alpha \cdot D^\alpha (f) .$$

Satz 9.11 (Taylorformel) Sei $U \subset \mathbb{R}^n$ offen, $f \in C^{k+1}(U)$, $a \in U$ und $h \in \mathbb{R}^n$, sodass $\{a + th : t \in [0, 1]\} \subset U$. Dann gibt es ein $\xi = a + th$, $t \in (0, 1)$, sodass

$$f(a + h) = f(a) + \sum_{0 < |\alpha| \le k} \frac{1}{\alpha!} D^\alpha f(a) \cdot h^\alpha + \sum_{|\alpha| = k+1} \frac{1}{\alpha!} D^\alpha f(\xi) \cdot h^\alpha$$

Der blaue Ausdruck heißt Taylorpolynom von f vom Grad k in a.

Ist $f \in C^k(U)$ und $g(t) = f(a + th)$, so gilt definitionsgemäß:

$$D_h^k f(a) = g^{(k)}(0) .$$

Wenden Sie die Taylorformel für eine Veränderliche an. Es gibt ein $\eta \in (0, 1)$ mit

$$f(a + h) = g(1) = g(0) + g'(0) + \cdots + \frac{1}{k!} \cdot g^{(k)}(0) + \frac{1}{(k + 1)!} g^{(k+1)}(\eta) .$$

Nehme $\xi = a + \eta h$. Es gilt für jedes t:

$$\frac{1}{\ell!} g^{(\ell)}(t) = \frac{1}{\ell!} D_h^\ell f(a + th) = \frac{1}{\ell!} (h_1 D_1 + \cdots + h_n D_n)^\ell f(a + th) = \sum_{|\alpha| = \ell} \frac{1}{\alpha!} h^\alpha \cdot D^\alpha f(a + th) .$$

Nun setze $t = 0$ für $\ell \le k$ und $t = \eta$ für $\ell = k + 1$ ein. ■

Aufgaben

EXTRAS ONLINE
Lösungen

Aufgabe 9.55

1. Beweisen Sie die Multinomialformel mit Induktion nach n.
   Tipp: Die Binomialformel dürfen Sie als bewiesen annehmen. Benutzen Sie im Induktionsschritt diese Binomialformel.
2. Schreiben Sie die Multinomialformel aus für
   a. $(x + y + z)^2$,
   b. $(x + y + z)^3$,
   c. $(x + y + z)^4$.
3. Zeigen Sie, dass die Anzahl der Terme in der Multinomialformel gleich

$$\binom{k+n-1}{n-1}$$

ist.

Aufgabe 9.56 Schreiben Sie das Taylorpolynom aus für $n = 2$, $a = 0$ und $k = 3$.

Aufgabe 9.57 Bestimmen Sie das Taylorpolynom von f vom Grad k in Punkt a.

1. $f = xy^2 + x^2 + xy + y + 1, a = (1, 2), k = 3$
2. $f = \mathrm{e}^y \sin(x) - 3xy, a = (0, 0), k = 3$
3. $f(x, y) = y^2 + x^2 + y\cos(y), a = (1, 0), k = 3$
4. $f(x, y) = \frac{x-y}{x+y}, a = (1, 1), k = 2$
5. $f(x, y) = \cos(xy) + x\mathrm{e}^{y-1}, a = (\pi, 1), k = 2$
6. $f(x, y) = \mathrm{e}^{-x+y}, a = (1, 2), k = 2$
7. $f(x, y) = x^y, a = (1, 2), k = 2$
8. $f(x, y) = x^y, a = (2, 1), k = 2$

Aufgabe 9.58 Zeigen Sie, dass $f \in C^k(U)$ genau dann, wenn alle $D^\alpha f$ für $|\alpha| = k$ in U existieren und dort stetig sind.

Untermannigfaltigkeiten

10

10.1 Der implizite Funktionensatz: Eine Gleichung 242

10.2 Impliziter Funktionensatz: Mehrere Gleichungen .. 244

10.3 Inverser Funktionensatz 246

10.4 Untermannigfaltigkeiten 248

10.5 Tangentialräume 250

10.6 Lagrange-Multiplikatorensatz 252

10.7 *Klassifikation von Kurven* 254

ÜBERBLICK

LERNZIELE

- Der implizite Funktionensatz
- Untermannigfaltigkeiten
- Tangentialräume
- Lokale Extrema unter Nebenbedingungen

Sehr oft werden Teilmengen von $\mathbb{R}^2$ gegeben durch eine „implizite" Gleichung. Ein bekanntes Beispiel ist der Einheitskreis, gegeben durch

$$x^2 + y^2 - 1 = 0\,.$$

Ein etwas komplizierteres Beispiel ist $y^2 - x^2(4 - x^2) = 0$.

In vielen Situationen ist es einfacher und bequemer, eine Menge als Graphen einer Funktion $f\colon (a, b) \to \mathbb{R}$ zu studieren. Ist eine Menge gegeben durch eine Gleichung, so gibt es eine solche Funktion normalerweise nicht: Für jeden x-Wert darf es dazu höchstens *einen* y-Wert geben. Der implizite Funktionensatz besagt, dass es in vielen Situationen wenigstens *lokal* möglich ist, eine Gleichung nach y zu lösen. Betrachte die Menge C wie im nachfolgenden Bild.

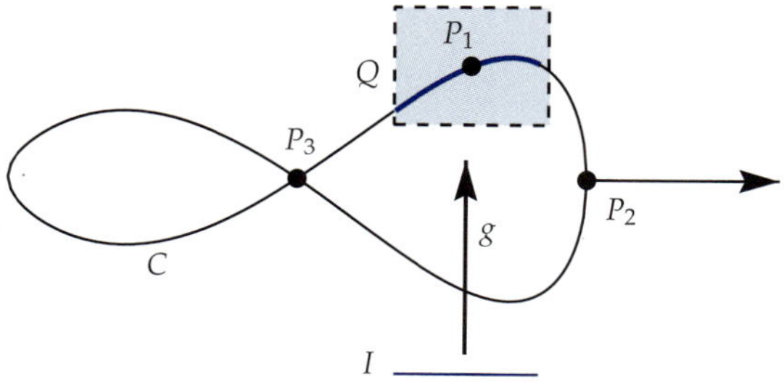

Es gibt einen offenen Quader Q in der Nähe von P_1, sodass $C \cap Q$ der Graph $\{(x, g(x)\}\colon x \in I\}$ einer Funktion $g\colon I \to \mathbb{R}$ ist. Das ist bei P_2 nicht der Fall. Ein Grund dafür ist, dass eine senkrechte Tangente vorliegt. Jedoch können wir bei P_2 lokal x als Funktion von y schreiben.

Ganz schlecht sieht es bei P_3 aus: Hier liegt eine Singularität vor.

Der implizite Funktionensatz besagt Folgendes: Gegeben eine C^1-Funktion F, definiert auf einer offenen Menge in $\mathbb{R}^2$, und gegeben ein Punkt (a, b) mit $F(a, b) = 0$ und $D_yF(a, b) \neq 0$, so kann lokal bei (a, b) die Höhenlinie $F = 0$ als Graph einer Funktion $y = g(x)$ geschrieben werden.

Der Beweis dieses Satzes ist elementar in dem Sinne, dass wir nur die Definitionen von Differenzierbarkeit, Stetigkeit und einige Ergebnisse aus der Analysis einer Veränderlichen benutzen. Diese Ergebnisse sind der Zwischenwertsatz und die Tatsache, dass eine differenzierbare Funktion h einer Veränderlichen wachsend ist, wenn $h' > 0$. Der Beweis lässt sich sofort verallgemeinern auf Funktionen $F(x, y)$, wobei $x = (x_1, \ldots, x_n)$ mehrere Veränderliche, jedoch y nur eine Veränderliche ist.

Diesen impliziten Funktionensatz erweitern wir mit Induktion auf den Fall mehrerer Gleichungen. Ist $F = (F_1, \dots, F_m)\colon U \to \mathbb{R}^m$ eine C^1-Funktion, definiert auf einer offenen Menge U in $\mathbb{R}^{n+m}$ mit $F = F(x, y) = F(x_1, \dots, x_n, y_1, \dots, y_m)$, so ist die Gleichung $F = 0$ tatsächlich ein System

$$F_1 = \cdots = F_m = 0$$

von Gleichungen. Ist $a \in \mathbb{R}^n$, $b \in \mathbb{R}^m$ und $(a, b) \in U$ mit $F(a, b) = 0$, so ist die Lösbarkeit nach y in der Nähe des Punktes (a, b) gesichert, wenn die Matrix

$$D_yF(a,b) = \begin{pmatrix} \frac{\partial F_1}{\partial y_1}(a,b) & \cdots & \frac{\partial F_1}{\partial y_m}(a,b) \\ \vdots & & \vdots \\ \frac{\partial F_m}{\partial y_1}(a,b) & \cdots & \frac{\partial F_m}{\partial y_m}(a,b) \end{pmatrix}$$

eine invertierbare Matrix ist.
Der inverse Funktionensatz ist verwandt mit dem impliziten Funktionensatz. Er besagt, dass für eine offene Menge $U \to \mathbb{R}^n$ und eine C^1-Abbildung $f\colon U \to \mathbb{R}^n$, wobei $f'(a)$ eine invertierbare Matrix ist, die Abbildung f lokal invertierbar ist. Dies bedeutet, dass es eine offene Umgebung V von a und eine offene Umgebung W von $f(a)$ gibt, sodass $f\colon V \to W$ bijektiv und die Umkehrabbildung f^{-1} ebenfalls eine C^1-Abbildung ist.
Der inverse Funktionensatz lässt sich sofort aus dem impliziten Funktionensatz herleiten, da es dasselbe ist $x = f(y)$ nach y zu lösen, wie $f(y) - x = 0$ zu lösen.

Eine Untermannigfaltigkeit ist eine Menge, die lokal ein Graph einer differenzierbaren Funktion ist. Ist M in der Nähe jeden seines Punktes gegeben durch eine Parametrisierung $\varphi\colon U \to M$, sodass die Ableitung von φ in jedem Punkt maximalen Rang hat, so ist M eine Untermannigfaltigkeit. Alternativ werden Untermannigfaltigkeiten lokal gegeben durch ein stetig differenzierbares Gleichungssystem $F = 0$, wobei $F'(a)$ in jedem Punkt a maximalen Rang hat. Ist M eine Untermannigfaltigkeit, so existiert in jedem Punkt $a \in M$ der Tangentialraum T_aM. Diesen kann man durch eine Parametrisierung oder über ein Gleichungssystem angeben.
Eine Anwendung der Sätze über implizite Funktionen und Tangentialräume ist die Untersuchung von lokalen Extrema von Funktionen mit Nebenbedingungen. Die Nebendingung M ist gegeben durch $F = 0$, mit F eine C^1-Funktion.

Sei $g\colon U \to \mathbb{R}$ differenzierbar. Hat $g\colon M \to \mathbb{R}$ ein lokales Extremum bei $a \in M$, so hat M entweder in a eine Singularität oder der Gradient von g liegt in dem Normalenraum N_aM, dem Raum, der senkrecht auf dem Tangentialraum T_aM von M in a liegt. Ist M gegeben durch $F_1 = \cdots = F_m = 0$, so kann man diese Bedingung in der Aussage

„$(\nabla g(a), \nabla F_1(a), \dots, \nabla F_m(a))$ ist linear abhängig“

zusammenfassen. Diese Aussage ist der Lagrange-Multiplikatorensatz.

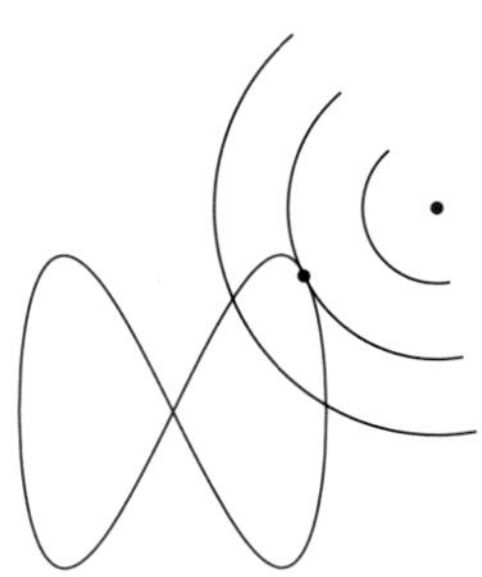

10.1 Der implizite Funktionensatz: Eine Gleichung

Satz 10.1 (Impliziter Funktionensatz) Es sei U eine offene Menge in $\mathbb{R}^{n+1}$ mit Koordinaten $(x, y) = (x_1, \ldots, x_n, y)$, $F\colon U \to \mathbb{R}$ eine C^k-Funktion für $k \geq 1$, $a \in \mathbb{R}^n$, $b \in \mathbb{R}$ mit $(a, b) \in U$. Angenommen, $F(a, b) = 0$ und $D_y F(a, b) \neq 0$.

Dann gibt es eine offene Umgebung V von a, ein $\varepsilon > 0$ mit $V \times (b - \varepsilon, b + \varepsilon) =: Q \subset U$ und eine C^k-Funktion $g\colon V \to (b - \varepsilon, b + \varepsilon)$, sodass für alle $(x, y) \in Q$ gilt:

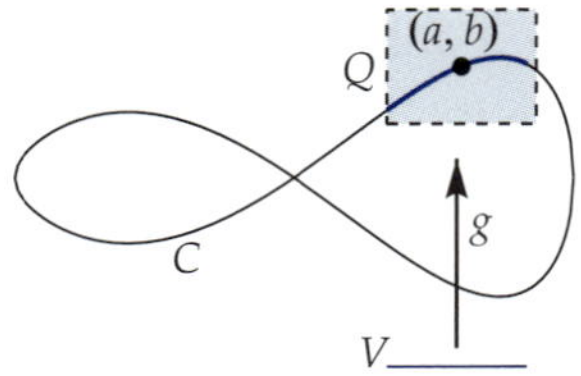

$$F(x, y) = 0 \iff y = g(x)\,.$$

Ohne Beschränkung der Allgemeinheit ist $D_y F(a, b)$ positiv. Sei W ein offener Quader mit $(a, b) \in W$ und $D_y F > 0$ auf W. Dann existiert ein $\varepsilon > 0$, sodass $F(a, y)$ eine wachsende Funktion von y auf $(b - \varepsilon, b + \varepsilon)$ ist. Insbesondere ist $F(a, b - \varepsilon) < 0 < F(a, b + \varepsilon)$. Weil F stetig ist, existiert eine offene Umgebung V von a in $\mathbb{R}^n$ mit $Q := V \times (b - \varepsilon, b + \varepsilon) \subset W$ und $F(x, b - \varepsilon) < 0$ und $F(x, b + \varepsilon) > 0$ für alle $x \in V$. Außerdem ist $D_y F(x, y) > 0$ für alle $x \in V$, $y \in (b - \varepsilon, b + \varepsilon)$. Die Funktion $F(x, y)$ ist für festes x eine wachsende Funktion von y. Es existiert deshalb für jedes $x \in V$ genau eine Zahl $g(x) \in (b - \varepsilon, b + \varepsilon)$ mit $F(x, g(x)) = 0$. Dies zeigt die Existenz von g und wir haben mitbewiesen, dass g stetig in $x = a$ ist.

Für die Differenzierbarkeit von g betrachte

$$h(t) := F\big(a + t \cdot (x - a), b + t \cdot (g(x) - b)\big).$$

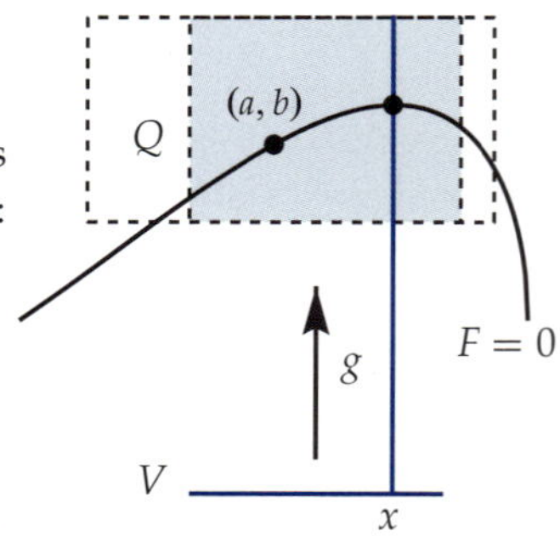

Dann ist $h(0) = h(1) = 0$. Nach dem Satz von Rolle gibt es ein $\xi \in (0, 1)$ mit $h'(\xi) = 0$. Dies bedeutet für $p = a + \xi(x - a)$:

$$0 = D_x F(p) \cdot (x - a) + D_y F(p) \cdot (g(x) - b)$$

$$\frac{g(x) - g(a)}{x - a} = -\frac{1}{D_y F(p)} \cdot D_x F(p)\,.$$

Weil $D_x F(p) \to D_x F(a)$ und $D_y F(p) \to D_y F(a)$ für $x \to a$, folgt, dass g differenzierbar in $x = a$ ist.

Beliebige $(x, g(x)) \in V \times (b - \varepsilon, b + \varepsilon)$ können nun die Rolle von (a, b) übernehmen, also folgt, dass $g'(x)$ existiert und gleich

$$g'(x) = -\frac{1}{D_y F(x, g(x))} \cdot D_x F(x, g(x))$$

ist. Aus dieser Formel folgt, dass die Lösung g ebenfalls eine C^k-Funktion ist. ■

Aufgaben

EXTRAS ONLINE

Lösungen

Aufgabe 10.1

1. Es sei $F(x,y) = x^2 + y^2$. In welchen Punkten von $F = 0$ ist der implizite Funktionensatz anwendbar?
2. Beantworten Sie die gleiche Frage für $F(x,y) = x^2 - y^2$.
3. Zeigen Sie, dass die Menge $\{(x,y,z)\colon z^3 + z + xy = 1\}$ der Graph $z = f(x,y)$ einer differenzierbaren Funktion ist.

Aufgabe 10.2 Entscheiden Sie jeweils, ob durch die gegebene Gleichung in einer Umgebung von (a,b) eine implizite Funktion $y = g(x)$ definiert wird. Falls dies zutrifft, bestimmen Sie zudem $g'(a)$. Plotten Sie mit SAGE die Kurven, um die Richtigkeit Ihrer Antwort zu überprüfen.

1. $f(x,y) = x^3 - 2x^2 + 3xy^2 - 26 = 0,$ $(a,b) = (1,3)$
2. $f(x,y) = y^3 + 4x - 4y - 1 = 0,$ $(a,b) = (1,1)$
3. $f(x,y) = y + 1 - \cos(y) - xy = 0,$ $(a,b) = (0,0)$ und $(a,b) = (1,0)$

Aufgabe 10.3 Entscheiden Sie jeweils, ob in den nachfolgenden Fällen lokal $z = g(x,y)$ gilt. Falls dies zutrifft, bestimmen Sie zudem $g'(a)$.

1. $x + y + 2z - \cos(x + y + z - 1) = 0$ $a = (1,0),\ b = 0$
2. $z^3 + 2z^2 - 3xyz + x^2 - y^3 - 4 = 0$ $a = (1,0),\ b = 1$
3. $\sqrt{x^2 + y^2 + 2z^2} - \cos(z) = 0$ $a = (1,0),\ b = 0$
4. $\sin(z) - x + xz + y = 0$ $a = (0,0),\ b = 0$

Aufgabe 10.4 Die Asteroide ist gegeben durch die Gleichung $|x|^{2/3} + |y|^{2/3} = 1$. Fertigen Sie eine Skizze der Asteroide an. In welchen Punkten ist der implizite Funktionensatz nicht anwendbar?

Aufgabe 10.5
Seien $a,b,c,d > 0$. Wir betrachten die Kurve C gegeben durch eine Gleichung

$$H(x,y) = f(y) \cdot g(x) = K \text{ für } x,y > 0\,,$$

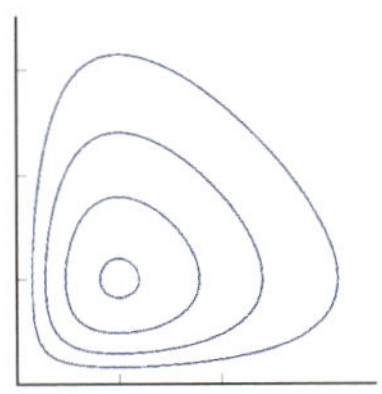

wobei $f(y) = y^a \cdot e^{-by}$ und $g(x) = x^c \cdot e^{-dx}$ ist. (Diese Kurve wird später beim Räuber-Beute-Modell von Lotka-Volterra eine Rolle spielen, siehe Abschnitt 13.11.) Seitlich sind einige Höhenlinien gezeigt worden für den Fall $a = b = c = d = 1$.

1. Zeigen Sie, dass $g'(x) > 0$ für $x \in (0, c/d)$ und $g'(x) < 0$ für $x > c/d$. Analog für f. Folgern Sie, dass C nur dann nichtleer ist, wenn $0 < K \leq g(c/d) \cdot f(a/b)$.
2. Zeigen Sie, dass eine Gerade $x = k$ die Kurve in höchstens zwei Punkten schneidet, analog für $y = k$.
3. Zeigen Sie, dass der implizite Funktionensatz für C angewendet werden kann genau dann, wenn $y \neq \frac{a}{b}$ und/oder wenn $x \neq \frac{c}{d}$.

10.2 Impliziter Funktionensatz: Mehrere Gleichungen

Satz 10.2 Sei $k \geq 1$, $U \subset \mathbb{R}^n \times \mathbb{R}^m$ offen, $(a,b) \in U$, und $F\colon U \to \mathbb{R}^m$ eine C^k-Abbildung

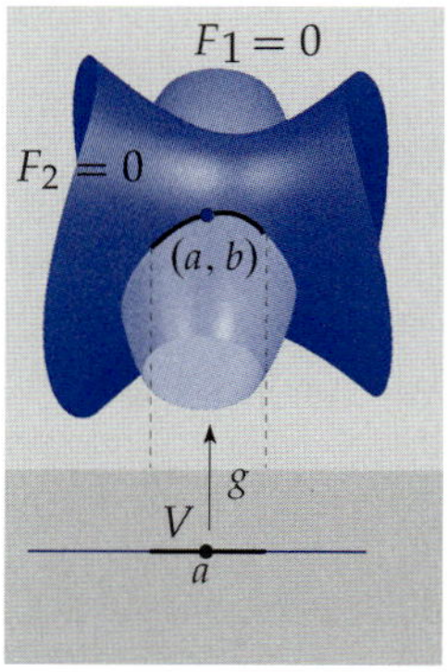

mit $F(a,b) = 0$. Betrachte das Gleichungssystem

$$F(x,y) = 0, \text{ das heißt } F_1(x,y) = \cdots = F_m(x,y) = 0.$$

Wir setzen voraus, dass die $m \times m$-Matrix

$$D_yF(a,b) := \left(\frac{\partial F_i}{\partial y_j}(a,b)\right)$$

invertierbar ist. Dann existieren offene Umgebungen V von a und W von b und eine C^k-Abbildung $g\colon V \to W$, sodass für alle $(x,y) \in V \times W$:

$$F(x,y) = 0 \iff y = g(x)\,.$$

Der Beweis erfolgt mit Induktion nach m. Sei $U \subset \mathbb{R}^n \times \mathbb{R}^m \times \mathbb{R}$, $F(x,y,z)\colon U \to \mathbb{R}^m \times \mathbb{R}$ mit $D_{y,z}F(a,b,c)$ eine invertierbare Matrix. Nach evtl. Vertauschen der Gleichungen F_i dürfen wir annehmen, dass die letzten m Zeilen von $D_yF(a,b,c)$ eine invertierbare Matrix bilden. Wir wenden Induktion auf $F_2 = \cdots = F_{m+1} = 0$ an:

Es existiert eine offene Umgebung $V' \subset \mathbb{R}^{n+1}$ von (a,c), eine offene Umgebung W von b und eine C^k–Funktion $h\colon V' \to V' \times W$, sodass für $(x,y,z) \in V' \times W$ gilt:

$$F_2(x,y,z) = \cdots = F_{m+1}(x,y,z) = 0 \iff y_i = h_i(x,z), i = 1,\ldots m\,.$$

Wir wenden den Fall $m = 1$ auf $\widetilde{F}(x,z) := F_1(x,h(x,z),z)$ an. Das dürfen wir, denn $D_z\widetilde{F}(a,c) \neq 0$ folgt aus der Invertierbarkeit von $D_{y,z}F(a,b,c)$ und

$$\begin{pmatrix} D_z\widetilde{F}(a,c) \\ 0 \\ \vdots \\ 0 \end{pmatrix} = D_{y,z}F(a,b,c) \cdot \begin{pmatrix} D_zh_1(a,c) \\ \vdots \\ D_zh_m(a,c) \\ 1 \end{pmatrix}$$

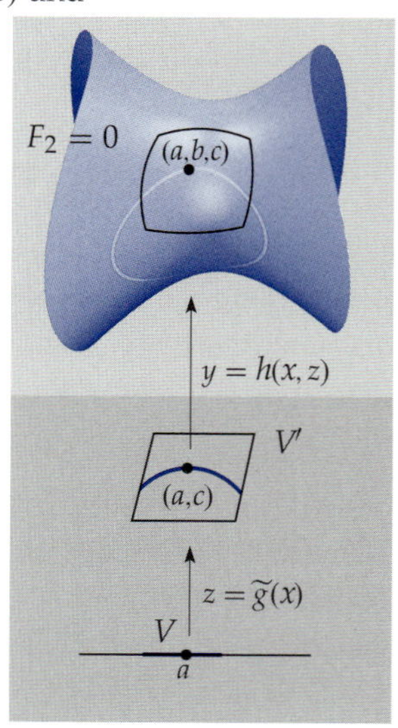

Es existiert deshalb eine offene Umgebung V von a, ein $\varepsilon > 0$ und eine C^k–Abbildung $\widetilde{g}\colon V \to V \times (c-\varepsilon, c+\varepsilon)$, sodass für alle $(x,z) \in V \times (c-\varepsilon, c+\varepsilon)$:

$$\widetilde{F}(x,z) = 0 \iff z = \widetilde{g}(x)\,.$$

Für $(x,y,z) \in V \times W \times (c-\varepsilon, c+\varepsilon)$ folgt

$$\begin{aligned} F_i(x,y,z) = 0 \ \text{ für } \ 1 \leq i \leq m+1 &\iff \\ y = h(x,z) \text{ und } \widetilde{F}(x,z) = 0 &\iff \\ (y,z) = \big(h(x,\widetilde{g}(x)),\, \widetilde{g}(x)\big) =: g(x)\,. \end{aligned}$$

■

Aufgaben

EXTRAS ONLINE
Lösungen

Aufgabe 10.6 Zeigen Sie mit der Notation wie in dem impliziten Funktionensatz, dass die Ableitung von g gegeben ist durch

$$D_x g(a) = -D_y F(a,b)^{-1} \cdot D_x F(a,b)\,.$$

Aufgabe 10.7

1. Sei $U \subset \mathbb{R}^3$ und f_1, f_2 in $C^1(U)$. Angenommen, $f_1 = f_2 = 0$ hat eine isolierte Lösung (a,b), d. h., es gibt eine Umgebung V von (a,b), in der das Gleichungssystem nur die Lösung (a,b) hat. Warum ist in (a,b) der implizite Funktionensatz nicht anwendbar?
2. Betrachten Sie $f_1 = x^2 + y^2 + z^2 - z = 0$ und $f_2 = x^2 + 3y^2 + z = 0$. Zeigen Sie, dass $(0,0,0)$ eine isolierte Lösung ist und die Bedingung des impliziten Funktionensatzes nicht erfüllt ist. Plotten Sie mit SAGEMATH die Flächen $f_1 = 0$ und $f_2 = 0$.

Aufgabe 10.8

1. In welchen Punkten des $\mathbb{R}^3$ ist das Gleichungssystem $x^2 - y^2 = y^2 - z^2 = 0$ lokal nach (x,y), (x,z) bzw. (y,z) auflösbar?
2. Zeigen Sie explizit, dass diese Gleichungen in einer Umgebung des Punktes $(-1,1,-1)$ nach $(y,z) = (g(x), h(x))$ aufgelöst werden können. Berechnen Sie die Ableitung direkt und mit dem impliziten Funktionensatz.

Aufgabe 10.9 Sei $F(x,y,u,v)\colon \mathbb{R}^4 \to \mathbb{R}^2$ mit

$$F(x,y,u,v) = (yu^3 - \sin(\pi x) - u^2 + v^2, x + \cos(y) - u^2 - v^2)\,.$$

Zeigen Sie, dass wir in der Nähe von $(1,0,1,1)$ u,v nach (x,y) auflösen können, also $(u,v) = g(x,y)$. Berechnen Sie die Ableitung $g'(1,0)$.

Aufgabe 10.10 Betrachte das Gleichungssystem $e^x + 4y^2 + 3e^z - 4 = 2x + y + z^2 = 0$. Zeigen Sie, dass sich das System in der Nähe von $(0,0,0)$ nach x,y als Funktionen von z auflösen lässt, also $x = g_1(z)$ und $y = g_2(z)$. Berechnen Sie die Ableitung von g_1 und g_2 in $z = 0$.

Aufgabe 10.11 Sei $F(x,y,z,u,v)\colon \mathbb{R}^5 \to \mathbb{R}^2$ mit

$$F(x,y,z,u,v) = (xy^2 + xzu + yv^2 - 3,\; u^3yz + 2xv - u^2v^2 - 2)\,.$$

Zeigen Sie, dass wir in der Nähe von $(1,1,1,1,1)$ u,v nach (x,y,z) auflösen können, also $(u,v) = g(x,y,z)$. Berechnen Sie die Ableitung von g.

Aufgabe 10.12 Eine Lösung des Gleichungssystems $x^3y - z = 1$, $x + y^2 + z^3 = 6$ ist $(1,2,1)$. Finden Sie eine Näherung der Lösung (x,y,z) wenn $z = 1{,}1$ mithilfe der Ableitung von $(x,y) = g(z)$.

Aufgabe 10.13 Betrachte das Gleichungssystem $x + 2y^2 + 3z^3 = e^x + e^{2y} + e^{3z} - 3 = 0$. Zeigen Sie, dass sich das System in der Nähe $(0,0,0)$ nach z auflösen lässt, also $x = g_1(z)$ und $y = g_2(z)$. Berechnen Sie die Ableitung von g_1 und g_2 in $z = 0$.

10.3 Inverser Funktionensatz

Es seien V, W offene Mengen in $\mathbb{R}^n$. Eine bijektive Abbildung $\varphi\colon V \to W$ heißt:

1 Homöomorphismus, wenn φ und φ^{-1} stetig sind;

2 C^k-Diffeomorphismus, wenn φ und φ^{-1} beides C^k-Abbildungen sind.

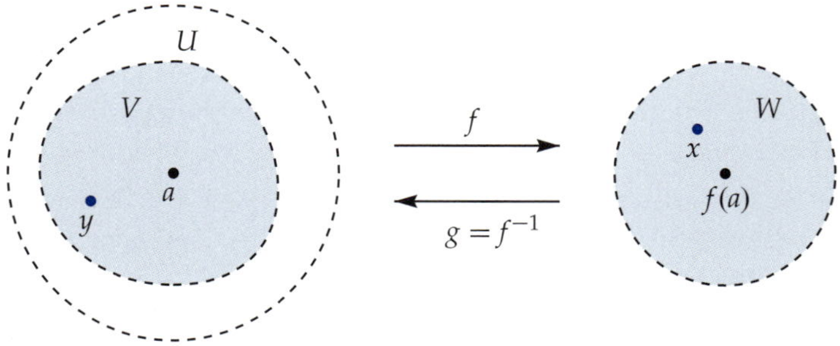

Satz 10.3 (Inverser Funktionensatz) Sei $U \subset \mathbb{R}^n$ offen, $a \in U, f\colon U \to \mathbb{R}^n$ eine C^k-Abbildung für $k \geq 1$ und $f'(a)\colon \mathbb{R}^n \to \mathbb{R}^n$ eine invertierbare lineare Abbildung.

Dann existieren offene Mengen V, W in $\mathbb{R}^n$ mit $a \in V, f(a) \in W$ und eine C^k-Abbildung $g\colon W \to V$ mit $f \circ g = \mathrm{id}_W$ und $g \circ f = \mathrm{id}_V$.

Sei $F\colon \mathbb{R}^n \times U \to \mathbb{R}^n$ gegeben durch $F(x,y) := f(y) - x$. Dann ist $D_yF(f(a), a) = f'(a)$ invertierbar. Nach dem impliziten Funktionensatz existiert eine offene Umgebung V' von a, eine offene Umgebung W von $f(a)$ und eine C^k-Abbildung $g\colon W \to V'$ mit:

$$f(y) - x = 0 \iff y = g(x) .$$

Wenn wir $V := f^{-1}(W)$ definieren, so ist V offen, denn f ist stetig, und $g\colon W \to V$ ist bijektiv. Deshalb ist $g\colon W \to V$ die gesuchte Umkehrabbildung von f. ■

Bemerkung. Ist $f\colon U \to \mathbb{R}^n$ eine C^1-Abbildung mit $f'(a)$ invertierbar für **alle** $a \in U$, so ist f im Allgemeinen nicht injektiv, wie folgendes Beispiel zeigt:

$$f(x,y) = (\mathrm{e}^x \cdot \cos(y), \mathrm{e}^x \cdot \sin(y)) .$$

Satz 10.4 Sei $U \subset \mathbb{R}^n$ offen und $f\colon U \to \mathbb{R}^n$ eine C^1-Abbildung, sodass $f'(x)$ invertierbar ist für alle $x \in U$. Dann ist auch $f(U)$ offen.

Ist $b = f(a) \in f(U)$, so folgt aus dem inversen Funktionensatz, dass auch eine Umgebung von b in $f(U)$ liegt. Also ist $f(U)$ offen. ■

Aufgaben

Lösungen

Aufgabe 10.14

1. Es seien $\varphi\colon U \to V$ und $\psi\colon V \to W$ Diffeomorphismen. Weshalb sind φ^{-1} und $\psi \circ \varphi$ ebenfalls Diffeomorphismen?
2. Sei $M, L \in \mathbb{R}$ mit $M < L$. Geben Sie einen Diffeomorphismus $\varphi\colon (0,1) \to (M, L)$ an.
3. Geben Sie Diffeomorphismen $\varphi\colon (M, \infty) \to (0, \infty)$, $\varphi\colon (-\infty, L) \to (0, \infty)$, $\varphi\colon (0, \infty) \to \mathbb{R}$ sowie $\varphi\colon \mathbb{R} \to (0, 1)$ an.

Aufgabe 10.15 Wir betrachten die Polarkoordinatenfunktion $p\colon \mathbb{R}_+ \times \mathbb{R} \to \mathbb{R}^2$, gegeben durch $p(r, \varphi) = (r\sin(\varphi), r\cos(\varphi))$. Zeigen Sie, dass p in jedem Punkt lokal umkehrbar ist. Zeigen Sie, dass p keine globale Inverse hat.

Aufgabe 10.16 Zeigen Sie jeweils, dass die Funktion $f\colon \mathbb{R}^2 \to \mathbb{R}^2$ in einer Umgebung von $(0, 0)$ umkehrbar ist. Bestimmen Sie jeweils die Ableitung der Umkehrfunktion in Punkt $f(0, 0)$.

1. $f = (\mathrm{e}^x + \mathrm{e}^{-y}, \mathrm{e}^{x+y})$
2. $f = (2x\cos(x) + y, 2y^2\sin(x) + 4\mathrm{e}^x)$
3. $f = (\ln(1 + x) + y^2, -1 + \sqrt{y + 1})$
4. $f = (x^2 - y^2 + y, 2xy + x)$

Aufgabe 10.17 Es sei $f(x, y) = ((x + y - 3)^3, (x - y + 1)^7)$. Zeigen Sie, dass $f\colon \mathbb{R}^2 \to \mathbb{R}^2$ bijektiv ist. In welchen Punkten ist die Umkehrfunktion differenzierbar?

Aufgabe 10.18
Sei

$$f(x) = \begin{cases} x + 2x^2 \cdot \sin(1/x) & \text{falls } x \neq 0 \\ 0 & \text{falls } x = 0\,. \end{cases}$$

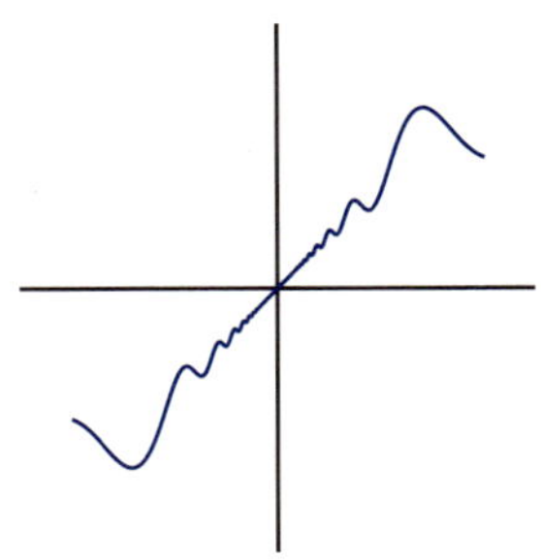

1. Zeigen Sie: f ist differenzierbar mit $f'(0) \neq 0$, aber f ist keine C^1-Funktion.
2. Zeigen Sie, dass f in keiner Umgebung von $x = 0$ eine Umkehrfunktion hat.

Aufgabe 10.19 Wir haben den inversen Funktionensatz als Folgerung des impliziten Funktionensatzes bewiesen.

Zeigen Sie umgekehrt, dass sich aus der Aussage des inversen Funktionensatzes „leicht“ die Aussage des impliziten Funktionensatzes herleiten lässt.

10.4 Untermannigfaltigkeiten

Satz 10.5 Es sei $M \subset \mathbb{R}^n$ mit $a \in M$ und $n = m + k$. Äquivalent sind:

1 Es existiert eine offene Umgebung $U \subset \mathbb{R}^n$ von a und C^ℓ-Funktionen $f_1, \ldots, f_m$ auf U mit $M \cap U = \{x \in U : f_1(x) = \cdots = f_m(x) = 0\}$, wobei $\nabla f_1(a), \ldots, \nabla f_m(a)$ linear unabhängig sind.

2 Es existiert eine offene Menge $V \subset \mathbb{R}^k$ und eine C^ℓ-Funktion $\varphi : V \to \mathbb{R}^n$ mit $\varphi(p) = a$ für ein $p \in V$, $\varphi(V) = U \cap M$ für eine offene Menge U in $\mathbb{R}^n$ und der Rang von $\varphi'(p)$ ist gleich k.

Ein solches φ nennen wir eine lokale Parametrisierung oder auch Karte.

„1 ⇒ 2“ Wir schreiben $F = (f_1, \ldots, f_m)$ und die Koordinaten von $\mathbb{R}^n = \mathbb{R}^k \times \mathbb{R}^m$ als (x, y). Sei $a = (b, c)$. Die Matrix $F'(a)$ hat als Zeilenvektoren die Gradienten $\nabla f_1(a), \ldots, \nabla f_m(a)$. Aus der linearen Algebra ist bekannt, dass nach evtl. Vertauschung der Koordinaten die Matrix $D_y F(a)$ invertierbar ist. Nach dem impliziten Funktionensatz existiert eine offene Umgebung V von b in $\mathbb{R}^k$ und eine offene Umgebung W von c in $\mathbb{R}^m$ sowie eine C^ℓ-Abbbildung $g : V \to W$, sodass $(x, y) \in M \cap (V \times W)$ genau dann, wenn $y = g(x)$. Wir definieren $\varphi : V \to V \times W$ durch $\varphi(x) = (x, g(x))$. Dann gilt $M \cap (V \times W) = \varphi(V)$. Weil $\varphi'(x) = \big(\mathrm{Id} \mid D_x g(x)\big)$ ist der Rang von $\varphi'(a)$ gleich k.

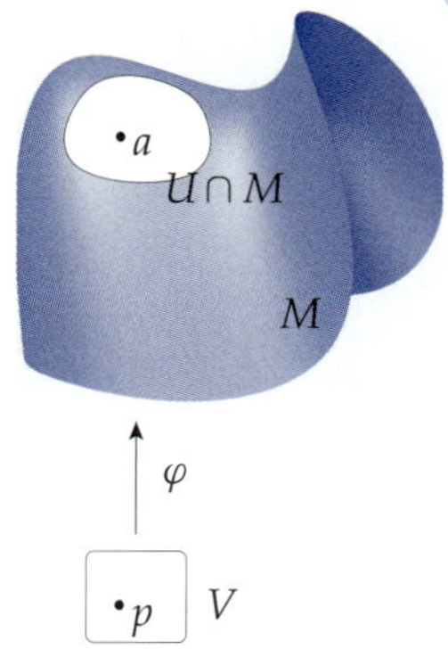

„2 ⇒ 1“ Nach einer evtl. Vertauschung der Koordinaten in $\mathbb{R}^n$ bilden die ersten k Zeilen von $\varphi'(p)$ eine invertierbare Matrix. Die Abbildung $\pi : \mathbb{R}^k \times \mathbb{R}^m \to \mathbb{R}^k$ sei definiert durch $\pi(x, y) = x$. Die Ableitung von $\pi \circ \varphi$ in p sind die ersten k Zeilen von $\varphi'(p)$ und daher ist $(\pi \circ \varphi)'(p)$ invertierbar.

Nach dem inversen Funktionensatz existiert lokal eine C^ℓ-Inverse $\psi : \widetilde{V} \to V'$ von $\pi \circ \varphi$. So hat $\varphi \circ \psi : \widetilde{V} \to \mathbb{R}^n$ die Gestalt $\varphi \circ \psi(x) = (x, g(x))$. Es folgt, dass $\varphi \circ \psi(\widetilde{V})$ der Graph einer Funktion ist, der also gegeben ist durch Gleichungen

$$y_1 - g_1(x) = 0\,,$$
$$\ldots$$
$$y_m - g_m(x) = 0\,.$$

Diese haben linear unabhängige Gradienten.

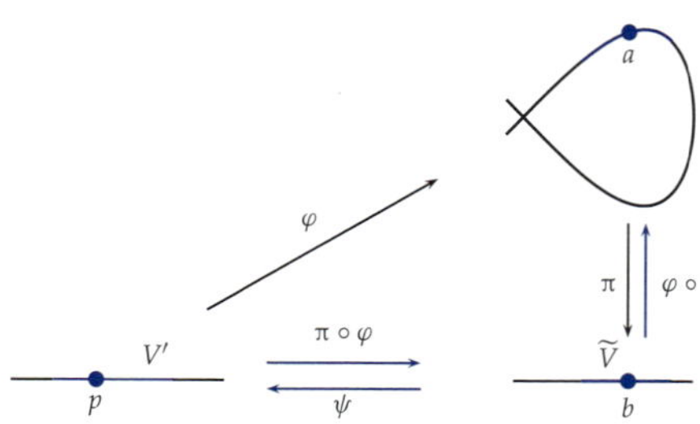

Erfüllt $a \in M \subset \mathbb{R}^n$ eine der Bedingungen des vorherigen Satzes, so nennen wir a einen glatten oder regulären Punkt von M, sonst einen singulären Punkt. Sind alle Punkte von M glatt, so nennen wir M eine Untermannigfaltigkeit von $\mathbb{R}^n$.

Aufgaben

EXTRAS ONLINE
Lösungen

Aufgabe 10.20 Sei $V \subset \mathbb{R}^k \subset \mathbb{R}^n$, $M \subset \mathbb{R}^n$ und $\varphi\colon V \to M$ eine Karte bei $a \in M$, $\varphi(p) = a$. Zeigen Sie, dass es offene Umgebungen W von p und U von a in $\mathbb{R}^n$ gibt sowie einen C^1-Diffeomorphismus $\psi\colon W \to U$ mit $\psi(q) = \varphi(q)$ für alle $q \in V \cap W$.

Tipp: Basisergänzungssatz

Aufgabe 10.21 Entscheiden Sie, ob die folgenden Teilmengen des $\mathbb{R}^2$ Untermannigfaltigkeiten sind, und fertigen Sie jeweils eine Skizze an.

1. $\{(x,y)\colon xy = 0\}$ 2. $\{(x,y)\colon y^2 = x^2(x+1)\}$ 3. $\{(x,y)\colon x^3 - y^2 = 0\}$

Aufgabe 10.22 Es sei V, U offene Mengen in $\mathbb{R}^n$, $F\colon V \to U$ ein Diffeomorphismus und $M \subset U$ eine Untermannigfaltigkeit. Zeigen Sie, dass $F(M) = \{F(x)\colon x \in M\}$ ebenfalls eine Untermannigfaltigkeit ist.

Aufgabe 10.23 Zeigen Sie, dass $SL(n,R) := \{A \in \mathbb{R}^{n\times n}\colon \det(A) = 1\}$ eine Untermannigfaltigkeit von $\mathbb{R}^{n\times n}$ ist.

Tipp: Berechnen Sie die Richtungsableitung $D_A \det(A)$.

Aufgabe 10.24 Zeigen Sie: Eine Untermannigfaltigkeit M ist zusammenhängend genau dann, wenn sie wegzusammenhängend ist.

Aufgabe 10.25 Sei $U \subset \mathbb{R}^n$ offen und zusammenhängend und $F = (f_1, \ldots, f_m)\colon U \to \mathbb{R}^m$ stetig differenzierbar mit linear unabhängigen Gradienten in jedem $p \in U$. Angenommen, $\{x \in U\colon F(x) = 0\} =: M$ ist zusammenhängend. Sei $g\colon U \to \mathbb{R}$ stetig differenzierbar mit $\nabla g(p) \in \langle \nabla f_1(p), \ldots, \nabla f_m(p)\rangle$ für alle $p \in U$.

Zeigen Sie, dass g die konstante Funktion ist.

Tipp: Ist q in der Nähe von p, so betrachte einen differenzierbaren Weg von p nach q.

Aufgabe 10.26 Es sei U eine offene Menge in $\mathbb{R}^n$ und $F = (f_1, \ldots, f_m)\colon U \to \mathbb{R}^m$ stetig differenzierbar. Angenommen, der Rang von $F'(p)$ ist eine konstante Funktion von p. Sei $q \in \operatorname{Im}(F)$. Zeigen Sie, dass $\{x \in U\colon F(x) = q\}$ eine Untermannigfaltigkeit von $\mathbb{R}^n$ ist.
Tipp: Beachten Sie die vorherige Aufgabe.

Aufgabe 10.27 Es sei $O(n) \subset \mathbb{R}^{n\times n}$ gegeben durch die Gleichung $X^T X - \mathrm{Id} = 0$. Die $O(n)$ heißt die Gruppe der orthogonalen Matrizen.

1. Zeigen Sie, dass $O(n)$ eine Untermannigfaltigkeit von $\mathbb{R}^{n\times n}$ ist.
   Tipp: Aufgabe 9.22 und Aufgabe 10.26.
2. Es sei $SO(n) = \{A \in O(n)\colon \det(A) = 1\}$. Zeigen Sie, dass $SO(n)$ wegzusammenhängend ist.
   Tipp: Verbinden Sie A mit Id. Es seien $a_1, \ldots, a_n$ die Spalten von A. Drehen Sie zunächst a_n in die Richtung e_n. Wenden Sie Induktion an.
3. Zeigen Sie, dass $O(n)$ zwei Wegzusammenhangskomponenten hat.

10.5 Tangentialräume

Sei $M \subset \mathbb{R}^n$ und $a \in M$. Dann heißt $v \in \mathbb{R}^n$ ein Tangentialvektor an M in a genau dann, wenn $v = \gamma'(0)$ für einen differenzierbaren Weg $\gamma\colon (-\varepsilon, \varepsilon) \to M$ mit $\gamma(0) = a$ ist.

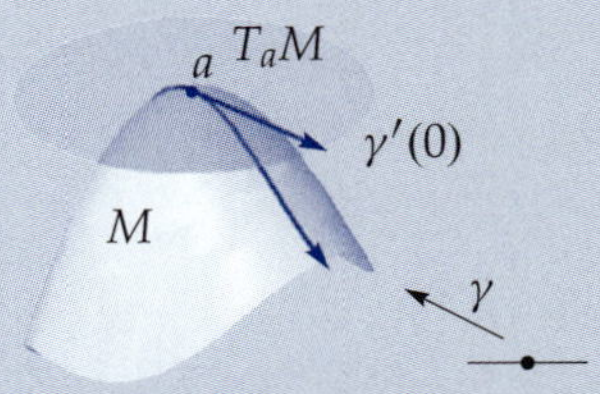

Mit T_aM bezeichnen wir den Tangentialraum, d. h. die Menge der Tangentialvektoren an M in a.

Mit $N_aM := T_aM^\perp = \{v \in \mathbb{R}^n\colon \langle v, w\rangle = 0 \text{ für alle } w \in T_aM\}$ bezeichnen wir den Normalenraum an M in a, die Menge der Normalenvektoren an M in a.

Satz 10.6 Sei a ein glatter Punkt von $M \subset \mathbb{R}^n$, $n = m + k$. Dann gilt:

1. T_aM ist ein Untervektorraum von $\mathbb{R}^n$.
2. Ist M lokal gegeben durch eine differenzierbare Abbildung $\varphi\colon V \to \mathbb{R}^n$, V eine offene Menge in $\mathbb{R}^k$ mit $\varphi(p) = a$, Rang $\varphi'(p) = k$, dann ist $T_aM = \operatorname{Im}(\varphi'(p))$.
3. Ist M lokal gegeben durch Gleichungen $f_1 = \cdots = f_m = 0$ mit linear unabhängigen Gradienten $\nabla f_1(a), \ldots, \nabla f_m(a)$, dann gilt
$$T_aM = \big\{v \in \mathbb{R}^n\colon \langle \nabla f_1(a), v\rangle = \cdots = \langle \nabla f_m(a), v\rangle = 0\big\} = N_aM^\perp.$$

Ist $\gamma'(0)$ ein Element von T_aM mit $\gamma\colon (-\varepsilon, \varepsilon) \to M$ differenzierbar, so gilt $f_i(\gamma(t)) = 0$. Mit der Kettenregel folgt aus $f_i(\gamma(t)) = 0$, dass $\big\langle \nabla f_i(a), \gamma'(0)\big\rangle = 0$. Für $v \in \mathbb{R}^k$ betrachte die Kurve $\gamma(t) := \varphi(p + tv)$. Dann ist $\gamma'(0) = \varphi'(p)(v)$ ein Element von T_aM. Wir erhalten:

$$\operatorname{Im}\big(\varphi'(p)\big) \subset T_aM \subset \big\{x\colon \langle \nabla f_1(a), x\rangle = \cdots = \langle \nabla f_m(a), x\rangle = 0\big\}\,.$$

Links und rechts stehen Vektorräume der Dimension k: Sie sind also gleich T_aM. ∎

Beispiel:
Der Whitney-Regenschirm R ist gegeben durch die Gleichung $f = x^2 - yz^2 = 0$. Der Punkt $a = (1, 1, 1)$ ist glatt, weil $\nabla f(x, y, z) = (2x, -z^2, -2yz)$, $\nabla f(a) = (2, -1, -2)$, also $T_aR = 2x - y - 2z = 0$. Man kann R parametrisieren durch $\varphi(u, v) = (uv, u^2, v)$. Es gilt $D_u\varphi(1, 1) = (1, 2, 0)$ und $D_v\varphi(1, 1) = (1, 0, 1)$. Alle Punkte mit $x = z = 0$ sind nicht glatt.

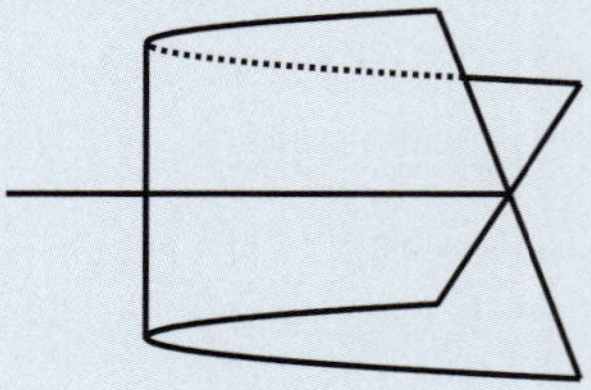

Ist $M \subset \mathbb{R}^n$ eine Untermannigfaltigkeit und $f\colon M \to \mathbb{R}^d$, so heißt f differenzierbar in $a \in M$, wenn es eine Umgebung U von a in $\mathbb{R}^n$ und eine in a differenzierbare Fortsetzung $\widetilde{f}\colon U \to \mathbb{R}^d$ von f gibt, d. h. $f(x) = \widetilde{f}(x)$ für alle $x \in U \cap M$.
Eine Abbildung $f\colon M \to N$, mit M, N Untermannigfaltigkeiten, heißt ein Diffeomorphismus, wenn f differenzierbar, bijektiv und die Umkehrfunktion $f^{-1}\colon N \to M$ ebenfalls differenzierbar ist.

Aufgaben

EXTRAS ONLINE Lösungen

Aufgabe 10.28 Gegeben sei

$$M = \left\{(x, y, z) \colon \frac{x^2}{a^2} + \frac{y^2}{b^2} + \frac{z^2}{c^2} = 1\right\}$$

mit $a \geq b \geq c > 0$. Zeigen Sie, dass M eine zweidimensionale Untermannigfaltigkeit des $\mathbb{R}^3$ ist und bestimmen Sie den Tangentialraum im Punkt $(0, 0, c^2)$.

Aufgabe 10.29 Es sei $M \subset \mathbb{R}^n$ eine Untermannigfaltigkeit. Das Tangentialbündel ist gegeben durch

$$TM = \{(q, v) \in \mathbb{R}^{2n} \colon q \in M \text{ und } v \in T_q M\}\,.$$

Zeigen Sie: TM ist eine Untermannigfaltigkeit von $\mathbb{R}^{2n}$.

Aufgabe 10.30 Es seien $\varphi_1 \colon U_1 \to V_1$ und $\varphi_2 \colon U_2 \to V_2$ Parametrisierungen der Untermannigfaltigkeit M bei p mit $\varphi_1(q_1) = p = \varphi_2(q_2)$. Zeigen Sie, dass die Abbildung

$$\varphi_2^{-1} \circ \varphi_1 \colon \varphi_1^{-1}(V_1 \cap V_2) \to \varphi_2^{-1}(V_1 \cap V_2)$$

ein Diffeomorphismus ist.

Aufgabe 10.31 Es sei $SL(n, R)$ die Menge der Matrizen aus $\mathbb{R}^{n\times n}$ mit Determinante 1.

1. Zeigen Sie, dass der Tangentialraum $T_{\mathrm{Id}}SL(n, R)$ die Menge der Matrizen in $\mathbb{R}^{n\times n}$ mit Spur 0 ist. Tipp: Betrachten Sie das charakteristische Polynom von A.
2. Bestimmen Sie den Tangentialraum von $SL(2, R)$ in $\begin{pmatrix} 1 & a \\ 0 & 1 \end{pmatrix}$, $a \in \mathbb{R}$.

Aufgabe 10.32 Sei $O(n)$ die Menge der orthogonalen Matrizen in $\mathbb{R}^{n\times n}$.

1. Sei $A(t)$ eine differenzierbare Kurve von Matrizen in $O(n)$ mit $A(0) = \mathrm{Id}$. Zeigen Sie: $A'(0)^T + A'(0) = 0$.
2. Zeigen Sie, dass der Tangentialraum $T_{\mathrm{Id}}O(n)$ gleich der Menge der schiefsymmetrischen Matrizen $\{X \in \mathbb{R}^{\times n} \colon X^T = -X\}$ ist.
3. Was ist die Dimension von $O(n)$?

Aufgabe 10.33 Es seien M, N Untermannigfaltigkeiten von $\mathbb{R}^n$.

1. Sei $a \in M$ und $f \colon M \to N$ differenzierbar in a. Zeigen Sie, dass f auf natürliche Weise eine Abbildung $f'(a) \colon T_a M \to T_{f(a)}N$ definiert, die linear ist.
2. Ist $f \colon M \to N$ differenzierbar und $f'(a) \colon T_a M \to T_{f(a)}N$ ein Isomorphismus von Vektorräumen, so gibt es eine offene Umgebung U von a in M und eine offene Umgebung V von $f(a)$ in N, sodass $f \colon U \to V$ ein Diffeomorphismus ist. Zeigen Sie diese Aussage.

10.6 Lagrange-Multiplikatorensatz

Satz 10.7 (Lagrange-Multiplikatorensatz) Sei $U \subset \mathbb{R}^{n+m}$ offen, $F = (f_1, \ldots, f_m)\colon U \to \mathbb{R}^m$ eine C^1-Abbildung und

$$U \cap M := \{x \in U\colon F(x) = 0\} .$$

Angenommen, die C^1-Funktion $g\colon U \to \mathbb{R}$, betrachtet als Funktion $g\colon U \cap M \to \mathbb{R}$, hat in $a \in M$ ein lokales Minimum (oder Maximum). Dann sind

$$\nabla g(a), \nabla f_1(a), \ldots, \nabla f_m(a)$$

linear abhängig. Deshalb: entweder ist a ein singulärer Punkt von M oder $\nabla g(a) \in N_aM = (T_aM)^\perp$.

Die Aussage ist sicher wahr, wenn $\nabla f_1(a), \ldots, \nabla f_m(a)$ linear abhängig sind. Nehme also an, sie sind linear unabhängig, d. h., a sei ein glatter Punkt von M. Sei $\gamma\colon (-\varepsilon, \varepsilon) \to M$ differenzierbar, $\gamma(0) = a$. Dann hat $g(\gamma(t))$ ein lokales Minimum bei $t = 0$. Die Ableitung ist dann gleich 0: $\langle \nabla g(a), \gamma'(0)\rangle = 0$. Somit ist $\nabla g(a)$ orthogonal zu allen Vektoren in T_aM, d. h.

$$\nabla g(a) \in (T_aM)^\perp = \Big\langle \nabla f_1(a), \ldots, \nabla f_m(a)\Big\rangle .$$

■

Oft ist a ein glatter Punkt von M. In diesem Fall gibt es $\lambda_1, \ldots, \lambda_m$, sodass

$$\nabla g(a) = \lambda_1 \cdot \nabla f_1(a) + \cdots + \lambda_m \cdot \nabla f_m(a) .$$

Die Zahlen $\lambda_1, \ldots, \lambda_m$ heißen Lagrange-Multiplikatoren.

Beispiel:
Wir bestimmen den Abstand (zum Quadrat) von $(2, 3/2)$ zu der Menge mit Gleichung $\frac{1}{2}y^2 - 2x^2 + \frac{3}{2}x^4 = 0$. Wir suchen deshalb das Minimum von $(x-2)^2 + (y-3/2)^2$ mit der Nebenbedingung $\frac{1}{2}y^2 - 2x^2 + \frac{3}{2}x^4 = 0$. Wir erhalten folgendes Gleichungssystem.

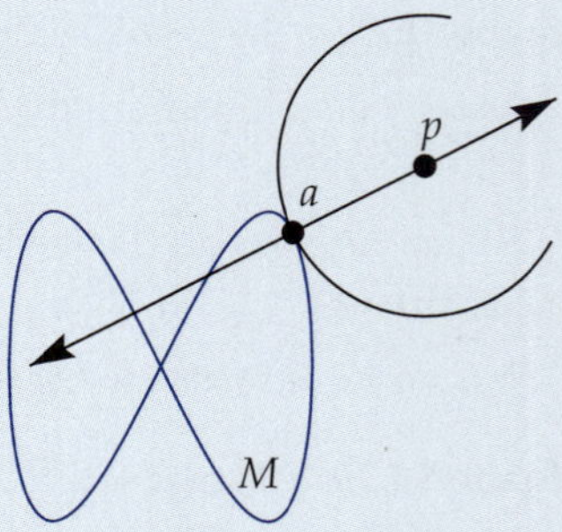

$$0 = y^2 - 4x^2 + 3x^4$$

$$0 = \det\begin{pmatrix} 2x-4 & -4x+6x^3 \\ 2y-3 & y \end{pmatrix}$$

Solche Gleichungen sind selten exakt zu lösen. (Siehe mein Buch „Lineare Algebra".) Die Lösungen sind: $(x, y) = (1, 1)$ (exakt) und näherungsweise

$$(0.74, -1.13), \quad (-0.18, 0.36), \quad (-0.94, -1.09) .$$

Das Minimum wird in $a = (1, 1)$ angenommen. Der Abstand ist $\|p - a\| = \frac{1}{2}\sqrt{5}$.

Aufgaben

EXTRAS ONLINE Lösungen

Aufgabe 10.34 Nicht immer wird das Extremum in einem glatten Punkt angenommen. Betrachte M gegeben durch die Gleichung $y^2 - x^3 = 0$ und $g = (x+1)^2 + y^2$, das Quadrat der Abstandsfunktion zu $(-1, 0)$. Zeigen Sie, dass g genau ein globales Minimum hat, und finden Sie den Punkt auf M mit kleinstem Abstand zu $(-1, 0)$.

Aufgabe 10.35 Zeichnen Sie in der Ebene die Ellipse E mit Gleichung $4x^2 + y^2 - 4 = 0$ sowie die Gerade ℓ mit Gleichung $3x - 2y - 6 = 0$. Bestimmen Sie die Punkte von E mit dem größten sowie die mit dem kleinsten Abstand zu ℓ. Berechnen Sie diesen Abstand.

Aufgabe 10.36 Bestimmen Sie das Maximum und Minimum der Funktion g auf der angegebenen Menge A. Es ist hilfreich, ein Skizze von A anzufertigen, wenn möglich.

1. $g = 2x + 3y;$ $\quad A = \{(x, y) \colon 2x^2 + y^2 - 1 = 0\}$
2. $g = x + y - z;$ $\quad A = \{(x, y, z) \colon x^2 + y^2 + z^2 - 3 = 0\}$
3. $g = 2x + 2y - z;$ $\quad A = \{(x, y, z) \colon x^2 + y^2 + z^2/4 = 3\}$
4. $g = xyz;$ $\quad A = \{(x, y, z) \colon x^2 + y^2 + z^2 = 1\}$
5. $g = 3(x-1)^2 + y;$ $\quad A = \{(x, y) \in \mathbb{R}^2 \colon y^2 - x^3(4 - 3x) = 0\}$
6. $g = 3y - z;$ $\quad A = \{x^2 + y^2 = 5 \text{ und } 2x - y - z = 2\}$
7. $g = x^2 + 2y^2 - x;$ $\quad A = \{(x, y) \colon x^2 + y^2 \leq 1\}$
8. $g = xy - 2x^2 - 2y^2 + 2z^2;$ $\quad A = \{(x, y, z) \colon x^2 + y^2 + 2z^2 \leq 8\}$
9. $g = xy - 2(x^2 + y^2 - z^2) - z^4;$ $\quad A = \{(x, y, z) \mid x^2 + y^2 + 2z^2 \leq 8\}$
10. $g = xy(6 - x^2 - y^2);$ $\quad A = \{(x, y) \colon x^2 + y^2 \leq 12\}$
11. $g = -x + y;$ $\quad A = \{(x, y) \colon y^2 = x^2(x+1),\ x \leq 0\}$

Aufgabe 10.37

1. Bestimmen Sie den Abstand der Gerade $y = x - 1$ zu der Parabel $y = x^2 + 2$.
2. Berechnen Sie den Abstand von $M = \{x^2 + 2y^2 - z^2 = 1\}$ zum $(0, 0, 0)$.

Aufgabe 10.38 Es sei A eine reelle symmetrische $n \times n$-Matrix $A = (a_{ij})$. Zeigen Sie, dass A einen reellen Eigenwert hat.

Tipp: Betrachte $g(x) = \langle Ax, x\rangle$ mit der Nebenbedingung $\|x\|^2 = 1$.

Aufgabe 10.39 Sei A eine reelle $n \times n$-Matrix. Zeigen Sie, dass das Maximum von $\|A(x)\|$ auf S^{n-1}, d. h. $\|A\|$, gleich der Wurzel des größten Eigenwerts von $A^T A$ ist.

Aufgabe 10.40 Seien $x_1, \ldots, x_n > 0$ und $0 \leq p_i$ mit $\sum_{i=1}^n p_i = 1$. Zeigen Sie, dass

$$x_1^{p_1} \cdot \ldots \cdot x_n^{p_n} \leq p_1 x_1 + \cdots + p_n x_n$$

gilt. Betrachten Sie dazu A, gegeben durch $x_i \geq 0$ und $p_1 x_1 + \cdots + p_n x_n = 1$.

10.7 *Klassifikation von Kurven*

Satz 10.8 Eine eindimensionale zusammenhängende Untermannigfaltigkeit von $\mathbb{R}^n$ ist diffeomorph zu $\mathbb{R}$ oder zu $S^1 = \{(x, y) \in \mathbb{R}^2 \colon x^2 + y^2 = 1\}$.

Es seien $\alpha \colon I = (a, b) \to C$ und $\beta \colon J = (c, d) \to C$ zwei injektive, nach Bogenlänge parametrisierte Kurven. Sei

$$\Gamma := \{(t, s) \in (a, b) \times (c, d) \colon \alpha(t) = \beta(s)\}\,.$$

Weil α und β stetig sind, ist Γ als Teilmenge von $(a, b) \times (c, d)$ abgeschlossen. Ist $\alpha(t_0) = \beta(s_0)$, so gibt es ein $\delta > 0$, sodass $\alpha(t_0 + t) = \beta(s_0 + t)$ oder $\alpha(t_0 + t) = \beta(s_0 - t)$ für $|t| < \delta$. Dies gilt, weil α und β nach Bogenlänge parametrisiert sind. Es folgt, dass Γ aus Geradenstücken mit Steigung ± 1 besteht, deren Randpunkte zum Rand von $(a, b) \times (c, d)$ gehören. Aus der Injektivität von α und β folgt nun leicht, dass die Geradenstücke die gleiche Steigung haben (o.B.d.A $+1$) und dass nur die untenstehenden Fälle auftreten können. Im vorletzten Fall ist $\alpha(I) \supset \beta(J)$ und im letzten Fall ist $\alpha(I) \subset \beta(J)$. Im ersten Fall können wir nach dem Verschieben des Intervalls J annehmen, dass $c = a_1$. Dann ist $a < a_0 \le c < b \le c_1 < d$. Wir definieren die Abbildung $\gamma \colon (a, d) \to C$ durch

$$\gamma(t) = \alpha(t) \text{ für } t \in (a, b) \text{ und } \beta(t) \text{ für } t \in (a_1, d)\,.$$

Diese ist wohldefiniert für $t \in (a_1, b)$ und $\gamma(t + c_1 - a) = \gamma(t)$ für $t \in (a, a_0)$. Sei $L = c_1 - a$ und $a < K < a_0$. Dann gilt $\gamma(a, d) = \gamma([K, K + L])$. Deshalb ist das Bild von γ offen, abgeschlossen und daher gleich C, weil C zusammenhängend ist. Wir setzen γ mit Periode L auf $\mathbb{R}$ fort. Dann ist

$$h \colon S^1 \to C, \quad (\cos t, \sin t) \to \gamma(2\pi t/L)$$

wohldefiniert und ein Diffeomorphismus. Somit ist C diffeomorph zu S^1.

Im zweiten Fall definieren wir $\gamma \colon (a, a_0 + d - c) \to C$ durch $\gamma(t) = \alpha(t)$ für $t \in (a, b)$ und $\gamma(t) = \beta(t + c - a_0)$ für $t \in (a_0, a_0 + d - c)$. Dann ist γ injektiv und nach Bogenlänge parametrisiert. Bemerke, dass $a_0 + d - c > b$. Der dritte Fall ist analog.

Sei C nicht diffeomorph zu S^1 und $p \in C$. Sei $a < 0$ minimal ($-\infty$ erlaubt) und b maximal (∞ erlaubt), sodass es eine nach Bogenlänge parametrisierte Abbildung $\alpha \colon I := (a, b) \to C$ gibt mit $\alpha(0) = p$. Dann ist $\alpha(I)$ offen in C. Sie ist auch abgeschlossen in C, sonst nehme $q \in \overline{\alpha(I)} \in C$. Wähle $\beta \colon J \to C$ mit $\beta(0) = q$, nach Bogenlänge parametrisiert. Oben ist gezeigt, dass α und β zu einer Parametrisierung kombinierbar sind, in Widerspruch zur Maximalität. Also ist $\alpha(I)$ offen und abgeschlossen in C und deshalb gleich C, weil C zusammenhängend ist. Benutze jetzt Aufgabe 10.14.

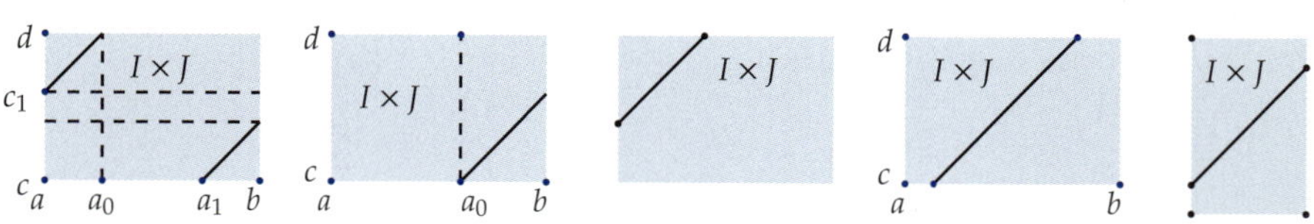

■

Volumen und Integration

11

11.1 Volumen von offenen Mengen ... 260
11.2 Das Prinzip von Cavalieri ... 262
11.3 Das Integral für stetige Funktionen ... 266
11.4 Volumen und lineare Abbildungen ... 268
11.5 Diffeomorphismen: Die Transformationsformel ... 270
11.6 Polarkoordinaten und Kugelkoordinaten ... 274
11.7 Tubularumgebungen ... 276
11.8 Integrale auf Untermannigfaltigkeiten ... 280
11.9 *Volumen von Tubularumgebungen* ... 282

ÜBERBLICK

LERNZIELE

- Volumen von offenen Mengen in $\mathbb{R}^n$
- Nullmengen
- Das Prinzip von Cavalieri
- Das Integral für stetige Funktion
- Der Satz von Fubini
- Verhalten von Volumen unter linearen Abbildungen
- Die Transformationsformel
- Existenz von Tubularumgebungen
- Volumen von Untermannigfaltigkeiten
- Das Integral auf Untermannigfaltigkeiten
- Volumen von Tubularumgebungen

Die Definition und die elementarsten Eigenschaften von Volumen für offene Mengen in $\mathbb{R}^n$ ist eine offensichtliche und direkte Verallgemeinerung der Definition des Flächeninhalts, siehe Kapitel 3. Wir dürfen und können uns deshalb kurz fassen.

Wir betrachten k-Würfel in $\mathbb{R}^n$. Sie haben die Form

$$[a_1, a_1 + 2^{-k}] \times \cdots \times [a_n, a_n + 2^{-k}]$$

mit jedem $a_i \in 2^{-k} \cdot \mathbb{Z}$, der Nenner ist somit höchstens 2^k. Der Grund, dass wir **abgeschlossene** Würfel nehmen, liegt darin, dass solche Mengen kompakt sind und wir deshalb den Satz von Heine-Borel 8.9 anwenden dürfen. Die Menge der k-Würfel bezeichnen wir mit $Q^{(k)}$ und für eine offene Menge U in $\mathbb{R}^n$ definieren wir

$$U^{(k)} := \{Q \in Q^{(k)} : Q \subset U\}$$

als die Menge der k-Würfel, die ganz in U liegen. Bemerke, dass wir eine wachsende Folge von Zahlen (evtl. ∞) haben:

$$\#U^{(0)} \leq 2^{-n} \cdot \#U^{(1)} \leq 2^{-2n} \cdot \#U^{(2)} \leq 2^{-3n} \cdot \#U^{(3)} \leq \cdots$$

Die Definition des Volumens von U durch

$$\mu(U) := \mu_n(U) := \lim_{k \to \infty} 2^{-nk} \cdot \#U^{(k)}$$

ist deshalb sinnvoll, da der Grenzwert (evtl. ∞) existiert. Dieses Volumen erfüllt die naheliegenden Eigenschaften wie die Fläche in $\mathbb{R}^2$.
Im Kapitel 3 haben wir $\mu_2(U \setminus L) = \mu_2(U)$ für eine Gerade L gezeigt. Der Beweis hat etwas Mühe gekostet. Weil wir jetzt mehr Theorie zur Verfügung haben, lässt sich zeigen, dass sich das Volumen einer offenen Menge nicht ändert, wenn man den Graphen einer stetigen Funktion $f: A \to \mathbb{R}$, mit $A \subset \mathbb{R}^{n-1}$ kompakt, aus U wegschneidet. Das reicht zunächst für die Anwendungen.

Integrale von Funktionen $f: U \to \mathbb{R}$, U offen werden erklärt durch Betrachten der Ordinatenmengen $O_+(f) \subset U \times \mathbb{R}$ und $O_-(f) \subset U \times \mathbb{R}$, wie im eindimensionalen Fall.

Zu erwähnen ist das Verhalten des Volumens von offenen Mengen unter linearen Abbildungen. Ist $A: \mathbb{R}^n \to \mathbb{R}^n$ linear und invertierbar, so ist für jede offene Menge U in $\mathbb{R}^n$ auch das Bild $A(U)$ offen und

$$\mu_n(A(U)) = |\det(A)| \cdot \mu_n(U) .$$

Wir wenden diese Aussage an auf $A(x_1, \ldots, x_n) = x_1a_1 + \ldots + x_a a_n$ für linear unabhängige $a_1, \ldots, a_n$ und die offene Menge $U = (0,1) \times \cdots \times (0,1)$. Es folgt, dass das Volumen des Parallelotops

$$P(a_1, \ldots, a_n) = \{x_1a_1 + \ldots + x_a a_n : 0 < x_i < 1\}$$

gleich $|\det(a_1, \ldots, a_n)|$ ist.

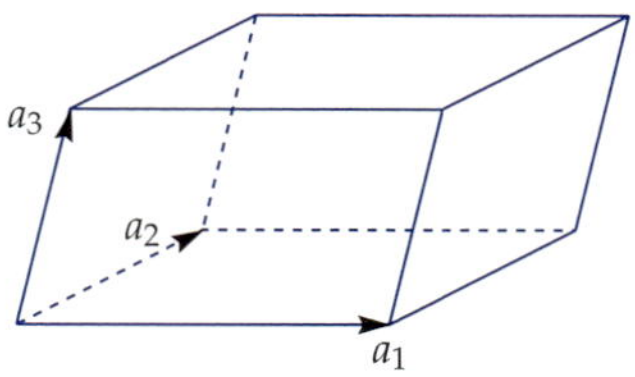

Insbesondere gilt: Ist die Determinante von A gleich ± 1, so ist das Volumen *invariant*. Diese Aussage verallgemeinern wir. Es sei $g: U \to V$ ein C^1-Diffeomorphismus, d. h., g ist bijektiv und eine C^1-Abbildung. Die Umkehrung ist dann auch C^1. Angenommen, $|\det(g'(x))| = 1$ für alle $x \in U$. Dann ist $\mu(U) = \mu(V)$. Kurz gesagt:

Lässt der Diffeomorphismus $g: U \to V$ das Volumen überall infinitesimal invariant, so ist das Volumen invariant: $\mu(U) = \mu(V)$.

Diese Aussage ist im Wesentlichen die wichtige sogenannte Transformationsformel (siehe unten).

Für die Berechnung von mehrdimensionalen Volumina und Integralen stehen zwei wichtige Sätze zur Verfügung.

1 Das Prinzip von Cavalieri oder, äquivalent, der Satz von Fubini

Wir beschreiben hier einen Spezialfall. Sei $U \subset \mathbb{R}^{n+1}$ eine offene Menge mit Koordinaten $(x, y_1, \ldots, y_n)$. Wenn man das Volumen einer offenen Menge U in $\mathbb{R}^{n+1}$ bestimmen möchte, so betrachte man das n-dimensionale Volumen von Scheiben:

$$U(x) := \{y \in \mathbb{R}^n : (x, y) \in U\} .$$

Oft, aber nicht immer, ist das n-dimensionale Volumen $\mu_n(U(x))$ eine stetige Funktion von x. Jedoch ist immer die Ordinatenmenge von $\mu_n(U(x))$ eine offene Menge. Das Prinzip von Cavalieri besagt, dass

$$\mu_{n+1}(U) = \int \mu_n(U(x))\, \mathrm{d}x .$$

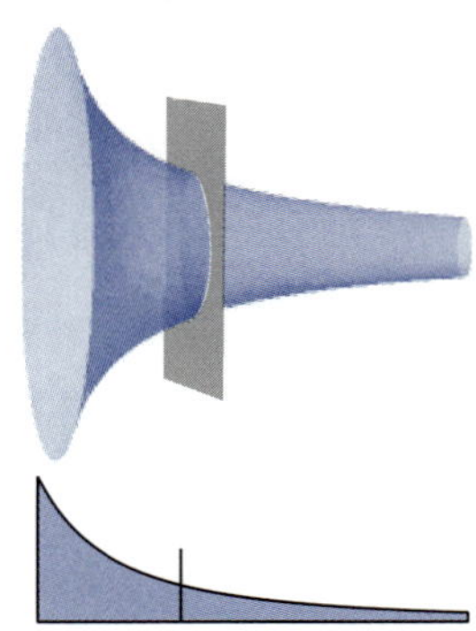

Dieser Satz erlaubt eine nach der Dimension induktive Berechnung von Volumina. Weil Integrale als gewichtete Volumina definiert sind, erhält man als Folgerung den sogenannten Satz von Fubini.

2 Die Transformationsformel.

Diese wichtige Formel ist eine Verallgemeinerung der Substitutionsformel aus dem Abschnitt 5.2. Sie leitet sich direkt ab aus der oben erwähnten Invarianz des Volumens unter Diffeomorphismen g mit $|\det(g'(x))| = 1$. Man streckt die Ordinatenmengen zusätzlich in der „y-Richtung“. Es sollte hier erwähnt werden, dass wir die Transformation beweisen für C^2-Funktionen. Sie ist auch gültig für C^1-Funktionen. Soweit ich beurteilen kann, ist der Beweis in diesem Fall erheblich komplizierter.

Es ist nicht so einfach, eine Definition vom Flächeninhalt einer (kompakten) glatten Fläche M zu geben oder allgemeiner für Untermannigfaltigkeiten M in $\mathbb{R}^n$. Unsere Herangehensweise ist folgende:

Ist $M \subset \mathbb{R}^3$ eine kompakte glatte Fläche, so bestimmen wir eine Tubularumgebung $M(\varepsilon)$ von M, die im Wesentlichen aus allen Punkte von $\mathbb{R}^3$ besteht, deren Abstand zu M kleiner als ε ist. Die Menge $M(\varepsilon)$ ist offen und deren Volumen eine Funktion von ε. Wir zeigen, dass

$$\lim_{\varepsilon \downarrow 0} \frac{\mu_3(M\varepsilon)}{2\varepsilon}$$

existiert. Es ist geometrisch naheliegend, diesen Grenzwert als **Definition** des Flächeninhalts $\mu_2(M)$ von M zu bezeichnen. Es gibt eine offensichtliche Verallgemeinerung für k-dimensionale (kompakte) Untermannigfaltigkeiten.

Im obigen Bild ist die Definition des Flächeninhalts für eine halbe Sphäre gezeichnet worden. Weil das Volumen einer Vollkugel mit Radius r gleich $\frac{4}{3}\pi r^3$ ist, folgt mit der obigen Definition leicht, dass der Flächeninhalt einer Kugeloberfläche gleich $4\pi r^2$ ist. Genaueres Untersuchen des Volumens einer Tubularumgebung zeigt, dass

$$\mu_3(M(\varepsilon)) = 2\varepsilon \cdot \mu_2(M) + \varepsilon^3 \cdot a(M)\,,$$

wobei $a(M) \in \mathbb{R}$. Die Zahl $a(M)$ hat Verbindungen mit der sogenannten gaußschen Krümmung. Das Krümmungsthema wird in diesem Buch leider nicht behandelt.

Die obige Definition von Fläche funktioniert auch für offene Mengen mit kompaktem Abschluss in einer Mannigfaltigkeit. Dies gilt insbesondere für Parallelotope

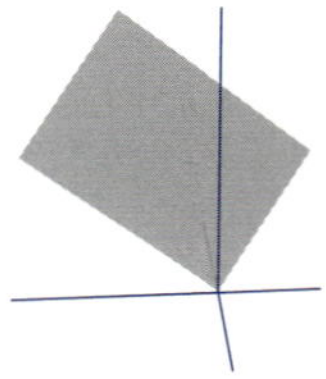

$$P(a_1, \dots, a_k) = \{x_1 a_1 + \cdots + x_n a_n : 0 < x_i < 1\}$$

mit linear unabhängigen Vektoren $a_1, \dots, a_k$ in $\mathbb{R}^n$. Ist A die Matrix mit Spalten $a_1, \dots, a_k$, so ist das k-dimensionale Volumen gleich

$$\sqrt{\det(A^T A)} = \det\Big(\langle a_i, a_j\rangle\Big)\,.$$

Integrale von Funktionen $f\colon M \to \mathbb{R}$ auf Mannigfaltigkeiten M werden erklärt durch Betrachten der Ordinatenmengen $O_+(f) \subset M \times \mathbb{R}$ und $O_-(f) \subset M \times \mathbb{R}$. Hat M die Dimension k, so betrachten wir das $(k+1)$-dimensionale Volumen von $O_\pm(f)$. Sind beide endlich, so ist das Integral von f über M das gewichtete k-dimensionale Volumen.

Zur Berechnung von Volumen einer Mannigfaltigkeit werden oft (lokale) Parametrisierungen der Mannigfaltigkeit benutzt. Sei M gegeben durch das Bild von

$$\varphi\colon V \to \mathbb{R}^n$$

mit $V \subset \mathbb{R}^k$ offen und Rang von $\varphi'(t)$ gleich k für alle $t \in V$. Dann ist das Volumen von M gegeben durch das Integral

$$\int_V G_\varphi(t)\,\mathrm{d}t\,,$$

wobei $G_\varphi(t)$ die Quadratwurzel aus der gramschen Determinante von $\varphi(t)$ ist:

$$G_\varphi(t) = \sqrt{\det(\varphi'(t)^T\varphi'(t))}\,.$$

Der Integrand $G_\varphi(t)$ hat seinen Ursprung in dem Volumen eines Parallelotops, wie oben beschrieben. Eine ähnliche Formel gilt für Integrale auf Untermannigfaltigkeiten.

Zum Schluss noch eine Bemerkungen über nicht kompakte Mannigfaltigkeiten. Ein „Kegel“, wie nebenstehend gezeichnet, jedoch ohne die Spitze, besitzt keine Tubularumgebung. Trotzdem hat er einen Flächeninhalt und wir können diesen durch eine Ausschöpfung definieren. Wir suchen also offene Mengen $U_1 \subset U_2 \subset \cdots \subset K$, sodass $\mu_2(U_i)$ schon definiert sind und

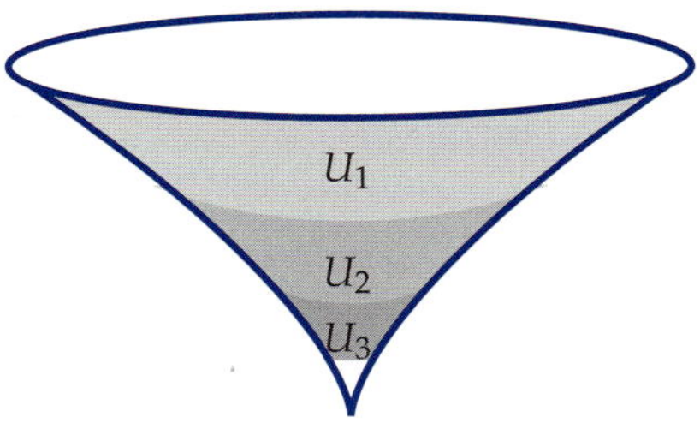

$$K = \cup_{i=1}^{\infty} U_i\,.$$

Wir definieren dann:

$$\mu_2(K) := \lim_{i\to\infty} \mu_2(U_i)\,.$$

Wir müssen allerdings zeigen, dass diese Beschreibung nur von K und nicht den gewählten U_i abhängig ist. Das ist nicht allzu schwierig.

11.1 Volumen von offenen Mengen

1 Sei $k \in \mathbb{N}_0$. Ein (abgeschlossener) k-Würfel in $\mathbb{R}^n$ ist eine Menge der Gestalt

$$Q = [a_1, a_1 + 2^{-k}] \times \cdots \times [a_n, a_n + 2^{-k}]$$

für Zahlen $a_1, \ldots, a_n$ in $2^{-k} \cdot \mathbb{Z}$.

2 Die Menge der k-Würfel in $\mathbb{R}^n$ bezeichnen wir mit $Q_n^{(k)}$ oder einfach $Q^{(k)}$.

3 Für $U \subset \mathbb{R}^n$ offen definieren wir $U^{(k)} := \left\{Q \in Q^{(k)} : Q \subset U\right\}$ und das Volumen von U durch $\mu(U) := \mu_n(U) := \lim\limits_{k \to \infty} 2^{-nk} \cdot \#U^{(k)}$.

4 $N \subset \mathbb{R}^n$ heißt **Nullmenge**, wenn es für alle $\varepsilon > 0$ eine offene Menge U gibt mit $U \supset N$ und $\mu_n(U) < \varepsilon$.

Satz 11.1

1 Sind $U \subset V$ offen und ist $U \subset V$, so gilt $\mu(U) \leq \mu(V)$. Ist $U \neq \emptyset$, so ist $\mu(U) > 0$.

2 Ist $Q = (a_1, b_1) \times \cdots \times (a_n, b_n)$, so ist $\mu_n(Q) = (b_1 - a_1) \cdot \ldots \cdot (b_n - a_n)$.

3 Sind U und V offen in $\mathbb{R}^n$, so gilt $\mu(U) + \mu(V) = \mu(U \cup V) + \mu(U \cap V)$.

4 Ist $V = a + U$ die Verschiebung der offenen Menge U über den Vektor a, so gilt $\mu(U) = \mu(V)$.

5 Sind $U_i \subset \mathbb{R}^n$ offen, $U_1 \subset U_2 \subset \cdots$ und $U = \bigcup\limits_{i=1}^{\infty} U_i$, so gilt $\mu_n(U) = \lim\limits_{i \to \infty} \mu_n(U_i)$.

6 Für V, W offen, $V \subset W$ und $W \setminus V$ eine Nullmenge gilt $\mu(V) = \mu(W)$.

7 Ist U offen und $V = \{(\lambda_1 a_1, \ldots, \lambda_n a_n : (a_1, \ldots, a_n) \in U\}$ mit $\lambda_1 \cdot \ldots \cdot \lambda_n \neq 0$, so gilt $\mu_n(V) = |\lambda_1 \cdot \ldots \cdot \lambda_n| \cdot \mu_n(U)$.

8 Sei $A \subset \mathbb{R}^{n-1}$ kompakt, $f\colon A \to \mathbb{R}$ stetig. Dann ist der Graph $\{(a, f(a)) : a \in A\}$ von f eine Nullmenge.

Alle Aussagen, außer der letzten, dürfen wir als Aufgabe überlassen.

8 Nach Skalieren und Verschieben dürfen wir annehmen, dass $A \subset (0,1)^{n-1}$. Sei $\varepsilon > 0$. Weil f gleichmäßig stetig ist auf A (Satz 8.11), gibt es ein $k > 0$, sodass für alle $a, b \in A$ mit $\|a - b\|_\infty < 2^{-k}$ folgt, dass $|f(a) - f(b)| < \varepsilon$. Es folgt, dass

$$B_\infty(a, 2^{-k}) \times (f(a) - \varepsilon, f(a) - \varepsilon)$$

für $a \in (2^{-k}\mathbb{Z})^{n-1}$, $a \in A$ den Graph von f überdecken. Jede diese Menge hat das Volumen $2^{n-1} \cdot 2^{-(n-1)k} \cdot 2\varepsilon$ und es gibt höchstens $2^{(n-1)k}$ solche Mengen. Somit ist der Graph von f enthalten in einer Menge mit einem Volumen von höchstens $2^n \cdot \varepsilon$. Dies gilt für jedes ε und deshalb ist der Graph von f eine Nullmenge.

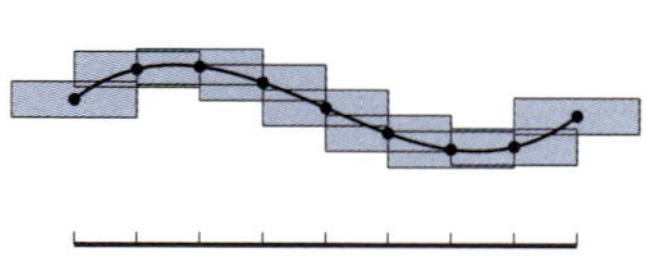

■

Aufgaben

EXTRAS ONLINE
Lösungen

Aufgabe 11.1

1. Gehen Sie den Beweis von Satz 3.4 durch, um zu erfassen, dass er fast wortwörtlich benutzt werden kann, um die ersten vier Aussagen des Satzes 11.1 zu zeigen. Wie können Sie jetzt, mit unserem Wissen von kompakten Mengen, schneller den dritten und den fünften Teil beweisen?
2. Geben Sie einen Beweis des sechsten und siebten Teils des Satzes 11.1.
3. Im Beweis des achten Teils des Satzes 11.1 ist folgende Aussage benutzt worden: *Sind $U_1, \ldots, U_N$ offene Mengen in $\mathbb{R}^n$, und $U = U_1 \cup \cdots \cup U_N$, so gilt*
$$\mu(U) \leq \mu(U_1) + \cdots + \mu(U_N)\,.$$
Zeigen Sie diese Aussage.
4. Sei $\sigma \in S_n$ eine Permutation und $\sigma\colon \mathbb{R}^n \to \mathbb{R}^n$ mit $\sigma(x_1, \ldots, x_n) = (x_{\sigma(1)}, \ldots, x_{\sigma(n)})$. Sei $U \subset \mathbb{R}^n$ eine offene Menge. Warum gilt $\mu(\sigma(U)) = \mu(U)$?
5. Es sei U eine beschränkte offene Menge und H eine endliche Vereinigung von Hyperebenen. Warum gilt $\mu(U \setminus H) = \mu(U)$?

Aufgabe 11.2 Das Volumen von

$$V := \{(x_1, \ldots, x_n)\colon 0 < x_1 < x_2 < \cdots < x_n < 1\}$$

ist gleich $1/n!$. Zeigen Sie diese Aussage.

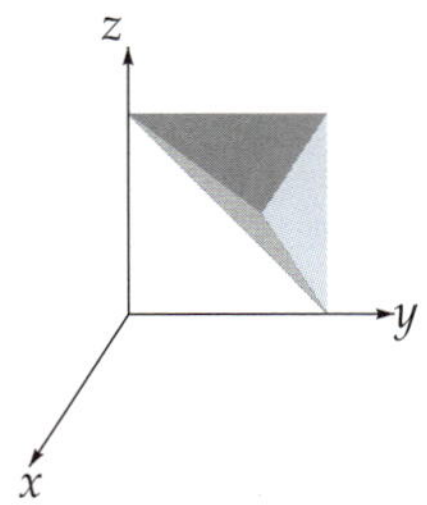

Aufgabe 11.3 Eine Permutation $\sigma \in S_n$ heißt Up-Down-Permutation, wenn gilt

$$\sigma(1) < \sigma(2) > \sigma(3) < \sigma(4) > \cdots\,.$$

Analog definiert man Down-Up-Permutationen. Eine zyklische Up-Down-Permutation erfüllt

$$\sigma(1) < \sigma(2) > \cdots < \sigma(n) > \sigma(1)$$

für n gerade. Die Anzahl der Up-Down-Permutationen in S_n bezeichnen wir mit $E(n)$, die Anzahl der zyklischen Up-Down-Permutationen in S_n mit $E_0(n)$.

1. Zeigen Sie, dass $E(n)$ auch die Anzahl der Down-Up-Permutationen ist.
2. Bestimmen Sie alle Up-Down-Permutationen für $n = 1, 2, 3, 4$.
3. Zeigen Sie mit $E(0) := 1$, dass $2E(n+1) = \sum_{k=0}^{n} \binom{n}{k} E(k)E(n-k)$.
Tipp: Setze $\sigma(k+1) = n+1$ für eine Up-Down- oder Down-Up-Permutation.
4. Zeigen Sie: $E_0(n) = (n/2) \cdot E(n-1)$.
5. Zeigen Sie: $\mu_n(\{x \in (0,1)^n\colon x_1 > x_2 < x_3 > \cdots\}) = E(n)/n!$ und für n gerade:
$\mu_n(\{x \in (0,1)^n\colon x_1 > x_2 < x_3 > \cdots > x_n < x_1\}) = E_0(n)/n!$.
6. Sei n gerade und $\Delta_n = \{(x_1, \ldots, x_n)\colon x_i > 0, x_1 + x_2 < 1, x_2 + x_3 < 1, \ldots, x_n + x_1 < 1\}$.
Zeigen Sie, dass $\mu_n(\Delta_n) = E_0(n)/n!$.

11.2 Das Prinzip von Cavalieri

Satz 11.2 (Prinzip von Cavalieri)

Sei $U \subset \mathbb{R}^p \times \mathbb{R}^n$ eine offene Menge. Die Koordinaten von $\mathbb{R}^p \times \mathbb{R}^n$ schreiben wir als (t, z). Für $t \in \mathbb{R}^p$ definieren wir

$$U(t) := \{z \in \mathbb{R}^n : (t, z) \in U\}$$

und wir definieren

$$F_U = \{(t, y) \in \mathbb{R}^{p+1} : 0 < y < \mu_n(U(t))\} .$$

Dann ist F_U eine offene Menge und

$$\mu_{p+1}(F_U) = \mu_{n+p}(U) .$$

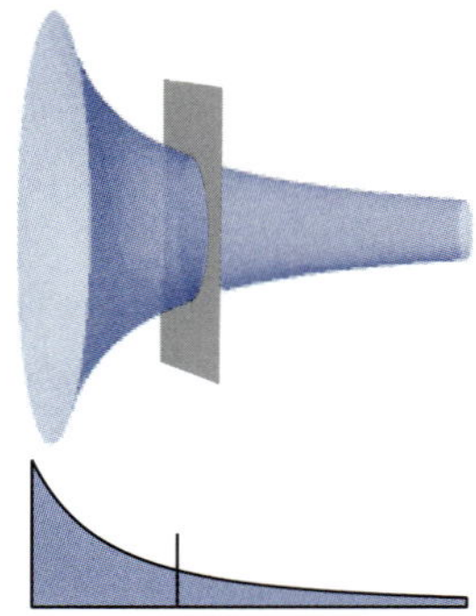

Beispiel: Rotationskörper

Sei $f : [a, b] \to \mathbb{R}_{\geq 0}$ eine stetige Funktion und

$$R_f = \left\{(x, y, z) : x \in (a, b) \text{ und } y^2 + z^2 < f^2(x)\right\}$$

der zugehörige Rotationskörper. Dann gilt

$$\mu_3(R_f) = \int_a^b \pi \cdot f^2(x)\, \mathrm{d}x .$$

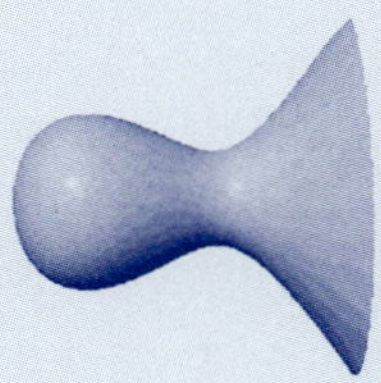

Ist speziell $f(x) = \sqrt{r^2 - x^2}$ auf $[-r, r]$, so erhalten wir das Volumen des Balls vom Radius r:

$$\int_{-r}^{r} \pi(r^2 - x^2)\, \mathrm{d}x = \frac{4}{3}\pi \cdot r^3 .$$

Beispiel: Sei $B = B(0, 1)$ der Ball vom Radius 1 in $\mathbb{R}^3$. Seien $a, b, c > 0$. Die Abbildung $A(x, y, z) = (ax, by, cz)$ bildet die Menge B auf dem Ellipsoid

$$\left\{(x, y, z) \in \mathbb{R}^2 : \frac{x^2}{a^2} + \frac{y^2}{b^2} + \frac{z^2}{c^2} < 1\right\}$$

ab. Aus Satz 11.1, 7. Teil folgt, dass das Volumen des Ellipsoids gleich $\frac{4\pi}{3}abc$ ist. Wir werden im Abschnitt 11.4 allgemeiner das Verhalten von Volumen unter linearen Abbildungen studieren.

Aufgaben

EXTRAS ONLINE

Lösungen

Aufgabe 11.4 Sei $h \geq 0$ und $r > 0$. Berechnen Sie das Volumen von

$$\left\{(x, y, z): x^2 + y^2 + z^2 < r^2 \text{ und } z > h\right\}.$$

Aufgabe 11.5 Berechnen Sie das Volumen der Rotationsflächen R_f in den nachfolgenden Beispielen. Fertigen Sie eine Skizze an.

1. $f: [0, h] \to \mathbb{R}$, $\quad f(x) = \sqrt{x/h}$
2. $f: [1, 4] \to \mathbb{R}$, $\quad f(x) = 4/x$
3. $f: [a, 2a] \to \mathbb{R}$, $\quad f(x) = \sqrt{x^2 - a^2}$
4. $f: [0, \pi] \to \mathbb{R}$, $\quad f(x) = \sin(x)$

Aufgabe 11.6 Es sei $U \subset \mathbb{R}^2$ eine offene Menge, $p = (a, b, c)$ mit $c \neq 0$. Sei

$$C(U, p) = \{t(u, 0) + (1 - t)p: u \in U \text{ und } t \in (0, 1)\}$$

der Kegel über A.

1. Zeichnen Sie ein Bild für den Fall $U = \{(x, y): x^2 + y^2 < 1\}$ und $p = (0, 0, 1)$.
2. Zeigen Sie: $\mu_3(C(U, p)) = \frac{|c|}{3} \cdot \mu_2(U)$.
3. Verallgemeinern Sie diese Aussage für $U \subset \mathbb{R}^n$.

Aufgabe 11.7 Zeigen Sie, dass für das Volumen des n-dimensionalen Balls $B_n(0, r) = \{x \in \mathbb{R}^n: \|x\|_2 < r\}$ mit Radius r gilt:

$$\mu_n(B_n(0, r)) = \beta_n \cdot r^n \text{ mit } \beta_1 = 2,\ \beta_2 = \pi \text{ und } \beta_n = \frac{2\pi}{n} \cdot \beta_{n-2}\,.$$

Tipp: Beachten Sie den Beweis von Satz 5.4.

Aufgabe 11.8 **(Archimedes)** Betrachten Sie:

1. die obere Halbkugel $H = \{(x, y, z): z > 0 \text{ und } x^2 + y^2 + z^2 < r^2\}$,
2. den Zylinder $Z = \{(x, y, z): 0 < z < r \text{ und } x^2 + y^2 < r^2\}$,
3. den Kegel $K = \{t(x, y, 1): x^2 + y^2 < r^2,\ 0 < t < 1\}$.

   Zeigen Sie mithilfe von Cavalieri $\mu_3(Z) = \mu_3(H) + \mu_3(K)$ und folgern Sie, dass $\mu_3(H) = \frac{2\pi}{3} r^3$.

Aufgabe 11.9 Es sei $0 < L < R$. Berechnen Sie das Volumen von $U = B(0, R) \setminus Z(L)$, wobei $Z(L)$ der Zylinder $\{(x, y, z) \in \mathbb{R}^3: x^2 + y^2 \leq R^2 - L^2\}$ ist.

Aufgabe 11.10 Berechnen Sie das Volumen der Menge

$$\left\{(x, y, z): 4 - x^2 - y^2 < z^2 < \sqrt{2x^2 + 2y^2}\right\}.$$

Tipp: Fertigen Sie eine Skizze von $z^2 = \sqrt{2x^2 + 2y^2}$ an.

Beweis des Prinzips von Cavalieri

1. Schritt. Wir nehmen zunächst an, U ist beschränkt.

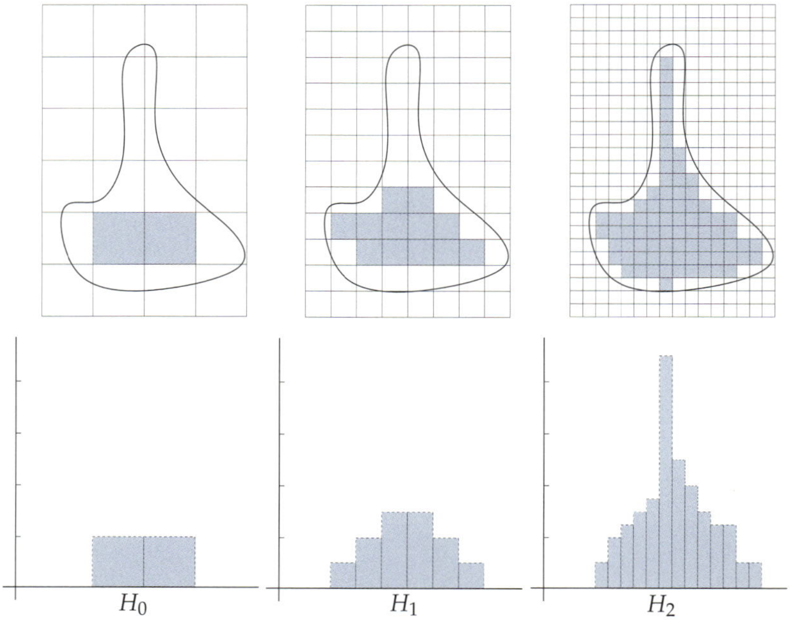

Wir definieren:

$$\begin{aligned} \text{Für } Q \in \mathcal{Q}_p^{(k)}: \quad g_k(Q) &:= \#\{Q_n \in \mathcal{Q}_n^{(k)} : Q \times Q_n \in U^{(k)}\} \\ \text{Für } t \in \mathbb{R}^p: \quad f_k(t) &:= \min\{g_k(Q) : t \in Q,\ Q \in \mathcal{Q}_p^{(k)}\} \\ H_k &:= \{(t, y) \in \mathbb{R}^p \times \mathbb{R} : 0 < y < 2^{-nk} f_k(t)\}\,. \end{aligned}$$

Die Menge H_k ist offen. Ist nämlich $(t, y) \in H_k$, so ist definitiongemäß $f_k(t) < g_k(Q)$ für alle $Q \in \mathcal{Q}_p^{(k)}$ mit $t \in Q$. Weil die Vereinigung solcher Q eine Umgebung von t bildet, ist $f_k(s) \geq f_k(t)$ für alle s in dieser Umgebung, somit ist H_k offen.

Nach Definition ist ersichtlich, dass

$$\sum_{Q \in \mathcal{Q}_p^{(k)}} \#\left\{Q_n \in \mathcal{Q}_n^{(k)} : Q \times Q_n \in U^{(k)}\right\} = \#U^{(k)}\,.$$

Es folgt, dass

$$\mu_{p+1}(H_k) = 2^{-pk} \cdot \sum_{Q \in \mathcal{Q}_p^{(k)}} 2^{-nk} \cdot g_k(Q) = 2^{-(n+p)k} \cdot \#U^{(k)}\,.$$

Weil $f_{k+1}(t) \geq 2^n f_k(t)$, folgt $H_0 \subset H_1 \subset H_2 \subset \cdots \subset F_U$ und

$$\mu_n(U) = \lim_{k \to \infty} 2^{-(n+p)k} \cdot \#U^{(k)} = \lim_{k \to \infty} \mu_{p+1}(H_k) = \mu_{p+1}\left(\bigcup_{k=0}^{\infty} H_k\right)\,.$$

2. Schritt. Zu zeigen ist noch, dass $\bigcup_{k=0}^{\infty} H_k = F_U$, wobei $\subset$ offensichtlich ist. Sei $(t, c) \in F_U$, also $t \in \mathbb{R}^p$ und $c < \mu_n(U(t))$. Zu zeigen ist, dass ein k existiert mit $(t, c) \in H_k$.

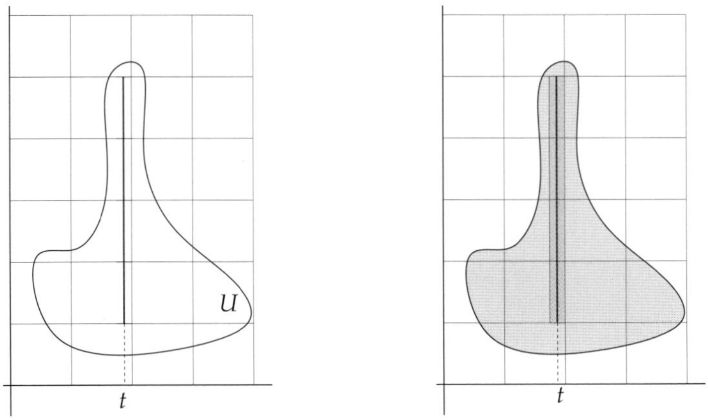

Nach Definition gibt es ein $\ell \gg 0$ mit $2^{-n\cdot\ell} \cdot \#U(t)^{(\ell)} > c$. Schreibe

$$u := \#U(t)^{(\ell)} .$$

Es gibt u verschiedene ℓ-Würfel $Q_{n,1}, \ldots, Q_{n,u}$ in $\mathbb{R}^n$ mit $\{t\} \times Q_{n,i} \subset U(t)$. Die Vereinigung $A := \cup_{i=1}^{u} Q_{n,i}$ hat die Eigenschaft $\{t\} \times A \subset U(t)$. Wir definieren

$$\delta := \inf\Big\{\|s - t\|_\infty \colon (s, w) \in U^c, w \in A\Big\}$$

und möchten zeigen, dass $\delta > 0$. Sei dazu $(s_i, w_i) \in U^c, w_i \in A$ mit $\lim\limits_{i\to\infty} \|s_i - t\|_\infty = \delta$. Die Menge A ist beschränkt. Es folgt, dass (s_i, w_i) eine beschränkte Folge ist. Weil U^c abgeschlossen ist, können wir nach Bolzano-Weierstraß o. B. d. A. annehmen, dass $(s_i, w_i) \to (s, w) \in U^c$. Dann $s \neq t$, sonst $(s, w) = (t, w) \in \{t\} \times A \subset U$. Deshalb

$$\delta = \lim_{i\to\infty} \|s_i - t\|_\infty = \|s - t\|_\infty > 0 .$$

Wähle jetzt ein $k \geq \ell$, sodass $2^{-k} < \delta$. Betrachte unser festes t und ein $Q \in \mathcal{Q}_p^{(k)}$ mit $t \in Q$. Ist $s \in Q$, so folgt aus $2^{-k} < \delta$, dass $(s, w) \in U$ für alle $w \in A = \cup_{i=1}^{u} Q_{n,i}$. Diese Aussage besagt, dass

$$Q \times A \subset U \text{ für alle } Q \in \mathcal{Q}_p^{(k)} \text{ mit } t \in Q ,$$

siehe Bild oben rechts. A besteht aus u ℓ–Quadern, somit aus $u \cdot 2^{n(k-\ell)}$ k-Quadern. Es folgt $g_k(Q) \geq 2^{n(k-\ell)} \cdot u > 2^{nk} \cdot c$ und $f_k(t) > 2^{nk} \cdot c$, d. h., $(t, c) \in H_k$.

3. Schritt. Ist U nicht beschränkt, so sei $R_i = \{x \in \mathbb{R}^{n+p} \colon \|x\|_\infty < i\}$. Wende den Satz an auf $U \cap R_i$. Es gilt

$$\mu_{n+p}(U) = \lim_{i\to\infty} \mu_{n+p}(U \cap R_i) = \lim_{i\to\infty} \mu_{p+1}(F_{U\cap R_i}) = \mu_{p+1}(F_U) . \qquad \blacksquare$$

11.3 Das Integral für stetige Funktionen

Es sei $U \subset \mathbb{R}^n$ eine offene Menge und $f\colon U \to \mathbb{R} \cup \{\pm\infty\}$ eine Funktion. Die Ordinatenmengen $O_+(f)$ und $O_-(f)$ sind definiert durch:

$$O_+(f) := \{(x,y) \in \mathbb{R}^n \times \mathbb{R} \colon x \in U\,, \quad 0 < y < f(x)\}\,,$$
$$O_-(f) := \{(x,y) \in \mathbb{R}^n \times \mathbb{R} \colon x \in U\,, \quad f(x) < y < 0\}\,.$$

Sind sowohl $O_+(f)$ als auch $O_-(f)$ offene Mengen, so heißt f integrierbar, wenn

$$\mu_{n+1}(O_+(f)) < \infty \text{ und } \mu_{n+1}(O_-(f)) < \infty\,.$$

In diesem Fall definieren wir das Integral durch:

$$\int_U f(x)\,\mathrm{d}x := \mu_{n+1}\left(O_+(f)\right) - \mu_{n+1}\left(O_-(f)\right)\,.$$

Die Funktion $f\colon U \to \mathbb{R}$ sei stetig. Dann ist $y - f(x)\colon U \times \mathbb{R}_+ \to \mathbb{R}$ auch stetig, und deshalb ist $O_+(f) = \{(x,y) \in U \times \mathbb{R}_+ \colon y - f(x) < 0\}$ eine offene Menge. Analog gilt, dass $O_-(f)$ eine offene Menge ist. Ist $f\colon U \to \mathbb{R}$ überdies beschränkt und ist U beschränkt, so sind die Volumen von $O_+(f)$ und $O_-(f)$ endlich, also f ist integrierbar. Diese Situation tritt z. B. auf, wenn f von einer stetigen Funktion $f\colon \overline{U} \to \mathbb{R}$ kommt und U beschränkt ist.

Der Satz von Levi (Satz 5.7) gilt auch, mit dem gleichen Beweis, für integrierbare Funktionen f_i, definiert auf offenen Mengen U von $\mathbb{R}^n$. Folgender Satz von Fubini folgt sofort aus dem Prinzip von Cavalieri.

Satz 11.3 (Fubini) Sei $U \subset \mathbb{R} \times \mathbb{R}^{n-1}$ offen und $f\colon U \to \mathbb{R}$ eine stetige Funktion. Die Koordinaten von $\mathbb{R} \times \mathbb{R}^{n-1}$ seien (x,y) und

$$a := \inf\{x\colon U(x) \neq \emptyset\} \text{ und}$$
$$b := \sup\{x\colon U(x) \neq \emptyset\}\,.$$

1 Ist f integrierbar, so gilt

$$\int_U f(x,y)\,\mathrm{d}(x,y) = \int_a^b \left(\int_{U(x)} f(x,y)\,\mathrm{d}y\right)\mathrm{d}x\,.$$

2 **(Tonelli)** Ist $f(x,y) \geq 0$ für alle $(x,y) \in U$ und $\int_a^b \int_{U(x)} f(x,y)\,\mathrm{d}y\,\mathrm{d}x < \infty$, so ist f integrierbar.

Beispiel:
Sei U das Dreieck gegeben durch $x > 0, y > 0$ und $y < x$. Dann gilt

$$\int_U xy^2\,\mathrm{d}(x,y) = \int_0^1 \int_0^x xy^2\,\mathrm{d}y\,\mathrm{d}x = \int_0^1 \left|\frac{1}{3}xy^3\right|_0^x \mathrm{d}x = \int_0^1 \frac{1}{3}x^4\,\mathrm{d}x = \frac{1}{15}\,.$$

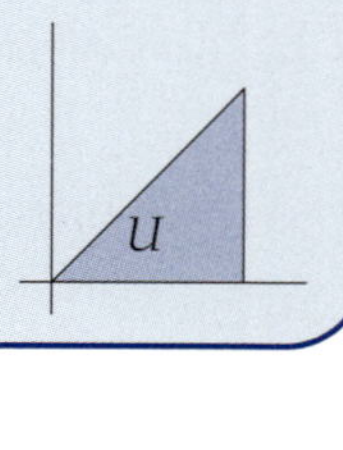

Aufgaben

EXTRAS ONLINE Lösungen

Aufgabe 11.11 Berechnen Sie $\int_A f(x,y)\,\mathrm{d}(x,y)$ für die nachfolgenden Fällen.

1. $A = (0,1) \times (0,2)$, $\quad f(x,y) = 4 + xy^2$
2. $A = (1,2) \times (0,1)$, $\quad f(x,y) = 12 - x^2 - y^2$
3. $A = \{(x,y)\colon 0 < y < x, x \in (0,2)\}$, $\quad f(x,y) = 2 + \cos(x)y$
4. $A = (0,1) \times (0,\ln(2))$, $\quad f(x,y) = y\mathrm{e}^{xy}$
5. $A = \{(x,y)\colon x > 0, x^2 < y < 1\}$, $\quad f(x) = \mathrm{e}^{(x-1)^2}/\sqrt{y}$
6. $A = \{(x,y)\colon 0 < x < 1, x^2 < y < x^{1/3}\}$, $\quad f(x,y) = \cos(8y\sqrt{y} - 3y^3)$
7. $A = \{(x,y)\colon 0 < x < 1, x < y < 1\}$, $\quad f(x,y) = \mathrm{e}^{y^2}$

Aufgabe 11.12 Berechnen Sie $\int_A f(x,y,z)\,\mathrm{d}(x,y,z)$ für die nachfolgenden Fällen.

1. $A = \{(x,y,z)\colon x \in (1,2), xy \in (0,2), z \in (0,1)\}$, $\quad f = 2x^2y + 3xz$
2. $A = \{(x,y,z)\colon 0 < x < 1, 0 < y < \sqrt{1-x^2}, 0 < z < 2 - x\}$, $\quad f = yz$
3. $A = \{(x,y,z)\colon 0 < x < \sqrt{\pi}, 0 < y < x, y < z < x\}$, $\quad f = x\sin(z^2)$

Aufgabe 11.13 Berechnen Sie das Volumen der offenen Menge U, begrenzt durch die Paraboloiden $z = x^2 + y^2$ und $z = 16 - 3x^2 - y^2$.

Aufgabe 11.14 Ist $\emptyset \neq U \subset \mathbb{R}^n$ offen, so ist der Schwerpunkt von U der Punkt $(\overline{x}_1, \ldots, \overline{x}_n)$ mit

$$\overline{x}_i = \frac{\int_U x_i\,\mathrm{d}(x_1,\ldots,x_n)}{\mu_n(U)}\,.$$

Berechnen Sie den Schwerpunkt der nachfolgenden Mengen.

1. $U = \{(x,y) \in \mathbb{R}^2\colon x > 0, y > 0 \text{ und } y < \mathrm{e}^{-x} - \frac{1}{2}\}$
2. $U = \{(x,y)\colon 0 < y < \sin(x),\ 0 < x < \pi\}$
3. $U = \{(x,y)\colon 0 < y < x^2,\ 0 < x < 4\}$
4. $U = \{(x,y,z)\colon 0 < z < x^2 + y^2,\ -1 < x,\ 1 < y\}$

Aufgabe 11.15 Ist $f\colon (a,b) \times (c,d) \to \mathbb{R}$ integrierbar, so folgt nach Fubini:

$$\int_a^b \int_c^d f(x,y)\,\mathrm{d}y\,\mathrm{d}x = \int_c^d \int_a^b f(x,y)\,\mathrm{d}x\,\mathrm{d}y\,.$$

Diese Aussage ist im Allgemeinen falsch, wenn f nicht integrierbar ist. Rechnen Sie das Gegenbeispiel $f = (x^2 - y^2)/(x^2 + y^2)^2$, $a = c = 0$, $b = d = 1$, durch.

Aufgabe 11.16 Zeigen Sie:

$$\int_0^\infty \int_0^\infty y \cdot \mathrm{e}^{-y^2(1+x^2)}\,\mathrm{d}y\,\mathrm{d}x = \frac{\pi}{4} \text{ und hiermit } \int_{-\infty}^\infty \mathrm{e}^{-x^2}\,\mathrm{d}x = \sqrt{\pi}\,.$$

11.4 Volumen und lineare Abbildungen

Satz 11.4 Sei $U \subset \mathbb{R}^n$ offen und $A\colon \mathbb{R}^n \to \mathbb{R}^n$ eine invertierbare lineare Abbildung.

1 Dann gilt: $\mu_n(A(U)) = |\det(A)| \cdot \mu_n(U)$.

2 Ist $f\colon A(U) \to \mathbb{R}$ integrierbar, so ist $\int_{A(U)} f(x)\,\mathrm{d}x = |\det(A)| \cdot \int_U f(A(u))\,\mathrm{d}u$.
(Transformationsformel für lineare Abbildungen)

1 Ist der Satz gültig für invertierbare lineare Abbildungen A, B, dann auch für die Verknüpfung $A \circ B$: Ist U offen, dann ist $A \circ B(U)$ offen und

$$\mu(A(B(U))) = |\det(A)| \cdot \mu(B(U)) = |\det(A)| \cdot |\det(B)| \cdot \mu(U) = |\det(A \circ B)| \cdot \mu(U)\,.$$

Aus der linearen Algebra ist bekannt, dass A ein Produkt ist von linearen Abbildungen vom Typ („Lineare Algebra“, Aufgabe 4.58):

(a) $S_{i,\lambda}(x) = (x_1, \dots, x_{i-1}, \lambda x_i, x_{i+1}, \dots, x_n)$, $\lambda \neq 0$

(b) $T(x) = (x_1 + x_2, x_2, \dots, x_n)$.

Wir beweisen deshalb den Satz für diese Abbildungen. Sei zunächst $U = D$ ein offener Würfel. Offenbar gilt $\mu(S_{i,\lambda}(D)) = |\lambda|\mu(D)$. Das obenstehende Bild suggeriert einen Beweis für die Gleichung $\mu(T(D)) = \mu(D)$. Der Satz gilt deshalb für offene Würfel.

Sei U eine allgemeine offene Menge. Für $Q \in U^{(k)}$ ist Q° ein offener Würfel mit Volumen 2^{-nk}, also $\mu(A(Q^\circ)) = |\det(A)| \cdot 2^{-nk}$. Deshalb ist das Volumen von $\cup_{Q\in U^{(k)}} A(Q^\circ)$ gleich $2^{-nk}\#U^{(k)} \cdot |\det(A)|$. Weil $\cup_{Q\in U^{(k)}} A(Q^\circ) \subset A(U)$, gilt

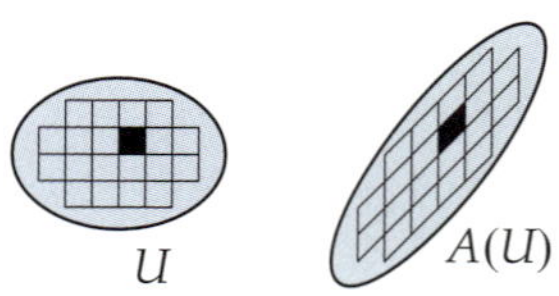

$$2^{-nk}\#U^{(k)} \cdot |\det(A)| \le \mu(A(U)) \text{ und für } k \to \infty\colon |\det(A)| \cdot \mu(U) \le \mu(A(U))\,.$$

Wende diese Ungleichung nun auch auf A^{-1} und die offene Menge $A(U)$ an:

$$\mu(A(U)) = |\det(A)| \cdot |\det(A^{-1})| \cdot \mu(A(U)) \le |\det(A)| \cdot \mu(U) \le \mu(A(U))\,.$$

Also steht überall „=“ und der Satz ist bewiesen.

2 Die zweite Aussage folgt aus der ersten (Aufgabe 11.17). ∎

Beispiel: Sei $D = \{(x,y)\colon 0 < x, y;\ y \le 1 - x\}$.
Wir berechnen $\int_D \sqrt{x+y} \cdot (-2x+y)\,\mathrm{d}(x,y)$, indem wir $u = x + y$ und $v = -2x + y$ setzen. Mit $(u,v) = A^{-1}(x,y)$ gilt $(x,y) = A(u,v) = \frac{1}{3}(u - v, 2u + v)$. Dann ist $|\det(A)| = 1/3$ und

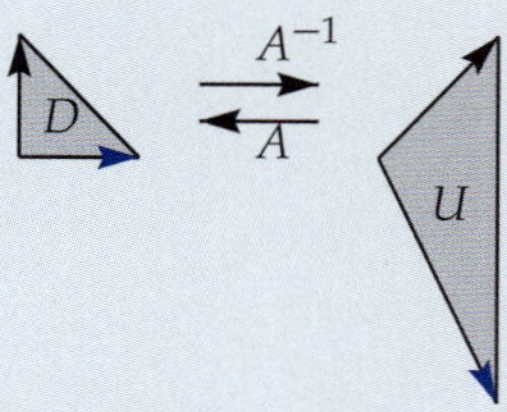

$$U = \{(u,v)\colon 3x = u - v > 0,\ 3y = 2u + v > 0,\ x + y = u < 1\}.$$

Deshalb: $\displaystyle\int_D \sqrt{x+y} \cdot (-2x+y)\,\mathrm{d}(x,y) = \frac{1}{3}\int_{u=0}^{u=1}\int_{v=-2u}^{v=u} v\sqrt{u}\,\mathrm{d}v\,\mathrm{d}u = -\frac{1}{7}.$

Aufgaben

EXTRAS ONLINE
Lösungen

Aufgabe 11.17 Warum folgt die zweite Aussage des Satzes 11.4 aus der ersten?

Aufgabe 11.18 Sei $a_1, \dots, a_n \in \mathbb{R}^n$. Zeigen Sie, dass das Volumen des Parallelotops

$$\{x_1 \cdot a_1 + \cdots + x_n \cdot a_n : 0 < x_i < 1\}$$

gleich $|\det(a_1, \dots, a_n)|$ ist.

Aufgabe 11.19 Berechnen Sie die nachfolgenden Integrale mithilfe der Transformationsformel für lineare Abbildungen.

1. $\int_D (2x + y) \cdot e^{x-y} \, d(x, y)$, $\quad D = \{(x, y) : x < y < 2 - 2x,\ 0 < x < 2/3\}$
2. $\int_D (x^2 y - x^2) e^{x^2+y^2-2xy} \, d(x, y)$, $\quad D = \{(x, y) : 0 < x < 2, x < y < 2 + x\}$
3. $\int_D \left(\frac{x - y}{x + y + 2}\right)^2 d(x, y)$, $\quad D = \{(x, y) : |x + y| < 1,\ |x - y| < 1\}$
4. $\int_D x \, d(x, y, z)$, $\quad D$ das Parallelotop in $\mathbb{R}^3$, aufgespannt von $(1, -1, 2), (2, 1, -1), (3, 0, 2)$
5. $\int_D x - y \, d(x, y, z)$, $\quad D$ gegeben durch $-1 < x - y < 2$, $0 < y + z < 1$ und $2 < x + y + z < 4$
6. $\int (y - z)^2 \, d(x, y, z)$, $\quad D$ gegeben durch $0 < x - y + z < 2$, $1 < 2x - 5y + z < 4$ und $0 < x + y - z < 4$

Aufgabe 11.20

1. Sei $D = (0, 1) \times (0, 1)$. Zeigen Sie mit Fubini und Levi, dass

$$\int_D \frac{1}{1 - xy} \, d(x, y) = \sum_{n=1}^{\infty} \frac{1}{n^2} .$$

2. Zeigen Sie mit $x = u - v$ und $y = u + v$, dass

$$\int_D \frac{1}{1 - xy} \, d(x, y) = \frac{\pi^2}{6} = \sum_{n=1}^{\infty} \frac{1}{n^2} .$$

11.5 Diffeomorphismen: Die Transformationsformel

Satz 11.5 Sei $g\colon U \to V$ ein C^1-Diffeomorphismus, U, V offene Mengen in $\mathbb{R}^n$.

1 Gilt überdies $|\det(g'(x))| = 1$ für alle $x \in U$, so ist $\mu(U) = \mu(V)$.

2 (**Transformationsformel**) Sei g ein C^2-Diffeomorphismus und $f\colon V \to \mathbb{R}$ stetig. Dann ist f integrierbar genau dann, wenn

$$f(g(u)) \cdot |\det(g'(u))|\colon U \to \mathbb{R}$$

integrierbar ist und es gilt in diesem Fall

$$\int_{g(U)} f(x)\,\mathrm{d}x = \int_U f(g(u)) \cdot |\det(g'(u))|\,\mathrm{d}u\,.$$

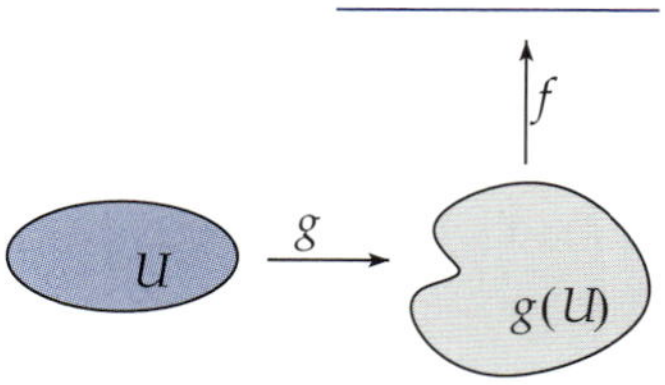

Die erste Aussage besagt also Folgendes: Erhält g infinitesimal Volumina, so erhält g Volumina. Die zweite Aussage, die Transformationsformel, folgt leicht aus der ersten Aussage. Es reicht, die Formel für $f \geq 0$ zu zeigen. Sei

$$\widetilde{U} := \left\{(u, y) \in \mathbb{R}^{n+1} : u \in U,\ \ 0 < y < f(g(u)) \cdot |\det(g'(u))|\right\}$$

$$\widetilde{g}(u, y) := \left(g(u),\ y \cdot |\det(g'(u))|^{-1}\right)$$

$$\widetilde{g}(\widetilde{U}) = \left\{(x, y) \colon x \in g(U), 0 < y < f(x)\right\}$$

$$\widetilde{g}\,'(u, y) = \begin{pmatrix} g'(u) & 0 \\ \star & |\det(g'(u))|^{-1} \end{pmatrix}$$

Dann ist $\widetilde{g}$ eine C^1-Funktion, weil g eine C^2-Funktion ist. Es gilt $\det(\widetilde{g}\,'(u)) = \pm 1$. Wende den ersten Teil auf $\widetilde{g}$ an: Es folgt $\mu_{n+1}(\widetilde{g}(\widetilde{U})) = \mu_{n+1}(\widetilde{U})$, was genau die Aussage der Transformationsformel ist. Die Transformationsformel gilt übrigens auch, wenn g lediglich C^1 ist. Der Beweis ist dann aufwendiger.

Beispiel: Sei $D = \{(x, y) \in \mathbb{R}^2_+ : 0 < x^2 - y^2 < 1,\ 1 < x^2 + y^2 < 4\}$. Wir berechnen

$$\int_D x^3 y + y^3\,\mathrm{d}(x, y)\,.$$

Betrachte $(u, v) = h(x, y) = (x^2 + y^2, x^2 - y^2)$. Sie definiert einen Diffeomorphismus $h\colon D \to (1, 4) \times (0, 1) =: U$ mit Inverse $g\colon U \to D$, gegeben durch $g(u, v) = (x, y)$. Es gilt $\det(h'(x, y)) = -8xy$. Es folgt $|\det g'(u, v)| = 1/(8xy)$ und

$$\int_D xy(x^2 + y^2)\,\mathrm{d}(x, y) = \int_{(1,4)\times(0,1)} (x^2 + y^2)\frac{xy}{8xy}\,\mathrm{d}(u, v) = \int_{(1,4)\times(0,1)} \frac{u}{8}\,\mathrm{d}(u, v) = \frac{15}{4}\,.$$

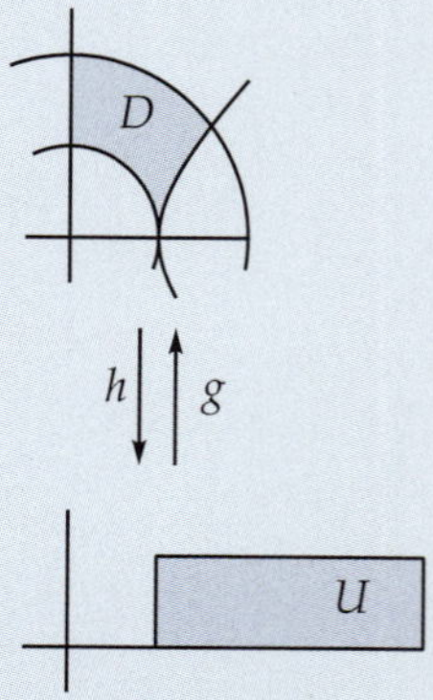

Aufgaben

EXTRAS ONLINE Lösungen

Aufgabe 11.21 Berechnen Sie die nachfolgenden Integrale. Fertigen Sie dazu, wenn möglich, zunächst eine Skizze von D an.

1. $\int_D e^{xy}\, d(x,y)$, $\quad D = \{(x,y)\colon x > 0, x/2 < y < x, 1/x < y < 2/x\}$
2. $\int_D \sqrt{y/x}\cdot e^{\sqrt{xy}}\, d(x,y)$, $\quad D = \{(x,y)\colon 1/y < x < y, 1 < y < 2\}$.
3. $\int_D \frac{1}{x^4}\, d(x,y)$, $\quad D = \{(x,y)\colon x, y > 0, y < x/2 \text{ und } x^2 - y^2 > 2\}$
4. $\int_D xy^3\, d(x,y)$, $\quad D = \{(x,y)\colon x < y < 3x, 1 < xy < 4\}$

Aufgabe 11.22

1. Für $p, q > 0$, zeigen Sie:

$$\int_{\mathbb{R}_+\times\mathbb{R}_+} x^{p-1}y^{q-1}e^{-x-y}\, d(x,y) = \Gamma(p)\cdot\Gamma(q)\,.$$

Für die Definition der Gammafunktion siehe Abschnitt 5.6.

2. Betrachte die Abbildung $g(u,v) = (u - uv, uv)$. Zeigen Sie hiermit:

$$\frac{\Gamma(p)\cdot\Gamma(q)}{\Gamma(p+q)} = \int_0^1 (1-s)^{p-1}s^{q-1}\, ds =: B(p,q) \qquad \text{(Betafunktion)}$$

Aufgabe 11.23 In dieser Aufgabe ist n gerade. Zeigen Sie:

1. Für $b_i \in (0,1)$ für $i = 1,\dots,n$ hat das nachfolgende Gleichungssystem eine eindeutige Lösung $(y_1,\dots,y_n)$ mit $y_i \in (0,1)$.

$$y_1 + b_1y_2 = 1,\ y_2 + b_2y_3 = 1,\ \dots,\ y_{n-1} + b_{n-1}y_n = 1,\ y_n + b_ny_1 = 1$$

2. Für $x = g(t_1,\dots,t_n) = \left(\frac{\sin(t_1)}{\cos(t_2)}, \frac{\sin(t_2)}{\cos(t_3)}, \dots, \frac{\sin(t_n)}{\cos(t_1)}\right)$ gilt $\det(g') = 1 - x_1^2\cdot\ldots\cdot x_n^2$.
3. Mit $\frac{\pi}{2}\cdot\Delta_n := \{(t_1,\dots,t_n)\colon t_i > 0, t_1 + t_2 < \pi/2, t_2 + t_3 < \pi/2, \dots, t_n + t_1 < \pi/2\}$ ist $g\colon \frac{\pi}{2}\cdot\Delta_n \to (0,1)^n$ bijektiv. Tipp: Schreibe $y_i = \cos^2(t_i)$.
4. $\sum_{k=0}^{\infty} \frac{1}{(2k+1)^n} = \int_{(0,1)^n} \frac{1}{1 - x_1^2\cdot\ldots\cdot x_n^2}\, d(x_1,\dots,x_n) = (\pi/2)^n\mu_n(\Delta_n)$

$$\sum_{k=1}^{\infty}\frac{1}{k^n} = \frac{2^n}{2^n-1}\sum_{k=0}^{\infty}\frac{1}{(2k+1)^n} = \frac{\pi^n}{2^n-1}\cdot\frac{E_0(n)}{n!} \text{ (Siehe Aufgabe 11.3.)}$$

5. $\sum_{k=1}^{\infty}\frac{1}{k^4} = \frac{\pi^4}{90}$ und $\sum_{k=1}^{\infty}\frac{1}{k^6} = \frac{\pi^6}{945}$

Schreiben Sie ein SAGEMATH-Programm, um $\sum_{k=1}^{\infty}\frac{1}{k^{2n}}$, $n = 1, 2, 3, \dots$ zu berechnen.

Beweis des Satzes 11.5.

1. Schritt. $\mu(D) \le \mu(g(D))$ *für alle offenen Würfel* D *mit* $\overline{D} \subset U$.

Wir führen einen Widerspruchsbeweis: Angenommen, es gibt ein $c > 0$ mit

$$\mu(g(D)) \le (1-c) \cdot \mu(D) \,.$$

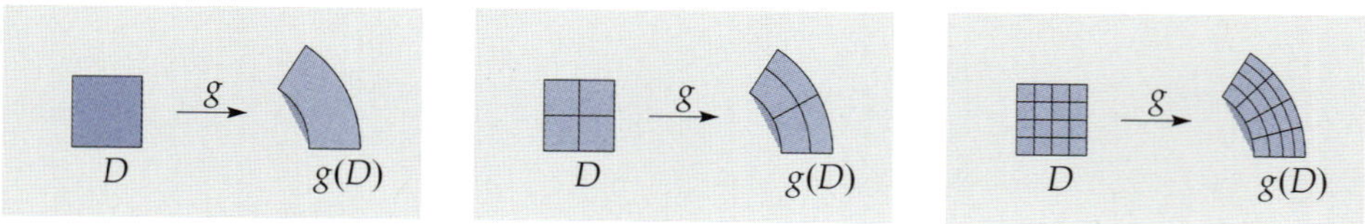

Wir halbieren die Seiten von D und erhalten 2^n kleinere offene Würfel $E_1, \dots, E_{2^n}$ und die Ungleichung

$$\sum_{i=1}^{2^n} \mu(g(E_i)) \le \mu(g(D)) \le (1-c) \cdot \mu(D) = (1-c) \sum_{i=1}^{2^n} \mu(E_i) \,.$$

Dann gibt es mindestens einen Würfel E_i, nennen wir ihn D_1, mit $\mu(g(D_1)) \le (1-c) \cdot \mu(D_1)$. Wir wiederholen dieses Prozedere und erhalten

$$D_1 \supset D_2 \supset \cdots \,, \text{ mit } \mu(g(D_i)) \le (1-c) \cdot \mu(D_i) \text{ für } i = 1, 2, 3 \dots$$

Sei a der Punkt mit $\{a\} := \cap_{i=1}^{\infty} \overline{D_i}$.

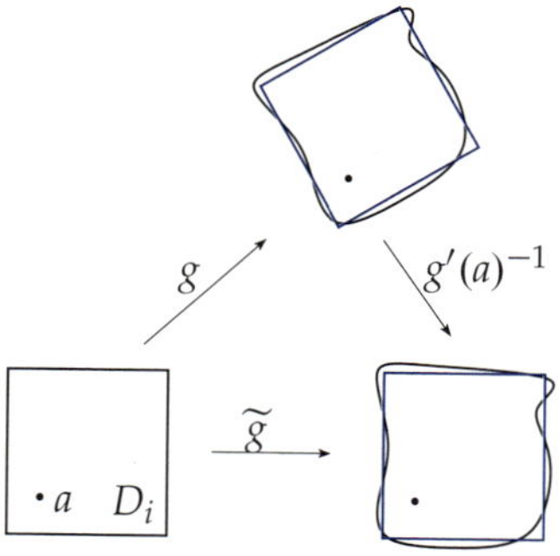

Definiere $\widetilde{g} := g'(a)^{-1} \circ g$. Weil $g'(a)^{-1}$ eine lineare Abbildung ist mit (nach Voraussetzung) dem Betrag der Determinante gleich eins, lässt sie das Volumen invariant (Satz 11.4). Also

$$\mu(\widetilde{g}(D_i)) \le (1-c) \cdot \mu(D_i), \quad i = 1, 2, 3, \dots \tag{11.1}$$

Wegen der Kettenregel ist $\widetilde{g}\,'(a)$ die Identität. Wenn wir verschieben, dürfen wir annehmen, dass $a = \widetilde{g}(a) = 0$. Nach diesen Umformungen gilt

$$\widetilde{g}(x) = x + R(x), \quad \lim_{x \to 0} \frac{\|R(x)\|_\infty}{\|x\|_\infty} = 0 \,.$$

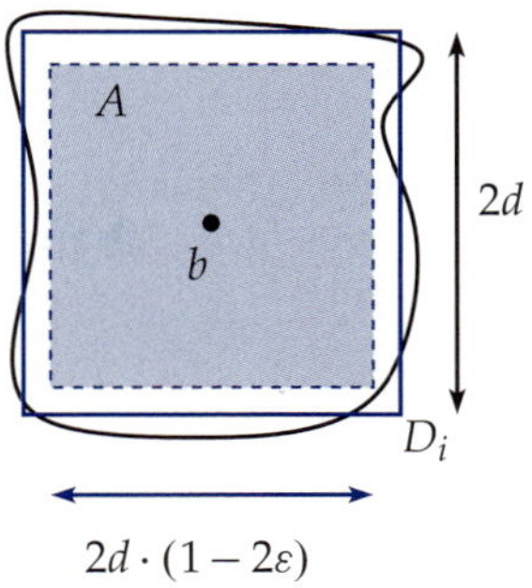

Wir wählen $\varepsilon > 0$ mit $(1-2\varepsilon)^n > 1-c$. Dann gibt es eine offene Umgebung W von 0 mit

$$\|R(x)\|_\infty < \varepsilon\|x\|_\infty \text{ für alle } x \in W\,.$$

Da W offen ist, ist auch $\widetilde{g}(W) = (\widetilde{g}^{-1})^{-1}(W)$ offen. Es gilt $0 \in W \cap \widetilde{g}(W)$. Wir wählen nun ein i mit $D_i \subset W \cap \widetilde{g}(W)$.

Das Zentrum von D_i nennen wir b und $2d$ sei die Kantenlänge von D_i. Weil $0 \in \overline{D}_i$ ist $\|b\|_\infty \leq d$. Sei

$$A := \{x\colon \|x-b\|_\infty < (1-2\varepsilon)d\}\,.$$

Wir werden $A \subset \widetilde{g}(D_i)$ zeigen. Ist $x \in W \setminus D_i$, so gilt

$$\|x-b\|_\infty \geq d\,.$$

Haben wir ein solches x, so gilt

$$\begin{aligned}\|x-b\|_\infty &= \|\widetilde{g}(x) - R(x) - b\|_\infty \leq \|\widetilde{g}(x) - b\|_\infty + \|R(x)\|_\infty \\ &\leq \|\widetilde{g}(x) - b\|_\infty + \varepsilon\|x\|_\infty \leq \|\widetilde{g}(x) - b\|_\infty + \varepsilon\|x-b\|_\infty + \varepsilon\|b\|_\infty\,.\end{aligned}$$

Es folgt

$$\|\widetilde{g}(x) - b\|_\infty \geq (1-\varepsilon)\|x-b\|_\infty - \varepsilon\|b\|_\infty \geq (1-2\varepsilon)d\,.$$

Dies bedeutet, dass $\widetilde{g}(x) \notin A$. Wir haben gezeigt, dass aus $x \in W \setminus D_i$ folgt, dass $\widetilde{g}(x) \notin A$. Weil $A \subset D_i \subset W \cap \widetilde{g}(W)$, folgt $A \subset \widetilde{g}(D_i)$ und

$$\mu(\widetilde{g}(D_i)) \geq \mu(A) = (1-2\varepsilon)^n \mu(D_i) > (1-c)\mu(D_i)\,.$$

Diese Ungleichung widerspricht der Ungleichung (11.1). Also gilt $\mu(D) \leq \mu(g(D))$ für alle offenen Würfel. ■

2. Schritt. Der allgemeine Fall.

Wir argumentieren wie im Fall linearer Abbildungen. Aus dem ersten Schritt folgt

$$2^{-nk} \cdot \#U^{(k)} = \sum_{Q \in U^{(k)}} \mu(Q^\circ) \leq \sum_{Q \in U^{(k)}} \mu(g(Q^\circ)) = \mu\left(\bigcup_{Q \in U^{(k)}} g(Q^\circ)\right) \leq \mu(g(U))\,.$$

Die rechte Ungleichung gilt, weil $\bigcup_{Q \in U^{(k)}} g(Q^\circ)$ offen und eine Teilmenge von $g(U)$ ist. Nehmen wir jetzt den Grenzwert für $k \to \infty$, so folgt

$$\mu(U) \leq \mu(g(U)\,.$$

Wir wenden diese Ungleichung nun auf g^{-1} und $g(U)$ statt U an:

$$\mu(U) \leq \mu(g(U)) \leq \mu(g^{-1}(g(U))) = \mu(U)\,.$$

Also ist $\mu(U) = \mu(g(U))$. ■

11.6 Polarkoordinaten und Kugelkoordinaten

Polarkoordinaten. Polarkoordinaten sind gegeben durch $(x, y) = g(r, \varphi) = (r\cos\varphi, r\sin\varphi)$. Dann ist $\det(g'(r, \varphi)) = r$.

Manchmal ist es einfacher, ein Gebiet U in Polarkoordinaten zu beschreiben, z. B., wenn $U = B(0, R)$ eine Kreisscheibe ist:

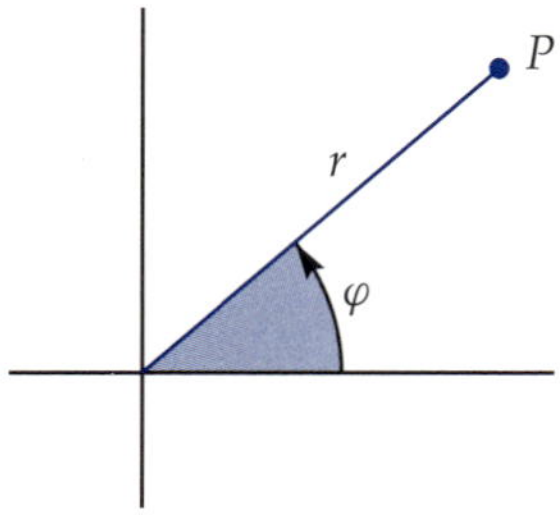

$$\int_{B(0,R)} x^2 \, d(x, y) = \int_0^R \int_0^{2\pi} r^2 \cos^2\varphi \cdot r \, d\varphi \, dr = \frac{\pi R^4}{4}.$$

Ein interessantes Beispiel, bei dem Polarkoordinaten hilfreich sind, ist die Berechnung von $\int_{-\infty}^{\infty} e^{-x^2} \, dx = \sqrt{\pi}$. Sei $U = (0, \infty) \times (0, \pi/2)$ und $g(U) = \mathbb{R}_+^2$:

$$\left(\int_0^{\infty} e^{-x^2} \, dx\right)^2 = \int_0^{\infty} e^{-x^2} \, dx \cdot \int_0^{\infty} e^{-y^2} \, dy = \int_{g(U)} e^{-x^2-y^2} \, d(x, y)$$

$$= \int_U e^{-r^2} \cdot r \cdot d(r, \varphi) = \int_0^{\pi/2} \int_0^{\infty} r \cdot e^{-r^2} \, dr \, d\varphi = \int_0^{\pi/2} -\tfrac{1}{2} e^{-r^2} \Big|_0^{\infty} \, d\varphi$$

$$= \int_0^{\pi/2} \tfrac{1}{2} \, d\varphi = \pi/4.$$

Zylinderkoordinaten. Benutzt man in $\mathbb{R}^3$ statt rechtwinkliger Koordinaten (x, y, z) für (x, y) Polarkoordinaten, also $(r\cos(\varphi), r\sin(\varphi), z)$, so redet man von Zylinderkoordinaten in $\mathbb{R}^3$.

Kugelkoordinaten.

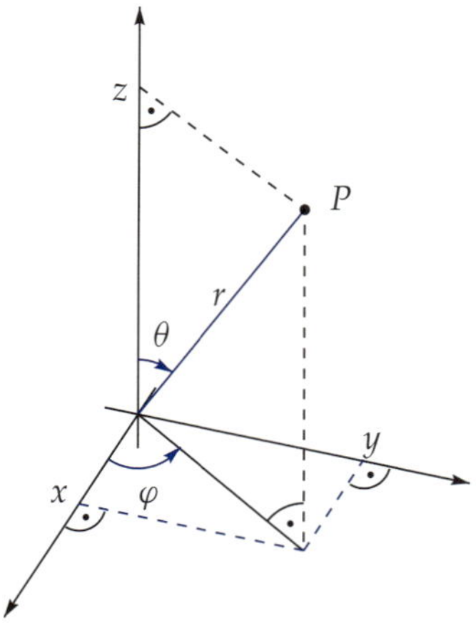

$$z = r \cdot \cos\theta$$
$$x = r \cdot \sin\theta \cos\varphi$$
$$y = r \cdot \sin\theta \sin\varphi$$

Hierbei ist $r > 0$, $0 \leq \theta < \pi$ und $0 \leq \varphi < 2\pi$. Also $(x, y, z) = g(r, \theta, \varphi)$ mit Ableitung

$$g' = \begin{pmatrix} \sin\theta\cos\varphi & r\cos\theta\cos\varphi & -r\sin\theta\sin\varphi \\ \sin\theta\sin\varphi & r\cos\theta\sin\varphi & r\sin\theta\cos\varphi \\ \cos\theta & -r\sin\theta & 0 \end{pmatrix}.$$

Durch Entwicklung nach der 3. Zeile berechnen wir die Determinante als $r^2 \sin\theta$.

Abhängig von der Integrationsmenge kann es einfach sein, ein Integral in Kugelkoordinaten zu berechnen. Für das Volumen eines Balls $B(0, R)$ gilt

$$\mu_3(B(0, R)) = \int_0^R \int_0^{\pi} \int_0^{2\pi} r^2 \sin\theta \, d\varphi \, d\theta \, dr = \frac{4\pi}{3} \cdot R^3.$$

Aufgaben

EXTRAS ONLINE

Lösungen

Aufgabe 11.24

1. **(Leibnizsche Sektorformel)** Sei $h\colon [\theta_0, \theta_1] \to \mathbb{R}$ eine C^1-Funktion. Betrachte den Sektor

$$A = \{(x, y) = r(\cos\varphi, \sin\varphi)\colon 0 < r < h(\varphi), \theta_1 < \varphi < \theta_2\}.$$

Zeigen Sie, dass $\mu_2(A) = \displaystyle\int_{\theta_1}^{\theta_2} \frac{h^2(\varphi)}{2}\, \mathrm{d}\varphi$.

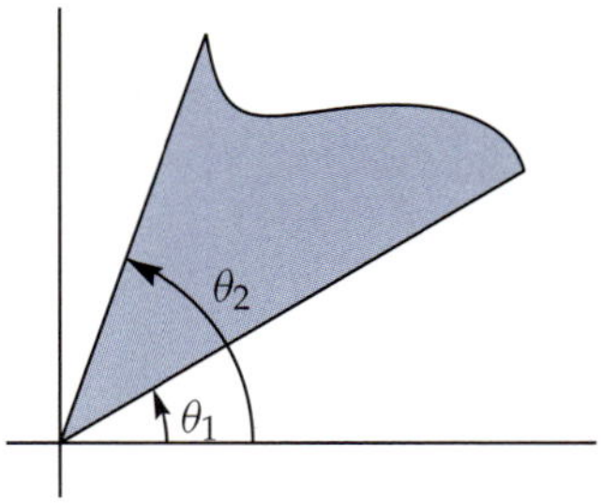

1. Berechnen Sie die Fläche von $A = \{(r, \varphi)\colon r < 1 - \cos(\varphi), \varphi \in [0, 2\pi]\}$. Fertigen Sie eine Skizze von A an.

Aufgabe 11.25 Berechnen Sie die Integrale der angegebenen Funktion f über die angegebene offene Menge D.

1. $f = x^2 + y^2$, $\quad D = \{(x, y)\colon x^2 + y^2 < 1\}$
2. $f = x^2 + y^2 + z^2$, $\quad D = \{(x, y, z)\colon x^2 + y^2 + z^2 < 1\}$
3. $f = 16 - 4x^2 - 2y^2$, $\quad D = \{(x, y)\colon 2x^2 + y^2 < 8\}$ (siehe Aufgabe 11.13)

Aufgabe 11.26 Berechnen Sie das Volumen der nachfolgenden Mengen. Fertigen Sie mit SAGE eine Skizze an.

1. Der Menge eingeschlossen zwischen den Flächen $z = x^2 + 3y^2$ und $z = 8 - x^2 - y^2$.
2. Die Menge $\{x^2 + y^2 < 4, y > 0, z > 0 \text{ und } y + z < 4\}$.
3. Die Menge eingeschlossen zwischen $z = (x^2 + y^2)^2 - 1$ und $z = 4 - 4x^2 - 4y^2$.
4. Die Menge gegeben durch $z^2 > x^2 + y^2$ und $0 < z < 6 - x^2 - y^2$.
5. Die Menge eingeschlossen durch $(x^2 + y^2 + z^2)^2 = z$.
6. Die Menge eingeschlossen durch $(x^2 + y^2 + z^2)^2 = z(x^2 + y^2)$.

Aufgabe 11.27

1. **(Guldinsche Regel)** Es sei $G \subset \mathbb{R} \times \mathbb{R}_+$ offen und

$$R(G) = \big\{(t, s\cos(\varphi), s\sin(\varphi))\colon (t, s) \in G, \varphi \in (0, 2\pi)\big\}$$

der Rotationskörper um die x-Achse. Zeigen Sie, dass

$$\mu_3(R(G)) = 2\pi\mu_2(G) \cdot \overline{y}_G\,,$$

wobei $\overline{y}_G$ die y-Koordinate des Schwerpunkts von G ist.

2. Berechnen Sie das Volumen des Volltorus $R(G)$, $G = \big\{(x, y)\colon x^2 + (y - R)^2 \le r^2\big\}$.

Aufgabe 11.28 Berechnen Sie den Schwerpunkt der nachfolgenden Mengen.

1. Der Halbkugel $x^2 + y^2 + z^2 < R^2, z > 0$.
2. Der Kegel mit Spitze $(0, 0, h)$ und Grundkreis $x^2 + y^2 = R^2$.
3. Der Paraboloid $0 < R^2 z/h < R^2 - (x^2 + y^2)$, mit $R, h > 0$.

11.7 Tubularumgebungen

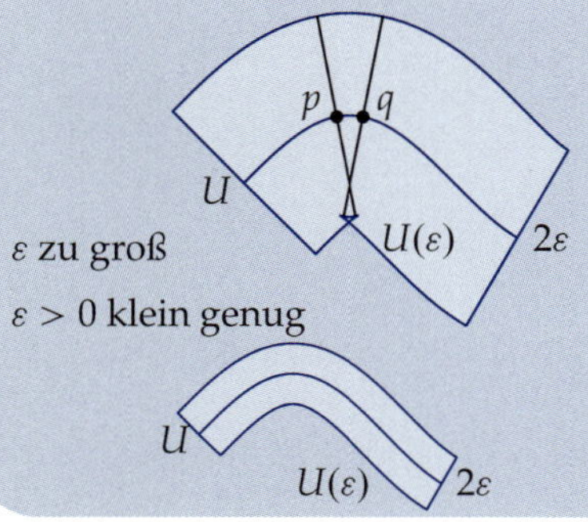

Sei M eine k-dimensionale Untermannigfaltigkeit von $\mathbb{R}^n$ und $U \subset M$. Sei $\varepsilon > 0$. Wir definieren

$$U(\varepsilon) = \left\{p + v \colon v \in N_pM \text{ und } \|v\| < \varepsilon\right\},$$

wobei $N_pM = T_pM^\perp$ der Normalenraum an M in p ist. Wir schreiben kurz $p(\varepsilon)$ für $\{p\}(\varepsilon)$.

Wir sagen, dass eine Tubularumgebung von U existiert, wenn es ein $\varepsilon > 0$ gibt, sodass $p(\varepsilon) \cap q(\varepsilon) = \emptyset$ für alle $p, q \in U$ mit $p \neq q$.

Satz 11.6 Es sei $M \subset \mathbb{R}^n$ eine k-dimensionale C^3-Untermannifaltigkeit, $U \subset M$ offen mit $\overline{U}$ kompakt. Dann gilt:

1 Es gibt eine Tubularumgebung von U.

2 Mit $d = n - k$ existiert der Grenzwert $\lim\limits_{\varepsilon \to 0} \frac{1}{\varepsilon^d} \mu_n(U(\varepsilon))$.

Es seien U und M wie in dem vorherigen Satz. Wir definieren das k-dimensionalen Volumen von U durch

$$\mu_k(U) := \lim_{\varepsilon \to 0} \frac{1}{\varepsilon^d \beta_d} \mu_n(U(\varepsilon)), \qquad \beta_d := \mu_d(B_d(0,1)).$$

Beispiel: Es sei M die kompakte Mannigfaltigkeit S_r^2, gegeben durch

$$x^2 + y^2 + z^2 = r^2.$$

Eine Tubularumgebung $M(\varepsilon)$ ist gegeben durch

$$(r - \varepsilon)^2 < x^2 + y^2 + z^2 < (r + \varepsilon)^2$$

mit Volumen $\frac{4}{3}\pi(r+\varepsilon)^3 - \frac{4}{3}\pi(r-\varepsilon)^3 = 8\pi\varepsilon r^2 + \frac{8\pi}{3}\varepsilon^3$.
Deshalb ist die Fläche der Sphäre mit Strahl r gleich $4\pi r^2$.

Folgende Aussage liefert eine Methode zur Berechnung von Volumina.

Satz 11.7 Sei $V_0 \subset \mathbb{R}^k$ offen und $\varphi \colon V_0 \to \mathbb{R}^n$ eine injektive C^3-Abbildung, sodass $\varphi'(t)$ den Rang k hat für alle $t \in V_0$. Für $V \subset V_0$ offen mit $\overline{V}$ kompakt, sei $U = \varphi(V)$. Wenn eine Tubularumgebung $U(\varepsilon)$ für ein $\varepsilon > 0$ existiert, so gilt

$$\mu_k(U) = \int_V G_\varphi(t)\,\mathrm{d}t, \quad G_\varphi(t) := \sqrt{\det\bigl(\varphi'(t)^T \cdot \varphi'(t)\bigr)} = \sqrt{\det\bigl(\langle D_i\varphi(t), D_j\varphi(t)\rangle\bigr)},$$

also $G_\varphi(t)$ ist die Quadratwurzel aus der gramschen Determinante von $\varphi'(t)$.

Aufgaben

EXTRAS ONLINE Lösungen

Aufgabe 11.29 Es seien linear unabhängige Vektoren $a_1, \cdots, a_k$ in $\mathbb{R}^n$ gegeben und

$$P(a_1, \ldots, a_k) := \{t_1 a_1 + \ldots + t_k a_k \colon 0 < t_1, \ldots, t_k < 1\}$$

das von $a_1, \ldots, a_k$ aufgespannte Parallelotop.

1. Zeigen Sie, dass $\mu_k(P(a_1, \ldots, a_k)) = \sqrt{\det(\langle a_i, a_j \rangle)}$.
2. Es sei $k = n-1$ und $a_1 \times \cdots \times a_{n-1}$ das Kreuzprodukt (siehe „Lineare Algebra", Kapitel 5). Zeigen Sie, dass

$$\mu_{n-1}(P(a_1, \ldots, a_{n-1})) = \|a_1 \times \cdots \times a_{n-1}\| .$$

Aufgabe 11.30 Sei $f \colon [a, b] \to \mathbb{R}_+$ eine C^3-Funktion mit Rotationsfläche

$$S_f := \{(x, y, z) \colon a < x < b,\ z^2 + y^2 = f(x)^2\} .$$

Zeigen Sie:

$$\mu_2(S_f) = 2\pi \int_a^b |f(x)| \cdot \sqrt{1 + f'(x)^2}\, \mathrm{d}x .$$

Aufgabe 11.31 Es sei $c \colon [a, b] \to \mathbb{R}^2$ die Parametrisierung einer glatten Kurve C in $\mathbb{R} \times \mathbb{R}_+$ und M die Rotationsfläche der Spur um die x-Achse.

1. Geben Sie eine Parametrisierung von M.
2. Zeigen Sie, dass $\mu_2(M) = 2\pi \int_a^b y(t) \cdot \|c'(t)\|\, \mathrm{d}t$.
3. Berechnen Sie hiermit die Oberfläche des Torus T, welcher durch Rotation um die x-Achse der Menge $x^2 + (y - R)^2 = r^2$ mit $r < R$ entsteht.

   Warum sollte das Ergebnis nicht überraschen?

Aufgabe 11.32 Die glatte Fläche $M = \{(x, y, z) \colon z = g(x, y),\ (x, y) \in U\}$ sei ebenfalls gegeben durch die implizite Gleichung $F(x, y, z) = 0$. Zeigen Sie:

$$\mu_2(M) = \int_U \frac{\|\nabla F(x, y, g(x, y))\|}{|D_z F(x, y, g(x, y))|}\, \mathrm{d}(x, y) .$$

Aufgabe 11.33 Berechnen Sie den Flächeninhalt, also das zweidimensionale Volumen, der nachfolgenden Flächen.

1. Die Fläche der Sphäre $x^2 + y^2 + z^2 = R^2$ (mithilfe von Kugelkoordinaten)
2. $z = 9 - x^2 - y^2,\ z > 0$
3. $z^2 = 2xy,\ 1 < x, y < a$ (Benutze die vorherige Aufgabe.)
4. $z^2 = 2xy,\ 1 < x, y < a$ (Benutze die Parametrisierung $\varphi(u, v) = (u^2, v^2, \sqrt{2}uv)$.)
5. $az = xy, x^2 + y^2 < a,\ a > 0$

Beweis der Sätze 11.6 und 11.7

Beweis der ersten Aussage des Satzes 11.6. Wir schreiben $d = n - k$. Wir nehmen ein $a \in \overline{U}$ und $\varphi\colon V_b \to U_a$, $\varphi(b) = a$ eine lokale Parametrisierung von $U_a \subset U$. Nach Verkleinerung von V_b und eine eventuelle Vertauschung von Koordinaten in $\mathbb{R}^n$ ist

$$(\varphi_1'(t), \ldots, \varphi_k'(t), e_1, \ldots, e_d)$$

eine Basis von $\mathbb{R}^n$ für alle $t \in V_b$. Wir wenden das Gram-Schmidt Orthonormalisierungsverfahren an („Lineare Algebra", Abschnitt 7.3). Wir erhalten stetig differenzierbare

$$N_1(\varphi(t)), \ldots, N_d(\varphi(t))$$

welche eine Orthonormalbasis von $N_{\varphi(t)}M$ für $t \in V_b$ bilden.

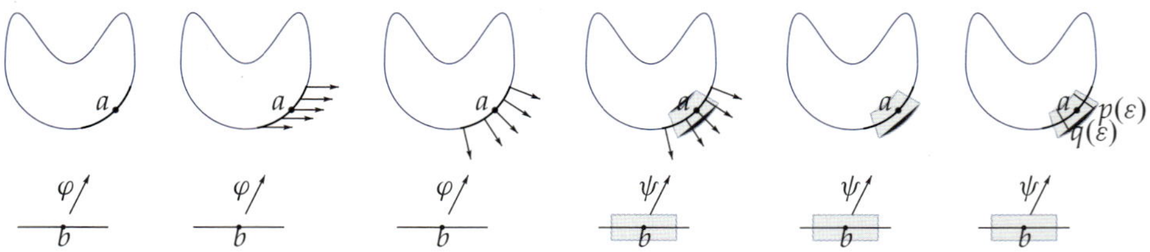

Wir parametrisieren die Menge $U_a(\varepsilon)$. Sei

$$\psi\colon V_b \times \mathbb{R}^d \to \mathbb{R}^n, \quad \psi(t,s) = \varphi(t) + \sum_{i=1}^{d} s_i N_i(\varphi(t)) \,.$$

Die Ableitung ist

$$\psi'(t,s) = \left(\begin{array}{c|ccc} & | & & | \\ D_t\varphi(t) + \sum_{i=1}^d s_i D_t N_i(\varphi(t)) & N_1(\varphi(t)) & \cdots & N_d(\varphi(t)) \\ & | & & | \end{array} \right) \tag{11.2}$$

Offenbar ist $\psi'(b,0)$ invertierbar. Aus dem inversen Funktionsatz folgt, dass es eine Umgebung $V_b' \times B_d(0,\varepsilon_a)$ von $(b,0)$ und eine Umgebung U_a' von a in M gibt, sodass

$$\psi\colon V_b' \times B_d(0,\varepsilon_a) \to U_a'(\varepsilon_a)$$

ein Diffeomorphismus ist. Insbesondere ist $p(\varepsilon_a) \cap q(\varepsilon_a) = \emptyset$ für $p, q \in U_a'$.

Sei $A \subset \overline{U}$ eine endliche Menge mit $\overline{U} \subset \cup_{a\in A} U_a'$ und λ eine Lebesgue-Zahl für die Überdeckung $\cup_{a\in \overline{A}} U_a'$ von $\overline{U}$. Nehme ein ε mit $0 < \varepsilon < \lambda/2$ und $\varepsilon < \varepsilon_a$ für alle $a \in A$.

Es sei $p, q \in U$ mit $p + v = q + w \in U(\varepsilon)$. Dann gilt

$$\|p - q\| = \| - v + w\| \le \|v\| + \|w\| < 2\varepsilon < \lambda \,.$$

Es folgt, dass es ein $a \in A$ gibt mit $p, q \in U_a'$. Daher $p = q$, weil $p(\varepsilon) \cap q(\varepsilon) = \emptyset$ für $p, q \in U_a'$. Hiermit ist die Existenz einer Tubularumgebung gezeigt. ■

Beweis des Satzes 11.7. Wir nehmen die Notation der vorherigen Seite. Aus der Transformationsformel folgt

$$\mu_n(U(\varepsilon)) = \int_{V\times B(0,\varepsilon)} |\det(\psi'(t,s))| \,\mathrm{d}(t,s)\,.$$

Mit

$$D(t) := \left(\begin{array}{c|ccc} D_t\varphi(t) & \begin{matrix}|\\ N_1(\varphi(t))\\ |\end{matrix} & \cdots & \begin{matrix}|\\ N_d(\varphi(t))\\ |\end{matrix} \end{array} \right)$$

gilt $|\det(\psi'(t,s))| = |\det(D(t))| + \sum s_i R_i(t,s)$ für gewisse stetige Funktionen $R_i(t,s)$. Da die Normalenvektoren senkrecht auf den Tangentialvektoren (den Spalten von $D_t\varphi$) stehen, folgt

$$D(t)^T D(t) = \left(\begin{array}{c|c} \langle D_i\varphi(t), D_j\varphi(t)\rangle & 0 \\ \hline 0 & \mathrm{Id}_d \end{array} \right)$$

$$|\det(D(t))| = \sqrt{\det\left(\langle D_i\varphi(t), D_j\varphi(t)\rangle\right)} = G_\varphi(t)\,.$$

Es folgt

$$\mu_n(U(\varepsilon)) = \mu_d(B_d(0,\varepsilon)) \cdot \int_V G_\varphi(t)\,\mathrm{d}t + \int_{V\times B(0,\varepsilon)} \sum_{i=1}^{d} s_i R_i(s,t)\,\mathrm{d}(s,t).$$

Die Funktionen $|R_i(s,t)|$ sind stetig auf $\overline{V} \times \overline{B}_d(0,\varepsilon)$. Es gibt deshalb ein $L > 0$, sodass

$$\left|\sum s_i R_i(s,t)\right| \le \|s\| \cdot L < \varepsilon L$$

$$\left|\mu_n(U(\varepsilon)) - \mu_d(B_d(0,\varepsilon)) \int_V G_\varphi(t)\,\mathrm{d}t\right| \le \varepsilon \cdot \mu_d(B_d(0,\varepsilon)) \cdot L\,,$$

woraus die Behauptung des Satzes 11.7 folgt. ∎

Beweis der zweiten Aussage des Satzes 11.6. Wir haben gezeigt, dass es für jedes $a \in \overline{U}$ eine offene Umgebung U'_a von a in M gibt, sodass Satz 11.7 für U'_a (und somit auch für jede offene Teilmenge von U'_a) gilt. Endlich viele solcher U'_a, z. B. $U_1, \ldots, U_s$ überdecken $\overline{U}$. Wir führen einen Induktionsbeweis nach s. Ist der Satz richtig für jede offene Teilmenge von $\widetilde{U}_j = U_1 \cup \cdots \cup U_j$, so auch für jede offene Teilmenge W von $\widetilde{U}_{j+1} = U_1 \cup \cdots \cup U_j \cup U_{j+1}$, denn

$$\mu_n(W(\varepsilon)) = \mu_n((W \cap \widetilde{U}_j)(\varepsilon)) + \mu_n((W \cap U_{j+1})(\varepsilon)) - \mu_n((W \cap \widetilde{U}_j \cap U_{j+1})(\varepsilon))\,.$$

Wir teilen durch $\mu_d(B_d(0,\varepsilon))$ und lassen ε gegen 0 streben. Nach Induktionsvoraussetzung existiert der Grenzwert auf der rechten Seite, also auch auf der linken Seite. ∎

11.8 Integrale auf Untermannigfaltigkeiten

In diesem Abschnitt ist M eine C^3-Untermannigfaltigkeit von $\mathbb{R}^n$.

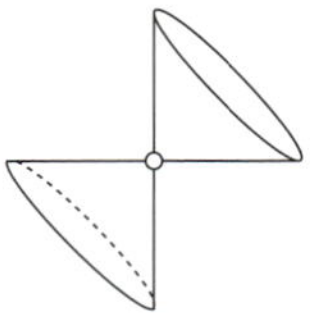

Im Allgemeinen braucht eine Tubularumgebung von M nicht zu existieren. Das ist gut sichtbar bei dem Kegel ohne Spitze

$$M = \{(x, y, z) \colon x^2 - yz = 0, (x, y, z) \neq (0, 0, 0)\} .$$

Sei M eine Untermannigfaltigkeit von $\mathbb{R}^n$ der Dimension k. Dann definieren wir

$$\mu_k(M) = \sup\left\{\mu_k(U) \colon U \subset M \text{ offen mit } \overline{U} \subset M \text{ kompakt}\right\}$$

Satz 11.8 Sind $U_i \subset M$ offen, $U_1 \subset U_2 \subset \cdots$, $\overline{U}_i \subset M$ kompakt und $\cup_{i=1}^{\infty} U_i = M$, so gilt

$$\mu_k(M) = \lim_{i\to\infty} \mu_k(U_i) .$$

Definitionsgemäß gilt $\mu_k(M) \geq \mu_k(U_i)$ für jedes i und deshalb $\mu_k(M) \geq \lim_{i\to\infty} \mu_k(U_i)$. Ist andererseits $V \subset M$ offen mit $\overline{V} \subset M$, so ist $V \subset U_i$ für ein i, weil $\overline{V}$ kompakt ist. Also gilt $\mu_k(V) \leq \lim_{i\to\infty} \mu_k(U_i)$. Dies gilt für alle V und somit auch $\mu_k(M) \leq \lim_{i\to\infty} \mu_k(U_i)$. ■

Sei M eine k-dimensionale Untermannigfaltigkeit $\mathbb{R}^n$, und $f \colon M \to \mathbb{R}$ stetig.

Wir definieren die Ordinatenmengen:

$$O_+(f) = \{(x, y) \in M \times \mathbb{R} \colon 0 < y < f(x)\} \text{ und}$$
$$O_-(f) = \{(x, y) \in M \times \mathbb{R} \colon f(x) < y < 0\} .$$

Dann heißt f integrierbar über M, wenn $\mu_{k+1}(O_+(f)) < \infty$ und $\mu_{k+1}(O_-(f)) < \infty$. In diesem Fall definieren wir das Integral von f über U durch

$$\int_M f(x)\, \mathrm{d}M := \mu_{k+1}(O_+(f)) - \mu_{k+1}(O_-(f)) .$$

Ist M kompakt und f stetig, so ist f integrierbar.

Ist M lokal gegeben durch eine Parametrisierung $\varphi \colon V \to M$ und ist $f \colon M \to \mathbb{R}$ integrierbar, so haben wir die Formel

$$\int_M f(x)\, \mathrm{d}M = \int_V f(\varphi(t)) \cdot G_\varphi(t)\, \mathrm{d}t .$$

Diese Formel folgt sofort aus den Definitionen und der entsprechenden Aussage 11.7.

Aufgaben

EXTRAS ONLINE
Lösungen

Aufgabe 11.34 Es sei $M = \{(x, y, z) \colon x^2 + y^2 + z^2 = R^2\}$ und $f \colon M \to \mathbb{R}$ sei integrierbar. Sei $U = M \setminus H$, mit H eine Vereinigung von Hyperebenen. Warum gilt

$$\int_M f \, \mathrm{d}M = \int_U f \, \mathrm{d}U?$$

Aufgabe 11.35 Berechnen Sie die nachfolgenden Integrale $\int_M f \, \mathrm{d}M$.

1. $f = x^2$, $M = \{(x, y) \colon x^2 + y^2 = R^2\}$
2. $f = xy + z^2$, M die Gerade von $(1, 0, 2)$ nach $(2, -1, 4)$
3. $f = x^2 + y^2$, $M = \{(x, y, z) \colon x^2 + y^2 + z^2 = R^2\}$
4. $f = x^2 + y^2$, $M = \{(x, y, z) \colon 0 < z^2 = x^2 + y^2 < 1\}$
5. $f = \sqrt{x^2 + y^2}$, M parametrisiert durch $(x, y, z) = (r\cos\varphi, r\sin\varphi, \varphi)$, $0 < r < 1, 0 < \varphi < 2\pi$
6. $f = x^2$, M der „Paraboloid“ gegeben durch $z = x^2 + y^2 < 1$

Aufgabe 11.36 Es sei $f \colon \mathbb{R}^n \to \mathbb{R}$ eine stetige Funktion mit der Eigenschaft, dass $f(\lambda \cdot x) = \lambda^i \cdot f(x)$ für alle $x \in \mathbb{R}^n$. Zeigen Sie:

1. Ist i ungerade, so ist $\int_{B(0,\varepsilon)} f(x) \, \mathrm{d}x = 0$.
2. Ist i gerade und $S^{n-1} = \{x \in \mathbb{R}^n \colon \|x\| = 1\}$, so gilt

$$\int_{B(0,\varepsilon)} f(x) \, \mathrm{d}x = \frac{1}{n+i} \varepsilon^{n+i} \cdot \int_{S^{n-1}} f(x) \, \mathrm{d}S^{n-1} .$$

Aufgabe 11.37 (Gabriels Horn oder auch Toricellis Trompete)

1. Berechnen Sie das Volumen der Menge

$$\{(x, y, z) \in \mathbb{R}^3 \colon y^2 + z^2 < 1/x, x > 1\} .$$

2. Zeigen Sie, dass die Menge

$$\{(x, y, z) \in \mathbb{R}^3 \colon y^2 + z^2 = 1/x, x > 1\}$$

einen unendlichen Flächeninhalt hat.

3. Man könnte denken, um diese Fläche mit Farbe zu streichen, braucht man unendlich viel Farbe, jedoch kann man die Tüte mit endlich viel Farbe ausfüllen. Warum liegt hier trotzdem kein Widerspruch vor?

11.9 *Volumen von Tubularumgebungen*

Satz 11.9 Es sei $\widetilde{M} \subset \mathbb{R}^n$ eine k-dimensionale C^3-Untermannigfaltigkeit, $d = n - k$ und $M \subset \widetilde{M}$ offen mit $\overline{M} \subset \widetilde{M}$ kompakt. Angenommen, eine Tubularumgebung $\overline{M}(\varepsilon)$ von $\overline{M} \subset \mathbb{R}^n$ existiert. Dann gibt es Zahlen $a_0, a_2, a_4, \ldots$, mit $a_0 = \mu_k(M)$ und

$$\mu_n(M(\varepsilon)) = \beta_d \varepsilon^d \cdot \sum_{i=0}^{\lfloor k/2 \rfloor} a_{2i} \cdot \varepsilon^{2i} \text{ mit } \beta_d = \mu_d(B_d(0,1)) .$$

Sei $N\colon M \to \mathbb{R}^n$ ein C^1-Normalenvektorfeld auf der Untermannigfaltigkeit M, d. h. $N(p) \in N_pM$ für alle $p \in M$. Die Ableitung $N'(p)\colon T_pM \to \mathbb{R}^n$ ist eine lineare Abbildung. Sei $\pi_p\colon \mathbb{R}^n = T_pM \oplus N_pM \to T_pM$ die orthogonale Projektion. Dann ist definitionsgemäß

$$S_N(p) = -\pi_p \circ N'(p)\colon T_pM \to T_pM$$

der sogenannte Weingarten- oder Formoperator.

Das Einführen eines Minuszeichens erfolgt aus historischen Gründen. Einfache Eigenschaften von S_N sind

$$S_{\lambda N} = \lambda S_N \text{ und } S_{N+\widetilde{N}} = S_N + S_{\widetilde{N}} .$$

Dieser Weingartenoperator spielt eine wichtige Rolle in der Differenzialgeometrie.
Ist $(N_1(p), \ldots, N_d(p))$ eine Orthonormalbasis von N_pM, so folgt mit linearen Algebra, dass mit $\lambda_i := \langle N'(p)(v), N_i(p) \rangle$ gilt

$$S_N(p)(v) = -N'(p)(v) + \sum_{i=1}^{d} \lambda_i \cdot N_i(p) .$$

Ist $\varphi\colon V \to U$ eine lokale Parametrisierung, so gilt für gewisse $\lambda_i(t)$:

$$\begin{aligned} S_N(\varphi(t)) &= -N'(\varphi(t)) \cdot \varphi'(t) + \sum_{i=1}^{d} \lambda_i(t) \cdot N_i(\varphi(t)) \\ &= -D_t(N(\varphi(t))) + \sum_{i=1}^{d} \lambda_i(t) \cdot N_i(\varphi(t)) \end{aligned} \tag{11.3}$$

Beweis des Satzes 11.9

Wir brauchen den Satz nur für eine beliebige kleine Umgebung U eines Punktes $p \in M$ zu zeigen, denn wir können wie in dem Beweis von Satz 11.6 ein Kompaktheitsargument benutzen. Wir greifen den Beweis des Satzes 11.7 wieder auf. Dort hatten wir eine Parametrisierung $\psi(t,s) = \varphi(t) + \sum_{i=1}^{d} s_i N_i(\varphi(t))$ der ε-Tubularumgebung $U(\varepsilon)$ für eine kleine Menge $U \subset M$. Die $N_i(\varphi(t))$ für $i = 1, \ldots, d$ bilden eine Orthonormalbasis des Normalenraums $N_{\varphi(t)}M$ im Punkt $\varphi(t) \in M$. Die Ableitung von ψ, welche in der Transformationsformel auftritt, ist gleich

$$\psi'(t,s) = \left(\begin{array}{c|ccc} \varphi'(t) + \sum\limits_{i=1}^{d} s_i D_t(N_i(\varphi(t))) & \begin{matrix} | \\ N_1(\varphi(t)) \\ | \end{matrix} & \cdots & \begin{matrix} | \\ N_d(\varphi(t)) \\ | \end{matrix} \end{array} \right).$$

Wir führen in der Matrix $\psi'(t,s)$ Spaltenoperation mit den Spalten $N_1(\varphi(t)), \ldots, N_d(\varphi(t))$ durch. Aus der Gleichung (11.3) folgt, die Determinante von $\psi'(t,s)$ gleich der Determinante der Matrix

$$E(t) = \left(\begin{array}{c|ccc} \left(\mathrm{Id} - \sum\limits_{i=1}^{d} s_i S_{N_i}(\varphi(t))\right) \cdot \varphi'(t) & \begin{matrix} | \\ N_1(\varphi(t)) \\ | \end{matrix} & \cdots & \begin{matrix} | \\ N_d(\varphi(t)) \\ | \end{matrix} \end{array} \right)$$

ist. Durch Betrachtung von $E(t)^T E(t)$ sehen wir, dass der Betrag von $\det(E(t))$ gleich $\det\left(\mathrm{Id} - \sum_{i=1}^{d} s_i S_{N_i}\right) \cdot G_\varphi(t)$ ist. Wir erhalten für das Volumen der Tubularumgebung $U(\varepsilon)$ mithilfe von Fubini

$$\begin{aligned} \mu_n(U(\varepsilon)) &= \int_V \left(\int_{s \in B(0,\varepsilon)} \det(\mathrm{Id} - s_i S_{N_i}) \,\mathrm{d}B(0,\varepsilon) \right) G_\varphi(t) \,\mathrm{d}t \\ &= \int_U \left(\int_{s \in B(0,\varepsilon)} \det(\mathrm{Id} - s_i S_{N_i}) \,\mathrm{d}B(0,\varepsilon) \right) \mathrm{d}M\,. \end{aligned}$$

Hierbei ist, für $p \in U$ fest, das innere Integral gleich

$$\int_{s \in B(0,\varepsilon)} \det(\mathrm{Id} - s_i S_{N_i}) \,\mathrm{d}B(0,\varepsilon) = \int_{N \in N_pM:\, \|N\| < \varepsilon} \det(\mathrm{Id} - S_N) \,\mathrm{d}N_pM\,.$$

Es gibt Funktionen $f_i(N)$, sodass gilt

$$\det(\mathrm{Id} - S_{\lambda N}) = \det(\mathrm{Id} - \lambda S_N) = 1 + f_1(N)\lambda + \cdots + f_k(N)\lambda^k\,.$$

Diese Funktionen $f_i(N)$ besitzen die Eigenschaft, dass $f_i(\lambda N) = \lambda^i f_i(N)$ und sind auf dem gesamten d-dimensionalen Vektorraum N_pM definiert. Wir benutzen jetzt Aufgabe 11.36. Es folgt mit $SN_p(M) = \{N \in N_pM \colon \|N\| = 1\}$:

$$\mu_n(U(\varepsilon)) = \sum_{i=0}^{\lfloor k/2 \rfloor} \frac{\varepsilon^{d+2i}}{d+2i} \cdot \int_U \left(\int_{S(N_pM)} f_{2i}(N) \,\mathrm{d}SN_pM \right) \mathrm{d}M = \sum_{i=0}^{\lfloor k/2 \rfloor} \varepsilon^{d+2i} \cdot \beta_d \cdot a_{2i}\,,$$

wobei

$$a_{2i} := \frac{1}{\beta_d \cdot (d+2i)} \cdot \int_U \left(\int_{S(N_pM)} f_{2i}(N) \,\mathrm{d}SN_pM \right) \mathrm{d}M\,.$$

■

Bemerkung: Ist M eine glatte kompakte Fläche in $\mathbb{R}^3$, so ist $f_0 = 1$ und $f_2(N(p))$ für $\|N\| = 1$ die Determinante des Formoperators, was definitionsgemäß die sogenannte gaussche Krümmung $K(p)$ ist. In diesem Fall erhalten wir die interessante Formel:

$$\mu_3(M(\varepsilon)) = 2\varepsilon \cdot \mu_2(M) + \frac{2\varepsilon^3}{3} \cdot \int_M K(p)\, \mathrm{d}M\,.$$

Eigentlich wird es jetzt erst richtig interessant. Weyl hat im Allgemeinen gezeigt, dass die Koeffizienten a_{2i} des Satzes mithilfe des sogenannten Krümmungstensors ausgedrückt werden können.

Ist M eine orientierte Hyperfläche, so können wir eine einseitige Tubularumgebung betrachten. In diesem Fall ist

$$\mu_n(M(\varepsilon)) = \beta_d \varepsilon^d \sum_{i=0}^{k} a_i \varepsilon^i\,.$$

Bemerkung: Für $k = 1$, also Kurven $C = M$, besagt Satz 11.9, dass $\mu_n(M(\varepsilon)) = \beta_d \varepsilon^d \ell(C)$, wobei $\ell(C)$ die Bogenlänge der Kurve C ist. Zum Beispiel ist hiermit das Volumen des Torus mit Außenradius R und Innenradius ε einfach herzuleiten. Es ist gleich

$$(\pi\varepsilon^2) \cdot (2\pi R) = 2\pi^2\varepsilon^2 R\,.$$

Lebesgue-Maß und Lebesgue-Integral

12

12.1 Das Lebesgue-Maß ... 287

12.2 Das Lebesgue-Integral ... 290

12.3 Fast überall ... 291

12.4 Das Prinzip von Cavalieri für das Lebesgue-Integral 292

12.5 Additivität, Fubini und Tonelli ... 294

12.6 Satz von dominierter Konvergenz ... 295

12.7 Treppenfunktionen ... 296

12.8 Differenzieren unter dem Integralzeichen ... 297

12.9 *Das Banach-Tarski-Paradox* ... 298

ÜBERBLICK

LERNZIELE

- Das Lebesgue-Maß und Lebesgue-Integral
- Cavalieri und Fubini für das Lebesgue-Integral
- Satz von dominierter Konvergenz
- Treppenfunktionen
- Das Banach-Tarski-Paradox

Bislang haben wir den Volumenbegriff lediglich für offene Mengen eingeführt. Wir verallgemeinern diesen Begriff auf die Lebesgue-messbaren Mengen oder kurz messbare Mengen.

Es ist naheliegend, beliebige Mengen $A \subset \mathbb{R}^n$ mit offenen Mengen zu vergleichen. Gegeben eine Menge A, so suchen wir offene Mengen O, welche A umfassen und für die die Differenz $O \setminus A$ klein ist: dies messen wir durch eine andere offene Menge $U \supset (O \setminus A)$. Diese offene Menge U sollte mit beliebig kleinen Volumen angenommen werden. Wenn wir das erreichen können, so nennen wir A messbar.

Für messbare Mengen A definieren wir das Lebesgue-Maß, also das Volumen, als das Infimum der Volumina aller offenen Mengen $O \supset A$. Danach definieren wir das Lebesgue-Integral für messbare Funktionen als das gewichtete Volumen der Ordinatenmengen. Wir bemerken, dass es für die Theorie reicht, Funktionen zu betrachten, welche auf ganz $\mathbb{R}^n$ definiert sind. Ist nämlich $f\colon A \to \mathbb{R}$ mit $A \subset \mathbb{R}^n$, so setzen wir f zu einer auf ganz $\mathbb{R}^n$ definierten Funktion fort, indem wir $f(x) = 0$ für $x \notin A$ definieren.

Man muss hier anmerken, dass nicht alle Teilmengen von $\mathbb{R}^n$ messbar sind. Es ist überhaupt nicht möglich, jede Teilmenge von $\mathbb{R}^n$ auf vernünftige Art einem Volumen zuzuordnen. Wir verweisen auf den Abschnitt „Banach-Tarski-Paradox", in dem die Kugel verdoppelt wird.

In diesem Kapitel werden wir die grundlegenden Eigenschaften des Lebesgue-Maßes und des Lebesgue-Integrals beweisen, die frühere Ergebnisse für offene Mengen verallgemeinern. Die Ergebnisse dieses Kapitels werden im Buch nicht weiter benutzt, abgesehen von dem Beweis des Satzes 14.5 für Flächen. Weil wir schon genügend viel Integrieren geübt haben, gibt es in diesem Kapitel keine Aufgaben.

Wir machen noch ein paar Bemerkungen über den Abschnitt mit Treppenfunktionen. Lebesgue hat das Lebesgue-Integral[1] so eingeführt, wie wir es in diesem Buch vorführen. Ab Mitte der zwanziger Jahren des 20. Jahrhunderts wurde das Lebesgue-Integral meistens mit Treppenfunktionen eingeführt. Die Aussage des Satzes 12.10 ist Grundlage für das „Lebesgue-Integral" mit sogenannte banachwertigen Funktionen, das sogenannte Bochner-Integral. Für das Erlernen des Lebesgue-Integrals für $\mathbb{R}^n$ halte ich den Ansatz mit Treppenfunktionen für unnötig kompliziert, weil man alles doppelt beweisen muss.

1 Allerdings nur für beschränkte Funktionen, definiert auf einer beschränkten Menge.

12.1 Das Lebesgue-Maß

Eine Menge $A \subset \mathbb{R}^n$ heißt (Lebesgue-)messbar, wenn es zu jedem $\varepsilon > 0$ offene Mengen O, U gibt mit $A \subset O$ und $U \supset (O \setminus A)$, sodass $\mu(U) < \varepsilon$. Für solche messbaren Mengen A definieren wir das Lebesgue-Maß $\mu(A)$:

$$\mu(A) = \inf\left\{\mu(O) \colon A \subset O \text{ und } O \text{ offen}\right\}.$$

Eine Nullmenge ist eine messbare Menge mit $\mu(N) = 0$.

Offenbar ist eine offene Menge A messbar: nehme $O = A$ und $U = \emptyset$. Außerdem ist $\mu(O)$ so, wie wir das früher definiert haben, siehe die Definition auf Seite 260.

Satz 12.1

1 Sind $A_1, A_2, A_3, \ldots$ messbar, so ist auch $\bigcup\limits_{i=1}^{\infty} A_i$ messbar und $\mu\left(\bigcup\limits_{i=1}^{\infty} A_i\right) \leq \sum\limits_{i=1}^{\infty} \mu(A_i)$.

2 Sind $A_1, A_2, A_3, \ldots$ messbar und überdies paarweise disjunkt, so gilt die *σ-Additivität*:
$$\mu\left(\bigcup_{i=1}^{\infty} A_i\right) = \sum_{i=1}^{\infty} \mu(A_i).$$

3 Ist A messbar, dann ist auch $A^c = \mathbb{R}^n \setminus A$ messbar.

4 Sind $A_1, A_2, A_3, \ldots$ messbar, dann ist $\bigcap\limits_{i=1}^{\infty} A_i$ messbar.

5 Sind $A_1 \subset A_2 \subset \cdots$ messbar, so gilt $\mu\left(\bigcup\limits_{i=1}^{\infty} A_i\right) = \lim\limits_{N\to\infty} \mu(A_N)$.

6 Sind $A_1 \supset A_2 \supset \cdots$ messbar und $\mu(A_i) < \infty$ für ein i, dann $\mu\left(\bigcap\limits_{i=1}^{\infty} A_i\right) = \lim\limits_{N\to\infty} \mu(A_N)$.

Den Beweis geben wir auf den nächsten Seiten.

Satz 12.2 Es seien $U, V \subset \mathbb{R}^n$ offen und $g \colon U \to V$ sei ein C^1-Diffeomorphismus mit $|\det(g'(x))| = 1$ für alle $x \in U$. Ist $A \subset U$ messbar, dann auch $g(A)$ und $\mu(A) = \mu(g(A))$.

Wähle $\varepsilon > 0$ und $O \supset A$, $W \supset (O \setminus A)$ mit O, W offen und $\mu(W) < \varepsilon$. Dann ist $g(O) \supset g(A)$, $g(W) \supset (g(O) \setminus g(A))$. Dann sind $g(O)$ und $g(W)$ offen. Aus Satz 11.5 folgt $\mu(g(W)) = \mu(W) < \varepsilon$. Also ist $g(A)$ messbar. Jedes $F \subset V$ offen ist von Typ $F = g(O)$ mit $O \subset U$ und U offen. Es folgt:

$$\mu(g(A)) = \inf\{\mu(F) \colon F \supset g(A), F \text{ offen}\} = \inf\{\mu(O) \colon O \supset A, O \text{ offen}\} = \mu(A). \qquad \blacksquare$$

Beweis des Satzes 12.1

1. Schritt. *Es seien $U_1, U_2, \ldots$ offene Mengen. Dann gilt:* $\mu\left(\bigcup_{i=1}^{\infty} U_i\right) \leq \sum_{i=1}^{\infty} \mu(U_i)$.

Sei $V_k = U_1 \cup \cdots \cup U_k$. Weil $\bigcup_{k=1}^{\infty} V_k = \bigcup_{i=1}^{\infty} U_i$, gilt nach Satz 11.1, dass

$$\lim_{k\to\infty} \mu(V_k) = \mu\left(\bigcup_{i=1}^{\infty} U_i\right) .$$

Weiterhin $V_k = V_{k-1} \cup U_k$ und somit folgt nach Induktion:

$$\mu(V_k) \leq \mu(V_{k-1}) + \mu(U_k) \leq \mu(U_1) + \ldots + \mu(U_{k-1}) + \mu(U_k)$$

Nun nehme $k \to \infty$ und die gewünschte Ungleichung folgt. ■

2. Schritt. *Die erste Aussage des Satzes.*

Es seien $A_1, A_2, A_3, \ldots$ messbar und $A = \bigcup_{i=1}^{\infty} A_i$. Sei $\varepsilon > 0$. Wähle offene Mengen $O_i \supset A_i$ und $U_i \supset (O_i \backslash A_i)$ mit $\mu(U_i) < \varepsilon/2^i$ und $\mu(O_i) < \mu(A_i)+\varepsilon/2^i$ (Letzteres nur, wenn $\mu(A_i) < \infty$). Definiere $O := \bigcup_{i=1}^{\infty} O_i$ und $U = \bigcup_{i=1}^{\infty} U_i$. Dann gilt $O \supset A$ und $U \supset O \setminus A$. A ist messbar denn, nach dem ersten Schritt gilt:

$$\mu(U) \leq \sum_{i=1}^{\infty} \mu(U_i) < \sum_{i=1}^{\infty} \varepsilon/2^i = \varepsilon .$$

$$\text{Es folgt: } \mu\left(\bigcup_{i=1}^{\infty} A_i\right) \leq \mu(O) \leq \sum_{i=1}^{\infty} \mu(O_i) < \sum_{i=1}^{\infty} \left(\mu(A_i) + \varepsilon/2^i\right) = \varepsilon + \sum_{i=1}^{\infty} \mu(A_i) .$$

Das ist für alle $\varepsilon > 0$ gültig, somit $\mu\left(\bigcup_{i=1}^{\infty} A_i\right) \leq \sum_{i=1}^{\infty} \mu(A_i)$. ■

3. Schritt. *Die σ-Additivität ist gültig.*

Wir müssen nur noch die Ungleichung $\geq$ zeigen: Zunächst für $A_1 = A$, $A_2 = B$ und $\emptyset = A_3 = A_4 = \cdots$. Sei V offen mit $V \supset A \cup B$. Zu zeigen ist, dass $\mu(V) \geq \mu(A) + \mu(B)$. Sei $\varepsilon > 0$ und wähle offene Mengen O_A, U_A, O_B und U_B mit

$$O_A \supset A,\ U_A \supset (O_A \setminus A), \mu(U_A) < \varepsilon/2 , \text{ und } O_B \supset B,\ U_B \supset (O_B \setminus B), \mu(U_B) < \varepsilon/2 .$$

Ist $p \in O_A \cap O_B$, so folgt $p \in O_A \setminus A$ oder $p \in O_B \setminus B$, weil $A \cap B = \emptyset$. Deshalb $O_A \cap O_B \subset U_A \cup U_B$ und $\mu(O_A \cap O_B) < \varepsilon$ folgt. Weil $V \supset V \cap (O_A \cup O_B)$, folgt

$$\mu(V) \geq \mu(V \cap O_A) + \mu(V \cap O_B) - \mu(V \cap O_A \cap O_B) > \mu(A) + \mu(B) - \varepsilon ,$$

gültig für alle $\varepsilon > 0$, deshalb gilt $\mu(V) \geq \mu(A) + \mu(B)$.

Seien nun $A_1, A_2, A_3, \ldots$ messbar und disjunkt. Mit Induktion gilt $\mu(A_1 \cup \cdots \cup A_N) = \sum_{i=1}^{N} \mu(A_i)$ für alle $N \in \mathbb{N}$ und $\mu\left(\bigcup_{i=1}^{\infty} A_i\right) \geq \mu(A_1 \cup \cdots \cup A_N) = \sum_{i=1}^{N} \mu(A_i)$. Dies gilt für alle $N \in \mathbb{N}$, also auch für $N = \infty$. ■

4. Schritt. *Aus A messbar folgt A^c messbar.*

Sei $B_N = \{x \in \mathbb{R}^n \colon \|x\|_\infty < N\}$. Dann ist $A^c = \bigcup_{N=1}^{\infty}(B_N \setminus A)$. Es reicht deshalb zu zeigen, dass $B_N \setminus A$ messbar ist. Es ist leicht zu sehen, dass $A \cap B_N$ messbar ist, also dürfen wir $A \subset B_N$ annehmen. Wir schreiben kurz $B = B_N$.

Sei $\varepsilon > 0$, O, U offen mit $O \supset A$, $U \supset O \setminus A$ und $\mu(U) < \varepsilon/2$. Nach Definition von $\mu(O)$ gibt es ein k mit $2^{-nk} \cdot \#O^{(k)} > \mu(O) - \varepsilon/2$. Die Menge

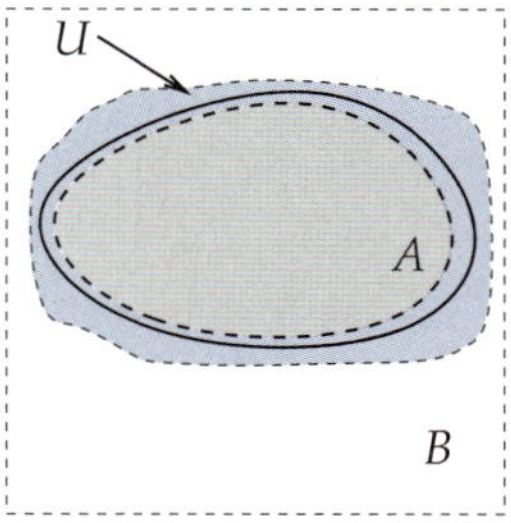

$$F := \bigcup_{Q \in O^{(k)}} Q$$

ist abgeschlossen und somit ist $O \setminus F$ offen. Weiterhin ist $(O \setminus F) \cup \bigcup_{Q \in O^{(k)}} Q^\circ$ offen und eine Teilmenge von O. Deshalb $\mu(O \setminus F) + 2^{-nk} \cdot \#O^{(k)} \le \mu(O)$, es folgt $\mu(O \setminus F) < \varepsilon/2$. Sei

$$O_c := (B \setminus F) \cup U, \quad U_c := U \cup (O \setminus F)\,.$$

Dann ist $\mu(U_c) < \varepsilon$. Die Messbarkeit von $B \setminus A$ folgt aus den folgenden Aussagen:

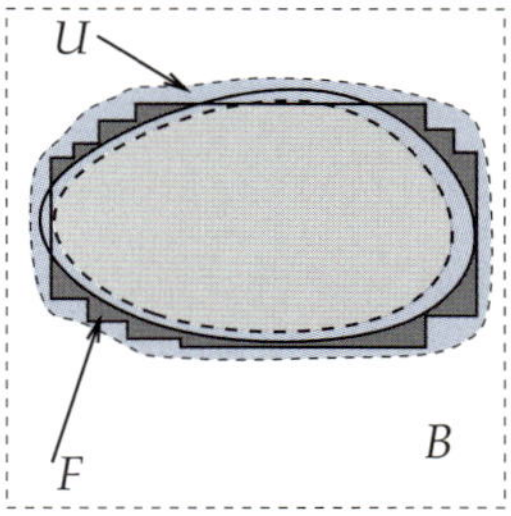

1 $O_c \supset (B \setminus A)$,

2 $U_c \supset (O_c \setminus (B \setminus A)) = O_c \cap A$.

1 Sei $p \in B \setminus A$. Ist $p \in O$, so ist $p \in (O \setminus A) \subset U \subset O_c$. Ist dagegen $p \notin O$, dann sicherlich $p \notin F$, also $p \in B \setminus F$. Es folgt $p \in O_c$ und die erste Inklusion ist bewiesen.

2 Bemerke, dass $O_c \setminus (B \setminus A) = O_c \cap A$. Ist $p \in O_c \cap A$, so ist nach Definition von O_c entweder $p \in U$, also $p \in U_c$, oder $p \in (B \setminus F)$ und $p \notin B \setminus A$. Deshalb $p \in A \subset O$ und $p \notin F$, also $p \in (O \setminus F) \subset U_c$. ■

5. Schritt. *Die restlichen Aussagen.*

Die vierte Aussage folgt, indem Komplemente aus der ersten Aussage gebildet werden. Für die fünfte Aussage bemerken Sie, dass die Mengen $A_{i+1} \setminus A_i$ messbar und disjunkt sind. Es gilt $\mu(A_{i+1} \setminus A_i) = \mu(A_{i+1}) - \mu(A_i)$. Wegen σ-Additivität gilt deshalb

$$\mu\left(\bigcup_{i=1}^{\infty} A_i\right) = \mu(A_1) + \lim_{N\to\infty} \sum_{i=1}^{N-1} \Big(\mu(A_{i+1}) - \mu(A_i)\Big) = \lim_{N\to\infty} \mu(A_N).$$

Für die letzte Aussage können wir $\mu(A_1) < \infty$ annehmen. Es gilt

$$(A_1 \setminus A_2) \subset (A_1 \setminus A_3) \subset \cdots$$

mit Vereinigung $A_1 \setminus \cap_{i=1}^{\infty} A_i$. Nach dem vorherigen Ergebnis ist

$$\mu\left(\bigcap_{i=1}^{\infty} A_i\right) = \mu(A_1) - \mu\left(A_1 \setminus \bigcap_{i=1}^{\infty} A_i\right) = \mu(A_1) - \mu\left(\bigcup_{i=1}^{\infty} (A_1 \setminus A_i)\right)$$
$$= \mu(A_1) - \lim_{N\to\infty} \mu(A_1 \setminus A_N) = \lim_{N\to\infty} \mu(A_N)\,.$$

■

12.2 Das Lebesgue-Integral

Sei $A \subset \mathbb{R}^n$ und $f\colon A \to [-\infty, \infty]$ eine Funktion.

1 f heißt messbar, wenn die Ordinatenmengen $O_+(f)$ und $O_-(f)$ meßbar sind.

2 f heißt quasi-integrierbar, wenn f messbar ist und mindestens eine der beiden Zahlen $\mu(O_+(f))$ oder $\mu(O_-(f))$ endlich ist. Wir definieren in diesem Fall das Lebesgue-Integral durch $\int_A f(x)\,\mathrm{d}x := \mu(O_+(f)) - \mu(O_-(f))$.

3 f ist integrierbar, wenn f messbar ist und $\mu(O_+(f)) < \infty$, $\mu(O_-(f)) < \infty$.

Für die Theorie können wir uns auf Funktionen beschränken, die auf ganz $\mathbb{R}^n$ definiert sind: Ist $f\colon A \to \mathbb{R}$ eine Funktion, so setzen wir diese stillschweigend mit null außerhalb A fort, $\widetilde{f}\colon \mathbb{R}^n \to \mathbb{R}$ ist dann definiert durch

$$\widetilde{f}(x) = \begin{cases} f(x) & \text{wenn } x \in A \\ 0 & \text{wenn } x \notin A\,. \end{cases}$$

Satz 12.3 Sei $\widetilde{O}_+(f) = \{(x, y)\colon 0 < y \le f(x)\}$ und analog $\widetilde{O}_-(f)$. Dann gilt:

$$O_\pm(f) \text{ messbar} \iff \widetilde{O}_\pm(f) \text{ messbar}\,.$$

Ist dies der Fall, so ist $\mu(O_\pm(f)) = \mu(\widetilde{O}_\pm(f))$.

Angenommen, $O_+(f)$ ist messbar. Sei $B_\ell = \{x \in \mathbb{R}^n\colon \|x\| < \ell\}$. Wir verschieben $O_+(f)$ über den Vektor $(0, 1/k)$. Sei $U_k := \big(O_+(f) + (0, 1/k)\big) \cup B_\ell \times (0, 1/k]$.

Dann hat die Menge $\big(U_k \setminus O_+(f)\big) \cap (B_\ell \times \mathbb{R})$ das Volumen $\mu_n(B_\ell)/k$. Es folgt, dass

$$\mu((\widetilde{O}_+(f) \setminus O_+(f)) \cap (B_\ell \times \mathbb{R}_+) < \mu_n(B_\ell)/k\,.$$

Dies gilt für alle k, also $(\widetilde{O}_+(f) \setminus O_+(f)) \cap (B_\ell \times \mathbb{R}_+)$ ist eine Nullmenge. Dies gilt für alle ℓ, also $\widetilde{O}_+(f) \setminus O_+(f)$ ist eine Nullmenge. Das Argument für $O_-(f)$ ist analog. ∎

Satz 12.4

1 Die Transformationsformel ist gültig für das Lebesgue-Integral.

2 (**Satz von Levi**) Sind f_i für $i = 1, 2, 3, \ldots$ messbare Funktionen und gilt entweder

$$0 \le f_1 \le f_2 \cdots \text{ oder } f_1 \ge f_2 \ge f_3 \cdots \ge 0\,,$$

so ist $\lim\limits_{i\to\infty} f_i(x)$ messbar und $\int \lim\limits_{i\to\infty} f_i(x)\,\mathrm{d}x = \lim\limits_{i\to\infty} \int f_i(x)\,\mathrm{d}x$, wobei im zweiten Fall f_1 integrierbar vorausgesetzt wird.

Die Transformationsformel folgt aus Satz 12.2 (siehe auch Seite 270) und der Satz von Levi aus Satz 12.1, Teil 5 und 6. ∎

12.3 Fast überall

Eine Eigenschaft oder Aussage P gilt **fast überall** für Punkte a in einer Menge $A \subset \mathbb{R}^n$, wenn die Menge $\{a \in A\colon a \text{ hat nicht die Eigenschaft } P\}$ eine Nullmenge ist.

Satz 12.5

1 Sei $N \subset \mathbb{R}^n$, sodass $N \times (0,1)$ eine Nullmenge in $\mathbb{R}^{n+1}$ ist. Dann ist N eine Nullmenge in $\mathbb{R}^n$. Ist umgekehrt N eine Nullmenge, so ist auch $N \times \mathbb{R}$ eine Nullmenge in $\mathbb{R}^{n+1}$.

2 Aus $f, g\colon \mathbb{R}^n \to \mathbb{R}$ integrierbar, $f = g$ fast überall, folgt $\int f(x)\,\mathrm{d}x = \int g(x)\,\mathrm{d}x$.

3 Es sei $f\colon \mathbb{R}^n \to [0,\infty]$. Aus $\int f(x)\,\mathrm{d}x = 0$ folgt $f = 0$ fast überall.

4 Sei $f\colon \mathbb{R}^n \to [0,\infty]$ integrierbar. Dann ist $f(x) < \infty$ fast überall.

1 Angenommen, N ist eine Nullmenge. Wegen σ-Additivität reicht es zu zeigen, dass $N \times (-a, a)$ für alle $a > 0$ eine Nullmenge ist. Sei $\varepsilon > 0$ und $U \supset N$ mit $\mu(U) < \varepsilon/(2a)$. Dann ist $V := U \times (-a,a) \supset N \times (-a,a)$ offen und $\mu_{n+1}(V) < \varepsilon$.

Sei umgekehrt N keine Nullmenge. Wähle ein $\varepsilon > 0$, sodass $\mu_n(W) > \varepsilon$ für alle offenen Mengen $W \subset \mathbb{R}^n$ mit $W \supset N$. Wähle ebenfalls eine offene Menge $U \subset \mathbb{R}^{n+1}$ mit $U \supset N \times (0,1)$ und $\mu_{n+1}(U) < \varepsilon$. Für $t \in (0,1)$ ist $U(t) := \{x \in \mathbb{R}^n\colon (x,t) \in U\}$ eine offene Menge in $\mathbb{R}^n$ mit $U(t) \supset N$. Wende Cavalieri für offene Mengen (Satz 11.2) an:

$$\varepsilon > \mu_{n+1}(U) = \int_{\mathbb{R}} \mu_n(U(t))\,\mathrm{d}t \geq \int_0^1 \varepsilon\,\mathrm{d}t = \varepsilon\,, \quad \text{Widerspruch!}$$

2 Diese Aussage folgt, da $O_+(f) \setminus O_+(g)$ und $O_+(g) \setminus O_+(f)$ Nullmengen sind. Analog für $O_-(f)$ und $O_-(g)$.

3 Sei $N = \{x \in \mathbb{R}^n\colon f(x) > 0\}$. Definiere $g\colon \mathbb{R}^n \to [0,\infty]$ durch $g(x) = \infty$ für $x \in N$, $g(x) = 0$ für $x \notin N$. Dann ist $g(x) = \lim_{k\to\infty} kf(x)$. Aus dem Satz von Levi 12.4 folgt, dass $\int g(x)\,\mathrm{d}x = \lim_{k\to\infty} k \int f(x)\,\mathrm{d}x = 0$. Es gilt $O_+(g) = N \times (0,\infty)$. Deshalb ist $N \times (0,\infty)$ eine Nullmenge und $N \times (0,1)$ auch. Wende den ersten Teil an.

4 Sei $f_k(x) = \max\{0, f(x) - k\}$. Es gilt $f = f_0 \geq f_1 \geq f_2 \geq \cdots$. Wir erhalten die Ordinatenmenge $O_+(f_k)$ aus $O_+(f) \cap (k,\infty)$ durch Verschiebung. Es gilt

$$\bigcap_{k=1}^{\infty} \big(O_+(f) \cap (k,\infty)\big) = \emptyset$$

und daher $\lim_{k\to\infty} \int f_k(x)\,\mathrm{d}x = 0$. Aus Levi für fallende Funktionen (Satz 12.4) folgt: $\int \lim_{k\to\infty} f_k\,\mathrm{d}x = 0$. Aus der vorherigen Aussage folgt $\lim_{k\to\infty} f_k(x) = 0$ fast überall. Nun gilt $\lim_{k\to\infty} f_k(x) = 0$ genau dann, wenn $f(x) < \infty$. Somit ist $f(x) < \infty$ fast überall. ■

12.4 Das Prinzip von Cavalieri für das Lebesgue-Integral

Satz 12.6 (Prinzip von Cavalieri)
Sei $A \subset \mathbb{R}^n \times \mathbb{R}^p$ messbar. Für $x \in \mathbb{R}^n$ sei $A(x) = \{y \in \mathbb{R}^p : (x, y) \in A\}$. Dann gilt:

1 $A(x)$ ist messbar für fast alle x. Ist $\mu_{n+p}(A) < \infty$, so ist $\mu_p(A(x)) < \infty$ für fast alle x.

2 Ist $A(x)$ nicht messbar, so setze $\mu_p(A(x)) = 0$. Dann ist $\mu_p(A(x))$ messbar und es gilt

$$\mu_{n+p}(A) = \int_{\mathbb{R}^n} \mu_p(A(x))\, \mathrm{d}x.$$

1. Schritt. *Angenommen V_i ist offen, $\mu(V_1) < \infty$ und $V_1 \supset V_2 \supset \cdots$. Dann ist Cavalieri gültig für $B = \bigcap_{i=1}^{\infty} V_i$.*

Tatsächlich ist Cavalieri gültig für die offenen Mengen V_i (Satz 11.2) und aus Satz 12.5 folgt, dass $\mu_p(V_i(x)) < \infty$ für fast alle x. Somit ist der Durchschnitt $B(x) = \bigcap_{i=1}^{\infty} V_i(x)$ messbar für alle x und $\mu_p(B(x)) < \infty$ für fast alle x. Aus Levi für fallende Funktionen folgt:

$$\begin{aligned}\mu_{n+p}(B) &= \lim_{i\to\infty} \mu_{n+p}(V_i) = \lim_{i\to\infty} \int \mu_p(V_i(x))\, \mathrm{d}x = \int \lim_{i\to\infty} \mu_p(V_i(x))\, \mathrm{d}x \\ &= \int \mu_p(B(x))\, \mathrm{d}x\,.\end{aligned}$$

■

2. Schritt. *Cavalieri ist gültig für Nullmengen.*

Sei N eine Nullmenge und wähle offene Mengen $W_i \supset N$ mit $\mu_{n+p}(W_i) < 1/i$. Sei $V_1 = W_1$ und induktiv $V_i = V_{i-1} \cap W_i$. Dann ist V_i offen und

$$V_1 \supset V_2 \supset \cdots \supset N$$

mit $\mu_{n+p}(V_i) < 1/i$. Dann ist $B = \bigcap_{i=1}^{\infty} V_i$ eine Nullmenge und

$$\int \mu_p(B(x))\, \mathrm{d}x = 0$$

nach dem ersten Schritt. Nach Satz 12.5 ist $\mu_p(B(x)) = 0$ für fast alle x. Außerdem ist $N(x) \subset B(x)$, also auch eine Nullmenge für fast alle x, insbesondere messbar für fast alle x (aber nicht unbedingt für alle x). Es folgt

$$0 \le \int \mu_p(N(x))\, \mathrm{d}x \le \int \mu_p(B(x))\, \mathrm{d}x = 0 = \mu(N)\,.$$

■

3. Schritt. *Cavalieri ist gültig, wenn $\mu_{n+p}(A) < \infty$.*

Wie im vorherigen Schritt, wähle offene Mengen V_i mit

$$V_1 \supset V_2 \supset \cdots \supset A$$

und $\mu_{n+p}(V_i) - \mu_{n+p}(A) < 1/i$. Sei $B := \bigcap_{i=1}^{\infty} V_i$. Dann gilt

$$\mu_{n+p}(A) = \mu_{n+p}(B) .$$

Außerdem ist $N := B \setminus A$ eine Nullmenge, da $\mu_{n+p}(A) < \infty$. Wir haben schon gezeigt, dass Cavalieri gültig ist für B und für N. Dabei ist für fast alle x die Menge $B(x)$ messbar. Außerdem ist für fast alle x die Menge $N(x)$ eine Nullmenge. Es folgt, dass

$$A(x) = B(x) \setminus N(x)$$

messbar ist für fast alle x und

$$\mu_p(A(x)) = \mu_p(B(x))$$

für fast alle x, weil $\mu_p(N(x)) = 0$ für fast alle x. Es folgt aus Satz 12.5:

$$\mu_{n+p}(A) = \mu_{n+p}(B) = \int \mu_p(B(x))\,\mathrm{d}x = \int \mu_p(A(x))\,\mathrm{d}x .$$

■

4. Schritt. *Der allgemeine Fall $\mu_p(A) = \infty$.*

Sei $B_k = \{x \in \mathbb{R}^{n+p} \colon \|x\| < k\}$. Dann ist $A \cap B_k$ messbar und $\mu_{n+p}(A \cap B_k) < \infty$. Cavalieri ist gültig für $A \cap B_k$. Daher ist $(A \cap B_k)(x)$ messbar für fast alle x und

$$\mu(A \cap B_k) = \int \mu_p(A \cap B_k)(x)\,\mathrm{d}x .$$

Es folgt, dass $A(x) = \bigcup_{k=1}^{\infty} (A \cap B_k)(x)$ messbar ist für fast alle x und

$$\begin{aligned}\infty = \mu(A) &= \lim_{k\to\infty} \mu_p(A \cap B_k) = \lim_{k\to\infty} \int \mu_p(A \cap B_k)(x)\,\mathrm{d}x \\ &= \int \lim_{k\to\infty} \mu_p(A \cap B_k)(x)\,\mathrm{d}x \\ &= \int \mu_p(A(x))\,\mathrm{d}x .\end{aligned}$$

■

12.5 Additivität, Fubini und Tonelli

Satz 12.7 (Additivität des Integrals) Sind $f, g\colon \mathbb{R}^n \to \mathbb{R}$ integrierbare Funktionen, so gilt $\int f(x) \pm g(x)\,\mathrm{d}x = \int f(x)\,\mathrm{d}x \pm \int g(x)\,\mathrm{d}x$.

1 Wir zeigen $-$. Aus $\mu(A \setminus B) + \mu(B) = \mu(A \cup B)$ und $\mu(B \setminus A) + \mu(A) = \mu(A \cup B)$ folgt durch Subtrahieren, dass

$$\mu(A \setminus B) - \mu(B \setminus A) = \mu(A) - \mu(B)\,.$$

Das wenden wir an für $A = O_\pm(f)$ und $B = O_\pm(g)$. Benutze ebenfalls Satz 12.3.

$$\begin{aligned}\int f(x)\,\mathrm{d}x - \int g(x)\,\mathrm{d}x &= \mu(O_+(f)) - \mu(O_+(g)) - \mu(O_-(f)) + \mu(O_-(g)) \\ &= \mu(O_+(f) \setminus O_+(g)) - \mu(O_+(g) \setminus O_+(f)) \\ &\quad - \mu(O_-(f) \setminus O_-(g)) + \mu(O_-(g) \setminus O_-(f)) \\ &= \mu(\{(x,y)\colon g(x) < y < f(x)\} - \mu(\{(x,y)\colon f(x) < y < g(x)\} \\ &= \mu(O_+(f-g)) - \mu(O_-(f-g)) = \int f(x) - g(x)\,\mathrm{d}x\end{aligned}$$

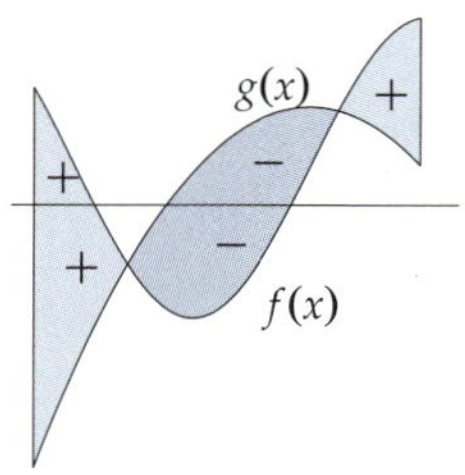

Die vorletzte Gleichung folgt aus dem Prinzip von Cavalieri. ■

Satz 12.8

1 **(Fubini)** Sei $f(x,y)\colon \mathbb{R}^n \times \mathbb{R}^p \to [-\infty, \infty]$ eine integrierbare Funktion. Dann ist für fast alle x die Funktion $f(x,y)$ eine integrierbare Funktion von y. Dann ist $g(x) := \int_{\mathbb{R}^p} f(x,y)\,\mathrm{d}y$ (definiert als 0, wenn $f(x,y)$ keine integrierbare Funktion von y ist) eine integrierbare Funktion von x und

$$\int_{\mathbb{R}^n \times \mathbb{R}^p} f(x,y)\,\mathrm{d}(x,y) = \int_{\mathbb{R}^n} g(x)\,\mathrm{d}x = \int_{\mathbb{R}^n} \left(\int_{\mathbb{R}^p} f(x,y)\,\mathrm{d}y\right)\,\mathrm{d}x$$

2 **(Tonelli)** Sei $f(x,y)\colon \mathbb{R}^n \times \mathbb{R}^p \to [0,\infty]$ mit $y \to f(x,y)$ messbar für fast alle x, $\int f(x,y)\,\mathrm{d}x$ eine integrierbare Funktion von x. Dann ist f integrierbar.

Die Aussagen von Fubini und Tonelli leitet man genau wie bei stetigen Funktionen aus dem Prinzip von Cavalieri her. ■

12.6 Satz von dominierter Konvergenz

Gleichmäßige Konvergenz ist oft schwierig zu prüfen. Der Satz von dominierter Konvergenz gibt ein bequemes Kriterium dafür, wann man Integral und Grenzwert von Funktionen vertauschen darf.

Satz 12.9 (Satz von dominierter Konvergenz) Gegeben sind messbare Funktionen $f_1, f_2, \ldots : \mathbb{R}^n \to [-\infty, \infty]$ und eine **integrierbare** Funktion $g(x)$ mit

$$|f_i(x)| \le g(x) \text{ fast überall für alle } i = 1, 2, 3, \ldots$$

Angenommen $\lim_{i\to\infty} f_i(x) = f(x)$ fast überall. Dann ist f integrierbar und es gilt:

$$\lim_{i\to\infty} \int f_i(x)\,\mathrm{d}x = \int f(x)\,\mathrm{d}x\,.$$

Weil Integrale über Nullmengen gleich 0 sind, dürfen wir annehmen, dass die Bedingungen des Satzes überall gültig sind. Jede Funktion $f(x)$ ist zu schreiben als $f(x) = \max\{f(x), 0\} - \min\{f(x), 0\}$. Es reicht deshalb, die Aussage für Funktionen f_i mit $f_i(x) \ge 0$ zu zeigen.

Wir definieren Funktionen

$$h_n(x) := \sup\{f_k(x) \colon k \ge n\} \text{ und } \widetilde{h}_n(x) := \inf\{f_k(x) \colon k \ge n\}\,.$$

Es gilt $0 < y \le \widetilde{h}_n(x)$ genau dann, wenn $0 < y \le f_k(x)$ für alle $k \ge n$. Es folgt, dass

$$\widetilde{O}_+(\widetilde{h}_n) = \bigcap_{k=n}^{\infty} \widetilde{O}_+(f_n)\,.$$

Diese Menge ist also messbar, wegen Satz 12.3 und Satz 12.1. Es folgt, dass $\widetilde{h}_n$ messbar ist (Satz 12.3). Analoge Argumente haben wir für $h_n(x)$. Es gilt:

$$0 \le \widetilde{h}_1 \le \widetilde{h}_2 \le \cdots \le f(x) \le \cdots \le h_2 \le h_1 \le g(x)$$

und $\lim_{i\to\infty} h_i(x) = \lim_{i\to\infty} \widetilde{h}_i(x) = \lim_{i\to\infty} f_i(x) = f(x)$. Wir wenden den Satz von Levi für wachsende Funktionen auf $\widetilde{h}_i(x)$ und den Satz von Levi für fallende Funktionen auf h_i an. Weil

$$\int \widetilde{h}_i(x)\,\mathrm{d}x \le \int f_i(x)\,\mathrm{d}x \le \int h_i(x)\,\mathrm{d}x$$

und die linke und die rechte Seite gegen $\int f(x)\,\mathrm{d}x$ konvergieren, konvergiert auch der mittlere Ausdruck gegen $\int f(x)\,\mathrm{d}x$. ■

12.7 Treppenfunktionen

Sei $A \subset \mathbb{R}^n$ eine messbare Menge. Die Funktion

$$\chi_A(x) = \begin{cases} 1 & \text{wenn } x \in A \\ 0 & \text{wenn } x \notin A \end{cases}$$

heißt charakteristische Funktion von A. Eine endliche Summe $\sum_{i=1}^{n} c_i \chi_{A_i}(x)$, wobei $A_i \subset \mathbb{R}^n$ messbar sind, heißt eine Treppenfunktion.

Satz 12.10 Sei $f\colon \mathbb{R}^n \to [0, \infty]$. Äquivalent sind:

1 f ist messbar.

2 Für jedes $a \in \mathbb{R}$ ist

$$\{x \in \mathbb{R}^n : f(x) > a\}$$

eine messbare Menge in $\mathbb{R}^n$.

3 Es gibt Treppenfunktionen $T_k \leq f$ mit $0 \leq T_1 \leq T_2 \leq \cdots$ und $\lim\limits_{k\to\infty} T_k = f$.

In diesem Fall gilt nach dem Satz von Levi, dass $\displaystyle\int f(x)\,\mathrm{d}x = \lim_{k\to\infty} \int T_k(x)\,\mathrm{d}x$.

„1 ⇒ 2". Sei $b > 0$. Dann ist nach Cavalieri

$$O_+(f)(b) = \{x \in \mathbb{R}^n : (x, b) \in O_+(f)\} = \{x \in \mathbb{R}^n : 0 < b < f(x)\}$$

messbar für fast alle $b \in \mathbb{R}$. Wir können deshalb $b_i \in (a, a + 1/i)$ wählen mit $O_+(f)(b_i)$ eine messbare Menge in $\mathbb{R}^n$. Die Vereinigung ist auch messbar und somit ist

$\bigcup\limits_{i=1}^{\infty} O_+(f)(b_i) = \bigcup\limits_{i=1}^{\infty} \{x \in \mathbb{R}^n : f(x) > b_i\} = \{x \in \mathbb{R}^n : f(x) > a\}$ messbar.

„2 ⇒ 3". Durch Bilden der Komplemente folgert man, dass auch

$$\{x \in \mathbb{R}^n : f(x) \leq a\}$$

messbar ist für alle $a \in \mathbb{R}$. Wir definieren die T_k folgendermaßen:

$$\begin{aligned} A_i &:= \left\{x \in \mathbb{R}^n : \tfrac{i}{2^k} < f(x) \leq \tfrac{i+1}{2^k}\right\} \quad \text{für } = 0, 1, \ldots, k2^k - 1 \\ A_{k2^k} &:= \{x \in \mathbb{R}^n : f(x) > k\} \\ T_k(x) &:= \sum_{i=0}^{k\cdot 2^k} \frac{i}{2^k} \cdot \chi_{A_i}(x) \leq f(x)\,. \end{aligned}$$

„3 ⇒ 1". Ist A messbar, so auch $A\times(0, c)$ mit $\mu_{n+1}(A\times(0, c)) = c\cdot\mu_n(A)$. Diese Aussage folgt ohne große Probleme aus der Definition der Messbarkeit. Sei $T_k = \sum_{i=1}^{s} c_i \chi_{A_i}$. Ohne Einschränkung sind $A_i \cap A_j = \emptyset$ für $i \neq j$. Es folgt, dass die Menge $O_+(T_k) = \cup_{i=1}^{s} O_+(c_i \chi_{A_i})$ messbar ist. Somit ist $O_+(f) = \cup_{k=1}^{\infty} O_+(T_k)$ ebenfalls messbar. ■

12.8 Differenzieren unter dem Integralzeichen

Satz 12.11 Sei $A \subset \mathbb{R}^n$, $I \subset \mathbb{R}$ ein Intervall und $f\colon A \times I \to \mathbb{R}$.

1. Gilt:
   (a) für fast alle $x \in A$ ist $f_x\colon I \to \mathbb{R}, t \mapsto f(x,t)$ stetig,
   (b) für alle t ist die Funktion $f_t\colon A \to \mathbb{R}$ mit $f_t(x) = f(x,t)$ stetig,
   (c) es gibt eine integrierbare Funktion $g\colon A \to \mathbb{R}$ mit $|f_t(x)| \le g(x)$ für alle $x \in A$,

   so ist $F(t) := \int_A f(x,t)\,\mathrm{d}x$ eine stetige Funktion auf I.
2. Gilt:
   (a) für fast alle $x \in A$ ist $f_x\colon I \to \mathbb{R}, t \mapsto f(x,t)$ differenzierbar,
   (b) für alle $t \in I$ sind f_x und $x \to D_t f(x,t)$ integrierbar,
   (c) es gibt eine integrierbare Funktion $g\colon A \to \mathbb{R}$ mit $|D_t f(x)| \le g(x)$ für alle $x \in A$,

   so ist $F(t) := \int_A f(x,t)\,\mathrm{d}x$ differenzierbar und $F'(t) = \int_A D_t f(x,t)\,\mathrm{d}x$.

1 Sei $t_0 \in I$ und (t_k) eine Folge, die gegen t_0 konvergiert. Es gilt

$$f_{t_k} \to f_{t_0} \text{ fast überall}, \qquad |f_{t_0}|, |f_{t_k}| \le g\,.$$

Nach dem Satz von dominierter Konvergenz gilt $\lim_{k\to\infty} F(t_k) = F(t_0)$. Also ist F folgenstetig und damit stetig.

2 Sei $t_0 \in I$ fest. Betrachte die Funktion

$$h(x,t) := \begin{cases} \dfrac{f(x,t) - f(x,t_0)}{t - t_0} & \text{falls} t \ne t_0 \\ D_t f(x,t_0) & \text{falls } t = t_0 \text{ und die Ableitung existiert} \\ 0 & \text{sonst}\,. \end{cases}$$

Dann ist für fast alle x die Funktion $t \to h(x,t)$ stetig. Nach dem Mittelwertstz gibt es zu jedem t ein $\widetilde{t}$ zwischen t und t_0 mit $h(x,t) = D_t f(x,\widetilde{t})$. Insbesondere $|h(x,t)| \le g(x)$. Damit ist nach dem ersten Teil $H(t) := \int_A h(x,t)\,\mathrm{d}x$ stetig. Es folgt:

$$\frac{F(t) - F(t_0)}{t - t_0} = \int_A \frac{f(x,t) - f(x,t_0)}{t - t_0}\,\mathrm{d}x = \int_A h(x,t)\,\mathrm{d}x = H(t)\,.$$

Da H stetig ist, folgt

$$F'(t_0) = \lim_{t\to t_0} H(t) = H(t_0) = \int_A D_t f(x,t_0)\,\mathrm{d}x\,.$$

■

12.9 *Das Banach-Tarski-Paradox*

Das Banach-Tarski-Paradox besagt, dass man eine dreidimensionale Kugel derart zerlegen kann, dass sich ihre Teile nach Verschieben und Drehen, zu zwei Kugeln zusammenfügen lassen. Diese beide Kugeln haben den gleichen Durchmesser wie die ursprüngliche Kugel.

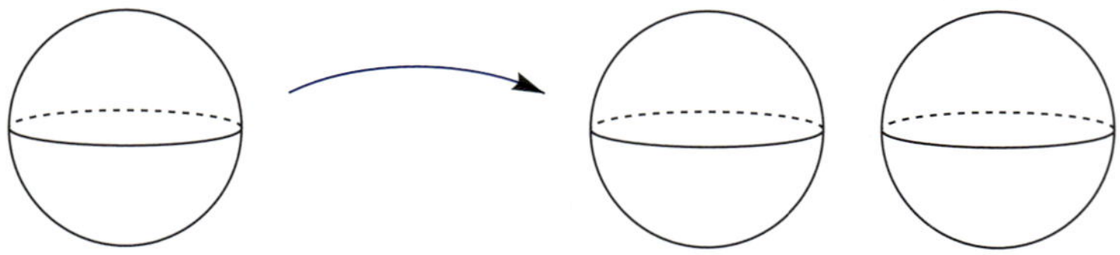

Dieses Paradox kann nur dadurch behoben werden, indem man akzeptiert, dass es nicht möglich ist, jeder Teilmenge von $\mathbb{R}^3$ ein Volumen zuzuordnen, die sich bei Bewegungen nicht ändert.

Wir werden hier nicht die Vollkugel verdoppeln, sondern „lediglich" die gelochte Vollkugel $B(0,1)\setminus\{(0,0,0)\}$. Wenn man diese Verdopplung verstanden hat, wird deutlich, dass dies auch für die Vollkugel geht. Es ist lästig, dies genau aufzuschreiben, weshalb wir dies unterlassen.

1. Schritt. Betrachte zunächst den Einheitskreis C und einen Punkt P_0 auf diesem Kreis. Sei α ein Winkel mit

$$\frac{\alpha}{2\pi} \notin \mathbb{Q}\,.$$

Die Drehung in $\mathbb{R}^2$ mit Zentrum 0 und Drehwinkel α bezeichnen wir mit R_α.

Satz 12.12 Mit $P_n := R_\alpha^n(P_0)$ gilt $P_n \neq P_m$ für alle $n, m \geq 0$.

Ist $P_n = P_m$ mit $n > m$, so ist $R_\alpha^n(P_0) = R_\alpha^m(P_0)$, also $R_\alpha^{n-m}(P_0) = P_0$. Mit $k = n - m$ folgt $k\alpha = \ell 2\pi$ für ein $\ell \in \mathbb{Z}$ und $\alpha/(2\pi) \in \mathbb{Q}$ folgt. Das ist aber nicht der Fall. ■

Sei $Z = \{P_1, P_2, P_3, \ldots\}$. Die Abbildung

$$R_\alpha^{-1}\colon Z \to Z \cup \{P_0\}$$

ist eine Bijektion. Es folgt, dass

$$C \setminus \{P_0\} \to C$$

$$Q \to \begin{cases} Q & \text{falls } Q \notin Z \\ R_\alpha^{-1}(Q) & \text{falls } Q \in Z \end{cases}$$

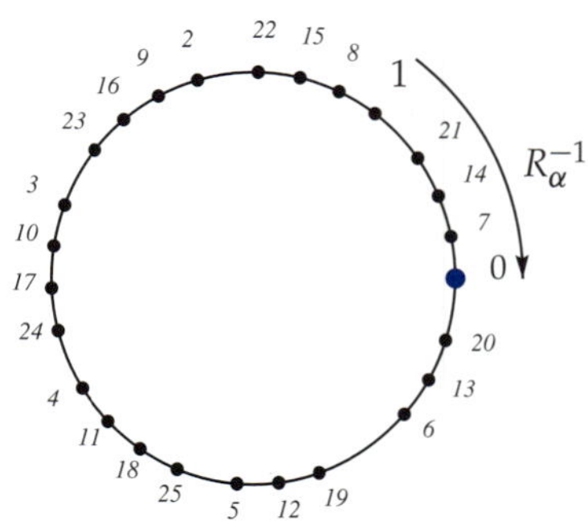

bijektiv ist. Wir haben den Punkt P_0 gewonnen. Im nebenstehenden Bild haben wir $\alpha = \arccos(0,6)$ genommen und $P_0, \ldots, P_{25}$ gezeichnet.

2. Schritt. Statt eines einzelnen Punkts P_0 nehmen wir eine abzählbare Teilmenge P des Einheitskreises C. Wir bestimmen einen geeigneten Winkel α.

Sind $Q_i = (\cos(\beta_i), \sin(\beta_i))$ für $i = 1, 2, 3, \ldots$ die verschiedenen Punkte aus P, so bestimmen wir α, sodass für alle $(i, j, \ell, n) \in \mathbb{N}^4$ mit $i \neq j$ gilt

$$\alpha \neq \frac{\beta_i - \beta_j + \ell \cdot 2\pi}{n} .$$

An der rechten Seite können lediglich abzählbar viele Zahlen auftreten. Weil wir überabzählbar viele α zur Verfügung haben, können wir ein α wählen, das die obere Ungleichung erfüllt für alle $n, i, j, \ell \in \mathbb{N}$ mit $i \neq j$.
Es sei nun

$$Z = \cup_{n=1}^{\infty} R_\alpha^n(P) = \cup_{n=1}^{\infty} \cup_{i=1}^{\infty} R_\alpha^n(Q_i) .$$

Wie oben gilt, dass die Abbildung $C \setminus P \to C$, $Q \to Q$, wenn $Q \notin Z$, und $Q \to R_\alpha^{-1}(Q)$ wenn $Q \in Z$ bijektiv ist.

3. Schritt. Eine ähnliche Aussage gibt es für $S^2 = \{(x, y, z) \colon x^2 + y^2 + z^2 = 1\}$ (die Sphäre). Sei $P \subset S^2$ eine abzählbare Menge P von Punkten. Wähle zwei diametrale Punkte auf S^2, die beide nicht in P liegen, und sei L die Verbindungsgerade dieser zwei Punkte. Durch Betrachtung einer Drehung mit der Achse L können wir, genau wie im 2. Schritt, die gegebene abzählbare Menge von Punkten P auf S^2 abtrennen und S^2 durch Drehung einer Teilmenge von S^2 wieder auffüllen. Wir verzichten hier auf Details.

4. Schritt. Sei $F(a, b)$ die freie Gruppe auf zwei Buchstaben.[2] Die Elemente von $F(a, b)$ sind sogenannte reduzierte Wörter. Diese bestehen aus Zeichenketten aus der Menge $\{a, b, a^{-1}, b^{-1}\}$ (die leere Zeichenkette ist ausdrücklich erlaubt), welche reduziert sind. Reduziert bedeutet, das direkt vor und direkt nach einem a niemals a^{-1} stehen darf und ebenfalls direkt vor und direkt nach einem b niemals ein b^{-1}. Es folgt, dass auch direkt vor und nach einem a^{-1} niemals ein a steht. Ebenso für b^{-1}. Zum Beispiel ist $abaaba^{-1}a^{-1}b^{-1}$ reduziert, aber $ababb^{-1}aaa$ ist nicht reduziert. Man kann zeigen, dass man ein nicht reduziertes Wort auf genau einer Weise zu einem reduzierten Wort reduzieren kann, indem man nach und nach aa^{-1}, $a^{-1}a$, bb^{-1} und $b^{-1}b$ streicht.

Das Produkt von w und u in $F(a, b)$ ist definiert als die Reduktion der Zeichenkette wu. Die leere Zeichenkette $e = \emptyset$ ist offenbar ein Einheitselement. Auf diese Weise ist $F(a, b)$ tatsächlich eine Gruppe.

Wir zerlegen die Gruppe $F(a, b)$ in fünf disjunkte Teilmengen:

$$F(a, b) = \{e\} \cup W(a) \cup W(b) \cup W(a^{-1}) \cup W(b^{-1}) . \tag{12.1}$$

Hierbei besteht $W(a)$ aus allen reduzierten Wörtern, die mit a anfangen. Analog $W(b)$, $W(a^{-1})$ und $W(b^{-1})$. Wie bei jeder Gruppe ist Multiplikation mit einem Element eine Bijektion. Es gilt die nachfolgende bemerkenswerte, aber einfache Tatsache.

2 Für Details verweisen wir hierzu auf mein Buch „Lineare Algebra", Abschnitt 8.7.

Satz 12.13 Die Gruppe $F(a,b)$ ist abzählbar. Es gilt:

$$F(a,b) = W(a) \cup aW(a^{-1}) \text{ und } W(a) \cap aW(a^{-1}) = \emptyset\,.$$

Analog für b.

Die erste Aussage ist klar. Hinter dem Anfangsbuchstaben a^{-1} eines Elementes von $W(a^{-1})$ kann eine beliebiges Wort aus $F(a,b)$ stehen, *das nicht mit* a anfängt. Nach Multiplikation mit a verschwindet aa^{-1} nach Reduktion. ■

5. Schritt. Die Drehungen in $\mathbb{R}^3$ mit Drehachse einer Gerade, die durch den Punkt $\{0,0,0\}$ geht, bilden eine Gruppe. Diese Gruppe heißt $SO(3)$. Ein Element von $SO(3)$ hat bezüglich der Standardbasis eine orthogonale Matrix A, welche die Gleichungen $A^TA = \mathrm{Id}$ und $\det(A) = 1$ erfüllen.

Wir definieren einen Gruppenhomomorphimus durch

$$\alpha\colon F(a,b) \to SO(3)$$

$$a \mapsto \sigma = \begin{pmatrix} 1 & 0 & 0 \\ 0 & 1/3 & -\sqrt{8}/3 \\ 0 & \sqrt{8}/3 & 1/3 \end{pmatrix}$$

$$b \mapsto \tau = \begin{pmatrix} 1/3 & -\sqrt{8}/3 & 0 \\ \sqrt{8}/3 & 1/3 & 0 \\ 0 & 0 & 1 \end{pmatrix}$$

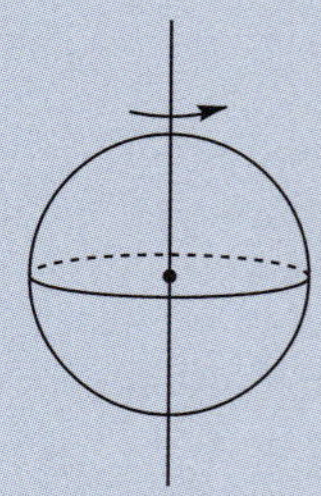

Drehung τ

Also σ ist die Drehung mit der x-Achse als Drehachse und dem Drehwinkel φ mit $\cos(\varphi) = 1/3$, also $\varphi \approx 70.5288°$.

Wir hätten auch viele andere Winkel nehmen können, jedoch sollte der Winkel schon „generisch" sein.

Satz 12.14 Die Abbildung $F(a,b) \to SO(3)$ ist injektiv.

Deshalb haben wir eine freie Gruppe $F(\sigma,\tau)$ als Untergruppe der Drehungsgruppe $SO(3)$. Den Beweis des Satzes geben wir am Ende des Abschnitts.

Für jede Drehung A in $F(\sigma,\tau)$, welche nicht die Identität ist, gibt es genau zwei Punkte in S^2, die unter A auf sich selbst abgebildet werden. Das sind nämlich die zwei Schnittpunkte der Drehachse von A mit S^2. Solche Punkte nennen wir Pole von S^2. Die Menge der Pole bezeichnen wir mit P.

Ist p ein Pol, dann $B(p)$ auch für alle $B \in F(\sigma,\tau)$. Ist nämlich $A(p) = p$, so ist $BAB^{-1}(B(p)) = B(p)$. Die Gruppe $F(\sigma,\tau)$ wirkt deshalb ohne Fixpunkte auf $S^2 \setminus P$. Dies bedeutet, dass $A(Q) \neq Q$ für alle $Q \in S^2 \setminus P$ und alle $A \in F(\sigma,\tau)$ mit $A \neq \mathrm{Id}$. Wie bei jeder Gruppenwirkung ist $S^2 \setminus P$ eine disjunkte Vereinigung von Bahnen (siehe „Lineare Algebra", Abschnitt 8.9). Wir wählen in jeder Bahn einen Punkt. Die Menge dieser Punkte bezeichen wir mit $P(e)$. Das sind die sogenannten „Startpunkte". Sei $P(\sigma) = W(\sigma) \cdot P(e)$. Diese Menge besteht aus den Punkten $A \cdot p$, mit $p \in P(e)$ und A ein reduziertes Wort in $F(\sigma, \tau)$, das mit σ anfängt. Analog definieren wir $P(\sigma^{-1}), P(\tau)$ und $P(\tau^{-1})$. Aus der Zerlegung (12.1) der freien Gruppe $F(a, b)$ erhalten wir die nachfolgende disjunkte Zerlegung der Sphäre S^2 ohne die Pole:

$$S^2 \setminus P = P(e) \cup P(\sigma) \cup P(\sigma^{-1}) \cup P(\tau) \cup P(\tau^{-1}) .$$

Aus Satz 12.13 folgt:

$$S^2 \setminus P = P(\sigma) \cup \sigma\left(P(\sigma^{-1})\right) \text{ und } S^2 \setminus P = P(\tau) \cup \tau\left(P(\tau^{-1})\right) .$$

Somit ist $S^2 \setminus P$ in fünf Teilmengen zerlegt. Hieraus sind durch Drehen und Zusammensetzen **zwei** Mengen $S^2 \setminus P$ konstruiert. Außerdem ist die erste Menge $P(e)$ noch übrig.

6. Schritt. Um diese zusätzliche Menge von Punkten $P(e)$ wieder loszuwerden, ändern wir die Zerlegung von $S^2 \setminus P$ ab. Sei $\Sigma = \cup_{i=1}^{\infty} \sigma^{-i}(P(e))$. Dann gilt $\sigma(\Sigma) = \Sigma \cup P(e)$. Wir definieren

$$A_0 := P \cup P(e) \cup \Sigma \cup P(\sigma) \text{ und } A_1 := P(\sigma^{-1}) \setminus \Sigma .$$

Dann gilt

$$\begin{aligned} S^2 &= A_0 \cup A_1 \cup P(\tau) \cup P(\tau^{-1}) \\ S^2 &= A_0 \cup \sigma(A_1) \\ S^2 \setminus P &= P(\tau) \cup \tau(P(\tau^{-1})) . \end{aligned}$$

7. Schritt. Nach dem 3. Schritt haben wir eine Zerlegung $S^2 \setminus P = B \cup Z$, mit $B \cup R_\alpha^{-1}(Z) = S^2$. Sei

$$B_0 = P(\tau) \cap B;\ B_1 := P(\tau) \cap Z;\ B_2 := P(\tau^{-1}) \cap \tau^{-1}(B);\ B_3 := P(\tau^{-1}) \cap \tau^{-1}(Z) .$$

Dann haben wir die disjunkten Zerlegungen:

$$\begin{aligned} S^2 &= A_0 \cup A_1 \cup B_0 \cup B_1 \cup B_2 \cup B_3 \\ S^2 &= A_0 \cup \sigma(A_1) ; \\ S^2 &= B_0 \cup R_\alpha^{-1}(B_1) \cup \tau(B_2) \cup R_\alpha^{-1}\tau(B_3) . \end{aligned}$$

Wir haben S^2 verdoppelt!

8. Schritt. Indem wir die Verdopplung der Sphäre nicht nur auf allen Punkte p der Sphäre, sondern die Operation gleichzeitig auf den Punkten tp für $t \in (0, 1]$ durchführen, verdoppeln wir die gelochte Kugel $B(0, 1) \setminus \{(0, 0, 0)\}$.

(Beweis des Satzes 12.14)

Wir müssen Folgendes zeigen: Liegt ein nichtleeres reduziertes Wort mit Buchstaben σ, τ, σ^{-1} und τ^{-1} vor, so ist dieses, aufgefasst als Drehung im 3-Raum, nicht gleich der Identität. Es gibt vier Fälle. Das Wort endet auf σ oder auf σ^{-1} oder auf τ oder auf τ^{-1}. Wir betrachten den Fall σ, die anderen Fälle sind analog.

Behauptung: Ist A ein reduziertes Wort der Länge k in $\sigma^{\pm 1}$ und $\tau^{\pm 1}$, so gilt

$$A \cdot \begin{pmatrix} 0 \\ 0 \\ 1 \end{pmatrix} = \frac{1}{3^k} \begin{pmatrix} a \\ b\sqrt{2} \\ c \end{pmatrix}$$

für ganze Zahlen a, b, c mit $3 \nmid b$.

Das reicht für den Beweis: Es gibt einen Vektor, der nicht auf sich selbst abgebildet wird, und A ist deshalb nicht die Identität. Die Behauptung ist offensichtlich wahr für den Fall für $k = 1$: Dann ist $A = \sigma$ mit $a = 0,\ b = -2$ und $c = 1$. Wir berechnen:

$$\sigma \cdot A \cdot \begin{pmatrix} 0 \\ 0 \\ 1 \end{pmatrix} = \frac{1}{3^k} \begin{pmatrix} 1 & 0 & 0 \\ 0 & 1/3 & -\sqrt{8}/3 \\ 0 & \sqrt{8}/3 & 1/3 \end{pmatrix} \begin{pmatrix} a \\ b\sqrt{2} \\ c \end{pmatrix} = \frac{1}{3^{k+1}} \begin{pmatrix} 3a \\ (b-2c)\sqrt{2} \\ 4b + c \end{pmatrix}$$

$$\tau \cdot A \cdot \begin{pmatrix} 0 \\ 0 \\ 1 \end{pmatrix} = \frac{1}{3^k} \begin{pmatrix} 1/3 & -\sqrt{8}/3 & 0 \\ \sqrt{8}/3 & 1/3 & 0 \\ 0 & 0 & 1 \end{pmatrix} \begin{pmatrix} a \\ b\sqrt{2} \\ c \end{pmatrix} = \frac{1}{3^{k+1}} \begin{pmatrix} a - 4b \\ (2a+b)\sqrt{2} \\ 3c \end{pmatrix}$$

und analog für das Multiplizieren von links mit σ^{-1} oder τ^{-1}. Wir sehen, dass diese Berechnung noch nicht reicht. Wir zeigen jetzt die Behauptung lediglich für σA, die Fälle $\tau A, \sigma^{-1} A$ und τ^{-1} sind analog. Es gibt hierfür fünf Fälle.

Fall 1. $A = \sigma$. Dieser Fall folgt aus der Berechnung von σ^2.

Fall 2. $A = \tau B$ für ein B. Dann ist $c = 3\widetilde{c}$ für ein $\widetilde{c} \in \mathbb{Z}$ und

$$\sigma\tau B \begin{pmatrix} 0 \\ 0 \\ 1 \end{pmatrix} = \frac{1}{3^k}\sigma \begin{pmatrix} a \\ b\sqrt{2} \\ 3\widetilde{c} \end{pmatrix} = \frac{1}{3^{k+1}} \begin{pmatrix} 3a \\ (b - 6\widetilde{c})\sqrt{2} \\ 4b + c \end{pmatrix}$$

mit $3 \nmid b$. Wir sehen, dass $b - 6\widetilde{c}$ nicht durch 3 teilbar ist.

Fall 3. $A = \tau^{-1} B$ für ein $B \in F(\sigma, \tau)$: vollkommen analog.

Fall 4. $A = \sigma^{-1} B$ kommt nicht vor, weil σA reduziert ist.

Fall 5. $A = \sigma B$ für ein $\mathrm{Id} \neq B \in F(\sigma, \tau)$. Dann gibt es mit Induktion $\widetilde{a}, \widetilde{b}, \widetilde{c}$ in $\mathbb{Z}$ mit

$$\sigma A \begin{pmatrix} 0 \\ 0 \\ 1 \end{pmatrix} = \sigma\sigma B \begin{pmatrix} 0 \\ 0 \\ 1 \end{pmatrix} = \sigma\sigma \frac{1}{3^{k-1}} \begin{pmatrix} \widetilde{a} \\ \widetilde{b}\sqrt{2} \\ \widetilde{c} \end{pmatrix} = \frac{1}{3^{k+1}} \begin{pmatrix} 3a \\ (-7\widetilde{b} - 4\widetilde{c})\sqrt{2} \\ 4b + c \end{pmatrix}$$

und $b = \widetilde{b} - 2\widetilde{c}$. Dann ist $(-7\widetilde{b} - 4\widetilde{c}) = -9\widetilde{b} + 2b$, was nicht durch 3 teilbar ist, da $3 \nmid b$. ■

Differenzialgleichungen

13

13.1 Picard-Lindelöf-Verfahren 308
13.2 Lineare Differenzialgleichungen 312
13.3 Trennbare Variablen 314
13.4 Lineare Differenzialgleichungen zweiter Ordnung 316
13.5 Systeme linearer Differenzialgleichungen I 318
13.6 Die Exponentialfunktion für Matrizen 320
13.7 Systeme linearer Differenzialgleichungen II 322
13.8 Differenzialgleichungen höherer Ordnung 324
13.9 Maximale Lösungen von Differenzialgleichungen . 326
13.10 Exakte Differenzialgleichungen und erste Integrale 328
13.11 Integrierende Faktoren 330

ÜBERBLICK

LERNZIELE

- Integralkurven
- Reduktion von Gleichungen höherer Ordnung auf Gleichungen erster Ordnung
- Das iterative Picard-Lindelöf-Verfahren
- Lineare Differenzialgleichungen
- Variation der Konstanten
- Exponentialfunktion von Matrizen
- Erste Integrale, Hamiltonfunktionen
- Exakte Differenzialgleichungen und integrierende Faktoren.

Bei (gewöhnlichen) Differenzialgleichungen werden Abbildungen $x\colon I \to \mathbb{R}^n$ gesucht, die eine Gleichung der Form

$$F(t, x(t), x'(t), \ldots, x^{(N)}(t)) = 0$$

erfüllen, wobei I ein Intervall in den reellen Zahlen ist. Die Funktion F ist definiert auf einer offenen Menge $I \times U \subset \mathbb{R} \times (\mathbb{R}^n)^{N+1}$. Die Zahl N nennt man die Ordnung der Differenzialgleichung.

Wir studieren meistens *explizite* Differenzialgleichungen der Form

$$x^{(N)} = f(t, x, x', \ldots, x^{(N-1)})\,.$$

Zunächst betrachten wir den einfachsten Fall $n = 1$ und $N = 1$. In diesem Fall suchen wir eine einzige Funktion $x(t)$, sodass die Ableitung $x'(t)$ durch eine Funktion $f(t, x)$ vorgeschrieben wird. In der $t - x$-Ebene ist somit in jedem Punkt die Steigung der Tangente an dem Graphen von $x(t)$ vorgegeben.

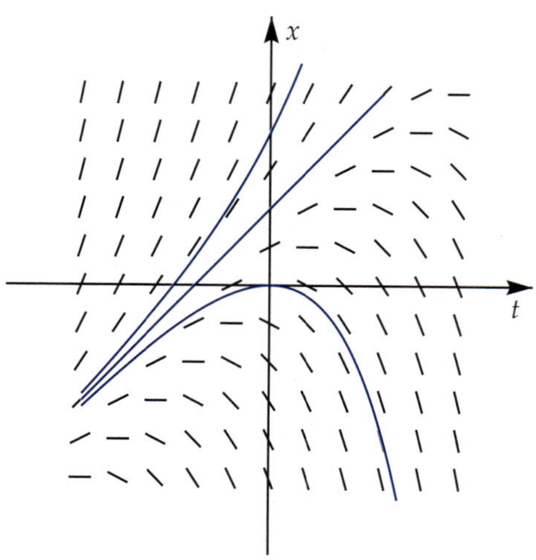

Um einen Spezialfall handelt es sich, wenn $f(t,x)$ tatsächlich nur von t abhängig ist: $f(t,x) = f(t)$. In diesem Fall ist die Gleichung $x'(t) = f(t)$, also sind Stammfunktionen von $f(t)$ gesucht.

Für allgemeine n betrachten wir eine Lösung $x(t)$ der Differenzialgleichung $x' = f(t,x)$ nicht als Graphen einer Funktion, sondern als Weg $x\colon I \to \mathbb{R}^n$. Zu jedem Zeitpunkt und jedem Punkt im Raum ist die Richtung $x'(t) = f(t, x(t))$ vorgegeben. Wenn zu einem Zeitpunkt t_0 auch der Wert $x(t_0) = x_0$ vorgegeben ist, spricht man von einem Anfangswertproblem.

Ein wichtiger Spezialfall ist, wenn $f(t,x)$ nicht von t abhängig ist: $f(t,x) = f(x)$. Man spricht dann von einer autonomen Differenzialgleichung. Für $n = 2$ sieht eine solche Gleichung folgendermaßen aus:

$$\begin{aligned} x'(t) &= Q(x,y) \\ y'(t) &= -P(x,y)\,. \end{aligned}$$

Ist die Lösung definiert auf einem Intervall I, so versucht man in diesem Fall eine Zeichnung vom Bild von x zu machen. Bei der Gleichung

$$\begin{aligned} x' &= -y \\ y' &= x \end{aligned}$$

mit $x(0) = 1$ und $y(0) = 0$ erhält man als Lösung $(x(t), y(t)) = (\cos(t), \sin(t))$. Wichtige Information ist in der Tatsache enthalten, dass das Bild auf dem Einheitskreis, gegeben durch die Gleichung $x^2 + y^2 = 1$, liegt.

Grundlegend ist der Satz über die Existenz und Eindeutigkeit von Lösungen von Differenzialgleichungen. Ist $f(t,x)$ eine *stetig differenzierbare* Funktion, so hat die Gleichung

$$x'(t) = f(t, x(t)),\ x(t_0) = x_0$$

in einer Umgebung von (t_0, x_0) eine eindeutige Lösung. Die Eindeutigkeit ist nicht selbstverständlich. Die Gleichung

$$x'(t) = 2|x|^{2/3},\ x_0 = 0$$

hat mindestens zwei Lösungen:

$$x(t) = 0 \quad\text{und}\quad x(t) = \frac{8}{27}t^3\,.$$

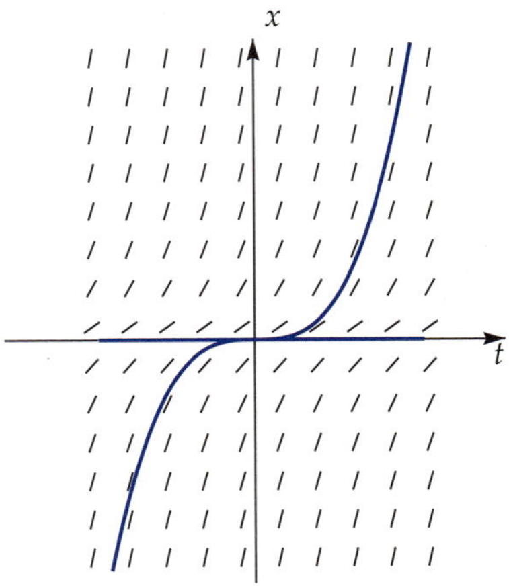

Tatsächlich gibt es in diesem Beispiel unendlich viele Lösungen. Bemerke, dass die Funktion $|x|^{2/3}$ nicht differenzierbar ist in $x = 0$.

Der Beweis der Existenz und Eindeutigkeit von Lösungen von Differenzialgleichungen erfolgt mit dem Picard-Lindelöf-Verfahren. Zunächst bemerkt man für $n = 1$, dass die Differenzialgleichung $x' = f(t,x)$, $x(t_0) = x_0$ äquivalent ist zu der Integralgleichung

$$x(t) = x_0 + \int_{t_0}^{t} f(s, x(s))\,\mathrm{d}s\,.$$

(Hauptsatz der Differenzial- und Integralrechnung). Dies gilt auch für eine Abbildung $x: I \to \mathbb{R}^n$ mit $n > 1$, wenn man das Integral auf naheliegende Weise interpretiert. Mit folgender Idee soll die Lösung bestimmt werden. Beginne mit einer einfachen, aber natürlich noch sehr schlechten Annäherung einer Lösung, nämlich die konstante Funktion $x_0(t) = x_0$. Hat man induktiv eine Annäherung $x_k(t)$ gefunden, so erhält man (hoffentlich) eine bessere Annäherung $x_{k+1}(t)$ durch

$$x_{k+1}(t) = x_0 + \int_{t_0}^{t} f(s, x_k(s))\, \mathrm{d}s\,.$$

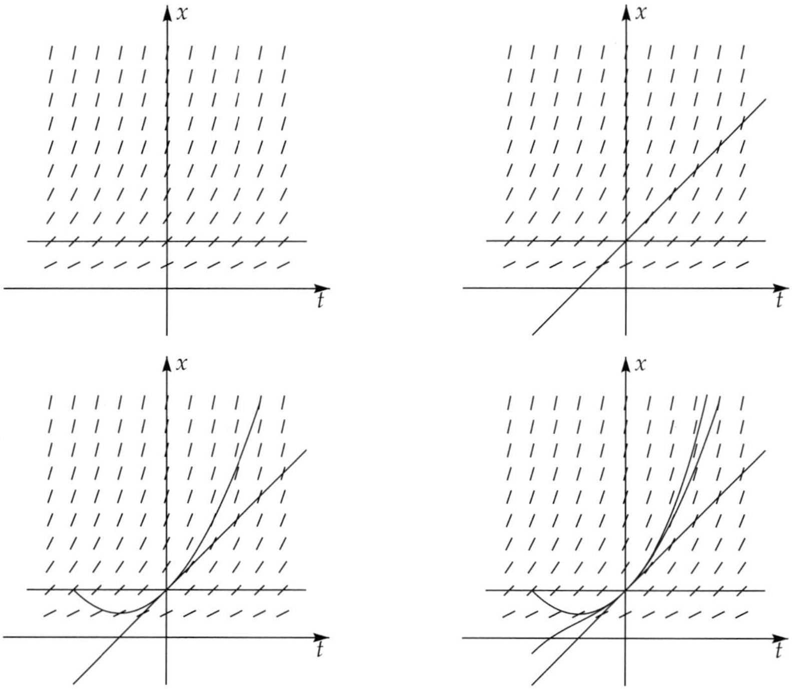

In diesem Beispiel sind x_0, x_1, x_2, x_3 der Differenzialgleichung

$$x'(t) = x(t) \;\text{ mit }\; x(0) = 1$$

gezeichnet. Bekanntlich ist $x(t) = \mathrm{e}^t$ die Lösung.

Dieses Verfahren funktioniert, wenn f eine C^1-Funktion ist und t nahe genug bei t_0 ist, aber der Beweis kostet Mühe. Wir halten die Darstellung so elementar wie möglich. Es wird nicht versucht, die Voraussetzungen so minimal wie möglich zu halten, weil wir dann neue Begriffe wie Lipschitz-Stetigkeit einführen und studieren müssen.

Zu bemerken ist, dass die Lösung $x(t)$ einer Differenzialgleichung $x' = f(t, x)$, $x(t_0) = x_0$ nur in der Nähe von t_0 definiert sein muss, auch wenn $f(t, x)$ überall definiert ist. Die Lösung $x(t)$ kann in endlicher Zeit gegen unendlich divergieren. Als Beispiel nennen wir die sogenannte

Explosionsgleichung

$$x' = x^2 t \text{ mit } x(0) = C\,.$$

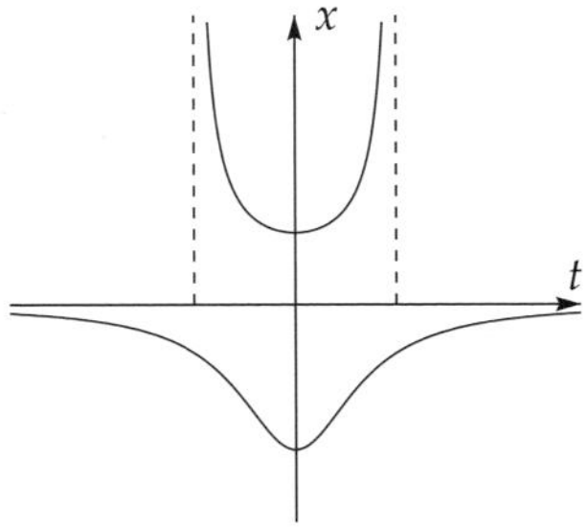

Man prüft, dass für alle $C \in \mathbb{R} \setminus \{0\}$ die Funktion

$$x(t) = \frac{2}{-t^2 + 2/C}$$

eine Lösung ist. Ist $C < 0$, so ist die Lösung für alle $t \in \mathbb{R}$ definiert, aber für $C > 0$ existiert die Lösung nur für $t \in (-\sqrt{2/C}, \sqrt{2/C})$.

Glücklicherweise muss man für die Existenz und die Eindeutigkeit von expliziten Differenzialgleichungen höherer Ordnung

$$x^{(N)} = f(t, x, x', \ldots, x^{(N-1)})$$

mit Anfangsbedingungen

$$\begin{aligned} x(t_0) &= x_0 \\ x'(t_0) &= x'_0 \\ &\vdots \\ x^{(N-1)}(t_0) &= x_{N-1} \end{aligned}$$

nicht noch einmal von vorne anfangen. Mit einem Trick lässt sich diese Gleichung in ein Gleichungssystem umschreiben. Für $N = 2$ und $n = 1$ schreibt man die Gleichung

$$x'' = f(t, x, x')$$

mit einer neuen Variablen y um:

$$x'(t) = y(t) \text{ und } y'(t) = f(t, x(t), y(t))\,.$$

Außer dem Existenz- und Eindeutigkeitssatz werden wir einige Differenzialgleichungen behandeln, für die wir explizit Lösungen „aufschreiben" können. Das sollte aber nicht darüber hinwegtäuschen, dass es im Allgemeinen fast immer unmöglich ist, eine Lösung der Differenzialgleichung explizit aufzuschreiben

In den Abschnitten 13.6 (die Exponentialfunktion einer Matrix) und 13.7 (Systeme linearer Differenzialgleichungen) werden Kenntnisse über die jordansche Normalform vorausgesetzt („Lineare Algebra", Abschnitt 6.8 und 6.9). Im Beweis des Satzes 13.8 wird der Spaltungssatz für lineare Abbildungen benutzt. Die weiteren Abschnitte sind nicht betroffen und können unabhängig davon gelesen werden.

Wir benutzen in diesem Kapitel, wenn nicht explizit anders erwähnt, die $\|\cdot\|_\infty$-Norm.

13.1 Picard-Lindelöf-Verfahren

Das Integral einer stetigen Funktion $g(s) = (g_1(s), \ldots, g_n(s))$ ist definiert durch:

$$\int_{t_0}^{t} g(s)\,\mathrm{d}s = \int_{t_0}^{t} \begin{pmatrix} g_1(s) \\ \vdots \\ g_n(s) \end{pmatrix} \mathrm{d}s := \begin{pmatrix} \int_{t_0}^{t} g_1(s)\,\mathrm{d}s \\ \vdots \\ \int_{t_0}^{t} g_n(s)\,\mathrm{d}s \end{pmatrix}$$

Mithilfe des Hauptsatzes der Differenzial- und Integralrechnung (komponentenweise angewendet) schreiben wir eine Differenzialgleichung in eine Integralgleichung um.

Satz 13.1 Sei $I \subset \mathbb{R}$ ein Intervall, $U \subset \mathbb{R}^n$ offen, $t_0 \in I$ und $x_0, \xi \in U$.

1 Ist $f\colon I \times U \to \mathbb{R}^n$ stetig und $x\colon I \to \mathbb{R}^n$ stetig differenzierbar, so gilt:

$$x'(t) = f(t, x(t)), \quad x(t_0) = \xi \iff x(t) = \xi + \int_{t_0}^{t} f(s, x(s))\,\mathrm{d}s\,. \tag{13.1}$$

2 (**Picard-Lindelöf-Verfahren**) Sei $f(t,x)$ eine C^k-Funktion auf $I \times U$ mit $k \geq 1$. Dann existiert eine Umgebung $J \subset I$ von t_0 und eine Umgebung $V \subset U$ von x_0, sodass für alle $\xi \in V$ die Folge von Funktionen $x_k\colon J \to U$ definiert durch

$$x_0(t,\xi) := \xi \in V \qquad x_{k+1}(t,\xi) := \xi + \int_{t_0}^{t} f(s, x_k(s))\,\mathrm{d}s$$

gegen eine eindeutige Lösung $x(t,\xi)$ der Gleichungen (13.1) konvergiert.

Die Lösung $x(t,\xi)$ ist eine C^{k-1}-Funktion in (t,ξ). (Es gilt sogar, dass $x(t,\xi)$ eine C^k-Funktion ist, für den Beweis braucht man jedoch zusätzliche Argumente.)

Beispiel: $x'(t) = x(t), \quad x(0) = 1$ mit Lösung $x(t) = \mathrm{e}^t$. Das Picard-Lindelöf-Verfahren liefert die Potenzreihenentwicklung von e^t.

$$x_1(t) = 1 + \int_0^t 1\,\mathrm{d}s = 1 + t\,; \qquad x_2(t) = 1 + \int_0^t 1 + s\,\mathrm{d}s = 1 + t + \frac{t^2}{2}$$

$$x_3(t) = 1 + \int_0^t 1 + s + \frac{s^2}{2}\,\mathrm{d}s = 1 + t + \frac{t^2}{2} + \frac{t^3}{6}$$

Bemerkung. Differenzialgleichungen höherer Ordnung, d. h. Gleichungen vom Typ

$$x^{(n)} = f(t, x, x', \ldots, x^{(n-1)})$$

lassen sich zu einem System von Gleichungen umformulieren: Setze

$$x_1 = x, x_2 = x_1', \ldots, x_{n-2}' = x_{n-1} \quad \text{und} \quad x_{n-1}' = f(t, x_1, x_2, \ldots, x_{n-1})\,.$$

Der Existenzsatz für Lösungen von Differenzialgleichung erster Ordnung liefert den Existenzsatz für Differenzialgleichungen höherer Ordnung, ohne dass wir extra was dafür tun müssen.

Aufgaben

EXTRAS ONLINE Lösungen

Aufgabe 13.1 Sei $g = (g_1, \ldots, g_n)$ eine auf $[a, b]$ stetige Funktion. Warum ist für die $\|\cdot\|_\infty$-Norm die Ungleichung $\left\| \int_a^b g(s)\, ds \right\| \leq \int_a^b \|g(s)\|\, ds$ offensichtlich? (Diese Ungleichung gilt auch für $\|\cdot\|_2$, ein Beweis ist etwas schwieriger.)

Aufgabe 13.2 Wenden Sie sechs Schleifen des Picard-Lindelöf-Verfahrens auf die Differenzialgleichung

$$\begin{aligned} x'(t) &= -y, \quad x(0) = 1 \\ y'(t) &= x, \quad y(0) = 0 \end{aligned}$$

an, um die Potenzreihenentwicklungen von Cosinus und Sinus zu sehen.

Aufgabe 13.3 Berechnen Sie x_1, x_2, x_3 in dem Picard-Lindelöf-Verfahren für

$$x'(t) = 2t \cdot x, \; x(0) = 1\,.$$

Prüfen Sie das Ergebnis, indem Sie die Differenzialgleichung explizit lösen.

Aufgabe 13.4 Berechnen Sie x_1, x_2, x_3 in dem Picard-Lindelöf-Verfahren für

$$x'(t) = t^2 + x^2, \;\; x(0) = 0 \text{ und } x''(t) = t + 2x(t), x(0) = 1, x'(0) = 0\,.$$

Aufgabe 13.5 Betrachte die Differenzialgleichung

$$x'' - 2x' + x = 0, \; x(0) = 0 \text{ und } x'(0) = 1.$$

1. Schreiben Sie diese Differenzialgleichung nach einem System von Differenzialgleichungen $x' = ..$ und $y' = ..$ erster Ordnung um.
2. Führen Sie das Picard-Lindelöf-Verfahren durch und berechnen Sie x_i und y_i für $i = 0, \ldots, 3$.
3. Erraten Sie eine geschlossene Formel für $x(t)$.
4. Gehen Sie ähnlich vor für die Differenzialgleichung $x''' - 3x'' + 3x' - x = 0$ mit $x(0) = x'(0) = 0$ und $x''(0) = 1$. Berechnen Sie $x_0, \ldots, x_5$.

Aufgabe 13.6 Betrachte die Differenzialgleichung

$$\begin{aligned} x' &= t \cdot x - t^2 y \\ y' &= 2x + t \end{aligned}$$

mit Anfangsbedingung $x(0) = 1$ und $y(0) = -1$. Bestimmen Sie x_i und y_i des Picard-Lindelöf-Verfahrens für $i \leq 2$.

Aufgabe 13.7 Ist $x'(t) = f(t, x, h)$ mit f eine C^k-Funktion in t, x, h, so ist die Lösung $x(t, h)$ eine C^{k-1}-Funktion von h. Zeigen Sie diese Aussage.
Tipp: Sie brauchen nur einen Trick und dürfen natürlich Satz 13.1 benutzen.

Beweis der Existenz und Eindeutigkeit

Wir dürfen ohne Einschränkung $t_0 = 0$ nehmen. Wir definieren einige Konstanten.

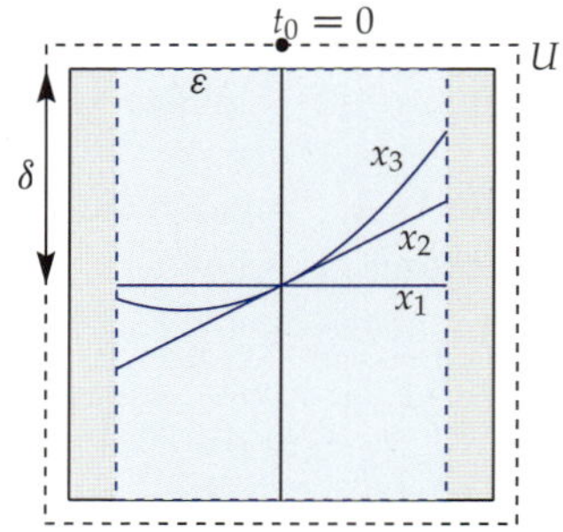

1 Sei $\delta > 0$ mit $\{x\colon \|x - x_0\| \leq \delta\} \subset U$.

2 $M := \max\{\|f(t,x)\|\colon \|x - x_0\| \leq \delta\}$.

3 $N := \max\{\|D_v f(t,x)\|\colon \|x - x_0\| \leq \delta, \|v\|_2 = 1\}$.

4 $\varepsilon := \min\{\delta/M, 1/(2N\sqrt{n})\}$.

5 Für $x\colon [-\varepsilon, \varepsilon] \to \mathbb{R}^n$ stetig:

- $\|x\| := \sup\{\|x(t)\|\colon t \in [-\varepsilon, \varepsilon]\}$,
- $A(x)(t) := x_0 + \int_0^t f(s, x(s))\, \mathrm{d}s$.

$x\colon [-\varepsilon, \varepsilon] \to \mathbb{R}^n$ ist eine Lösung der Integralgleichung genau dann, wenn $x = A(x)$. Seien $x, y\colon [-\varepsilon, \varepsilon] \to \mathbb{R}^n$ mit $\|x - x_0\|, \|y - x_0\| < \delta$. Mit $v = (y - x)/\|y - x\|_2$ gilt:

$$\begin{aligned}\|f(s,y) - f(s,x)\| &= \left\| \int_0^{\|y-x\|_2} \frac{\mathrm{d}}{\mathrm{d}t} f(s, x + tv)\, \mathrm{d}t \right\| \leq \int_0^{\|y-x\|_2} \left\| D_v f(s, x + tv) \right\|\, \mathrm{d}t \\ &\leq N \cdot \|y - x\|_2. \qquad \text{(Lipschitz-Bedingung)}\end{aligned}$$

$$\begin{aligned}\|A(x)(t) - A(y)(t)\| &= \left\| \int_0^t f(s, x(s)) - f(s, y(s))\, \mathrm{d}s \right\| \leq \int_0^t \|f(s, x(s)) - f(s, y(s))\|\, \mathrm{d}s \\ &\leq N \cdot \int_0^t \|x(s) - y(s)\|_2\, \mathrm{d}s \leq N\varepsilon \cdot \|x - y\|_2 \leq \frac{1}{2} \cdot \|x - y\|\,.\end{aligned}$$

Die Eindeutigkeit folgt: Es seien x, y zwei Lösungen, also $x = A(x)$ und $y = A(y)$. Dann ist $\|x - y\| = \|A(x) - A(y)\| \leq \frac{1}{2} \cdot \|x - y\|$. Also $\|x - y\| = 0$, d. h. $x = y$.

Wir zeigen: Ist $\|x - x_0\| \leq \delta$, dann auch $\|A(x) - x_0\| \leq \delta$:

$$\|A(x)(t) - x_0\| \leq \int_0^t \|f(s, x(s))\|\, \mathrm{d}s \leq \varepsilon \cdot M \leq \delta\,.$$

Mit $x_0(t) := x_0$ und $x_{k+1} := A(x_k)$ gilt deshalb $\|x_k - x_0\| \leq \delta$ für alle k. Außerdem:

$$\|x_{k+1} - x_k\| = \|A(x_k) - A(x_{k-1})\| \leq \frac{1}{2}\|x_k - x_{k-1}\| \leq \cdots \leq \frac{1}{2^{k-1}}\|x_2 - x_1\|$$

$$\|x_{k+1} - x_1\| \leq \|x_{k+1} - x_k\| + \cdots + \|x_2 - x_1\| \leq 2 \cdot \|x_2 - x_1\|\,. \tag{13.2}$$

Somit konvergiert (x_k) gleichmäßig gegen ein $x\colon [-\varepsilon, \varepsilon] \to \mathbb{R}^n$, siehe Aufgabe 8.22. Weil $\|f(s, x(s)) - f(s, x_k(s))\| \leq N\sqrt{n} \cdot \|x(s) - x_k(s)\|$ (die Lipschitz-Bedingung von oben), konvergiert $f(s, x_k(s))$ gleichmäßig gegen $f(s, x)$. Wir dürfen Satz 7.2 komponentweise anwenden:

$$\begin{aligned}x(t) &= \lim_{k\to\infty} x_{k+1}(t) = x_0 + \lim_{k\to\infty} \int_0^t f(s, x_k(s))\, \mathrm{d}s \\ &= x_0 + \int_0^t \lim_{k\to\infty} f(s, x_k(s))\, \mathrm{d}s = x_0 + \int_0^t f(s, x(s))\, \mathrm{d}s\,.\end{aligned}$$

Hiermit ist die Existenz der Lösung $x(t) = x(t, x_0)$ gezeigt.

- Sei $f(t, x, h)$ eine stetige Funktion von h. Benutze dazu den ersten Teil von Satz 9.6 (die gleichmäßige Integrierbarkeit ist auf abgeschlossenen Intervallen erfüllt), um zu folgern, dass $x_k(t, x_0, h)$ stetig in h ist. Aus der gleichmäßigen Konvergenz von $x_k(t, x_0, h)$ für $k \to \infty$ folgt die Stetigkeit von $x(t, x_0, h)$ in (t, h).
- Die Lösung ist auch stetig abhängig von x_0. Nehme dazu zusätzlich $\varepsilon < \delta/(2M)$ evtl. etwas kleiner, $\|\xi - x_0\| < \delta/2$ und die Abbildung $A_\xi(x) = \xi + \int_{t_0}^t f(s, (x(s)) \, \mathrm{d}s$. Wir nehmen jetzt den Startwert $x_0(t, \xi) = x(t, x_0)$ und $x_{k+1} = A_\xi(x_k)$. Eine einfache Berechnung zeigt, dass $x_2(t, \xi) - x_1(t, \xi) = \xi - x_0$.
  Wie oben folgt, dass x_k gleichmäßig gegen eine Lösung $x(t, \xi)$ der Differenzialgleichung mit Anfangswert ξ konvergiert. Mit der Ungleichung (13.2) folgt für $k \to \infty$:
  $$\|x(t, \xi) - x(t, x_0)\| \leq \|x_2(t, \xi) - x_1(t, \xi)\| \leq 2 \cdot \|\xi - x_0\| \, .$$
- Es sei $f(t, x)$ eine C^2-Funktion. Jetzt zeigen wir, dass die Lösung $x(t, \xi)$ eine differenzierbare Funktion von ξ ist. Für ξ und v fest und h klein sei $x(t, \xi + hv)$ die Lösung der Differenzialgleichung $x' = f(t, x)$, $x(t_0) = \xi + hv$. Sei
  $$\Delta(t, h) := \frac{x(t, \xi + hv) - x(t, \xi)}{h}, \qquad F(t, y, h) := \sum_{i=1}^{n} y_i \cdot \int_0^1 D_i f\big(t, x(t, \xi) + shy\big) \, \mathrm{d}s \, .$$
  F ist C^1 und $\Delta(t, h)$ erfüllt für $h \neq 0$ die Gleichung $y' = F(t, y, h)$, $\;y(t_0) = v$:
  $$\begin{aligned} h\Delta'(t, h) &= f(t, x(t, \xi + hv)) - f(t, x(t, \xi)) = \int_0^1 \frac{\mathrm{d}}{\mathrm{d}s} f\Big(x(t, \xi) + sh\Delta(t, h)\Big) \, \mathrm{d}s \\ &= h \cdot F(t, \Delta(t, h), h) \, . \end{aligned}$$

Als Lösung der Differenzialgleichung mit Parameter h ist $\Delta(t, h)$ eine stetige Funktion des Parameters h, also existiert $\lim_{h \to 0} \Delta(t, h)$. Das ist die Existenz von $D_v x(t, \xi)$. Weil die Lösung $\Delta(t, 0)$ noch stetig von dem Parameter ξ abhängig ist, ist die Lösung stetig differenzierbar nach ξ. Weil $x'(t, \xi) = f(t, x(t, \xi))$, ist x *stetig* differenzierbar nach t. Für die höheren Ableitungen setzen wir $h = 0$ in $y' = F(t, y, h)$ mit Lösung $y = D_v x(t, \xi)$ ein:

$$D_v x(t, \xi)' = \sum_{i=1}^{n} D_v x_i(t, \xi) \cdot D_i f(x(t, x(t, \xi))) \, .$$

Ist f eine C^k-Funktion ($k \geq 2$), so ist $D_i f$ für jedes i eine C^{k-1}-Funktion in ξ, die Lösung $D_v x(t, \xi)$ für jede Richtung v nach Induktion C^{k-2} in ξ. Somit ist $x(t, \xi)$ ein C^{k-1} Funktion in ξ. Weil $x'(t, \xi) = f(t, x(t, \xi))$, lässt sich jede Ableitung der Ordnung $k - 1$ von $x(t, \xi)$, in der eine Ableitung nach t vorkommt, durch Ableitungen der Ordnung $k-2$ von $f(t, x(t, \xi))$ darstellen und mit Induktion ist $f(t, x(t, \xi))$ eine C^{k-2}-Funktion. Also ist $x(t, \xi)$ eine C^{k-1}-Funktion. ■

13.2 Lineare Differenzialgleichungen

Satz 13.2 Es sei I ein offenes Intervall in $\mathbb{R}$ und seien $a, b\colon I \to \mathbb{R}$ stetig.

1 Die Lösungen der **homogenen** Gleichung $x'(t) = a(t)\cdot x(t)$ sind gegeben durch $x(t) = C\cdot \mathrm{e}^{A(t)}$, wobei $C \in \mathbb{R}$ und $A(t)$ eine Stammfunktion von $a(t)$ ist.

2 Sind $x = x_1(t)$ und $x = x_2(t)$ differenzierbare Funktionen, die beide die Gleichung $x'(t) = a(t)x(t) + b(t)$ erfüllen, so gibt es ein $C \in \mathbb{R}$ mit $x_1(t) - x_2(t) = C\cdot \mathrm{e}^{A(t)}$.

3 **(Variation der Konstanten)** Sei $C(t)$ eine Stammfunktion von $b(t)\,\mathrm{e}^{-A(t)}$. Gilt $x'(t) = a(t)x(t) + b(t)$, so gibt es ein $C \in \mathbb{R}$ mit $x(t) = C\cdot \mathrm{e}^{A(t)} + C(t)\,\mathrm{e}^{A(t)}$.

1 Klar ist, dass $\mathrm{e}^{A(t)}$ die Gleichung erfüllt. Ist $x(t)$ eine Lösung, so gilt für $y(t) = x(t)\cdot \mathrm{e}^{-A(t)}$:

$$y'(t) = x'(t)\cdot \mathrm{e}^{-A(t)} - a(t)x(t)\,\mathrm{e}^{-A(t)} = a(t)\cdot x(t)\cdot \mathrm{e}^{-A(t)} - a(t)x(t)\,\mathrm{e}^{-A(t)} = 0\,.$$

Deshalb ist y eine Konstante C und $x(t) = C\,\mathrm{e}^{A(t)}$ folgt.

2 Die Differenz $x(t) = x_1(t) - x_2(t)$ erfüllt die erste Gleichung.

3 Sei $x(t) = C(t)\,\mathrm{e}^{A(t)}$. Dann gilt:

$$x'(t) = a(t)C(t)\,\mathrm{e}^{A(t)} + C'(t)\,\mathrm{e}^{A(t)} = a(t)\cdot x(t) + b(t)\,.$$

Jetzt wenden wir Teil 1 und 2 an. ■

Beispiele:

1 Ist $k \in \mathbb{R}$ eine Konstante, so hat die Gleichung $x' = k\cdot x$ nur die Lösungen $x(t) = C\cdot \mathrm{e}^{kt}$ mit $C \in \mathbb{R}$. Es gilt $x(0) = C$.

2 $x'(t) + x(t) = \sin(t)$, $x(0) = 0$. Die homogene Gleichung $x'(t) = -x$ hat die Lösung $x(t) = C\cdot \mathrm{e}^{-t}$. Die Variation der Konstanten $C(t)$ ergibt die Gleichung $C'(t) = \mathrm{e}^t \sin(t)$. Wir brauchen eine Stammfunktion von $\mathrm{e}^t \sin(t)$.

$$\int \mathrm{e}^t \sin(t)\,\mathrm{d}t = \mathrm{e}^t \sin(t) - \int \mathrm{e}^t \cos(t)\,\mathrm{d}t = \mathrm{e}^t(\sin(t) - \cos(t)) - \int \mathrm{e}^t \sin(t)\,\mathrm{d}t\,.$$

Deshalb $C(t) = \frac{1}{2}\mathrm{e}^t(\sin(t) - \cos(t)) + C$ und $x(t) = C\mathrm{e}^{-t} + \frac{1}{2}\mathrm{e}^t(\sin(t) - \cos(t))$. Weil $x(0) = 0$, folgt $C = \frac{1}{2}$ und $x(t) = \frac{1}{2}\left(\mathrm{e}^{-t} + \sin(t) - \cos(t)\right)$.

Bemerkung. Vor allem bei linearen Differenzialgleichungen höherer Ordnung ist es bequem, auch komplexwertige Funktionen $f = g + ih\colon I \to \mathbb{C}$ zu betrachten. Eine solche Funktion heißt differenzierbar, wenn g und h differenzierbar sind. Man hat verschiedene Rechenregeln, wie der Produktregel, die man ohne Probleme aus dem reellen Fall herleitet. Wichtig ist die Vereinheitlichung der e-Funktion mit Sinus und Cosinus:

$$\mathrm{e}^{(a+bi)t} = \mathrm{e}^{at}\left(\cos(bt) + i\sin(bt)\right)\,.$$

Diese Beschreibung verträgt sich mit Ableitung: $\frac{\mathrm{d}}{\mathrm{d}t}\,\mathrm{e}^{\lambda t} = \lambda\,\mathrm{e}^{\lambda t}$, siehe Aufgabe 13.10.

Aufgaben

EXTRAS ONLINE

Lösungen

Aufgabe 13.8 Lösen Sie die nachfolgenden Differenzialgleichungen.

1. $x' = x - t$
2. $x' = 2tx + t$
3. $x' = -\dfrac{x}{t+1} + e^{-t}$
4. $tx' = t^2 + 3x, t > 0$
5. $tx' + 2x = t^2 - t + 1, t > 0$
6. $x' = \frac{1}{2}x + \cos(t)$
7. $x' = -\sin(t)x + \sin^3(t)$
8. $x'\cos(t) - x\sin(t) = \sin(2t)$
9. $3tx' - x = \ln(t) + 1,\ x(1) = -2$
10. $x' = \dfrac{2}{t}x - \dfrac{3}{t^2},\ \ x(1) = 0$
11. $x' = \dfrac{3x}{t} + t$
12. $tx' = x + t^2\ln(t)$

Aufgabe 13.9 (Gleichung von Bernoulli)
Betrachte für $k \in \mathbb{Z}$ und $k \neq 1$ die Differenzialgleichung

$$x' + p(t)x = q(t)x^k.$$

(a) Schreiben Sie mit $y = x^{1-k}$ diese Gleichung in einer linearen Gleichung um.

(b) Lösen Sie die nachfolgenden Differenzialgleichungen.

1. $x' = -x + tx^2$
2. $x' + tx = tx^2$
3. $x' + tx = tx^3$
4. $tx' = -x + 1/x^2$
5. $t^2x' = -2tx + x^3$
6. $x' = x + e^{-t}x^2$
7. $(t^2 - 1)x' = x(2t - 3x)$
8. $2\cos(t)x' = \sin(t)x - x^3$
9. $x' = x - t/x.$
10. $tx' = -x - x^2t$
11. $x' = \dfrac{2x}{t} + \dfrac{t}{x}$
12. $txx' = 4t^2 + x^2$

Aufgabe 13.10 Sei $f(t) = e^{at}(\cos(bt) + i\sin(bt))$, also $f(t) = e^{(a+bi)t}$. Zeigen Sie:

$$f'(t) = (a + ib)f(t)\,.$$

13.3 Trennbare Variablen

Satz 13.3 (Trennbare Variablen) Es seien I, J offene Intervallen, $f\colon I \to J$ und $g\colon J \to \mathbb{R}$ stetig. Angenommen, $g(x) \neq 0$ für alle $x \in J$. Sei $G(x)$ eine Stammfunktion von $1/g$ und F eine Stammfunktion von f mit $F(t_0) = G(x_0)$. Dann hat $x'(t) = f(t)g(x)$ mit $x(t_0) = x_0$ eine eindeutige Lösung und $x(t)$ erfüllt die implizite Gleichung $G(x(t)) = F(t)$.

Weil $g(x) \neq 0$, ist G eine monoton wachsende oder fallende Funktion, sie hat deshalb eine stetige differenzierbare Umkehrfunktion G^{-1}. Sei $x(t) = G^{-1}(F(t))$. Nach der Kettenregel ist $x'(t) = \frac{1}{G'(x(t))} \cdot F'(t) = g(x(t)) \cdot f(t)$.
Für die Eindeutigkeit: Aus $x'(t) = f(t) \cdot g(x(t))$ folgt

$$F(t) - F(t_0) = \int_{t_0}^{t} f(s)\,\mathrm{d}s = \int_{t_0}^{t} \frac{x'(s)}{g(x(s))}\,\mathrm{d}s \overset{u=x(s)}{=} \int_{x_0}^{x(t)} \frac{1}{g(u)}\,\mathrm{d}u = G(x(t)) - G(x_0)\,.$$ ■

Damit man diese Methode etwas besser behalten kann, schreibt man oft statt $x'(t) = f(t)g(x)$ das einprägsame $\frac{1}{g(x)}\,\mathrm{d}x = f(t)\,\mathrm{d}t$ mit Lösung $\int \frac{1}{g(x)}\,\mathrm{d}x = \int f(t)\,\mathrm{d}t$.

Beispiel: $x'(t) = 2tx + 4t$ mit $x(0) = 0$, also $\frac{1}{x+2}\,\mathrm{d}x = 2t\,\mathrm{d}t$ und $\int \frac{1}{x+2}\,\mathrm{d}x = \int 2t\,\mathrm{d}t$.

Es folgt $\ln(|x(t) + 2|) = t^2 + C$ und weil $x(0) = 0$, ist $C = \ln(2)$. Also $x(t) = 2 \cdot \mathrm{e}^{t^2} - 2$.

Homogene Gleichungen. Eine Gleichung vom Typ

$$x' = g(x/t)$$

heißt homogene Gleichung. Schreiben wir $y := x/t$, so ist $y'(t) = x'(t)/t - x(t)/t^2 = g(y(t))/t - y(t)/t$. Wir erhalten die Gleichung

$$y'(t) = \frac{g(y) - y}{t}\,,$$

welche eine Gleichung mit trennbaren Variablen ist.

Beispiel: $x'(t) = \frac{x}{t} + \frac{t}{x}$, $x(1) = 1$ und $t > 0$.
Dann ist $g = y + 1/y$ und $y'(t) = 1/yt$. Also $y\,\mathrm{d}y = \frac{1}{t}\,\mathrm{d}t$, $\frac{1}{2}y^2 = \ln(t) + C$, und

$$x(t) = t \cdot \sqrt{2C + 2\ln(t)}\,.$$

Aus $x(1) = 1$ folgt $C = \frac{1}{2}$. Die Lösung ist

$$x(t) = t \cdot \sqrt{1 + 2\ln(t)}\,.$$

Bemerkung. Natürlich sind, abhängig von den Aufgaben, auch andere Substitutionen manchmal hilfreich.

Aufgaben

EXTRAS ONLINE Lösungen

Aufgabe 13.11 Bestimmen Sie die allgemeinen Lösungen der nachfolgenden Differenzialgleichungen.

1. $x' = x/t$ 2. $x' = -x/t$ 3. $x' = -t/x$ 4. $x' = -x/t^2$

Aufgabe 13.12 (Die logistische Differenzialgleichung)

Lösen Sie die nachfolgende Differenzialgleichung für $x > 0$ und zeichnen Sie einige Lösungskurven. Diese Gleichung beschreibt ein Wachstum, das langsamer wird, wenn x größer wird, und gleich 0 ist, wenn $x = M$.

$$x'(t) = k(M - x)x, \text{ mit } k > 0 \text{ und } M > 0.$$

Aufgabe 13.13 Lösen Sie die nachfolgenden Differenzialgleichungen, evtl. durch eine implizite Gleichung für $x(t)$.

1. $x' = 1 + x/t$	2. $x' = 2 - t/x$	3. $x' = \dfrac{e^x}{xt}$
4. $(2t^2 + xt)x' = xt + x^2$	5. $x' = e^{t-x}$	6. $tx' = -2x + 1 - 1/t$
7. $x' = x\cos(t) + \cos(t)$	8. $x' = 1 - x^2$	9. $x' = 2x^2t$
10. $x' = (2 + x + t)^2$	11. $2xtx' = x^2 - t^2$	12. $x' = -2x + 2\sqrt{x}$

Aufgabe 13.14 (Kettenlinie) Wir betrachten ein Hochspannungskabel mit gleichmäßig verteilter Masse. Dieses ist an den Punkten A und B in gleicher Höhe befestigt. Welche Funktion beschreibt dieses Kabel? Der Graph dieser Funktion wird die Kettenlinie genannt. Wir wählen die Koordinaten wie in der Abbildung.

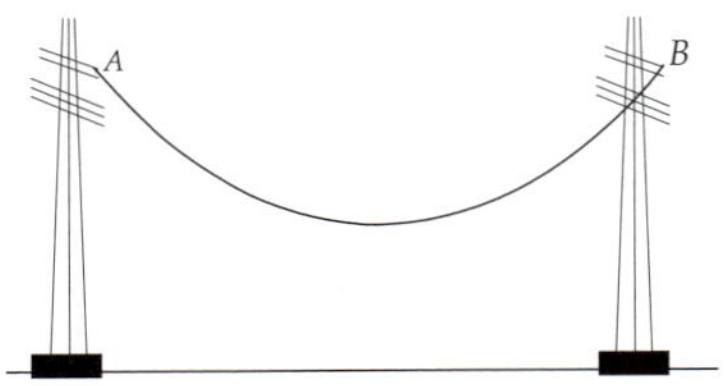

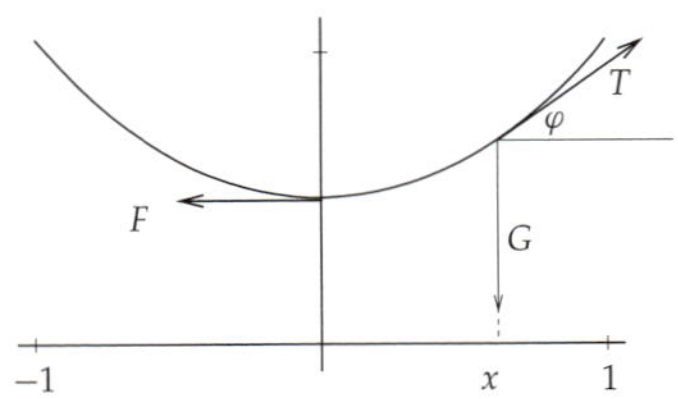

Aus physikalischen Gründen gibt es eine Zugkraft T beim Punkt $(x, f(x))$ und eine *konstante* Zugkraft F, die beim Punkt $(0, 0)$ horizontal wirkt. Die Schwerkraft zeigt nach unten und ist proportional zur Länge $L(f, 0, x)$ der Kurve $\{(t, f(t))\colon t \in [0, x]\}$: Es gilt $G = mL(f, 0, x)$ für ein $m > 0$. Begründen Sie:

1. $T\cos(\varphi) = F$ und $T\sin(\varphi) = G$ 2. $f'(x) = \tan(\varphi) = \dfrac{mL(f, 0, x)}{F}$
3. $f''(x) = \frac{m}{F}\sqrt{1 + f'(x)^2}$

Lösen Sie die Differenzialgleichung $g' = c\sqrt{1 + g^2}$ und finden Sie eine Formel für f.

13.4 Lineare Differenzialgleichungen zweiter Ordnung

Satz 13.4 Betrachte für $p, q \in \mathbb{R}$ die *homogene* Differenzialgleichung

$$x''(t) + p \cdot x'(t) + q \cdot x(t) = 0, \; x(t_0) = x_0, \; x'(t_0) = x'_0 \,.$$

Sei $P(s) = s^2 + ps + q$ das zugehörige *charakteristische Polynom*. Dann gibt es eine eindeutige Lösung $x(t) = C_1 x_1(t) + C_2 x_2(t)$ mit $C_1, C_2 \in \mathbb{R}$, wobei $x_1(t)$ und $x_2(t)$ nachfolgend beschrieben werden.

Fall 1. Hat $P(s)$ zwei reelle Nullstellen λ, μ, so gilt $x_1(t) = e^{\lambda t}$ und $x_2(t) = e^{\mu t}$.

Fall 2. Hat $P(s)$ hat zwei verschiedene komplex konjugierte Nullstellen $a \pm bi$, so gilt

$$x_1(t) = e^a \cdot \cos(bt) \text{ und } x_2(t) = e^a \cdot \sin(bt) \,.$$

Fall 3. Hat $P(s)$ hat eine Nullstelle λ, so gilt $x_1(t) = e^{\lambda t}$ und $x_2(t) = t \cdot e^{\lambda t}$.

Man rechnet nach, dass $x(t) = C_1 x_1(t) + C_2 x_2(t)$ die Gleichung $x'' + px' + qx = 0$ erfüllt. Außerdem sieht man, dass die Determinante der nebenstehenden sogenannten Wronski-Matrix ungleich 0 ist für alle t.

$$\begin{pmatrix} x_1(t) & x_2(t) \\ x'_1(t) & x'_2(t) \end{pmatrix}$$

Somit folgt mit linearer Algebra, dass es zu jedem x_0, x'_0 genau eine Lösung C_1, C_2 gibt, sodass $x(t) = C_1 x_1(t) + C_2 x_2(t)$ die Bedingung $x(t_0) = x_0$ und $x'(t_0) = x'_0$ erfüllt. ■

Sei $c(t)$ eine auf einem Intervall definierte stetige Funktion. Betrachte die Gleichung

$$x''(t) + p \cdot x'(t) + q \cdot x(t) = c(t)$$

für $p, q \in \mathbb{R}$. Sind zwei Lösungen dieser Differenzialgleichung gegeben, so ist die Differenz eine Lösung der homogenen Gleichung $x''(t) + p \cdot x'(t) + q \cdot x(t) = 0$. Wir brauchen daher, um die obige Differenzialgleichung zu lösen, nur noche eine spezielle Lösung zu finden. Das geht mit der nachfolgenden Methode.

Variation der Konstanten.

Sind $x_1(t), x_2(t)$ wie in dem Satz oben, so wählen wir den Lösungsansatz

$$x(t) = c_1(t) x_1(t) + c_2(t) x_2(t) \,.$$

Es gibt Funktionen c'_1, c'_2, die nebenstehende Bedingung erfüllen. Durch Integrieren findet man c_1 und c_2. Dann ist $c_1 x_1 + c_2 x_2$ eine Lösung der Differenzialgleichung, wie man sofort nachrechnet.

$$\begin{aligned} c'_1 x_1 + c'_2 x_2 &= 0 \\ c'_1 x'_1 + c'_2 x'_2 &= c(t) \end{aligned}$$

Obwohl diese Methode der Variation der Konstanten funktioniert, ist es oft besser, die Struktur der Lösung zu erraten. Dies funktioniert, wenn $c(t)$ ein Summe von Funktionen der Form

$$P(t), P(t) \cdot e^{at}, P(t), e^{at} \cos(t) \,, \text{ usw.}$$

wobei $P(t)$ ein Polynom ist. Man wählte einen Ansatz mit einer speziellen Lösung der gleichen Gestalt.

Aufgaben

Lösungen

Aufgabe 13.15

1. Führen Sie die Details im Beweis des Satzes 13.4 durch. Betrachten Sie die drei Fälle separat.
2. Zeigen Sie, dass die Methode der Variation der Konstanten tatsächlich zum Erfolg, d. h. zur Lösung der Differenzialgleichung führt.

Aufgabe 13.16 Bestimmen Sie eine spezielle Lösung der Differenzialgleichung

$$x'' + x' - 2x = t \cdot e^t :$$

1. mit dem Ansatz $x(t) = (at^2 + bt)e^t$;
2. mit der Methode der Variation der Konstanten.

Aufgabe 13.17 Lösen Sie die nachfolgenden Differenzialgleichungen.

1. $x'' - 5x' + 6x = 0,\qquad x(0) = 1$ und $x'(0) = 2$
2. $x'' - x' - 2x = 0,\qquad x(0) = 0$ und $x'(0) = 1$
3. $x'' + 2x' - 3x = 0,\qquad x(0) = 2$ und $x'(0) = -2$
4. $4x'' - 4x' + x = 0,\qquad x(0) = 1$ und $x'(0) = 1$
5. $x'' - 2x' + 5x = 0,\qquad x(0) = -1$ und $x'(0) = 1$

Aufgabe 13.18 Lösen Sie die nachfolgenden Differenzialgleichungen.

1. $x'' - 3x' + 2x = 4$	2. $x'' + x = t^2 + 1$	3. $x'' - 2x' - 3x = 1 + t^2$
4. $x'' - 2x' = t^2 - t$	5. $x'' + x' = \dfrac{1}{1 + e^t}$	6. $x'' - 2x' + x = e^{2t}$
7. $x'' - 2x = t e^{-t}$	8. $x'' + 4x = \dfrac{1}{\sin(2t)}$	9. $x'' - 2x' + x = e^t/t^2$
10. $x'' - x = e^t$	11. $x'' + x = \tan(t)$	12. $x'' - 3x' + 2x = 20\sin(2t)$

Aufgabe 13.19

Für $\alpha > 0$ betrachten wir die erzwungene Schwingung:

$$x''(t) + \alpha^2 \cdot x(t) = \cos(\omega t)$$
$$x(0) = x'(0) = 0\,.$$

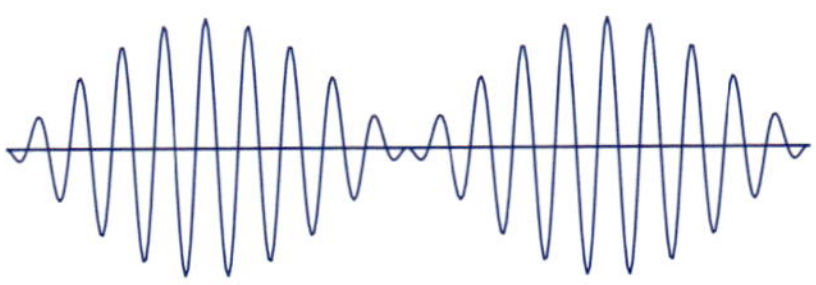

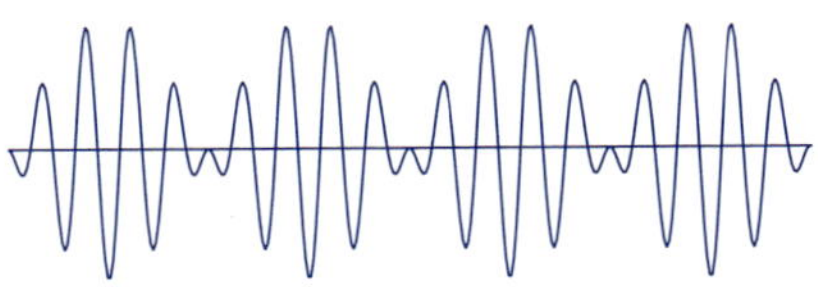

Rechts sind die Beispiele $\omega = 10$ und $\alpha = 9$ bzw. 8 gezeichnet. Die y-Achse ist gestreckt.

1. Lösen Sie die Differenzialgleichung.
2 Zeigen Sie, dass die Lösung eine Überlagerung von einer „schnellen“ Schwingung mit einer langsamen Schwingung vorliegt. Ist $\omega \approx \alpha$, so ist die Amplitude groß und es tritt Resonanz auf.

13.5 Systeme linearer Differenzialgleichungen I

Satz 13.5 Für eine reelle 2×2-Matrix A gibt es Konstanten C_1 und C_2, sodass

$$\begin{pmatrix} x'(t) \\ y'(t) \end{pmatrix} = A \cdot \begin{pmatrix} x(t) \\ y(t) \end{pmatrix}$$

in jedem der nachfolgenden Fälle die angegebene Lösung hat.

Fall 1. Hat $\mathbb{R}^2$ eine Basis (v, w) aus Eigenvektoren mit Eigenwerten λ, μ, so ist

$$\begin{pmatrix} x(t) \\ y(t) \end{pmatrix} = C_1 \cdot e^{\lambda t} \cdot v + C_2 \cdot e^{\mu t} \cdot w \,.$$

Fall 2. A hat die Eigenwerte $a + bi$, $a - bi$ mit $b \neq 0$ und Eigenvektoren u und $\overline{u}$. Dann gilt mit $v := u + \overline{u}$ und $w := i \cdot (u - \overline{u})$:

$$\begin{pmatrix} x(t) \\ y(t) \end{pmatrix} = C_1 \cdot e^{at} \cdot \Big(\cos(bt)v + \sin(bt)w\Big) + C_2 \cdot e^{at} \cdot \Big(-\sin(bt)v + \cos(bt)w\Big) \,.$$

Fall 3. Der Eigenraum von A zum Eigenwert λ hat die Dimension eins und es gibt keine weiteren Eigenwerte von A. Sei w mit $A(w) \neq \lambda w$ und $v = A(w) - \lambda w$. Dann:

$$\begin{pmatrix} x(t) \\ y(t) \end{pmatrix} = C_1 e^{\lambda t} \cdot v + C_2 \Big(e^{\lambda t} w + t e^{\lambda t} v\Big)$$

$\begin{pmatrix} \lambda & 0 \\ 0 & \mu \end{pmatrix}$	$\begin{pmatrix} \lambda & 0 \\ 0 & \mu \end{pmatrix}$	$\begin{pmatrix} a & -b \\ b & a \end{pmatrix}$	$\begin{pmatrix} \lambda & 1 \\ 0 & \lambda \end{pmatrix}$
$0 < \mu < \lambda$	$\lambda < 0 < \mu$	$a < 0 < b$	$\lambda < 0$

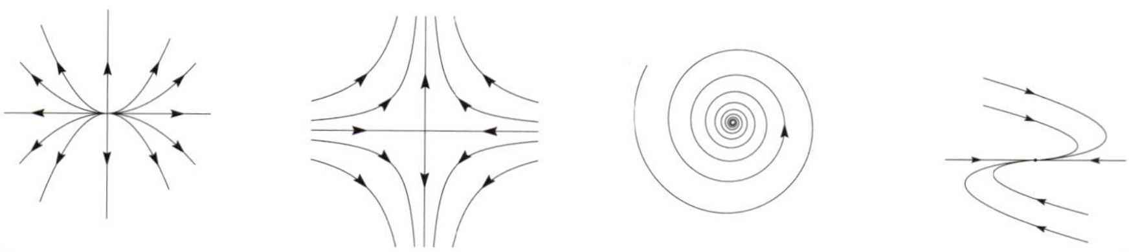

Variation der Konstanten. Sei I ein offenes Intervall in $\mathbb{R}$ und $(b_1(t), b_2(t)) \colon I \to \mathbb{R}^2$ stetig. Für die nebenstehende inhomogene Gleichung erfüllt die Differenz die homogene Gleichung aus dem Satz. Wir brauchen deshalb nur eine spezielle Lösung zu finden. Bestimme $c_1'(t)$ und $c_2'(t)$ durch Lösen der nebenstehenden Gleichung.

$$\begin{pmatrix} x'(t) \\ y(t) \end{pmatrix} = A \cdot \begin{pmatrix} x'(t) \\ y(t) \end{pmatrix} + \begin{pmatrix} b_1(t) \\ b_2(t) \end{pmatrix}$$

$$c_1' \begin{pmatrix} x_1(t) \\ y_1(t) \end{pmatrix} + c_2' \begin{pmatrix} x_2(t) \\ y_2(t) \end{pmatrix} = \begin{pmatrix} b_1(t) \\ b_2(t) \end{pmatrix}$$

Bestimme c_1 und c_2 durch Integration. Dann ist eine spezielle Lösung gegeben durch

$$c_1 \begin{pmatrix} x_1(t) \\ y_1(t) \end{pmatrix} + c_2 \begin{pmatrix} x_2(t) \\ y_2(t) \end{pmatrix} .$$

Aufgaben

EXTRAS ONLINE Lösungen

Aufgabe 13.20 Beweisen Sie den Satz 13.5.

Tipp: Im zweiten Fall ist es bequem, direkt mit komplexen Zahlen zu rechnen. Benutzen Sie im dritten Fall die Aussage aus der linearen Algebra, dass aus $A(w) \neq \lambda w$ folgt, dass $v := A(w) - \lambda \cdot w$ ein Eigenvektor ist.

Aufgabe 13.21 Lösen Sie die nachfolgenden Differenzialgleichungen.

1. $\begin{aligned} x' &= 5x - 3y & x(0) &= 1 \\ y' &= 4x - 2y & y(0) &= -1 \end{aligned}$

2. $\begin{aligned} x' &= -7x - 3y & x(0) &= 1 \\ y' &= 18x + 8y & y(0) &= -1 \end{aligned}$

3. $\begin{aligned} x' &= -x + y & x(0) &= 1 \\ y' &= -x - 3y & y(0) &= 1 \end{aligned}$

4. $\begin{aligned} x' &= x + y & x(0) &= 1 \\ y' &= -x + y & y(0) &= 1 \end{aligned}$

5. $\begin{aligned} x' &= -y & x(0) &= 0 \\ y' &= -3x - 2y & y(0) &= -4 \end{aligned}$

6. $\begin{aligned} x' &= x - 2y & x(0) &= 1 \\ y' &= x - y & y(0) &= -1 \end{aligned}$

7. $\begin{aligned} x' &= 4x + y & x(0) &= 1 \\ y' &= -4x & y(0) &= 1 \end{aligned}$

8. $\begin{aligned} x' &= x + 12y & x(0) &= 1 \\ y' &= 2x + 3y & y(0) &= -2 \end{aligned}$

Aufgabe 13.22 Lösen Sie die nachfolgenden Differenzialgleichungen. Das Erraten der Form einer speziellen Lösung ist im Allgemeinen schneller als die Methode der Variation der Konstanten.

1. $\begin{aligned} x' &= y + 1 \\ y' &= x \end{aligned}$

2. $\begin{aligned} x' &= -x + y + \mathrm{e}^t \\ y' &= x - y + \mathrm{e}^t \end{aligned}$

3. $\begin{aligned} x' &= 3x + 4y - 3t - 1 \\ y' &= -x - y - t - 1 \end{aligned}$

4. $\begin{aligned} x' &= -y + t \\ y' &= x - t \end{aligned}$

5. $\begin{aligned} x' &= 7x - 4y + 2\mathrm{e}^t \\ y' &= 12x - 7y + 4\mathrm{e}^t \end{aligned}$

6. $\begin{aligned} x' &= -x + 3y \\ y' &= 2x - 2y + \mathrm{e}^{-t} \end{aligned}$

13.6 Die Exponentialfunktion für Matrizen

Satz 13.6 Ist $A \in \mathbb{C}^{n\times n}$, so konvergiert $\exp(A) = \mathrm{e}^A := \mathrm{Id} + A + \frac{A^2}{2!} + \frac{A^3}{3!} + \cdots$.

1 Ist D eine Diagonalmatrix mit Diagonaleinträgen $\lambda_1, \ldots, \lambda_n$, dann ist $\exp(D)$ eine Diagonalmatrix mit Diagonaleinträgen $\mathrm{e}^{\lambda_1}, \ldots, \mathrm{e}^{\lambda_n}$.

2 Wir wenden den Satz über die jordansche Normalform an. Es gibt eine invertierbare Matrix B mit $A = B(D+N)B^{-1}$, D eine Diagonalmatrix und $N(e_i) = 0$ oder $N(e_i) = e_{i-1}$. Außerdem kommutieren D und N. Dann gilt $A^k = B(D+N)^k B^{-1}$.

3 Allgemein gilt: Konvergiert die Folge von Matrizen (D_k) gegen D und sind B, C konstante Matrizen, dann konvergiert BD_kC gegen BDC (Aufgabe 13.26). Wir brauchen die Konvergenz deshalb nur für $\exp(D+N)$ zu zeigen: Ist $A = B\cdot(D+N)\cdot B^{-1}$, so folgt $\exp(A) = B\cdot\exp(D+N)\cdot B^{-1}$.

4 Sei $A = D + N$ in jordanscher Normalform. Dann ist N nilpotent, d. h. $N^m = 0$ für ein $m \le n$. Die binomische Formel gilt für $D+N$ und wir setzen $D^\ell = 0$ für $\ell < 0$. Dann ist

$$\begin{aligned}\exp(A) &= \sum_{k=0}^{\infty}\frac{A^k}{k!} = \sum_{k=0}^{\infty}\frac{(D+N)^k}{k!} = \sum_{k=0}^{\infty}\sum_{j=0}^{m-1}\frac{1}{j!(k-j)!}D^{k-j}N^j \\ &= \sum_{j=0}^{m-1}\sum_{k=0}^{\infty}\frac{1}{j!(k-j)!}D^{k-j}N^j = \sum_{j=0}^{m-1}\frac{1}{j!}\exp(D)\cdot N^j \\ &= \exp(D)\sum_{j=0}^{m-1}\frac{1}{j!}\cdot N^j = \exp(D)\cdot\exp(N)\,.\end{aligned}$$

■

Beispiele:

1 $A = \begin{pmatrix}-19 & -9\\ 42 & 20\end{pmatrix}$. Mit $B = \begin{pmatrix}1 & -3\\ -2 & 7\end{pmatrix}$ gilt $B^{-1}AB = \begin{pmatrix}-1 & 0\\ 0 & 2\end{pmatrix}$.

$$\mathrm{e}^A = \begin{pmatrix}1 & -3\\ -2 & 7\end{pmatrix}\cdot\begin{pmatrix}\mathrm{e}^{-1} & 0\\ 0 & \mathrm{e}^2\end{pmatrix}\cdot\begin{pmatrix}7 & 3\\ 2 & 1\end{pmatrix} = \begin{pmatrix}7\mathrm{e}^{-1}-6\mathrm{e}^2 & 3\mathrm{e}^{-1}-3\mathrm{e}^2\\ -14\mathrm{e}^{-1}+14\mathrm{e}^2 & -6\mathrm{e}^{-1}+7\mathrm{e}^2\end{pmatrix}.$$

2 Sei $A = \begin{pmatrix}a & -b\\ b & a\end{pmatrix}$. Mit $B = \begin{pmatrix}i & -i\\ 1 & 1\end{pmatrix}$ gilt $B^{-1}AB = \begin{pmatrix}a+ib & 0\\ 0 & a-ib\end{pmatrix}$.

A ist diagonalisierbar mit Eigenwerten $a \pm bi$ und Eigenvektoren $(\pm i, 1)$.

$$\mathrm{e}^A = B\begin{pmatrix}\mathrm{e}^{a+ib} & 0\\ 0 & \mathrm{e}^{a-ib}\end{pmatrix}B^{-1} = \mathrm{e}^a\begin{pmatrix}\cos(b) & -\sin(b)\\ \sin(b) & \cos(b)\end{pmatrix}.$$

Aufgaben

EXTRAS ONLINE
Lösungen

Aufgabe 13.23 Berechnen Sie e^A für die nachfolgenden Matrizen A:

1. $A = \begin{pmatrix} 1 & 12 \\ 3 & 1 \end{pmatrix}$ 2. $A = \begin{pmatrix} 1 & -1 \\ 5 & -3 \end{pmatrix}$

3. $A = \begin{pmatrix} 0 & -1 & 1 \\ 2 & -3 & 1 \\ 1 & -1 & 1 \end{pmatrix}$ 4. $A = \begin{pmatrix} 7 & -1 & -3 \\ 4 & 2 & -3 \\ 8 & -2 & -3 \end{pmatrix}$

Aufgabe 13.24 Zeigen Sie die Formel $\det(e^A) = e^{\mathrm{Sp}(A)}$, wobei $\mathrm{Sp}(A)$ die Spur der Matrix A ist.

Aufgabe 13.25 Prüfen Sie, dass für die nicht kommutierenden Matrizen

$$A = \begin{pmatrix} 1 & 0 \\ 0 & 0 \end{pmatrix} \text{ und } B = \begin{pmatrix} 0 & 1 \\ 0 & 0 \end{pmatrix}$$

gilt, dass $e^{A+B} \neq e^A \cdot e^B$.

Aufgabe 13.26

1. Es seien $A_k \in \mathbb{R}^{p \times m}$ und $B_k \in \mathbb{R}^{m \times n}$ Folgen von konvergenten Matrizen. Zeigen Sie:

$$\lim_{k\to\infty} (A_k \cdot B_k) = \lim_{k\to\infty} A_k \cdot \lim_{k\to\infty} B_k \,.$$

2. Seien A und B Matrizen mit $A \cdot B = B \cdot A$. Zeigen Sie, dass $B \cdot e^A = e^A \cdot B$.

Aufgabe 13.27 Berechen Sie e^{tN} für

$$N = \begin{pmatrix} 0 & 1 & & \\ & 0 & \ddots & \\ & & \ddots & 1 \\ & & & 0 \end{pmatrix} .$$

Tipp: Führen Sie die Berechnung zunächst für $N \in \mathbb{R}^{3\times3}$ durch.

Aufgabe 13.28 Berechnen Sie e^A für die nachfolgenden Matrizen.

1. $A = \begin{pmatrix} 0 & 1 & 2 \\ 0 & 0 & 3 \\ 0 & 0 & 0 \end{pmatrix}$. 2. $A = \begin{pmatrix} 1 & 1 & 2 \\ 0 & 1 & 3 \\ 0 & 0 & 1 \end{pmatrix}$

13.7 Systeme linearer Differenzialgleichungen II

Satz 13.7 Es sei $A \in \mathbb{C}^{n \times n}$.

1 $X(t) = e^{tA}$ ist die eindeutige Lösung von $X'(t) = AX(t)$, $X(0) = \mathrm{Id}$.
2 $x(t) = e^{tA}x_0$ ist die eindeutige Lösung von $x'(t) = Ax(t)$, $x(0) = x_0$.
3 Die Menge der Lösungen von $x'(t) = Ax$ ist ein n-dimensionaler Vektorraum.
4 Es seien $f_1, \ldots, f_n$ Lösungen der homogenen Gleichung $x' = Ax$. Ist $f_1(t), \ldots, f_n(t)$ linear unabhängig für ein festes $t = t_0$, dann auch für alle $t \in \mathbb{R}$.
5 **(Variation der Konstanten)** Es seien $f_1, \ldots, f_n$ linear unabhängige Lösungen der homogenen Gleichung $x' = Ax$. Sei I ein offenes Intervall, $b\colon I \to \mathbb{C}^n$ stetig und $c_1, \ldots, c_n\colon I \to \mathbb{R}$ mit $c_1'f_1 + \cdots + c_n'f_n = b(t)$. Dann erfüllt $x_s(t) = c_1f_1 + \cdots + c_nf_n$ die **inhomogene** Gleichung $x'(t) = Ax(t) + b(t)$.

Jede Lösung $x(t)$ dieser Gleichung ist von der Gestallt $x(t) = x_h(t) + x_s(t)$, wobei $x_h(t)$ eine Lösung der homogenen Gleichung $x' = Ax$ ist.

Die Eindeutigkeiten in **1** und **2** folgen aus dem allgemeinen Eindeutigkeitssatz.

1 Für eine Diagonalmatrix D ist die Ableitung von $\exp(tD)$ gleich $D\exp(tD)$ (Aufgabe 13.29). Auch für nilpotente Matrizen ist es klar: Ist $N^q = 0$, so ist

$$\left(Id + tN + \frac{t^2}{2!}N^2 \cdots + \frac{t^{q-1}}{(q-1)!}N^{q-1}\right)' = N + tN^2 + \cdots + \frac{t^{q-2}}{(q-2)!}N^{q-1} = N \cdot \exp(tN).$$

Ist $D + N$ eine jordansche Normalform, so gilt $\exp(t(D + N)) = \exp(tD) \cdot \exp(tN)$, siehe den Beweis des Satzes 13.6. Mit der zweiten Aussage von Aufgabe 13.26 folgt

$$\exp(t(D+N))' = \exp(tD)' \exp(tN) + \exp(tD) \cdot \exp(tN)' = (D+N) \exp(tD) \cdot \exp(tN).$$

Die jordansche Normalform gibt zu A ein invertierbares B und D, N wie oben, sodass $A = B(D + N)B^{-1}$ und $\exp(tA) = B\exp(tD + tN)B^{-1}$. Dann:

$$\exp(tA)' = B(D + N) \exp(tD + tN)B^{-1} = A\exp(tA)\,.$$

2 $x'(t) = (e^{tA})'x_0 = Ae^{tA}x_0 = Ax(t)$ und $x(0) = \mathrm{Id}x_0 = x_0$.
3 Die Abbildung von $\mathbb{C}^n$ zu der Menge der Lösungen von $x'(t) = Ax$, welche x_0 zu der Lösung mit $x(0) = x_0$ abbildet, ist ein Isomorphismus. Wenn wir die Standardbasis von $\mathbb{C}^n$ nehmen, erhalten wir die Spalten von e^{tA} als Basis.
4 Schreibe $f_1(t), \ldots, f_n(t)$ als Spalten in einer Matrix $F(t)$. Ableiten von $e^{-tA} \cdot F(t)$ zeigt uns, dass diese Matrix konstant ist, also $F(t) = e^{tA}C$ für ein $C \in \mathbb{C}^{n \times n}$. Also: Ist $F(t_0)$ invertierbar für t_0, dann ist $F(t)$ invertierbar für alle t.
5 Ist C der Spaltenvektor mit Einträgen $c_1, \ldots, c_n$, so ist $x_s = F \cdot C$. Dann folgt $x_s' = F' \cdot C + F \cdot C' = A \cdot FC + b(t) = Ax_s + b(t)$. Ist $x' = Ax + b$, so ist $(x - x_s)' = A \cdot (x - x_s)$, also $x - x_s$ ist eine Lösung der homogenen Gleichung. ■

Aufgaben

Lösungen

Aufgabe 13.29 Warum gilt für eine Diagonalmatrix D die Identität

$$\exp(tD)' = D\exp(tD)\ ?$$

Aufgabe 13.30 Zeigen Sie, dass für kommutierende Matrizen A, B gilt, dass $\exp(A+B) = \exp(A)\cdot\exp(B)$.

Tipp: Betrachte die Differenzialgleichung $X'(t) = (A+B)\cdot X(t)$ und benutzen Sie die Eindeutigkeit der Lösung.

Aufgabe 13.31

1. Zeigen Sie die Eindeutigkeit der Lösung der Differenzialgleichung $X'(t) = A\cdot X(t)$ mit $X(0) = \mathrm{Id}$ direkt, also ohne die allgemeine Eindeutigkeitsaussage zu benutzen.
2. Analog für die Eindeutigkeit von $x'(t) = A\cdot x(t)$, $x(0) = x_0 \in \mathbb{R}^n$.

Aufgabe 13.32

1. Es sei A nilpotent und $(A^{n-1}(w), \ldots, A(w), w)$ eine Jordan-Basis von A. Geben Sie eine Basis der Lösung der Differenzialgleichung $x' = Ax$ an.
2. Wie kann man allgemeiner eine Basis der Lösungsmenge von $x' = Ax$ mithilfe von Jordan-Blöcken beschreiben?

Aufgabe 13.33 Lösen Sie die nachfolgenden Differenzialgleichungen:

1. $$\begin{aligned} x' &= x+y+z \\ y' &= x+y+z \\ z' &= x+y+z \end{aligned}$$

2. $$\begin{aligned} x' &= x-2y+2z \\ y' &= -2x-2y+4z \\ z' &= 2x+4y-2z \end{aligned}$$

3. $$\begin{aligned} x' &= -4x-2y-2z \\ y' &= 4x+2y \\ z' &= 2x+y+2z \end{aligned}$$

4. $$\begin{aligned} x' &= 2x-2z \\ y' &= 4x-2y+2z \\ z' &= x-y+2z \end{aligned}$$

Aufgabe 13.34 Betrachten Sie die Differenzialgleichung für einen eindimensionalen gekoppelten harmonischen Oszillator:

$$\begin{aligned} x'' &= -\omega^2 x - \beta(x-y) \\ y'' &= -\omega^2 y + \beta(x-y) \end{aligned}$$

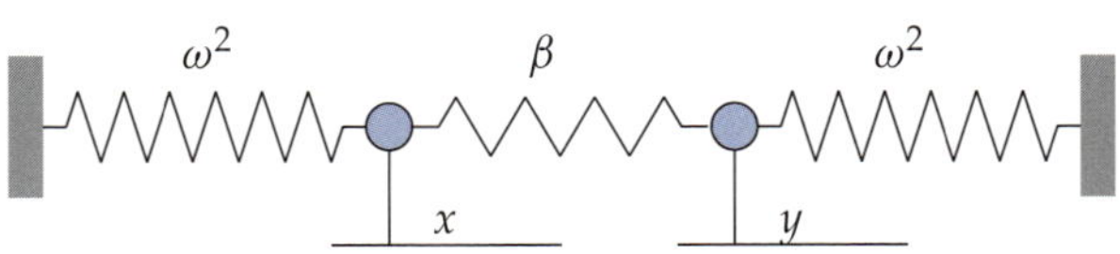

1. Schreiben Sie das obige Gleichungssystem nach einem vierdimensionalen System von Differenzialgleichungen erster Ordnung um.
2. Geben Sie eine Basis der Lösungen für $\omega^2 = 1$ und $\beta = 4$ an.

13.8 Differenzialgleichungen höherer Ordnung

Satz 13.8 Seien $a_0, \ldots, a_{n-1} \in \mathbb{C}$. Für die homogene Differenzialgleichung

$$x^{(n)} + a_{n-1}x^{(n-1)} + \cdots + a_0 x = 0 .$$

heißt $P(s) = s^n + a_{n-1}s^{n-1} + \cdots + a_0$ das charakteristische Polynom.

1 Die Lösungen der homogenen Gleichung bilden einen Vektorraum L der Dimension n.

2 Mit $m(\lambda)$ bezeichnen wir die Multiplizität von λ als Nullstelle von $P(s)$. Die Lösungsmenge L wird erzeugt von den n linear unabhängigen Funktionen $t^j \mathrm{e}^{\lambda t}$ für die Nullstellen λ von $P(s)$ und für $j = 0, \ldots, m(\lambda) - 1$.

3 **(Variation der Konstanten)** Sei I ein offenes Intervall, und $b\colon I \to \mathbb{C}$ stetig. Sei $(f_1, \ldots, f_n)$ eine Basis von L. Dann gibt es Funktionen $c_1(t), \ldots, c_n(t)$ mit:

$$c_1' f_1^{(i)} + \cdots + c_n' f_n^{(i)} = \begin{cases} 0 & i = 0, \ldots, n-2 \\ b(t) & i = n-1 \end{cases}$$

und $x_s = c_1 x_1 + \cdots + c_n x_n$ ist eine Lösung von $x^{(n)} + a_{n-1}x^{(n-1)} + \cdots + a_0 x = b(t)$. Jede Lösung dieser Gleichung ist vom Typ $x_h(t) + x_s(t)$, wobei x_h eine Lösung der homogenen Gleichung ist.

1 Die Gleichung $x^{(n)} + a_{n-1}x^{(n-1)} + \ldots + a_0 x = 0$ schreiben wir in ein lineares System erster Ordnung um:

$$x_1 := x,\ x_2 := x_1',\ \ldots,\ x_n := x_{n-1}',\quad x_n' = -a_0 x_1 - a_1 x_2 - \cdots + a_{n-1} x_n .$$

Die Lösungsmenge L in der Nähe von t_0 ist deshalb nach Satz 13.7 ein n-dimensionaler komplexer Vektorraum. Die Abbildung $\mathbb{C}^n \to L$, welche $x_0, x_0', \ldots, x_0^{(n-1)}$ auf die Lösung der Differenzialgleichung mit Anfangsbedingungen $x_0, x_0', \ldots, x_0^{(n-1)}$ abbildet, ist ein Vektorraumisomorphismus.

2 Sei V der Vektorraum der C^∞-Funktionen von $\mathbb{R}$ nach $\mathbb{C}$ und $D\colon V \to V$ die Ableitungsabbildung. Sie ist linear und der Kern von $P(D)$ ist definitionsgemäß L. Weil D mit $P(D)$ kommutiert, folgt $D\colon L \to L$. Nach dem Hauptsatz der Algebra gibt es verschiedene $\lambda_1, \ldots, \lambda_s \in \mathbb{C}$ mit

$$P(D) = (D - \lambda_1)^{m_1} \cdot \ldots \cdot (D - \lambda_s)^{m_s} .$$

Hierbei steht λ_i für Multiplikation mit λ_i. Aus dem Spaltungssatz („Lineare Algebra Satz“ 6.10) folgt, dass L die direkte Summe von $\mathrm{Ker}(D - \lambda_i)^{m_i}$ mit $i = 1, \ldots, s$ ist. Somit müssen wir noch zeigen, dass $\mathrm{Ker}(D - \lambda)^m$ die Dimension m hat. Für $m = 0$ ist das klar. Die Funktion $t^{m-1}\mathrm{e}^{\lambda t}$ ist in $\mathrm{Ker}(D - \lambda)^m$, aber nicht in $\mathrm{Ker}(D - \lambda)^{m-1}$, denn $(D - \lambda)^{m-1}(t^{m-1}\mathrm{e}^{\lambda t}) = (m-1)! \cdot \mathrm{e}^{\lambda t}$. Jetzt wende Induktion an.

3 Die Variation der Konstanten folgt aus der entsprechenden Aussage für Systeme linearer Gleichungen. Das dort genannte $b(t)$ heißt jetzt $(0, \ldots, 0, b(t))^T$. ■

Aufgaben

EXTRAS ONLINE
Lösungen

Aufgabe 13.35 Es seien $a_0, \dots, a_{n-1} \in \mathbb{R}$. Betrachte die Differenzialgleichung

$$x^{(n)} + a_{n-1}x^{(n-1)} + \dots + a_0 x = 0\,.$$

Sei $\lambda = a + ib$ eine komplexe, nicht reelle, Nullstelle des charakteristischen Polynoms $P(s) = s^n + a_{n-1}s^{n-1} + \dots + a_0$.

1. Warum sind $e^{at}\cos(bt)$ und $e^{at}\sin(bt)$ Lösungen der Differenzialgleichung?
2. Ist λ eine Nullstelle von P der Multiplizität m, so sind $t^i e^{at}\cos(bt)$ und $t^i e^{at}\sin(bt)$ für $i = 0, \dots, m-1$ Lösungen der Differenzialgleichung. Zeigen Sie diese Aussage.
3. Beschreiben Sie eine reelle Basis der Lösungen der Differenzialgleichung.

Aufgabe 13.36 Lösen Sie die nachfolgenden Differenzialgleichungen.

1. $x'''' - x = 0$
2. $x''' - 4x'' + 5x' - 2x = 0$
3. $x''' - 3x'' + 4x = 0$
4. $x^{(4)} + 4x = 0$
5. $x^{(4)} - 2x'' - 3x = 0$
6. $x^{(4)} + 8x'' + 16x = 0$

Aufgabe 13.37 Lösen Sie die nachfolgenden Differenzialgleichungen.

1. $x''' - 3x' + 2x = 4\sin(t) + 2\cos(t)$
2. $x^{(4)} + 5x'' + 4x = -3\sin(t)$
3. $x^{(4)} - 3x^{(3)} - 3x'' + 11x' - 6x = -6t^4 + 44t^3 - 36t^2 - 48t - 6$

Aufgabe 13.38 Es seien $a_0, \dots, a_n$ Zahlen. Betrachte die Gleichung

$$t^n x^{(n)} + a_{n-1}t^{n-1}x^{(n-1)} + \dots + a_1 t x' + a_0 x = 0\,.$$

Durch Einsetzen von $x = t^k$ erhält man eine Gleichung für k, die charakteristische Gleichung.

1. Ist $k \in \mathbb{R}$ eine Lösung dieser Gleichung, so ist $x(t) = t^k$ eine Lösung der Differenzialgleichung. Was gilt für mehrfache reelle Lösungen?
   Tipp: $t = e^s$
2. Ist $k = a \pm bi$ mit $b \neq 0$, so sind $x^a \cdot \cos(b\ln(x))$ und $x^a \cdot \sin(b\ln(x))$ Lösungen. Warum?
3. Lösen Sie die Gleichungen:
   (a) $t^2x'' - 2x = 0$
   (b) $t^3x''' - 3tx' + 3x = 0$
   (c) $t^2x'' + tx' + x = t$

Aufgabe 13.39 Die Funktion $x(t) = 0$ und $x(t) = t^2$ erfüllen die Gleichung

$$t^2x'' - 2x = 0,\;\; x(0) = x'(0) = 0\,.$$

Warum widerspricht diese Aussage nicht dem Eindeutigkeitssatz für Lösungen von Differenzialgleichungen?

13.9 Maximale Lösungen von Differenzialgleichungen

Satz 13.9 Sei $f(t, x) \in C^1(I \times U, \mathbb{R}^n)$, $U \subset \mathbb{R}^n$ offen, $I \subset \mathbb{R}$ ein offenes Intervall, $t_0 \in I$ und $x_0 \in U$.

1 Dann gibt es eine maximale Lösung, d. h. ein eindeutiges maximales offenes Intervall $J \subset I$ und ein eindeutiges $x\colon J \to U$ mit $x'(t) = f(t, x)$, $x(t_0) = x_0$.

2 **Keine** kompakte Teilmenge $K \subset I \times U$ enthält den Graphen

$$\{(t, x(t))\colon t \in J, x'(t) = f(t, x), \ x(t_0) = x_0\}$$

der maximalen Lösung. Eine Lösung kann somit vorwärts und rückwärts in der Zeit bis zum Rand von $I \times U$ fortgesetzt werden.

3 Sei $\|f(t, x)\| \leq a(t)\|x\| + b(t)$ für alle $(t, x) \in I \times \mathbb{R}^n$ mit $a(t), b(t) > 0$ und stetig. Dann existiert die Lösung der Differenzialgleichung $x' = f(t, x)$, $x(t_0) = x_0$ auf ganz I. Dies gilt insbesondere für lineare Gleichungen $x'(t) = f(t, x) = A(t) \cdot x + b(t)$.

1 Sei $b = \sup\{t_1 \in I\colon x\colon [t_0, t_1) \to U \text{ mit } x'(t) = f(t, x) \text{ und } x(t_0) = x_0 \text{ existiert}\}$ und analog für das Infimum a. Wir behaupten, dass $J = (a, b)$, und brauchen nur die Eindeutigkeit zu zeigen. Sind $x, y\colon J \to U$ zwei Lösungen, so sei $d = \sup\{t \in J\colon x(t) = y(t), t \in [t_0, d)\}$. Ist $d \in J$, so gilt nach Stetigkeit $x(d) = y(d)$. Die Lösung ist eindeutig fortsetzbar auf einer kleinen Umgebung $(d-\varepsilon, d+\varepsilon)$ von d, also $x(d+\varepsilon/2) = y(d+\varepsilon/2)$, Widerspruch!

2 Für jedes $(t_1, x_1) \in K$ gibt es eine offene Umgebung von (t_1, x_1) und eine Lösung der Differenzialgleichung $x'(t) = f(t, x)$, $x(t_1) = x_1$. Sei ε eine Lebesgue-Zahl für diese Überdeckung von K. Ausgehend von t_0 erweitern wir sukzessiv die Lösung $x(t)$ um jeweils den Zeitpunkt $\varepsilon/2$. Die Menge $\{t \in I\colon \text{ es gibt ein } x \in U \text{ mit } (t, x) \in K\}$ ist beschränkt, deshalb erreichen wir nach endlich vielen Schritten den Rand von K.

3 Sei $x\colon [t_0, b] \to \mathbb{R}^n$ mit $x'(t) = f(t, x)$ und $x'(t_0) = x_0$, $A = \max\{a(s)\colon s \in [t_0, b]\}$. Es gilt für alle $t \in [t_0, b]$

$$\begin{aligned}\|x(t)\| &\leq \|x_0\| + \int_{t_0}^t \|f(s, x(s))\| \,\mathrm{d}s \leq \|x_0\| + \int_{t_0}^t a(s) \cdot \|x(s)\| + b(s) \,\mathrm{d}s \\ &\leq \|x_0\| + \int_{t_0}^b b(s) \,\mathrm{d}s + A \int_{t_0}^t \|x(s)\| \,\mathrm{d}s = C + A \int_{t_0}^t \|x(s)\| \,\mathrm{d}s =: h(t)\end{aligned}$$

für eine Konstante $C > 0$. Es gilt $h'(t) = A \cdot \|x(t)\| \leq A \cdot h(t)$ und $h(t) > 0$. Deshalb

$$\ln(h(t)) - \ln(h(t_0)) = \int_{t_0}^t h'(s)/h(s) \,\mathrm{d}s \leq \int_{t_0}^t A \,\mathrm{d}s = A \cdot (t - t_0)$$
$$\|x(t)\| \leq h(t) \leq h(t_0) \cdot \mathrm{e}^{A(t-t_0)} = C\mathrm{e}^{A(t-t_0)} \leq C\mathrm{e}^{A(t-b)} =: S\,.$$

Die Lösung $x(t)$ kann die kompakte Menge $[t_0, b] \times \overline{B}(0, 2S)$ nur für $t = b$ verlassen. Dies gilt für jedes b. Also existiert die Lösung für alle $t \in I$. ■

Aufgaben

EXTRAS ONLINE
Lösungen

Aufgabe 13.40 Bestimmen Sie die maximale Lösung von $x'(t) = x^2, \ x(0) = x_0$.

Aufgabe 13.41 Bestimmen Sie die maximale Lösung von $x'(t) = 1 + x^2, x(0) = 0$.

Aufgabe 13.42 Sei $x_0 \in \mathbb{R}$. Lösen Sie die Differenzialgleichung

$$x'(t) = x^2 \cdot t, \ x(0) = C$$

und zeigen Sie, dass für bestimmte Werte von C die maximale Lösung auf ganz $\mathbb{R}$ definiert ist und für andere Werte von C die maximale Lösung nur auf ein endliches offenes Intervall definiert ist.

Aufgabe 13.43 Bestimmen Sie die maximale Lösung der Differenzialgleichung

$$x' = x^\alpha, \ x(0) = 1,$$

definiert für $x > 0$ in Abhängigkeit von α. Skizzieren Sie die Lösungen.

Aufgabe 13.44 Bestimmen Sie die Lösung der Differenzialgleichung

$$x' = -\frac{1}{x}, \ x(0) = 2.$$

Zeigen Sie, dass die maximale Lösung auf $(-\infty, 2)$ definiert ist und $\lim_{t \uparrow 2} x(t) = 0$. Warum widerspricht diese Aussage nicht der zweiten Aussage von Satz 13.9?

Aufgabe 13.45 Bestimmen Sie die maximale Lösung von

$$x'(t) = \sqrt{\frac{1-x^2}{1-t^2}}, \ x_0 = \sqrt{1/2}.$$

Aufgabe 13.46 Sei $A\colon I \to \mathbb{R}^{n\times n}$ eine C^1-Funktion definiert auf einem offenen Intervall I und $t_0 \in I$. Zeigen Sie:

1. Die Lösungen $x\colon I \to \mathbb{R}^n$ von $x' = A(t)x$ bilden einen reellen Vektorraum V.
2. Die Abbildung von $\mathbb{R}^n \to V$ gegeben durch

   $$x_0 \mapsto x(t) \text{ mit } x' = A(t) \cdot x, \ x(t_0) = x_0$$

   ist ein Isomorphismus von Vektorräumen.
3. Es sei zusätzlich $b\colon I \to \mathbb{R}^n$ stetig. Dann ist die Menge der Lösungen von $x'(t) = A(t)x + b(t)$ ein affiner Raum, d. h., es gibt eine Lösung dieser Gleichung auf ganz I und die Differenz ist in dem Vektorraum der Lösungen der linearen Gleichung $x' = A(t)x$.

13.10 Exakte Differenzialgleichungen und erste Integrale

Gegeben sei eine autonome Differenzialgleichung

$$x'(t) = Q(x, y), \qquad y'(t) = -P(x, y) .$$

Eine Funktion $F(x, y)$ heißt ein erstes Integral oder Hamilton-Funktion, wenn $F(x(t), y(t))$ konstant ist für alle Lösungen der Differenzialgleichung.

Ist $F(x, y)$ ein erstes Integral, so bewegt sich $(x(t), y(t))$ auf Höhenlinien von F. Bemerke:

$$0 = D_x F(x(t), y(t)) \cdot x'(t) + D_y F(x(t), y(t)) \cdot y'(t) = D_x F \cdot Q - D_y F \cdot P .$$

Eine Lösung dieser Gleichung ist $D_x F = P$ und $D_y F = Q$. Für ein solches F folgt aus dem Satz von Schwarz die Bedingung $D_y P = D_x Q$.

Eine exakte Differenzialgleichung ist eine Gleichung $P \cdot \mathrm{d}x + Q \cdot \mathrm{d}y = 0$, wobei P, Q stetig differenzierbare Funktionen auf einer offenen Menge U sind, die $D_y P = D_x Q$ erfüllen. Gesucht ist eine Funktion $F \colon U \to \mathbb{R}$ mit $D_x F = P$ und $D_y F = Q$.

Satz 13.10 (Poincaré-Lemma) Sei U ein sternförmiges Gebiet in $\mathbb{R}^2$, d. h., es gibt ein $a \in U$, sodass für alle $b \in U$ die Verbindungsstrecke von a nach b in U liegt.

Dann hat eine exakte Differenzialgleichung $P\,\mathrm{d}x + Q\,\mathrm{d}y = 0$ eine Lösung auf U.

Ohne Einschränkung ist $a = 0$. Mit $F(x, y) = \int_0^1 P(tx, ty) \cdot x + Q(tx, ty) \cdot y \, \mathrm{d}t$ gilt

$$D_x F = \int_0^1 P(tx, ty) + t D_x P(tx, ty) \cdot x + t D_x Q(tx, ty) \cdot y \, \mathrm{d}t = \int_0^1 \frac{\mathrm{d}}{\mathrm{d}t}\big(tP(tx, ty)\big) \, \mathrm{d}t = P(x, y) .$$

Hierbei ist $D_x Q = D_y P$ benutzt worden. Analog gilt $D_y F = Q$. ■

Um eine exakte Differenzialgleichung $P\,\mathrm{d}x + Q\,\mathrm{d}y = 0$ zu lösen, bestimme ein $h(x, y)$ mit $D_x h = P$ und dann ein $g(y)$ mit $D_y h + D_y g = Q$. Eine Lösung ist $F = h + g$.

Beispiel:
$(2x^3 + y)\,\mathrm{d}x + (x + y)\,\mathrm{d}y = 0$ ist eine exakte Differenzialgleichung. Dann ist $h(x, y) = \frac{1}{2}x^4 + xy$ und $D_y h + D_y g = x + D_y g = x + y$. Somit ist $F(x, y) = \frac{1}{2}(x^4 + 2xy + y^2)$ eine Lösung der exakten Differenzialgleichung. Die Lösungen von

$$x'(t) = x + y$$
$$y'(t) = -(2x^3 + y)$$

bewegen sich auf Höhenlinien von $F(x, y)$.

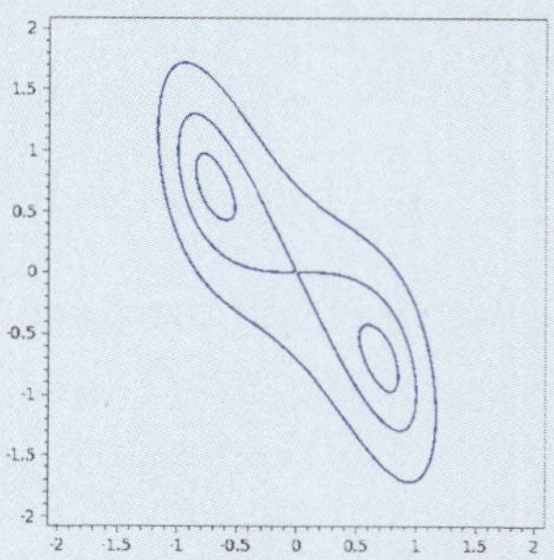

Höhenlinien von $F(x, y)$.

Aufgaben

EXTRAS ONLINE

Lösungen

Aufgabe 13.47 Lösen Sie die nachfolgenden Differenzialgleichungen.

1. $(3x^2 + y^2)\,\mathrm{d}x + 2y(x-1)\,\mathrm{d}y = 0$
2. $y\,\mathrm{d}x + (x - y^2)\,\mathrm{d}y = 0.$
3. $\sin(y)\,\mathrm{d}x + (x\cos(y) - 1)\,\mathrm{d}y = 0$
4. $(\mathrm{e}^x + y)\,\mathrm{d}x + x\,\mathrm{d}y = 0$
5. $(y\sin(xy) + 2x\mathrm{e}^{x^2})\,\mathrm{d}x + x\sin(xy)\,\mathrm{d}y = 0$

Aufgabe 13.48 Betrachte die Differenzialgleichung $x'' = -f(x)$ für $f\colon I \to \mathbb{R}$, I ein offenes Intervall.

1. Schreiben Sie die Gleichung in ein System von Gleichungen erster Ordnung um und zeigen Sie, dass $E = \frac{1}{2}x'(t)^2 + V(x(t))$ ein erstes Integral ist, für eine gewisse Potenzialfunktion V. (E ist die sogenannte Energie.)
2. Betrachten Sie den Spezielfall der Gravitation der Erde, $I = (R, \infty)$ mit $R \approx 6.371\,\mathrm{km}$. dem halben Durchmesser der Erde, und

   $$f(x) = -\frac{\gamma}{x^2}$$

   mit $f(R) = g = 9{,}81\,\mathrm{m/s^2}$, die Fallgeschwindigkeit auf der Erde.

   Wählen Sie die Konstante in der Potenzialfunktion so, dass $\lim_{x\to\infty} V(x) = 0$. Wie groß muss $x'(0)$ (Fluchtgeschwindigkeit) mindestens sein, damit $\lim_{t\to\infty} x(t) = \infty$?
3. Für den Mond gilt $g = 1{,}6\,\mathrm{m/s^2}$ und $R = 1.737\,\mathrm{km}$. Was gilt für die Fluchtgeschwindigkeit des Mondes?

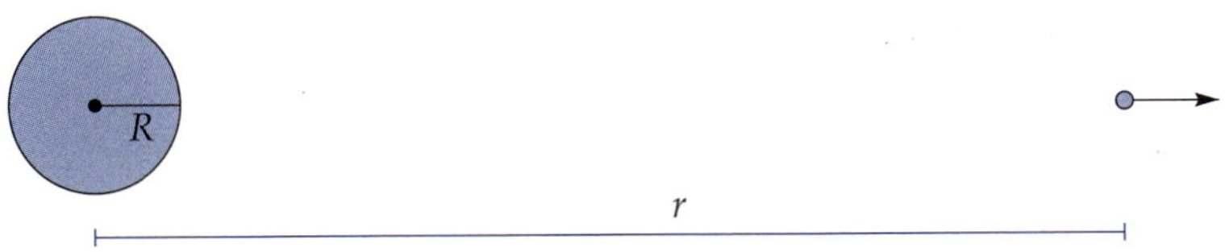

Aufgabe 13.49 Zeigen Sie das Poincaré Lemma für sternförmige Gebiete U in $\mathbb{R}^n$:

Sei $(F_1, \ldots, F_n)\colon U \to \mathbb{R}^n$ eine C^1-Abbildung mit $D_jF_i = D_iF_j$ für alle i, j. Dann gibt es eine Funktion $F\colon U \to \mathbb{R}$ mit $\nabla F = (F_1, \ldots, F_n)$.

Aufgabe 13.50 Finden Sie erste Integrale für die nachfolgenden Differenzialgleichungen.

1. $x' = x^2 + 2y,\ y' = -2xy$ mit $x(0) = 1 = y(0)$
2. $x' = y,\ y' = -\sin(x),\quad x(0) = 0 = y(0)$
3. $x' = 3y^2 - x,\ y' = y - \mathrm{e}^x,\quad x(0) = y(0) = 1$

13.11 Integrierende Faktoren

Ist $P\,\mathrm{d}x + Q\,\mathrm{d}y$ nicht exakt, so ist es (theoretisch) möglich, in der Nähe von jedem Punkt einen sogenannten integrierenden Faktor $M = M(x, y)$ zu finden, mit der Eigenschaft, dass die Differenzialgleichung $M \cdot P\,\mathrm{d}x + M \cdot Q\,\mathrm{d}y$ exakt ist.

Beispiel: $(x - 2y - 1)\,\mathrm{d}x + 2\,\mathrm{d}y = 0$ ist nicht exakt. Wir versuchen, einen integrierenden Faktor $M(x)$ (unabhängig von y) zu finden.

$$M(x)(x - 2y - 1)\,\mathrm{d}x + 2M(x)\,\mathrm{d}y = 0$$

Die Bedingung ist $-2M(x) = 2M'(x)$, also erfüllt $M(x) = \mathrm{e}^{-x}$ die Bedingung. Die Lösung der Differenzialgleichung ist $(2y - x) \cdot \mathrm{e}^{-x} = C$.

Beispiel: Räuber-Beute-Modell (Lotka-Volterra). Es seien a, b, u, v positive Konstanten und

$$x' = x(a - by), \quad y' = y(-u + vx)\,.$$

Die Räuber-Population (Füchse) wird durch $y(t)$ beschrieben und die Beute-Population (Kaninchen) durch $x(t)$. Bei Abwesenheit von Räubern erfüllt die Beute-Population $x(t)$ die Gleichung $x' = ax$. Das Wachstum wird kleiner (vielleicht auch negativ), wenn die Räuber-Population größer wird. Bei der Räuber-Population ist es gerade andersherum. Wir nehmen $x, y > 0$ an. (Eine negative Anzahl von Kaninchen oder Füchse ist wenig sinnvoll.) Die zugehörige Gleichung

$$y(u - vx)\,\mathrm{d}x + x(a - by)\,\mathrm{d}y = 0$$

ist nicht exakt. Ein integrierender Faktor ist $M = 1/(xy)$, wie man sofort sieht.

Wir erhalten die exakte Gleichung:

$$\frac{u - vx}{x}\,\mathrm{d}x + \frac{a - by}{y}\,\mathrm{d}y = 0\,.$$

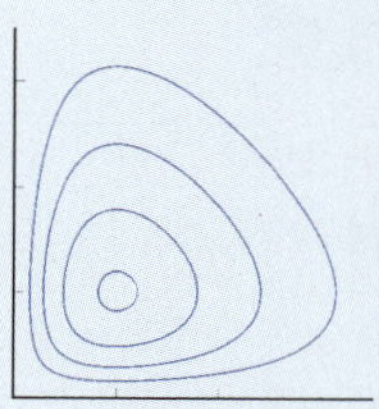

Also ist $F(x, y) = u\ln(x) - vx + a\ln(y) - by$ ein erstes Integral. Es folgt mit $f(y) = y^a \cdot \mathrm{e}^{-by}$ und $g(x) = x^u\,\mathrm{e}^{-vx}$, dass

$$H(x, y) = f(x) \cdot g(y) = K\,.$$

Diese Höhenlinien haben wir in Aufgabe 10.5 untersucht. Bemerke, dass $(x', y') \neq (0, 0)$, wenn $(x, y) \neq (u/v, a/b)$. Wenn wir nicht die stationäre Lösung $(u/v, a/b)$ haben, so ist die Geschwindigkeit $\sqrt{x'(t)^2 + y'(t)^2}$ nie null, sie hat somit ein Minimum auf einer (kompakten) Höhenlinie. Es folgt, dass die Lösungen der Gleichungen periodisch sind. Das ist nicht selbstverständlich, siehe Aufgabe 13.53. Oben sind einige Höhenlinien von $H(x, y)$ gezeigt.

Aufgaben

EXTRAS ONLINE Lösungen

Aufgabe 13.51 Lösen Sie die nachfolgenden Differenzialgleichungen.

1. $y\,\mathrm{d}x - (x - y^3)\,\mathrm{d}y = 0$
2. $2xy\,\mathrm{d}x + (2x^2 + y^3)\,\mathrm{d}y = 0$
3. $y(1 + xy)\,\mathrm{d}x - x\,\mathrm{d}y = 0$
4. $(1 - xy)\,\mathrm{d}x + (xy - x^2)\,\mathrm{d}y = 0$
5. $y\,\mathrm{d}x + (y\mathrm{e}^x - 1)\,\mathrm{d}y = 0$

Aufgabe 13.52 Finden Sie die Kurven C, die die angegebenen Kurven für alle Werten von p orthogonal schneiden. (Solche Kurven nennt man *orthogonale Trajektorien*.) Fertigen Sie eine Skizze an.

1. $y^2 = 4px$
2. $xy = p$
3. $r = p\cos\theta$ in Polarkoordinaten
4. $y^2 = px^3$
5. $x^2 - py^2 = 1$
6. $4x^2 + y^2 = p^2$

Aufgabe 13.53 Betrachte die Gleichung

$$\begin{aligned} x'(t) &= y + (1 - x^2 - y^2) \cdot x \\ y'(t) &= -x + (1 - x^2 - y^2) \cdot y \,. \end{aligned}$$

1. Es sei $(x(0), y(0)) = (0, 0)$. Warum verläuft die ganze Kurve in $(0, 0)$?
2. Es sei $r(t) = \sqrt{x^2 + y^2}$. Zeigen Sie, dass $r'(t) = r(1 - r^2)$.
3. Setze $x(t) = r(t)\cos(\varphi(t))$ und $y(t) = r(t)\sin(\varphi(t))$, also betrachte die Polarkoordinaten. Zeigen Sie, dass $\varphi'(t) = -1$.
4. Lösen Sie die Gleichung für r und φ.
5. Zeigen Sie, dass nur für $r = 0$ oder $r = 1$ die Lösung periodisch ist und $r(t) \to 1$ für $t \to \infty$, wenn $r_0 \neq 0$. Fertigen Sie mit SAGEMATH eine Skizze der Lösungen an.

Vektoranalysis

14

14.1 Kurvenintegrale 336
14.2 Wegintegral und Potenzialfunktionen 338
14.3 Orientierbarkeit und Fluss 340
14.4 Der Divergenzsatz von Gauß 342
14.5 Der Divergenzsatz mit singulärem Rand 346
14.6 Der Satz von Stokes in $\mathbb{R}^3$ 350
14.7 Beweis des Satzes von Stokes 352
A.1 Untermannigfaltigkeiten mit Rand 355
A.2 Multilinearformen 356
A.3 Differenzialformen in $\mathbb{R}^n$ 358
A.4 Differenzialformen auf Untermannigfaltigkeiten 360
A.5 Integrieren und der Satz von Stokes 362

ÜBERBLICK

LERNZIELE

- Kurvenintegrale
- Arbeit und Potenzialfunktion
- Fluss eines Vektorfeldes
- Der Divergenzsatz von Gauß
- Zirkulation eines Vektorfeldes
- Der Satz von Green und der Satz von Stokes

Die wichtigsten Sätze der Vektoranalysis sind die von Gauß, Green und Stokes. Sie sind Verallgemeinerungen des Hauptsatzes der Differenzial- und Integralrechnung. Sie haben viele wichtige Anwendungen in der Physik. Zum Beispiel kann man die maxwellschen Gleichungen für Elektromagnetismus nur verstehen, wenn man diese Sätze kennt. Auch bei partiellen Differenzialgleichungen spielen Sie eine wichtige Rolle. Für die Verallgemeinerung betrachten wir Vektorfelder F, definiert auf einer offenen Menge U von $\mathbb{R}^n$. Ein solches Vektorfeld fügt einem Punkt $p \in U$ einen Vektor $F(p) \in \mathbb{R}^n$ zu, ist deshalb nichts anderes als eine Abbildung $F\colon U \to \mathbb{R}^n$. Wir nehmen durchweg an, dass F eine C^k-Abbildung ist für hinreichend große k. Man fügt auf folgender Weise F eine Funktion $\operatorname{Div}(F)\colon U \to \mathbb{R}$, die sogenannte Divergenz von F, hinzu:

$$\operatorname{Div}(F) := D_1F_1 + \cdots + D_nF_n\,.$$

Die Bezeichnung $\operatorname{Div}(F)$ für die Divergenz von F ist begründet durch den Divergenzsatz von Gauß. Angenommen die glatte Hyperfläche M ist der Rand eines offenen und beschränkten Gebietes, so gibt es ein nach außen gerichtetes Einheitsnormalenvektorfeld $N(p)$, definiert für alle $p \in M$. Das Skalarprodukt $\langle F(p), N(p)\rangle$ beschreibt den Fluss von F durch M bei p.

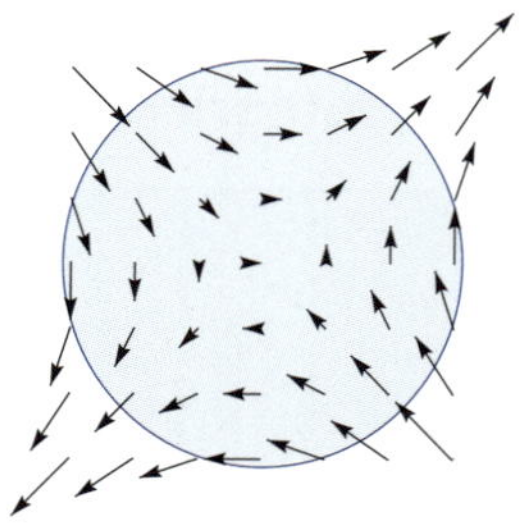

Das Integral $\int_M \langle F, N\rangle \,\mathrm{d}M$ interpretieren wir als den totalen Fluss von F durch M. Dieser kann negativ sein. Dann besagt der Divergenzsatz von Gauß:

$$\int_A \operatorname{Div}(F)\,\mathrm{d}(x_1, \ldots, x_n) = \int_M \langle F, N\rangle \,\mathrm{d}M\,.$$

Dieser Satz gilt auch für nicht glatte M, solange die nicht glatten Punkte nicht überhandnehmen. Für Quader ist der Satz einfach zu beweisen. Benutzen Sie Fubini (Aufgabe 14.18).

Ist A ein Quader und so klein, dass wir annäherungsweise F als konstant und gleich $F(p)$ für $p \in A$ annehmen, so ist

$$\mu(A) \cdot \operatorname{Div} F(p) \approx \int_M \langle F, N\rangle \,\mathrm{d}M\,.$$

Ist zum Beispiel F das Vektorfeld eines strömenden Gases, so hat diese Gleichung die Interpretation, dass $\operatorname{Div} F(p)$ die Ausdehnung bzw. Komprimierung des Gases in dem Punkt p beschreibt. Ist $\operatorname{div} F(p) > 0$, so nennt man p eine Quelle von F, ist $\operatorname{div} F(p) < 0$, so ist p eine Senke von F. Es kann vorkommen, dass $\operatorname{div}(F) = 0$ außer in einem Punkt p, für den $F(p)$ nicht definiert ist, z. B.

$$F = \frac{1}{(x^2 + y^2 + z^2)^{3/2}} \cdot (x, y, z) .$$

Den Divergenzsatz in der Ebene kann man auch anders formulieren, er ist dann als der Satz von Green bekannt. Ist $(P, Q)\colon U \to \mathbb{R}^2$ ein Vektorfeld, so ist die Zirkulation (oder Rotation) eines Vektorfeldes definiert durch $D_x Q - D_y P$. Die Zirkulation misst, wie ein Vektorfeld sich im Uhrzeigersinn dreht. Betrachten Sie als Beispiel das Vektorfeld $(-y, 0)$.

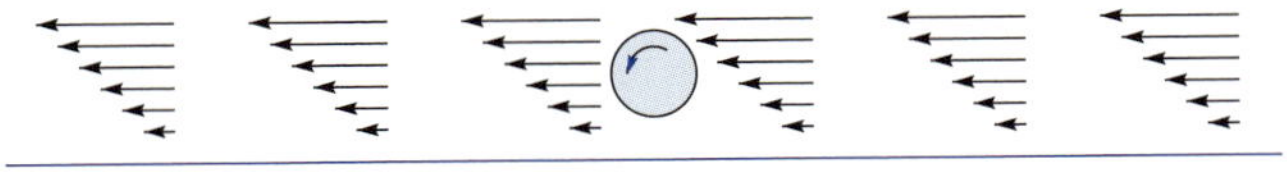

Wenn Sie sich dieses Vektorfeld als die Strömung des Wassers in einem Fluss vorstellen, so wird ein darin liegender Ball anfangen, sich zu drehen. Die Zirkulation ist gleich 1. Der Satz von Green lautet

$$\int_A D_x Q - D_y P \,\mathrm{d}(x, y) = \int_C P \,\mathrm{d}x + Q \,\mathrm{d}y .$$

Die rechte Seite ist ein Kurvenintegral. Man berechnet es mithilfe einer Parametrisierung der Kurve C.

Der Satz von Green hat eine Verallgemeinerung für offene Mengen A in einer glatten **orientierten** Fläche M in $\mathbb{R}^3$ und heißt dann „Satz von Stokes“. In diesem Fall ist die Rotation eines Vektorfeldes $F = (F_1, F_2, F_3)$ selbst wieder ein Vektorfeld. Die Länge des Vektorfeldes $\operatorname{Rot}(F)$ ist ein Maß für die Drehgeschwindigkeit des Vektorfeldes F. Orientiert bedeutet, dass man eine obere Seite der Fläche festlegt. Flächen, für die es möglich ist, eine obere Seite festzulegen, heißen orientierbar.

Für die Beweise benutzen wir *Zerlegungen der Eins*. Ist eine kompakte Menge $A \subset \mathbb{R}^n$ und eine offene Überdeckung $U_1, \ldots, U_s$ von A gegeben, so gibt es eine offene Menge $V \supset A$ und C^∞-Funktionen $\tau_1, \ldots, \tau_s\colon V \to [0, \infty)$, sodass

- $\overline{\{p\colon \tau_i(p) \neq 0\}} \subset U_i$. Die linke Seite nennt man den Träger von g_i.
- $1 = \tau_1 + \cdots + \tau_s$ auf A.

Zerlegungen der Eins sorgen dafür, dass wir ein Problem lokalisieren können. Zum Beispiel für den Divergenzsatz

$$\begin{aligned} \operatorname{Div}(F) &= \operatorname{Div}(\tau_1 F) + \cdots + \operatorname{Div}(\tau_s F) , \\ \langle F, N \rangle &= \langle \tau_1 F, N \rangle + \cdots + \langle \tau_s F, N \rangle . \end{aligned}$$

Auf diese Weise wird der Beweis „lokalisiert“ in jedem U_i.

14.1 Kurvenintegrale

Es sei C eine zusammenhängende rektifizierbare glatte Kurve in $\mathbb{R}^n$. Ist C nicht kompakt, so gibt es einen nach Bogenlänge parametrisierten Weg $c\colon (0, L) \to \mathbb{R}^n$ mit Spur C (siehe Satz 9.1). Ist $\widetilde{c}\colon (0, \widetilde{L})$ ein anderer nach Bogenlänge parametrisierter Weg mit Spur C, so gilt $L = \widetilde{L}$ und $\widetilde{c}(t) = c(t)$ oder $\widetilde{c}(t) = c(L - t)$. Die Wahl einer solchen nach Bogenlänge orientierten Parametrisierung nennt man eine Orientierung von C. Sie bestimmt einen Tangentialvektor T_q der Länge 1 in jedem Punkt $q \in C$.

Für kompakte Kurven C gibt es (bis auf Wahl des Anfangspunktes) zwei nach Bogenlänge einfache geschlossene Kurven $c\colon [0, L] \to \mathbb{R}^n$ mit Spur C. Auch hier nennt man die Wahl einer solchen Parametrisierung eine Orientierung. Ist C eine orientierte Kurve, so bezeichnet man mit $-C$ die gleiche Kurve, aber mit der anderen Orientierung.

Es sei C eine orientierte glatte rektifizierbare Kurve in $\mathbb{R}^n$. Für $p \in C$ sei T_p der durch die Orientierung gegebene Tangentialvektor der Länge 1 an C. Sei F ein stetiges Vektorfeld, definiert auf einer Umgebung von $\overline{C}$. Dann definieren wir das Kurvenintegral

$$\int_C F_1\,\mathrm{d}x_1 + \cdots + F_n\,\mathrm{d}x_n := \int_C \langle F(p), T_p\rangle\,\mathrm{d}C\,.$$

Ist $c\colon I \to \mathbb{R}^n$ (mit I ein Intervall) eine reguläre Parametrisierung von C, so gilt

$$\int_C F_1\,\mathrm{d}x_1 + \cdots + F_n\,\mathrm{d}x_n = \int_a^b \left\langle F(c(t)), \frac{c'(t)}{\|c'(t)\|}\right\rangle \cdot \|c'(t)\|\,\mathrm{d}t = \int_a^b \langle F(c(t)), c'(t)\rangle\,\mathrm{d}t$$

Dreht man die Orientierung um, so ändert sich im Integral nur das Vorzeichen:

$$\int_{-C} F_1\,\mathrm{d}x_1 + \cdots + F_n\,\mathrm{d}x_n = -\int_C F_1\,\mathrm{d}x_1 + \cdots + F_n\,\mathrm{d}x_n\,.$$

Beispiel: Sei $F(x, y) = (x - y, x)$ in der Ebene und C der Einheitskreis mit positiver Orientierung. Dann gilt

$$\int_C (x - y)\,\mathrm{d}x + x\,\mathrm{d}y = \int_0^{2\pi} (\cos(t) - \sin(t)) \cdot (-\sin(t)) + \cos(t) \cdot \cos(t)\,\mathrm{d}t = 2\pi\,.$$

Beispiel:

Ist C eine ebene Kurve, so interpretieren wir

$$\int_C -F_2\,\mathrm{d}x + F_1\,\mathrm{d}y$$

als den Fluss von F durch die Kurve C.

Ist $N(t) = -c'(t)^{\perp} = (c_2'(t), -c_1'(t))$, so gilt

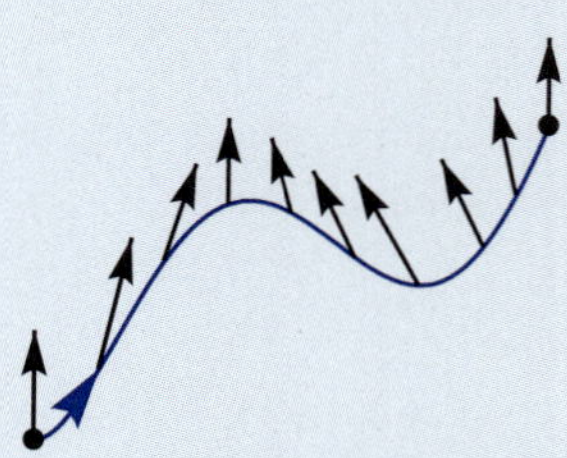

$$\int_C -F_2\,\mathrm{d}x + F_1\,\mathrm{d}y = \int_C = \int_a^b -F_2(c(t)) \cdot c_1'(t) + F_1(c(t)) \cdot c_2'(t)\,\mathrm{d}t = \int_a^b \langle F(t), N(t)\rangle\,\mathrm{d}t\,.$$

Aufgaben

EXTRAS ONLINE Lösungen

Aufgabe 14.1 Berechnen Sie die Kurvenintegrale $\int_C F_1\,\mathrm{d}x_1 + \cdots + F_n\,\mathrm{d}x_n$ für die nachfolgenden Vektorfelder F und die durch die Parametrisierung gegebenen orientierten Kurven C.

1. $F = (x, y)$, $\quad C$: Geradenstück von $(0,4)$ nach $(2,10)$
2. $F = (x, y^2)$, $\quad C = \{(t^2, t)\colon t \in (-1,1)\}$
3. $F = (x^2, y^2, z^2)$, $\quad C = \{(\cos(t), \sin(t), t)\colon t \in (0, \pi)\}$
4. $F = (-y, x, z)$, $\quad C = \{(\cos(t), \sin(t), \cos(t))\colon t \in (0, 2\pi)\}$
5. $F = \dfrac{1}{x^2+y^2+z^2}(x, y, z)$, $\quad C$: Geradenstück von $(1,1,1)$ nach $(4,5,2)$
6. $F = (z, y^2, x+z)$, $\quad C = \{(\sin(2t), \cos(t), t^2)\colon t \in (0, 2\pi)\}$

Aufgabe 14.2 Berechnen Sie den Fluss der nachfolgenden Vektorfelder durch die angegebenen orientierten Kurven.

Fertigen Sie eine Skizze dieser Kurven sowie der Vektorfeldern an.

1. $F = (y^2, -xy)$, $\quad C = \{(t^2, t)\colon t \in (0,1)\}$
2. $F = (0, 1)$, $\quad C = \{\cos^3(t), \sin^3(t)\colon t \in (0, \pi/2)\}$
3. $F = (0, y)$, $\quad C = \{\cos^3(t), \sin^3(t)\colon t \in (0, \pi/2)\}$

Aufgabe 14.3 Es sei C eine glatte kompakte geschlossene zusammenhängende Kurve in $\mathbb{R}^2$.

1. Sei $g\colon \mathbb{R}^2 \to \mathbb{R}$ eine C^2-Funktion und $F = (D_y g, -D_x g)$. Warum ist der Fluss von F durch C gleich 0?
2. Zeigen Sie, dass der Fluss der nachfolgenden Vektorfelder F durch die angegebenen Kurven C gleich 0 ist. Die Orientierung von C spielt hierbei keine Rolle.
   (a) $F = (-x, \mathrm{e}^x + y)$, $\quad C$ der Einheitskreis
   (b) $F = (x - y^2, -y)$, $\quad C$ beliebige geschlossene Kurve
   (c) $F = (-x(\cos(xy)+1), y\cos(xy))$, $\quad C$ der Einheitskreis

14.2 Wegintegral und Potenzialfunktionen

Sei $U \subset \mathbb{R}^n$ offen und $F = (F_1, \dots, F_n)\colon U \to \mathbb{R}^n$ ein stetiges Vektorfeld.

1 Sei $c\colon [a,b] \to U$ stückweise stetig differenzierbar, d. h., c ist stetig und es gibt eine Zerlegung $a = t_0 \le t_1 \le \dots \le t_k = b$, sodass c auf $[t_{i-1}, t_i]$ stetig differenzierbar ist. Dann definieren wir das Wegintegral:

$$\int_c F\,\mathrm{d}x := \int_c F_1\,\mathrm{d}x_1 + \dots + F_n\,\mathrm{d}x_n := \int_a^b \langle F(c(t)), c'(t)\rangle\,\mathrm{d}t := \sum_{i=1}^k \int_{t_{i-1}}^{t_i} \sum_{j=1}^n F_j(c(t))\cdot c_j'(t)\,\mathrm{d}t\,.$$

2 Eine Potenzialfunktion für F ist eine differenzierbare Funktion $V\colon U \to \mathbb{R}^n$, sodass $\nabla V = -F$. Existiert eine Potenzialfunktion für F, so nennt man F ein konservatives Vektorfeld.

Satz 14.1 Für $U \subset \mathbb{R}^n$ offen und zusammenhängend, $F\colon U \to \mathbb{R}^n$ stetig und $c\colon [a,b] \to U$ stückweise stetig differenzierbar sind folgenden Aussagen äquivalent.

1 F ist konservativ.

2 Das Integral $\int_c F_1\,\mathrm{d}x_1 + \dots + F_n\,\mathrm{d}x_n$ hängt nur von dem Anfangspunkt $c(a)$ und dem Endpunkt $c(b)$ ab.

3 Ist c geschlossen, d. h. $c(a) = c(b)$, so ist $\int_c F_1\,\mathrm{d}x_1 + \dots + F_n\,\mathrm{d}x_n = 0$.

$1 \Longrightarrow 2$. Sei $F = -\nabla V$. Wir nehmen an, dass $c\colon [a,b] \to U$ differenzierbar ist. Sonst hätten wir noch zusätzlich eine endliche Summe schreiben müssen.

$$\int_a^b \langle F(c(t)), c'(t)\rangle\,\mathrm{d}t = -\int_a^b \frac{\mathrm{d}}{\mathrm{d}t} V(c(t))\,\mathrm{d}t = V(c(a)) - V(c(b))\,.$$

$2 \Longrightarrow 3$. Klar, denn für den konstanten Weg ist das Integral offenbar gleich 0.

$3 \Longrightarrow 1$. Wähle einen Punkt $p \in U$. Für $q \in U$ nehme ein beliebiges stückweise differenzierbares $c\colon [a,b] \to U$ mit $c(a) = p$ und $c(b) = q$ (Aufgabe 14.4) und definiere

$$V(q) = -\int_c F\,\mathrm{d}x\,.$$

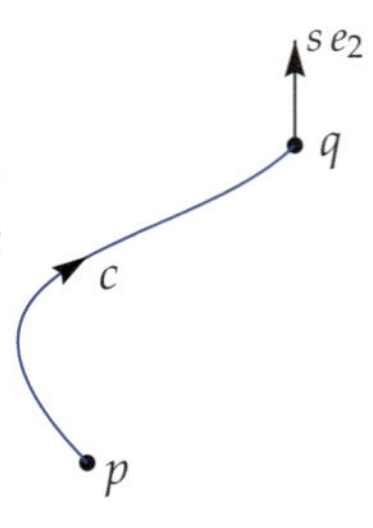

Dies ist unabhängig von dem gewählten c. Ist nämlich $\widetilde{c}\colon [\widetilde{a}, \widetilde{b}] \to U$ ein anderer Weg von p nach q, so ist $d\colon [a, b + \widetilde{b} - \widetilde{a}] \to U$ definiert durch $d(t) = c(t)$ für $t \in [a,b]$ und $d(t) = \widetilde{c}(-t + b + \widetilde{b})$ für $t \in [b, b + \widetilde{b} - \widetilde{a}]$ geschlossen, also

$$0 = \int_d F\,\mathrm{d}x = \int_c F\,\mathrm{d}x - \int_{\widetilde{c}} F\,\mathrm{d}x\,.$$

Sei $L_{i,s}(t) = q + t\cdot e_i$ für $0 < t < s$. Dann ist $L_{i,s}$ das Geradenstück von q nach $q + s\cdot e_i$. Für s klein gilt

$$V(q + s\cdot e_i) - V(q) = -\int_{L_{i,s}} F\,\mathrm{d}x = \int_0^s F_i(q + te_i)\,\mathrm{d}t.$$

Die Ableitung nach s in $s = 0$ ist gleich $D_i V(q) = -F_i(q)$. Also ist V eine Potenzialfunktion von F. ∎

Aufgaben

EXTRAS ONLINE Lösungen

Aufgabe 14.4 Es sei U offen und zusammenhängend und $p, q \in U$. Zeigen Sie, dass es eine stückweise stetig differenzierbare Abbildung $c\colon [0,1] \to U$ gibt, mit $c(0) = p$ und $c(1) = q$. Zeigen Sie, dass es sogar möglich ist, p und q mit endlich vielen senkrechten oder waagerechten Geradenstücken zu verbinden.
Tipp: Wenden Sie das Lemma von Lebesgue auf $[0,1]$ an mit einer Überdeckung, induziert durch ein $\gamma\colon [0,1] \to U$, welches p mit q verbindet.

Aufgabe 14.5 Es sei U ein sternförmiges Gebiet in $\mathbb{R}^n$, d. h., es gibt ein $p \in U$, sodass für alle $q \in U$, das Geradenstück von p nach q in U liegt. Sei $F = (F_1, \ldots, F_n)\colon U \to \mathbb{R}^n$ ein Vektorfeld, sodass

$$D_i F_j = D_j F_i$$

für alle i, j. Zeigen Sie, dass F konservativ ist.

Tipp: siehe Abschnitt 13.10.

Aufgabe 14.6 Sei $F = (F_1, F_2) = \dfrac{1}{x^2 + y^2}(-y, x)$.

1. Zeigen Sie, dass $D_1 F_2 = D_2 F_1$.
2. Sei c der Einheitskreis, der im Gegenuhrzeigersinn durchlaufen wird. Berechnen Sie

   $$\int_c F_1 \,\mathrm{d}x + F_2 \,\mathrm{d}y\,,$$

   um zu zeigen, dass F nicht konservativ ist.
3. Warum widerspricht das Ergebnis nicht Aufgabe 14.5?
4. Wegen der Aufgabe 14.5 ist F konservativ in $(0, \infty) \times \mathbb{R}$. Bestimmen Sie eine Potenzialfunktion auf dieser Menge.
5. Sei $c\colon [a,b] \to \mathbb{R}^2 \setminus \{(0,0)\}$. Wie können wir $\int_c F_1 \,\mathrm{d}x + F_2 \,\mathrm{d}y$ interpretieren?

Aufgabe 14.7 Die nachfolgenden Vektorfelder sind konservativ. Bestimmen Sie eine Potenzialfunktion.

1. $F = (x, y, z)$
2. $F = (\mathrm{e}^y \sin(x), -\mathrm{e}^y \cos(x))$
3. $F = \dfrac{1}{r^3}(-xz, -yz, r^2 - z^2)$ wobei $r = \sqrt{x^2 + y^2 + z^2}$.
4. $F = (y\mathrm{e}^{xy}z, x\mathrm{e}^{xy}z, \mathrm{e}^{xy})$

Aufgabe 14.8 Sei $c(t) = (2 + \cos^2(t) + \sin(t), \sin(t))$ für $t \in [0, 2\pi]$ und $(P, Q) = (\mathrm{e}^{x^2} + 4x^5, 0)$. Berechnen Sie $\int_c P \,\mathrm{d}x + Q \,\mathrm{d}y$.

14.3 Orientierbarkeit und Fluss

Sei $M \subset \mathbb{R}^n$ eine glatte Hyperfläche, d. h., eine Untermannigfaltigkeit der Dimension $n-1$.

1 M heißt orientierbar, wenn ein differenzierbares Vektorfeld N auf einer offenen Umgebung von M existiert, sodass $N(p) \in N_pM$ und $\|N(p)\| = 1$ für alle $p \in M$. Eine Orientierung von M ist die Wahl eines solchen Vektorfeldes.

2 Ist M orientiert mit Einheitsnormalenvektorfeld N und F ein Vektorfeld definiert in einer Umgebung von M, so heißt $\int_M \langle F, N \rangle \, \mathrm{d}M$ der Fluss von F durch M.

Für die Orientierbarkeit reicht es natürlich zu fordern, dass $N(p) \neq 0$ ist, denn wir können immer normieren. In jedem Punkt p von M gibt es genau zwei Vektoren $\pm N(p) \in N_pM$ der Länge eins, denn N_pM ist ein eindimensionaler Vektorraum.

Ist $f: U \to \mathbb{R}$ differenzierbar mit $\nabla f(x) \neq 0$ für alle $x \in U$, so ist $p \to \nabla f(p)$ ein Normalenvektorfeld auf $M = \{p \in U: f(p) = 0\}$. Deshalb sind solche Untermannigfaltigkeiten orientierbar. Eine glatte Hyperfläche ist daher–in einer gewissen Umgebung jeden Punktes–orientierbar. Weiter unten geben wir ein Beispiel einer nicht glatten Fläche.

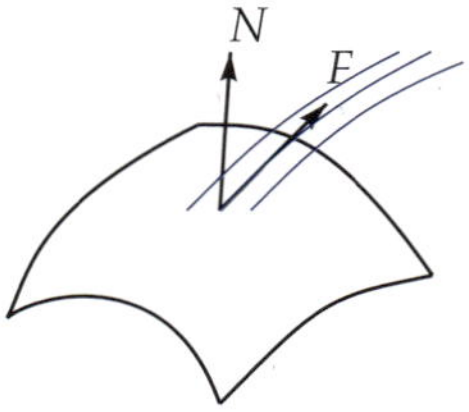

Bemerkung. Ist $M \subset \mathbb{R}^3$ gegeben durch eine lokale Parametrisierung $\varphi(u, v): V \to M$, so betrachten wir stillschweigend die Orientierung von M, gegeben durch Normierung von $D_u\varphi \times D_v\varphi$. Weil $G_\varphi(u, v) = \|D_u\varphi \times D_v\varphi\|$ ist (vgl. Aufgabe 11.29), gilt

$$\int_{\varphi(V)} \Big\langle F, N \Big\rangle \, \mathrm{d}M = \int_V \Big\langle F(\varphi(u, v)), D_u\varphi \times D_v\varphi \Big\rangle \, \mathrm{d}(u, v) \, .$$

Die Normierung mit $\|D_u\varphi \times D_v\varphi\|$ hebt sich in der Berechnung auf.

Beispiel:
Das Möbiusband erhält man, indem wir das Segment $(2 + u, 0, 0)$ mit $-1 < u < 1$ nehmen. Wir drehen dieses mit dem Winkel $v/2$ um die Achse $(2, 0, 0) + R(0, 1, 0)$ und danach mit dem Winkel v um die z-Achse für $0 \leq v < 2\pi$. Das Ergebnis $\varphi(u, v)$ ist

$$\Big((2 + u\cos(v/2)) \cdot \cos(v), \ (2 + u\cos(v/2)) \cdot \sin(v), \ u\sin(v/2)\Big) \, .$$

Man zeigt, dass das Bild dieser Abbildung eine glatte Fläche ist, und berechnet, dass ein Einheitsnormalenvektor für $u = 0$ gegeben ist durch

$$N(v) := \Big(\cos(v)\sin(v/2), \ \sin(v) \cdot \sin(v/2), -\cos(v/2)\Big) \, .$$

Der Weg $\varphi(0, v) + \varepsilon N(v)/2$, $v \in [0, 2\pi]$ verbindet in $M(\varepsilon) \setminus M$ den Punkt $(2, 0, -\varepsilon/2)$ mit dem Punkt $(2, 0, \varepsilon/2)$. Es folgt, dass das Möbiusband nicht orientierbar ist.

Ist nämlich M orientierbar, so ist $M(\varepsilon) \setminus M$ für kleines $\varepsilon > 0$ nicht zusammenhängend. Dies gilt, weil die Abbildung $\sigma: M(\varepsilon) \setminus M$, gegeben durch $p + tN(p) \to t/|t|$, eine surjektive stetige Abbildung von $M(\varepsilon) \setminus M$ auf $\{-1, 1\}$ definiert.

Aufgaben

EXTRAS ONLINE
Lösungen

Aufgabe 14.9 Sei M gegeben durch den Graphen einer Funktion $g\colon U \to \mathbb{R}$, $U \subset \mathbb{R}^{n-1}$.

1. Zeigen Sie, dass $N = \dfrac{(-\nabla g(a), 1)}{\sqrt{1 + \|\nabla g(a)\|^2}}$ ein Normalenvektor von M in $(a, g(a))$ ist.
2. Zeigen Sie, dass für einen Vektorfeld F gilt

$$\int_M \langle F, N\rangle \, \mathrm{d}M = \int_U -\sum_{i=1}^{n-1} F_i(x, g(x)) \cdot D_i g(x) + F_n(x, g(x)) \, \mathrm{d}(x_1, \ldots, x_{n-1}) \,.$$

Aufgabe 14.10 Berechnen Sie den Fluss der nachfolgenden Vektorfelder F durch die angegebene parametrisierte Fläche M mit der stillschweigenden Orientierung. (Siehe Bemerkung auf der vorherigen Seite.)

1. $F = (0, y, -z)$, $\quad M = \{(x, y, x^2 + y^2)\colon x^2 + y^2 < 1\}$
2. $F = (yz, -y^2, x)$, $\quad M = \{(x, y, x^2)\colon (x, y) \in (0, 1) \times (0, 4)\}$
3. $F = (9y, y - 4x, z + 4x^2)$, $\quad M = \{(x, y, 36 - 4x^2 - 9y^2)\colon z > 0\}$
4. $F = (9y, y - 4x, z + 4x^2)$, $\quad M = \{(x, y, z)\colon 4x^2 + 9y^2 < 36, z = 0\}$

Aufgabe 14.11 Berechnen Sie den Fluss von F durch die angegebenen Flächen M, welche durch den nach außen gerichteten Normalenvektor orientiert sind.

1. $F = (x, y, z)$, $\quad M$ gegeben durch $x^2 + y^2 + z^2 = 1$
2. $F = (x, y, z)$, $\quad M$ gegeben durch $x^2 + y^2 + z^2 = 4$
3. $F = (x, y, 0)$, $\quad M$ gegeben durch $x^2 + y^2 + z^2 = 1$
4. $F = (xy, y^2, 0)$, $\quad M$ der halbe Zylinder mit Gleichung $x^2 + y^2 = 1, y > 0, 0 < z < 1$
5. $F = (x, y, -z)$, $\quad M$ der Kegel $z^2 = x^2 + y^2, 0 < z < 1$
6. $F = (0, 0, z)$, $\quad M$ gegeben durch $x^2 + y^2 + z^2 = r^2$ mit $x > 0, y > 0, z > 0$
7. $F = (zx, zy, z^2)$, $\quad M$ gegeben durch $x^2 + y^2 + z^2 = r^2$ mit $x > 0, y > 0, z > 0$

14.4 Der Divergenzsatz von Gauß

Wir betrachten beschränkte offene Mengen A mit glattem Rand. Dies bedeutet, dass es für alle $a \in M := \partial A$ eine offene Umgebung U von a und eine C^1-Funktion $f: U \to \mathbb{R}$ gibt, sodass

$$A \cap U = \{x \in U: f(x) < 0\} \text{ und } \nabla f(x) \neq 0 \text{ für alle } x \in U\,.$$

Sind U und f wie oben, so sind wegen Stetigkeit von f alle $x \in U$ mit $f(x) < 0$ innere Punkte von A und alle $x \in U$ mit $f(x) > 0$ äußere Punkte von A. Ist $f(a) = 0$, so hat $f(a + t\nabla f(a))$ die Ableitung $\|\nabla f(a)\|^2$. Deshalb gibt es in jeder Umgebung von a innere und äußere Punkte von A. Der Rand von A hat die Gleichung $f(x) = 0$. Wir sehen, dass es in jedem Punkt $a \in M = \partial A$ einen eindeutigen Normalenvektor $N(a)$ mit $\|N(a)\| = 1$ gibt, sodass $a + tN(a) \notin A$ für kleines $t > 0$. Auf diese Weise erhalten wir eine Orientierung von ∂A.

Satz 14.2 (Divergenzsatz) Es sei $A \subset \mathbb{R}^n$ offen und beschränkt mit glattem Rand M und mit äußerem Normalenvektorfeld N. Sei F ein Vektorfeld, definiert auf einer offenen Umgebung von $\overline{A}$, und $\operatorname{Div}(F) := D_1F_1 + \cdots + D_nF_n$ die sogenannte Divergenz des Vektorfeldes F. Dann gilt:

$$\int_M \langle F, N\rangle \,\mathrm{d}M = \int_A \operatorname{Div}(F)\,\mathrm{d}(x_1, \ldots, x_n)\,.$$

Beispiel: Sei $A = \{(x,y): x^2 + y^2 < 1\}$ und $F = (x,y)$. Dann ist $\operatorname{Div}(F) = 2$ und $N(x,y) = (x,y)$. Also $\langle F, N\rangle = x^2 + y^2 = 1$ auf $\partial A = M = \{x^2 + y^2 = 1\}$. Tatsächlich rechnet man sofort nach:

$$\int_M \langle F, N\rangle \,\mathrm{d}M = 2\pi = \int_A 2\,\mathrm{d}(x,y)\,.$$

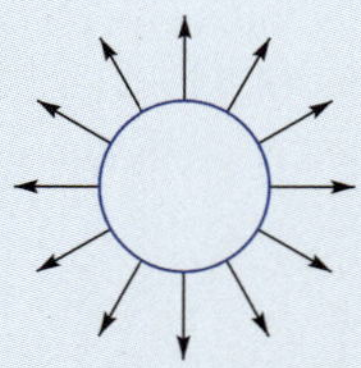

Bemerkung. Ist $F = (Q, -P)$ ein Vektorfeld, definiert auf einer Umgebung von A, und ist $C = \partial A$ gegeben durch $c(t) = (x(t), y(t))$ mit $N(t) = (y'(t), -x'(t))$, so gilt:

$$\int_A D_xQ - D_yP\,\mathrm{d}(x,y) = \int_C \langle F, N\rangle\,\mathrm{d}C = \int_0^L Q(c(t))\cdot y'(t) + P(c(t))x'(t)\,\mathrm{d}t$$
$$= \int_C P\,\mathrm{d}x + Q\,\mathrm{d}y\,.$$

Die Menge A liegt beim Durchlaufen von C an der „linken“ Seite. In dieser Form heißt der Divergenzsatz der **Satz von Green**. Der Ausdruck

$$D_xQ - D_yP$$

heißt die **Zirkulation** oder auch **Rotation** des Vektorfeldes (P, Q). Der Wert in einem Punkt p ist ein Maß dafür, wie das Vektorfeld sich in der Nähe des Punktes dreht.

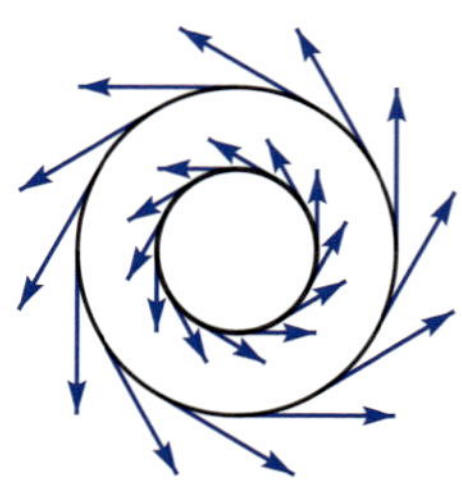

Aufgaben

EXTRAS ONLINE Lösungen

Aufgabe 14.12 Es seien F, G differenzierbare Vektorfelder, definiert auf einer offenen Menge U, und τ eine differenzierbare Funktion auf U. Zeigen Sie, dass $\mathrm{Div}\,(F+G) = \mathrm{Div}\,(F) + \mathrm{Div}\,(G)$ und $\mathrm{Div}\,(\tau \cdot F) = \tau \cdot \mathrm{Div}\,(F) + \langle \nabla\tau, F\rangle$.

Aufgabe 14.13

Betrachte das Vektorfeld $F = \frac{1}{10}(xy^2, x^2y)$ auf

$$A = \{(x,y)\colon 1 < x^2 + y^2 < 4\}\ .$$

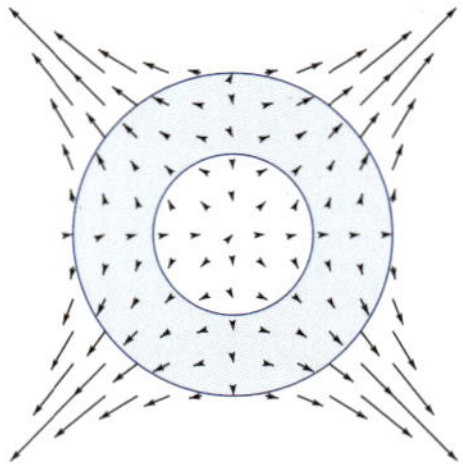

Berechnen Sie den Fluss von F durch ∂A:

(a) durch direkte Berechnung;

(b) durch Anwendung des Divergenzsatzes.

Aufgabe 14.14 Berechnen Sie mithilfe des Divergenzsatzes den Fluss von F durch die Einheitsphäre S^2, orientiert durch den nach außen gerichteten Normalenvektor.

1. $F = (2x, 3y, z)$
2. $F = (2x^3 + z^3, -xz + y^3, x^3 + y^3 + z^3)$

Aufgabe 14.15 Sei $F = \dfrac{1}{x^2+y^2}\,(x,y)$.

1. Zeigen Sie, dass $\mathrm{Div}\,(F) = 0$.
2. Sei A die Einheitsscheibe in $\mathbb{R}^2$ und $M = \partial A$. Berechnen Sie $\int_M \langle F, N\rangle\, \mathrm{d}M$.
3. Warum widerspricht dieses Ergebnis nicht dem Divergenzsatz (vgl. Aufgabe 14.6)?

Aufgabe 14.16 Sei $r = \sqrt{x^2+y^2+z^2}$ und

$$F = \frac{1}{r^3}(x,y,z)\ .$$

Sei M die Untermannigfaltigkeit von $\mathbb{R}^3$ gegeben durch $x^4 + y^2 + z^2 = 10$ mit nach außen gerichtetem Normalenvektor. Berechnen Sie den Fluss von F durch M.

Aufgabe 14.17 (Archimedisches Prinzip) Die Oberfläche eines Gewässers sei gegeben durch $z = 0$. Ein Körper A mit glattem Rand M sei unter Wasser. Der Wasserdruck ist proportional zur Tiefe, also gleich $-\rho \cdot z$ für ein $\rho > 0$, welches die Dichte des Wassers beschreibt.

1. Sei $F = (0, 0, -\rho z)$. Warum können wir $\int_M \langle F, N\rangle\, \mathrm{d}M$ als die Auftriebskraft interpretieren?
2. Wenden Sie den Divergenzsatz an. Weshalb können wir die Auftriebskraft interpretieren als das Gewicht des durch den Körper A verdrängten Wassers?

Beweis des Divergenzsatzes

Satz 14.3 Sei $A \subset \mathbb{R}^n$ beschränkt, $\overline{A} \subset \bigcup_{i=1}^{s} U_i$ mit U_i offen. Dann gibt es eine offene Umgebung V von $\overline{A}$ und C^∞-Funktionen $\tau_i \colon V \to \mathbb{R}$ für $i = 1, \ldots, s$ mit

1 $\operatorname{Supp}(\tau_i) := \overline{\{p\colon \tau_i(p) \neq 0\}} \subset U_i$,

2 $\tau_1(p) + \cdots + \tau_s(p) = 1$ für alle $p \in \overline{A}$.

Die $\tau_1, \ldots, \tau_s$ nennen wir eine Zerlegung der Eins für $U_1, \ldots, U_s$.

Es sei $h\colon \mathbb{R} \to \mathbb{R}$ eine C^∞-Funktion mit $h(t) = 0$ für $t \leq 0$ und $h(t) > 0$ für $t > 0$, siehe Aufgabe 4.39. Sei $p \in \overline{A}$ und wähle ein r_p mit $B_2(p, r_p) \subset U_i$ für ein i. Sei

$$\lambda_p \colon \mathbb{R}^n \to \mathbb{R}, \quad \lambda_p(x) := h\left(1 - \|x-p\|_2^2 / r_p^2\right).$$

Diese Funktion ist eine C^∞-Funktion. Nach Konstruktion ist $\lambda_p(x) > 0$ genau dann, wenn $x \in B_2(p, r_p)$, also $\operatorname{Supp}(\lambda_p) \subset U_i$. Die $B_2(p, r_p)$ bilden eine offene Überdeckung von $\overline{A}$, also gibt es eine endliche Menge $I \subset \overline{A}$ mit $\overline{A} \subset V := \cup_{p \in I} B_2(p, r_p)$. Sei

$$g_i = \sum_{p \in I\colon B_2(p, r_p) \subset U_i} \lambda_p .$$

Dann ist $\operatorname{Supp}(g_i) \subset U_i$. Es gilt $g_i(x) \geq 0$ für alle $x \in \mathbb{R}^n$. Nach Konstruktion ist $g_1 + \cdots + g_s > 0$ auf V. Wir definieren $\tau_i := \dfrac{g_i}{g_1 + \cdots + g_s}$. ∎

Wir beginnen mit dem Beweis des Divergenzsatzes.

1 Für jedes $p \in A$ wähle einen offenen Quader Q_p, sodass $p \in Q_p$ und $\overline{Q}_p \subset A$.

2 Für jedes $p \in M$ wähle einen offenen Quader $Q_p \ni p$, sodass M als Graph einer Funktion g geschrieben werden kann (impliziter Funktionensatz). Dann gilt, nach evtl. Vertauschung der Koordinaten und evtl. x_n durch $-x_n$ ersetzen,

$$Q_p \cap A = \{(x', x_n)\colon (x', x_n) \in Q_p,\ a < x_n < g(x')\}$$

für ein $a \in \mathbb{R}$. Die offenen Quader Q_p für $p \in \overline{A}$ überdecken die kompakte Menge $\overline{A}$. Es gibt deshalb eine endliche Menge $I \subset \overline{A}$ mit $\overline{A} \subset \cup_{p \in I} Q_p$. Wir wählen eine Zerlegung der Eins τ_p für $Q_p, p \in I$.

Behauptung: Gilt der Satz für alle $\tau_p F = (\tau_p F_1, \tau_p F_2, \ldots, \tau_p F_n)$, dann auch für F.

$$\int_M \langle F, N\rangle \, \mathrm{d}M = \int_M \sum_{p \in I} \langle \tau_p F, N\rangle \, \mathrm{d}M = \int_A \sum_{p \in I} \operatorname{Div}(\tau_p F) \, \mathrm{d}x = \text{(Benutze Aufgabe 14.12)}$$

$$= \int_A \sum_{p \in I} \langle \nabla \tau_p, F\rangle + \sum_{p \in I} \tau_p \operatorname{Div}(F) \, \mathrm{d}x = \int_A \langle \nabla 1, F\rangle + \operatorname{Div}(F) \, \mathrm{d}x = \int_A \operatorname{Div}(F) \, \mathrm{d}x .$$

∎

Wir müssen den Satz noch für jedes $\tau_p F$ beweisen. Dieses $\tau_p F$ bezeichnen wir einfachheitshalber wieder mit F. Wir betrachten die zwei Fälle von oben.

1. Fall. Ist das Vektorfeld F gleich 0 auf dem Rand von Q, so ist $\int_Q \operatorname{Div}(F)\,\mathrm{d}x = 0.$

Das folgt aus dem nächsten Lemma, welches man mit dem Hauptsatz der Differenzial- und Integralrechnung und Fubini beweist (vgl. Aufgabe 14.18). ∎

Lemma 14.4 Sei $Q = (a_1, b_1) \times \cdots \times (a_n, b_n)$ und H integrierbar über Q. Ist $H(x) = 0$ für alle x mit $x_i = a_i$ und $x_i = b_i$, so gilt $\int_Q D_i H\,\mathrm{d}(x_1, \ldots, x_n) = 0.$

2. Fall. Sei F gleich 0 auf dem Rand eines Quaders $Q \times (a, b) \subset \mathbb{R}^{n-1} \times (a, b)$. Sei

$$A = \{(x', x_n) \in \mathbb{R}^n : x' \in Q \text{ und } a < x_n < g(x')\} \text{ und } N = (-\nabla g, 1)/\sqrt{\|\nabla g\|^2 + 1}$$

das Einheitsnormalenvektorfeld auf $M \subset A$, gegeben durch $x_n = g(x')$. Dann gilt

$$\int_A \operatorname{Div}(F)\,\mathrm{d}(x_1, \ldots, x_n) = \int_M \langle F, N\rangle\,\mathrm{d}M\,.$$

Wir brauchen diese Aussage nur für $F_i \cdot e_i$ zu zeigen, $i = 1, \ldots, n$. Zunächst für $i = n$:

$$\begin{aligned}\int_A \operatorname{Div}(F_n e_n)\,\mathrm{d}x &= \int_A D_n F_n\,\mathrm{d}x = \int_Q \int_a^{g(x')} D_n F_n\,\mathrm{d}x_n\,\mathrm{d}x' = \int_Q F_n\Big|_{x_n=a}^{x_n=g(x')}\,\mathrm{d}x' \\ &= \int_Q F_n(x', g(x'))\,\mathrm{d}x' = \int_M \langle F_n e_n, N\rangle\,\mathrm{d}M \text{ (Siehe Aufgabe 14.9)}\,.\end{aligned}$$

Hier ist benutzt worden, dass $F_n = 0$ für $x_n = a$.
Für $i < n$ wenden wir das Lemma 14.4 auf $H = \int_a^{g(x')} F_i(x', x_n)\,\mathrm{d}x_n$ an und wir differenzieren unter dem Integralzeichen (siehe Aufgabe 9.42):

$$\begin{aligned}0 &= \int_Q D_i \int_a^{g(x')} F_i(x', x_n)\,\mathrm{d}x_n\,\mathrm{d}x' \\ &= \int_Q F_i(x', g(x')) \cdot D_i g(x')\,\mathrm{d}x' + \int_Q \int_a^{g(x')} D_i F_i(x', x_n)\,\mathrm{d}x_n\,\mathrm{d}x'\,.\end{aligned}$$

Es folgt:

$$\int_M \langle F_i e_i, N\rangle\,\mathrm{d}M = -\int_Q F_i(x', g(x')) \cdot D_i g(x')\,\mathrm{d}x' = \int_A D_i F_i\,\mathrm{d}x = \int_A \operatorname{Div}(F_i e_i)\,\mathrm{d}x\,.$$ ∎

14.5 Der Divergenzsatz mit singulärem Rand

Wir besprechen hier den Divergenzsatz in $\mathbb{R}^2$ und $\mathbb{R}^3$ wobei der Rand nicht unbedingt glatt sein muss. Verallgemeinerung auf höherere Dimensionen ist möglich, aber in diesem Buch nicht vorgesehen.

Der Fall $\mathbb{R}^2$. In diesem Fall nehmen wir A offen und beschränkt, sodass $\partial A = M \cup \mathbb{P}$ mit:

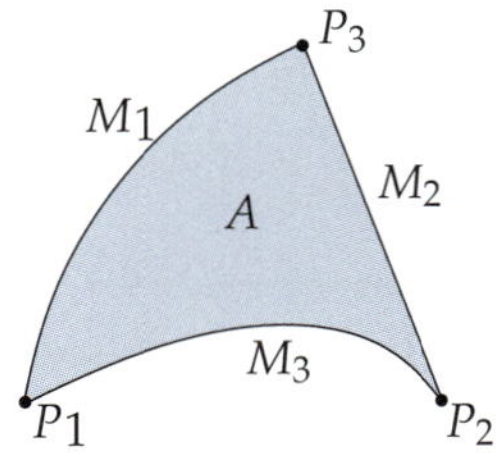

1. $M = M_1 \cup \cdots \cup M_\ell$ ist eine rektifizierbare glatte Kurve.
2. Für alle $p \in M$ gibt es eine offene Umgebung U von p, sodass $\overline{A} \cap U = \{x \in U : f(x) \leq 0\}$ und $\nabla f(x) \neq 0$ für alle $x \in U$.
3. $\mathbb{P} = \{P_1, \ldots, P_s\}$ ist eine endliche Menge von Punkten.

Der Fall $\mathbb{R}^3$. Sei A offen und beschränkt in $\mathbb{R}^3$, sodass $\partial A = M \cup C \cup \mathbb{P}$ mit:

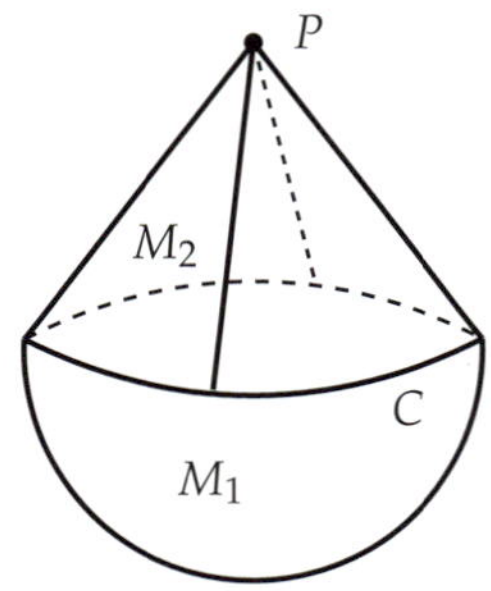

1. Für alle Punkte $p \in M$ gibt es eine offene Umgebung U von p, sodass $\overline{A} \cap U = \{x \in U : f(x) \leq 0\}$ mit $\nabla f(x) \neq 0$ für alle $x \in U$.
2. Für jede Zusammenhangskomponente M_i von M ist der Abschluss $\overline{M_i}$ in einer glatten Fläche in $\mathbb{R}^3$ enthalten.
3. C ist eine rektifizierbare glatte Kurve.
4. $\mathbb{P}$ ist eine endliche Menge.

Satz 14.5 Mit den obigen Notationen ist auf M ein äußeres Einheitsnormalenvektorfeld N definiert. Ist F ein auf einer offenen Umgebung von $\overline{A}$ definiertes, stetig differenzierbares Vektorfeld, so gilt

$$\int_A \operatorname{Div}(F)\,dx = \int_M \langle F, N\rangle\, dM\,.$$

Beispiel: Wir berechnen den Fluss von $F = (0, y, -z)$ durch die glatte Fläche M_1, gegeben durch $z = x^2 + y^2, 0 \leq z < 1$, wobei der Normalenvektor $\frac{1}{\sqrt{1+4x^2+4y^2}}(2x, 2y, -1)$ genommen wird. Es gilt $\operatorname{Div}(F) = 0$. Sei $A = \{(x, y, z) : 0 \leq x^2 + y^2 < z < 1\}$.

Dann ist $\partial A = M_1 \cup M_2 \cup C$, wobei C eine glatte Kurve ist und M_2 durch $0 \leq x^2 + y^2 < z = 1$ gegeben ist. Auf M_2 ist $N = (0, 0, 1)$. Es folgt aus dem Divergenzsatz

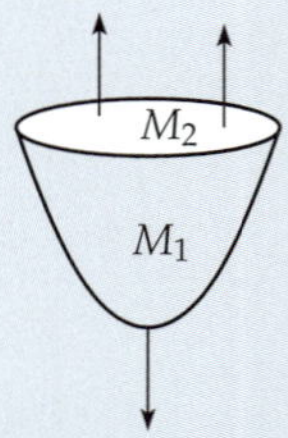

$$\int_{M_1} \langle F, N\rangle\, dM_1 = -\int_{M_2} \langle F, N\rangle\, dM_2 = \pi\,.$$

Das letzte Integral ist sehr einfach zu berechnen.

Aufgaben

EXTRAS ONLINE Lösungen

Aufgabe 14.18 Beweisen Sie für Quader $(a_1, b_1) \times \cdots \times (a_n, b_n)$ den Divergenzsatz direkt mithilfe von Fubini.

Aufgabe 14.19 Berechnen Sie den Fluss $\int_C \langle F, N \rangle \, dC$ für die nachfolgenden Kurven $C = \partial A \subset \mathbb{R}^2$, einmal direkt mit der Definition und einmal als Anwendung des Divergenzsatzes.

1. $F = (x, y^2)$, $A = (0, 2) \times (0, 1)$
2. $F = (2xy, y^2)$, $A = \{(x, y) \colon y < x \text{ und } y > x^2\}$

Aufgabe 14.20 Berechnen Sie mithilfe eines Kurvenintegrals die Fläche der nachfolgenden Mengen. Fertigen Sie zunächst eine Skizze an.

1. Die Fläche eingeschlossen durch $y^2 = x^3 + x^2$. Tipp: $y = xt$
2. Die Fläche eingeschlossen durch $x^3 + y^3 - 3axy = 0$, $a > 0$ fest.
3. Die Fläche eingeschlossen durch die pascalsche Schnecke
$$(a\cos^2(t) + b\cos(t), a\cos(t)\sin(t) + b\sin(t)),\, t \in [0, 2\pi],\, b \geq a > 0\,.$$
4. Die Fläche eingeschlossen durch die Asteroide $x^{2/3} + y^{2/3} = a^2$.

Aufgabe 14.21 Bestimmen Sie den Fluss $\int_M \langle F, N \rangle \, dM$ für die nachfolgenden Flächen $M = \partial A$, einmal direkt mit der Definition und einmal als Anwendung des Divergenzsatzes (Normalenvektor nach außen).

1. $F = (y, -yz, x)$, $A = \{x^2 + y^2 < 1 \text{ und } 0 < z < 1\}$
2. $F = (x^3, -y^3, z^3)$, $A = \{x + y + z < a, x > 0, y > 0, z > 0\}$
3. $F = (r, r, r)$, $r = \sqrt{x^2 + y^2 + z^2}$, $A = \{(x, y, z) \colon x^2 + y^2 + z^2 < 1, z > 0\}$

Aufgabe 14.22 Berechnen Sie den Fluss von $F = (9y, y - 4x, z + 4x^2)$ durch $M = \partial A$, mit $A = \{(x, y, z) \colon z > 0, z < 36 - 4x^2 - 9y^2\}$ (siehe Aufgabe 14.10).

Aufgabe 14.23 Berechnen Sie den Fluss des Vektorfeldes $F = (y^2x, x^2y, z^3)$ durch den Kegel $z^2 = x^2 + y^2$ mit $0 \leq z \leq 1$ und $\{z = 1 \colon x^2 + y^2 \leq 1\}$.

Aufgabe 14.24 Es sei die Fläche M gegeben durch $y^2 + z^2 = (x^3 + 1)^2$ für $-1 \leq x < 1$ und F das Vektorfeld, gegeben durch $F = (x^2, x^3 + z^2, -2xz)$. Berechnen Sie den Fluss von F durch M.

Beweis des Satzes 14.5

Beweis des Satzes von Gauß/Green für Kurven mit Ecken.

Wir beweisen den Satz für $Q\,\mathrm{d}y$, der Fall $P\,\mathrm{d}x$ ist analog. Man prüft, dass der Beweis des Divergenzsatzes auf den Seiten 344 und 345 (für $n = 2$) gelingt, vorausgesetzt, Q ist gleich 0 in einer (kleinen) Umgebung aller Punkte $p \in \mathbb{P}$. Um diese Situation zu erreichen, wählen wir eine wachsende C^∞-Funktion $h\colon \mathbb{R} \to \mathbb{R}$ mit $h(t) = 0$ für $t \leq 1/2$ und $h(t) = 1$ für $t \geq 1$. Sei

$$K = \max\{h'(t) : t \in \mathbb{R}\}\,.$$

Für $\delta > 0$ und $\delta < \|p - q\|_2/2$ für alle $p, q \in \mathbb{P}$ betrachten wir

$$H_\delta := \prod_{p=(p_1,p_2)\in\mathbb{P}} h\left(\frac{(x-p_1)^2 + (y-p_2)^2}{\delta^2}\right)\,.$$

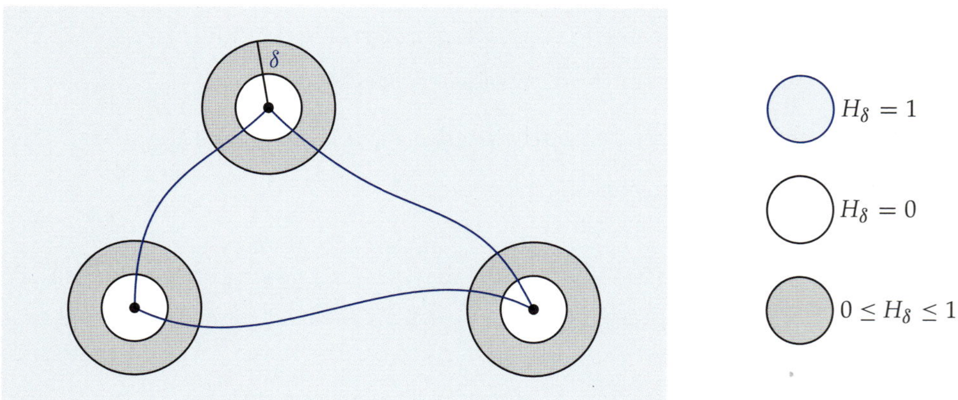

Offenbar ist $D_x H_\delta$ gleich 0 außerhalb $\bigcup_{p\in\mathbb{P}} B(p,\delta)$. Mit der Kettenregel zeigt man $|D_x H_\delta| < \frac{2K}{\delta}$ innerhalb ein $B(p,\delta)$. Sei $L = \max\{|Q(x,y)| : (x,y) \in A\}$. Es folgt

$$\left|\int_A D_x H_\delta \cdot Q\,\mathrm{d}(x,y)\right| \leq \int_A |D_x H_\delta| \cdot |Q(x,y)|\,\mathrm{d}(x,y) \leq \#\mathbb{P} \cdot \pi\delta^2 \frac{2K}{\delta} L\,.$$

Dieser Ausdruck geht nach 0 für $\delta \downarrow 0$. Der Satz von Green ist gültig für $H_\delta Q$. Nehme $\delta = 1/k$. Wenden Sie den Satz von Levi an auf $H_{1/k}Q_+$ und $H_{1/k}Q_-$, bzw. $H_{1/k}(D_x Q)_+$ und $H_{1/k}(D_x Q)_-$. Es folgt

$$\begin{aligned}
\int_M Q\,\mathrm{d}y &= \lim_{k\to\infty} \int_M H_{1/k} \cdot Q\,\mathrm{d}y \\
&= \lim_{k\to\infty} \int_A (D_x H_{1/k}) \cdot Q\,\mathrm{d}(x,y) + \lim_{k\to\infty} \int_A H_{1/k} \cdot D_x Q\,\mathrm{d}(x,y) \\
&= \lim_{k\to\infty} \int_A H_{1/k} \cdot D_x Q\,\mathrm{d}(x,y) = \int_A D_x Q\,\mathrm{d}(x,y)\,.
\end{aligned}$$

Beweis im Fall von Flächen.

Der Beweis des Divergenzsatzes auf Seiten 344 und 345 gelingt, wenn das Vektorfeld F gleich 0 ist auf einer Umgebung von $C \cup \mathbb{P}$.

Sei $\delta > 0$ und L sei die Länge der Kurve C. Dann brauchen wir höchstens (grobe Schätzung) $2L/\delta$ Bälle $B(p, \delta)$ für $p \in I \cup \mathbb{P} \subset C \cup \mathbb{P}$, sodass

$$C \cup \mathbb{P} \subset \bigcup_{p \in I} B(p, \delta) .$$

Außerdem dürfen wir annehmen, dass kein Punkt q von $C \cup \mathbb{P}$ in mehr als zwei solcher Bälle liegt. Sei $h\colon \mathbb{R} \to \mathbb{R}$ eine wachsende C^∞-Funktion mit $h(t) = 0$ für $t < 1/2$ und $h(t) = 1$ für $t \geq 1$. Definiere

$$H_\delta := \prod_{p=(p_1,p_2,p_3) \in I} h_{p,\delta} \quad \text{mit} \quad h_{p,\delta} := h\left(\frac{(x-p_1)^2 + (y-p_2)^2 + (z-p_3)^2)}{\delta^2}\right) .$$

Der Divergenzsatz gilt für $H_\delta F$ und da $\operatorname{Div}(H_\delta F) = \langle \nabla H_\delta, F\rangle + H_\delta \cdot \operatorname{Div}(F)$, folgt:

$$\int_M \langle H_\delta F, N\rangle \, \mathrm{d}M = \int_A \langle \nabla H_\delta, F\rangle \, \mathrm{d}(x,y,z) + \int_A H_\delta \cdot \operatorname{Div}(F) \, \mathrm{d}(x,y,z) . \tag{14.1}$$

Das mittlere Integral in (14.1) schätzen wir ab. Es gilt

$$\nabla H_d(x,y,z) = 0 \text{ für } (x,y,z) \notin \bigcup_{p \in I} B(p,\delta) .$$

Weiter gilt $\|\nabla h_{p,\delta}\| \leq 6 \cdot K/\delta$, wobei $K = \max\{h'(t)\colon t \in \mathbb{R}\}$. Weil jeder Punkt von $C \cup \mathbb{P}$ in höchstens zwei Bällen $B(p, \delta)$ liegt folgt

$$\left| \langle \nabla H_\delta, F\rangle \right| \leq \|\nabla H_\delta\| \cdot \|F\|_A \leq \frac{2 \cdot 6 \cdot K \cdot \|F\|_A}{\delta} .$$

Es folgt

$$\begin{aligned} \left| \int_A \langle \nabla H_\delta, F\rangle \, \mathrm{d}(x,y,z) \right| &\leq \sum_{p \in I \cup \mathbb{P}} \frac{12 \cdot K \cdot \|F\|_A}{\delta} \cdot \mu_3(B(p,\delta)) \\ &\leq \frac{2L}{\delta} \cdot \frac{12 \cdot K \cdot \|F\|_A}{\delta} \cdot \frac{4\pi\delta^3}{3} \to 0 \text{ für } \delta \downarrow 0 . \end{aligned}$$

Der Divergenzsatz folgt deshalb durch Anwendung des Satzes der dominierten Konvergenz.[1] Nehme $\delta = 1/k$ und den Grenzwert $\lim_{k \to \infty}$ in der Gleichung (14.1). Weil $|H_{1/k}| \leq 1$ folgt:

$$\begin{aligned} \int_M \langle F, N\rangle \, \mathrm{d}M &= \lim_{k \to \infty} \int_M \langle H_{1/k} \cdot F, N\rangle \, \mathrm{d}M = \lim_{k \to \infty} \int_A H_{1/k} \cdot \operatorname{Div}(F) \, \mathrm{d}(x,y,z) \\ &= \int_A \operatorname{Div}(F) \, \mathrm{d}(x,y,z) \end{aligned}$$

1 Durch eine Tubularumgebung von C zu nehmen kann man den Beweis anpassen, sodass man lediglich den Satz von Levi anwenden muss.

14.6 Der Satz von Stokes in $\mathbb{R}^3$

Es sei $M \subset \mathbb{R}^3$ eine glatte orientierte Fläche mit Normalenvektorfeld N, $A \subset M$ offen und beschränkt mit stückweisem glattem Rand C, d. h. $\partial A = C \cup \mathbb{P}$ mit

1. $\mathbb{P}$ ist eine endliche Menge von Punkten;
2. C ist eine disjunkte Vereinigung von glatten rektifizierbaren Kurven $C_1 \cup \cdots \cup C_s$;
3. Für alle $p \in C$ gibt es eine offene Umgebung U, sodass

$$A \cap U = \{x \in M \cap U : f(x) < 0\}$$

mit $\nabla f(x) \notin N_x M$ für alle $x \in U \cap M$.

Wir orientieren die Randkurve C so, dass für alle $p \in C$ das Tripel $(\nabla f(p), T_p(C), N(p))$ eine positiv orientierte Basis von $\mathbb{R}^3$ ist.

Sei F ein stetig differenzierbares Vektorfeld, definiert auf einer Umgebung von M. Dann gilt

$$\int_C F_1 \, \mathrm{d}x + F_2 \, \mathrm{d}y + F_3 \, \mathrm{d}z = \int_A \langle \mathrm{Rot}(F), N \rangle \, \mathrm{d}M \, .$$

Hierbei ist Rot(F) die sogenannte Zirkulation oder Rotation des Vektorfeldes:

$$\mathrm{Rot}(F) := \nabla \times F := (D_2F_3 - D_3F_2, \; D_3F_1 - D_1F_3, \; D_1F_2 - D_2F_1) \, .$$

Die Orientierung von C ist so gewählt, dass beim Durchlaufen von C die obere Seite der Fläche M „links" liegt. Die obere Seite von M wird durch die Orientierung, d. h. die Wahl von $N(p)$ gegeben.

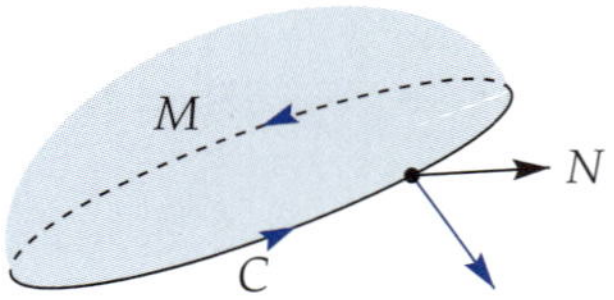

Ist M die Ebene, gegeben durch $z = 0$ mit Normalenvektorfeld $(0, 0, 1)$, so erhalten wir wieder den Satz von Green: $\int_A P \, \mathrm{d}x + Q \, \mathrm{d}y = \int_A D_xQ - D_yP \, \mathrm{d}(x, y)$.

Beispiel:
Sei $F = (yz, -x, e^{z^2})$. Wir betrachten die Fläche, die gegeben ist durch die Gleichung

$$z = 4x^2 + y^2, z < 1$$

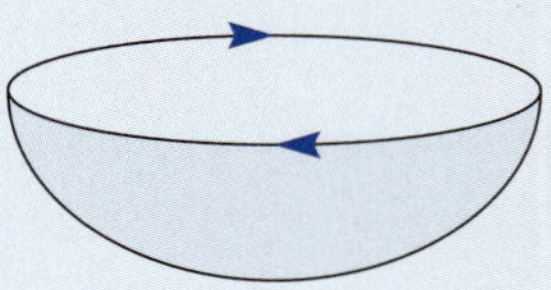

mit nach außen zeigendem Normalenvektor. Der Rand C ist die Ellipse, gegeben durch $z = 1$ und $4x^2 + y^2 = 1$.

Diese muss so orientiert werden, dass die „Oberseite von M" links von C liegt. Eine Parametrisierung von C ist gegeben durch $(-\frac{1}{2}\cos(t), \sin(t), 1)$ für $t \in [0, 2\pi]$. Wir erhalten

$$\int_M \langle \mathrm{Rot}(F), N \rangle \, \mathrm{d}M = \int_0^{2\pi} \sin(t) \cdot \frac{1}{2} \sin(t) + \frac{1}{2} \cos(t) \cdot \cos(t) \, \mathrm{d}t = \pi \, .$$

Aufgaben

EXTRAS ONLINE

Lösungen

Aufgabe 14.25 Sei $F = (y, 0, e^{x^2})$ und M die Fläche $z = 1 - x^2 - y^2$ mit $z > 0$ und nach oben gerichtetem Normalenvektor. Berechnen Sie den Fluss von $\operatorname{Rot}(F)$ durch M.

Aufgabe 14.26 Sei $F = (y(z-1), -xz, z^2 + 1)$. Berechnen Sie den Fluss von $\operatorname{Rot}(F)$ durch den Zylindermantel gegeben durch $x^2 + y^2 = 1$ und $0 < z < 1$ mit nach außen gerichtetem Normalenvektor.

Aufgabe 14.27 Sei $F = (y, z, x)$ und M gegeben durch $x^2 + y^2 + z^2 = 1$ und $z < 0$ mit dem nach oben gerichtetem Normalenvektor.

1. Berechnen Sie direkt mit der Definition den Fluss von $\operatorname{Rot}(F)$ durch M.
2. Berechnen Sie diesen Fluss nochmals, nun aber mithilfe des Satzes von Stokes.

Aufgabe 14.28 Es sei $c\colon [0, 2\pi] \to \mathbb{R}^3$ gegeben durch

$$c(t) = (\cos(t), \sin(t), 1 - \cos(t) - \sin(t))\,.$$

Es sei M gegeben durch $x + y + z = 1$ und $x^2 + y^2 < 1$ mit Normalenvektor $(1, 1, 1)/\sqrt{3}$ und mit $\partial M = c$. Für $F = (-y^3, x^3, -z^3)$ berechnen Sie

$$\int_c -y^3\,\mathrm{d}x + x^3\,\mathrm{d}y - z^3\,\mathrm{d}z\,.$$

Aufgabe 14.29 Es seien F und G Vektorfelder auf einer offenen Menge U gegeben. Zeigen Sie: $\operatorname{Div}(F \times G) = \langle \operatorname{Div}(F), G\rangle - \langle F, \operatorname{Div}(G)\rangle$. (Siehe auch Satz A.4.)

Aufgabe 14.30 Sei $F(x, y, z) = (\cos(y) + x^2 + 3z, \sin(z^2) + y^2, x^3 + 1)$ und die Fläche M gegeben durch

$$\{(x, y, z)\colon x^2 + y^2 + z^2 - 2z = 5, z > 0\}$$

mit nach außen gerichtetem Normalenvektor. Berechnen Sie den Fluss von F durch M.

Aufgabe 14.31 Sei $M = \{(x, y, z)\colon x^2 + y^2 + z^2 = 1, z > 0\}$ mit dem nach oben gerichtetem Normalenvektor N und $F = (x^3 + \tan^3(z), 3z^2 y, 3zy^2 + 1)$. Berechnen Sie den Fluss von F durch M.

Aufgabe 14.32 Sei $M = \{(x, y, z)\colon x, y, z > 0 \text{ und } x^2 + y^2 + z^2 = 1\}$ mit nach außen gerichtetem Normalenvektor und $F = (0, xz, z^2)$. Berechnen Sie den Fluss von $\operatorname{Rot}(F)$ durch M durch Anwendung des Satzes von Stokes.

Aufgabe 14.33 Betrachte die Fläche $M = \{(x, y, z)\colon 2z = x^2 + y^2 \text{ und } z < 2\}$ mit nach unten gerichtetem Normalenvektor und $F = (2y, -x - xz, yz^2)$. Berechnen Sie den Fluss von $\operatorname{Rot}(F)$ durch M.

14.7 Beweis des Satzes von Stokes

Wir geben hier den Beweis für den Fall, dass C eine glatte Kurve ist. Für den allgemeinen Fall brauchen wir mehr Bezeichnungen. Weil M eine Untermannigfaltigkeit ist, gibt es für jeden Punkt p von A einen offenen Quader U_p, sodass $p \in U_p$ und $U_p \cap M$ der Graph einer Funktion ist, z. B. $z = g(x, y)$ mit $g\colon V_p \to \mathbb{R}$. Also

$$M \cap U_p = \{(x, y, g(x, y))\colon (x, y) \in V_p\}\,.$$

Sei

$$\begin{aligned} D_p &= \{(x, y) \in V_p\colon (x, y, g(x, y)) \in C \cap U_p\} \\ B_p &= \{(x, y) \in V_p\colon (x, y, g(x, y)) \in A \cap U_p\}\,. \end{aligned}$$

Dann ist D_p eine Kurve in V_p. Es gibt eine endliche Menge $I \subset \overline{A}$, sodass $\overline{A} \subset \cup_{p \in I} U_p$. Wir wählen eine Zerlegung τ_p der Eins für $U_p, p \in I$.
Aus dem Beweis des Divergenzsatzes folgt, dass der Satz von Green gilt für alle Vektorfelder (P, Q), deren Träger in einem V_p enthalten ist:

$$\int_{B_p} D_x Q - D_y P \, \mathrm{d}(x, y) = \int_{D_p} P \, \mathrm{d}x + Q \, \mathrm{d}y\,.$$

Behauptung: Gilt der Satz für alle $(\tau_p F_1, \tau_p F_2, \tau_p F_3)$, dann auch für (F_1, F_2, F_3).

Es sei τ eine Funktion und $F = (F_1, F_2, F_3)$ ein Vektorfeld. Dann gilt

$$\operatorname{Rot}(\tau F) = \tau \cdot \begin{pmatrix} D_2F_2 - D_3F_2 \\ D_3F_1 - D_1F_3 \\ D_1F_2 - D_2F_1 \end{pmatrix} + \begin{pmatrix} D_2\tau \cdot F_3 - D_3\tau \cdot F_2 \\ D_3\tau \cdot F_1 - D_1\tau \cdot F_3 \\ D_1\tau \cdot F_2 - D_2\tau \cdot F_1 \end{pmatrix} = \tau \cdot \operatorname{Rot}(F) + \nabla\tau \times F\,.$$

Ist somit $\sum\limits_{p \in I} \tau_p = 1$, dann folgt

$$\sum_{p \in I} \operatorname{Rot}(\tau_p F) = \sum_{p \in I} \tau_p \cdot \operatorname{Rot}(F) + \sum_{p \in I} \nabla\tau_p \times F = \operatorname{Rot}(F)\,,$$

weil

$$\sum_{p \in I} \nabla\tau_p \times F = \nabla \left(\sum_{p \in I} \tau_p \right) \times F = \nabla(1) \times F = 0\,.$$

Ist der Satz also richtig für jedes $\tau_p F$, so folgt

$$\int_C F \, \mathrm{d}x = \int_C \sum_{p \in I} \tau_p F \, \mathrm{d}x = \int_A \sum_{p \in I} \langle \operatorname{Rot}(\tau_p F), N \rangle \, \mathrm{d}M = \int_A \langle \operatorname{Rot}(F), N \rangle \, \mathrm{d}M\,.$$

Wir dürfen also annehmen, dass der Träger von F in dem Quader $U = U_p$ enthalten ist. Wir schreiben $V = V_p$, $B = B_p$ und $D = D_p$. Weil außerdem $\mathrm{Rot}(F+G) = \mathrm{Rot}(F) + \mathrm{Rot}(G)$, brauchen wir nur die Fälle $(F_1, 0, 0)$, $(0, F_2, 0)$ und $(0, 0, F_3)$ zu betrachten.

Ist (H_1, H_2, H_3) ein Vektorfeld, so gilt

$$\int_{M \cap U} \langle H, N \rangle \, \mathrm{d}M = \int_V -D_x g \cdot H_1 - D_y g \cdot H_2 + H_3 \, \mathrm{d}(x,y) \,,$$

wobei $H_i = H_i(x, y, g(x, y))$ (siehe Aufgabe 14.9).

1. Fall. $F = (F_1, 0, 0)$. Dann ist $\mathrm{Rot}(F) = (0, D_3F_1, -D_2F_1)$ und

$$\begin{aligned}\int_{A \cap U} \langle \mathrm{Rot}(F), N \rangle \, \mathrm{d}M &= \int_B -D_3F_1 \cdot D_y g - D_2F_1 \, \mathrm{d}(x,y) \\ &= \int_B -D_y F_1(x, y, g(x,y)) \, \mathrm{d}(x,y) \\ &= \int_D F_1(x, y, g(x,y)) \, \mathrm{d}x \\ &= \int_{C \cap U} F_1(x, y, z) \, \mathrm{d}x \,.\end{aligned}$$

2. Fall. Analog für $F = (0, F_2, 0)$.

3. Fall. Für $F = (0, 0, F_3)$ gilt $\mathrm{Rot}(F) = (D_2F_3, -D_1F_3, 0)$. Dann gilt

$$\int_{A \cap U} \langle \mathrm{Rot}(F), N \rangle \, \mathrm{d}M = \int_B -D_2F_3 \cdot D_x g + D_1F_3 \cdot D_y g \;\; \mathrm{d}(x,y) \,.$$

Ist $(x(t), y(t))$ für $t \in (a, b)$ eine Parametrisierung von D, so ist $(x(t), y(t), g(x(t), y(t)))$ eine Parametrisierung von $C \cap U$ und

$$\begin{aligned}\int_{C \cap U} F_3(x, y, z) \, \mathrm{d}z &= \int_a^b F_3(x(t), y(t), g(x(t), y(t))) \cdot \big(D_x g \cdot x'(t) + D_y g \cdot y'(t)\big) \; \mathrm{d}t \\ &= \int_D F_3(x, y, g(x,y)) \cdot \big(D_x g \, \mathrm{d}x + D_y g \, \mathrm{d}y\big) \,.\end{aligned}$$

Nach dem Satz von Green ist dieses Integral gleich

$$\begin{aligned}&\int_B \frac{\mathrm{d}}{\mathrm{d}x} \big(F_3(x, y, g(x,y)) \cdot D_y g\big) - \frac{\mathrm{d}}{\mathrm{d}y} \big(F_3(x, y, g(x,y)) \cdot D_x g\big) \; \mathrm{d}(x,y) \\ &= \int_B D_1F_3 D_y g + D_3F_3 D_x g D_y g - D_2F_3 \cdot D_x g - D_3F_3 D_y g D_x g \; \mathrm{d}(x,y) \\ &= \int_{A \cap U} \langle \mathrm{Rot}\,(F), N \rangle \, \mathrm{d}M \,.\end{aligned}$$

A Der allgemeine Satz von Stokes

In diesem Anhang beweisen wir den Satz von Stokes für Untermannigfaltigkeiten M mit Rand ∂M in $\mathbb{R}^n$. Ein Großteil der Arbeit besteht darin zu verstehen, was bewiesen werden soll. Das Vektorfeld F in dem Satz von Gauß wird einer Funktion $\langle F, N \rangle$ auf der Hyperfläche ∂M zugeordnet. Ist die dimension von ∂M kleiner als $n-1$, so hat der Begriff eines äußeren Normalenvektorfeldes N keinen Sinn, deshalb können wir einem Vektorfeld F nicht ohne Weiteres eine Funktion $\langle F, N \rangle$ auf dem Rand der Mannigfaltigkeit zuordnen. Für die Formulierung brauchen wir aber nicht das Normalenvektorfeld, sondern lediglich den Begriff des Flusses. Die Dimension von M sei k. Betrachte ein (kleines) Parallelotop P der Dimension k in dem Tangentialraum T_pM eines Punktes p von M. Einen „Durchfluss" durch P kann man auffassen als eine Abbildung ω, also ist $\omega(P)$ eine reelle Zahl.

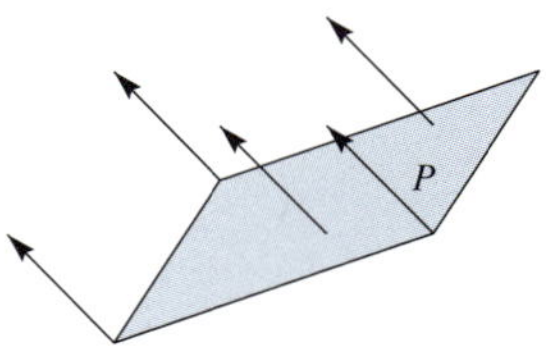

Diese erfüllt einige geometrische Eigenschaften. Wird P zweimal so groß, dann auch $\omega(P)$. Dreht sich die Orientierung von P um, dann ändert sich das Vorzeichen. Algebraisch ist es bequemer, ω als Abbildung auf Erzeugende $(a_1, \ldots, a_k)$ eines Parallelotops zu formulieren. Eine k-Form ω ist eine Abbildung, die $a_1, \ldots, a_k$ eine Zahl $\omega(a_1, \ldots, a_k)$ in $\mathbb{R}$ zuordnet, interpretiert als der Fluss durch das Parallelotop $P(a_1, \ldots, a_k)$. Eine k-Form ω erfüllt algebraische Eigenschaften, die auch bei der Determinante vorkommen: Multilinearität und Antisymmetrie. Es lässt sich zeigen, dass ω bestimmt ist durch den Wert auf einer Orthonormalbasis in T_pM.

Eine Differenzialform der Ordnung k ist eine sich differenzierbar ändernde k-Form. Die k-dimensionale Mannigfaltigkeit M ist orientierbar, wenn es eine Differenzialform der Ordnung k gibt, sodass ω in jedem Punkt p nicht null ist. Wenn ω auf einer Basis von T_pM positiv ist, so nennen wir diese Basis positiv orientiert.

Differenzialformen werden benutzt, weil man sehr gut damit rechnen kann. Die Transformationsformel hat mithilfe von Differenzialformen eine ganz einfache Formulierung. Der zu beweisende Satz von Stokes lautet

$$\int_M \mathrm{d}\omega = \int_{\partial M} \omega \,,$$

wenn M eine orientierte Mannigfaltigkeit mit Rand ∂M ist und ω eine $(k-1)$-Form. Die Differenzialform $\mathrm{d}\omega$ ist die Ableitung von ω. Diese Ableitung verallgemeinert die Begriffe Gradient, Zirkulation und Divergenz.

Mit „differenzierbar" meinen wir in diesem Anhang C^2, sodass wir die Transformationsformel (Satz 11.5) anwenden können.

A.1 Untermannigfaltigkeiten mit Rand

Eine k-dimensionale Untermannigfaltigkeit mit Rand $(M, \partial M)$ ist eine Teilmenge $\partial M \subset \overline{M} \subset \mathbb{R}^n$ mit

1 $M = \overline{M} \setminus \partial M$ ist eine k-dimensionale Untermannigfaltigkeit;

2 Für alle $p \in \partial M$ gibt es eine offene Menge U und C^∞-Funktionen $f_0, \ldots, f_d$ auf U mit linear unabhängigen Gradienten $\nabla f_0(x), \ldots, \nabla f_d(x)$, sodass

$$M \cap U = \{x \in U: f_0(x) < 0, f_1(x) = \ldots = f_d(x) = 0\}.$$

Hierbei ist $d = n - k$. Der Rand ∂M ist lokal gegeben durch $f_0(x) = \ldots = f_d(x) = 0$ und ist eine $(k-1)$-dimensionale Untermannigfaltigkeit oder die leere Menge.

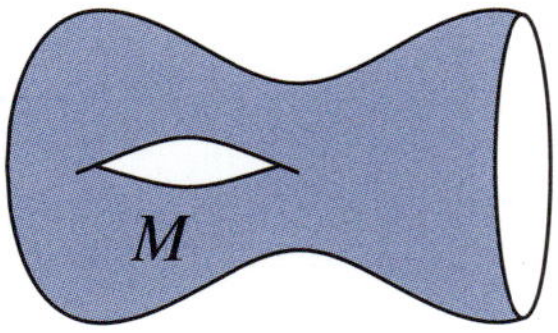

Satz A.1 Sei $(M, \partial M)$ eine Untermannigfaltigkeit mit Rand. Dann existiert für $p \in \partial M$ eine offene Umgebung U von p in $\overline{M}$ und eine Parametrisierung

$$\varphi: (-1, 0] \times (0, 1)^{k-1} \to U,$$

sodass ∂M das Bild von $\{0\} \times (0, 1)^{k-1}$ unter φ ist.

Sei $p \in \partial M$ und $\overline{M}$ lokal gegeben durch $f_0 \leq 0, f_1 = \cdots = f_d = 0$. Sei $\widetilde{M}$ definiert durch $f_1 = \cdots = f_d = 0$ und nehme eine Parametrisierung

$$\psi: V \to \widetilde{M}, \quad (t_1, \ldots, t_k) \mapsto \psi(t_1, \ldots, t_k)$$

mit $0 \in V$ und $\psi(0) = p$. Nach Voraussetzung ist $\nabla f_0(p) \notin N_p\widetilde{M} = (T_p\widetilde{M})^\perp$. Deshalb gibt es ein i mit $D_i(f_0 \circ \psi)(0) = \langle \nabla f_0(p), D_i\psi(0) \rangle \neq 0$. Ohne Einschränkung ist $i = 1$. Nach evtl. Ersetzen von t_1 durch $-t_1$ ist $D_1(f_0 \circ \psi)(0) > 0$. Wegen des impliziten Funktionensatzes ist die Gleichung $f_0(\psi(t)) = 0$ lokal lösbar nach t_1, also $t_1 = h(t_2, \ldots, t_k)$. Wir betrachten

$$\varphi(t_1, \ldots, t_k) := \psi(t_1 + h(t_2, \ldots, t_k), t_2, \ldots, t_k),$$

definiert auf einer Umgebung W von 0 mit $D_1 f_0(\varphi(t)) > 0$ auf W. Weil $f_0(\varphi(0, t_2, \ldots, t_k)) = 0$ bildet φ die Menge $W \cap \{t_1 \leq 0\}$ auf einer Umgebung von p in $\overline{M}$ ab. Indem wir $(-\varepsilon, 0] \times (0, \varepsilon)^{k-1} \subset V$ nehmen und danach mit $1/\varepsilon$ skalieren, erhalten wir die gewünschte Parametrisierung. ∎

A.2 Multilinearformen

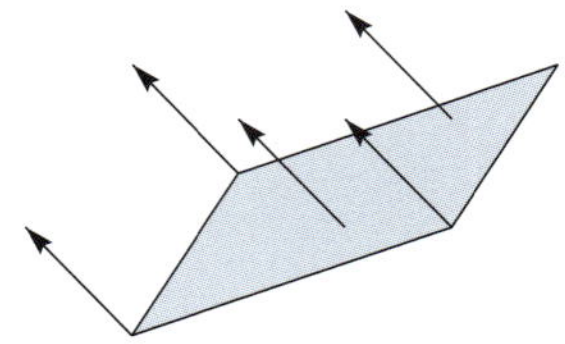

Um den Begriff des Flusses durch eine Mannigfaltigkeit M zu verallgemeinern, betrachten wir diesen Begriff zunächst infinitesimal oder besser gesagt, für ein konstantes Vektorfeld F und ein Parallelotop M. Betrachten wir den Fall $\mathbb{R}^3$, dann ordnet F ein orientiertes Parallelogram $\mathbb{R} \cdot v + \mathbb{R} \cdot w$ einer reellen Zahl $\omega(v, w)$ zu.

Diese Zahl ändert das Vorzeichen, wenn man „oben" und „unten" vertauscht, also die Orientierung ändert. Weiter sollte gelten, dass diese Zahl $\omega(v, w)$ proportional zur Fläche des Parallelogramms ist. Man erhält eine Abbildung $\omega(v, w)$, die sowohl in v und w linear (also bilinear) als auch antisymmetrisch ist, d. h. $\omega(w, v) = -\omega(v, w)$. Ist F ein Vektor in $\mathbb{R}^3$, so definiert $\det(F, v, w)$ eine solche Abbildung. Sie ist bestimmt durch den Wert auf einer „positiv orientierten" Orthonormalbasis (v, w). Ist $N = \langle v \times w \rangle$, dann ist $\det(F, v, w) = \langle F, N \rangle$. Wir verallgemeinern auf höhere Dimensionen.

Es sei V ein endlich dimensionaler $\mathbb{R}$-Vektorraum, $k \in \mathbb{N}_0$. Eine k-Form auf V ist eine Abbildung $\omega\colon V^k \to \mathbb{R}$ mit

1. ω ist antisymmetrisch, d. h.: $\omega(a_{\sigma(1)}, \ldots, a_{\sigma(k)}) = \operatorname{sgn}(\sigma)\omega(a_1, \ldots, a_k)$;
2. ω ist multilinear: Für alle $\lambda, \mu \in \mathbb{R}$ gilt:
$$\omega(\lambda a_1 + \mu a'_1, a_2, \ldots, a_k) = \lambda\omega(a_1, a_2, \ldots, a_k) + \mu \cdot \omega(a'_1, a_2, \ldots, a_k).$$

Mit $\wedge^k V^*$ bezeichnen wir die Menge der k-Formen, $V^* := \wedge^1 V^*$ und $\wedge^0 V^* := \mathbb{R}$.

Gilt $a_i = a_j$ für $i \neq j$, so folgt $\omega(a_1, \ldots, a_k) = -\omega(a_1, \ldots, a_k)$, also $\omega(a_1, \ldots, a_k) = 0$.

Offenbar können wir zwei k-Formen ω, η addieren: $(\omega + \eta)(v_1, \ldots, v_k) := \omega(v_1, \ldots, v_k) + \eta(v_1, \ldots, v_k)$. Auch können wir mit einem Skalar multiplizieren: $(\lambda\omega)(v_1, \ldots, v_k) := \lambda \cdot \omega(v_1, \ldots, v_k)$. Man prüft, dass es sich bei $\wedge^k V^*$ mit diesen Operationen um einen $\mathbb{R}$-Vektorraum handelt.

Ist $(e_1, \ldots, e_n)$ eine Basis von V und sind $a_1, \ldots, a_k \in V$, so erhalten wir eine $k \times n$-Matrix A mit Zeilenvektoren $a_1, \ldots, a_k$: $a_i = \sum_{j=1}^{n} a_{ij} e_j$. Wenn $I = \{i_1, \ldots, i_k\} \subset \{1, \ldots, n\}$ eine Menge mit k Elementen ist und $i_1 < i_2 < \cdots < i_k$, so erhalten wir auf nachfolgende Weise die k-Form $\mathrm{d}x_I$:

$$\begin{pmatrix} - & a_1 & - \\ & \vdots & \\ - & a_k & - \end{pmatrix}$$

Nehme die Untermatrix A_I von A, bestehend aus den Spalten $i_1, \ldots, i_k$ und nehme die Determinante $\det(A_I)$. Also $\mathrm{d}x_I(a_1, \ldots, a_k) = \det(A_I)$.

Satz A.2 Ist $(e_1, \ldots, e_n)$ eine Basis von V, so bilden die $\mathrm{d}x_I$ für $I \subset \{1, \ldots, n\}$ und $\#I = k$ eine Basis von $\wedge^k V^*$. Insbesondere ist $\dim \wedge^k V^* = \binom{n}{k}$.

Für einen Beweis, siehe „Lineare Algebra", Satz 5.4.

1 **(Dachprodukt)** Gegeben $\omega \in \wedge^k V^*$ und $\eta \in \wedge^\ell V^*$, so definieren wir

$$\omega \wedge \eta(v_1, \ldots, v_{k+\ell}) := \sum_{\sigma \in Sh(k,\ell)} \operatorname{sgn}(\sigma) \cdot \omega(v_{\sigma(1)}, \ldots, v_{\sigma(k)}) \cdot \eta(v_{\sigma(k+1)}, \ldots, v_{\sigma(k+\ell)}),$$

wobei $Sh(k,\ell)$ die Menge aller (k,ℓ)-Mischungen $\sigma \in S_{k+\ell}$ sind, d. h. aller $\sigma \in S_{k+\ell}$ (die symmetrische Gruppe), sodass

$$\sigma(1) < \sigma(2) < \cdots < \sigma(k) \text{ und } \sigma(k+1) < \sigma(k+2) < \cdots < \sigma(k+\ell).$$

2 **(Rücktransport)** Sind V, W endlich dimensionale reelle Vektorräume und ist $\varphi\colon W \to V$ linear, so erhalten wir eine lineare Abbildung

$$\varphi^*\colon \wedge^k V^* \to \wedge^k W^*$$
$$\varphi^*(\omega)(v_1, \ldots, v_k) := \omega(\varphi(v_1), \ldots, \varphi(v_k)).$$

Satz A.3 Sei V ein reeller Vektorraum, $\omega \in \wedge^k V^*$ und $\eta \in \wedge^\ell V^*$.

1 Dann ist $\omega \wedge \eta \in \wedge^{k+\ell} V^*$.

2 Ist $\varphi\colon W \to V$ linear, so ist $\varphi^*(\omega \wedge \eta) = \varphi^*(\omega) \wedge \varphi^*(\eta)$.

3 $\omega \wedge \eta = (-1)^{k\ell} \eta \wedge \omega$.

4 Ist überdies $\zeta \in \wedge^m V^*$, so gilt $(\omega \wedge \eta) \wedge \zeta = \omega \wedge (\eta \wedge \zeta)$.

5 Sind $\omega_1, \ldots, \omega_k$ alle Einsformen, so gilt

$$(\omega_1 \wedge \omega_2 \wedge \cdots \wedge \omega_k)(v_1, \ldots, v_k) = \det\big(\omega_i(v_j)\big).$$

Alle Aussagen, außer der letzten, sind als Aufgaben im Buch „Lineare Algebra" überlassen. Wir zeigen die letzte Aussage mit Induktion nach k. Sei $\eta := \omega_2 \wedge \cdots \wedge \omega_k$. Dann gilt

$$\omega_1 \wedge \eta(v_1, \ldots, v_k) = \sum_{i=1}^{n} (-1)^{i-1} \omega_1(v_i) \cdot (\omega_2 \wedge \cdots \wedge \omega_k)(v_1, \ldots, v_{i-1}, v_{i+1}, \ldots, v_k).$$

Nach Induktion ist

$$(\omega_2 \wedge \cdots \wedge \omega_k)(v_1, \ldots, v_{i-1}, v_{i+1}, \ldots, v_k).$$

die Determinante der Matrix die aus $\big(\omega_i(v_j)\big)$ durch Streichen der ersten Zeile und i-ten Spalte entsteht. Die behauptete Gleichung ist deshalb nichts anderes als die Entwicklung der Determinante der Matrix $\big(\omega_i(v_j)\big)$ nach der ersten Zeile. ∎

A.3 Differenzialformen in $\mathbb{R}^n$

Sei U eine offene Menge in $\mathbb{R}^n$.

1 Eine Differenzialform $\omega \in \Omega^k(U)$ von Grad k oder kurz k-Form ist eine differenzierbare Abbildung

$$\omega\colon U \times \underbrace{\mathbb{R}^n \times \cdots \times \mathbb{R}^n}_{k} \to \mathbb{R}\,,$$

sodass für $p \in U$ die Abbildung $\omega_p\colon \underbrace{\mathbb{R}^n \times \cdots \times \mathbb{R}^n}_{k} \to \mathbb{R}$, gegeben durch $\omega_p(v_1, \dots, v_k) = \omega(p, v_1, \dots, v_k)$ multilinear und antisymmetrisch ist. Für $k = 0$ haben wir schlicht und einfach eine differenzierbare Funktion auf U.

2 Ist $V \subset \mathbb{R}^k$ offen, $\varphi\colon V \to U$ differenzierbar und $a \in V$, so bezeichnen wir die Ableitung $\varphi'(a)\colon \mathbb{R}^k \to \mathbb{R}^n$ auch mit φ_{*a}. Wir definieren für $\omega \in \Omega^k(U)$ den Rücktransport $\varphi^*(\omega)$ durch

$$\varphi^*(\omega)_a(v_1, \dots, v_k) := \omega_{\varphi(a)}\big(\varphi_{*a}(v_1), \dots, \varphi_{*a}(v_k)\big)\,.$$

Ein Element von $\Omega^k(U)$ hat deshalb die Gestalt $\sum_I f_I\, \mathrm{d}x_I$, wobei I alle Teilmengen von $\{1, \dots, n\}$ durchläuft, $\#I = k$ und f_I differenzierbar ist für jedes I.

(Die Ableitung einer Differenzialform)

1 Ist f eine differenzierbare Funktion auf U, so ist $\mathrm{d}f$ nichts anderes als die Ableitung von f, also $\mathrm{d}f_p = D_1 f(p)\,\mathrm{d}x_1 + \cdots + D_n f(p)\,\mathrm{d}x_n = f'(p)$.

2 Ist $\omega = \sum_I f_I\,\mathrm{d}x_I$ eine auf einer offenen Menge definierte Differenzialform, so definieren wir $\mathrm{d}\omega = \sum_I \mathrm{d}f_I \wedge \mathrm{d}x_I$. Ist $\omega \in \Omega^k(U)$, so ist $\mathrm{d}\omega \in \Omega^{k+1}(U)$.

Beispiel:

1 Ist $\omega = F_1\,\mathrm{d}x_1 + F_2\,\mathrm{d}x_2 + F_3\,\mathrm{d}x_3$, so ist $\mathrm{d}\omega$ im Wesentlichen die Rotation des Vektorfeldes (F_1, F_2, F_3):

$$\mathrm{d}\omega = (D_2F_3 - D_3F_2)\,\mathrm{d}x_2 \wedge \mathrm{d}x_3 + (D_3F_1 - D_1F_3)\,\mathrm{d}x_3 \wedge \mathrm{d}x_1 + (D_1F_2 - D_2F_1)\,\mathrm{d}x_1 \wedge \mathrm{d}x_2\,.$$

2 Ist n gegeben, so bezeichnen wir mit $\widehat{\mathrm{d}x_i}$ die $(n-1)$-Form

$$\widehat{\mathrm{d}x_i} := (-1)^{i-1}\,\mathrm{d}x_1 \wedge \cdots \wedge \mathrm{d}x_{i-1} \wedge \mathrm{d}x_{i+1} \wedge \cdots \wedge \mathrm{d}x_n\,.$$

für $i = 1, \dots, n$. Eine $n-1$-Form auf $U \subset \mathbb{R}^n$ hat die Form

$$\omega = F_1\,\widehat{\mathrm{d}x_1} + \cdots + F_n\,\widehat{\mathrm{d}x_n}$$

für differenzierbare Funktionen. Dann ist

$$\mathrm{d}\omega = (D_1F_1 + \cdots + D_nF_n) \cdot \mathrm{d}x_1 \wedge \cdots \wedge \mathrm{d}x_n\,.$$

In diesem Fall erhalten wir die Divergenz des Vektorfeldes $(F_1, \dots, F_n)$.

Satz A.4 Es sei $U \subset \mathbb{R}^n$ offen und $\omega \in \Omega^k(U)$.

1 **(Satz von Schwarz)** Es gilt $\mathrm{d}(\mathrm{d}\omega) = 0$.

2 **(Produktregel)** Ist $\omega \in \Omega^k(U)$, so gilt

$$\mathrm{d}(\omega \wedge \eta) = (\mathrm{d}\omega) \wedge \eta + (-1)^k \omega \wedge (\mathrm{d}\eta)\,.$$

3 **(Kettenregel)** Sei $V \subset \mathbb{R}^m$ offen und $\varphi\colon V \to U$ differenzierbar. Dann gilt

$$\mathrm{d}\varphi^*(\omega) = \varphi^*(\mathrm{d}\omega).$$

1 Es reicht, diese Aussage wegen Linearität für $\omega = f\,\mathrm{d}x_I$ zu zeigen.

$$\begin{aligned}\mathrm{d}(\mathrm{d}f\,\mathrm{d}x_I) &= \mathrm{d}\left(\sum_{j=1}^{n} D_j f\,\mathrm{d}x_j \wedge \mathrm{d}x_I\right) = \sum_{j=1}^{n}\sum_{i=1}^{n} D_i D_j f\,\mathrm{d}x_i \wedge \mathrm{d}x_j \wedge \mathrm{d}x_I \\ &= \sum_{1\le i<j\le n} (D_i D_j f - D_j D_i f)\,\mathrm{d}x_i \wedge \mathrm{d}x_j \wedge \mathrm{d}x_I = 0\end{aligned}$$

Die vorletzte Gleichung gilt, weil $\mathrm{d}x_j \wedge \mathrm{d}x_i = -\,\mathrm{d}x_i \wedge \mathrm{d}x_j$.

2 Es reicht, diese Aussage wegen Linearität für $\omega = f\,\mathrm{d}x_I$ und $\eta = g\,\mathrm{d}x_J$ zu zeigen.

$$\begin{aligned}\mathrm{d}(\omega \wedge \eta) &= \mathrm{d}(fg\,\mathrm{d}x_I \wedge \mathrm{d}x_J) = \mathrm{d}(fg) \wedge \mathrm{d}x_I \wedge \mathrm{d}x_J \\ &= g \cdot \mathrm{d}f \wedge \mathrm{d}x_I \wedge \mathrm{d}x_J + f \cdot \mathrm{d}g \wedge \mathrm{d}x_I \wedge \mathrm{d}x_J \\ &= (\mathrm{d}f \wedge \mathrm{d}x_I) \wedge (g\,\mathrm{d}x_J) + (-1)^k f\,\mathrm{d}x_I \wedge \mathrm{d}g \wedge \mathrm{d}x_J \\ &= (\mathrm{d}\omega) \wedge \eta + (-1)^k \omega \wedge (\mathrm{d}\eta)\,.\end{aligned}$$

3 Sei $x_i = \varphi_i(t)$. Wir beweisen die Aussage erst für Funktionen $\omega = g$.

$$\begin{aligned}\mathrm{d}(\varphi^*(g)) = \mathrm{d}(g \circ \varphi) &= \sum_{j=1}^{m} D_j(g \circ \varphi)\,\mathrm{d}t_j \overset{\text{Kettenregel}}{=} \sum_{j=1}^{m}\sum_{i=1}^{n} (D_i g) \circ \varphi \cdot D_j \varphi_i\,\mathrm{d}t_j \\ &= \sum_{i=1}^{n}\sum_{j=1}^{m} (D_i g) \circ \varphi \cdot D_j \varphi_i\,\mathrm{d}t_j = \sum_{i=1}^{n} (D_i g) \circ \varphi\,\mathrm{d}\varphi_i \\ &= \sum_{i=1}^{n} \varphi^*\Big(D_i g\,\mathrm{d}x_i\Big) = \varphi^*\left(\sum_{i=1}^{n} D_i g\,\mathrm{d}x_i\right) = \varphi^*(\mathrm{d}g)\,.\end{aligned}$$

Hierbei folgt $\varphi^*(\mathrm{d}x_i) = \mathrm{d}\varphi_i$ durch Ausschreiben der Definition. Für $\omega = g\,\mathrm{d}x_I$ gilt:

$$\begin{aligned}\mathrm{d}\varphi^*(g\,\mathrm{d}x_I) &= \mathrm{d}\varphi^*\left(g\,\mathrm{d}x_{i_1} \wedge \dots \wedge \mathrm{d}x_{i_k}\right) = \mathrm{d}\left(g \circ \varphi \cdot \mathrm{d}\varphi_{i_1} \wedge \dots \wedge \mathrm{d}\varphi_{i_k}\right) \\ &= \mathrm{d}(g \circ \varphi) \wedge \mathrm{d}\varphi_{i_1} \wedge \dots \wedge \mathrm{d}\varphi_{i_k} = \mathrm{d}(g \circ \varphi) \wedge \varphi^*(\mathrm{d}x_I)\,.\end{aligned}$$

Hier ist die zweite Aussage sowie $\mathrm{d}(\mathrm{d}\varphi_j) = 0$ benutzt worden. Also gilt

$$\mathrm{d}\varphi^*(g\,\mathrm{d}x_I) = \varphi^*(\mathrm{d}g) \wedge \varphi^*(\mathrm{d}x_I) = \varphi^*(\mathrm{d}g \wedge \mathrm{d}x_I)\,.$$

■

A.4 Differenzialformen auf Untermannigfaltigkeiten

Sei M eine Untermannigfaltigkeit von $\mathbb{R}^n$ und

$$T^kM = \{(p, v_1, \dots, v_k) \colon p \in M \text{ und } v_i \in T_pM\}\,.$$

Eine Differenzialform von Grad k oder k-Form ω auf M ist eine differenzierbare Abbildung $T^kM \to \mathbb{R}$, sodass $\omega(p, v_1, \dots, v_k)$ multilinear und antisymmetrisch in $(v_1, \dots, v_k)$ ist. $\Omega^k(M)$ definieren wir als die Menge der k-Formen auf M.

Definitionsgemäß existiert für jede Differenzialform auf M eine Fortsetzung dieser Form auf einer Umgebung U von M. Ist $\omega \in \Omega^k(U)$, so schreiben wir $\omega_{|M}$ für die Einschränkung von ω auf M.

Satz A.5 Sei M eine Untermannigfaltigkeit, enthalten in der offenen Menge U und $\omega \in \Omega^k(U)$. Dann hängt $(\mathrm{d}\omega)_{|M}$ nur von $\omega_{|M}$ ab, nicht von seiner Fortsetzung auf einer Umgebung U von M.

Es reicht zu zeigen: Ist $\omega_{|M} = 0$, so folgt $(\mathrm{d}\omega)_{|M} = 0$. Dazu bemerken wir, dass für eine Karte $\varphi\colon V \to M$ gilt, dass $\varphi^*(\omega) = 0 \iff \omega_{|M\cap\varphi(V)} = 0$, denn $\varphi^*(\omega_p)(v_1, \dots, v_k) = \omega_p(\varphi_{*p}(v_1), \dots, \varphi_{*p}(v_k))$.

Ist $\omega = 0$ auf $\varphi(V)$, dann ist $\varphi^*(\omega) = 0$, also $0 = \mathrm{d}\varphi^*(\omega) = \varphi^*(\mathrm{d}\omega)$, also $\mathrm{d}\omega = 0$ auf $\varphi(V)$. Das gilt für alle Karten. ∎

Sei M eine Untermannigfaltigkeit der Dimension k.

1. Dann heißt M orientierbar, wenn es eine k-Form ω auf M gibt, sodass $\omega_p \neq 0$ für alle $p \in M$.
2. Ist M orientierbar, so heißt ω_{vol} eine Volumenform auf M, wenn

$$\omega_{\mathrm{vol},p}(v_1, \dots, v_k) = \pm 1$$

für alle Orthonormalbasen $(v_1, \dots, v_k)$ von T_pM.

Eine Orientierung von M ist die Wahl einer solchen Volumenform.

3. Ist M orientiert und $(v_1, \dots, v_k)$ eine Basis von T_pM für ein $p \in M$, so heißt $(v_1, \dots, v_k)$ positiv orientiert, wenn $\omega_p(v_1, \dots, v_k) > 0$, sonst negativ orientiert.

Lokal, d. h. in einer kleinen Umgebung jeden Punktes von M, sind Untermannigfaltigkeiten immer orientierbar. Ist $M \cap U$ definiert durch $f_1 = \dots = f_d = 0$ mit linear unabhängigen Gradienten $\nabla f_1, \dots, \nabla f_d$, so bestimme (mit dem Gram-Schmidt-Verfahren) Vektorfelder $N_1, \dots, N_d$, welche in jedem Punkt von U eine Orthonormalbasis von $\langle \nabla f_1, \dots, \nabla f_d \rangle$ bilden.

Die Abbildung

$$(v_1, \ldots, v_k) \mapsto \det(N_1, \ldots, N_d, v_1, \ldots, v_k)$$

ist ein Element von $\Omega^k(U)$, welches eine Volumenform auf $M \cap U$ definiert.

Ist M eine zusammenhängende orientierbare Mannigfaltigkeit, so gibt es genau zwei Orientierungen. Um das einzusehen, betrachten wir zwei Volumenformen ω und $\widetilde{\omega}$ auf M. Dann ist $\widetilde{\omega}_p = \pm\omega_p$ für alle $p \in M$, da die Dimension von $\wedge^k T_pM$ gleich 1 ist. Wir erhalten eine stetige Abbildung $f\colon M \to \{-1, 1\}$ durch $\widetilde{\omega}_p = f(p) \cdot \omega_p$. Diese Funktion f ist konstant, weil M zusammenhängend ist.

Es sei M eine orientierte Mannigfaltigkeit der Dimension k. Eine Karte

$$\varphi\colon V \to U \subset M\,,$$

heißt orientiert, wenn $(\varphi_{*a}(e_1), \ldots, \varphi_{*a}(e_k))$ eine positive orientierte Basis von $T_{\varphi(a)}M$ für alle $a \in V$ ist.

Lokal existieren orientierte Karten immer. Ist V zusammenhängend und $\varphi\colon V \to U \subset M$ eine lokale Parametrisierung, so ist entweder $(\varphi_{*a}(e_1), \ldots, \varphi_{*a}(e_k))$ positiv orientiert für alle $a \in V$ oder negativ orientiert für alle $a \in V$. Ist sie negativ orientiert, so betrachte man $\widetilde{\varphi}\colon \widetilde{U} \to U$ mit $\widetilde{U} = \{(-t_1, t_2, \ldots, t_k) \in (t_1, \ldots, t_k) \in U\}$ und $\varphi(t_1, \ldots, t_k) = \varphi(-t_1, t_2, \ldots, t_k)$.

(Orientierung für Untermannigfaltigkeiten mit Rand) Eine k-dimensionaler Untermannigfaltigkeit mit Rand $(M, \partial M)$ heißt orientierbar, wenn es eine orientierbare k-dimensionale Untermannigfaltigkeit $\widetilde{M} \supset M$ gibt, und orientiert, wenn eine Volumenform auf $\widetilde{M}$ gewählt ist.

Ist $(M, \partial M)$ orientiert, so hat ∂M eine induzierte Orientierung. Beachte dazu, dass $T_p\partial M \subset T_p\widetilde{M}$ eine Hyperebene ist. Wir haben dann zwei Tangentialvektoren v und $-v$ der Länge 1 in T_pM, die senkrecht auf $T_p\partial M$ stehen. Ohne Einschränkung ist $D_vf_0(p) > 0$ und wir definieren die Volumenform $\widetilde{\omega}_{\text{vol}}$ auf $T_p\partial M$ durch $\widetilde{\omega}_{vol}(v_2, \ldots, v_k) := \omega_{vol}(v, v_2, \ldots, v_k)$.

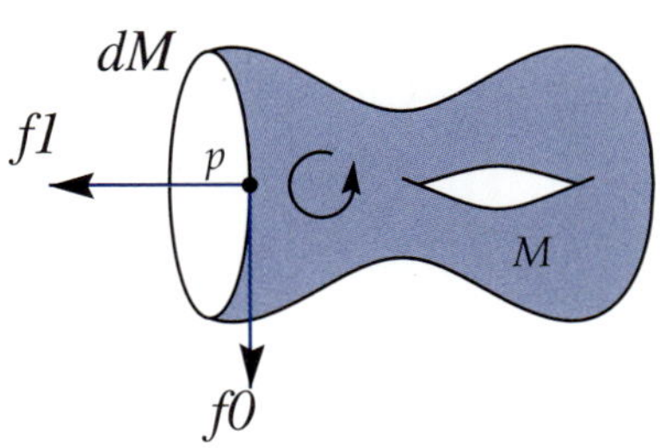

Diese Definition ist unabhängig von dem gewählten f_0. Ist nämlich $\gamma(t)$ ein differenzierbarer Weg mit $p = \gamma(0) \in \partial M$ und $\gamma'(0) = v$, so folgt $D_vf_0(p) > 0$ genau dann, wenn die Ableitung von $f_0(\gamma(t))$ in $t = 0$ positiv ist, also $f_0(\gamma(t)) > 0$ für kleines $t > 0$. Dies ist gleichbedeutend damit, dass $\gamma(t) \notin M$ für kleines $t > 0$, und diese Aussage ist unabhängig von dem gewählten f_0.

A.5 Integrieren und der Satz von Stokes

Hat die Untermannigfaltigkeit M die Dimension k, so hat $\wedge^k(T_pM)^*$ die Dimension eins. Ist ω_{vol} eine Volumenform auf M und $\omega \in \Omega^k(M)$, so gibt es eine Funktion f_ω mit $\omega = f_\omega \cdot \omega_{\text{vol}}$.

Ist $(M, \partial M)$ eine orientierte k-dimensionale Untermannigfaltigkeit mit Volumenform ω_{vol} und $\omega \in \Omega^k(M)$ mit $\omega = f_\omega \cdot \omega_{\text{vol}}$, so definieren wir

$$\int_M \omega := \int_{M \setminus \partial M} f_\omega \, \mathrm{d}M ,$$

vorausgesetzt, die Funktion f_ω ist integrierbar.

Beispiel: Ist $M \subset \mathbb{R}^n$ eine orientierte Untermannigfaltigkeit der Dimension $n-1$ mit Einheitsnormalenvektorfeld $N = (N_1, \ldots, N_n)$, so ist $\omega_{\text{vol}} = N_1 \, \widehat{\mathrm{d}x_1} + \cdots + N_n \, \widehat{\mathrm{d}x_n}$ eine Volumenform. In einem Punkt $p \in M$ gilt $\omega_{\text{vol}}(v_1, \ldots, v_{n-1}) = \det(N, v_1, \ldots, v_{n-1})$.

Ist $\omega = F_1 \, \widehat{\mathrm{d}x_1} + \cdots + F_n \, \widehat{\mathrm{d}x_n}$ eine Differenzialform auf M, so gilt die Formel $\omega_p(v_1, \ldots, v_{n-1}) = \det(F, v_1, \ldots, v_{n-1})$, wobei $F = (F_1, \ldots, F_n)$. Es folgt mit linearer Algebra, dass $f_\omega = \langle F, N \rangle$, der Fluss von F durch M, ist.

Satz A.6 (Transformationsformel) Sei M eine orientierte Mannigfaltigkeit der Dimension k, $\omega \in \Omega^k(M)$ und $\varphi \colon V \to U \subset M$ eine orientierte Karte. Dann gilt

$$\int_U \omega = \int_V \varphi^*(\omega), \text{ vorausgesetzt die Integrale existieren.}$$

Lokal existieren Vektorfelder $N_1, \ldots, N_d \in \mathbb{R}^n$, die in jedem Punkt p eine positiv orientierte Orthonormalbasis des Normalenraums N_pM bilden, sodass gilt:

$$\omega_{\text{vol}}(v_1, \ldots, v_k) = \det(N_1, \ldots, N_d, v_1, \ldots, v_k)$$
$$\varphi^*(\omega_{\text{vol}})(e_1, \ldots, e_k) = \omega(\varphi_*(e_1), \ldots, \varphi_*(e_k)) = \det(N_1, \ldots, N_d, D_1\varphi, \ldots, D_k\varphi) .$$

Ist A die Matrix mit Spaltenvektoren $N_1, \ldots, N_d, D_1\varphi, \ldots, D_k\varphi$, so ist $\det(A^TA) = \det(\langle D_i\varphi, D_j\varphi \rangle)$, also $|\det(A)| = G_\varphi(t)$. Weil φ eine orientierte Karte ist, folgt $\det(A) > 0$ und

$$\varphi^*(\omega_{\text{vol}}) = G_\varphi(t) \, \mathrm{d}t_1 \wedge \cdots \wedge \mathrm{d}t_k, \quad \varphi^*(\omega) = (f_\omega \circ \varphi) G_\varphi(t) \, \mathrm{d}t_1 \wedge \cdots \wedge \mathrm{d}t_k .$$

Wende jetzt Satz 11.7 an. ■

Satz A.7 (Satz von Stokes) Sei $(M, \partial M)$ eine kompakte k-dimensionale orientierte Untermannigfaltigkeit mit Rand und $\omega \in \Omega^{k-1}(M)$. Dann gilt

$$\int_{\partial M} \omega = \int_M \mathrm{d}\omega.$$

Fall 1. $\varphi\colon (0,1)^k \to U \subset M \setminus \partial M$ *ist eine orientierte Parametrisierung (also* $\mathrm{Im}(\varphi) = U$*) und der Träger* $\mathrm{Supp}(\omega) = \overline{\{p \in M\colon \omega_p \neq 0\}}$ *von* ω *ist in* U *enthalten. Dann gilt* $\int_U \mathrm{d}\omega = 0$.

Wir schreiben $\varphi^*(\omega) = f_1\, \widehat{\mathrm{d}t_1} + \cdots + f_k\, \widehat{\mathrm{d}t_k}$. Dann haben die Funktionen f_i kompakte Träger in $(0,1)^k$. Es gilt

$$\int_M \mathrm{d}\omega = \int_U \mathrm{d}\omega = \int_{(0,1)^k} \varphi^*(\mathrm{d}\omega) = \int_{(0,1)^k} \mathrm{d}(\varphi^*\omega)\,.$$

Es reicht deshalb, $\int_{(0,1)^k} D_i f_i\, \mathrm{d}t_1 \wedge \cdots \wedge \mathrm{d}t_k = 0$ zu zeigen. Mit Fubini (hier für $i = 1$):

$$\int_{(0,1)^k} D_1 f_1\, \mathrm{d}t_1 \wedge \cdots \wedge \mathrm{d}t_k = \int_{(0,1)^{k-1}} f_1\Big|_{t_1=0}^{t_1=1} \mathrm{d}(t_2, \ldots, t_n) = 0\,.$$

Fall 2. Angenommen $\mathrm{Supp}(\omega) \cap M \subset U$ *und* $\varphi\colon (-1,0) \times (0,1)^{k-1} \to U \subset M$ *ist eine lokale Parametrisierung in der Nähe des Randes. Dann gilt der Satz von Stokes.*

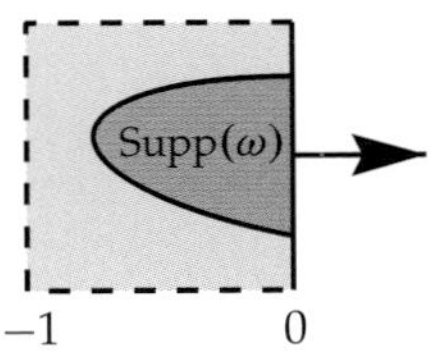

Sei $\varphi^*(\omega) = f_1\, \widehat{\mathrm{d}t_1} + \cdots + f_k\, \widehat{\mathrm{d}t_k}$. Dann gilt

$$\int_M \mathrm{d}\omega = \int_{M \cap U} \mathrm{d}\omega = \int_{(-1,0)\times(0,1)^{k-1}} \varphi^*(\mathrm{d}\omega) =$$

$$\int_{(-1,0)\times(0,1)^{k-1}} \mathrm{d}\varphi^*\omega = \int_{(-1,0)\times(0,1)^k} D_1 f_1 + \cdots + D_k f_k\, \mathrm{d}t_1 \wedge \cdots \wedge \mathrm{d}t_k$$

Wie oben gilt

$$\int_{(-1,0)\times(0,1)^{k-1}} D_i f_i\, \mathrm{d}t_1 \wedge \cdots \wedge \mathrm{d}t_k = 0$$

für $i \geq 2$. Außerdem gilt $\widehat{\mathrm{d}t_i} = 0$ für $i \geq 2$ und $t_1 = 0$. Deshalb:

$$\begin{aligned}\int_M \mathrm{d}\omega &= \int_{(0,1)^{k-1}} f_1\Big|_{t_1=-1}^{t_1=0} \mathrm{d}t_2 \wedge \cdots \wedge \mathrm{d}t_k = \int_{(0,1)^{k-1}} f_1(0, t_2, \ldots, t_k)\, \widehat{\mathrm{d}t_1} \\ &= \int_{(0,1)^{k-1}} f_1(0, t_2, \ldots, t_k)\, \widehat{\mathrm{d}t_1} + \cdots + f_k(0, t_2, \ldots, t_k)\, \widehat{\mathrm{d}t_k} \\ &= \int_{(0,1)^{k-1}} \varphi^*\omega = \int_{\partial M \cap U} \omega = \int_{\partial M} \omega\,.\end{aligned}$$

Allgemeiner Fall. Für alle $p \in \overline{M}$ wähle eine orientierte Parametrisierung $\varphi_p\colon V_p \to U_p$ einer Umgebung U_p von p. Nehme eine endliche Menge $I \subset \overline{M}$, sodass $\cup_{p \in I} U_p \supset \overline{M}$, und wähle eine Zerlegung $\tau_p, p \in I$ der Eins für $U_p, p \in I$. Dann gilt der Satz von Stokes nach dem 1. und 2. Fall für jedes $\tau_p\omega$ und es folgt

$$\begin{aligned}\int_{\partial M} \omega &= \sum_{p \in I} \int_{\partial M} \tau_p\omega = \sum_{p \in I} \int_M \mathrm{d}(\tau_p\omega) = \sum_{p \in I} \int_M \mathrm{d}(\tau_p) \wedge \omega) + \sum_{p \in I} \int_M \tau_p \wedge \mathrm{d}\omega \\ &= \int_M \mathrm{d}(1) \wedge \omega + \int_M \mathrm{d}\omega = \int_M \mathrm{d}\omega\,.\end{aligned}$$

■

Index

$2^{-k}\mathbb{Z}$ 22
$A \setminus B$ 14
$A \times B$ 15
$B(a, r)$ 202
$B(p, \varepsilon)$ 70
B^c 14
B_2 192
$B_2(a, r)$ 202
$B_\infty(a, r)$ 202
B_∞ 192
$C^\infty(U)$ 232
$C^k(U)$ 232
$D_i f(a)$ 213, 222
$D_v f(a)$ 213, 222
$G_\varphi(t)$ 259
$H_f(a)$ 214
$I^*(f, a, b)$ 140
$I_*(f, a, b)$ 140
$M(\varepsilon)$ 258
$N_a M$ 250
$O(f, Z)$ 140
$O(n)$ 251
$O_+(f)$ 124, 266, 280
$O_-(f)$ 124, 266, 280
$P(a, b)$ 71
$Q^{(k)}$ 260
$Q_n^{(k)}$ 260
$R_a^n f(x)$ 110
$SL(n, R)$ 251
$Sh(k, \ell)$ 357
TM 251
$T_a M$ 250
$T_a^n f(x)$ 110
$U(\varepsilon)$ 276
$U(f, Z)$ 140
$U^{(k)}$ 66, 72, 256, 260
$\#A$ 13
$\Delta_a f(x)$ 96
Supp 363
$\|\cdot\|$ 197, 202
$\|\cdot\|_1$ 197
$\|\cdot\|_2$ 202
$\|\cdot\|_\infty$ 196
$\angle(v, w)$ 80
arccos 82
arcsin 83
arctan 83
β_d 276
$\cap$ 14
$\cap_{i=1}^n$ 14
$\cap_{i \in I}$ 14
$\circ$ 15
cos 67, 82
$\cosh(x)$ 105
cotan 67, 82
$\cup$ 14
$\cup_{i=1}^n$ 14
$\cup_{i \in I}$ 14
e 60, 93
e^A 320
$\exp(A)$ 320
$\frac{df}{dx}(a)$ 92
$\frac{\partial f}{\partial x_i}(a)$ 222
$\in$ 13
inf 36
$\int_M f \, dM$ 280
$\int_a^b f(x) \, dx$ 122, 124
$\langle \cdot, \cdot \rangle$ 202
$\lim\limits_{x \to a}$ 50
$\lim_{x \downarrow a}$ 44
$\lim_{x \uparrow a}$ 44
$\ln(x)$ 60, 104
$\mathbb{C}$ 84
$\mathbb{R}$ 24
$\mathbb{Z}[1/2]$ 22
$\mathbb{N}$ 13
$\mathbb{N}_0$ 13
$\mathbb{Z}$ 13

Sym_n 225
$|A|$ 13
e 104
$\nabla f(a)$ 213, 222
$\notin$ 13
$\overline{A}$ 194
$\overline{z}$ 84
∂A 194
$\partial_v f(a)$ 222
π 67, 72
lim inf 38
lim sup 38
$\lim\limits_{x\to\infty}$ 52
$\log_a(x)$ 60
σ-Additivität 287
sin 67, 82
sinh 105
$\subset$ 14
$\subsetneq$ 14
sup 36
$\supset$ 14
$\supsetneq$ 14
tan 67, 82
$\mathrm{Arg}(z)$ 84
$\mathrm{Im}(z)$ 84
$\mathrm{Re}(z)$ 84
Rot 350
Div 334
Id_A 15
φ_{*a} 358
$\wedge$ 357
$\wedge^k(v)$ 357
a^+ 158
a^- 158
$a^\perp$ 67, 76
a^x 93
f' 96
$f'(a)$ 92, 224
$f^{(n)}$ 106
i 69
k-Quadrat 66
k-Würfel 256, 260
k-mal stetig differenzierbar 232
$n!$ 33
2-Norm 202

A

Abbildung 15
 identische 15
 inverse 15
Abgeschlossen 71, 190, 192
 relativ 192
Ableitung 96, 224
 der Exponentialfunktion 104
 der Winkelfunktionen 100
 höhere 106, 232
 partielle 213
 totale 224
Abstand 202
Addition
 komplexer Zahlen 84
 reeller Zahlen 28
Additionstheoreme 82
Additivität des Integrals 294
Archimedes 263
Archimedisches Prinzip 343
arcosh 105
Argument 84
Arkuscosinus 82
Arkussinus 83
Arkustangens 83
arsinh 105
Assoziativgesetz 22
 der Addition 28
 der Multiplikation 28
Asteroide 243
Asymptote
 schiefe 53
 senkrechte 52
 waagerechte 52

B

Banach-Tarski-Paradox 286, 298
Basis 22
Bernoulli
 -Zahlen 171

Gleichung von 313
Ungleichung von 29
Beschleunigung 94
Beschleunigungsvektor 216
Beschränkt 200
Besselfunktion 231
Betafunktion 271
Betrag 84
Bewegung 68, 78
Bijektiv 15
Binärentwicklung
natürlicher Zahlen 22
reeller Zahlen 24
Binomialkoeffizient 165
Binomialreihe 166
Bit 22
Bochner-Integral 286
Bogenlänge 218
Bogenmaß 67
Bolzano-Weierstraß 38, 62, 191, 200

C

Cantor 13
Diagonalverfahren von 16
Cauchy-Kriterium 197
Cauchyfolge 40, 197
Cauchyprodukt 160
Charakteristische Gleichung 325
Charakteristisches Polynom 316, 324
Cosinus 67, 82
Reihenentwicklung des 150
Cosinus Hyperbolicus 105

D

De Moivre 86
Del Ferro 68
Determinante 76, 78, 82
Diffeomorphismus 246
von Untermannigfaltigkeiten 251
Differenz von Mengen 14
Differenzenquotient 96
Differenzialform 354, 358
Ableitung einer 358
auf einer Untermannigfaltigkeit 360
vom Grad k 358
Differenzialgleichung 304
autonome 305, 328
erstes Integral einer 328
exakte 328
höherer Ordnung 324
homogene 314
lineare 312
lineare zweiter Ordnung 316
logistische 315
maximale Lösung 326
trennbare Variablen 314
Differenzierbar 96
auf eine Untermannigfaltigkeit 250
total 224
Differenzieren von Potenzreihen 166
Distributivgesetz 22, 28
Divergent 26
Divergenz
gegen unendlich 27
von Folgen 26
von Reihen 150
Divergenzsatz 342
mit singulärem Rand 346
Dominierte Konvergenz 295
Down-up-Permutation 261
Drehimpuls 217
Drehstreckung 69
Drehung 68, 78
Dreieck 71
Dreiecksungleichung 79, 84, 197, 202
Durchmesser 204
Durchschnitt 14

E

Eigenvektor 318, 320
Eigenwert 253, 318, 320
Einschließungssatz 51
Element 13
Endliche Binärzahl 22
Euler-Mascheroni-Konstante 156
Eulersche Zahl 29, 60, 104
Explosionsgleichung 307

Exponentialfunktion 56
  Ableitung der 104
  für Matrizen 320
  Reihenentwicklung der 150
Extremum
  globales 200
  lokales 102, 226
Extremwertberechnung 106

F

Fast überall 291
Fläche 66, 72
  einer offenen Menge in $\mathbb{R}^2$ 66
Flächeninhalt 66, 72, 258
Folge 19, 26, 196
  divergente 26
  konvergente 19, 26, 196
Folgenkompakt 200
Folgenstetig 46, 198
Formel von Wallis 128
Fourier-Koeffizienten 184
Fourier-Reihe 184
Fourierentwicklung 177
Freie Gruppe 299
Fubini 257, 262, 294
Funktion 15
  2π-periodische angepasste 184
  charakteristische 296
  differenzierbare 96, 224
  fallende 71
  folgenstetige 46
  gerade 99
  harmonische 233
  integrierbare 134, 266
  inverse 15
  monoton fallende 54
  monoton wachsende 54
  rationale 46
  stetige 46, 198
  streng monoton fallende 54
  streng monoton wachsende 54
  ungerade 99
  wachsende 71
Funktionenfolge 178
  gleichmäßige Konvergenz 178
  punktweise Konvergenz 178

G

Gabriels Horn 281
Gammafunktion 134, 271
Gauß-Klammer 20, 47
Gaußsche Krümmung 284
Geometrische Reihe 33
Geschwindigkeit 216
Geschwindigkeitsvektor 212, 216
Gleichmäßig integrierbar 230
Gleichmäßige Konvergenz 178
Gradient 213, 222
Gramsche Determinante 259, 277
Gravitationsgesetz 217
Grenzwert 26, 50
  einseitiger 50
  linksseitiger 50
  rechtsseitiger 50
Guldinsche Regel 275

H

Häufungspunkt 38, 194
Höhenlinie 220
Halbebene 70
Halbierungsformel 83
Hamilton 217
Hamilton-Funktion 328
Hauptsatz der Algebra 69, 88, 191, 210
Hauptsatz der Differenzial- und Integralrechnung 122, 124
Heine-Borel 204
Heron-Verfahren 33
Hesse-Matrix 214, 232
Homöomorphismus 246

I

Imaginärteil 84
Impliziter Funktionensatz 240
  eine Gleichung 242
  mehrere Gleichungen 244

Indefinit 234
Infimum 36
Injektiv 15
Innerer Kern 194
Innerer Punkt 194
Integral 122, 124
 auf einer Mannigfaltigkeit 258
 auf Untermannigfaltigkeiten 280
 divergentes 134
 elliptisches 219
 für stetige Funktionen 124, 266
 konvergentes 134
 unbestimmtes 126
Integralgleichung 308
Integralkriterium 156
Integration von rationalen Funktionen 130
Integrierender Faktor 330
Intervall 38
 abgeschlossenes 38
 halboffenes 38
 offenes 38
Inverser Funktionensatz 241, 246
Irrationalität von e 155
Isometrie 68, 78

J

Jacobi-Identität 233
Jacobimatrix 224
Jordansche Normalform 320

K

Karte 248
 orientierte 361
Kartesisches Produkt 15
Keplersches Gesetz 217
Kettenlinie 315
Kettenregel 93, 98, 213, 228, 359
 für Differenzialformen 358
Kommutativgesetz 22
 der Addition 28
 der Multiplikation 28
Kompakt 190, 204
Komplement 14
Komplex konjugierte 84
Komplexe Ebene 84
Konkav 112
Konvergenz 190
 absolute 147, 158
 bedingte 147, 158
 von Folgen 26
 von Reihen 150
Konvergenzradius 164, 169
Konvex 112
Kotangens 67, 82
Krümmungstensor 284
Kreiszahl 67, 72, 73
Kritischer Punkt 213, 226
Kugelkoordinaten 274
Kurve
 äquivalente parametrisierte 218
 nach Bogenlänge parametrisierte 218
 parametrisierte 216, 218
 rektifizierbare 218
Kurvendiskussion 114
Kurvenintegral 336

L

l'Hôpital'sche Regel 108
Länge 76
Lagrange
 -Multiplikatoren 252
 -Multiplikatorensatz 241, 252
 Restglied von 94, 110
Laplace-Operator 233
Lebesgue
 -Integral 286
 -Maß 286, 287
 -Zahl 204
 -messbar 287
 Lemma von 190, 204
Leibniz
 -Kriterium 154
 -Regel 230
 Sektorformel von 275
Lie-Klammer 233
Limes Inferior 38
Limes Superior 38

Lipschitz 209, 310
Lipschitz-stetig 209
Logarithmische Spirale 219
Logarithmus 60
natürlicher 93, 104
Reihenentwicklung des 166
zur Basis a 60
Lokale Parametrisierung 248
Lokales Extremum 93, 226
Lokales Maximum 93, 201, 226
Lokales Minimum 93, 201, 226
Lotka-Volterra 243, 330

M

Möbiusband 340
Matrix
indefinit 215
negativ definit 214
positiv definit 214
Maximum 36, 62, 200
globales 200
lokales 102, 201, 226
Maxwell 334
Menge 13
abgeschlossene 71
abzählbare 15
Aussonderung 13
leere 13
offene 66, 70
Messbar 287
Minimum 36, 62, 200
globales 200
lokales 102, 201, 226
Mittelwertsatz 95, 102
von Cauchy 103
Monoton
fallend 54
wachsend 54
Multiindex-Notation 236
Multilinearform 356
Dachprodukt 357
Rücktransport 357
Multinomialformel 236, 237
Multiplikation
komplexer Zahlen 84
reeller Zahlen 28

N

Negativ definit 234
Negativ orientierte Basis 360
Newton-Verfahren 95, 116
Newtonsche Knoten 212
Norm 197
Normalenraum 250
Normalenvektor 250
Nullmenge 260, 287

O

Obere Schranke 36
kleinste 36
Oberintegral 140
Obersumme 140
Offen 66, 70, 190, 192
relativ 192
Offene Überdeckung 204
Offenes Rechteck 66, 70
Ordinatenmenge 122, 124, 266, 280
Orientierbar 360
Orientierung 336
Orthogonale Trajektorien 331

P

Parabolspiegel 97
Parallelogramm 71
Parallelotop 258
Parametertransformation 218
Parametrisierung 241
nach Bogenlänge 212
reguläre 212
Partialsumme 150
Partielle Ableitung 213, 222
Partielle Integration 128
Periode 176
Picard-Lindelöf-Verfahren 305, 308
Poincaré-Lemma 328, 329
Polardarstellung 86

Polarkoordinaten 86, 217, 247, 274
Positiv definit 234
Positiv orientierte Basis 360
Potenzialfunktion 338
Potenzreihe 164, 165
  Differenzieren einer 166
  Kehrwert einer 170
Prinzip von Cavalieri 257, 262, 292
Produktregel 93, 98, 359
  für Differenzialformen 358
Punkt
  glatter 248
  singulärer 248
Punktweise Konvergenz 178
Pythagoras 202
  Satz des 76

Q

Quader 192
Quotientenkriterium 158
Quotientenregel 93, 99

R

Räuber-Beute-Modell 243, 330
Randpunkt 194
Realteil 84
Reguläre Parametrisierung 212
Reihe 150
  Cauchyprodukt 160
  divergente 146
  geometrische 146, 150
  harmonische 147, 152
  konvergente 147
  von Funktionen 182
Richtungsableitung 212, 222
Riemann 161
Riemann-Integral 140
Riemann-Lebesgue-Lemma 186
Rotation eines Vektorfeldes 335, 342, 350
Rotationskörper 262

S

Sattelpunkt 226
Satz von
  Fubini 257, 266, 294
  Gauß 334, 342
  Green 334, 342
  Levi 136, 266, 290
  Rolle 102
  Schwarz 214, 232, 358, 359
  Stokes 334, 350, 354, 362
  Thales 77
  Tonelli 266, 294
Schwerpunkt 267
Simpsonsche Regel 138
  summierte 138
Sinus 67, 82
  Reihenentwicklung des 150
Sinus Hyperbolicus 105
Skalarprodukt 78, 82, 202
Spiegelung 68, 79
Spiegelungsgerade 79
Spur 212, 216
Stammfunktion 124
Sternförmiges Gebiet 328
Stetig 46, 198
  gleichmäßig 208
  Lipschitz- 209
stetig differenzierbar 216, 229, 232
stetige Fortsetzung 50
Stetigkeit
  der Addition 28
  der Multiplikation 28
Streng monoton
  fallend 54
  wachsend 54
Substitutionsregel 126
Supremum 36
Surjektiv 15
Sylvester-Kriterium 234
Systeme linearer Differenzialgleichungen 318, 322

T

Tangens 67, 82
Tangente 96
Tangentialbündel 251
Tangentialraum 241, 250
Tangentialvektor 250
Tartaglia 68
Taylorformel 94, 110, 215, 236
Taylorpolynom 110, 236
Teilmenge 14
  echte 14
Tonelli 262, 294
Topologische Sinuskurve 207
Toricellis Trompete 281
Totale Ordnung 24
Träger 335
Transformationsformel 258, 270, 290, 362
  für lineare Abbildungen 268
Trapezregel 138
  summierte 138
Treppenfunktion 286, 296
Tubularumgebung 258, 276

U

Umgebung 38, 192
Umkehrabbildung 15
Umkehrfunktion 15, 54
  Ableitung der 98
Umordnungssatz 160
  großer 160
Ungleichung von Cauchy-Schwarz 78, 202
Ungleichung von Hadamard 78
Untere Schranke 36
  größte 36
Unterintegral 140
Untermannigfaltigkeit 241, 248
  mit Rand 355
  orientierbare 340, 360
  orientierte 340, 360
Untersumme 140
Up-down-Permutation 261
  zyklische 261

V

Variation der Konstanten 316, 318, 322
Vektoranalysis 334
Vektorfeld 233, 334
  Divergenz 334
  Fluss 340
  konservatives 338
Venn-Diagram 13
Verdichtungskriterium 153
Verdopplungsformel 83
Vereinigung 14
Vergleichskriterium 152
Verknüpfung 15
Verschiebung 71
Vertauschungsgesetze 180
Vollständigkeit der reellen Zahlen 26
Volumen
  eines Parallelotops 257
  für offene Mengen 256
  für Untermannigfaltigkeiten 277
  von offenen Mengen 260
Volumenform 360

W

Würfel
  rationaler 193
Weg 206, 216
  Anfangspunkt 216
  differenzierbarer 216
  Endpunkt 216
  regulärer 216
Wegintegral 338
Wegzusammenhängend 191, 206
Wegzusammenhangskomponent 207
Weierstraßkriterium 182
Wendepunkt 112
Wendetangente 112
Weyl 284
Winkel 202
Winkelfunktionen 67, 82
Winkelmaß 80
Wurzelkriterium 158

Z

Zahl
- ganze 13
- komplexe 69, 84
- natürliche 13
- reelle 19, 24

Zerlegung 140
Zerlegung der Eins 335, 344
Zirkulation eines Vektorfeldes 335, 342, 350
Zusammenhängend 190, 191, 206
Zusammenhangskomponent 207
Zwischenwertsatz 48
Zylinderkoordinaten 274